教育部高等学校制药工程专业教学指导分委员会推荐教材

药物制剂工程技术与设备

第三版

张洪斌 ◎ 主编

胡雪芹　汤　青 ◎ 副主编

化学工业出版社

·北京·

内容简介

《药物制剂工程技术与设备》（第三版）是在第二版教学实践与反馈的基础上，根据2010版《药品生产质量管理规范》（GMP）和制药工程技术最新成果修订而成。教材内容以工程设计能力培养为导向，将GMP、制剂工艺、制药设备、车间设计及公用工程优化成一个完整的知识体系，并将来源工程设计一线的设计成果作为教学案例，使学生掌握正确的设计理念与方法。

全书共分为八章，第一章主要为制药设备与工程设计概述及其发展；第二章阐明GMP与制药工程设计的关系，GMP对药厂总体规划、车间卫生要求、洁净厂房设计及制剂设备的原则性要求；第三～六章以制剂工艺、设备原理及车间设计为主线对各个制剂剂型展开介绍，包括口服固体制剂、注射剂、液体制剂及其他常用制剂；第七章为中药制剂介绍；第八章介绍了与药物制剂生产工艺相配套的公用工程的设计基础。

《药物制剂工程技术与设备》（第三版）适合高等学校制药工程专业和药物制剂专业师生使用，也可作为药学类相关专业的教材或教学参考书，并且可作为药品生产企业与设计单位技术人员的参考资料。

图书在版编目（CIP）数据

药物制剂工程技术与设备/张洪斌主编. —3版. —北京：化学工业出版社，2019.11（2024.1重印）
教育部高等学校制药工程专业教学指导分委员会推荐教材
ISBN 978-7-122-35057-2

Ⅰ.①药…　Ⅱ.①张…　Ⅲ.①药物-制剂-高等学校-教材
Ⅳ.①TQ460.6

中国版本图书馆CIP数据核字（2019）第174291号

责任编辑：杜进祥　马泽林　　　装帧设计：关　飞
责任校对：王鹏飞

出版发行：化学工业出版社（北京市东城区青年湖南街13号　邮政编码100011）
印　　装：三河市双峰印刷装订有限公司
787mm×1092mm　1/16　印张26¾　字数698千字　　2024年1月北京第3版第4次印刷

购书咨询：010-64518888　　　售后服务：010-64518899
网　　址：http://www.cip.com.cn
凡购买本书，如有缺损质量问题，本社销售中心负责调换。

定　　价：68.00元

《药物制剂工程技术与设备》（第三版）编写人员名单

主　　编　张洪斌

副 主 编　胡雪芹　汤　青

参编人员　（以编写单位拼音顺序排列）

琚泽亚　安徽省医药设计院

韩加生　安徽中医药大学

汤　青　安徽中医药大学

杜志云　广东工业大学

贲永光　广东药科大学

胡雪芹　合肥工业大学

姚日生　合肥工业大学

张洪斌　合肥工业大学

陈振华　江西科技师范大学

郑鹏武　江西科技师范大学

王传金　南京理工大学

刘艳飞　中南大学

前言

药物制剂工程技术与设备是一门以药剂学、药品生产质量管理规范（GMP）、工程学及相关科学理论和工程技术为基础来综合研究药物制剂生产与车间设计的专业课程。随着我国医药行业的发展以及与国际接轨的需要，以培养从事药品制造高素质工程技术人才为目标的制药工程专业的国际实质等效工程教育认证也越来越迫切，本课程的设置正是应对工程教育认证标准中毕业要求部分指标（工程知识、设计/开发解决方案、工程与社会等），其课程目标支撑毕业要求的相关指标点。《药物制剂工程技术与设备》第一版于2006年获中国石油和化学工业优秀教材一等奖，先后列为安徽省高等学校“十一五”“十二五”规划教材、安徽省精品课程教材和教育部高等学校制药工程专业教学指导分委员会推荐教材。本书自出版以来深受相关专业师生和行业人员的欢迎，教材的使用量大面广，为我国培养既懂得工程技术又有药学专业知识的复合型人才发挥了一定的作用。

作为制药工程专业教育一线教师，本人20余年来一直在探索本课程的教学与教材建设，教学过程中力求贯彻工程教育的理念，逐渐形成了一套内容完整、结构合理的教学模式，课程内容做到理论与实践相结合，将设计能力的培养贯穿于教学全过程，使学生树立正确的工程理念。本次修订是在本书第二版教学实践与反馈的基础上，根据2010版药品生产质量管理规范和制药工程技术最新成果，更新、充实和优化教材内容，每章均设置了学习目标及思考题，同时配套了数字化资源、多媒体课件和课程设计指导书，便于师生的教与学。

参与本书第三版修订工作的人员分别是：张洪斌（第一、二、四、六章），胡雪芹（第三、四章），汤青、琚泽亚（第四章），郑鹏武、陈振华（第五章），杜志云（第六章），王传金（第六章），韩加生、贲永光（第七章），姚日生、刘艳飞（第八章）。本次修订工作得到了修订人员所在单位、教材使用单位、行业专家的支持和指导，同时得到了安徽省重大教学改革项目（2015zdjy018）的资助，在此一并深表感谢。并恳请广大读者批评指正。

张洪斌

2019年6月于合肥

第一版前言

《药物制剂工程技术与设备》是一门以药剂学、GMP（药品生产质量管理规范）、工程学及相关科学理论和工程技术为基础来综合研究制剂生产实践的应用性工程学科。

1998年教育部在大量缩减专业设置的情况下，在药学教育和化学与化学工程学科中增设了制药工程专业，其基本涵盖化学制药、生物制药、中药制药和工科药物制剂，旨在培养既懂得工程技术（如GMP车间、设备等）又有药学专业知识的复合型人才，满足医药企业对人才的需求。随着中国加入WTO（世界贸易组织），医药行业的发展以及国家药品GMP认证制度的不断推进，在新的形势下，将车间设计与药物制剂技术、GMP、制药设备及公用工程技术有机地组合在一起进行研究与教学已成为制药工程专业和工科药物制剂专业教学与科研的当务之急，《药物制剂工程技术与设备》这门课程正是因此而设置的。

编者在本教材编写过程中贯彻的思想是：其一，将GMP、工程设计、制药设备优化成一个完整的教材体系，使之既各具特色又相互渗透；其二，将GMP有机地融汇到工程设计原理中，GMP工程设计的内容来源于实践，同时又是对具体工程的总结和理论升华；其三，对药厂公用工程的内容安排既要做到理论与实际的结合又要考虑制药工程和工科药物制剂专业的培养目标。主要内容包括制剂工程技术及GMP工程设计的原理与方法，制剂生产设备的基本构造、工作原理和工程验证以及与制剂生产工艺相配套的公用工程的组成和工作原理。书中的工程实例是在已有的工程实践中精选部分材料组合而成，更多的工程实例在本书配套的多媒体课件中体现。

参加本书编写的单位有南京理工大学、安徽中医学院、合肥工业大学。全书共分为八章。张洪斌主编。各章节的编写人员：张洪斌（第一～四章），韩加生（第一、三、七章），王传金（第五、六章），姚日生（第八章）。本书的所有车间设计布置图均由张洪斌绘制。

本书的编写得到安徽省教研基金和合肥工业大学教研基金项目的资助，还得到合肥工业大学邓胜松、朱慧霞等同志的帮助以及编者所在单位的支持，在此一并深表感谢。

由于《药物制剂工程技术与设备》是一门较新的课程，且随着制药技术、机电设备、GMP制度的发展而不断更新，所以本书的内容在某些方面还不完备。编者围绕本书的编写思想尽量体现出自己的特色，但由于水平有限，恳请广大读者批评、指正，编者将非常感激。

编　者

2003年6月于合肥

第二版前言

《药物制剂工程技术与设备》自2003年出版以来已经印刷多次，为我国培养既懂得工程技术又有药学专业知识的复合型人才发挥了重要作用，极大地满足了医药行业对人才培养的需求。本课程经过近几年的教学实践与读者反馈，形成了一套内容完整、结构合理的教学模式，出版了包括教材、多媒体课件和课程设计指导的三位一体的教材体系。本教材2007年获中国石油和化学工业优秀教材一等奖，现列为教育部高等学校制药工程专业教学指导分委会推荐教材和安徽省普通高等学校“十一五”省级规划教材。

由于当今世界科技发展迅速，尤其是作为高科技行业的制药业，其新技术、新工艺、新设备层出不穷，同时，我国的GMP制度也在与时俱进地发展，新版GMP规范的修订工作已基本完成。根据GMP发展的最新成果和新版GMP（专家审定稿）的主要基本精神，我们需要修订本教材，以更新、充实和优化教材内容，力求体现教材的先进性和时代性。本书在第一版的基础上对教材内容进行优化整合，介绍新版GMP主要内容，使GMP规范、工程设计、制药设备组成一个完整的体系；凝练增加近几年来国内外制剂工程发展的新技术、新成果，尤其是我国在推行GMP制度后形成的有关制剂工程新成果和新版GMP的新增内容；制作配套本书的多媒体课件。

参与本书修订的人员分别是：张洪斌（第一、四、七、八章），汤青（第二、三章），杜志云（第六章），郑鹏武、程丹（第二、五章），胡雪芹（第四章），杨谦（第七章），姚日生（第八章）。本次修订工作得到了修订人员所在单位、教材使用单位以及化学工业出版社编辑的支持和指导，在此一并深表感谢。并恳请广大读者批评指正。

张洪斌

2009年8月于合肥

目录

第一章

绪　论

学习目标

掌握：制药机械的分类，制药机械产品型号编制方法，可行性研究报告和初步设计内容。

熟悉：车间设计的一般程序，施工图设计的主要内容，国内外制剂设备发展动态。

了解：该课程的含义，课程目标和任务，制药机械相关国家和行业标准。

一、课程概述

1. 课程含义

药物制剂工程技术与设备是一门以药剂学、GMP（药品生产质量管理规范）、工程学及相关科学理论和工程技术为基础来综合研究制剂生产实践的应用性工程学科，即研究制剂工程技术及GMP工程设计的原理与方法，介绍制剂生产设备的基本构造、工作原理和工程验证以及与制剂生产工艺相配套的公用工程的构成和工作原理。它是制药工程专业和工科药物制剂专业的一门重要专业课程。

制药工程专业是适应药品生产需求，以培养从事药品制造的高素质工程技术人才为目标的工科专业。其内容涵盖化学制药、生物制药、中药制药和工科药物制剂，旨在培养既懂得工程技术（如生产技术、车间设计、公用设施设计、设备管理等）又有药学专业知识的复合型人才，满足医药企业对人才的需求。随着医药行业的发展以及国家药品质量监管体系的不断完善，药品GMP制度的深入推进，在新的形势下，将车间设计与药物制剂技术、GMP、制药设备及公用工程技术有机地组合在一起进行研究与教学已成为药学类专业尤其是制药工程专业教学与科研的当务之急，药物制剂工程技术与设备这门课程正是因此而设置的。

药物制剂是将药物制成适合临床需要并符合一定质量标准的剂型。任何一个药品用于临床时均要制成一定的剂型。制剂生产过程是在GMP的指导下各操作单元有机联合作业的过程。不同剂型制剂的生产操作单元不同，就是同一剂型的制剂也会因工艺路线不同而使操作单元有异。参照药物制剂学和GMP的分类，将制剂操作单元按口服固体制剂、无菌制剂、中药制剂及其他制剂分类，每种剂型按照其工艺技术、生产设备、车间设计、工程验证分别介绍。

制药设备是实施药物制剂生产操作的关键因素，制药设备的密闭性、先进性、GMP符合性及自动化程度的高低直接影响药品质量及GMP制度的执行。不同剂型制剂的生产操作及制药设备大多不同，同一操作单元的设备选择也往往是多类型多规格的。按照不同的剂型及其工艺流程掌握各种相应类型制药设备的工作原理和结构特点，是确保生产优质药品的重要条件。

工程设计是一项综合性、整体性工作，涉及的专业多、部门多、法规条例多，必须统筹安排。制剂工程的GMP设计必须掌握相关法规要求，尤其是GMP规则、生产工艺技术、制药设备、工程计算、工程制图，以此指导药厂总体规划、车间设计、设备选型、公用设施及辅助系统的设计。按照GMP的要求设计出符合要求的制剂生产车间是保证药品生产质量的前提条件。

验证一般包括厂房、空调净化、设备设施、工艺条件的预确认、确认和运行测试，以证明设备设施运行参数、工艺条件在设计范围内反复测试结果具有重现性。无论是厂房、设备设施的设计、建造安装竣工到投放使用，还是新产品设计研制到批准生产，在投放批量生产之前都必须经过一系列验证。以现有的设施、设备生产现有产品也必须制订复验证计划，尤其会影响产品质量的生产条件发生变更时必须进行变更验证。验证是确保药品质量及其一致性的重要手段。

以上内容是药物制剂工程技术与设备的基本组成，在此基础上有机组合、相互渗透便构成该教材的特色：其一，将GMP、工程设计、制药设备和公用工程技术优化成一个完整的教材体系，使之既各具特色又相互渗透。其二，将GMP有机地融汇到工程设计中，GMP工程设计的内容既来源于实践，同时又是对具体工程问题的总结和理论升华。其三，对药厂公用工程的内容安排既要做到理论与实际的结合又要考虑制药工程和工科药物制剂专业的培养目标。其四，考虑到本课程涉及的厂房、车间、设备及设施等工程内容较多的特点，制作了教学课件和设备动画作为本教材的配套内容。

通过本课程教学，使学生树立符合GMP要求的整体工程理念，从技术上的可行性与经济上的合理性两个方面树立正确的设计思想。掌握制剂生产工艺技术、GMP工程设计与工程验证的基本要求和主要生产设备的构造原理，熟悉药厂公用工程的组成和原理，了解相关的法规，从而为正确、安全使用和合理选择制药设备，并能够为药品生产车间设计提出符合GMP要求的条件奠定基础。

2. 学习本课程的意义

随着我国医药行业的发展以及与国际接轨的需要，以培养从事药品制造的高素质工程技术人才为目标的制药工程专业的国际实质等效工程教育认证也越来越迫切，本课程的设置正是支撑工程教育认证标准中毕业要求部分的相关指标（工程知识、设计/开发解决方案、工程与社会等）。本课程经过近20年的建设，建成了包括教材、教学课件和课程设计指导书一套完整的三位一体的教材体系，课程目标明确、课程内容完整，课程教学内容做到理论与实践相结合，培养学生树立正确的工程理念，针对工程教育取得了很好的教学效果，目前开设本课程的高校很多。

现代工业化生产中，生产出优质合格的药品，必须具备：符合GMP的硬件，如优越的生产环境与生产条件、GMP厂房和设备等；符合GMP的软件，如合理的剂型、处方和工艺，合格的原辅材料，严格的质量管理体系等；人员素质是实施GMP的重要前提。在GMP认证检查评定标准中大幅增加了机构与人员的关键项目，而且在关注人员数量、专业知识、生产经验的同时，也强调对其工作能力的要求。例如规定生产管理和质量管理的部门负责人应该“有能力对实际问题做出正确的判断和处理”“应能正确履行其职责”。

药物制剂工程技术与设备这门课程的设置正是应对了以上三种要素的需要，使学生学会将药学基本理论与制药工业生产实践相结合的思维方法，掌握制药工艺流程设计、物料衡算、设备选型、车间工艺布置设计的基本方法和步骤，训练学生分析与解决工程技术实际问题的能力，领会药厂洁净技术、GMP 管理理念和原则，培养既懂得工程技术（如 GMP 车间、设备、生产等）又有药学专业知识的复合型人才。

随着社会的发展、科技的进步、人们生活水平的不断提高，对药品质量的一致性、安全性、有效性提出了更高的要求。如何确保药品质量已成为制药生产中的重点，实施 GMP 就有了其必然性。GMP 使药品生产企业有法可依，有法必依。执行 GMP 是药品生产企业生存和发展的基础。

2011 年，国家药品监督管理局在总结分析 1998 版《药品生产管理质量规范》的基础上，颁布实施 2010 版《药品生产管理质量规范》（以下简称“新版 GMP”），并制订了分步骤、分品种、分剂型组织实施 GMP 工作规划：自 2011 年 3 月 1 日起，凡新建药品生产企业、药品生产企业新建（改、扩建）车间，均需通过新版 GMP 认证。现有药品生产企业的血液制品、疫苗、注射剂等无菌药品的生产，应在 2013 年 12 月 31 日前达到新版 GMP 要求。其他类别药品的生产应在 2015 年 12 月 31 日前达到新版 GMP 要求。目前所有药品生产企业均已通过新版 GMP 的认证。同时在颁布新版 GMP 的基础上，陆续发布 12 个 GMP 附录：无菌药品，原料药，生物制品，血液制品，中药制剂，放射性药品，医用氧，中药饮片，取样，计算机化系统，确认与验证，生化药品。做到 GMP 认证内容有据可依、具体细化、企业可操作性强。

我国加入 WTO 后，我国的制药企业正面临着前所未有的严峻挑战，医药企业享受一系列贸易及关税优惠，但也要承担相应义务。药品生产企业若没有实施 GMP，未通过 GMP 认证，不能生产新药，产品也不能进入国际市场，医药企业就可能被拒之于 GMP 要求的技术壁垒之外。实施 GMP 后，我国的企业在重组、合并、收购，希望以此壮大规模，以集团军形式争夺国际市场。对于提高我国医药企业国际信誉，参与国际医药市场的竞争具有重要的意义。

2010 版《药品生产管理质量规范》的颁布实施，使得我国药品生产的条件与国际接轨，因此企业对高级工程技术人才的需求急剧增加，而真正懂得制剂工程技术与设备的科技人才却很缺乏。《药物制剂工程技术与设备》这门课程的开设将为制药工业企业培养符合要求的高级人才，缓解企业人才紧缺矛盾，为制药企业的发展注入新的生命活力做出贡献。

二、制药机械设备分类及发展动态

（一）制药机械设备的分类

主要用于制药工艺过程的机械设备称为制药机械和制药设备。药品生产企业为进行生产所采用的各种机器设备统属于设备范畴，其中包括制药设备和非制药专用的其他设备。制药机械设备的生产制造从属性上应属于机械工业的子行业之一，为区别制药机械设备的生产制造和其他机械的生产制造，从行业角度将完成制药工艺的生产设备统称为制药机械。广义上，制药设备和制药机械包含内容是相近的，前者更广泛些。

制药机械的分类：按 GB/T 28258—2012《制药机械产品分类及编码》分为 8 类，包括 3000 多个品种规格。

（1）原料药机械及设备　实现生物、化学物质转化，利用动、植、矿物制取医药原料的工艺设备及机械。包括摇瓶机、发酵罐、搪玻璃设备、结晶机、离心机、分离机、过滤设备、提取设备、蒸发器、回收设备、换热器、干燥箱、筛分设备、淀粉设备等。

（2）制剂机械及设备　将药物制成各种剂型的机械与设备。包括片剂机械、水针

（小容量注射）剂机械、粉针剂机械、输液（大容量注射）剂机械、硬胶囊剂机械、软胶囊剂机械、丸剂机械、软膏剂机械、栓剂机械、口服液剂机械、滴眼剂机械、冲剂机械等。

（3）药用粉碎机械　用于药物粉碎（含研磨）并符合药品生产要求的机械。包括万能粉碎机、超微粉碎机、锤式粉碎机、气流粉碎机、齿式粉碎机、超低温粉碎机、粗碎机、组合式粉碎机、针形磨、球磨机等。

（4）饮片机械　对天然药用动、植物进行选、洗、润、切、烘等方法制取中药饮片的机械。包括选药机、洗药机、烘干机、切药机、润药机、炒药机等。

（5）制药用水、气（汽）设备　采用各种方法制取药用纯水、注射用水、制药用气（汽）的设备。包括多效蒸馏水机、热压式蒸馏水机、电渗析设备、反渗透设备、EDI电离子交换装置、纯蒸汽发生器、药用高纯度制氮机，臭氧发生器等。

（6）药品包装机械　完成药品包装过程以及与包装相关的机械与设备。包括小袋包装机、泡罩包装机、瓶装机、印字机、贴标签机、装盒机、捆扎机、拉管机、安瓿制造机、制瓶机、吹瓶机、铝管冲挤机、硬胶囊壳自动生产线、泡罩包装机和装盒机等组成的联动线等。

（7）药物检测设备　检测各种药物制品或半制品的机械与设备。包括测定仪、崩解仪、溶出试验仪、融变仪、脆碎度仪、冻力仪。

（8）其他制药机械及设备　辅助制药生产设备用的其他设备。包括空调净化设备、局部层流罩、送料传输装置、提升加料设备、管道弯头卡箍及阀门、不锈钢卫生泵、冲头冲模、在位清洗灭菌设备、电动料斗搬运车等。

其中，制剂机械及设备按剂型分为14类。

① 颗粒剂机械　将中西原料药与辅料经混合、制粒、干燥、整粒后制成符合要求的颗粒机械与设备。

② 片剂机械　将经过制粒、干燥后的颗粒进行压片、包衣等工序制成各种形状片剂的机械与设备。

③ 胶囊剂机械　将药物充填于空心胶囊内或将药液包裹于明胶膜内的制剂机械设备，包括硬胶囊剂和软胶囊剂机械。

④ 粉针剂机械　将无菌生物制剂药液或粉末灌封于西林瓶内，制成注射针剂的机械与设备。

⑤ 小容量注射剂机械及设备　将灭菌或无菌药液灌封于安瓿等容器内，制成注射针剂的机械与设备。

⑥ 大容量注射剂机械及设备　将无菌药液灌封于输液容器内，制成大剂量注射剂的机械与设备。

⑦ 丸剂机械　将药物细粉或浸膏与赋形剂混合，制成丸剂的机械与设备。

⑧ 栓剂机械　将药物与基质混合，制成栓剂的机械与设备。

⑨ 软膏剂机械　将药物与基质混匀，配成软膏，定量灌装于软管内的制剂机械与设备。

⑩ 口服液剂机械　将药液灌封于口服液瓶内的制剂机械与设备，包括糖浆剂机械。

⑪ 气雾剂机械　将药物和抛射剂灌注于耐压容器中，使药物以雾状喷出的制剂机械设备。

⑫ 眼用制剂机械　将无菌药液灌封于容器内，制成滴眼药剂的制剂机械与设备。

⑬ 药膜剂机械　将药物溶解于或分散于多聚物薄膜内的制剂机械与设备。

⑭ 其他剂型的制剂机械。

（二）制药机械国家、行业标准分类

制药机械国家、行业标准按制药机械产品的基本属性，将其分为以下几类。各类的标准分类目录如表 1-1 所示。

表 1-1 制药机械国家、行业标准分类目录

制药、安全机械与设备综合			
标准编号	标准名称	发布部门	实施日期
GB/T 15692—2008	制药机械 术语	国家质量监督检验检疫总局	2009-5-1
GB/T 28258—2012	制药机械产品分类及编码	国家质量监督检验检疫总局	2012-7-1
GB 28670—2012	制药机械(设备)实施药品生产质量管理规范的通则	国家质量监督检验检疫总局	2013-7-1
GB/T 28671—2012	制药机械(设备)验证导则	国家质量监督检验检疫总局	2013-7-1
GB/T 30749—2014	矿物药材及其煅制品视密度测定方法	国家质量监督检验检疫总局	2015-1-1
GB/T 36030—2018	制药机械(设备)在位清洗、灭菌通用技术要求	国家质量监督检验检疫总局	2018-10-1
GB/T 36032—2018	压片冲模 冲杆与中模	国家质量监督检验检疫总局	2018-10-1
GB/T 36033—2018	压片冲模 检测	国家质量监督检验检疫总局	2018-10-1
GB/T 36035—2018	制药机械 电气安全通用要求	国家质量监督检验检疫总局	2018-10-1
GB/T 36036—2018	制药机械(设备)清洗、灭菌验证导则	国家质量监督检验检疫总局	2018-10-1
JB/T 20188—2017	制药机械产品型号编制方法	工业和信息化部	2018-4-1
JB/T 20191—2018	药用称量配料装置	工业和信息化部	2019-1-1
JB/T 20192—2018	药用螺旋输送机	工业和信息化部	2019-1-1
原料药加工机械与设备			
标准编号	标准名称	发布部门	实施日期
GB/T 32237—2015	中药浸膏喷雾干燥器	国家质量监督检验检疫总局	2016-7-1
JB/T 20014—2011	药用流化床制粒机	工业和信息化部	2011-11-1
JB/T 20033—2011	热风循环烘箱	工业和信息化部	2011-11-1
JB/T 20034—2017	药用旋涡式振动筛	工业和信息化部	2017-7-1
JB/T 20036—2016	提取浓缩罐	工业和信息化部	2016-9-1
JB/T 20038—2016	提取罐	工业和信息化部	2016-9-1
JB/T 20044—2014	回流式提取浓缩机组	工业和信息化部	2014-11-1
JB/T 20072—2011	离心制粒包衣机	工业和信息化部	2011-11-1
JB/T 20102—2007	酒精回收塔	国家发展和改革委员会	2008-5-1
JB/T 20103—2007	双效蒸发浓缩器	国家发展和改革委员会	2008-5-1
JB/T 20123—2009	药用螺旋振动流化床干燥机	工业和信息化部	2010-4-1
JB/T 20124—2009	药用真空带式干燥机	工业和信息化部	2010-4-1

续表

原料药加工机械与设备

标准编号	标准名称	发布部门	实施日期
JB/T 20128—2009	罐式超声循环提取机	工业和信息化部	2010-4-1
JB/T 20129—2009	微波提取罐	工业和信息化部	2010-4-1
JB/T 20130—2009	箱式微波真空干燥机	工业和信息化部	2010-4-1
JB/T 20131—2009	带式微波真空干燥机	工业和信息化部	2010-4-1
JB/T 20136—2011	超临界 CO_2 萃取装置	工业和信息化部	2011-8-1
JB/T 20137—2011	机械搅拌式动物细胞培养罐	工业和信息化部	2011-8-1
JB/T 20139—2011	药用离心分离机械 要求	工业和信息化部	2011-11-1
JB/T 20143—2012	非鼓泡传氧生物培养器	工业和信息化部	2012-11-1
JB/T 20148—2012	瓷缸球磨机	工业和信息化部	2012-11-1
JB/T 20154—2013	药用双管板换热器	工业和信息化部	2013-9-1

制药加工机械与设备

标准编号	标准名称	发布部门	实施日期
GB/T 32239—2015	中药制丸机	国家质量监督检验检疫总局	2016-7-1
JB/T 20001—2011	注射剂灭菌器	工业和信息化部	2011-11-1
JB/T 20002.1—2011	安瓿洗烘灌封联动线	工业和信息化部	2011-11-1
JB/T 20002.2—2011	安瓿立式超声波清洗机	工业和信息化部	2011-11-1
JB/T 20002.3—2011	安瓿隧道式灭菌干燥机	工业和信息化部	2011-11-1
JB/T 20002.4—2011	安瓿灌装封口机	工业和信息化部	2011-11-1
JB/T 20190—2018	内封式输液袋(瓶)吹灌封(BFS)一体机	工业和信息化部	2019-1-1
JB 20003.1—2004	滴眼剂联动线	国家发展和改革委员会	2004-6-1
JB 20003.2—2004	滴眼剂联动线 清洗机	国家发展和改革委员会	2004-6-1
JB 20003.3—2004	滴眼剂联动线 隧道烘干机	制药装备标委会	2004-6-1
JB 20003.4—2004	滴眼剂联动线 灌装压塞旋盖机	国家发展和改革委员会	2004-6-1
JB/T 20007.2—2009	玻璃口服液瓶超声波清洗机	工业和信息化部	2010-4-1
JB 20007.3—2004	口服液瓶灌装联动线隧道式灭菌干燥机	国家发展和改革委员会	2004-6-1
JB/T 20007.3—2009	玻璃口服液瓶隧道式灭菌干燥机	工业和信息化部	2010-4-1
JB 20007.4—2004	口服液瓶灌装联动线轧盖机	国家发展和改革委员会	2004-6-1
JB/T 20007.4—2009	玻璃口服液瓶罐装轧盖机	工业和信息化部	2010-4-1
JB/T 20008.1—2012	抗生素玻璃瓶粉剂分装联动线	工业和信息化部	2012-11-1
JB/T 20008.2—2012	抗生素玻璃瓶螺杆式粉剂分装机	工业和信息化部	2012-11-1

续表

制药加工机械与设备			
标准编号	标准名称	发布部门	实施日期
JB/T 20008.3—2012	抗生素玻璃瓶轧盖机	工业和信息化部	2012-11-1
JB/T 20010—2017	药用万向式混合机	工业和信息化部	2018-4-1
JB/T 20011—2009	药用周转料斗式混合机	工业和信息化部	2010-4-1
JB/T 20013—2017	双锥回转式真空干燥机	工业和信息化部	2018-4-1
JB/T 20016—2011	滚筒式包衣机	工业和信息化部	2011-8-1
JB/T 20019—2014	药品电子计数装瓶机	工业和信息化部	2014-11-1
JB 20020—2004	旋转式压片机	国家发展和改革委员会.	2004-6-1
JB 20021—2004	高速旋转式压片机	国家发展和改革委员会	2004-6-1
JB/T 20022—2017	ZP 系列压片机药片冲模	工业和信息化部	2017-10-1
JB/T 20023—2016	药品泡罩包装机	工业和信息化部	2016-9-1
JB 20024—2004	中药自动制丸机	国家发展和改革委员会	2004-6-1
JB/T 20028—2017	胶囊片剂印字机	工业和信息化部	2018-4-1
JB/T 20029—2016	热压式蒸馏水机	工业和信息化部	2016-9-1
JB/T 20030—2012	多效蒸馏水机	工业和信息化部	2012-11-1
JB/T 20031—2016	纯蒸汽发生器	工业和信息化部	2016-9-1
JB/T 20032—2012	药用真空冷冻干燥机	工业和信息化部	2012-11-1
JB/T 20035—2013	除粉筛	工业和信息化部	2013-9-1
JB/T 20040—2009	分粒型刀式粉碎机	工业和信息化部	2010-4-1
药材采取与中药加工机械			
标准编号	标准名称	发布部门	实施日期
GB/T 30219—2013	中药煎药机	国家质量监督检验检疫总局	2014-10-1
JB/T 20039—2011	锤式粉碎机	工业和信息化部	2011-8-1
JB/T 20052—2005	变频式风选机	国家发展和改革委员会	2005-8-1
JB/T 20050—2018	润药机	工业和信息化部	2019-1-1
JB/T 20051—2018	炒药机	工业和信息化部	2019-1-1
JB/T 20053—2005	柔性支撑斜面筛选机	国家发展和改革委员会	2005-8-1
JB/T 20085—2014	隧道式微波干燥机	工业和信息化部	2014-11-1
JB/T 20088—2006	中药材截断机	国家发展和改革委员会	2006-5-25
JB/T 20089—2006	蒸药箱	国家发展和改革委员会	2006-5-25
JB/T 20090—2006	旋料式切片机	国家发展和改革委员会	2006-5-25
JB/T 20107—2007	药用卧式流化床干燥机	国家发展和改革委员会	2008-5-1

续表

药品检验仪器			
标准编号	标准名称	发布部门	实施日期
JB/T 20104—2007	片剂硬度仪	国家发展和改革委员会	2008-5-1
JB/T 20105—2007	脆碎度检查仪	国家发展和改革委员会	2008-5-1
JB/T 20156—2013	微粒检测仪	工业和信息化部	2013-12-1
JB/T 20178—2017	制药用水 总有机碳分析仪	工业和信息化部	2017-7-1
JB/T 20179—2017	微生物限度检验仪	工业和信息化部	2017-7-1
JB/T 20180—2017	隔离装置用手套检漏仪	工业和信息化部	2017-7-1
JB/T 20184—2017	细菌内毒素测定仪	工业和信息化部	2017-10-1
JB/T 20185—2017	热原检测仪	工业和信息化部	2017-10-1
JB/T 20186—2017	可见异物灯检仪	工业和信息化部	2017-10-1
JB/T 20187—2017	溶出度测定装置	工业和信息化部	2017-10-1

（三）制药机械产品的代码与型号

1. 制药机械产品的代码

制药机械产品的代码：依据 GB/T 7635.1—2002《全国主要产品分类与代码 第 1 部分：可运输产品》和《制药机械产品分类与代码》YY 0260-1997 进行编码，遵循的编码方法如下。

（1）制药机械的代码编制标准为层次代码结构，每层均以两位阿拉伯数字表示。

（2）每层的代码一般从“01”开始。按照升序排列，最多编制“99”，但主分类类目的代码从“10”开始编写。

（3）第一、二、三层的类目不再细分时，在它们的代码后面补“0”直至第八位。

第一层为制药机械的大类，如原料药设备及机械［10］；制剂机械［13］；药用粉碎机械［16］；饮片机械［19］等。第二层为区分各剂型机械的代码，如片剂机械［01］；水针剂机械［05］；大输液剂机械［13］；硬胶囊剂机械［17］等。第三层为按功能分类的代码，如片剂机械中压片机［09］。第四层按类型、结构分类，如压片机中，单冲［01］，高速旋转压片机［09］，自动高速压片机［13］。例如：高速旋转压片机代码为 13 01 09 09，全国制药机械产品分类与代码表（示例）见表 1-2。

表 1-2 全国制药机械产品分类与代码表（示例）

产品代码	产品名称	计算单位
10	原料药设备及机械	台、吨
1001	反应设备	台、吨
100101	生化反应设备	台、吨
10010101	往复式摇瓶机	台、吨
10010105	旋转式摇瓶机	台、吨

续表

产品代码	产品名称	计算单位
10010109	搅拌式发酵罐	台、吨
10010113	气升式发酵罐	台、吨
13	制剂机械	台、吨
1301	片剂机械	台、吨
130109	压片机	台、吨
13010901	单冲压片机	台、吨
13010905	旋转式压片机	台、吨
13010909	高速旋转式压片机	台、吨
13010913	自动高速旋转式压片机	台、吨
16	药用粉碎机械	台、吨
1601	机械式药用粉碎机	台、吨
16010100	齿式粉碎机	台、吨
19	饮片机械	台、吨
19010000	洗药机	台、吨
19050000	润药机	台、吨
22	制药用水设备	台、吨
2201	蒸馏水机	台、吨
22010100	列管式多效蒸馏水机	台、吨
25	药品包装机械	台、吨
2501	药用充填机	台、吨
250101	药用计数充填机	台、吨
25010101	转盘式计数充填机	台、吨
28	药物检测设备	台、吨
28010000	硬度测定仪	台、吨
28050000	溶出试验仪	台、吨
51	其他制药机械及设备	台、吨
51010000	局部层流装置	台、吨
51050000	就地清洗灭菌设备	台、吨

2. 制药机械产品的型号

(1) 制药机械产品型号的编制原则与方法

制药机械产品型号的编制来源于行业标准 JB/T 20188—2017《制药机械产品型号编制方法》，便于设备的销售、管理、选型与技术交流。其型号编制依次由制药机械类别代号、功能代号、型式代号、特征代号和规格代号组成。

类别代号——表示制药机械产品的类别；

功能代号——表示制药机械产品的功能；

型式代号——表示制药机械产品的机构、安装形式、运动方式等；

特征代号——表示制药机械产品的结构、工作原理等；

规格代号——表示制药机械产品的生产能力或主要性能参数。

注：① 代号中拼音字母的位数不宜超过5个，且字母代号中不应采用I和O两个字母；

② 规格代号用阿拉伯数字表示。当规格代号不需要数值表示时，可用罗马数字表示。

制药机械分类名称代号及产品型式代号可查阅JB/T 20188—2017《制药机械产品型号编制方法》，表1-3～表1-6数据均节选于此标准。

其格式为

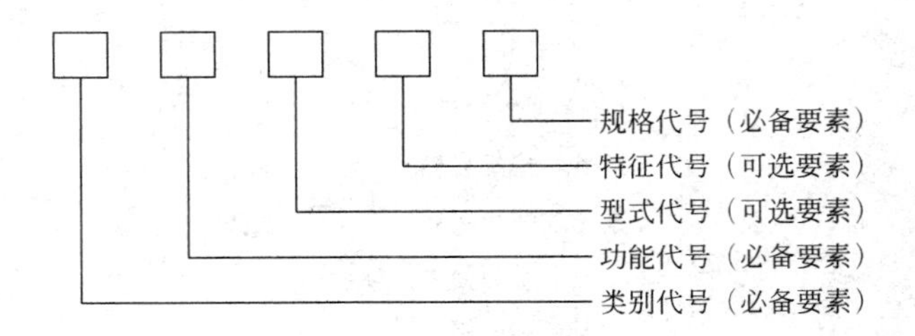

例如

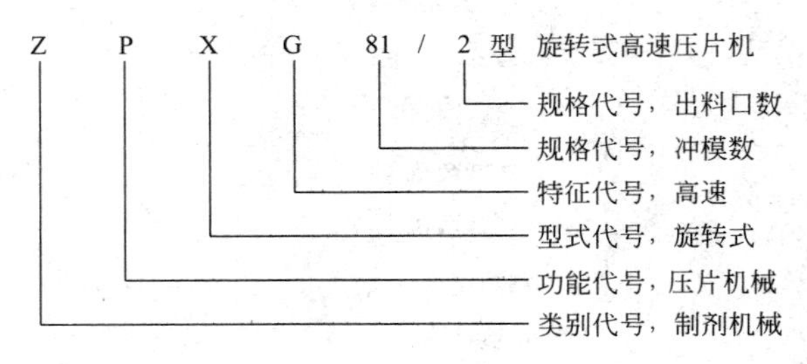

（2）制药机械产品型号编制代号

表1-3 产品类别代号

原料药机械及设备	制剂机械及设备	药用粉碎机械	饮片机械	制药用水、(汽)设备	药品包装机械	药物检测设备	其他制药机械及设备
Y	Z	F	P	S	B	J	Q

表1-4 功能代号

产品类别	产品功能	功能代号
原料药机械及设备(Y)	反应、发酵设备	F
	培养基设备	P
	塔设备	T
	结晶设备	J
	分离设备	LX
	过滤设备	GL
	筛分设备	S
	提取、萃取设备	T
	浓缩设备	N
	蒸发设备	Z
	干燥设备	G
	灭菌设备	M

续表

产品类别	产品功能		功能代号
制剂机械及设备(Z)	颗粒剂机械		KL
	片剂机械	混合机械	H
		制粒机械	L
		压片机械	P
		包衣机械	BY
	胶囊剂机械		N
	小容量注射剂机械	抗生素瓶注射剂机械	K
		安瓿注射剂机械	A
		卡式瓶注射器机械	KP
		预灌注注射器机械	YG
	大容量注射剂机械	玻璃输液瓶机械	B
		塑料输液瓶机械	S
		塑料输液袋机械	R
	丸剂机械		W
	栓剂机械		U
	口服液剂机械		Y
	滴眼剂机械		D
药用粉碎机械(F)	气流粉碎机械		Q
	超微粉碎机械		W

表 1-5　型式代号及特征代号

代号	型式	特征
A		安瓿
B	板翅式、板式、荸荠式、变频式、钵式、表冷式、耙式	半自动、半加塞、玻璃瓶、崩解、薄膜
C	槽式、齿式、沉降式、沉浸式、充填式、敞开式、称量式、齿式、传导式、吹送式、锤式、磁力搅拌式、穿流式	超声波、充填、除粉、超微、超临界、充氮、冲模、除尘、萃取、纯蒸汽、瓷缸、垂直
D	带式、袋式、刀式、滴制式、蝶式、对流式、道轨式、吊袋式	灯检、电子、多效、电磁、动态、电加热、滴丸、大容量、电渗析、冻干粉、多功能、滴眼剂
E	鄂式	
F	浮头式、翻袋式、风冷式	封口、封尾、沸腾、风选、粉体、翻塞、反渗透、粉针、防爆、反应、分装
G	鼓式、固定床式、刮板式、管式、滚板式、滚模式、滚筒式、滚压式、滚碾式、罐式、轨道式、辊式	干法、高速、干燥、灌装、过滤、高效、辊压、干热
H	虹吸式、环绕式、回转式、行列式、回流式	回收、混合、烘箱

续表

代号	型式	特征
J	挤压式、加压式、机械搅拌式、夹套式、降膜式、间歇式	计数、煎煮、加料、结晶、浸膏、均质、颗粒、胶塞
K	开合式、开式、捆扎式、可倾式	抗生素、开囊、扣壳、口服液瓶
L	冷挤压式、离心式、螺旋式、立式、连续式、列管式、龙门式、履带式、流化床、链式、料斗式	冷冻、冷却、联动机、理瓶、铝箔、蜡封、蜡壳、料斗、离子交换
M	模具式、膜式、脉冲式	灭菌、灭活、蜜丸、棉
N	内循环式、碾压式	浓缩、逆流、浓配、内加热
P	喷淋式、喷雾式、平板式、盘管式	泡罩、炮制、配液、抛光、破碎、片剂
Q	气流搅拌式、气升式	清洗、切药、取样、器具
R	容积式、热熔式、热压式	热泵、润药、溶出、软胶囊、软膏、乳化、软袋、热风
S	三足式、上悬式、升降式、蛇管式、隧道式、升膜式、水浴式	输液瓶、湿法、筛分、筛选、双效、双管板、渗透压、上料、塑料、塞、双锥、筛、水平、生物
T	填充式、筒式、塔式、套管式、台式	椭圆形、提取、提升、搪玻璃
U		U形
V		V形
W	外浮头式、卧式、万向式、涡轮式、往复式	外加热、微波、微粒、外循环
X	旋转式、旋流式、漩涡式、箱式、厢式、铣削式、悬筐式、下悬式、行星式、旋压式	循环、洗药、洗涤、旋盖、小容量、稀配
Y	摇摆式、摇篮式、摇滚式、叶片式、叶翅式、圆盘式、压磨式、移动式	预灌液、压力、一体机、易折、硬度、异物、液氮、硬胶囊、压塞、印字、液体
Z	直联式、自吸式、转鼓式、转笼式、转盘式、转筒式、锥蓝式、枕式、振动式、锥形、直线式	真空、重力、转子、周转、制粒、制丸、整粒、蒸药、蒸发、蒸馏、整粒、轧盖、纸、注射器、注射剂、自动、在位、在线、中模

注：规格代号原则上应表达产品的一个主要参数，如需要以两个参数表示产品规格时，用符号“/”间隔。

(3) 制药机械产品型号编制示例

表 1-6 制药机械产品型号编制示例

序号	产品名称	类别代号	功能代号	型式代号	特征代号	规格代号	型号示例
1	药物过滤洗涤干燥一体机	Y	GXG			过滤面积 $1m^2$	YGXG1 型
2	双效蒸发浓缩器	Y	ZN		S	1000kg/h，双效	YZNS1000 型
3	双锥回转式真空干燥机	Y	G	H	S	2000L，双锥形	YGHS2000 型
4	回流式提取浓缩机组	Y	TN	H		罐体容积 $2m^3$	YTNH2 型
5	带式微波真空干燥机	Y	G	D	W	微波输入功率 15kW	YGDW15 型
6	卡式瓶灌装封口机	Z	KP			3mL，卡式瓶	ZKP3 型
7	安瓿隧道式灭菌干燥机	Z	A	S	MG	网带宽度 mm/加热功率 kW	ZASMG600/40 型
8	旋转式高速压片机	Z	P	X	G	冲模数/出料口数	ZPXG81/2 型

续表

序号	产品名称	类别代号	功能代号	型式代号	特征代号	规格代号	型号示例
9	流化床制粒包衣机	Z	L	L	B	120kg/批	ZLLB120 型
10	玻璃输液瓶洗灌封联动线	Z	B		XGF	300 瓶/min,玻璃瓶	ZBXGF300 型
11	玻璃输液瓶轧盖机	Z	B		Z	300 瓶/min,玻璃瓶	ZBZ300 型
12	湿法混合制粒机	Z	HL		S	150L,湿法	ZHLS150 型
13	滚筒式包衣机	Z	B	G		150kg	ZBG150 型
14	塑料药瓶铝箔封口机	Z	F		S、L	60 瓶/min,塑料瓶,铝箱	ZFSL60 型
15	振动式药物超微粉碎机	F	W	Z		100L	FWZ100 型
16	滚筒式洗药机	P	X	G		直径 720mm	PXG720 型
17	电加热纯蒸汽发生器	S	Q		D	产蒸汽量 50kg/h	SQD50 型
18	列管式多效蒸馏水机	S	Z	L	D	1000L,4 效	SZLD1000/4 型
19	平板式药用铝塑泡罩包装机	B	P	P		包材最大宽度 170mm	BPP170 型
20	轨道式胶囊药片印字机	B	Y	G		1000 粒/h	BYG1000 型
21	安瓿注射剂电子检漏机	J	L		A	检测速度 300 瓶/min	JLA300 型
22	脆碎度检查仪	J	C			轮鼓个数	JC2 型
23	安瓿注射液异物检查机	J	YW		A	150 支/min,2mL 安瓿	JYWA150/2 型
24	药用螺旋输送机	Q	S	L		输送能力 800kg/h	QSL800 型
25	固定式料斗提升机	Q	T	G	L	提升质量 600kg	QTGL600 型
26	移动式在位清洗装置	Q	X	Y	Z	罐体容积 500L	QXYZ500 型

（四）制剂设备发展动态

1. 国内制剂设备的发展动态

制药设备是制药行业发展的手段、工具和物质基础。随着现代科技的飞速发展，人们对健康的追求日益提高，以及中药材生产质量管理规范（GAP）、GMP、药物非临床研究质量管理规范（GLP）、药品经营质量管理规范（GSP）等的进一步实施，我国的制药工业得到了迅速发展，现已有5000多家中西制药厂及数千家保健品企业。原国家药品监督管理局先后出台修改1998版和2010版《药品生产质量管理规范》，并制定了分步骤、分品种、分剂型组织实施GMP认证的规划，为了在规定的期限内使自己的企业能够从硬件（厂房、设备、设施）和软件［标准管理文件（SMP）、标准操作文件（SOP）、其他各种管理文件］两方面达到认证标准，全国各地药厂进行了轰轰烈烈的GMP厂房改造运动。在这股GMP厂房改造热潮的推动下，各地医药设计院、制药企业和制药装备行业协会狠抓制药设备引进、仿制、消化工作，新的制药设备不断出现。全国制药机械厂从开始的近百家迅速发展到960家之多。这些制药机械厂主要分布在北京、长沙及江浙沪地区。制药设备产品的品种已基本满足医药企业的装备需要，总计已有3000多个品种规格。在这门类繁多的产品中，不但有先进的符合GMP要求的单机设备，而且还有整套全自动生产机组。不仅为国内的医药企业的基本建设、技术改造、设备更新提供了大量的优质先进装备，而且还出口到美国、英国、日本、韩国、俄罗斯、泰国、印度尼西亚、马来西亚、菲律宾、巴基斯坦等30多个国家和地区。由于产品质量稳定可靠、售后服务及时、价格低廉实惠，深受国内外用户的欢迎和青睐。随着医药行业的发展以及我国药品质量监管体系的不断完善，药品GMP制度的深入推进，我国制药装备的技术水平得到了大幅提升。

我国制剂设备随着制剂工艺的发展和新型品种的日益增长而发展，一些新型先进的制剂设备的出现又将先进的工艺转化为生产力，促进了制药工业整体水平的提高。近年来，制剂设备新产品不断涌现，如高效混合制粒机、高速自动压片机、固体制剂自动化生产线、无菌冻干制剂自动化生产线、大输液生产线、口服液自动灌装生产线、电子数控螺杆分装机、水浴式灭菌柜、双铝热封包装机、电磁感应封口机等。这些新设备的出现，为我国制剂生产提供了相当数量的先进或比较先进的制药装备，一批高效、节能、机电一体化、符合GMP要求的高新技术产品为我国医药企业全面实施GMP奠定了设备基础。

我国制剂设备与国际先进设备相比，设备的自控水平、品种规格、稳定性、可靠性、全面贯彻GMP等方面还存在一定的差距，面对动态药品生产质量管理规范（cGMP）对制药机械的要求，制药机械企业必须加强技术创新，应做到以下几个方面。

（1）防污染安全方面　制药机械设备在生产过程中，最重要的是防污染安全问题。在制药机械设备设计制造过程中，既要保证机械设备的高速运转，又要避免出现设备故障或污染问题。如减少机械传动的模式，替换为伺服驱动机构，减少污染；改进机械结构，提高加工精度，防止机械传动机构漏油、漏气等。

（2）除尘防尘方面　机械设备在运行中都会散发一定量的尘埃，这也是洁净区的污染源之一。目前的固体制剂类设备已经注重了药物的产尘、防尘扩散和除尘设计，但机器设备本身的产尘、防尘和除尘设计工作处于起步阶段。随着GMP的发展，在“安全”的大理念下，防尘除尘设计势必会引起重视。因此，在今后制药设备的设计中，应加强制药机械自动化与密闭化，注重防尘除尘设计。

（3）需要提高信息化程度　人机界面操作更加人性化，易操作、易维修；运用高科技手段如模块化，对设备每个动作进行工艺参数的状态显示及控制，防止差错。

（4）维修与清洁　制药设备设计要考虑提高设备维修的可靠性和清洁制药设备的便捷性。清洗功能是制药设备在GMP管理中的基本功能，其主要作用是在药品的生产与加工过程中运用清洁方法确保药品的清洁质量。在宏观设计上要考虑配置在线清洗（CIP）、在线灭菌（SIP）、在线干燥、自动出料等自动化功能，彻底防止交叉污染，并配备打印记录。

（5）设备工作表面和周边区域表面应无死角、平整、光滑。对药品、药液更换品种时，设备应便于清洗、消毒，清洗应无死角。

（6）提供个性化服务　制药机械企业在经营管理的过程中，根据不同用户对不同部分提出的不同要求，可以进行产品定制化服务，实现设备和用户经营状况协调推进，这样能够促进制药设备企业和用户之间双赢。制药设备企业通过为用户提供定制化的服务，可提高自身的利润，也可以根据用户提出的要求有针对性地获得符合其自身需求的产品，有利于促进制药设备行业的长久发展。

2. 国外制剂设备的发展动态

制药设备对药品的质量起着举足轻重的作用，一个好的制药设备不仅需要满足制药工艺的要求，满足GMP的要求，还要便于操作，便于对其进行维修、维护、清洗和灭菌等。随着制药设备生产技术水平的提高，国外制剂设备发展的特点是向密闭生产，高效，多功能，提高连续化、自动化水平发展，并呈现了以下趋势。

(1) 固体制剂设备的密闭化和多功能化　制药设备的密闭化和多功能化，除了提高生产效率、节省能源、节约投资外，更主要的是符合《药品生产质量管理规范》的规定，如防止生产过程对药物可能造成的各种污染，以及可能影响环境和对人体健康造成危害等因素。

多功能为一体的设备都是在密闭条件下操作的，而且都是高效的。制剂设备的多功能化缩短了生产周期，减少了生产人员的操作量和物料输送，因此要应用先进技术，提高自动化水平，这些都是GMP对制剂设备提出的要求，也是近年来国外制剂设备发展的趋势。

固体制剂中混合、制粒、干燥是片剂压片之前的主要操作，围绕这个问题，国外几十年来一直大力研究新工艺，开发新设备，使操作更能满足GMP的要求。虽然20世纪60～70年代开发的流动床喷雾制粒器和20世纪70～80年代开发的机械式混合制粒设备（如比利时Collete公司的Gral强化混合制粒机、英国T. K. Fielder公司的高速混合制粒机、德国Diosna高速混合制粒机）仍在发挥作用，具有较广泛的使用价值和实用性，但是随着新工艺的开发和互联化、信息化技术的进一步应用，国外研发了大量集多功能于一体的智能化制药机械，如混合、制粒、干燥为一体的固体制剂制粒设备；集压片、筛片、除尘为一体的高速压片机；智能化的片剂自动生产线等。不仅在智能化、信息化方面提高了原有设备水平，满足了工艺革新和工程设计的需要，而且设置了先进的在线清洗及灭菌装置。

又如20世纪70年代问世的离心式包衣制粒机已为制剂工艺提供了制作缓释颗粒剂或药丸的多层包衣需要，但随着制剂新工艺、新剂型的需要，国外又开发了一些新型包衣、制粒、干燥设备。有的适合于大批量全封闭自动化生产，具有高的生产效率（如Huttlin包衣、造粒、干燥装置），有的无需溶剂可进行连续化操作的熔融包衣而又无需再进行干燥（如多功能连续化熔融包衣装置），都是对颗粒进行包衣的先进装置。

在固体制剂生产和药品包装线方面，国外在向自动化、连续化和智能化方向发展。从片剂车间看，操作人员只需要将原辅料用气流输送加入料斗和管理压片操作，其余可在控制室通过计算机管理和控制盘完成。药品包装生产线的特点是各单机既可独自运转又可成为自动生产线，主要是广泛采用了光电装置和先进的光纤等技术以及电脑控制，使生产线实现在线监控，自动剔除不合格品，保持生产的正常运行。

(2) 注射剂生产设备发展趋势　在注射剂生产设备方面，国外把新一代的设备开发与工程设计中车间洁净要求密切结合起来。如在水针剂方面，德国BOSCH公司在ACHEMA国际展览会上展出了入墙层流式新型针剂灌装设备，机器与无菌室墙壁连接混合在一起，操作立面离墙壁仅500mm，当包装规格变动时更换模具和导轨只需30min。检修可在隔壁非无菌区进行，维修时不影响无菌环境。机器占地面积小，更主要的是大大减少了洁净车间中A级平行流所需的空间，既节能又可减少工程投资费用，此外也进一步保证了洁净车间设计的要求，因为人员的走动、人数的增加都将影响环境洁净度，影响药品的质量。

吹气/灌装/密封系统（简称“吹灌封”）是成套专用机械设备，从一个热塑性颗粒吹制成容器到灌装和密封，整个过程由一台全自动机器连续操作完成。“吹灌封”技术在大容量注射剂中运用较多，近年欧美国家在塑料安瓿水针剂与滴眼剂中也有较多运用。由于我国GMP对此没有具体规定，所以在生产实践中，药厂大多按照设备供货商提出的技术及环境要求和建议，再结合我国GMP对操作环境不同的净化要求来实施，以至于国内“吹灌封”生产工艺良莠不齐。同样，由于我国GMP对此没有具体规定，使得在欧洲运用很广的塑料安瓿水针剂这一剂型在我国没能推广。

又如在粉针剂设备方面可提供灌封机与无菌室为组合的整体净化层流装置。它能保证有效的无菌生产而且使用该装置的车间环境无需特殊设计，能实现自动化。其他还有隔离层流式等。总之把装备的更新、开发与工程设计更紧密地结合在一起，这样在总体工程中体现了综合效益，这些就是国外工业先进国家近年来在制剂设备研制开发方面的新思路、新成果。

（3）无菌药品生产隔离技术　欧盟GMP中规定了无菌药品生产隔离操作技术，其宗旨是使设备能依靠屏障类隔离系统在两个不同洁净级别环境之间进行隔离，或者通过系统将人与实际生产环境相对隔离开。采用隔离操作技术能最大限度降低对操作人员的影响，并大大降低无菌生产环境中产品被微生物污染的风险。制药设备隔离化技术常有以下多种形式：手套式操作、封密仓、快速交换传递口、充气式密封、空气锁、装袋进出、管路密封输送、机械手等自动控制装置。隔离操作器可在C级或D级洁净区使用，能够明显降低操作和维护的成本，保证相应区域空气质量达到设定标准。传输装置可设计成单门的、双门的，甚至可以是同灭菌设备相连的全密封系统。

（4）模块化设计　模块化设计是指将原有的连续工艺根据工序性质的不同，分成许多个不同的模块组，比如将片剂分成粉体前处理模块（包括粉碎、筛粉等）、制粒干燥模块（湿法、干法、沸腾干燥等）、整粒及总混模块（包括整粒及总混合等）、压片模块、包衣模块、包装模块等。所有这些模块既需要单独进行系统配置，同时又要将所有模块用相应的手段诸如定量称量、批号打印、密闭转序、中央集中控制等进行合理连接，最后组成一个完整的系统。

如伊马包装加工设备有限公司生产的Adapta型胶囊充填机可以将粉剂、丸剂、液体制剂或片剂充填到硬胶囊中。其有以下特点：①设计灵活，可以使两种充填单元互换，使不同机器配置和充填组合的即插即用转换成为可能；②多产品复合充填。设计可满足在同一胶囊中充填三种产品（根据要求可以充填五种）的要求，胶囊产量达到100000粒/h；③全过程控制，清洁和维护操作简单。可配置高隔离防护系统。

此外，新技术在包装线上的应用也在不断扩大，如美国ENERCON公司的电磁感应式瓶口铝箔封口机；意大利百瑞安洁公司生产的“三合一”无菌灌装机是专门为使用聚丙烯（PP）材料而设计和建造的，无须更换任何部件即可随时更换原材料，如PP材料、聚乙烯（PE）材料、高密度聚乙烯（HDPE）材料；德国ALLTEC公司的无油墨激光打印机等均有新技术的广泛使用。

三、制药车间工程设计概述

制药车间工程设计是一项技术性很强的综合工作，是由工艺设计和非工艺设计（包括土建、设备、安装、采暖通风、电气、给排水、动力、自控、概预算、经济分析等专业）所组成。制药车间工程设计工作应委托经过资格认证并获有由主管部门颁发的具有医药专业设计资质证书的设计单位进行，作为从事制药工程专业的技术人员需要了解设计程序和标准规范，并具有丰富的生产实践和各专业知识，才能提供必要的设计条件和设计基础资料，协同设计单位完成符合标准规范要求并满足药品生产要求的设计工作。设计质量关系到项目投资、建设速度和使用效果，是一项政策性很强的工作。

（一）制药车间工程设计的一般程序

无论是基本建设工程，还是技术改造工程，以及其他固定资产投资工程，国家规定都必须严格按照相应的建设程序进行。设计工作仅仅是工程建设程序中诸多阶段工作中的一个阶段，同时设计阶段与其他各阶段有着密切的关系。所以，要搞好设计阶段工作必须了解全部建设程序，特别是设计阶段之前各阶段的内容和深度要求。作为建设单位的医药企业工程技术人员在整个工程建设程序中，特别是各阶段转换的衔接和后期工作中，应起积极的协调与组织作用。

建设程序 一个建设项目从准备、决策、设计、施工到竣工验收整个过程中的各个阶段及其先后顺序，称为建设程序。建设程序是建设工作全过程的客观规律，是从长期的建设实践中总结出来的科学结论。

制药工程建设项目从设想、提出到立项设计、施工，一般经过如图1-1所示程序。由图1-1可知，制药工程项目的设计包括三个阶段：设计前期工作阶段、设计工作阶段和设计后期服务阶段。在不同的阶段中，进行不同的工作，而这些阶段是相互联系的，工作是步步深入的。

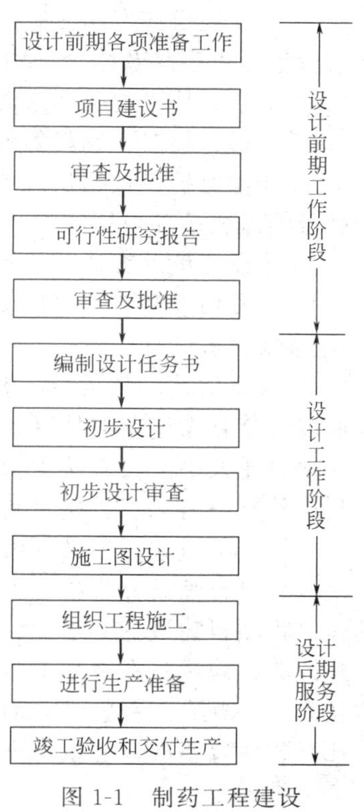

图1-1 制药工程建设项目一般程序

1.设计前期工作阶段

设计前期工作阶段又称为投资前时期。该阶段主要是根据国民经济和医药工业发展的需要，提出欲建制药工程项目设置地区、生产药品类别与规模、项目总投资及分配、工艺技术方案、原辅料来源、制药设备和其他材料的供应，实施项目必需的水、汽（气）、冷冻、电等公用工程和其他辅助设施配套等，做好技术和经济分析工作，以选择最佳方案，确保项目建设顺利进行和取得最佳经济效益。设计前期工作主要包括项目建议书及主管部门的批复文件、可行性研究报告及主管部门的批复文件和设计任务书。

在设计前期的工作中，项目建议书是投资决策前对项目建设的轮廓设想，提出项目建设的必要性和初步可能性，为开展可行性研究提供依据。国内外都非常重视这一阶段的工作并称其为决定投资命运的环节。前期工作的每个阶段均需有关主管部门的审查和批准。

（1）项目建议书 近年来，由于基建项目中利用外资、技术引进和设备进口工作特别强调经济效果，对外汇偿还能力、国内配套资金、配套原材料、动力、运输等条件都要经过调研落实，才能对外签约。因此，国家规定所有利用外资进行基本建设的项目、技术引进和设备进口项目，都要事先编制项目建议书，经过批准后再进行可行性研究。由于增加了项目建议书这道程序，对国家掌握和管理新上基建项目起到了积极有效的作用。目前，一般新建的基本建设项目已普遍把项目建议书作为基本建设的第一道程序。

项目建议书阶段的任务是为建设项目投资提出建议。根据工厂、建设地区的长远规划，结合本地区资源条件、现有生产能力的分布、市场对拟建产品的需求、社会效益和经济效益，在广泛调查、收集资料，踏勘厂址，基本弄清工程立项的可能性以后，编写项目建议书，向国家主管部门推荐项目。

项目建议书由建设单位自行或委托有工程咨询资格的咨询单位编制。建设项目建议书的基本内容和深度如下。

① 项目概述。包括立项的目的、必要性和依据、承办企业的基本情况等。

② 市场预测。国内外所供应市场的需求预测及预期的市场发展趋势、销售和价格分析、进口情况或出口可能性。

③ 建设规模和产品方案。合理的经济规模研究以及达到合理经济规模的可能性。产品方案应包括主产品及综合利用副产品情况。

④ 工艺、技术情况和来源。包括其先进性、可靠性及优缺点，主要设备的选择研究。

⑤ 原料、材料和燃料等资源的需要量和来源。

⑥ 环境保护。根据建设项目的性质、规模、建设地区的环境现状，对建设项目建成投产后可能造成的环境影响进行简要说明。

⑦ 建设厂址及交通运输条件。

⑧ 投资估算和资金筹措。投资需要数可按类似工程估算，资金来源要说明可能性。

⑨ 项目进度计划。

⑩ 效益估计。包括经济效益和社会效益估算、企业财务评价、国民经济评价、投资回收期以及贷款偿还期的估算。

项目建议书上报直接主管的领导机关部门审查。再根据项目规模大小和项目性质以及是否利用外资、有无引进技术和设备等情况，决定是否向更上一级的领导机关部门或有关主管部门申报。项目建议书必须由最终的有权部门批准，方可进行下一阶段工作。

（2）可行性研究报告　可行性研究是投资前期，通过调查研究，运用多种科学成果，对具体工程项目建设的必要性、可能性与合理性进行全面的技术经济论证。其主要任务是论证新建或改扩建项目在技术上是否先进、成熟、适用，在经济上是否合理。可行性研究的内容涉及面广，既有工程技术方面内容，又有工程经济方面内容。一般由建设单位或其主管部门委托有相应资格的设计或咨询单位进行可行性研究，通常按下列步骤进行调研和考虑编制报告书文件。

① 掌握项目建议书和项目建议书批复文件内容，按照其中规定的项目范围、内容和批复意见，开展可行性研究阶段的调研工作。

② 调查研究。对产品市场需求、价格、竞争能力、原材料、公用工程［水、电、气（汽）］、交通运输、环境保护等各项技术经济工作进行实际调查了解，经过分析研究分别作出评价。

③ 优选方案。根据调查掌握的资料，设计出多种可供选择的方案，经过比较和评价，选出最优方案。

④ 初步论证。对优选出来的方案，分析论证其是否符合已批准的项目建议书要求。项目方案在设计和施工方面是否可以实现。在工程经济方面进行敏感性分析，从产品成本、价格、销量等不确定因素变化对企业收益率的影响上看该项目的抗风险能力。

⑤ 编制可行性研究报告。根据上述调研材料和分析评价，按可行性研究报告内容和深度的有关规定编写可行性研究报告，详细论述项目建设的必要性，经济上和规模上的合理性，技术上的先进性、适用性和可靠性，财务上的盈利性、合理性，建设上的可行性，为有关部门决策提供可靠的依据。

可行性研究报告的内容一般应包括以下几个方面。

① 总论。概述项目名称、法人代表及企业介绍，编制的依据和原则，项目提出的背景，投资必要性和经济意义，研究范围和过程。

② 市场预测。该项目产品的品种、型号、规格、质量标准和用途。分析产品国内、外市场供需情况，预测产品的发展趋势，从而分析产品的价格及其供求变化趋势。

③ 产品方案及生产规模。从国家产业政策、行业发展规划、技术政策、产品结构和国家清洁生产的要求出发，结合市场预测情况，进行产品方案和生产规模的选择。

④ 工艺技术方案。介绍国内、外工艺技术概况，根据原材料的供应情况，进行工艺技

术方案的比较和选择，绘制工艺流程图；进行车间物料平衡和热量平衡计算；定出车间的消耗定额；进行自控方案和主要设备的选型。

⑤ 原料、辅助材料及燃料的供应。计算原料、辅助材料及燃料的需用量及其供应和运输情况。

⑥ 建厂条件和厂址方案。从厂址的天文地理资料、当地的社会经济、交通运输、资源供应、环境条件的现状和发展规划，总结出各厂址方案的优缺点并进行比较，确定厂址方案。

⑦ 公用工程和辅助设施方案。包括总图运输、给排水、供电及电讯、供热、供冷、仓储、运输、总体管网、空压站、氮氧站、冷冻站、维修、化验、土建、办公设施等方面的内容。

⑧ 节能、消防、环境保护、劳动保护与安全卫生。在可行性研究报告中都必须分别进行专篇论述，以达到政府对口职能部门的审查要求。

⑨ 工厂组织和劳动定员。论述工厂组织，车间班制和定员，人员的来源和培训方案。

⑩ 项目实施规划。确定项目建设的总时间，以图表形式表示项目具体实施规划的进度。

⑪ 投资估算和资金筹措。投资估算包括建设投资估算、固定资产投资方向调节税估算、建设期贷款利息估算、流动资金估算等，从而得出项目工程总投资。资金筹措包括资金来源和资金运筹计划。

⑫ 财务、经济评价及社会效益评价。估算生产成本和各类费用，进行财务评价。国民经济评价（包括静态指标、动态指标和不确定性分析）和社会效益的评价。

⑬ 结论。根据研究对项目进行综合评价，得出可行性研究报告总的结论，指出存在的问题，提出解决问题的建议。

可行性研究报告编制完成后，要按照分级管理权限，区分不同规模、不同性质的项目，分别报送有审批权的部门审查批准。

（3）设计任务书　设计任务书，又称计划任务书，是指导和制约工程设计和工程建设的决定性文件，它是根据可行性研究报告及批复文件编制的。编制设计任务书阶段，要对可行性研究报告的内容再深入研究，落实各项建设条件和外部协作关系，审核各项技术经济指标的可靠性，比较、确定建设厂址方案，核实建设投资来源，为项目的最终决策和编制设计文件提供科学依据。有了设计任务书，项目就可以进行初步设计和建设前期的准备工作。

设计任务书主要包括：①建设的目的和依据；②建设规模和产品方案；③技术工艺、主要设备选型、建设标准和相应的技术经济指标；④资源、水文地理、工程地质条件；⑤原材料、燃料、动力、运输等协作条件；⑥环境保护要求，资源综合利用情况；⑦建设厂址、占地面积和土地使用条件；⑧建设周期和实施进度；⑨投资估算和资金筹措；⑩企业组织劳动定员和人员培训设想；⑪ 经济效益和社会效益等。

设计任务书应按照建设项目的隶属关系，由主管部门组织建设单位委托设计单位或工程咨询单位进行编制，再报送有审批权的部门审批。

2. 设计工作阶段

设计工作阶段是通过技术手段把可行性研究报告和设计任务书的构思和设想变为现实，一般按工程的重要性、技术的复杂性，将设计工作阶段分为三段设计、两段设计或一段设计（见表 1-7）。

表 1-7 设计工作阶段的设计内容及对象

设计阶段	设计内容	设计对象
三段设计	初步设计→扩初设计→施工图设计	重大工程、技术上较新颖和复杂工程
两段设计	初步设计→施工图设计	技术成熟的中、小型项目
一段设计	施工图设计	技术简单、规模较小的工程项目

（1）初步设计　初步设计依据已批准的可行性研究报告和必要的基础资料及技术资料。对建设单位提出的可行性研究报告有重大不合理的问题时应与建设单位共同商议，提出解决办法，并报上级经批准后再继续进行初步设计。

初步设计的主要任务就是在批准的可行性研究报告范围内，确定全厂性设计原则、设计标准、设计方案和重大技术问题。如详细工艺管道流程，生产方法，工厂组成，总图布置，水、电、汽的供应方式和用量，关键设备及仪表选型，全厂贮运方案，消防、劳动安全与工业卫生，环境保护及综合利用以及车间或单体工程工艺流程和各专业设计方案等。编制出初步设计文件与概算。

根据建设规模初步设计可分为总体工程设计、车间（装置）设计及概算书。总体工程设计适用于新建、改扩建的大中型项目的初步设计。对小型建设项目及部分较简单的项目，可适当简化或将部分内容合并。车间（装置）设计适用于大中型项目中的车间（装置）的初步设计或总体工程设计内容不多的车间（装置）项目的设计。

初步设计深度应满足如下要求：①设计方案的比较选择和确定；②主要设备材料的订货；③土地征用；④基建投资的控制；⑤施工图设计的编制；⑥施工组织机构的编制；⑦施工准备和生产准备等。

初步设计中车间（装置）设计内容包括：①设计依据、设计范围及综合经济技术指标；②设计原则；③产品方案与建设规模；④生产方法及工艺流程；⑤生产制度；⑥原料及中间产品的技术规格；⑦物料计算、热量衡算；⑧主要工艺设备选择说明；⑨工艺主要原材料及公用系统消耗；⑩生产分析控制；⑪车间布置；⑫设备；⑬仪表及自动控制；⑭土建；⑮采暖、通风及空调；⑯公用工程；⑰原材料及成品贮运；⑱车间维修；⑲环境保护；⑳消防；㉑职业安全卫生；㉒节能；㉓车间定员；㉔概算；㉕产品成本；㉖主要技术经济指标。

（2）施工图设计　施工图设计是根据已批准的（扩大）初步设计及总概算为依据，它是为施工提供依据和服务的，由文字说明、表格和图纸三部分组成。施工图设计的深度应满足以下要求：①设备材料的安排和各种设备订货；②非标设备的设计；③施工图预算的编制；④土建、安装工程的要求。

施工图是工艺专业的最终成品，施工图纸包括：土建建筑及结构图、设备制造图、设备安装图、管道安装图、供电、供热、给水、排水、电信及自控安装图等。主要包括如下内容：①图纸目录；②设计说明；③管道及仪表流程图；④设备布置图；⑤设备一览表；⑥设备安装图；⑦设备地脚螺栓表；⑧管道布置图；⑨软管站布置图；⑩管道轴测图；⑪管道及管道特性表；⑫管架表；⑬弹簧表；⑭特殊管件图；⑮隔热材料表；⑯防腐材料表；⑰综合材料表；⑱设备管口方位图等。

施工图设计是设计部门工作最繁重的一个环节，其基本程序如图 1-2 所示。

3. 设计后期服务阶段

施工图纸交付建设单位后，设计人员要协助建设单位的工程招标，招标完成后，设计人员对项目建设单位和施工单位进行施工技术交底，必要时深入现场指导施工，配合解决施工

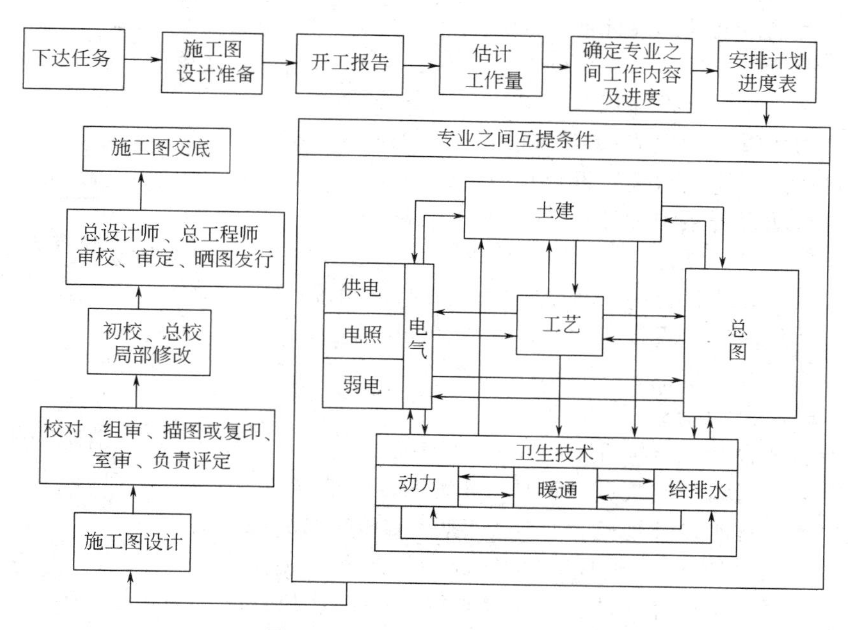

图 1-2　施工图设计基本程序

中存在的设计问题，并参与设备安装、调试、试运转和工程验收，直至项目运营正常。

施工中凡涉及方案问题、标准问题和安全问题变动，都必须首先与设计部门协商，待取得一致意见后，方可改动。因为项目建设的设计方案是经过可行性研究阶段，初步设计阶段和施工图阶段研究所确定的，施工中轻易改动，势必会影响到竣工后的使用要求；设计标准的改动涉及项目建设是否合乎 GMP 及其他有关规范和项目投资额度的增减；而安全方面的问题更是至关重要，其中不仅包括厂房、设施与设备结构的安全问题，而且也包括洁净厂房设计中建筑、暖通、给排水和电气专业所采取的一系列安全措施，因此都不得随意改动。

整个设计工程的验收是在建设单位的组织下，以设计单位为主，施工单位参加共同进行。

（二）制药车间工程设计所涉及的技术法规

制药车间工程设计是一项技术性很强的工作，其目的是要保证所建药厂（或车间）符合 GMP 及其他技术法规，技术上可行，经济上合理，安全有效，易于操作。

为方便设计查询，现将我国主要涉及医药工程设计的技术法规与规范列举如下。

①《药品生产质量管理规范》(2010 年版)；

②《药品生产质量管理规范实施指南》(2011 年版)；

③《医药工业洁净厂房设计规范》GB 50457—2008；

④《洁净室施工及验收规范》GB 50591—2010；

⑤《建设项目环境保护管理条例》中华人民共和国国务院令［1998］年第 253 号；

⑥《工业企业噪声控制设计规范》GB 50087—2013；

⑦《环境空气质量标准》GB 3095—2012；

⑧《工业企业厂界环境噪声排放标准》GB 12348—2008；

⑨《污水综合排放标准》GB 8978—1996；

⑩《锅炉大气污染物排放标准》GB 13271—2014；
⑪《建筑设计防火规范》GB 50016—2014；
⑫《建筑灭火器配置设计规范》GB 50140—2015；
⑬《建筑物防雷设计规范》GB 50057—2010；
⑭《爆炸危险环境电力装置设计规范》GB 50058—2014；
⑮《火灾自动报警系统设计规范》GB 50116—2013；
⑯《洁净厂房设计规范》GB 50073—2013；
⑰《建筑内部装修设计防火规范》GB 50222—2017；
⑱《工业建筑防腐蚀设计标准》GB/T 50046—2018；
⑲《建筑结构荷载规范》GB 50009—2012；
⑳《厂矿道路设计规范》GBJ 22—87；
㉑《工业企业设计卫生标准》GBZ 1—2010；
㉒《化工采暖通风与空气调节设计规范》HG/T 20698—2009；
㉓《建筑给水排水设计规范》（2009 年版）GB 50015—2003；
㉔《建筑照明设计标准》GB 50034—2013；
㉕《化工工厂初步设计文件内容深度规定》HG/T 20688—2000；
㉖《化工工艺设计施工图内容和深度统一规定》HG/T 20519—2009；
㉗《关于出版医药建设项目可行性研究报告和初步设计内容及深度规定的通知》国药综经字（1995），第 397 号；
㉘《制药机械产品分类及编码》GB/T 28258—2012。

思考题

1. 制药机械产品型号编制原则与方法分别是什么？试举例说明。
2. 阐述固体制剂设备现状及其发展趋势。
3. 可行性研究报告主要任务是什么？主要涵盖哪些内容？
4. 初步设计的依据是什么？涵盖内容及深度要求有哪些？
5. 施工图设计的依据是什么？涵盖内容及深度要求有哪些？
6. 解释下列名词：

固定资产投资、流动资金、总投资、投资回收期、盈亏平衡点、无菌隔离技术。

参考文献

[1] 教育部高等学校药学类专业教学指导委员会. 化工与制药类专业教学质量国家标准（制药工程专业）. 2018 年.
[2] 国家食品药品监督管理局. 药品生产质量管理规范（2010 年版）.
[3] 陈燕忠，朱盛山. 药物制剂工程. 第 3 版. 北京：化学工业出版社，2018.
[4] 张绪桥. 药物制剂设备与车间工艺设计. 北京：中国医药科技出版社，2000.
[5] 潘卫三. 药剂学. 北京：化学工业出版社，2017.
[6] 《关于出版医药建设项目可行性研究报告和初步设计内容及深度规定的通知》国药综经字（1995），第 397 号.
[7] 曹珣，沈启雯，梁毅. 浅谈国外制药设备最新发展趋势机电信息. 2016，470（8）：51-57.

[8] 刘庆良.制药设备CIP清洗站探讨.国高新技术企业，2016，380（29）：72-73.
[9] 王宁.制药设备的GMP功能及其运用.GM通用机械，2015，5：24-25.
[10] 赵文可.制药机械整体水平提高的办法策略.科技与企业，2014，16：312.
[11] 许力.药机械设计制造应注意的问题.设备管理与维修，2017，11：43-44.
[12] 刘凤珍，李国亮.我国实施药品GMP的回顾与展望.中国药事，2009，23（3）：286-289.
[13] 李在华.浅谈制药厂与制药机械厂的现状与发展趋势.中国制药装备，2008，4（2）：12-15.
[14] 胡大文，田耀华.欧盟GMP与我国现行GMP在工艺与设备方面的不同要求.中国制药装备，2008，2（1）：5-8.

第二章

药品生产质量管理规范与制剂工程

学习目标

掌握：2010版GMP与工程相关的主要内容；药品生产洁净室（区）的空气洁净度划分；GMP对药厂总体规划及对洁净厂房车间的设计及卫生要求；GMP对制剂生产设备的要求。

熟悉：管线综合布置原则；GMP认证与验证制度。

了解：国内外GMP的发展与实施；GMP飞行检查与药品生产安全的关系。

第一节　GMP的发展及实施

一、国际上GMP的发展及实施

1. GMP产生的历史背景

药品生产质量管理规范是社会发展中医药实践经验教训的总结和人类智慧的结晶。在国际上，GMP已成为药品生产和质量管理的基本准则，它是一套系统的、科学的管理制度。

GMP起源于美国，在此之前人类社会已经历了十多次较大的药物灾难，特别是20世纪最大的药物灾难“反应停”事件促进了它的诞生。

20世纪50年代后期，联邦德国格仑南苏制药厂生产了一种声称治疗妊娠反应的镇静药Thalidomide（沙利度胺，又称反应停）。而实际上，这是一种100%的致畸胎药。该药出售后的6年间，先后在联邦德国、澳大利亚、加拿大、日本以及拉丁美洲、非洲的28个国家，发现畸形胎儿12000余例（其中西欧就有近8000例）。患儿无肢或短肢，趾间有蹼，心脏畸形等先天性异常，呈海豹肢畸形，这种畸婴死亡率约50%，反应停的另一副作用是可引起多发性神经炎，约有患者1300例。

造成这场药物灾难的原因，是由于反应停未经过严格的临床前药理试验；另外，生产该药的格仑南苏制药厂虽已收到有关反应停毒性反应的100多例报告，但都被他们隐瞒下来。在17个国家里，反应停经过改头换面隐蔽下来，继续造成危害。日本至1963年才停用反应停，造成巨大的危害。

此次药物灾难的严重后果引起了美国公众的不安，激起公众对药品监督和药品法规的普遍关注，并最终导致了美国国会对《联邦食品、药品和化妆品法》的重大修改，明显加强了药品法的作用，具体有以下三个方面：

① 制药企业不仅要证明药品是有效的，而且是安全的；

② 制药企业要向 FDA 报告药品的不良反应；

③ 制药企业实施药品生产质量管理规范。对药品生产企业提出实施药品生产质量管理规范的要求。

1962 年，由 FDA（美国药品与食品管理局）组织美国坦普尔大学 6 名教授编写制定并由美国国会 1963 年首次发布的 GMP，经过多年的实践，逐渐在世界范围内得到推广应用。

2. 美国的 GMP 简介

1963 年，美国国会第一次颁布 GMP 法令，FDA 经过实施，收到实效。

此后 FDA 对 GMP 经过数次修订，并在不同领域不断地充实完善，使 GMP 成为美国药事法规体系的一个重要组成部分。

1972 年，美国规定：凡是向美国输出药品的药品生产企业以及在美国境内生产药品的外商都要向 FDA 注册，要求药品生产企业能够全面符合美国的 GMP。

1976 年，美国 FDA 又对 GMP 进行了修订，并作为美国法律予以推行实施。

1979 年，美国 GMP 修订本增加了包括验证在内的一些新的概念与要求。具体有以下几个方面。

① 首次正式提出了生产工艺验证的要求。

② 药品质量在整个有效期范围内均应予以保证。因此所有产品均应有足够稳定性数据支持的有效期。

③ 不论企业是如何组织的，任何药品生产企业均应有一个足够权威的质量管理部门，该部门要负责所有规程和批记录的审批。

④ 强调书面文件和规程。执行 GMP 就意味着药品生产和质量管理活动中所发生的每一种显著操作都必须按书面规程执行，并且要有文字记录。

⑤ 事故调查和生产数据的定期审查。规范要求对不能满足预期质量标准的批或者不能达到预期要求的批，必须调查其原因并采取相应的纠正措施。对所有生产工艺数据至少每年审查一次，以发现可能需要调整的趋势。

目前，美国实施的现行药品生产质量管理规范（current Good Manufacturing Practices，cGMP)，强调的是动态和现行，FDA 每年都会审核 GMP 的适用性，随时补充、更正 GMP，体现了最新的技术水平。

在美国，GMP 的原则性条款都包含在联邦法典中的 CFR210 和 211 部分中。此外，FDA 还以行业指南的形式起草和修订不同类型医药产品的 GMP 和具体 GMP 操作的行业规范，这些不断增补和修订的文件统称为 cGMP 指导文件。每份 cGMP 指导文件都是独立的，包括按照不同医药产品类型起草的 cGMP 指导和具体的 GMP 操作的 cGMP 指导。

举例如下。

• 生物制品：联邦法典 21 CFR 600

• 血液及血液成分：联邦法典 21 CFR 606

另有一些医药产品类型的 cGMP 是以行业指南的方式发布的，举例如下。

• 行业指南：通过灭菌工艺生产的无菌制剂的 cGMP

• 行业指南：造影剂生产的 cGMP

• 行业指南：医用气体的 cGMP

• 行业指南：复合类型产品（Combination Products）的 cGMP

更多的 cGMP 指导文件是针对特定 GMP 操作的指导规范，举例如下。

• 行业指南：混粉及终剂型加工剂型分层取样与评估

• 行业指南：计算机系统验证
• 行业指南：工艺验证通用原则
• 行业指南：清洁验证
• 行业指南：色谱方法验证
• 行业指南：对制剂和原料药批准上市前工艺验证方案的要求
• 行业指南：工艺过程分析技术

还有很多行业指南是与新药研发和药品注册相关的指导文件，这些文件中也包含了如何进行实验方法验证、工艺验证等与GMP相关的内容，这些文件都是GMP检查中需要依从的标准。除此之外，还有一些指导文件属于供GMP检查员参考的检查指南，举例如下。

• 制剂生产商现场检查指南
• 原料药现场检查指南
• 药品质量控制实验室检查指南
• 药品质量控制微生物实验室检查指南
• 清洁验证检查指南
• 高纯水系统现场检查指南

美国是GMP的发源地，至今仍保留了在GMP起草上的创新意识。FDA提倡检查员在现场检查中发现企业所采取的新方法和先进技术，如果这些新方法和先进技术被证明优于现行的GMP，就应当对其进行总结并将其变为cGMP。FDA于2011年成功加入药品检查国际公约组织（PIC/S）[1]，标志着美国GMP正式进入国际化发展阶段，并在中国、印度、英国等国设立了FDA办公室，负责对当地有出口美国药品制药企业的GMP检查。

3. WHO的GMP简介

1967年，世界卫生组织（WHO）出版的《国际药典（1967年版）》附录将GMP收载其中。

1969年，第22届世界卫生大会建议各成员国的药品生产采用GMP制度，以确保药品质量和参加"国际贸易药品质量签证体制"（Certification Scheme on the Quality of Pharmaceutical Products Moving in International Commerce）简称签证体制。

1975年11月提出了修正的GMP，并正式公布。

1977年，第28届世界卫生组织大会上，WHO将GMP确定为WHO的法规。WHO提出GMP制度是保证药品质量并把发生差错事故、混药、各类污染的可能性降到最低程度所规定的必要条件和最可靠的办法。

1986年5月，世界卫生组织大会通过了WHO药物政策修订版，认为保证药品安全性和质量有效，应建立国家药品立法和监管系统机制。

20世纪90年代WHO又多次对GMP进行了修订。

1992年修订版与1975年版比较，修订后的GMP，要求更加严格，内容更为充实，包括以下四方面：

（1）导言、总论和术语　介绍了GMP的产生、作用和GMP中所使用的术语。

（2）制药工业中的质量管理、宗旨和基本要素　这一部分包括QA、GMP、QC、环境和卫生、验证、用户投诉、产品收回、合同生产与合同分析、自检与质量审查、人员、厂房、设备、物料和文件共14个方面。

---

[1] 药品检查国际公约组织（PIC/S）是药品领域一个重要的国际组织，它通过制定国际通行的药品GMP指南，协调统一各国的GMP检查程序，从而促进各国药监机构之间的相互合作与互相信任。

（3）生产和质量控制　这部分包括生产、质量控制两项内容。

（4）增补的指导原则　包括灭菌药品及活性药物组分（原料药）的GMP。

1992年，WHO还公布了GMP指南修订版。WHO的GMP指南是建议性文本，各国需要根据具体条件进行采纳。

1996年，WHO公布了生产工艺验证GMP指南。

1997年，WHO公布了《药品质量保证：指南和相关资料的概述》。

WHO考虑到各国经济发展的不平衡，但同时也考虑到药品的特殊性，因此在GMP内容上只是做了原则性的规定，使用时通用性强，其目的是为各国政府和药品生产企业提供一个综合性的指导。

4. 其他一些国家或地区的GMP简介

1973年，日本提出了自己的GMP，1974年颁布试行。1980年日本正式实施GMP。1988年日本政府制定了原料药GMP，1990年正式实施。现行GMP自2005年4月1日实施。

欧盟（EU）作为欧洲国家的政治经济联合体，在医药产品方面也采取了相应的统一管理措施。EudraLex是欧盟发布的一系列关于药物管理的规则和规章，共10册，其中第4册是关于GMP的有关要求。第1版欧盟GMP发布于1989年，现已经过1992年、2004年、2005年及2010年4次修订。

欧盟GMP依据2003/94/EC号指令（关于人用药）及91/412/EEC号指令（关于兽用药）制定，共分为3个部分。第1部分为药品生产的基本要求，介绍了药品生产中采用GMP管理的基本原则；第2部分为原料药生产的基本要求，基于原料药生产与制剂生产的差异，对原料药生产过程相关的GMP管理提出更加明确的要求；第3部分为GMP相关的指南文件，表明了药政当局对于企业实施GMP的预期。

欧盟GMP的框架结构的特点是在主体GMP章节的基础上，通过附件的形式制订各种类型医药产品的GMP指导，在目前已发布的19个附件中有11个附件是不同类型医药产品的GMP指导，包括：

- 附件1：无菌制剂
- 附件2：生物药品
- 附件3：放射性药物
- 附件4：非免疫学兽药
- 附件5：免疫学兽药
- 附件6：医用气体
- 附件7：植物药
- 附件9：液剂、乳剂及膏剂
- 附件10：压力气雾剂和吸入剂
- 附件14：血液和血液制品
- 附件18：原料药

以附件形式起草各种类型医药产品的GMP可以使这些文件具有与GMP主体章节同等的地位，共同构成一个法规体系。但除了不同类型医药产品的GMP指导，欧盟的GMP体系中把GMP的操作规范也以附件的形式发布，而且穿插在不同类型医药产品GMP指导之间，使GMP整体框架结构显得比较凌乱。目前在19个附件中有8个附件属于GMP的操作规范，包括：

- 附件8：起始物料和包装材料的取样

- 附件 11：计算机系统
- 附件 12：药品生产中离子射线的应用
- 附件 13：研究性药品
- 附件 15：确认与验证
- 附件 16：QP 的审核和批放行
- 附件 17：参数放行
- 附件 19：参照样品和留样

欧盟成员国为了在欧洲范围内共享药品注册批准、GMP 认证、不良反应等信息，由欧洲药品管理局（EMA）负责，所有欧盟成员国的药品监管当局共同参与建立和完善了欧盟远程信息管理系统。该远程信息管理系统由临床研究信息（Eudra CT），欧洲内药品的研发、批准及生产情况（Eudra Data Warehouse）及药品生产发运管理（Eudra GMDP）等 11 个信息版块组成，通过其中的 Eudra GMDP 网站便可查询到所有欧盟 GMP 及药品发运质量管理规范（GDP）的认证情况。

到目前为止，已有 100 多个国家实行了 GMP 制度。

二、GMP 分类

从 GMP 适用范围来看，现行的 GMP 可分为三类：

（1）具有国际性质的 GMP　如 WHO 的 GMP，北欧七国自由贸易联盟制定的 PIC-GMP（PIC 为 Pharmaceutical inspection Convention，即药品生产检查互相承认公约），东南亚国家联盟的 GMP 等。

（2）国家权力机构颁布的 GMP　如原中华人民共和国卫生部及后来的国家食品药品监督管理总局、美国 FDA、英国卫生和社会保险部、日本厚生省等政府机关制订的 GMP。

（3）工业组织制订的 GMP　如美国制药工业联合会制订的，标准不低于美国政府制定的 GMP，中国医药工业公司制订的 GMP 实施指南，甚至还包括药厂或公司自己制订的。

从 GMP 制度的性质来看，又可分为两类：

（1）将 GMP 作为法典规定　如美国、日本、中国的 GMP。

（2）将 GMP 作为建议性的规定　有些 GMP 起到对药品生产和质量管理的指导作用，如联合国 WHO 的 GMP。

三、我国的 GMP 发展及实施

1. 我国的 GMP 发展历程

新中国成立以来，我国制药工业有了很大的发展，但其质量管理主要是以“三检三把关”为代表的质量检验方法。三检：自检、互检、专职检验。三把关：把好原材料、包装材料关，把好中间体质量关，把好成品质量关。

1982 年，中国医药工业公司制定了《药品生产管理规范（试行本）》。

1985 年，经修订后由国家医药管理局推行颁布。作为行业的 GMP 正式发布执行，并由中国医药工业公司编制了《药品生产管理规范实施指南》（1985 年版）。

1986 年，中国药材公司制定了《中成药生产管理规范》。

1988 年，卫生部颁布了中国第一部法定的《药品生产质量管理规范》。

1992 年，卫生部对 GMP 规范进行了修订，并与《GMP 实施细则》合并编成颁布了《药品生产质量管理规范》修订本。

1993 年，中国医药工业公司、中国化学制药工业协会修订《药品生产管理规范实施指南》。

1995年，开始GMP认证工作。

1998年，原国家药品监督管理局颁布1998修订版《药品生产管理规范》。修订后的GMP条理更加清晰，也便于与国际相互交流，是符合国际标准具有中国特色的GMP。

同时规定在3年内，血液制品、粉针剂、大输液、基因工程产品和小容量注射剂等剂型、产品的生产要达到GMP要求，并通过GMP认证。实施GMP认证工作与《许可证》换发及年检相结合，规定期限内未取得"药品GMP证书"的企业或车间，将取消其相应生产资格。

2001年，中国医药工业公司、中国化学制药工业协会修订了《药品生产管理规范实施指南》。

2003年1月执行新的《药品生产质量管理规范认证管理办法》，同时规定为了实现药品GMP认证工作的平稳过渡，自2003年1月1日起至2003年6月底前，对条件不成熟、尚未开展药品GMP认证工作的省、自治区、直辖市所在地的药品生产企业，报经省、自治区、直辖市药品监督管理局初审同意后，仍可向国家药品监督管理局申请药品GMP认证。

1998版GMP颁布后，原国家药品监督管理局在全国范围内开展了紧张有序的GMP实施工作，自1998年至2003年共发文4次，拟定和部署了实施GMP的时间表。

（1）血液制品企业必须于1998年12月31日前全部符合GMP要求，并通过GMP认证检查，否则立即停产。

（2）粉针剂（含冻干粉针剂）、大容量注射剂和基因工程产品应在2000年12月31日前通过GMP认证，小容量注射剂应在2002年12月31日前通过GMP认证。

（3）自2003年8月1日起，凡未取得"药品GMP证书"的放射性药品注射剂生产企业一律停止该剂型放射性药品的生产。

（4）2004年6月30日前，我国所有药品制剂和原料药的生产必须符合GMP要求，并取得"药品GMP证书"。生产其他剂型和类别药品的企业，自2004年7月1日起，凡未取得相应剂型或类别"药品GMP证书"的，一律停止生产。

截止于2004年6月30日，全国所有药品生产企业的所有剂型均已按要求在符合1998版GMP的条件下组织生产，为我国药品生产企业第一阶段的GMP执行工作画上了圆满的句号。

在制剂和原料药全面实施GMP的基础上，2003年，国家食品药品监督管理局将中药饮片、医用气体和体外生物诊断试剂纳入了GMP认证范围。明确规定体外生物诊断试剂自2006年1月1日起，所有医用气体自2007年1月1日起，中药饮片自2008年1月1日起必须在符合GMP的条件下生产。对未在规定期限内达到GMP要求并取得"药品GMP证书"的相关中药饮片、医用气体、体外生物诊断试剂生产企业一律停止生产。

2007年开始执行新的《药品GMP认证检查评定标准》，新评定标准条款的制定更加细化、严格，不仅取消了限期整改，进一步提高和完善了人员、质量、生产、物料和文件管理的检查项目，还强调与药品注册文件要求相匹配，要求原料药和制剂必须按注册批准的工艺生产。

2011年1月，原卫生部令第79号发布《药品生产质量管理规范（2010年修订）》，自2011年3月1日起施行。原国家食品药品监督管理局规定，2011年3月1日起，凡新建药品生产企业、药品生产企业新建（改、扩建）车间均应符合GMP（2010年修订）的要求。现有血液制品、疫苗、注射剂等无菌药品的生产，应在2011年12月31日前达到GMP（2010年修订）要求。其他类别药品的生产均应在2015年12月31日前达到GMP（2010年修订）要求。未达到 GMP（2010 年修订）要求的企业（车间），在规定期限后不得继续生产药品。此外，后续发布 12 个附件：无菌药品，原料药，生物制品，血液制品，中药制剂，放射性药品，医用氧，中药饮片，取样，计算机化系统，确认与验证，生化药品。其中：计算机化系统、确认与验证 2015 年 12 月 1 日起施行；生化药品 2017 年 9 月 1 日起施行。

2. 2010 版 GMP 主要变化

2010 版 GMP（以下简称“新版 GMP”）主要有四大变化。

第一，强化了管理方面的要求。

（1）提高了对人员的要求　“机构与人员”一章明确将质量受权人与企业负责人、生产管理负责人、质量管理负责人一并列为药品生产企业的关键人员。对生产管理负责人和质量管理负责人的学历要求由大专以上提高到本科以上，并要求有实践经验和管理经验。生产管理负责人应当至少具有药学或相关专业本科学历（或中级专业技术职称或执业药师资格），具有至少三年从事药品生产和质量管理的实践经验，其中至少有一年的药品生产管理经验，接受过与所生产产品相关的专业知识培训；质量管理负责人应当至少具有药学或相关专业本科学历（或中级专业技术职称或执业药师资格），具有至少五年从事药品生产和质量管理的实践经验，其中至少有一年的药品质量管理经验，接受过与所生产产品相关的专业知识培训。

（2）明确要求企业建立药品质量管理体系　新版 GMP 在“总则”中增加了对企业建立质量管理体系的要求，以保证 GMP 的有效执行。

（3）细化了对操作规程、生产记录等文件管理的要求。

第二，提高了部分硬件要求。

（1）调整了无菌制剂生产环境的洁净度要求　为确保无菌药品的质量安全，新版 GMP 在无菌药品附录中采用了 WHO 和欧盟最新的 A、B、C、D 分级标准，对无菌药品生产的洁净度级别提出了具体要求；增加了在线监测的要求，特别对生产环境中的悬浮微粒的静态、动态监测，对生产环境中的微生物和表面微生物的监测都做出了详细的规定。

（2）增加了对设备设施的要求　对厂房设施分生产区、仓储区、质量控制区和辅助区分别提出设计和布局的要求，对设备的设计和安装、维护和维修、使用、清洁及状态标识、校准等几个方面也都做出具体规定。无论是新建企业设计厂房还是现有企业改造车间，都应当考虑厂房布局的合理性和设备设施的匹配性。

第三，围绕质量风险管理增设了一系列新制度。

质量风险管理是美国 FDA 和欧盟 EMA 都在推动和实施的一种全新理念，新版 GMP 引入了质量风险管理的概念，并相应增加了一系列新制度，如供应商的审计和批准、变更控制、偏差管理、超标（OOS）调查、纠正和预防措施（CAPA）、持续稳定性考察计划、产品质量回顾分析等。这些制度分别从原辅料采购、生产工艺变更、操作中的偏差处理、发现问题的调查和纠正、上市后药品质量的持续监控等方面可能出现的风险进行管理和控制，促使生产企业建立相应的制度，及时发现影响药品质量的不安全因素，主动防范质量事故的发生。

第四，强调了与药品注册和药品召回等其他监管环节的有效衔接。

药品的生产质量管理过程是对注册审批要求的贯彻和体现。新版 GMP 在多个章节中都强调了生产要求与注册审批要求的一致性。如企业必须按注册批准的处方和工艺进行生产，按注册批准的质量标准和检验方法进行检验；采用注册批准的原辅料和与药品直接接触的包装材料的质量标准，其来源也必须与注册批准一致；只有符合注册批准各项要求的药品才可销售等。

经过 30 年持续推行 GMP，原国家药品监督管理局制定的分步骤、分品种、分剂型组织实施 GMP 工作的规划全部完成。我国的 GMP 认证工作取得了令世界瞩目的成绩，我国制药行业整体水平得到了历史性提升，医药领域新技术、新工艺飞速发展。质量管理方式的改变使我国药品生产质量的保证由被动控制转为主动预防，风险管理贯穿药品生产全过程，持续改进成为企业升级、创新发展的动力和目标。

四、实施 GMP 的目的与意义

随着社会的发展、科技的进步、人们生活水平的不断提高，与人类健康息息相关的药品质量也越来越受到关注，尤其是人民群众医药知识水平普遍提高，对药品的安全有效有了新的认识，对药品质量提出了更高的要求。如何确保药品质量已成为制药生产中的重点，实施 GMP 就有了其必然性。

实施 GMP 的主要目的是为了保护消费者的利益，保证人们用药的安全有效；但同时也是为了保护药品生产企业，强化药品监督管理。GMP 使药品生产企业有法可依，有法必依。执行 GMP 是药品生产企业生存和发展的基础。不实施 GMP，必然会导致企业生产低劣产品，其结果只能是企业倒闭。GMP 也使药品监督管理部门对药品生产企业的检查有了依据，监督有法可依。

药品是关系人民生命安危的特殊商品，药品不能简单从外观上判断其真伪优劣，必须要有一系列的规章制度、厂房设施、生产设备、化验仪器、检验方法等，才能保证药品质量的安全、有效。如果仅靠成品检验来保证药品质量，则有其局限性。这是因为药品的成品检验多属于破坏性检验，做不到每瓶、每片都能被检验，只能按批次进行抽样检验；药品检验的项目是以生产工艺及保证药品安全有效为主要依据而确立的，在进行药品检验时仪器和人员操作上还会存在误差。因此实施 GMP 对服务于人类健康的制药企业来说，具有重大的现实意义。

自改革开放以来，药品生产质量管理规范（GMP）在我国实现了从无到有、从点到面、从普及到提高的发展全过程。GMP 的实施有力地推动了我国制药工业实现跨越式发展，促使生产环境、制药设备、技术工艺，尤其是产品质量得到极大提高，有力地保证了人民群众用药安全有效。概括起来 GMP 有以下四个方面的贡献。

（1）培养了一批与国际接轨的 GMP 实施、执行与监管队伍。在全球一体化的大环境下，我国制药企业接受国际检查越来越多，同时我国药监部门也开始对进口药品的生产场地进行现场检查。在这种双向交流的情况下，我国培养出了一批较出色的 GMP 实施、执行与监管队伍，正逐步实现与国际接轨。

（2）促使药品生产的硬件设施和技术水平大幅度提升，部分达到国际水平。我国药品生产企业生产环境和生产条件发生了根本性的转变，从小、多、散、乱向规模化、集团化发展，制药工业总体水平显著提高。

（3）制药行业的综合实力得到提升，监管体系不断建立健全。GMP 要求对药品生产中原辅料采购和检验、生产投料、制剂加工、质量检验、仓储保存及产品出厂放行等生产全过程的条件和方法都进行科学、合理、规范的管理，以确保药品生产企业可以持续稳定地生产出合格药品。同时，药监部门通过在药品注册、飞行检查、市场抽检、不良反应等方面的严格管理、把关，建立起了一个全方位、立体有效的监管体系。

（4）我国药企的国际化水平提高。“中国制药”已经走出国门，进入国际市场。在原料药和制剂出口方面，目前我国超过 300 多家制药企业生产的品种取得了欧洲药典适应性证书（CEP 证书）、美国食品药品监督管理局（FDA）的药物管理档案（DMF）注册号。据中国医药保健品进出口商会的消息，2017 年我国西药制剂出口 34.56 亿美元，同比增长 8.32％。

药品管理法规要求药品生产企业一切按 GMP 办事，一切有记录可查。实施 GMP 要以硬件为基本条件，以软件为基础，以人员素质为保证。只有切实按照 GMP 去实施，才能防止药品质量事故的发生，才能始终生产出合格优质的药品。

第二节　GMP 的主要内容

一、GMP 的概念

药品生产质量管理规范，是指从负责指导药品生产质量控制的人员和生产操作者的素质到生产厂房、设施、建筑、设备、仓储、生产过程、质量管理、工艺卫生、包装材料与标签，直至成品的贮存与销售的一整套保证药品质量的管理体系。即 GMP 的基本点是为了要保证药品质量，必须做到防止生产中药品的混批、混杂污染和交叉污染，以确保药品的质量。

GMP 基本内容涉及人员、厂房、设备、卫生条件、起始原料、生产操作、包装和贴签、质量控制系统、自我检查、销售记表、用户意见和不良反应报告等方面。在硬件方面要有符合要求的环境、厂房、设备；在软件方面要有可靠的生产工艺、严格的管理制度、完善的验证系统。GMP 的主要内容概括起来有以下几点：①训练有素的生产人员、管理人员；②合适的厂房、设施、设备；③合格的原辅料、包装材料；④经过验证的生产方法；⑤可靠的监控措施；⑥完善的售后服务；⑦严格的管理制度。

二、我国 GMP 及其附录的主要内容

1. 我国 2010 修订版 GMP（新版 GMP）分为 14 章、54 小节、313 条 。详细描述了药品生产质量管理的基本要求，条款所涉及的内容基本保留了 1998 版 GMP 的大部分章节和主要内容，涵盖了欧盟 GMP 基本要求和 WHO 的 GMP 主要原则中的内容，适用于所有药品的生产。

第一章总则共有 4 条，指出药品质量管理体系涵盖影响药品质量的所有因素，包括确保药品质量符合预定用途的有组织、有计划的全部活动；明确了实施 GMP 的宗旨是最大限度地降低药品生产过程中污染、交叉污染以及混淆、差错等风险，确保持续稳定地生产出符合预定用途和注册要求的药品；同时强调企业执行本规范时应当坚持诚实守信，禁止任何虚假、欺骗行为。

与车间设施和设计直接相关的规定主要是第四章“厂房与设施”，共计 32 条，主要内容如下。

第三十八条　厂房的选址、设计、布局、建造、改造和维护必须符合药品生产要求，应当能够最大限度地避免污染、交叉污染、混淆和差错，便于清洁、操作和维护。

第三十九条　应当根据厂房及生产防护措施综合考虑选址，厂房所处的环境应当能够最大限度地降低物料或产品遭受污染的风险。

第四十条　企业应当有整洁的生产环境；厂区的地面、路面及运输等不应当对药品的生产造成污染；生产、行政、生活和辅助区的总体布局应当合理，不得互相妨碍；厂区和厂房内的人、物流走向应当合理。

第四十一条　应当对厂房进行适当维护，并确保维修活动不影响药品的质量。应当按照详细的书面操作规程对厂房进行清洁或必要的消毒。

第四十二条　厂房应当有适当的照明、温度、湿度和通风，确保生产和贮存的产品质量以及相关设备性能不会直接或间接地受到影响。

第四十三条　厂房、设施的设计和安装应当能够有效防止昆虫或其他动物进入。应当采取必要的措施，避免所使用的灭鼠药、杀虫剂、烟熏剂等对设备、物料、产品造成污染。

第四十四条　应当采取适当措施，防止未经批准人员的进入。生产、贮存和质量控制区不应当作为非本区工作人员的直接通道。

第四十五条　应当保存厂房、公用设施、固定管道建造或改造后的竣工图纸。

关于生产区的硬件设施规定有16条，具体条目如下。

第四十六条　为降低污染和交叉污染的风险，厂房、生产设施和设备应当根据所生产药品的特性、工艺流程及相应洁净度级别要求合理设计、布局和使用，并符合下列要求：

（1）应当综合考虑药品的特性、工艺和预定用途等因素，确定厂房、生产设施和设备多产品共用的可行性，并有相应评估报告；

（2）生产特殊性质的药品，如高致敏性药品（如青霉素类）或生物制品（如卡介苗或其他用活性微生物制备而成的药品），必须采用专用和独立的厂房、生产设施和设备。青霉素类药品产尘量大的操作区域应当保持相对负压，排至室外的废气应当经过净化处理并符合要求，排风口应当远离其他空气净化系统的进风口；

（3）生产β-内酰胺结构类药品、性激素类避孕药品必须使用专用设施（如独立的空气净化系统）和设备，并与其他药品生产区严格分开；

（4）生产某些激素类、细胞毒性类、高活性化学药品应当使用专用设施（如独立的空气净化系统）和设备；特殊情况下，如采取特别防护措施并经过必要的验证，上述药品制剂则可通过阶段性生产方式共用同一生产设施和设备；

（5）用于上述第（2）、（3）、（4）项的空气净化系统，其排风应当经过净化处理；

（6）药品生产厂房不得用于生产对药品质量有不利影响的非药用产品。

第四十七条　生产区和贮存区应当有足够的空间，确保有序地存放设备、物料、中间产品、待包装产品和成品，避免不同产品或物料的混淆、交叉污染，避免生产或质量控制操作发生遗漏或差错。

第四十八条　应当根据药品品种、生产操作要求及外部环境状况等配置空调净化系统，使生产区有效通风，并有温度、湿度控制和空气净化过滤，保证药品的生产环境符合要求。洁净区与非洁净区之间、不同级别洁净区之间的压差应当不低于10帕斯卡。必要时，相同洁净度级别的不同功能区域（操作间）之间也应当保持适当的压差梯度。

口服液体和固体制剂、腔道用药（含直肠用药）、表皮外用药品等非无菌制剂生产的暴露工序区域及其直接接触药品的包装材料最终处理的暴露工序区域，按照D级洁净区的要求设置，企业可根据产品的标准和特性对该区域采取适当的微生物监控措施。

第四十九条　洁净区的内表面（墙壁、地面、天棚）应当平整光滑、无裂缝、接口严密、无颗粒物脱落，避免积尘，便于有效清洁，必要时应当进行消毒。

第五十条　各种管道、照明设施、风口和其他公用设施的设计和安装应当避免出现不易清洁的部位，应当尽可能在生产区外部对其进行维护。

第五十一条　排水设施应当大小适宜，并安装防止倒灌的装置。应当尽可能避免明沟排水；不可避免时，明沟宜浅，以方便清洁和消毒。

第五十二条　制剂的原辅料称量通常应当在专门设计的称量室内进行。

第五十三条　产尘操作间（如干燥物料或产品的取样、称量、混合、包装等操作间）应当保持相对负压或采取专门的措施，防止粉尘扩散、避免交叉污染并便于清洁。

第五十四条　用于药品包装的厂房或区域应当合理设计和布局，以避免混淆或交叉污染。如同一区域内有数条包装线，应当有隔离措施。

第五十五条　生产区应当有适度的照明，目视操作区域的照明应当满足操作要求。

第五十六条　生产区内可设中间控制区域，但中间控制操作不得给药品带来质量风险。

第五十七条　仓储区应当有足够的空间，确保有序存放待验、合格、不合格、退货或召回的原辅料、包装材料、中间产品、待包装产品和成品等各类物料和产品。

第五十八条　仓储区的设计和建造应当确保良好的仓储条件，并有通风和照明设施。仓储区应当能够满足物料或产品的贮存条件（如温湿度、避光）和安全贮存的要求，并进行检查和监控。

第五十九条　高活性的物料或产品以及印刷包装材料应当贮存于安全的区域。

第六十条　接收、发放和发运区域应当能够保护物料、产品免受外界天气（如雨、雪）的影响。接收区的布局和设施应当能够确保到货物料在进入仓储区前可对外包装进行必要的清洁。

第六十一条　如采用单独的隔离区域贮存待验物料，待验区应当有醒目的标识，且只限于经批准的人员出入。不合格、退货或召回的物料或产品应当隔离存放。如果采用其他方法替代物理隔离，则该方法应当具有同等的安全性。

第六十二条　通常应当有单独的物料取样区。取样区的空气洁净度级别应当与生产要求一致。如在其他区域或采用其他方式取样，应当能够防止污染或交叉污染。

关于质量控制区的规定有5条：

第六十三条　质量控制实验室通常应当与生产区分开。生物检定、微生物和放射性同位素的实验室还应当彼此分开。

第六十四条　实验室的设计应当确保其适用于预定的用途，并能够避免混淆和交叉污染，应当有足够的区域用于样品处置、留样和稳定性考察样品的存放以及记录的保存。

第六十五条　必要时，应当设置专门的仪器室，使灵敏度高的仪器免受静电、震动、潮湿或其他外界因素的干扰。

第六十六条　处理生物样品或放射性样品等特殊物品的实验室应当符合国家的有关要求。

第六十七条　实验动物房应当与其他区域严格分开，其设计、建造应当符合国家有关规定，并设有独立的空气处理设施以及动物的专用通道。

关于辅助区的规定有3条：

第六十八条　休息室的设置不应当对生产区、仓储区和质量控制区造成不良影响。

第六十九条　更衣室和盥洗室应当方便人员进出，并与使用人数相适应。盥洗室不得与生产区和仓储区直接相通。

第七十条　维修间应当尽可能远离生产区。存放在洁净区内的维修用备件和工具，应当放置在专门的房间或工具柜中。

2.GMP附录对药品生产厂房的洁净级别及要求做了明确规定。对空气净化系统等设施也有详细的规定。药品生产洁净室（区）的空气洁净度划分为A、B、C、D四个级别。

A级：高风险操作区。如灌装区、放置胶塞桶、敞口安瓿瓶、敞口西林瓶的区域及无菌装配或连接操作的区域。通常用层流操作台（罩）来维持该区的环境状态。层流系统在其工作区域必须均匀送风，风速为0.36～0.54m/s。应有数据证明层流的状态并须验证。在密闭的隔离操作器或手套箱内，可使用单向流或较低的风速。

B级：指无菌配制和灌装等高风险操作A级区所处的背景区域。

C级和D级：指生产无菌药品过程中重要程度较次的洁净操作区。

3.GMP要求对A、B、C、D级洁净室（区）空气悬浮粒子进行动态监测。各级别空气悬浮粒子的标准规定如表2-1所示。

表 2-1 洁净室（区）各级别空气悬浮粒子的标准规定表

洁净度级别	悬浮粒子最大允许数/m^3			
	静态		动态	
	粒径≥0.5μm	粒径≥5μm	粒径≥0.5μm	粒径≥5μm
A 级	3500	1	3500	1
B 级	3500	1	350000	2000
C 级	350000	2000	3500000	20000
D 级	3500000	20000	不做规定	不做规定

表 2-1 中，“静态”是指所有生产设备均已安装就绪，但未运行且没有操作人员在场的状态。“动态”是指生产设备按预定的工艺模式运行并有规定数量的操作人员在现场操作的状态。生产操作全部结束，操作人员撤离生产现场并经 15～20min 自净后，洁净区的悬浮粒子应达到表中的“静态”标准。药品或敞口容器直接暴露的环境的悬浮粒子动态测试结果应达到表中 A 级的“动态”标准。灌装时，产品的粒子或微小液珠会干扰灌装点的测试结果，可允许这种情况下的测试结果并不始终符合标准。

悬浮粒子最大允许数指根据光散射悬浮粒子测试法，在指定点测得等于和/或大于粒径标准的空气悬浮粒子浓度。应对 A 级区“动态”的悬浮粒子进行频繁测定，并建议对 B 级区“动态”的悬浮粒子也进行频繁测定。A 级区和 B 级区空气总的采样量不得少于 $1m^3$，C 级区也宜达到此标准。

为了达到 B、C、D 级区的要求，换气次数应根据房间的功能、室内的设备和操作人员数决定。空调净化系统应当配有适当的终端过滤器，如：A、B 和 C 级区应采用不同过滤效率的高效过滤器（HEPA）。

表 2-1 中“静态”及“动态”条件下悬浮粒子最大允许数基本上对应于 ISO 14644—1 0.5μm 悬浮粒子的洁净度级别。

A 级静态及动态下粒子粒径≥5μm，B 级静态下粒子粒径≥5μm 的区域应完全没有≥5μm 的悬浮粒子，由于无法从统计意义上证明不存在任何悬浮粒子，因此将标准设成 1 个/m^3，但考虑到电子噪声、光散射及二者并发所致的误报因素，可采用 20 个/m^3 的限度标准。在进行洁净区确认时，应达到规定的标准。

须根据生产操作的性质来决定洁净区的要求和限度。温度、相对湿度等其他指标取决于产品及生产操作的性质，这些参数不应对规定的洁净度造成不良影响。

4. 洁净室（区）微生物监控的动态标准如表 2-2 所示，表中各数值均为平均值。

表 2-2 洁净室（区）微生物监控的动态标准

洁净度级别	浮游菌 /(cfu/m^3)	沉降菌[①]（φ90mm）/[cfu/(4h)]	表面微生物	
			接触碟（φ55mm）/(cfu/碟)	5 指手套 /(cfu/副)
A 级	<1	<1	<1	<1
B 级	10	5	5	5
C 级	100	50	25	—
D 级	200	100	50	—

① 可使用多个沉降碟连续进行监控，单个沉降碟的暴露时间可以少于 4h。

5. 无菌药品的生产洁净区内相应级别的规定见表2-3和表2-4。

表 2-3 最终灭菌产品生产环境的空气洁净度级别表

洁净度级别	最终灭菌产品的无菌操作示例
C级背景下的局部A级	高污染风险①的产品灌装(或灌封)
C级	产品灌装(或灌封); 高污染风险②产品的配制和过滤; 滴眼剂、眼膏剂、软膏剂、乳剂和混悬剂的配制、灌装(或灌封); 直接接触药品的包装材料和器具最终清洗后的处理
D级	轧盖; 灌装前物料的准备; 产品配制和过滤(指浓配或采用密闭系统的稀配); 直接接触药品的包装材料和器具最终清洗后的处理

① 此处的高污染风险是指产品容易长菌、灌装速度很慢、灌装用容器为广口瓶、容器须暴露数秒后方可密闭等状况。

② 此处的高污染风险是指产品容易长菌、配制后需等待较长时间方可灭菌或不在密闭容器中配制等状况。

表 2-4 非最终灭菌产品生产环境的空气洁净度级别表

洁净度级别	非最终灭菌产品的无菌操作示例
B级背景下的A级	产品灌装(或灌封)、分装、压塞、轧盖; 灌装前无法除菌过滤的药液或产品的配制; 冻干过程中产品处于未完全密封状态下的转运; 直接接触药品的包装材料,器具灭菌后的装配、存放以及处于未完全密封状态下的转运; 无菌原料药的粉碎、过筛、混合、分装
B级	冻干过程中产品处于完全密封容器内的转运; 直接接触药品的包装材料、器具灭菌后处于完全密封容器内的转运
C级	灌装前可除菌过滤的药液或产品的配制; 产品的过滤
D级	直接接触药品的包装材料,器具的最终清洗、装配或包装、灭菌

GMP附录同时对洁净室(区)的管理做了下列要求。

(1) 高污染风险的操作宜在隔离操作器中完成。隔离操作器及其所处环境的设计,应能保证相应区域空气的质量达到设定标准。物品进出隔离操作器应特别注意防止污染。隔离操作器所处环境的洁净度级别取决于其设计及应用。无菌操作的隔离操作器所处环境的洁净度级别至少应为D级。

(2) 由于轧盖会产生大量的微粒,应设置单独的轧盖间,并有措施防止所产生的微粒对其他区域的污染。

(3) 无菌操作洁净区内的人数应严加控制,检查和监督应尽可能在无菌操作的洁净区外进行。在洁净区工作的人员(包括清洁工和设备维修工)都必须定期培训,以使无菌药品的操作符合要求,培训的内容应包括卫生和微生物方面的基础知识。

(4) 高标准的个人卫生及清洁要求极为重要。更衣和洗手必须遵循相应的书面规程,以尽可能减少对洁净区的污染或将污染物带入洁净区。洁净区内不得佩戴手表和首饰,不得涂抹化妆品。

(5) 人员的便服不得带入通向B、C、D级区的更衣室。每位员工每次进入A、B级区操作,都应更换无菌工作服。

(6) 无菌生产的A/B级洁净区内禁止设置水池和地漏。在其他洁净区内,机器设备或水池与地漏不应直接相连。洁净区内的地漏应设水封，防止倒流。

（7）更衣室应设计成气闸室并使更衣的不同阶段分开，以尽可能避免工作服被微生物和微粒污染。更衣室应有足够的换气次数。更衣室后段的静态洁净度级别应与其相应洁净区的级别相同。必要时，最好将进入和离开洁净区的更衣间分开设置。一般情况下，洗手设施只能安装在更衣室前段。

（8）为了尽可能减少微粒或微生物的散发或积聚、便于反复清洁和消毒，洁净区内所有暴露的内表面应平整光滑、密封、无裂缝。便于清洁，不得使用移动门。

三、部分国家和组织 GMP 空气洁净度级别

目前，GMP 在世界大多数国家和组织得到广泛的实施，各个国家和组织在实施 GMP 过程中对空气洁净度级别的规定存在着共同点和不同点。表 2-5 是部分国家和组织 GMP 空气洁净度级别表。

表 2-5　部分国家和组织 GMP 空气洁净度级别表

名称	空气洁净度级别/级	尘粒最大允许数/(粒/m^3)				微生物最大允许数			
		≥0.5μm		≥5μm		浮游菌/(个/m^3)		沉降菌(φ90mm)/(cfu/4h)	
		静态	动态	静态	动态	静态	动态	静态	动态
中国 GMP(2010)	A	3.5×10^{3}	3.5×10^{3}	1	1	—	<1	—	<1
	B	3.5×10^{3}	3.5×10^{5}	1	2×10^{3}	—	10	—	5
	C	3.5×10^{5}	3.5×10^{6}	2×10^{3}	2×10^{4}	—	100	—	50
	D	3.5×10^{6}	不做规定	2×10^{4}	不做规定	—	200	—	100
日本制药工业协会 GMP	100	—	3.5×10^{3}	—	—	—	5	—	0.5
	10000	—	3.5×10^{5}	—	—	—	20	—	2.5
	100000	—	3.5×10^{6}	—	—	—	150	—	10
美国(FDA)GMP	100	—	3.5×10^{3}	—	—	—	<1	—	1
	1000		3.5×10^{4}				7		3
	10000		3.5×10^{5}				50		5
	100000	—	3.5×10^{6}	—	—	—	100	—	50
欧盟(EU)GMP	A	3.5×10^{3}	3.5×10^{3}	0	0	—	1	—	0.125
	B	3.5×10^{3}	3.5×10^{5}	0.2×10^{3}	—	—	10	—	0.625
	C	3.5×10^{5}	3.5×10^{6}	2×10^{3}	2×10^{4}	—	100	—	6.25
	D	3.5×10^{6}	—	2×10^{4}	—	—	200	—	12.5

由上表可以看出部分国家和组织 GMP 空气洁净度级别划分的共性：对于任一空气洁净度级别，GMP 既规定了尘粒最大允许数，又规定了微生物最大允许数。尘粒数均控制≥0.5μm 的上限值，微生物数均控制每立方米浮游菌和沉降菌个数上限。

分析表中所列数据，其不同点：空气洁净度级别的级数不同，我国 GMP 规定空气洁净度级别分为 A、B、C、D 四个级别，与欧盟（EU）GMP 规定一致；日本制药工业协会 GMP 规定为 100、10000、100000 三个级别；美国（FDA）GMP 规定分为 100、1000、10000、100000 四个级别；我国 GMP 关于洁净室空气尘粒最大允许数对静态、动态均有指

标规定，对微生物最大允许数只规定了动态测试指标，这方面与欧盟GMP指标一致；日本、美国则规定了动态测试指标。

第三节　GMP与药厂总体规划

我国2010版GMP第四章厂房与设施中对厂房的选址与总体设计的基本要求主要为第三十八条～第四十条内容（见前文）。

一、厂址的选择

不管是什么类型的药厂，在选择厂址时均应考虑周全，更应严格按照国家的有关规定和规范执行。厂址选择是一项政策、经济、技术性很强的综合性工作。根据拟建工程项目所必须具备的条件，结合制药工业的特点，在拟建地区范围内进行详尽的调查和勘测，通过多方案的相互比较，提出推荐方案，编制厂址选择报告并进行论证，经上级主管部门批准后，即可确定厂址的具体位置。

一般选择制药厂厂址时应遵循以下原则。

（1）一般有洁净厂房的药厂，厂址宜选在大气含尘、含菌浓度低、含有害气体浓度低且自然环境好的区域。

表2-6与表2-7分别表示不同区域的大气含尘浓度和室外大气品质分类。通过比较可知，药厂选址在农村（田野）、市郊含尘浓度低的地方，对空气的净化处理是大有好处的。当然，也要防止因过分强调环境大气条件而在厂址选择上走向极端，必须综合考虑各种因素，如交通、能源、市场等因素。

表2-6　不同区域的大气含尘浓度

场所	质量浓度/(mg/m^3)	≥0.5μm粉尘计数浓度/(个/m^3)
市中心	0.1～0.35	$(15\sim35)\times10^7$
市　郊	0.05～0.3	$(8\sim20)\times10^7$
田　野	0.01～0.1	$(4\sim8)\times10^7$

表2-7　室外大气品质分类

分类	质量浓度/(mg/m^3)	≥0.5μm粉尘计数浓度/(个/m^3)
清洁地区	0.15	3.5×10^7
普通地区	0.5	1.8×10^8
污染地区	2.0	1.8×10^9

（2）有洁净厂房的药厂厂址应远离码头、铁路、机场、交通要道以及散发大量粉尘和有害气体的工厂、仓储、堆场，远离严重空气污染、水质污染、振动或噪声干扰的区域。如不能远离以上区域时，则应位于其最大频率风向的上风侧。医药工业洁净厂房新风口与市政交通主干道近基地侧道路红线之间距离宜大于50m。

（3）交通便利、通信方便。制药厂的运输较频繁，为了减少经常运行费用，制药厂尽量不要远离原料来源和用户，以求在市场中发展壮大。

（4）确保水、电、汽的供给。水、电、汽是制药厂生产的必需条件。充足和良好的水源，对药厂来讲尤为重要。同样，足够的电能，对药厂也很重要，有许多原料药厂因停电而损失相当惨重。所以要求有两路进电确保电源。

（5）应有长远发展的余地。制药企业的品种相对来讲是比较多的而且更新换代也比较频繁。随着市场经济的发展，每个药厂必须要考虑长远的发展规划，绝不能图眼前利益，所以在选择厂址时应有考虑余地。

（6）要节约用地，珍惜土地。

（7）选择厂址时应考虑防洪，必须高于当地最高洪水位 0.5m 以上。

二、总体规划

1. 厂区划分和组成

厂区可按不同方式划分，应按生产、行政、生活和辅助等功能布局和划分，也可分为生产区、辅助区、动力区、仓库区、厂前区等，总的说来一般药厂由以下几个部分组成。

（1）主要生产车间（原料、制剂等）。

（2）辅助生产车间（机修、仪表等）。

（3）仓库（原料、成品库）。

（4）动力（锅炉房、空压站、变电所、配电间、冷冻站）。

（5）公用工程（水塔、冷却塔、泵房、消防设施等）。

（6）环保设施（污水处理、绿化等）。

（7）全厂性管理设施和生活设施（厂部办公楼，中央化验室，研究所、计量站、食堂、医务所等）。

（8）运输道路（车库、道路等）。

2. 总体布置

新版 GMP 第四章指出行政、生产和辅助区的总体布局应合理、不得相互妨碍，根据这个规定，结合厂区的地形、地质、气象、卫生、安全防火、施工等要求，在进行制剂厂区总平面布置时应考虑以下原则和要求。

（1）厂区的总平面布置应符合国家有关工业企业总体设计要求，并应满足环境保护的要求，同时应防止交叉污染。厂区规划要符合本地总体规划要求。

（2）医药工业洁净厂房应布置在厂区内环境整洁，且人流和货流不穿越或少穿越的地段，并应根据药品生产特点布局。厂区进出口及主要道路应人流与货流贯彻分开的原则。洁净厂房周围、道路面层应选用整体性好、发尘少的材料。医药工业洁净厂房周围宜设置环形消防车道，如有困难，可沿厂房的两个长边设置消防车道。

（3）厂区按行政、生产、辅助和生活等划区布局。

（4）行政、生活区应位于厂前区，并处于夏季最小频率风向的下风侧。

（5）厂区中心布置主要生产区，而将辅助车间布置在它的附近。生产性质相类似或工艺流程相联系的车间要靠近或集中布置。

（6）洁净厂房应布置在厂区内环境清洁、人流物流交叉少的地方。并位于最大频率风向的上风侧，与市政主干道距离不宜少于 50m。兼有原料药和制剂生产的药厂，原料药生产区应位于制剂生产区全年最大频率风向的下风侧。“三废”处理、锅炉房等有严重污染的区域，应位于厂区全年最大频率风向的下风侧。（原料药生产区应置于制剂生产区的下风侧，青霉素类生产厂房的设置应考虑防止与其他产品的交叉污染。）青霉素类等高致敏性药品的生产厂房应位于其他生产厂房全年最大频率风向的下风侧。

（7）运输量大的车间、仓库、堆场等布置在货运出入口及主干道附近，避免人流、货流交叉污染。

（8）动力设施应接近负荷量大的车间，三废处理、锅炉房等严重污染的区域应置于厂区的最大频率风向的下风侧。变电所的位置考虑电力线引入厂区的便利。

(9) 危险品库应设于厂区安全位置，并有防冻、降温、消防措施。麻醉药品和剧毒药品应设专用仓库，并有防盗措施。

(10) 动物房应设于僻静处，并有专用的排污与空调设施。动物房的设置应符合现行国家标准《实验动物环境及设施》GB/T 14925 等有关规定。

(11) 洁净厂房周围应绿化，尽量减少厂区的露土面积，一般制剂厂的绿化面积在 30% 以上，铺植草坪，不应种植易散发花粉或对药品生产产生不良影响的植物。草坪可以吸附空气中灰尘，使地面尘土不飞扬。铺植草皮的上空，含尘量可减少 2/3～5/6。草坪吸收空气中 CO_2 量为 1.5g/(m^2・h)。如种花则因花粉散发而影响空气洁净度，参见表 2-8。

表 2-8　一朵花开放时的花粉数

花种	一朵花开放时的花粉数/个	花粉粒径/μm	花种	一朵花开放时的花粉数/个	花粉粒径/μm
欧洲黑松	148 万	40～60	冬枪	41 万	—
欧洲披花	59 万	80～100	欧洲枫	28 万	—

(12) 厂区应设消防通道，医药洁净厂房宜设置环形消防车道。如有困难可沿厂房的两个长边设置消防车道。

药品生产企业总平面布置示例如图 2-1、图 2-2 所示。

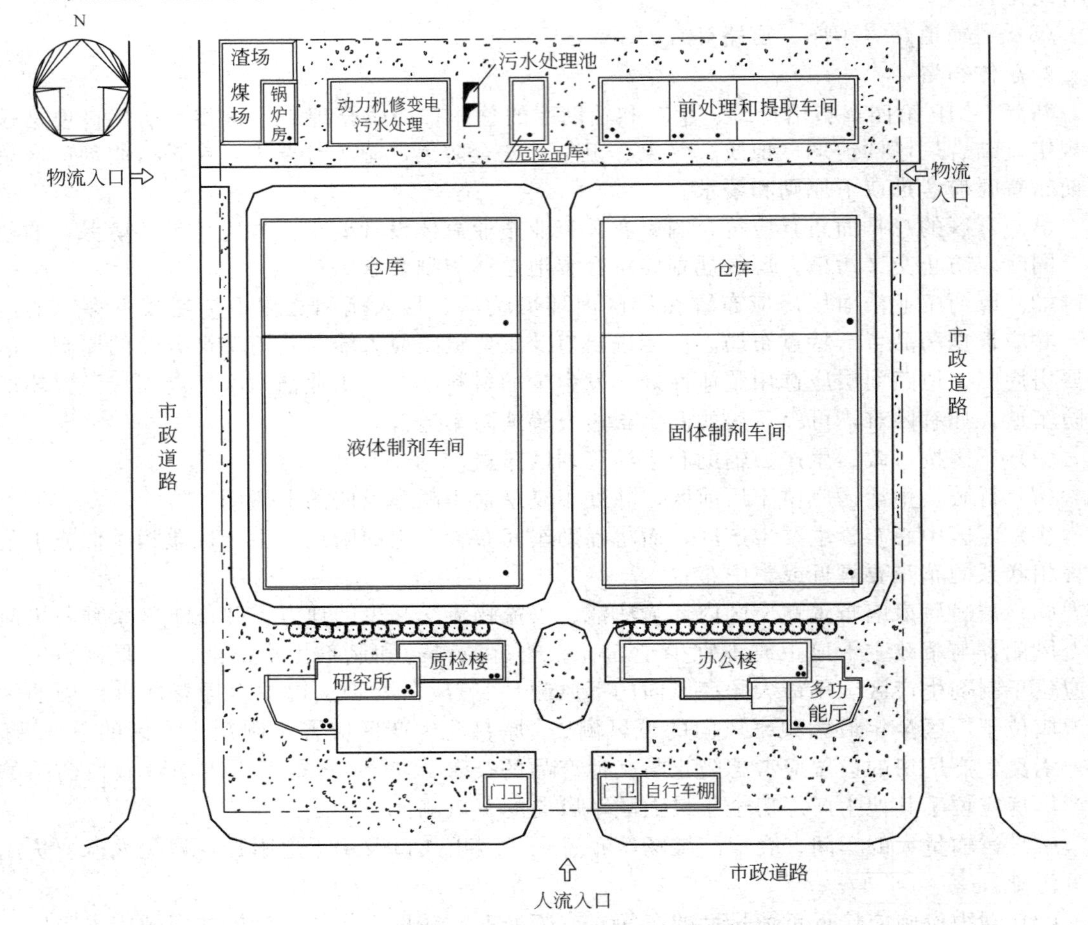

图 2-1　药品生产企业总平面布置示例 1

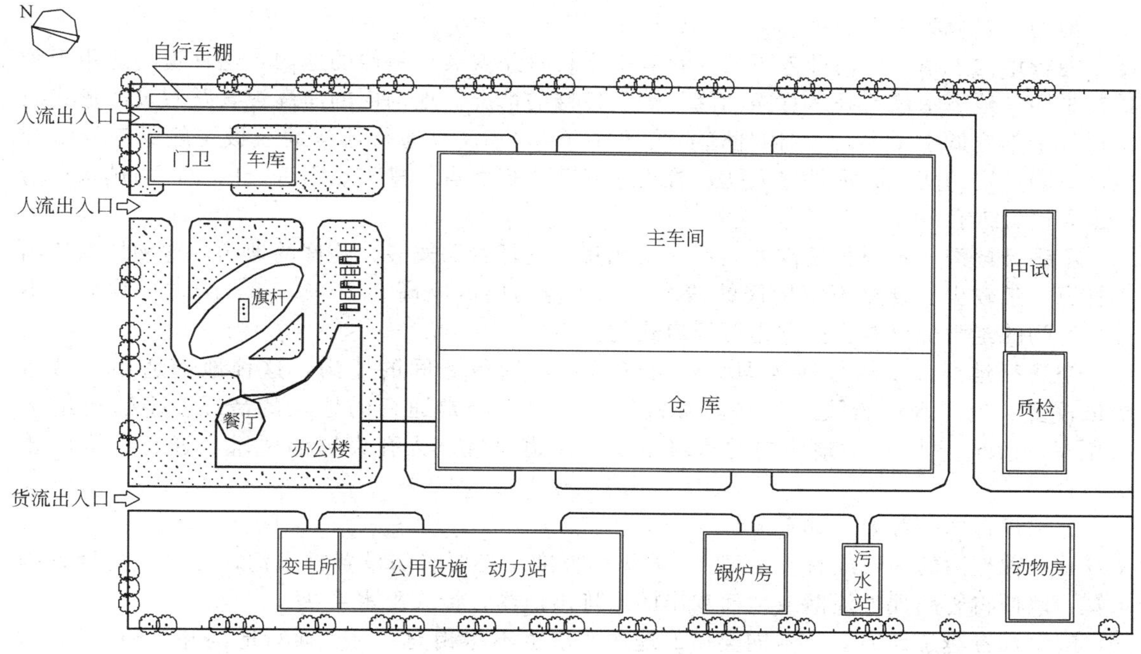

图 2-2 药品生产企业总平面布置示例 2

3. 总体管线布置

（1）管线敷设方式 管线敷设方式一般包括直埋地下敷设、地沟敷设、架空敷设三种方式，具体介绍如下。

① 直埋地下敷设。适宜于有压力或自流管，特别对有防冻要求的管线多采用此方式。

优点：施工简单。

缺点：检修不便，占地较多。

埋设顺序一般从建筑物基础外缘向道路由浅至深埋设，如电讯、电缆、电力电缆、热力管道、压缩空气管道、煤气管道、上水管道、污水管道、雨水管道等。

埋设深度与防冻、防压有关。水平间距根据施工、检修及管线间的影响、腐蚀、安全等决定。

② 地沟敷设。在进行连接各厂房单体的管线设计时，只要投资成本许可，多以地沟敷设为主。

优点：地沟敷设管路隐蔽，不占用空间位置，不影响厂区美观；与直埋敷设相比，管线的安装、检修较为方便；距离短，节省材料。

缺点：地沟的修建费用高、投资较大；管路安装、检修不如架空敷设方便；一般不适用于输送有腐蚀性及有爆炸性危险介质的管路；有些管线不能同沟敷设（见表 2-9）；对直埋上下水管路和雨水、污水管路，以及直埋电缆的敷设都有一定的影响；不适宜于地下水位高的地区。

表 2-9 不能同沟敷设的管线

管线名称	不能同沟敷设管线的名称	管线名称	不能同沟敷设管线的名称
热力管	冷却水管、给水管、电缆、煤气管	煤气管	电缆、液体燃料管
给水管	电缆、排水管、易燃及可燃液体管	通行管沟	煤气管、污水管、雨水管
电力、通讯电缆	易燃及可燃液体管、煤气管		

地沟一般分为以下三种。

通行地沟 通行地沟即人可站立在其中进行管路安装、检修的地沟，这种地沟适用于管道数量多、地下水位不高、管路和阀门需常检修的情况。地沟内的净高视管路敷设的形式而定，最小不应低于1.8m。沟内通道宽度不小于0.6m。可通行地沟的盖板一般不需经常开启，每隔一定的间距必须设置人孔、管道膨胀节。疏水点、排水点附近，以及地沟排水点附近也需设置人孔。

不通行地沟 不通行地沟即人不能站在其中进行管路安装、检修的地沟，这种地沟适用于管道数量较少、管路不常检修的情况。一般地沟内的净高0.7～1.2m，为方便检修，不通行地沟的绝大部分盖板必须是可开启式的。

半通行地沟 半通行地沟即介于可通行和不通行之间的地沟，这种地沟适用于管道数量较多、地下水位较浅、管路需常检修、位于不经常通行的地点的情况。半通行地沟的净高一般小于1.6m，地沟内的管路布置、通道设置、人孔设置的要求和通行地沟的要求一致。

地沟设计的一般要求如下。

a. 各种地沟的沟底应有不小于2‰的纵向坡度，必要时需设置排水沟，在最低处设置排水管，以便将管路偶然泄漏或地面渗出的水排出地沟，接入雨水系统。

b. 地沟穿越道路时，对不同类型的地沟要求也不尽相同。对于通行地沟和半通行地沟，其穿越道路部分的盖板可不用开启，但也不宜直接用地沟盖板充当道路面。对于不通行地沟，其穿越道路部分的盖板必须是可开启的，这时的地沟盖板是作为道路面的部分考虑的，这时地沟盖板应根据道路的最大荷载考虑。

c. 地沟主干线应尽量沿道路走向并靠近道路单边设置。地沟转向以90°直角为宜，并尽量做到以最短距离实现最佳功能。

d. 由于地沟是一个相对密闭的环境，为减少跑冒滴漏现象的发生，敷设于地沟内的管道应采用焊接连接，采用波纹管膨胀节来解决管道热力补偿问题。波纹管膨胀节也应采用焊接连接。

③ 架空敷设。将管线架空于管线支架或管廊上。

低支架 2～2.5m；高支架 4.5～6m；中支架 2.5～3m。

优点：维修方便、节约投资，除消防上水、生产污水及雨水下水管外均能架空敷设。

（2）管线综合布置原则

① 管线布置应使管线之间及管线与建筑物之间在总图布置上相协调；管道布置设计，应充分考虑电缆照明、电器仪表、采暖通风等各方面的特殊需要，使设计尽可能完善，合乎工艺与生产的要求。

② 管线布置应短捷、顺直、适当集中，并与建筑物、道路的辅线相平行；保留足够的间距，以便容纳管道沿线安装相关管件、管架和阀门，同时也方便日常检修。

③ 干管宜布置在主要用户及支管较多的一侧；支管多的管道应布置在并行管道的外侧，气体管道应从上方引出支管，而液体管道应从下方引出支管。

④ 尽量减少管线间及管线与道路的交叉。当必须交叉布置时，宜成直角交叉。

⑤ 管线应避开露天堆场及建、构筑物扩建用地。

⑥ 架空管道跨越道路时离地面应有足够的垂直净距离（>4.5m）。

⑦ 地下管道不宜重叠埋设；地下管道通过道路或受负荷地区时，需加保护措施。

⑧ 应尽可能将几种管线同沟或同架敷设，注意管线间的相互影响，如煤气管与电力电缆。冷热管应尽可能分开布置，特殊情况可热管在上，冷管在下布置。保温管道外表面的间

距，上下并行排列时应≥0.5m，交叉排列时应≥0.25m。

⑨ 管道的敷设应有一定的坡度，以便在停止生产时放尽管道中的积存物料。坡度方向一般应沿物料流动方向，坡度要求为1/100～5/1000。输送高黏度物料，可取1/100，输送含固体物质与结晶物料的管道，坡度可高至5/100。

⑩ 输送腐蚀性物料的管道，应布置在平列管道的外侧或下方。输送易燃、易爆、有毒、有腐蚀性物料的管道应尽可能避开生活区和人行通道，尽量敷设在地下。并应配置必需的安全阀、防爆膜、阻火器、水封和其他安全装置。

⑪ 阀门应尽量集中布置在便于操作的位置，操作频繁的阀门需按操作顺序排列，容易开错且可能引起重大事故的阀门，必须拉开间距，并设置不同的醒目颜色。

⑫ 不锈钢管道与碳钢管道不能直接接触，以防电蚀。在穿过楼板、平台、屋顶或墙面的管道外面应安装一个直径大的外管套，并使管套高出楼板、平台、屋顶或伸出墙面50mm以上。

第四节　GMP与车间卫生要求

一、车间卫生的基本概念

药品是用来预防、治疗疾病和恢复、调节机体功能的一种特殊商品。药品质量的优劣直接影响人民的身体健康和生命安全，药品的卫生状况对于患者来说是十分重要的，所以在制药生产的全过程必须采取各种措施严格控制各种可能影响药品质量的因素。而其中最重要的就是采取必要的卫生措施，以防药品受微生物的污染及其他杂质的污染。

新版GMP对药品生产企业的环境卫生、工艺卫生、厂房卫生、人员卫生等方面做了明确详细的规定。

卫生（Hygiene）　WHO对其所下的定义是“身体、精神与社会处于完全良好的状态”。将“卫生”这个词的含义用在“GMP”中，理解就更加广泛。主要是指环境卫生、工艺卫生、厂房卫生与人员卫生等。

污染　当某物与不洁净的或腐坏物接触或混合在一起从而使该物变得不纯净或不适用时即污染。也就是当一个产品中存在不需要的物质时，它即受到污染，药品最常见的污染形式就是尘粒污染和微生物污染。

(1) 尘粒污染　几乎任何物料都能转变成尘粒形式并且通过空气流传播至整个药厂。药厂中可能存在一些典型尘粒如下：泥土、头发、皮肤、尘、油、沙、香烟烟雾、棉绒、金属、微粒、衣服纤维、喷嚏和咳嗽排出物。

一个典型的制药企业的环境中，每立方英尺（$2.83\times10^{-2}m^3$，1ft=0.3048m）空气中可能含有20万～1000万尘粒。部分地区大气含尘浓度平均值见表2-10。

表2-10　部分地区大气含尘浓度平均值（大于或等于0.5μm，Pc/L）

地　　区	年平均	月平均最大值	月平均最小值
北京(市区)	190956	293481	9274
北京(昌平农村)	35643	156620	4591
上海(市区)	128052	365103	34327
西安(市区)	131644	317561	29738

注：Pc/L指每升空气中的尘埃粒子数。

(2) 微生物污染　微生物是日常生活的一个正常部分，存在于空气、水、土壤中，据科学测试，1g肥沃的花园土壤中通常有几百万的细菌。通常一个细菌在有适宜的养料、水分、温度条件下，仅仅24h可产生出281兆个细菌。表2-11所列为某城市大气中的含菌浓度。

表 2-11　某城市大气中的含菌浓度

场　所	人流、车辆、绿化状况	浮游菌浓度/(个/m^3)
火车站	人多，车多，绿化差	4.97×10^4
商业区	人多，车多，无绿化	4.40×10^4
公　园	人多，绿化好	6.98×10^3
植物园	人多，树木茂盛	1.05×10^3

二、洁净厂房污染来源分析

国外有关资料报道，洁净室中的灰尘来源分析见表2-12。

表 2-12　洁净室中灰尘来源分析

发生源	所占比例	发生源	所占比例
从空气中漏入	7%	从生产过程中产生	25%
从原料中带入	8%	由人员因素造成	35%
从设备运转中产生	25%		

由表2-12分析可知，来源于人员因素的占35%，人是洁净室中最大的污染源，不同衣着、不同动作时人体产尘量见表2-13。

表 2-13　不同衣着、不同动作时人体产尘量（浓度）

动作状态	尘量(≥0.5μm颗粒)数/[Pc/(min·P)]		
	一般工作服	白色无菌工作服	全包式洁净工作服
静站	339×10^3	113×10^3	5.6×10^3
静坐	302×10^3	112×10^3	7.45×10^3
腕上下运动	2980×10^3	300×10^3	18.7×10^3
上身前屈	2240×10^3	540×10^3	24.2×10^3
腕自由运动	2240×10^3	289×10^3	20.5×10^3
脱帽	1310×10^3	—	—
头上下运动	631×10^3	151×10^3	11.2×10^3
上身扭动	850×10^3	267×10^3	14.9×10^3
屈身	3120×10^3	605×10^3	37.3×10^3
踏步	2300×10^3	860×10^3	44.8×10^3
步行	2920×10^3	1010×10^3	56×10^3

注：Pc/(min·P)指每个动作每分钟产生的尘埃粒子数。

人在新陈代谢过程中会释放或挥发污染物，每天脱落的皮屑量可达1000万颗，打一次喷嚏能使周围空气微粒增加5～20倍，释放5万～6万个细菌。

人体表面、衣服能沾染污染物。人体部位携带的细菌数：手 10^2～10^3 个/cm^2，额头 10^3～10^5 个/cm^2，头皮约 100 万个/cm^2。

从以上数据中分析可以看出，控制人的卫生对于实施药品的洁净生产，确保药品的质量是非常重要的。

三、GMP 与车间卫生的处理措施

通过对洁净厂房污染来源的分析和对洁净室空气抽样分析表明，要获得生产环境所需要的洁净度，针对空气、人员净化、物料净化、设备运行、生产过程等五方面采取处理措施是十分必要的。

1. 空气处理措施

（1）选择及总体规划　选择一个符合 GMP 要求的制药厂厂址及合理规划的总图，对于获得药品生产所需要的环境洁净度是非常必要的。

关于厂址选择的具体要求及总体规划的原则参见本章第三节内容。

（2）空气净化　空气净化是指对空气洁净度、静压等为主要目的进行控制的空气调节技术，是为去除空气中的污染物质，使空气洁净的行为。

洁净室是根据需要对空气中尘粒、微生物、温度、湿度、压力和噪声进行控制的密闭空间，并以其空气洁净度级别符合有关规定为主要特征。

药品生产洁净室（区）的空气洁净度划分为四个级别（见表 2-1、表 2-2），各种药品生产环境对应的空气洁净度级别见表 2-3、表 2-4。

空气净化系统的一般性流程如图 2-3 所示。

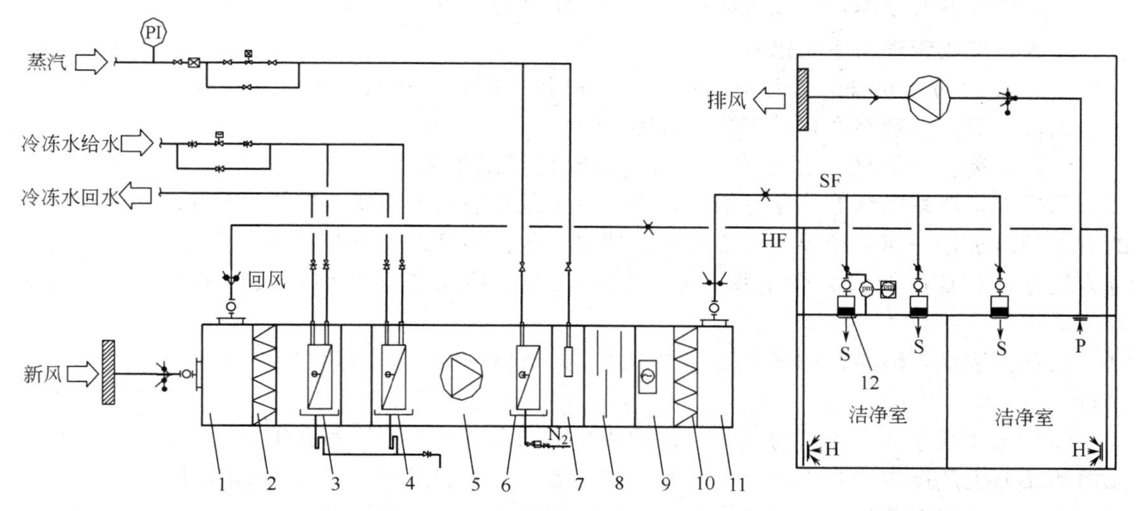

图 2-3　空气净化系统的一般性流程

1—新回风混合段；2—初效过滤段；3—一次表冷段；4—二次表冷段；5—风机段；6—加热段；7—加湿段；8—消音段；9—中间消毒段；10—中效过滤段；11—送风段；12—高效过滤段

（3）洁净室的重要控制参数

① D 级医药洁净室温度：18～26℃。A 级、B 级、C 级医药洁净室温度：20～24℃。

② D 级医药洁净室相对湿度：45%～65%。A 级、B 级、C 级医药洁净室相对湿度：45%～60%（有特殊要求的产品除外）。

③ 洁净室压力：洁净室与室外至少保持 10Pa 的正压；洁净级别高的房间对洁净级别低的房间保持不小于 10Pa 的正压。

④ 新风量的确定。按下述方法计算后取最大值：

a. 非单向流洁净室总送风量的 10%～30%，单向流洁净室总送风量的 2%～4%；

b. 保证供给洁净室内每人不小于 $40m^3/h$；

c. 维持室内正压所需风量及补偿室内排风风量之和。

⑤ 气流类型和换气次数的选择见表 2-14。

表 2-14　药品生产企业洁净室（区）气流类型和换气次数

级别	气流类型	送风方式	回风方式	送风量	
				风速/(m/s)	按换气次数/(次/h)
A	垂直层流（单向流）	①顶棚布高效过滤器，顶部送风 ②侧布高效过滤器	①格栅地板回风口 ②四周侧墙下部均匀布置回风口	0.36～0.54	—
	水平层流（单向流）	送风墙布高效过滤器，水平送风	回风墙满布回风口	0.36～0.54	—
B	乱流（非单向流）	①上侧墙送风 ②顶部送风	①多侧面墙下部回风 ②多面回风墙	—	≥40
C	乱流（非单向流）	①上侧墙送风 ②顶部送风	①单(双)侧墙下部回风 ②顶部布置回风口	—	≥25
D	乱流（非单向流）	①上侧墙送风 ②顶部送风	①单侧墙下部回风 ②顶部布置回风口	—	≥15

（4）空气调节及净化过滤器的性质　参见本书第八章。

2. 人员卫生管理与净化措施

由表 2-12 分析可知，人是洁净室中最大的污染源，要获得生产环境所需要的空气洁净度，人员的卫生管理与净化是十分必要的。

（1）人员卫生管理，建立健康档案。养成良好卫生习惯，勤洗手、洗澡、剪指甲、理发，勤换衣，严禁吸烟等。高标准要求个人卫生及清洁极为重要。应指导从事无菌药品生产的员工随时报告任何可能导致污染的异常情况，包括污染的种类和数量；应对人员定期进行健康检查，对有可能增大微生物污染风险的人员，应由指定的称职人员采取适当的措施处理。

（2）无菌操作洁净区内的人数应严加控制，检查和监督应尽可能在无菌操作洁净区外进行。

（3）凡在洁净区内工作的人员（包括清洁工和设备维修工）都必须定期接受培训，以使无菌药品的生产操作符合要求，培训的内容应包括卫生和微生物方面的基础知识。未受培训的外部人员（如外部施工人员或维修人员）在生产期间需进入洁净区时，应对他们进行特别详细的指导和监督。

（4）更衣和洗手必须遵循相应的书面规程，以尽可能减少对洁净区的污染或将污染物带入洁净区。洁净区内不得佩戴手表和首饰，不得涂抹化妆品。

（5）医药工业洁净厂房内人员净化用室和生活用室的设置，应符合下列要求。

① 人员净化用室应根据产品生产工艺和空气洁净度级别要求设置。不同空气洁净度级别的医药洁净区域的人员净化用室应分别设置。

② 人员净化用室应设置换鞋、存外衣、更衣、盥洗、消毒、更换洁净工作服、气闸等设施。

③ 厕所、淋浴室、休息室等生活用室可根据需要设置，但不得对医药洁净区域产生不

良影响。

④ 一般情况下，洗手设施只能安装在更衣室前段。

（6）人员净化用室和生活用室的设计应符合下列要求。

① 人员净化用室入口处，应设置净鞋设施。

② 存外衣和更换洁净工作服的设施应分别设置。

③ 外衣存衣柜数量应按人数设计，每人一柜。

④ 更衣室应设计成气闸室并使更衣的不同阶段分开，以尽可能避免工作服被微生物和微粒污染。更衣室应有足够的换气次数。更衣室后段的静态级别应与其相应洁净区的级别相同。必要时，最好将进入和离开洁净区的更衣间分开设置。

⑤ 盥洗室应设置洗手和消毒设施。

⑥ 厕所和浴室不得设置在医药洁净区域内，宜设置在人员净化用室外。需设置在人员净化用室内的厕所应有前室。

⑦ 医药洁净区域的入口处应设置气闸室，气闸室的出入门应采取防止同时被开启的措施。

⑧ 生产青霉素等高致敏性药品、某些甾体药品、高活性药品及有毒有害药品的人员净化用室，应采取防止有毒有害物质被人体带出人员净化用室的措施。

（7）进入洁净区内的人员必须经过一系列的净化程序。

① 人员净化应当循序渐进，有一个合理的程序。在净化过程中，避免已清洁部分被脏的部分所污染。医药工业洁净厂房内人员净化用室和生活用室的面积，应根据不同空气洁净度级别和工作人员数量确定。

② 工作服及其质量应与生产操作的要求及操作区的洁净度级别相适应，其穿着方式应能保护产品免遭污染。各洁净区的着装要求如下。

D级区：应将头发、胡须等相关部位遮盖。应穿普通的工作服和合适的鞋子或鞋套。应采取适当措施，以避免带入洁净区外的污染物。

C级区：应将头发、胡须等相关部位遮盖，应戴口罩。应穿手腕处可收紧的连体服或衣裤分开的工作服，并穿合适的鞋子或鞋套。工作服应不脱落纤维或微粒。

A/B级区：应用头罩将所有头发以及胡须等相关部位全部遮盖，头罩应塞进衣领内，并戴防护目镜，应戴口罩以防散发唾液液滴。应戴经灭菌且无颗粒物（如滑石粉）散发的橡胶或塑料手套，穿经灭菌或消毒的脚套，裤腿应塞进脚套内，袖口应塞进手套内。工作服应为灭菌的连体工作服，不脱落纤维或微粒，并能滞留身体散发的微粒。

③ 人员的便服不得带入通向B、C级区的更衣室。每位员工每次进入A/B级区操作，都应更换无菌工作服，或至少一天更换一次，但须用监测结果证明这种方法的可行性。操作期间应经常消毒手套，并在必要时更换口罩和手套。

④ 洁净区所用工作服的清洗和处理方式应确保其不携带污染物，不会污染洁净区。工作服的清洗、灭菌应遵循书面规程，并最好在单独设置的洗衣间内进行操作，工作服处理不当会损坏纤维并增加散发微粒的风险。

（8）洁净厂房常用的人员净化程序。

① 非无菌产品生产区人员净化程序

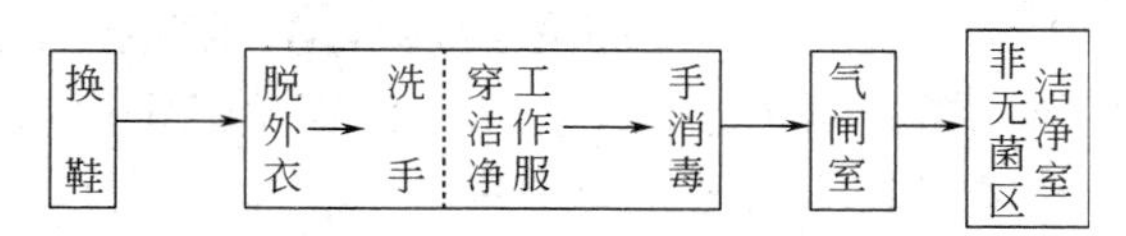

a. 进入不同空气洁净度级别非无菌洁净室（区）的人员净化设施应分别设置。

b. 进入 D 级洁净室（区）的人员，已有总更衣室的，实线框内程序可在同一房间内进行；无总更衣室时，实线框内程序宜按虚线分别在两个房间内进行。

c. 手消毒室也可设在气闸室内，气闸室可由缓冲室代替。

② 进入无菌洁净室（区）的人员净化程序

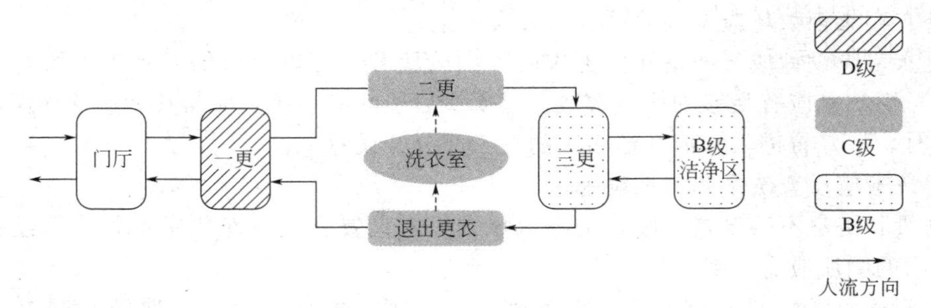

③ 进入 B 级洁净区人员净化程序

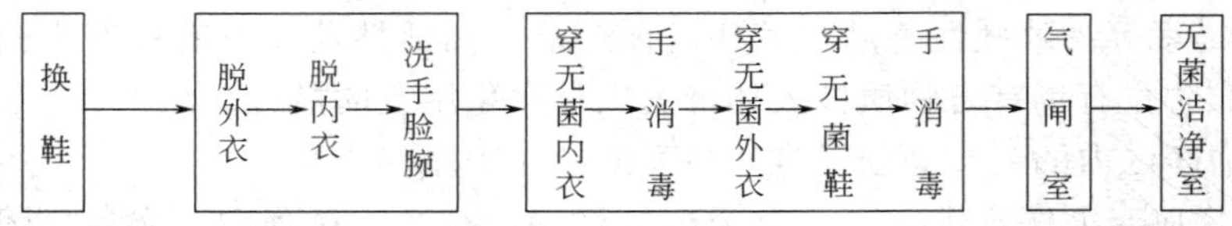

工作服的洗涤：不同洁净级别的工作服应分别洗涤。干燥和包装应在相应洁净级别环境下进行；干燥后需要灭菌的服装，逐件装入灭菌袋，集中灭菌。非无菌服装干燥后，应妥善存放，防止污染。

3. 物料净化措施

（1）GMP 对药品的原辅料及包装材料的生产均做了相应的要求，如生产无菌分装的原料，其精烘包车间必须在有相应净化级别的条件下进行。

进入洁净室（区）的原辅料、包装材料等必须有一定程序的物净措施。医药洁净室（区）的原辅料、包装材料和其他物品出入口，应设置物料净化用室和相应设施。进入无菌洁净室（区）的原辅料、包装材料和其他物品应在出入口设置供材料灭菌用的灭菌室和灭菌设施。

物料清洁室或灭菌室与医药洁净室（区）之间，应设置气闸室或传递柜。生产过程中产生的废弃物出口宜单独设置专用传递设施，不宜与物料进口合用一个气闸室或传递柜。

（2）关于无菌药品的物料规定如下。

① 应尽可能缩短物料、容器和设备的清洗、干燥和灭菌的间隔时间以及灭菌至使用的间隔时间。应建立规定贮存条件下的时限控制标准。

② 应尽可能缩短药液从开始配制到灭菌（或除菌过滤）的间隔时间。应根据每一产品组分及规定的贮存方法来确定各自的时限控制标准。

③ 无菌操作所需的物料、容器、设备和任何其他物品都应灭菌，并通过与墙密封的双扉灭菌柜进入无菌操作区，或以其他方式进入无菌操作区，但不得引入污染源。用于保护产品或药液的气体应通过除菌过滤器进入洁净区。

④ 对可最终灭菌的药品而言，不得以除菌过滤工艺替代最终灭菌工艺。如果药品不能在其最终包装容器中灭菌，可用孔径为 0.22μm（或更小）的除菌过滤器（或除菌效果更好的材料）将药液滤入预先灭菌的容器内。由于除菌过滤器不能将病毒或支原体全部滤除，可采用某种程度的热处理方法来弥补除菌过滤的不足。

⑤ 与其他灭菌方法相比，除菌过滤的风险最大，因此，宜安装第二只已灭菌的除菌过滤器再过滤一次药液。最终的除菌过滤器应尽可能接近灌装点。

（3）工艺净化　具体来说，工艺上的物料净化包括脱包、传递和传输。

脱外包包括采用吸尘器或清扫的方式清除物料外包装表面的尘粒，污染较大，故脱外包间应设在洁净室外侧。

在脱外包间与洁净室（区）之间应设置传递窗（柜）或缓冲间，用于清洁后的原辅料、包装材料和其他物品的传递。

传递窗（柜）两边的传递门，应有防止同时被打开的措施，密封性好并易清洁。传递窗（柜）的尺寸和结构，应满足传递物品的大小和重量需要。传递至无菌洁净室（区）的传递柜应设置相应的净化措施。传递窗平面布置形式及结构参见图 2-4 和图 2-5。

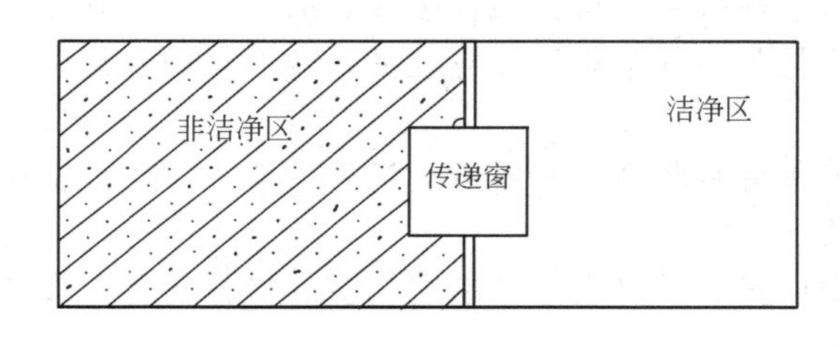

图 2-4　传递窗平面布置形式

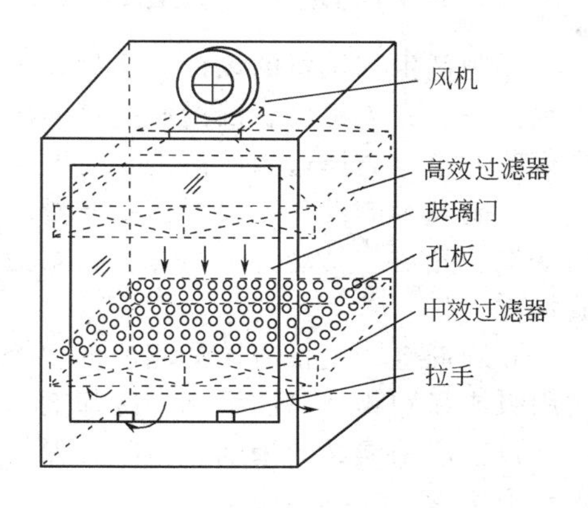

图 2-5　气闸式传递窗结构

传递带是传输物料的另外一种形式，由于传递带自身的“沾尘带菌”和带动空气而造成对洁净室的污染，所以不能直接穿越洁净度级别不同的区域，必须进行切换将一边传递带上的物料转移到另一边传递带上，如图 2-6 所示。

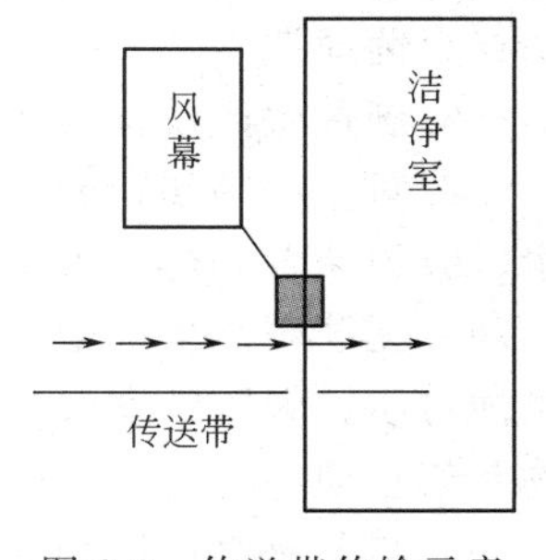

图 2-6　传送带传输示意

（4）工艺用水　制药用水应当适合其用途，并符合《中华人民共和国药典》（简称《中国药典》）的质量标准及相关要求。水处理设备及其输送系统的设计、安装、运行和维护应当确保制药用水达到设定的质量标准。水处理设备的运行不得超出其设计能力。

纯化水、注射用水储罐和输送管道所用材料应当无毒、耐腐蚀；储罐的通气口应当安装不脱落纤维的疏水性除菌过滤器；管道的设计和安装应当避免死角、盲管。纯化水、注射用水的制备、贮存和分配应当能够防止微生物的滋生。纯化水可采用循环操作，注射用水可采用 70℃以上的保温循环操作。

纯化水储罐和输送系统，应有清洗和消毒措施。注射用水储罐和输送系统，应设置在位清洗和在位灭菌设施。

生物制药生产用的注射用水在制备后 6h 内使用或 4h 内灭菌，贮存时间不超过 12h。

工艺用水的制备将在本书第四章中加以叙述。

4. 设备及生产过程净化措施

设备及生产过程净化措施详见下两节。

第五节 GMP 与制剂生产设备

当前是国内制药工业飞速发展的时代，制药企业的设备种类繁多，制剂设备发展的特点是向密闭、高效、多功能、连续化、自动化水平发展。因为密闭生产和多功能化，除了可以提高生产效率，节省能源，节约投资外，更主要的是符合 GMP 要求，如防止生产过程对药物可能造成的各种污染，以及可能影响环境和对人体健康产生的危害等因素，所以制药企业的设备选型及其管理与产品质量及 GMP 的实施是息息相关的。

一、GMP 对制剂生产设备的要求

1. 制剂生产设备的设计、选型、安装、改造和维护必须符合预定用途，应当尽可能降低产生污染、交叉污染、混淆和差错的风险，便于操作、清洁、维护，以及必要时进行的消毒或灭菌。应当选择适当的清洗、清洁设备，并防止这类设备成为污染源。

2. 制剂生产设备不得对药品质量产生任何不利影响。与药品直接接触的生产设备表面应当平整、光洁、易清洗或消毒、耐腐蚀，不得与药品发生化学反应、吸附药品或向药品中释放物质。

3. 制剂生产设备所用的润滑剂、冷却剂等不得对药品或容器造成污染，应当尽可能使用食用级或级别相当的润滑剂、冷却剂。

4. 生产用模具的采购、验收、保管、维护、发放及报废应当制定相应的操作规程，设专人专柜保管，并有相应记录。

5. 纯化水及注射用水的制备、贮存和分配应能防止微生物的滋生和污染。贮罐和输送管道所用材料应无毒、耐腐蚀。管道的设计和安装应避免死角、盲管。贮罐和管道要规定清洗、灭菌周期。

6. 制剂生产设备安装、维修、保养的操作不得影响产品的质量

7. 对生产中如粉碎、过筛、混合、制粒、干燥、包衣等发尘量大的设备宜局部加设捕尘、吸粉装置和防尘围帘。

8. 无菌药品生产中，与药液接触的设备、容器具、管路、阀门、输送泵等应采用优质耐腐蚀材质，管路的安装应尽量减少连（焊）接处。过滤器材不得吸附药液或组合和释放异物。禁止使用含有石棉的过滤器材。

9. 与药物直接接触的干燥用空气、压缩空气、惰性气体等均应设置净化装置。经净化处理后，气体所含微粒和微生物应符合规定的空气洁净度要求。干燥设备出风口应有防止空气倒灌的装置。

10. 无菌洁净室内的设备，除符合以上要求外，还应满足灭菌的需要。

二、设备的安装应遵循的原则

1. 联动线和双扉式灭菌器等设备的安装可能要穿越两个洁净度级别不同的区域时，应在安装固定的同时，采用适当的密封方式。保证洁净度级别高的区域不受影响。

2. 除传送带本身能连续灭菌（如隧道式灭菌器）以外，传送带不得穿越 A、B 或 C 级区与更低级别洁净区的隔离墙。不同洁净度级别的房间之间，如果采用传递带传递物料时，为防止交叉污染，应在隔墙两边分段传送。

3. 对传动机械的安装应增加防震、消音装置，改善操作环境。动态测试时，洁净室内噪

声不得超过 70dB。

4. 生产、加工、包装青霉素等强致敏性药物，某些甾体药物，高污性和有毒害药物的设备必须分开专用。

5. 设备安装、保养的操作，不得影响生产及质量（距离、位置、设备控制工作台的设计应符合人类工程学原理）。

6. 洁净区内的设备，除特殊要求外，一般不宜设地脚螺栓。

三、生产设备贯彻 GMP 的措施

1. 制药生产设备对于实施 GMP 认证非常重要，国家也越来越重视，加大对制药生产设备的研制力度和设计能力，加强对生产制药设备的质量监控，使 GMP 的实施从设备源头抓起，是生产设备贯彻 GMP 的重要措施。

2. 制药生产设备的设计、制造与材质的选择，应满足对原料、半成品、成品和包装材料无污染；与药品直接接触的设备应光洁、平整，耐腐蚀，并易于清洗、消毒和灭菌，便于生产操作和维修、保养，并能防止差错或减少污染。

3. 加强制药生产设备的验证制度。完善的验证是确保药品质量的关键因素之一。

4. 在 GMP 的要求下，设备的设计正在朝自动化和智能化方向发展。新型的制药设备设计成多工序联合或联动线以减少产品流转环节中的污染。有些产品在自动流转过程中，采用封闭装置或者在局部 A 级净化层流之下及正压保护下防止外界空气对产品的污染。

如德国 BOSCH 公司展示了入墙层流式新型针剂灌装设备，机器与无菌室墙壁连接混合在一起，操作立面离墙壁仅 500mm，当包装规格变动时，更换模具和导轨只需 30min，检修可在隔壁非无菌区进行，维修时不影响无菌环境。既节省投资又更能保证 GMP 的实施要求。

国外开发的非 PVC 多层共挤膜塑料袋输液生产线，集制袋、灌装、封口一次成型，只需加入合格的粒子，所有过程均在密闭无菌状态下进行，从工艺上杜绝了外来污染的可能性。国产的大输液灌封联动线主要由不锈钢材质制成，由洗瓶机、灌封机两部分组成，既可分开又可联机使用。再如水针洗烘灌封机、眼药水塑料吹塑灌装机等，都设计成避免外界污染的类型。

四、设备的清洗

制药企业的设备要求易于清洗，尤其是更换品种时，应对所有的设备和管道及容器等按规定拆洗和清洗。设备的清洗规程应遵循以下原则。

1. 有明确的清洗方法和清洗周期。

2. 主要生产和检验设备都应当有明确的操作规程和清洗验证方法。

3. 设备的清洗规程应当规定具体而完整的清洗方法、清洗用设备或工具、清洗剂的名称和配制方法、去除前一批次标识的方法、保护已清洗设备在使用前免受污染的方法、已清洗设备最长的保存时限、使用前检查设备清洗状况的方法，使操作者能以可重现的、有效的方式对各类设备进行清洗。

4. 拆装设备还应当规定设备拆装的顺序和方法。如需对设备消毒或灭菌，还应当规定消毒或灭菌的具体方法、消毒剂的名称和配制方法。必要时，还应当规定设备生产结束至清洗前所允许的最长间隔时限。

5. 清洗过程及清洗后检查的有关数据要有记录并保存。

6. 无菌设备的清洗，尤其是直接接触药品的部位必须灭菌，并标明灭菌日期，必要时要进行微生物学验证。经灭菌的设备应在三天内使用。

7. 某些可移动的设备可移到清洗区进行清洗、灭菌。

8. 同一设备连续加工同一无菌产品时，每批之间要清洗灭菌；同一设备加工同一非灭菌产品时，至少每周或每生产三批后要按清洗规程全面清洗一次。

9. 在洁净区内进行设备维修时，如所规定的洁净度或无菌状态遭到破坏，应对该区域进行必要的清洗、消毒或灭菌（可能时）后，方可重新开始生产操作。

10. 已清洗的设备应当在清洁、干燥的条件下存放。

五、设备的管理

药品生产企业必须配备专职或兼职设备管理人员，负责设备的基础管理工作，建立健全相应的设备管理制度。

1. 所有设备、仪器仪表、衡器必须对生产厂家、型号、规格、生产能力、技术资料（说明书、设备图纸、装配图、易损件、备品清单）登记造册。

2. 应建立动力管理制度，对所有管线、隐蔽工程绘制动力系统图，并有专人负责管理。

3. 设备、仪器的使用，应由企业指定专人制定标准操作规程（SOP）及安全注意事项。操作人员须经培训、考核，确证能掌握时才可操作。

4. 设备应当有明显的状态标识，标明设备编号和内容物（如名称、规格、批号）；没有内容物的设备应当标明清洗状态。

5. 要制定设备保养、检修规程（包括保养检修职责、内容、方法、计划、记录等），检查设备润滑情况，确保设备经常处于完好状态，做到无跑、冒、滴、漏现象。

6. 保养、检修的记录应建立档案并由专人管理，设备安装、维修、保养的操作不得影响产品的质量。所有设备如灭菌柜、空气处理及过滤系统、呼吸过滤器和气体过滤器、工艺用水的生产、处理、贮存和分配系统等，都必须验证并定期保养、检修；保养、检修后，经批准方可投入使用。

7. 不合格的设备如有可能应当搬出生产和质量控制区。未搬出前应当有醒目的状态标识。

8. 应当按照操作规程和校准计划定期对生产和检验用衡器、量具、仪表、记录和控制设备以及仪器进行校准和检查，并保存相关记录。校准的量程范围应当涵盖实际生产和检验的使用范围。

9. 不得使用未经校准、超过校准有效期、失准的衡器、量具、仪表以及用于记录和控制的设备、仪器。

10. 在生产、包装、仓储过程中使用自动或电子设备的，应当按照操作规程定期进行校准和检查，确保其操作功能正常。校准和检查应当有相应的记录。

11. 无菌药品生产的洁净区空调净化系统应保持连续运行，不得经常关闭，以始终维持相应的洁净度级别或无菌状态。因故关闭后再次开启空调净化系统，应重新进行洁净区的验证，验证合格后方可用于无菌药品的生产。

12. 关键公用介质（如压缩空气、氮气）的过滤器和呼吸过滤器的完整性应定期检查。

第六节　GMP 与制剂洁净厂房的设计

一、对厂房布局的要求

1. 厂房工艺布局应符合生产工艺流程及空气洁净度级别的要求，应根据工艺设备的安装和维修、管线布置、气流类型以及净化空调等各种技术措施的要求综合确定。工艺布局应防止人流和物流之间的交叉污染，并应符合下列基本要求：

（1）应分别设置人员和物料进出生产区域的出入口。对在生产过程中易造成污染的物料应设置专用出入口。

（2）应分别设置人员和物料进入医药洁净室（区）前的净化用室和设施。

（3）医药洁净室（区）内工艺设备和设施的设置，应符合生产工艺要求，生产和储存的区域不得用作非本区域内工作人员的通道。

（4）输送人员和物料的电梯宜分开设置。电梯不应设置在医洁净室内，需设置在医药洁净区的电梯，应采取确保医药洁净空气洁净度等级要求的措施。

（5）医药工业洁净厂房内物料传递路线宜顺畅、短捷、不返流。

2.医药工业洁净厂房内，宜靠近生产区设置与生产规模相适应的原辅物料、半成品和成品存放区域。存放区域内宜设置待验区和合格品区。也可采取控制物料待验和合格状态的措施，不合格品应设置专区存放。生产区应有足够的面积和空间，用以安置设备、物料等，便于操作。生产辅助设施要设置齐全，如原辅料暂存，中间物中转，中间体化验室，洁具室，工具清洗间，工器具存放间，不合格器存放间等；洁净区高度一般以人的适宜性为准，2.7m左右。

3.在满足工艺条件的前提下，医药工业洁净厂房内各种固定设施的布置，应根据净化空气调节系统的要求综合协调。医药洁净室（区）的布置，应符合下列要求：

（1）在满足生产工艺和噪声级要求的前提下，空气洁净度级别高的医药洁净室（区）宜布置在人员最少到达的地方，并宜靠近空调机房，空气洁净度级别相同的工序和医药洁净室（区）的布置宜相对集中。

（2）不同洁净度级别的洁净室（区）宜按洁净度级别的高低由里及外布置。

（3）空气洁净度级别相同的洁净室（区）宜相对集中。

（4）不同空气洁净度级别房间之间人员出入及物料的传送应有防止污染措施，如设置更衣间、缓冲间、传递窗等。

4.关于辅助区设计应满足如下条件。

（1）休息室的设置不应当对生产区、仓储区和质量控制区造成不良影响。

（2）更衣室和盥洗室应当方便人员进出，并与使用人数相适应。盥洗室不得与生产区和仓储区直接相通。

（3）维修间应当尽可能远离生产区。存放在洁净区内的维修用备件和工具，应当放置在专门的房间或工具柜中。

5.厂房应有防止昆虫等动物进入的设施。

6.在设计和建设厂房时，应考虑使用时便于进行清洗工作。洁净室（区）的内表面应平整光滑、无裂缝、接口严密、无颗粒物脱落，并能耐受清洗和消毒，墙壁与地面的交界处宜成弧形或采取其他措施，以减少灰尘积聚和便于清洗。

7.洁净室（区）内安装的水池、地漏不得对药品产生污染。无菌生产的A/B级区内禁止设置水池和地漏。在其他洁净室（区）内，机器设备或水池与地漏不应直接相连。洁净室（区）内的地漏应设水封，防止倒流。

8.输送人员和物料的电梯宜分开。电梯不宜设在洁净室（区）内，需要设置时，电梯前应设气闸室或其他确保洁净室（区）空气洁净度级别的措施。

9.厂房必要时应有防尘及捕尘设施。

10.实验动物房应当与其他区域严格分开，其设计、建造应当符合国家有关规定，并设有独立的空气处理设施以及动物的专用通道。

二、对特殊品种的要求

1. 青霉素等高致敏性药品的生产必须采用专用和独立的厂房、生产设施和设备。青霉素类药品产尘量大的操作区域应当保持相对负压，排至室外的废气应当经过净化处理并符合要求，排风口应当远离其他空气净化系统的进风口。

2. 生物制品（如卡介苗或其他用活性微生物制备成的药品）、避孕药品、结核菌素的生产，应采用专用和独立的厂房、生产设施和设备。

3. 下列药品生产区之间必须分开布置。

(1) β-内酰胺结构类药品生产区与其他生产区。

国食药监安［2007］108号《关于加强碳青霉烯类等药品生产管理的通知》的相关规定。

① 碳青霉烯类。凡采用半合成工艺生产碳青霉烯类原料药和采用此原料生产制剂的，均必须使用专用设备和独立的空气净化系统，并与其他类药品生产区域严格分开。凡采用全合成工艺生产碳青霉烯类原料药和采用此原料生产制剂的，可按照普通化学类药品管理。

② 单环β-内酰胺类。氨曲南为全合成的单环β-内酰胺类药品，该产品生产可按照普通药品管理，但应与其他β-内酰胺类药品生产区域严格分开。

③ 头霉素类、氧头孢烯类。该两类产品临床注意事项等均与头孢菌素类产品相似，其生产应按头孢菌素类药品管理。

④ β-内酰胺酶抑制剂。为确保药品质量，避免青霉素类与头孢菌素类产品之间的交叉致敏，生产含β-内酰胺酶抑制剂抗生素复方制剂的生产企业，在选择原料药供应商时，必须根据其配伍对象考察相关原料药的生产条件，避免青霉素类产品与头孢菌素类产品交叉污染。

(2) 中药材的前处理、提取和浓缩等生产区与其制剂生产区。

(3) 动物脏器、组织的洗涤或处理等生产区与其制剂生产区。

(4) 含不同核素的放射性药品的生产区。

4. 下列生物制品的原料和成品，不得同时在同一生产区内加工和灌装。

(1) 生产用菌毒种与非生产用菌毒种。

(2) 生产用细胞与非生产用细胞。

(3) 强毒制品与非强毒制品。

(4) 死毒制品与活毒制品。

(5) 脱毒前制品与脱毒后制品。

(6) 活疫苗与灭活疫苗。

(7) 不同种类的人血液制品。

(8) 不同种类的预防制品。

5. 中药材的前处理、提取、浓缩必须与其制剂生产严格分开；中药材的蒸、炒、炙、煅等炮制操作应有良好的通风、除烟、除尘、降温设施。

6. 动物脏器、组织的洗涤或处理，必须与其制剂生产严格分开。

7. 含不同核素的放射性药品，生产区必须严格分开。

注：生产区域的严格分开，一般是指空气净化系统、设备、人员和物料净化用室和操作室（区）的分开。

8. 生产用菌毒种与非生产用菌毒种、生产用细胞与非生产用细胞、强毒与弱毒、死毒与活毒、脱毒前与脱毒后的制品和活疫菌与灭活疫苗、人血液制品、预防制品等的加工或灌装不得同时在同一生产厂房内进行，其贮存要严格分开。不同种类的活疫苗的处理及灌装应彼此分开。强毒微生物及芽孢菌制品的区域与相邻区域保持相对负压，并有独立的空气净化系统。

三、对生产辅助用室的布置要求

1. 取样室宜设置在仓储区，取样环境的空气洁净度级别应与使用被取样物料的医药洁净室一致。无菌物料取样室应为无菌洁净室，取样环境的空气洁净度级别应与使用被取样物料的无菌操作环境相同，并设置相应的物料和人员净化用室。示例如图 2-7 所示。

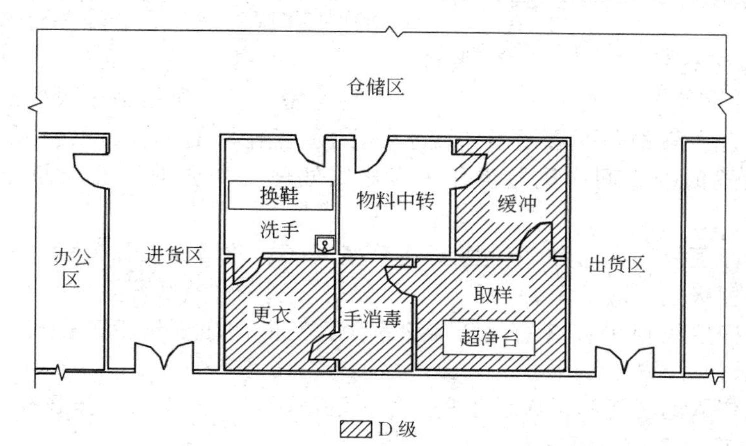

图 2-7　取样室布置示意

2. 称量室宜设置在生产区内，其空气洁净度级别应与使用被称量物料的医药洁净室（区）一致。

3. 备料室宜靠近称量室布置，其空气洁净度级别同称量室一致。备料室、称量室布置实例如图 2-8 所示。

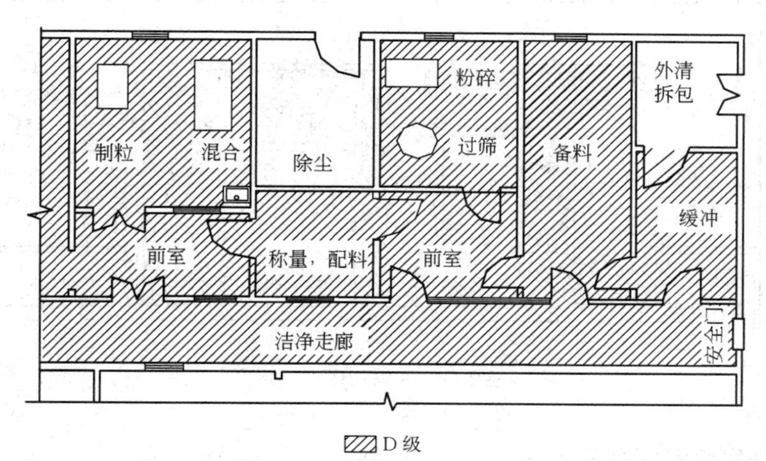

图 2-8　备料室、称量室布置示意

4. 设备及容器及工器具的清洗和清洗室的设置应符合下列要求。

（1）空气洁净度 A/B 级医药洁净室（区）的设备及容器及工器具宜在本区域外清洗，其清洗室的空气洁净度级别不应低于 C 级。清洗后必须经过灭菌才能传递到 A/B 级洁净室（区）。

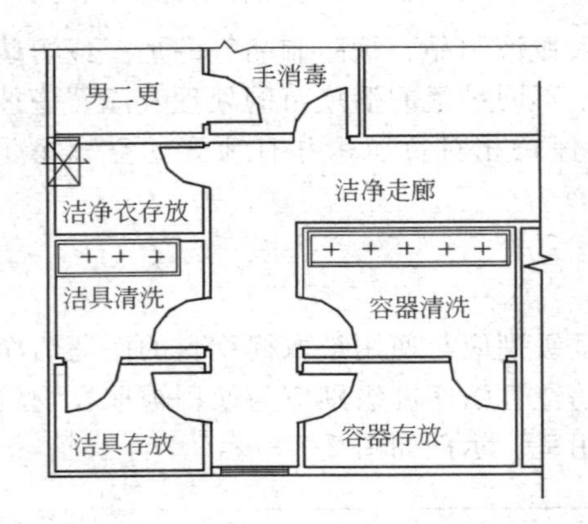

图 2-9　容器清洗存放室、洁具清洗存放室布置示意

（2）如需在洁净区内清洗的设备、容器及工器具，其清洗室的空气洁净度级别应与该医药洁净区相同。容器具清洗存放室，洁具清洗存放室布置如图 2-9 所示。

（3）设备、容器及工器具洗涤后应干燥，并应在与使用该设备、容器及工器具的医药洁净室（区）相同的空气洁净度级别下存放。无菌洁净室（区）的设备、容器及工器具洗涤后应及时灭菌，灭菌后应在保持其无菌状态措施下存放。

5. 洁净工作服的洗涤、干燥和整理，应符合下列要求。

（1）洁净室（区）所用工作服的清洗和处理方式应确保其不携带有污染物，不会污染洁净室（区）。工作服的清洗、灭菌应遵循操作规程，并最好在单独设置的洗衣间内进行操作。工作服处理不当会损坏纤维并增加散发微粒的风险。

（2）空气洁净度级别在 C 级以上医药洁净室（区）的洁净工作服的洗涤、干燥、整理室，其空气洁净度级别不应低于 D 级。

（3）空气洁净度级别在 D 级的医药洁净室（区）的洁净工作服可在清洁环境下洗涤和干燥。

（4）无菌工作服的洗涤和干燥设备宜专用。洗涤干燥后的无菌工作服应在空气洁净度级别 A 级层流下整理，并应及时灭菌。

（5）不同空气洁净度级别的医药洁净室（区）内使用的工作服，应分别清洗和整理。无菌工作服的整理、灭菌室，其空气洁净度级别宜与使用无菌工作服的洁净室（区）相同。

洁净工作服的洗涤、干燥室（洗衣房）布置如图 2-10 所示。

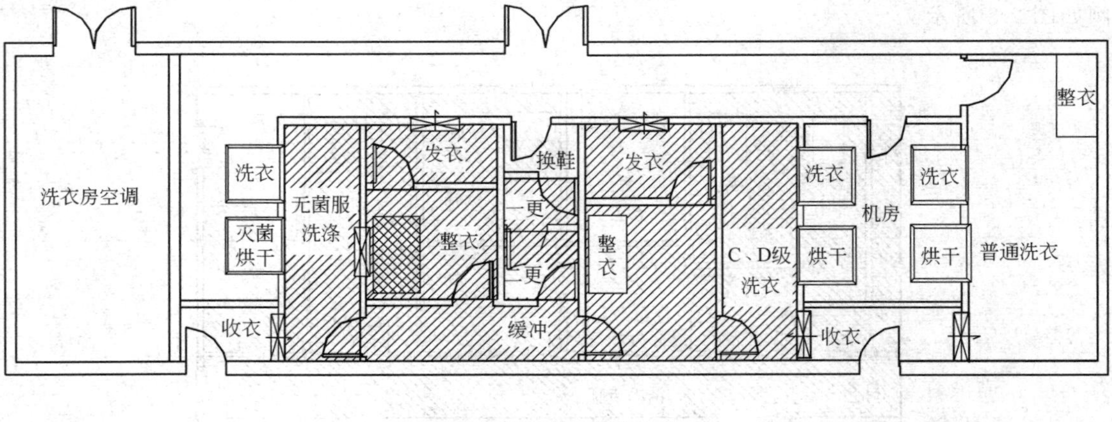

局部 A 级　D 级

图 2-10　洗衣房布置示意

6. 质量控制实验室的布置和空气洁净度级别应符合下列规定。

（1）检验室、中药标本室、留样观察室以及其他各类实验室应与药品生产区分开设置。

（2）阳性对照、无菌检查、微生物限度检查和抗生素微生物检定等实验室，以及放射性同位素检定室等应分开设置。无菌检查室、微生物限度检查实验室应为无菌洁净室，其空气洁净度级别应为 A 级，并应设置相应的人员净化和物料净化设施。抗生素微生物检定实验室和放射性同位素检定室的空气洁净度级别不宜低于D级。

（3）有特殊要求的仪器应设专门仪器室。

（4）对精密仪器室、需恒温的样品留样室需设置恒温、恒湿装置。

（5）原料药中间产品质量检验对生产环境有影响时，其检验室不应设置在该生产区内。

7. 下列情况的医药洁净室（区）应予以分隔。

① 生产的火灾危险性分类为甲、乙类与非甲、乙类生产区之间或有防火分隔要求时。

② 按药品生产工艺有分隔要求时。

③ 生产联系少，且经常不同时使用的两个生产区域之间。

以上对制剂车间设计的原则和要求进行了总结，对主要辅助用房的布置作了案例分析。关于各种具体剂型的车间设计详见本书第三章至第七章。

第七节　GMP验证与认证

一、验证

1. 验证与GVP的概念

世界卫生组织（WHO）的《药品生产质量管理规范》（1992年版）对验证（Validation）定义如下：证明任一程序、加工、设备、物料、活动或系统确实能达到预期结果的有文件证明的一系列行动。

我国GMP（1998年修订）第八十五条对验证定义如下：证明任何程序、生产过程、设备、物料、活动或系统确实能达到预期结果的有文件证明的一系列活动。

1978年美国FDA的GMP修订版做了如下阐述，“生产过程的验证是要有足够的证据，能确实证明这一工序将始终如一地产生出符合预定质量要求的产品，并把这些证据形成文字”。

以上“验证”一词的定义中强调了证据（书面保证）、质量要求。因此，验证是一个系统工程，是药厂将GMP原则切实具体地运用到生产过程中的重要科学手段和必由之路。

验证管理规范（Good Validation Practice，GVP）就是对验证进行管理的规范，是GMP的重要组成部分。具体表现在对仪器仪表的校验、设备确认和工艺验证。

2. 发展简史

20世纪的60年代，GMP中没有“验证”的概念。

1950～1960年，美国静脉注射（iv）药受到污染，导致败血病出现。到20世纪70年代，静脉注射药导致败血病的案例进一步增多。

1970～1976年，欧洲也出现许多案例。其中，1972年在英国有所叫德旺波特的医院制备的静脉输液在经消毒后有部分药液未能达到无菌，最后对成品的无菌检查又有疏忽，以致病人使用后发生死亡。事后查明其主要原因在于消毒柜的排气阀已被碎玻璃和纸团所塞，结果导致在灭菌时消毒柜内的空气无法顺利排出，局部空间达不到预定灭菌温度，使灭菌不彻底。德旺波特事故之所以会发生，关键是没有进行必要的过程验证，尤其是对灭菌设备验证没有保证，致使成品质量得不到保证。

20世纪70年代初，FDA在对药厂的大规模的检查过程中发现大部分生产和控制环节没有能够证明在其实际操作中是按GMP的要求生产的书面材料，其设备所得数据不能作为支持产品质量的依据。

20 世纪 70 年代后期，逐步形成了“验证”这一概念，并补充到 GMP 中。

1998 版 GMP 将验证单列一章。新版 GMP 第七章列为确认与验证，加强了确认与验证环节。

3. GMP 验证的主要内容

企业的厂房、设施、设备和检验仪器应经过确认和验证，应采用经过验证的生产工艺、操作规程和检验方法进行生产、操作和检验，并保持持续的验证状态。

企业确认和验证应建立文件和记录，并能以文件和记录证明达到以下预定的目标。

(1) 设计确认 (DQ) 应证明厂房、设施、设备的设计符合预定用途和 GMP 要求。

(2) 安装确认 (IQ) 应证明厂房、设施和设备的建造和安装符合设计标准。

(3) 运行确认 (OQ) 应证明厂房、设施和设备的运行符合设计标准。

(4) 性能确认 (PQ) 应证明厂房、设施和设备在正常操作方法和工艺条件下能持续有效地符合标准要求。

(5) 工艺验证 (PV) 应证明一个生产工艺在规定的工艺参数下能持续有效地生产出符合预定的用途、符合药品注册批准或规定要求和质量标准的产品。

GMP 验证的内容包括厂房、设施与设备的验证，检验与计量的验证，生产过程的验证和产品验证。

(1) 厂房、设施与设备的验证 厂房应严格按 GMP 要求进行设计和施工，其验证范围包括车间装修工程、门窗安装、缝隙密封以及各种管线、照明灯具、净化空调设施、工艺设备等与建筑结合部位缝隙的密封性。厂房密封及过滤器安装渗漏试验可采用 DOP（邻苯二甲酸二辛酯，dioctyl phthalate）测试法。

公用工程的验证范围包括供制备工艺用水的原水、注射用水、压缩空气，空调净化系统、蒸汽、供电电源及照明等。其中以工艺用水系统和空调净化系统的验证为重点，内容包括原水、纯水与注射用水的制备、贮存及输送系统，净化空调系统及其送风口、回风口的布置，风量、风压、换气次数等。对工艺用水系统验证内容还包括对制造规程、贮存方法、清洗规程、检验规程和控制标准等项目的确认。

设备及其安装的验证是指对选型、安装位置、设备的基本功能及管道敷设的正确与否，有无死角，测试仪表是否齐全、准确等作出评价，并逐项做好记录。

(2) 检验与计量的验证 质控部门验证的重点为无菌室、无菌设施、分析测试方法、取样方法、热原测试、无菌检验、检定菌、标准品、滴定液、实验动物以及检测仪器等，并有书面记录。

计量部门的验证按国家计量部门法规进行。

(3) 生产过程的验证 是指在完成厂房、设施、设备的鉴定和质控及计量部门的验证后，对生产线所在生产环境及装备的局部或整体功能、质量控制方法及工艺条件的验证，以确证该生产过程的有效性、重现性。

对生产环境的验证应按生产要求的洁净级别对室内空气的尘粒和微生物含量、温湿度、换气次数等进行监测。对洁净室所使用或交替使用的消毒剂也应进行鉴定。

对生产设备安装验证的目的，是评定及通过测试来证实该设备能按生产需要的操作限度运转。内容包括检查设备的性能特点、各种设计参数，确定校正、维护保养和调节要求。鉴定所得到的数据可用以制定及审查有关设备的校正、维修保养、监测和管理的书面规程。

生产过程中的质量控制方法的鉴定内容包括产品的规格标准和检验方法的确定。对检验方法验证的内容则包括对检验用仪器的性能试验、精密度测定、回收率试验、线性试验等。

凡能对产品质量产生差异和影响的重大生产工艺条件都应进行验证。验证的条件要模拟实际生产中可能遇到的条件，包括最差情况的条件。验证后的产品质量以上述的“生产过程中的质量控制方法”进行评估，并反复进行数次，以保证验证结果的重现性。

（4）产品验证　是在生产过程验证合格的基础上进行全过程的投料验证，以证明产品符合预定的质量标准。产品验证按每个品种进行，每个品种必须预先制定原辅料、包装材料、半成品的合格标准检验方法，并经验证，以保证产品在有效期内的稳定性。

成品的稳定性试验方法也要进行验证，试验方法应确能反映产品贮存期的质量。

4. 再验证

所谓再验证，是指一项生产工艺、一个系统或设备或者一种原材料经过验证并在使用一个阶段以后旨在证实其验证状态没有发生飘移而进行的验证。

根据再验证的原因，可以将再验证分为下述三种类型：①药监部门或法规要求的强制性再验证；②发生变更时的改变性再验证；③每隔一段时间进行的定期再验证。

（1）强制性再验证　强制性再验证至少包括下述几种情况。

① 无菌操作的培养基灌装试验（WHO 的 GMP 指南的要求）。

② 计量器具的强制检定，包括计量标准，用于贸易结算、安全防护、医疗卫生、环境监测方面并列入国家强制检定目录的工作计量器具。

③ 压力容器，如锅炉，气瓶等。

（2）改变性再验证　药品生产过程中，由于各种主观及客观的原因需要对设备、系统、材料及管理或操作规程作某种变更。有些情况下，变更可能对产品质量造成重要的影响，因此需要进行验证，这类验证称为改变性再验证。改变性再验证一般包括下述几种情况。

① 原料、包装材料质量标准的改变，物理性质的改变或产品包装形式（如将铝塑包装改为瓶装、以玻瓶改为塑瓶等）的改变。

② 工艺参数的改变或工艺路线的变更。

③ 设备的改变。

④ 生产处方的修改或批量数量级的改变；常规检测表明系统存在着影响质量的变迁迹象。

（3）定期再验证　由于有些关键设备和关键工艺对产品的质量和安全性起着决定性的作用，如无菌药品生产过程中使用的灭菌设备、关键洁净区的空调净化系统等，因此即使是在设备及规程没有变更的情况下，也应定期进行再验证。

历史数据的审查是定期再验证的主要方式，即首先审查自上次验证以来，从中间控制和成品检验所得到的数据，以确保生产过程处于控制之中。对于某些关键生产工序还需要做附加实验。

二、GMP 认证

1. GMP 认证概念、机构与依据

GMP 认证是国家依法对药品生产企业（车间）及药品品种实施药品监督检查并取得认可的一种制度，是政府强化药品生产企业监督的重要内容，也是确保药品生产质量的一种科学、先进的管理手段。

国家药品监督管理部门主管全国药品 GMP 认证工作，负责药品 GMP 认证检查评定标准的制定、修订工作；负责疫苗和血液制品生产的GMP认证工作；负责进口药品GMP认证和国际药品贸易中药品GMP互认工作。

省、自治区、直辖市药品监督管理部门负责本行政区域内生产疫苗和血液制品的企业药品GMP认证的初审工作；负责其他药品生产企业的药品GMP认证工作；负责本行政区域内药品GMP认证日常监督管理及跟踪检查工作。

(1) 药品GMP认证范围

① 新开办药品生产企业、药品生产企业新增生产范围的，应当自取得药品生产证明文件或者经批准正式生产之日起30日内，按照规定向药品监督管理部门申请药品GMP认证。省级以上药品监督管理部门应当自收到企业申请之日起6个月内，组织对申请企业是否符合《药品生产质量管理规范》进行认证。

② 药品生产企业新建、改建、扩建生产车间（生产线）或需增加认证范围的，应依规定申请药品GMP认证。

(2) 药品GMP认证的依据和标准

《中华人民共和国药品管理法》

《中华人民共和国药品管理法实施条例》

《药品生产质量管理规范》(2010版)

《中华人民共和国药典》

《中华人民共和国卫生部药品标准》

《中国生物制品规程》

《药品生产质量管理规范认证管理办法》

2. GMP认证程序和内容

药品GMP认证程序依次为：

GMP认证申请→对申请资料进行技术审查→现场检查→审批与发证→监督管理

《药品生产质量管理规范认证管理办法》第二章第五条规定，申请药品GMP认证的生产企业，应按规定填报《药品GMP认证申请书》，并报送以下资料。

（一）《药品生产许可证》和《企业法人营业执照》复印件。

（二）药品生产管理和质量管理自查情况（包括企业概况及历史沿革情况、生产和质量管理情况、前次认证缺陷项目的改正情况）。

（三）药品生产企业组织机构图（注明各部门名称、相互关系、部门负责人）。

（四）药品生产企业负责人、部门负责人简历；依法经过资格认定的药学及相关专业技术人员、工程技术人员、技术工人登记表，并标明所在部门及岗位；高、中、初级技术人员占全体员工的比例情况表。

（五）药品生产企业生产范围全部剂型和品种表；申请认证范围剂型和品种表（注明常年生产品种），包括依据标准、药品批准文号；新药证书及生产批件等有关文件资料的复印件。

（六）药品生产企业周围环境图、总平面布置图、仓储平面布置图、质量检验场所平面布置图。

（七）药品生产车间概况及工艺布局平面图（包括更衣室、盥洗间、人流和物流通道、气闸等，并标明人流、物流走向和空气洁净度等级）；空气净化系统的送风、回风、排风平面布置图；工艺设备平面布置图。

（八）申请认证剂型或品种的工艺流程图，并注明主要过程控制点及控制项目。

（九）药品生产企业（车间）的关键工序、主要设备、制水系统及空气净化系统的验证情况；检验仪器、仪表、衡器校验情况。

（十）药品生产企业（车间）生产管理、质量管理文件目录。

对一个制药企业而言，取得 GMP 证书不是认证工作的结束，而是以此为一个新的起点加强管理，全面贯彻 GMP 的执行。国家药品监督管理局对经其认证通过的药品生产企业实施药品 GMP 跟踪检查；并对经省、自治区、直辖市药品监督管理局认证通过的生产企业药品 GMP 实施及认证情况进行监督抽查。

药品 GMP 认证检查项目共 259 项，其中关键项目（条款号前加“*”）92 项，一般项目 167 项。

具体内容参照附录一《药品 GMP 认证检查评定标准》（国食药监安［2007］648 号）。

3. 药品 GMP 飞行检查

飞行检查是食品药品监管部门针对行政相对人开展的不预先告知的监督检查，具有突击性、独立性、高效性等特点。2006 年，国家食品药品监督管理局发布了《药品 GMP 飞行检查暂行规定》（国食药监安［2006］165 号），2012 年发布《医疗器械生产企业飞行检查工作程序（试行）》（国食药监械［2012］153 号），在调查问题、管控风险、震慑违法行为等方面发挥了重要作用。

为加强药品 GMP 认证监督检查，根据《中华人民共和国药品管理法》，国家食品药品监督管理局于 2015 年 9 月 1 日颁布了《药品医疗器械飞行检查办法》，共 5 章 35 条，包括总则、启动、检查、处理及附则。该办法的颁布加强了对药品生产全过程的监管，尤其加强了事中和事后的监管；是不预先告知行政相对人的监督检查，具有临时突击性。2016 年更是全面推行飞行检查制度，同时规定不发通知、不打招呼、不听汇报、不用陪同和接待，直奔基层、直插现场开展检查，发现和查处了一批问题。目前从飞行检查的结果分析制药生产操作主要存在以下几个方面的问题。

（1）生产工艺不规范。生产操作不符合法律规定的工艺要求；实际生产工艺与产品注册工艺不一致；生产工艺及批量变更未进行相关研究，未对变更的批量进行风险评估和工艺验证；工艺验证存在问题；未按《中国药典》规定的方法生产等。

（2）部分工艺数据记录不完善。产品生产质量过程工艺数据记录不完整，数据的可靠性、真实性存疑，批生产记录不真实，取样、检验记录不完善，编造物料台账、检验报告不真实，物料来源、使用情况无法追溯等。

（3）生产管理较混乱。生产环境恶劣，清场不彻底而不能有效防止污染和交叉污染，物料质量控制不足。

药品 GMP 飞行检查制度的建立对于完善飞行检查规程，加强当前制药机械设备监管，全面保障食品药品监管安全具有非常重要的意义。

思考题

1. 简述 GMP 与工程相关内容的总结、分析及应对措施。

2. 简述 GMP 认证与验证的概念与主要内容，试各举一个例子说明 GMP 认证与验证包括的内容。

3. 分析洁净厂房污染来源及其在工程设计上如何解决。

4. 制剂设备的选型、安装和维护如何与 GMP 要求达成一致？

5. 医药洁净室（区）空气洁净度划分的级别及其指标、最终灭菌和非灭菌产品的生产区洁净度级别如何划分的？

6. 简述制药厂厂址的选择原则及如何进行药厂总体规划。

7. 简述管线综合布置原则。

8. 各洁净区对工作人员的着装有什么具体要求？

参考文献

[1] 薛娇. 国内外药品GMP监管体系对比分析. 中国药师，2015，7（18）：1199-1202.

[2] 颜建周，李玲，邵蓉. 我国2010年修订GMP与国外典型GMP实施内容的比较研究. 中国新药杂志，2015，19（24）：2179-2182.

[3] 郝晓芳，李鹏飞. 中国制药企业欧盟GMP认证现状分析. 中国药业，2015，12（24）：5-7.

[4] 张爱萍. 药品GMP三十年. 中国医药报，2018年-7月-10日（第007版）.

[5] 李静. 药品GMP推动我国制药工业高速发展. 中国医药报，2018年-9月-11日（第007版）.

[6] 国家食品药品监督管理局. 药品生产质量管理规范认证管理办法. 2011.

[7] 李钧. 药品GMP实施与认证. 北京：中国医药科技出版社，2000.

[8] 国家食品药品监督管理局药品认证管理中心. 药品GMP指南. 北京：中国医药科技出版社，2011.

[9] 国家食品药品监督管理局. 药品GMP认证检查评定标准. 2007.

[10] 国家食品药品监督管理总局. 药品医疗器械飞行检查办法. 2015.

第三章

口服固体制剂

学习目标

掌握：片剂、硬胶囊剂、颗粒剂主要生产设备的工作原理及特点；GMP要求下口服固体制剂车间设计的原则及要点。

熟悉：口服固体制剂生产工艺技术；片剂、硬胶囊剂、颗粒剂生产工艺流程及区域划分。

了解：国内外固体制剂设备的发展动态、制药洁净厂房设计发展趋势；口服固体制剂生产设备的验证。

第一节　口服固体制剂生产工艺技术

一、片剂生产工艺技术、流程及洁净区域划分

（一）片剂概述

片剂（《中国药典》2015年版四部通则0101）系指药材提取物、药材提取物加药材细粉或药材细粉与适宜辅料混匀压制而成的圆片状或异形片状的制剂，有浸膏片、半浸膏片和全粉片。片剂可用压制或模制的方法制成含药物的固体制剂，用稀释剂，也可不用。从19世纪后，片剂已广泛使用并一直受到欢迎。一般认为压制片这个术语最先由John Wyeth和Philadelphia兄弟所采用。在同一时期，引入了模制法，由于片剂对生产商（如制备简单、节约成本，包装、运输、分发既稳定又方便）和患者（如剂量准确、结实、便于携带、口感温和、服用方便）来说都可以接受，一直是受欢迎的剂型。

尽管片剂生产的基本操作方法一直保持相同，然而片剂制造工艺已得到很大提高。人们一直在不停地努力以进一步弄清粉粒的物理特性及口服后影响剂型生物利用度的因素。压片设备一直在不断提高，如压片速度和压片的均一性方面。

尽管片剂形状常不一样，可以是圆形、椭圆形、长方形、圆柱形或三角形。根据所含药物的剂量和可能的服用方法，片剂的大小和重量差别很大。根据片剂是压制还是模制的，可以分为两大类。压制片常采用大规模生产方式，而模制片常是小规模的。由于模制片生产量比较低，制造时还需要干燥或无菌等条件，这种片剂已逐渐由其他生产方法或剂型来代替，所以现在少见，本章不做介绍。

1. 片剂的特点

片剂有许多优点，如：①剂量准确，片剂内药物的剂量和含量均依照处方的规定，含量差异较小，病人按片服用剂量准确；药片上又可压上凹纹，可以分成两半或四份，便于取用较小剂量而不失其准确性。②质量稳定，片剂在一般的运输贮存过程中不会破损或变形，主药含量在较长时间内不变。片剂系干燥固体剂型，压制后体积小，光线、空气、水分、灰尘对其接触的面积比较小，故稳定性影响一般比较小。③服用方便，片剂无溶剂，体积小，所以服用便利，携带方便；片剂外部一般光洁美观，色、味、臭不好的药物可以包衣来掩盖。④便于识别，药片上可以压上主药名和含量的标记，也可以将片剂染上不同颜色，便于识别。⑤成本低廉，片剂能用自动化机械大量生产，卫生条件也容易控制，包装成本低。

但片剂也有不少缺点，如：①儿童和昏迷病人不易吞服。②制备贮存不当时会逐渐变质，以致在胃肠道内不易崩解或不易溶出。③含挥发性成分的片剂贮存较久含量下降。

2. 片剂的分类

压制片——通过压制而成且无特殊包衣。由粉末、结晶或颗粒物质单独组成，或与黏合剂、崩解剂、润滑剂、稀释剂合用，很多情况下还与着色剂合用而制成。

糖衣片——该片外包糖衣。糖衣可以着色并利于包裹药物掩盖臭味，防止氧化。

薄膜衣片——该片表面覆盖一薄层水溶性或胃溶性物质，大多为具有成膜性的多聚物，薄膜衣片除了具有糖衣片的优点外，还有大大缩短了包衣操作时间的优点。

肠衣片——该片外包肠衣。肠衣为在胃中不溶而在肠中可溶的物质。肠衣可用于在胃中不起作用或被破坏的多层片，该片为一层以上的压制片。多层片的制备是在事先压制的片剂上再压另外的片剂颗粒，重复此过程可得两层或三层的多层片。如用速效、长效两种颗粒压成的双层复方氨茶碱片即属此类。

压制包衣片——这类片剂的制备也指干法包衣，是通过把已压好的片剂加入一种特制的压片机中，将另一种颗粒压成一层包在前述片剂外。该片剂具有压制片的一切优点，如可开槽、标字母、崩解迅速等。并且保留了糖衣片掩盖药物臭味的属性。例如一种压制包衣机Manesty Drycoat，用于压制包衣片也可以用于分开不能合用的药物；另外，它可以为核心片包上肠衣。它与多层片都已广泛用于设计缓释剂型。

缓释片——指口服给药后能在机体内缓慢释放药物，使达有效血浓，且能维持相当长时间的片剂。

控释片——指口服给药后在机体内的释药速率受给药系统本身控制，而不受外界条件，如pH、酶、离子、肠胃蠕动等因素的影响。

溶液片——用于制备特殊溶液的压制片，必须标明不可吞服。如哈拉宗溶液片和高锰酸钾溶液片等。

泡腾片——除了药物外，泡腾片是还含有碳酸氢钠及有机酸如酒石酸或柠檬酸等赋形剂制成的内服或外用的片剂，在有水存在时，这些附加剂发生反应放出CO_2，用作崩解剂并产生气泡。泡腾片中除了存在少量润滑剂外都可溶解。

压制栓或压制插入剂——如甲硝唑阴道用片系由甲硝唑压制而成。该用途的片剂常以乳糖为稀释剂。这种制剂以及其他任何非吞服的片剂，标签必须标明该药的用法。

口含片和舌下片——系指含于口腔或舌下，药物缓慢溶解或溶蚀。片形小，平滑，呈椭圆形，应该选择配方并用足够的压力压成硬片。

分散片——是一种遇水可迅速崩解形成均匀的黏稠混悬液或迅速崩解均匀分散的片剂。

此种片剂可吞服、咀嚼或含吮。

咀嚼片——是一种在口腔嚼碎后下咽的片剂，其大小与一般片剂相同，多用于治疗胃部疾患，如氢氧化铝凝胶片等。

有些更新的方法制成了在体温条件下可熔化的片剂。片剂的骨架是固体化而药物是溶液态。熔化后，药物自然地存在于溶液中而被吸收，这样就消除了溶解度小的化合物吸收受溶出这个限速步骤的影响。舌下片如含用硝酸甘油、盐酸异丙肾上腺素或丁四硝酯置于舌下，能迅速溶解和吸收。

3. 片剂的质量要求

优良的片剂一般要求：①含量准确，重量差异小；②硬度和崩解度要适当；③色泽均匀，光亮美观；④在规定时间内不变质；⑤溶出速率和生物利用度符合要求；⑥符合卫生学检查要求。这些要求包括对具体品种的特殊要求，在药典和部颁药品标准中都有明确的规定，从而保证用药质量。

4. 片剂赋形剂

除了活性成分或治疗成分外，片剂还含有一些惰性物质，统称为辅料。后者即所谓的附加剂或赋形剂，根据在片剂中所起的作用可分为两类。第一类包括那些有助于取得满意的加工和压制等特性的物质，如稀释剂、黏合剂、助流剂和润滑剂。第二类附加物质有助于成品片拥有另外所需的物理性质，包括崩解剂、着色剂；如果是咀嚼片，还包括芳香剂和甜味剂；如果是缓释片，就包括聚合物、蜡和其他阻滞剂。

虽然惰性这个词用于附加剂上，但赋形剂的性质对制剂质量的影响越来越明显。处方前研究表明其可影响制剂的稳定性、生物利用度和制备工艺。

（二）片剂生产工艺技术与流程

一种片剂的性质受处方和制法的影响，而这两个因素之间有很大的相关性。一个适宜的处方能制得满意的片剂，因此，必须按照需要、有利条件、制法及所用的设备来设计。制备片剂的主要单元操作是粉碎、过筛、称量、混合（固体-固体、固体-液体）、制粒、干燥及压片、包衣和包装等。其制备方法可归纳为湿颗粒法、干法制粒法及直接压片法等。由于制备过程包括粉碎、过筛及压片等，所以在生产环境内需要控制温度和湿度，对有些产品必须控制在低温水平，而且应注意在粉碎过程中物料之间的交叉污染。图 3-1 所示为片剂生产工艺流程。

经过处理的中药片剂原料归纳起来有药粉、稠浸膏和干浸膏三类。药粉包括药材原粉、提纯物粉（有效成分或有效部位）、浸膏及半浸膏粉等，应用这些药粉制片，其细度必须能通过五至六号筛；同时必须灭菌，特别是药材原粉常常带入细菌、霉菌及螨类，因此，原药材粉碎前必须经过洁净、灭菌处理。浸膏粉、半浸膏粉等容易吸潮或结块，应注意新鲜制备或密封保存。

稠浸膏、干浸膏的制备，必须根据其所含成分的性质采用适宜溶剂和方法提取，或按处方规定的溶剂和方法提取。稠浸膏的浓度或稠度必须符合要求。干浸膏的性状与干燥方法有关，一般真空干燥能得到疏松块状物；喷雾干燥可得到粉粒状物；如以常压干燥则成为坚硬的块状物。以前两者更适合于制粒压片。

1. 粉碎与过筛

（1）粉碎　粉碎主要是借机械力将大块固体物质碎成适用程度的操作过程。医药工业上也可借助其他方法将固体药物碎至微粉的程度。

粉碎的目的：①增加药物的表面积，促进药物的溶解与吸收，提高药物的生物利用度；

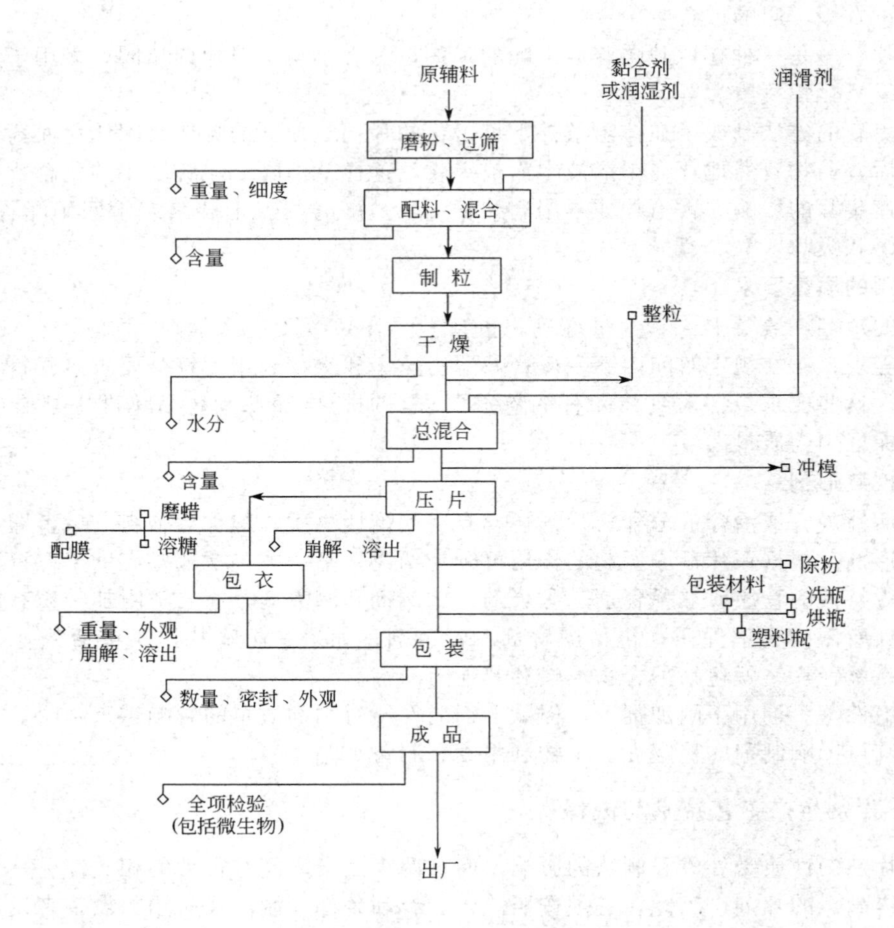

图 3-1 片剂生产工艺流程

②便于适应多种给药途径的应用；③加速药材中有效成分的浸出；④有利于制备多种剂型，如混悬液、片剂、胶囊剂等。

粉碎度是固体药物粉碎的程度。常以未经粉碎药物的平均直径（d）与已粉碎药物的平均直径（d_1）的比值（n）来表示，即 $n=d/d_1$。

对于药物所需的粉碎度，既要考虑药物本身性质的差异，亦需注意使用要求的不同。过度的粉碎不一定切合实际。要注意固体药物的粉碎应随需要而选用适当的粉碎度。

药物粉碎度对制品质量的影响至关重要。固体药物粉末的应用，其粉碎度的大小直接或间接地影响制剂的稳定性和有效性。大块的固体药物无法制备药物制剂及发挥其疗效。此外，药物粉碎不匀，不但不能使药物彼此混匀，也使其制剂的剂量或含量不准确，而影响疗效。

（2）过筛

① 过筛。药物粉碎后，粉末有粗有细，相差悬殊，为了适应要求，通过一种网孔性工具，使粗粉与细粉分离的操作过程叫作过筛，而这种网孔性工具称为筛或箩。

一般机械粉碎所得的粉末总是不均匀的，故不能完全用单一的粉末粒度（粗细）来表示，而必须用粉末粒度的分布或粉末平均粒度表示。这种粉碎后粗细不匀的状况对中草药也适用，而且中草药各部分组织的硬度颇不同，复方药材混合粉碎时更是有难有易，其出粉时有先后，因而粗细混合很不均匀。所以过筛的目的，不仅能将粉碎好的颗粒或粉末按粒度大小加以分等，而且也能起混合作用，以保证组成的均一性，同时还能及时将合格药粉筛出以减少能量的消耗。但过筛时较细的粉末易先通过，因此过筛后的粉末仍应适当地加以搅拌，才能保证较高的均一性。不合要求的粗粉需再进行粉碎。

② 药筛种类。药筛是指按药典规定，全国统一用于药剂生产的筛，或称标准筛。在实际生产中，除某些科研外，也常使用工业用筛。这类筛的选用，应与药筛标准相近，且不影响药剂质量。药筛的性能、标准主要取决于筛网。按制筛的方法不同可分为编织筛与冲制筛两种。编织筛筛网由铜丝、铁丝（包括镀锌的）、不锈钢丝、尼龙丝、绢丝编织而成，个别也有采用马鬃或竹丝编织的。编织筛在使用时筛线易于移位，故常将金属筛线交叉处压扁固定。冲制筛系在金属板上冲压出圆形或多角形的筛孔而制成的，这种筛坚固耐用，孔径不易变动，但筛孔不能很细，多用于高速粉碎过筛联动的机械上。细粉一般使用编织筛或空气离析等方法筛选。

《中国药典》（2015 年版）四部选用国家标准的 R40/3 系列，以筛孔内径大小为根据共规定了九种筛号，一号筛的筛孔内径最大，依次减小，九号筛的筛孔内径最小。选用《中国药典》（2015 年版）药筛的具体规定见表 3-1。

表 3-1　《中国药典》（2015 年版）药筛规定

筛　号	筛孔内径（平均值）/μm	筛目/（孔/in）	筛　号	筛孔内径（平均值）/μm	筛目/（孔/in）
一号筛	2000±70	10	六号筛	150±6.6	100
二号筛	850±29	24	七号筛	125±5.8	120
三号筛	355±13	50	八号筛	90±4.6	150
四号筛	250±9.9	65	九号筛	75±4.1	200
五号筛	180±7.6	80			

注：1in=0.0254m。

以药筛筛孔内径为根据划分筛号是一种比较简单准确的方法，不易发生较大的误差，而且易于控制。目前制药工业上，习惯常以目数来表示筛号及粉末的粗细，多以每英寸（2.54cm）或每寸（3.33cm）长度有多少孔来表示，例如每寸有 120 个孔的筛号称做 120 目筛，能通过 120 目筛的粉末就叫 120 目粉。我国常用的一些工业用筛的规格见表 3-2。

表 3-2　工业用筛规格

目数	筛孔内径/mm				目数	筛孔内径/mm			
	锦纶涤纶	镀锌铁丝	铜丝	钢丝		锦纶涤纶	镀锌铁丝	铜丝	钢丝
10		1.98			40	0.38	0.441	0.462	
12	1.6	1.66	1.66		60	0.27		0.271	0.30
14	1.3	1.43	1.375		80	0.21			0.21
16	1.17	1.211	1.27		100	0.15		0.172	0.17
18	1.06	1.096	1.096		120			0.14	0.14
20	0.92	0.954	0.995	0.96	140			0.11	
30	0.52	0.613	0.614	0.575					

③ 粉末的分级。粉碎后的粉末必须经过筛选才能得到粒度比较均匀的粉末，以适应医疗和药剂生产需要。筛选方法是以适当筛号的药筛筛过。筛过的粉末包括所有能通过该药筛筛孔的全部粉粒。例如通过一号筛的粉末，不都是近于2mm直径的粉粒，包括所有能通过二至九号药筛甚至更细的粉粒在内。富于纤维素的药材在粉碎后，有的粉粒呈棒状，其直径小于筛孔，而长度则超过筛孔直径，过筛时，这类粉粒也能直立地通过筛网，存在于筛过的粉末中。一般根据实际要求控制粉末的均匀度。

《中国药典》(2015年版）规定了六种粉末规格如下。

最粗粉：指能全部通过一号筛，但混有能通过三号筛不超过20%的粉末。

粗　粉：指能全部通过二号筛，但混有能通过四号筛不超过40%的粉末。

中　粉：指能全部通过四号筛，但混有能通过五号筛不超过60%的粉末。

细　粉：指能全部通过五号筛，并含能通过六号筛不少于95%的粉末。

最细粉：指能全部通过六号筛，并含能通过七号筛不少于95%的粉末。

极细粉：指能全部通过八号筛，并含能通过九号筛不少于95%的粉末。

2. 配料、混合

在片剂生产过程中，主药粉与赋形剂根据处方分别称取后必须经过几次混合，以保证片剂质量。片剂的含量差异、崩解时限及硬度变化以及含量偏析分离现象，多由于混合不当引起的。主药粉与赋形剂并不是一次全部混合均匀的，首先加入适量的稀释剂进行干混，而后再加入黏合剂和润湿剂进行湿混，以制成松软适度的软材。固体粉粒的混合一般有以下三种形式。

(1) 对流混合　由于容器自身或桨叶的旋转使干粉粒滑动而达到混合均匀的一种形式。

(2) 扩散混合　由两种粉粒互相扩散交换位置而达到混合的一种形式。

(3) 剪切混合　由于固体粉粒各层之间的速度差而发生在各层之间的互相渗透而达到的一种混合形式。

大量生产可采用混合机、混合筒或气流混合机进行混合。

3. 制粒

除某些结晶性药物或可供直接压片的药粉外，一般粉末状药物均需事先制成颗粒才能进行压片。这是由于：①粉末之间的空隙存在着一定量的空气，当冲头加压时，粉末中部分空气不能及时逸出而被压在片剂内，这样，当压力移去时，片剂内部空气膨胀以致使片剂松裂；②有些药物的细粉较疏松，容易聚积，流动性差，不能由饲料斗顺利流入模孔中，因而影响片重，使片剂含量不准；③处方中如有几种原辅料粉末，密度差异比较大，这在压片过程中由于压片机的振动会使重者下沉，轻者上浮，产生分层现象，以致使含量不准；④在压片过程中形成的气流容易使细粉飞扬，黏性的细粉易黏附于冲头表面往往造成黏冲现象。因此必须按照药物的不同性质、设备条件和气候等情况合理地选择辅料制成一定粗细松紧的颗粒来克服。

(1) 湿法制粒　湿颗粒法制片（湿法制粒）是最老的方法，至今仍普遍采用，该法的优点：①粉末中加入了黏合剂而增加了粉末的可压性和黏着性，压片时仅需较低的压力，从而增进设备的寿命和减少压片机的损耗；②流动性差的高剂量的药物或压片时必须有可压性者，则可通过湿颗粒获得适宜的流动性和黏着性；③有利于使低剂量的药物含量均匀；④可防止在压片时多组分处方组成的分离。湿颗粒法的主要缺点是损耗劳动力、时间、设备、能源及所需场地，因此，近年对湿法制粒作了许多改进。

湿法制造工艺，适用于受湿和受热不起化学变化的药物。

制颗粒前需先制成软材，软材投料量应根据设备条件和品种规格分批进行。制软材是将原辅料细粉置混合机中，加适量润湿剂或黏合剂，混匀。润湿剂或黏合剂用量以能制成适宜软材的最少量为原则。软材的质量，由于原辅料性质的不同很难制定统一规格，一般用手紧握能成团，用手指轻压团块即散裂者为宜。

制粒的方法：取以上制得的软材放在适宜的筛网上，用手压过筛网即成湿颗粒。大量生产时多用机器进行，视情况不同分一次制粒和多次制粒，用较细筛网（14～20目）制粒时一般只要通过筛网一次即得。但对有色的或润湿剂用量不当以及有条状物产生时，一次过筛不能得到色泽均匀或粗细松紧适宜的颗粒，可采用多次制粒法，即使用8～10目筛网，通过1～2次后，再通过12～14目筛网，这样可得到所需要的颗粒，并比单次制粒法少用润湿剂15%，例如含碘喉症片，经二次制粒后色泽较均匀。一些黏性较强的药物如磺胺嘧啶有时难以制粒时则采用8目的筛网二次制粒。黏性较强的药物制粒有困难时，也可采用分次投料法制粒，即将大部分药物（80%左右）或黏合剂置于混合机中混合使成适宜的软材，然后加入剩余的药物，混合片刻，这样的软材即能制得较紧密的湿粒。

湿粒的质量要求和检查方法：湿粒的粗细和松紧需视具体品种加以考虑。核黄素片片形小，颗粒应细小；吸水性强的药物如水杨酸钠，颗粒宜粗大而紧密。某些复方片剂凡在干燥颗粒中需加细粉压片时，其湿颗粒亦宜紧密。凡用糖粉、糊精为辅料的产品其湿颗粒宜较松细。总之，湿颗粒应显沉重，少细粉，整齐而无长条。但个别品种有例外。

湿粒的要求目前尚无科学的检查方法。通常在手掌上颠动数次，观察颗粒是否有粉碎情况。湿粒制成后，应尽可能迅速干燥，放置过久湿粒也易结块或变形。

（2）流动床制粒　流动床制粒技术是一种新的制粒技术，其原理是将制粒用的溶液黏合剂喷洒在悬浮在空气流中的粉粒上，然后使成颗粒并迅速干燥。Glatt 和 Aeromatic 公司是生产此设备的两个主要公司，且其设计基本类似（见图3-2）。该法是将惰性物质或活性物质粉粒，用上升的空气流悬浮成一个垂直柱状；当粉粒呈悬浮状态时，将常用的黏合剂溶液喷洒入柱内。在控制条件下，粉粒逐渐聚积成颗粒，然后加入润滑剂，使成为适于压缩的片剂颗粒。流动床制粒法的一个突出的优点是制粒与干燥在同一个机器内完成，该法制成的颗粒成品的质量与效能受黏合剂的加入速度、流动床温度、悬浮空气的温度、流量和速度的影响。

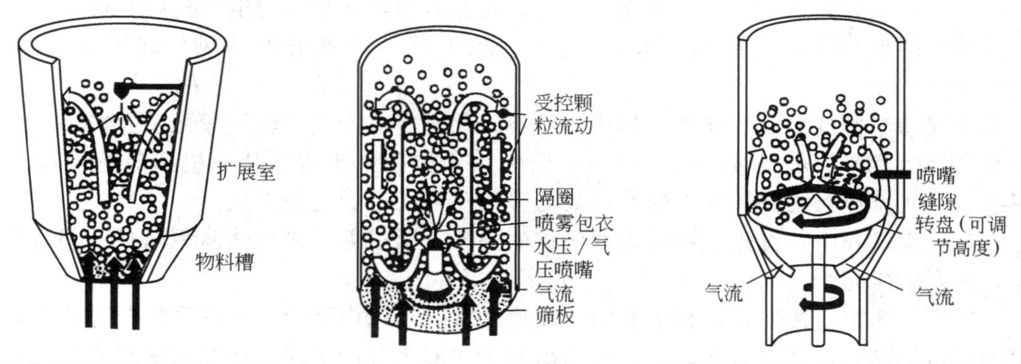

图3-2　流动床制粒和干燥的三种方法

许多科学家认为流动床制粒法是湿法制粒的延伸，该法体现了湿法制粒的基本原理。然而，曾用过流动床制粒的人们都知道，关于该法的操作参数比湿法制粒更为复杂。流动床制粒技术除了用于制备片剂颗粒外，还用于固体颗粒包衣上。流动床制出的颗粒比传统方法制出的颗粒稍为疏松，这一点又可能影响颗粒的可压性。

（3）干法制粒　当片剂中成分对水分敏感，或在干燥时不能经受升温干燥，而片剂主成分中具有足够内在黏合性质时，可采用先压成粉块，然后再制成适宜颗粒（亦称大片法），该法称作干法制粒。采用预压缩或二次压缩的办法，可节省很多制粒步骤，但仍要称重、混合，压成大片粉块、过筛、加润滑剂、压缩。将活性成分、稀释剂（如必要）和部分润滑剂混合，这些成分之一或活性成分或稀释剂必须具有一定黏性。粉末状物料含有的空气，在压力作用下被排出，形成相当紧密的块状，再将大片弄成小的粉块。压出的大片粉块经粉碎即得适宜大小的颗粒，然后将剩余部分润滑剂加到颗粒中，轻轻混合，压成片剂。对湿热敏感的药物如阿司匹林用大片法制粒压出的片剂即是一个很好的例证。其他如阿司匹林混合物、非那西丁、盐酸硫胺、维生素 C、氢氧化镁或其他抗酸药也可用类似方法处理。

干法制粒的另一种方法为滚压法。该法是滚筒式压缩法，是用压缩磨进行的。在进行压缩前预先将药物与赋形剂的混合物通过高压滚筒将粉末压紧，排出空气，然后将压紧物粉碎成均匀大小的颗粒，加润滑剂后即可压片。该法需要较大的压力才能使某些物质黏结，这样有可能会延缓药物的溶出速率；该法制备小剂量片时主药含量不易均匀分布。

4. 干燥

干燥是利用热能除去含湿的固体物质或膏状物中所含的水分或其他溶剂，获得干燥物品的工艺操作。在药剂生产中，新鲜药材除水，原辅料除湿，水丸、片剂、颗粒（冲剂）等制备过程中均用到干燥。

物料中所含的总水分为自由水分与平衡水分之和，在干燥过程中可以去除的水分只能是自由水分（包括全部非结合水和部分结合水），不能去除平衡水分。干燥效率不仅与物料中所含水分的性质有关，而且还取决于干燥速率。

被干燥物料的性质是影响干燥速率的最主要因素。湿物料的形状、大小、料层的厚薄、水分的结合方式都会影响干燥速率。一般来说，物料呈结晶状、颗粒状及堆积薄者，较粉末状、膏状及堆积厚者干燥速率快。

在适当范围内，提高空气的温度，可使物料表面的温度也相应提高，会加快蒸发速度，有利于干燥。但应根据物料的性质选择适宜的干燥温度，以防止某些热敏性成分被破坏。

空气的相对湿度越低，干燥速率越大。降低有限空间相对湿度可提高干燥效率。实际生产中常采用生石灰、硅胶等吸湿剂吸除空间水蒸气，或采用排风、鼓风装置等更新空间气流。

空气的流速越大，干燥速率越快。但空气的流速对降速干燥阶段几乎无影响。这是因为提高空气的流速，可以减小气膜厚度，降低表面汽化的阻力，从而提高等速阶段的干燥速率。而空气流速对内部扩散无影响，故与降速阶段的干燥速率无关。

在干燥过程中，首先是物料表面液体的蒸发，紧接着是内部液体逐渐扩散到表面继续蒸发，直至干燥完全。

当干燥速率过快时，物料表面的蒸发速度大大超过内部液体扩散到物料表面的速度，致使表面粉粒黏着，甚至熔化结壳，从而阻碍了内部水分的扩散和蒸发，形成假干燥现象。假干燥的物料不能很好地保存，也不利于继续制备操作。

干燥方式与干燥速率也有较大关系。若采用静态干燥法，则温度只能逐渐升高，以使物料内部液体慢慢向表面扩散，源源不断地蒸发。否则，物料易出现结壳，形成假干现象。动态干燥法颗粒处于跳动、悬浮状态，可大大增加其暴露面积，有利于提高干燥效率。但必须及时供给足够的热能，以满足蒸发和降低干燥空间相对湿度的需要。沸腾干燥、喷雾干燥由于采用了流态化技术，且先将气流本身进行干燥或预热，使空间相对湿度降低、温度升高，故干燥效率显著提高。

压力与蒸发量成反比。因而减压是改善蒸发、加快干燥的有效措施。真空干燥能降低干燥温度，加快蒸发速度，提高干燥效率，且产品疏松易碎，质量稳定。

5. 压片

片剂压制中基本机械单元是两个钢冲和一个钢冲模。在冲模中，两冲头在填充入的颗粒上加压而形成片剂。有多种大小和形状的冲头和冲模可供使用，如图 3-3 和图 3-4 所示。尽管圆形冲头较为常见，其他形状如椭圆形、胶囊形、扁平形、三角形或其他不规则形状冲头（亦称异形冲）亦多有使用。同样，冲头表面的形状决定了片剂的形状。实践证明较为满意的且常常被看作标准的直径有：3/16in、7/32in、1/4in、9/32in、5/16in、11/32in、7/16in、1/2in、9/16in、5/8in、11/16in 和 3/4in（1in=0.0254m）。

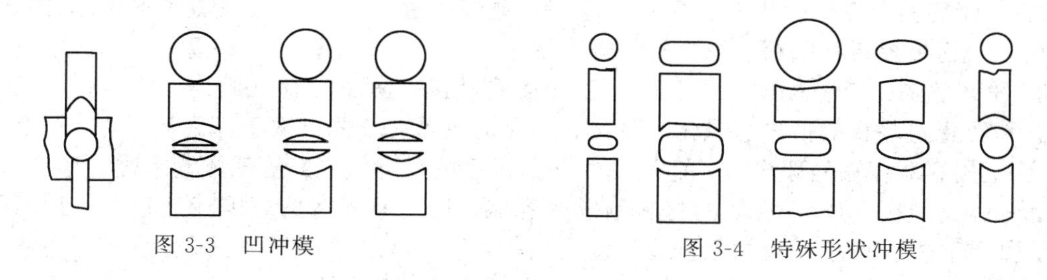

图 3-3　凹冲模　　图 3-4　特殊形状冲模

6. 包衣

片剂包衣是指在素片（或片芯）外层包上适宜的衣料，使片剂与外界隔离。通常片剂不需包衣，但为了下述目的，常将片剂包衣：①对湿、光和空气不稳定的药物可增加其稳定性；②掩盖药物的苦味和不良气味，减少药物对消化道的刺激和不适感；③有些药物遇胃酸、酶敏感，不能安全到达小肠，则需包肠溶衣；④控制药物释放速度；⑤可防止复方成分发生配伍变化；⑥改善片剂外观，易于区分，患者乐于服用。

片剂包衣是由 17 世纪的丸剂包衣演化而来的，19 世纪 40 年代就有糖衣片，20 世纪 50 年代出现压制包衣片，随后又出现空气悬浮包衣，美国雅培制药厂最先出售薄膜衣片。在 20 世纪 70 年代我国制药工程技术人员吸取了糖衣片和薄膜衣片的优点研制成了半薄膜衣片。近年来国内外均在研制和使用水性材料包薄膜衣，它可消除用有机溶剂时的缺点和危险，而且包衣速度快，所需时间短。

包衣的质量要求：衣层应均匀、牢固且与药片不起作用，崩解时限应符合药典片剂项下的规定；经较长时期贮存，仍能保持光洁、美观、色泽一致，并无裂片现象；且不影响药物的溶出与吸收。

根据使用的目的和方法的不同，片剂的包衣通常分糖衣、薄膜衣及肠溶衣等数种。包衣方法有锅包衣法、空气悬浮包衣法、压制包衣法以及静电包衣、蘸浸包衣等。近年来还用不同的衣料包在不同的药物粉粒上，再压成片剂，以达到多效、长效的目的。

7. 包装

包装是指选用适当的材料或容器，利用包装技术对药物半成品或成品的批量经分（灌）、封、装、贴签等操作，给一种药品在应用和管理过程中提供保护（价值和状态）、签订商标、介绍说明，并且经济实效、使用方便的一种加工过程的总称。

包装的形式　分为个装、内包装、外包装三种。

（1）个装　多为剂量型包装。对丸剂、片剂、散剂、口服液、注射剂等根据剂型特点、药物性质、用药方式、治疗剂量等因素，选用恰当容器、材料，按剂量进行包装。如片剂

(有衣和无衣，糖衣和薄膜衣，速溶或缓释)、硬胶囊和软胶囊的泡状或条状形成的复合材料单剂量型包装、注射剂的玻璃安瓿包装。外用软膏、眼用制剂等的小包装一般多为剂量型包装。

(2) 内包装　为一定数量的单个包装品集中于一个容器、材料内包装而成。这种包装多用纸盒或塑料袋、金属容器等，以防止水、湿、光、热、微生物、冲击等诸多因素对药品的影响。

(3) 外包装　所谓外包装是指包装货物的外部包装，即将已完成内包装的药品装入箱、袋、桶、罐等容器，或结束无容器状态进行标记、封印等操作技术及施行的状况，以便药品的运输和贮存。

根据制品的需要，药品的容器包装一般分为以下几种。

① 封闭容器。在交给用者、病人，或在运输和贮存过程中防止外物（固体）进入和包装物损失，这类容器有纸箱、纸袋、盒等。

② 密封容器。是在配发、出售、贮存、运输过程中防止外物（固体、液体、气体）的污染，和防止盛装物的损失、风化、吸湿、汽化的容器，并能再次密塞。

③ 闭气容器。在一般出售、船运、贮存、转运中，空气或其他气体透不过。

④ 避光容器。用特殊性质的材料制成的容器，能防止光线的影响或透过，一般常为有色的，如赭、棕、蓝色，或加用避光标签。

⑤ 单剂量容器。如盛装注射剂的安瓿，每支只有一剂的量。

⑥ 多剂量容器。盛装的药物供几次应用，剩余部分能保持其浓度、质量与纯度，供注射用的还应保持其无菌性。

根据制品需要，某些单剂量注射剂常附有灭菌针头与针筒，以便于医护人员应用。

药品包装的作用

(1) 保护药品质量　药品属于特殊商品，直接用于人体，起到预防、诊断与治疗疾病及康复保健作用。药品在生产、运输、贮存与使用过程常经历较长时期，药品负责（有效）期通常在两年左右。因此确保药品质量对于发挥药物制剂的预期效用，避免药品在贮存期间由于包装不当可能出现的氧化、潮解、分解、变质至关重要。药品物理性质或化学性质的改变，均会使药品减效、失效，甚至形成降解物质，产生不良的副作用或毒性。故医药品包装均应将保护功能作为首要因素考虑。保护功能主要有以下两方面。

① 阻隔作用。包装应使容器内的药物成分不能穿透、逸漏出去，而外界的空气、光线、水分、热、异物、微生物等不得进入容器内与药品接触。许多药品的稳定性和疗效会随进入或逸出其包装容器的气体、光、水分等而发生改变。阻隔作用主要在于防穿透或逸出，如挥发性药物成分能溶蚀某些包装材料内侧，选择不当，其挥发性成分可从容器的分子间隙扩散逸出，外界气体或水蒸气亦可能穿透某些包装材料，影响包装药品的稳定性。其他如防漏、遮光等亦应根据包装药品的性质而予以考虑。

② 缓冲作用。药品在运输、贮存过程中，要受到各种外力的振动、冲击和挤压，易造成破损。为此，药品包装应具有缓冲作用，以防止振动、冲击和挤压。如单个包装的内外都要使用衬垫，是防止振动的有效措施。在单个包装的容器之间多使用瓦楞形槽板，将每个容器固定且分隔起来。药品的外包装应为具有一定机械强度的材料制成的大容器，具有防振、耐压和封闭的作用。

(2) 便于预防、医疗、康复保健应用　药品包装尚应利于病人及临床使用方便。一些成药及非处方药，病人可以直接购买应用，为了帮助医师和病人选准、用好，包装起到重要作用。

① 标签、说明书与包装标志。标签是药品包装的重要组成部分，它是向人们科学而准确地介绍具体药品的基本内容、商品特性，以便别人识别、了解和掌握。《药品包装管理办法》规定标签内容包括：注册商标、品名、卫生部门批准文号、主要成分含量（化学药品）、装量、主治、用法、用量、禁忌、厂名、生产批号、有效期及特殊药品（外用、兽用、毒药、麻醉药品、危险品等）的标志。

说明书是产品技术水平和职业道德的体现。除包括标签内容外，它要详细介绍该药的成分（中成药）、作用、功能与主治、应用范围、用量、用法及图示、注意事项、贮存要求。

包装标志是为了帮助用者识别真伪和不拿错药品而设的特殊标志，如对毒、剧、易燃药品皆应加特殊而鲜明的安全标志，以防误用。对一些名、特、优、贵重及保护品种等，在包装容器的特定部位或封口处贴有特殊的封口签或喷墨数码，配合商标作为防伪标志。

② 便于取用、分剂量和贮运。近年来，随着科学技术的进步，包装材料与包装技术也得到相应的发展。药品、保健品包装呈多样化，如剂量化包装，方便患者使用，亦适合于药房发售药品，其中有单剂量包装，主要适用于一次性用药，某些多剂量包装亦常附有分剂量刻度或量器，便于分量取用。也有时尚的配套包装，如旅行保健药盒，内装风油精、索米痛片（去痛片）、黄连素等常用药；冠心病急救药盒，内装硝酸甘油片、速效救心丸、麝香保心丸等。一些营养滋补保健品如参茸、蜂乳、花粉、补酒类制剂，常搞成礼品性包装，作为馈赠之品，既可适应人民生活保健多方面的需要，又可以出口创汇。为了防止药品在贮运过程中质量受到影响，每件外包装（运输包装）上都应有指标标志，如防湿、小心轻放、防晒、冷藏等。

(3) 商品宣传　药品属于特殊商品，首先应重视其质量、疗效和应用，以利防病治病；从商品性看，产品包装的科学化、现代化程度，在一定程度上有助于显示产品的质量、生产水平和疗效，能给人以信任感。药品包装直接关系到其贮存期和保存效果；新颖的民族形式包装能表示其历史悠久性，常给人以安全感；包装与使用次数、时间、再使用价值亦有直接关系。这些常是调动人们购买欲的重要心理因素。因此有人说商品竞争，除其质量内涵外，在某种程度上就是包装竞争，营销宣传的竞争。

（三）片剂生产洁净区域划分

片剂车间按其工艺流程可分为“控制区”和“一般生产区”。其中“控制区”包括粉碎、配料、混合、制粒、压片、包衣、分装等生产区域，其他的生产区域则属于“一般生产区”。凡进入“控制区”的空气应经过初、中双效过滤器除尘。按照新版 GMP 的要求，“控制区”的洁净度要求为 D 级。片剂生产工艺流程示意及环境区域划分如图 3-5 所示。

二、硬胶囊剂生产工艺技术、流程及洁净区域划分

（一）胶囊剂概述

胶囊剂（capsules）系指将药物装于空心硬质胶囊中或密封于弹性软质胶囊中所制成的固体制剂。填装的药物可为粉末、液体或半固体。构成上述空心硬质胶囊壳或弹性软质胶囊壳的材料是明胶、甘油、水以及其他的药用材料，但各成分的比例不尽相同，制备方法也不同。我国早在明代就已有类似面囊的应用，欧洲人 Murdoek 和 Mothes 分别于 1848 年和 1883 年提出软胶囊和硬胶囊，以后随着高速自动化机械生产工艺，胶囊剂无论在品种上或数量上以及产量上都有了较大的增长。

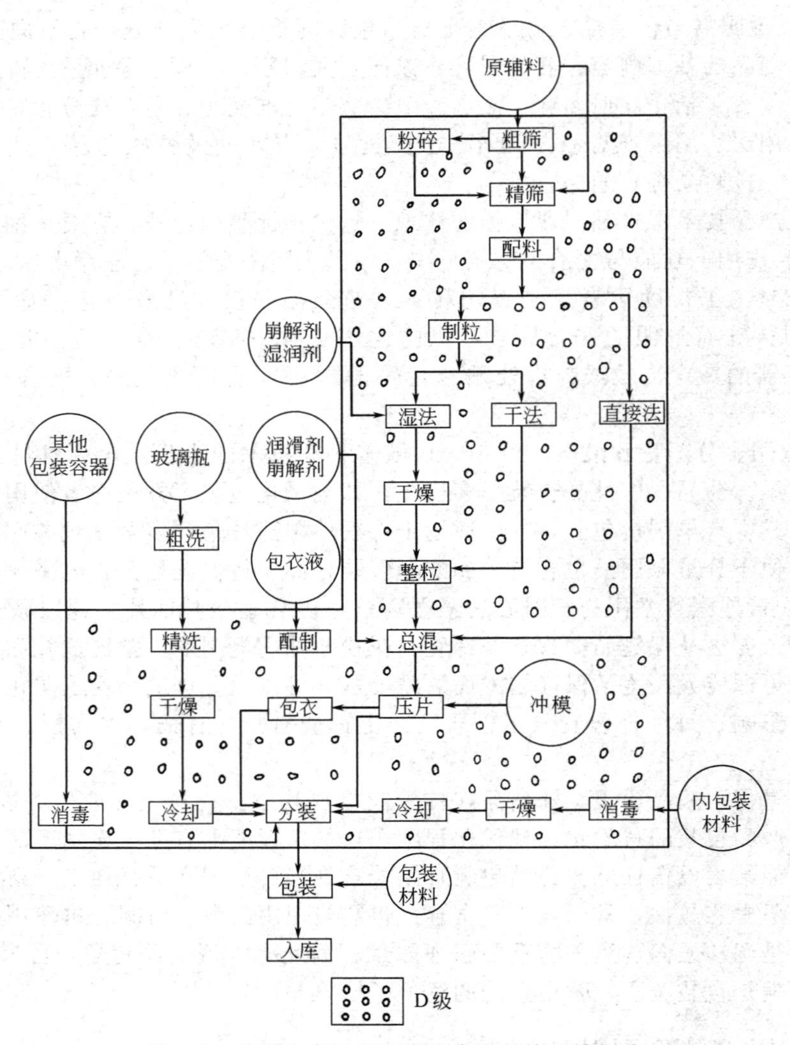

图 3-5　片剂生产工艺流程示意及环境区域划分

1. 胶囊剂分类

胶囊剂可分硬胶囊剂、软胶囊剂（即胶丸）和肠溶胶囊剂等，一般供口服用。

（1）硬胶囊剂（hard capsules）（通称为胶囊）是指采用适宜的制剂技术，将原料药或加入适宜辅料制成的均匀粉末、颗粒、小片、小丸、半固体或液体等，充填于空心胶囊中的胶囊剂。

（2）软胶囊剂（soft capsules）　是指将一定量的液体原料药直接包封，或将固体原料药溶解或分散在适宜的辅料中制备成溶液、混悬液、乳状液或半固体，密封于软质囊材中的胶囊剂。可用滴制法或压制法制备。软质囊材一般是由胶囊用明胶、甘油或其他适宜的药用辅料单独或混合制成（软胶囊剂生产工艺技术与设备参见第六章第二节）。

（3）缓释胶囊剂　是指在规定的释放介质中缓慢非恒速地释放药物的胶囊剂。缓释胶囊剂应符合缓释制剂（通则 9013）的有关要求并应进行释放度（通则 0931）检查。

（4）控释胶囊剂　是指在规定的释放介质中缓慢恒速地释放药物的胶囊剂。控释胶囊剂应符合控释制剂（通则 9013）的有关要求并应进行释放度（通则 0931）检查。

（5）肠溶胶囊剂（enteric capsules）　是指用肠溶材料包衣的颗粒或小丸充填于胶囊而制成的硬胶囊，或用适宜的肠溶材料制备而得的硬胶囊或软胶囊。肠溶胶囊剂不溶于胃液，但能在肠液中崩解而释放活性成分。除另有规定外，肠溶胶囊应符合迟释制剂（通则 9013）的有关要求，并进行释放度（通则 0931）检查。

近年来为了适应医疗上的不同需要，制药企业还制成了许多其他给药途径的胶囊剂，有植入胶囊、气雾胶囊、直肠和阴道胶囊及外用胶囊等，但这类胶囊的使用远不如口服胶囊广泛。

2. 胶囊剂的主要优点

① 病人服药顺应性好。胶囊剂可以掩盖药物的苦味和不良的气味；可具有各种颜色以示区别，美观，易于服用，携带方便，深受病人欢迎。

② 生物利用度高。胶囊剂在胃肠道中分散快、溶出快，吸收好，一般比片剂奏效快，生物利用度高。

③ 弥补其他固体剂型的不足。剂型中含油量高不容易制成片剂或丸剂的药物可以制成胶囊剂。又如主药的剂量小，难溶于水，在消化道内不容易吸收的药物，可将其溶于适宜的油中，再制成胶囊剂，以利吸收。

④ 提高药物的稳定性。对光敏感、遇湿热不稳定的药物，如抗生素等，可填装于不透光的胶囊中，以防止药物受湿气、空气中氧和光线的作用，以提高其稳定性。

⑤ 处方和生产工艺简单。与片剂相比，胶囊剂处方中辅料种类少，生产过程简单，所以胶囊剂常用于新药临床试验的给药剂型。

⑥ 可使药物具有不同释药特性。对需起速效的难溶性药物，可制成固体分散体，然后装于胶囊中；对需要药物在肠中发挥作用时可以制成肠溶胶囊剂；对需制成长效制剂的药物，可将药物先制成具有不同释放速度的缓释颗粒，再按适当的比例将颗粒混合均匀，装入胶囊中，即可达到缓释、长效的目的。如酮洛芬缓释胶囊。

3. 胶囊剂的主要缺点

① 药物的水溶液和稀醇溶液能使胶囊壁溶解，不能制成胶囊剂；易溶性药物如溴化物、碘化物、水合氯醛以及小剂量极性剧药，因在胃中溶解后，局部浓度过高而刺激胃黏膜亦不能填装成胶囊剂。

② 风化药物和吸湿性药物因分别可使胶囊壁软化和干燥变脆，使应用受到限制，但采取适当措施，可克服或延缓这种不良影响，如吸湿性药物加入少量惰性油混合后，装入胶囊，可延缓胶壳变脆。

③ 胶囊剂一般不适用于儿童。

（二）硬胶囊剂生产工艺技术与流程

硬胶囊剂是由囊身、囊帽紧密配合的空胶囊（胶壳），内填充各种药物而成的制剂。其制备过程可分为制备空胶囊和药物填充两个步骤。空胶囊呈圆筒形，由大小不同的囊身、囊帽两节密切套合而成，是以明胶为主要原料另加入适量的增塑剂、食用色素和遮光剂、防腐剂等制成。其大小规格有 000、00、0、1、2、3、4、5 八种。胶囊可制成各种色泽和透明或不透明的，以使制成的胶囊剂具有不同的外观，借以识别特殊的混合内容物。胶囊填充药物后应密闭以保证囊体和囊帽不分离。现在以制成锁口胶囊应用者较好。

1. 空胶囊（胶壳）的制备

空胶囊中主要材料为明胶，生产中常用碱法明胶，而骨胶与皮胶胶囊在物理性质方面差异大，前者质地坚硬，性脆且透明度较差，后者富有可塑性，透明度亦好，生产中常将骨胶与皮胶混合使用，其制备的胶囊较理想。此外胶壳中还可有其他附加剂如增塑剂、着色剂、防腐剂和加工（成型）助剂。为了增加胶壳的可塑性，可适当加入少量增塑剂如甘油、山梨醇、天然胶等，用量低于5%；为了美观，便于识别，可加入各种食用色素着色；对光敏的药物，胶壳中可加入遮光剂（如2%～3%二氧化钛）制成不透光的空胶囊；为了防止胶囊在贮存中霉变，可加入适量防腐剂如对羟基苯甲酸酯类，胶壳中浓度可达0.2%，为了提高防腐效果，常将其甲酯与丙酯按4∶1比例混合使用；为了使明胶在胶模上更好地成型，减少胶壳厚薄不均的现象，增加胶壳的光泽，常加入少量表面活性剂（如月桂醇硫酸钠）；为了使蘸模后明胶的流动性减小，可加入琼脂以增加胶液的胶冻力。

根据胶壳的组成不同，胶囊分为三种：无色透明的（不含色素及二氧化钛）、有色透明（含色素但不含二氧化钛）及不透明的（含二氧化钛）。

空胶囊的生产过程分为：溶胶、蘸胶、干燥、脱模、截割、套合等工序。操作环境的温度应为10～25℃，相对湿度为35%～45%，空气洁净度为D级。

（1）溶胶　一般先称取明胶用蒸馏水洗去表面灰尘，加蒸馏水浸泡数分钟，取出，淋去过多的水，放置，使之充分吸水膨胀后，称重。然后移置夹层蒸汽锅中，逐次加增塑剂、防腐剂或着色剂及足量的热蒸馏水，加热（在70℃以下）熔融成胶液，再用布袋（约150目）过滤，滤液于60℃温度下静置，以除去泡沫，澄明后备用。

在制备空胶囊过程中，明胶溶液的浓度高低，可直接影响硬胶囊囊壁的厚薄。因此明胶应先测定其含水量，再按处方计算补加适宜的水制成一定浓度的胶液。胶液的黏度可影响胶壳的厚薄与均匀性，所以应控制其黏度，国外在溶胶与蘸胶工序中采用计算机来监控。

（2）蘸胶　用固定于平板上的若干对钢制模杆浸于胶液中一定深度，浸蘸数秒，然后提出液面，再将模板翻起，吹以冷风，使胶液均匀冷却固化。囊体囊帽分别一次成型。模杆要求大小一致，外表光滑，否则影响囊体囊帽的大小规格，不紧密套合容易松动脱落。模杆浸入胶液的时间应根据囊壁厚薄要求而定。

（3）干燥　将蘸好胶液的胶囊囊坯置于架车上，推入干燥室，或由传送带传输，通过一系列恒温控制的干燥空气，使之逐渐而准确地排除水分。在气候干燥时可用喷雾法喷洒水雾使囊坯适当回潮后，再进行脱模操作。如干燥不当，囊坯则容易发软而粘连。

（4）脱模截割　囊坯干燥后即进行脱模，然后截成规定的长度。

（5）检查包装备用　制成的空胶囊，经过灯光检查，剔去废品，国外药厂是采用电子仪自动检查，挑选空胶囊，自动剔去废品。然后将囊体囊帽套合。如需要还可在空胶囊上印字，在食用油墨中加8%～12%聚乙二醇400或类似的高分子材料，以防所印字迹磨损。

空胶囊胶壳含水量应控制在13%～16%范围内，当低于10%时，胶壳变脆易碎，当高于18%时，胶壳软化变形，胶壳含水量还影响其大小，在13%～16%范围内含水量改变1%胶壳大小约有0.5%的变化。环境湿度可影响胶壳的含水量，空胶囊应装入密闭的容器中，严防吸潮，贮于阴凉处。

2. 硬胶囊的填充

（1）空胶囊大小的选择　市售的口服空胶囊从大到小分为000、00、0、1、2、3、4、5号共八种，一般常用0～4号。由于胶囊填充药物多用容积来控制其剂量，而药物的密度、结晶、粒度不同，所占体积也不同，故应按药物剂量所占容积来选用适宜大小的空胶囊来填充。

通常采用初算容重、剂量，然后凭经验试装来选用胶囊。

（2）处方组成　硬胶囊剂一般是填充粉状药物或颗粒状药物，但近来也有填装液体或半固体药物，两者在生产上的处方和设备各不相同。

（3）药物的填充　生产应在温度为25℃左右和相对湿度为35%～45%的环境中进行，

以保持胶壳含水量不致有大的变化。除少量制备时用手工填充外，大量生产时常用自动填充机。将药物与赋形剂混匀，然后放入饲料器用填充机械进行填充。此混合粉状物料应具有适宜的流动性，并在输送和填充过程中不分层。目前填充机的式样虽很多，但操作步骤都包括供给、排列、校准方向、分离、填充、套合和排出七步（见图 3-6），只是其中各种填充机填充方法差异较大，可归纳为（a）～（e）五类，如图 3-7 所示。

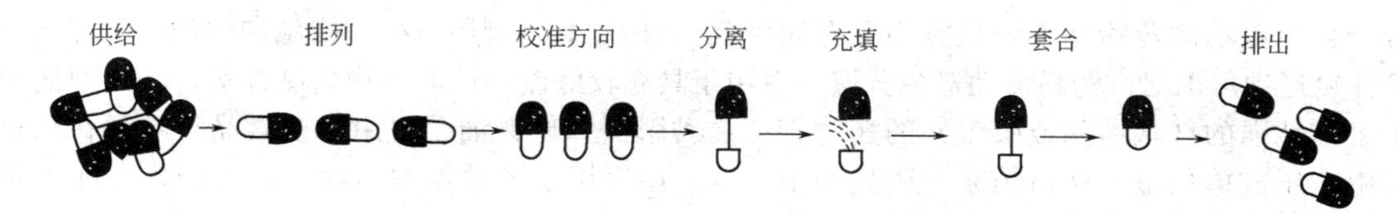

图 3-6　全自动胶囊填充机填充操作流程示意

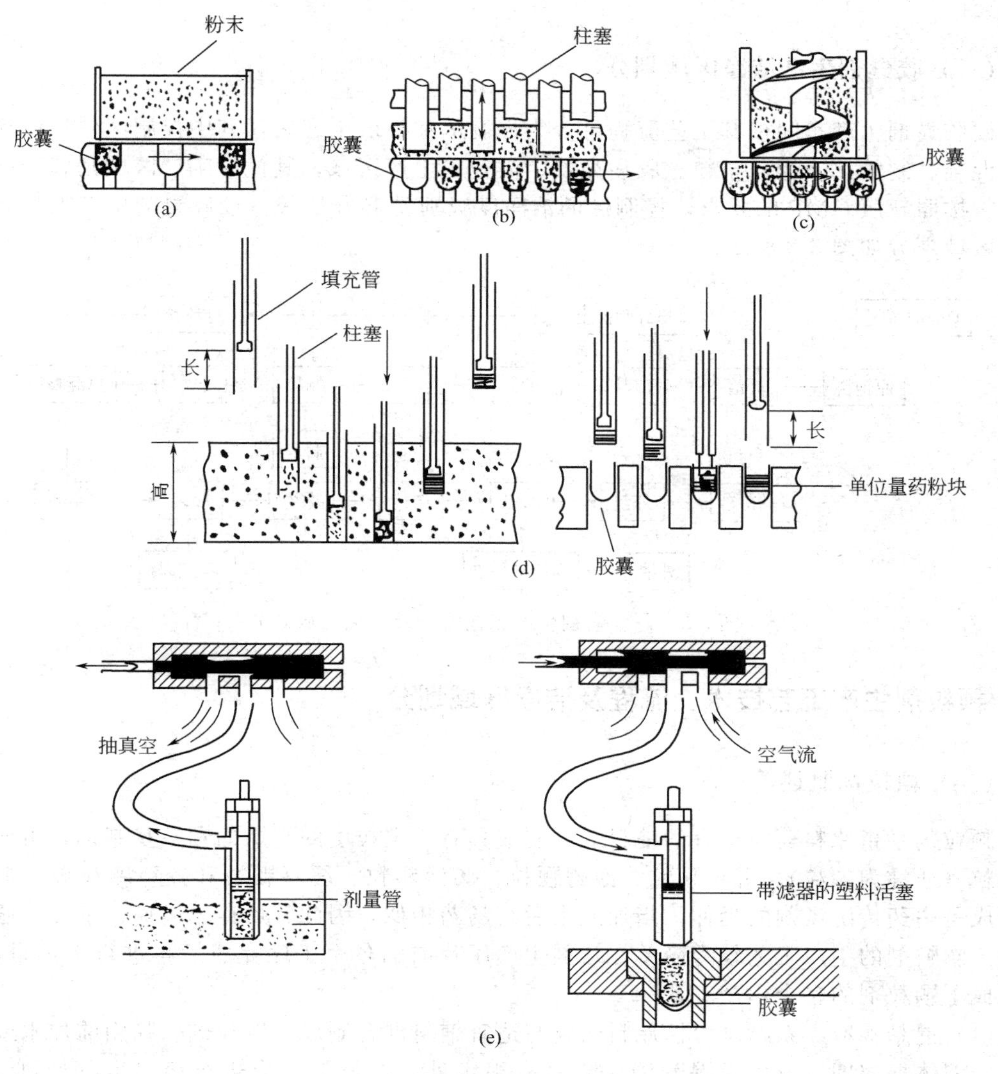

图 3-7　硬胶囊药物填充机的类型

图 3-7 中，(a) 自由流入药粉；(b) 螺旋钻压进药物（如原西德 Hofliger and Karg 公司产 GKF 型填充机）；(c) 用柱塞上下往复将药粉压进；(d) 在填充管内，先将药粉压成单位量，然后再填充于胶囊中（如意大利产 MG2 填充机）；(e) 用抽真空的方法，将药粉吸入单位剂量管中，然后再装入胶囊中（如美国 Perry Industries 公司产的 Accfil 填充机）。

为了保证填充快速与剂量准确，应根据处方的性质，选用合适类型的填充机，(a) 型适合于自由流动的药粉处方，处方中常有润滑剂。(b)、(c) 型因有机械措施如螺丝钻、柱塞上下往复运动可以促进药粉流动避免分层，适用于具有较好流动性的药物如氯霉素。(d) 型适用于聚集性强的针状结晶或吸湿性的药物，可加黏附剂如矿物油、食用油或微晶纤维素在填充管中先压成单位量，然后填充于胶囊剂中。(e) 型适用于各种类型药物，最大的优点在于可单独填充药物，无需加入润滑剂。

液体、半固体填充机常用定量液体泵取代粉末填充机上的饲粉器和定量管，用泵压法进行填充。

（三）胶囊剂生产洁净区域划分

硬胶囊剂生产车间按其工艺流程可分为控制区和一般生产区，其中控制区包括粉碎、配料、混合、制粒、干燥、整粒、胶囊充填、内包等生产区域，其他的生产区域则属于一般生产区。按照新版 GMP 的要求，控制区的洁净度级别要求为 D 级。硬胶囊剂生产工艺流程及环境区域划分如图 3-8 所示。

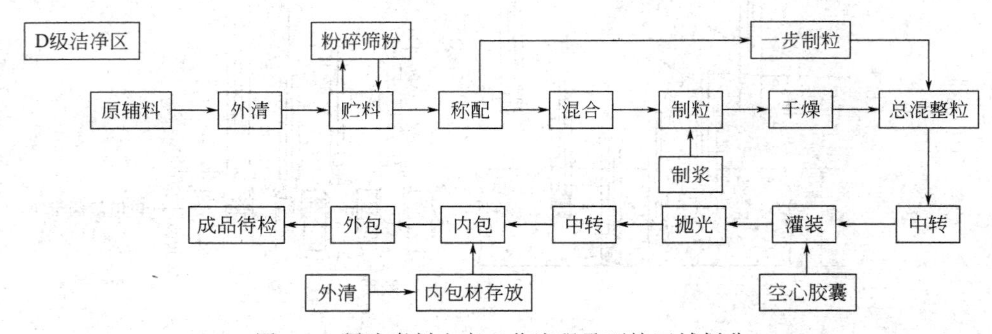

图 3-8 硬胶囊剂生产工艺流程及环境区域划分

三、颗粒剂生产工艺技术、流程及洁净区域划分

（一）颗粒剂概述

颗粒剂系指原料药与适宜的辅料混合制成具有一定粒度的干燥的颗粒状制剂，可分为可溶颗粒（通称为颗粒）、混悬颗粒、泡腾颗粒、肠溶颗粒、缓释颗粒和控释颗粒等。颗粒剂可看成是中药传统汤剂的延伸，当加入水后与汤药相似，因此其贮存、运输、携带、服用都方便。颗粒剂的生产工艺较为简单，片剂生产压片前的各个工序完成后再进行定剂量包装，就构成了颗粒剂的整个生产工艺。

(1) 混悬颗粒　系指难溶性原料药物与适宜辅料混合制成的颗粒剂。临用前加水或其他适宜的液体振摇即可分散成混悬液。除另有规定外，混悬颗粒应进行溶出度（通则 0931）检查。

（2）泡腾颗粒　系指含有碳酸氢钠和有机酸，遇水可产生大量气泡而呈泡腾状的颗粒剂。泡腾颗粒中的原料药物应是易溶性的，加水产生气泡后应能溶解。有机酸一般用枸橼酸、酒石酸等。

（3）肠溶颗粒　系指采用肠溶材料包裹颗粒或其他适宜方法制成的颗粒剂。肠溶颗粒耐胃酸而在肠液中释放活性成分或控制药物在肠道内定位释放，可防止药物在胃内分解失效，避免对胃的刺激。肠溶颗粒应进行释放度（通则 0931）检查。

（4）缓释颗粒　系指在规定的释放介质中缓慢非恒速地释放药物的颗粒剂。缓释颗粒应符合缓释制剂的有关要求（通则 9013），并应进行释放度（通则 0931）检查。

（5）控释颗粒　系指在规定的释放介质中缓慢恒速地释放药物的颗粒剂。控释颗粒应符合控释制剂的有关要求（通则 9013），并应进行释放度（通则 0931）检查。

（二）颗粒剂生产工艺技术与流程

（1）制粒　参见片剂生产工艺制粒工段，在制得颗粒后进行定剂量包装即可得颗粒剂。

（2）定剂量包装　本工序要将一定剂量的颗粒剂装入薄膜袋中并将周边热压密封后切断。颗粒剂的定量有重量法与体积法两种。重量法即称取一定重（质）量作为一个剂量；而体积法则量取等量的体积作为一个剂量，由于颗粒剂的颗粒间有空隙存在，本法将粉体装填至定容积的计量器时要求空隙率（即松密度）的一致性。与重量法相比，体积法定剂量易于实现机械化。装袋（包装）的过程包括制袋、装料、封口、切断几个步骤。例如薄膜卷（聚乙烯、纸、铝箔、玻璃纸或上述复合包装材料）连续自上而下送料可由平展先折叠成双层，然后进行纵封热合与下底口横封热合并充填一个剂量的散剂，最后进行上口横封热合操作，打印批号并切断。DXDK-30A 型自动包装机每分钟包装 40～80 袋，以体积法每包充填药粉 1～50mL，袋长 55～110mm，袋宽 30～80mm。外形尺寸：730mm×630mm×1580mm（长×宽×高）。

（三）颗粒剂生产洁净区域划分

颗粒剂按其工艺流程可分为控制区和一般生产区，其中控制区包括粉碎、配料、混合、制粒、干燥、整粒、内包等生产区域。控制区的洁净度级别要求为 D 级。

四、口服固体制剂生产工艺质量控制

为了保证片剂的疗效及贮运过程中符合规定要求，处方设计、原辅料选用、生产工艺及贮运条件等的拟定都要自始至终围绕质量第一的方针，应严格按照药典或部颁标准检查质量，合格后方可出厂，并在生产过程中通过质量检查还能发现处方及工艺是否合理，存在哪些影响质量的因素，从而针对不同情况予以改进。

（一）片剂的一般性质量要求

片剂在生产与贮藏期间均应符合《中国药典》2015 年版下列有关规定。

一、用于制片的药粉（膏）与辅料应混合均匀，剂量小或含有毒性药物的片剂，应根据药物的性质用适宜的方法使药物分散均匀。

二、凡属挥发性或遇热分解的药物，在制片过程中应避免受热损失。（制片的颗粒应控制水分，以适应制片工艺的需要，并防止成品在贮藏期间潮解、发霉、变质或失效。）

三、压片前的颗粒应控制水分，以适应制片工艺的需要，并防止成品在贮存期间潮解、发霉、变质或失效。

四、片剂根据需要，可加入矫味剂、芳香剂和着色剂等附加剂。有些药物也可根据需要制成泡腾片、含片、咀嚼片等。

五、为增加稳定性、掩盖药物不良气味或改善外观等，可对制成的药片包糖衣或薄膜衣。对一些遇胃液易破坏、刺激胃黏膜或需要在肠道内释放的口服药片，可包肠溶衣。必要时，薄膜包衣片剂应检查残留溶剂。

六、片剂外观应完整光洁，色泽均匀，应有适宜的硬度，以免在包装、贮运过程中发生磨损（碎片）或破碎。

七、除另有规定外，片剂应密封贮藏。

【重量差异】 片剂重量差异限度应符合下表规定。

（片剂平均重量）标示片重或平均片重	重量差异限度
0.3g以下	±7.5%
0.3g或0.3g以上	±5%

检查法　取供试品20片，精密称定总重量，求得平均片重后，再分别精密称定每片的重量，每片重量与标示片重相比较（凡无标示片重的片剂，与平均片重相比较），超出重量差异限度的不得多于2片，并不得有1片超出限度一倍。

除薄膜衣片外，糖衣片与肠溶衣片应在包衣前检查片芯的重量差异，符合上表规定后，方可包衣，包糖衣后不再检查重量差异，其他包衣片应在包衣后检查重量差异并符合规定。

【崩解时限】 除另有规定外，照崩解时限检查法(通则0921）检查，应符合规定。含片的溶化性照崩解时限检查法（通则0921）检查，应符合规定。舌下片照崩解时限检查法（通则0921）检查，应符合规定。阴道片照融变时限检查法（通则0922）检查，应符合规定。口崩片照崩解时限检查法（通则0921）检查，应符合规定。咀嚼片不进行崩解时限检查。凡规定检查溶出度、释放度的片剂，一般不再进行崩解时限检查。

【发泡量】 阴道泡腾片照下述方法检查，应符合规定。检查法：除另有规定外，取25mL具塞刻度试管（内径1.5cm，若片剂直径较大，可改为内径2.0cm）10支，按表中规定加一定量水，置37℃±1℃水浴中5min，各管中分别投入供试品1片，20min内观察最大发泡体积，平均发泡体积不得少于6mL，且少于4mL的不得超过2片。

平均片重	加水量
1.5g及1.5g以下	2.0mL
1.5g以上	4.0mL

【分散均匀性】 分散片照下述方法检查，应符合规定。检查法：照崩解时限检查法（通则0921）检查，不锈钢丝网的筛孔内径为710μm，水温为15～25℃；取供试品6片，应在3min内全部崩解并通过筛网。

【微生物限度】 以动物、植物、矿物来源的非单体成分制成的片剂，生物制品片剂，以及黏膜或皮肤炎症或腔道等局部用片剂（如口腔贴片、外用可溶片、阴道片、阴道泡腾片等），照非无菌产品微生物限度检查：微生物计数法（通则1105）和控制菌检查法（通则1106）及非无菌药品微生物限度标准（通则1107）检查，应符合规定。规定检查杂菌的生物制品片剂，可不进行微生物限度检查。

综合起来，片剂的质量评价有如下几方面。

（1）片重差异　压制的同一批片剂在重量上的差异，如果超出药典的规定范围，意味着药片的剂量差异已经不能忽略，有可能影响到临床。在旋转多冲压片机中，如果各组冲模的尺寸精度达到设计的要求，那么造成片重差异的主要原因在于模圈内每次充填的颗粒重量（体积）的差异，例如颗粒间的空隙率有明显的不同。好在符合GMP的高速多冲旋转压片机具有较精确的颗粒充填机构，还具有测定每个上冲最大下压力的压力检测装置，并借此带动剔废机构以保证片剂重量在规定范围以内。实际上在刚刚开机时要较多地进行片重的调节直至符合要求。

（2）含量均匀度　指同一批片剂片与片之间药物含量的差异程度。药物、辅料等各种粉体因为自身的物性（粒度分布、密度、流动性等），有时很难混匀，或在外界因素（如机器振动、粉体的流动输送等）作用下重新分离。制作颗粒是解决混合均匀并保持这一状态的可行方法。中药片剂因为各种药材微粉、辅料的颜色不同，可以用肉眼进行外观检查：色泽的均匀程度、有无花斑或杂色点等。对于小剂量化学药片剂，均匀度尤为重要，需要取样进行含量检测；主药为极小剂量的片剂（如炔雌醇片，每片5μg、20μg、50μg或500μg），可用适宜辅料压制空白片芯（不含主药），将主药配于糖衣液中制成糖衣片。如复方炔诺酮那样的小剂量片剂也可制成纸型口服膜剂，将主药配成溶液，令可溶胀的纸型膜吸收药液并挥发溶剂，将纸型膜打成等面积方块，控制每格含炔诺酮0.54～0.66mg、炔雌醇31.5～38.5μg。

（3）硬度与脆碎度　片剂的硬度主要指破碎强度，意在包装、运输时确保片剂的完整性。测定时将片剂沿径向固定，然后在径向渐渐施力直到片剂试样破碎为止，所用仪器为Mansanto、Pfizer、Erweka、Strong-Cobb硬度计及国内PYC-A型片剂硬度测定仪等。

脆碎度是片剂硬度指标的补充，虽硬但脆的片剂不能经受包装、运输中的振荡。即当片剂经振荡、碰撞而引起的破碎程度为脆碎度。测定方法是将一定量片剂试样在转鼓中碰撞摩擦4min，必须无碎裂，且精密称取试验前后总重量其磨损率应小于0.8%。

（4）崩解时限　对硬度与脆碎度的要求是片剂处在干燥状态之下，即压制成片后的生产、包装、贮运过程之中所需要的机械性质。当片剂使用于机体、接触到消化道液时，一种完全不同的要求就是药片尽快崩解，以利于药物较快溶出释放。

崩解时限指待试片样在崩解仪中，模拟人消化道内环境（温度、消化液性质等），测试样品崩解所需的时间，满足《中国药典》（2015年版）的规定。

（5）其他　对于包衣片还需测定其溶剂残留量、冲击强度、被覆强度、包衣稳定性（如耐高温、湿度、冷热温度变化等）。

（二）胶囊剂的一般性质量要求

胶囊剂在生产与贮藏期间应符合《中国药典》（2015年版）下列有关规定。

一、胶囊剂的内容物不论是原料药物还是辅料，均不应造成囊壳的变质。

二、小剂量原料药物应用适宜的稀释剂稀释，并混合均匀。

三、硬胶囊可根据下列制剂技术制备不同形式内容物充填于空心胶囊中。①将原料药物加适宜的辅料如稀释剂、助流剂、崩解剂等制成均匀的粉末、颗粒或小片。②将普通小丸、速释小丸、缓释小丸、控释小丸或肠溶小丸单独填充或混合填充，必要时加入适量空白小丸作填充剂。③将原料药物粉末直接填充。④将原料药物制成包合物、固体分散体、微囊或微球。⑤溶液、混悬液、乳状液等也可采用特制灌囊机填充于空心胶囊中，必要时密封。

四、胶囊剂应整洁，不得有黏结、变形、渗漏或囊壳破裂等现象，并应无异臭。

五、胶囊剂的微生物限度应符合要求。

六、根据原料药物和制剂的特性，除来源于动、植物多组分且难以建立测定方法的胶囊剂外，溶出度、释放度、含量均匀度等应符合要求。必要时，内容物包衣的胶囊剂应检查残留溶剂。

七、除另有规定外，胶囊剂应密封贮存，其存放环境温度不高于30℃，湿度应适宜，防止受潮、发霉、变质。生物制品原液、半成品和成品的生产及质量控制应符合相关品种要求。除另有规定外，胶囊剂应进行以下相应检查。

【水分】 中药硬胶囊剂应进行水分检查。取供试品内容物，照水分测定法（通则0832）测定。除另有规定外，水分不得超过9.0％。硬胶囊内容物为液体或半固体者不检查水分。

【装量差异】 照下述方法检查，应符合规定。检查法：除另有规定外，取供试品20粒（中药取10粒），分别精密称定重量，倾出内容物（不得损失囊壳），硬胶囊囊壳用小刷或其他适宜的用具拭净；软胶囊或内容物为半固体或液体的硬胶囊囊壳用乙醚等易挥发性溶剂洗净，置通风处使溶剂挥尽，再分别精密称定囊壳重量，求出每粒内容物的装量与平均装量。每粒装量与平均装量相比较（有标示装量的胶囊剂，每粒装量应与标示装量比较），超出装量差异限度的不得多于2粒，并不得有1粒超出限度1倍。

平均装量或标示装量	装量差异限度
0.30g以下	±10％
0.30g及0.30g以上	±7.5％(中药±10％)

凡规定检查含量均匀度的胶囊剂，一般不再进行装量差异的检查。

【崩解时限】 除另有规定外，照崩解时限检查法（通则0921）检查，均应符合规定。凡规定检查溶出度或释放度的胶囊剂，一般不再进行崩解时限的检查。

【微生物限度】 以动物、植物、矿物质来源的非单体成分制成的胶囊剂，生物制品胶囊剂，照非无菌产品微生物限度检查：微生物计数法（通则1105）和控制菌检查法（通则1106）及非无菌药品微生物限度标准（通则1107）检查，应符合规定。规定检查杂菌的生物制品胶囊剂，可不进行微生物限度检查。

（三）颗粒剂一般性质量要求

颗粒剂在生产与贮藏期间应符合《中国药典》（2015年版）下列规定。

一、原料药物与辅料应均匀混合。含药量小或含毒、剧药的颗粒剂，应根据原料药物的性质采用适宜方法使其分散均匀。除另有规定外，中药饮片应按各品种项下规定的方法进行提取、纯化、浓缩成规定的清膏，采用适宜的方法干燥并制成细粉，加适量辅料（不超过干膏量的2倍）或饮片细粉，混匀并制成颗粒；也可将清膏加适量辅料（不超过清膏量的5倍）或饮片细粉，混匀并制成颗粒。

二、凡属挥发性原料药物或遇热不稳定的药物在制备过程应注意控制适宜的温度条件，凡遇光不稳定的原料药物应遮光操作。

三、除另有规定外，挥发油应均匀喷入干燥颗粒中，密闭至规定时间或用包合等技术处理后加入。

四、根据需要颗粒剂可加入适宜的辅料，如稀释剂、黏合剂、分散剂、着色剂和矫味剂等。

五、为了防潮、掩盖原料药物的不良气味等需要，也可对颗粒包薄膜衣。必要时，包衣颗粒应检查残留溶剂。

六、颗粒剂应干燥，颗粒均匀，色泽一致，无吸潮、软化、结块、潮解等现象。

七、颗粒剂的微生物限度应符合要求。

八、根据原料药物和制剂的特性，除来源于动、植物多组分且难以建立测定方法的颗粒剂外，溶出度、释放度、含量均匀度等应符合要求。

九、除另有规定外，颗粒剂应密封，置干燥处贮存，防止受潮。生物制品原液、半成品和成品的生产及质量控制应符合相关品种要求。除另有规定外，颗粒剂应进行以下相应检查。

【粒度】 除另有规定外，照粒度和粒度分布测定法（通则 0982 第二法双筛分法）测定，不能通过一号筛与能通过五号筛的总和不得超过15%。

【水分】 中药颗粒剂照水分测定法（通则 0832）测定，除另有规定外，水分不得超过8.0%。

【干燥失重】 除另有规定外，化学药品和生物制品颗粒剂照干燥失重测定法（通则0831）测定，于105℃干燥（含糖颗粒应在80℃减压干燥）至恒重，减失重量不得超过2.0%。

【溶化性】 除另有规定外，颗粒剂照下述方法检查，溶化性应符合规定。可溶颗粒检查法：取供试品10g（中药单剂量包装取1袋），加热水200mL，搅拌5min，立即观察，可溶颗粒应全部溶化或混合液轻微浑浊。泡腾颗粒检查法：取供试品3袋，将内容物分别转移至盛有200mL水的烧杯中，水温为15～25℃，应迅速产生气体而呈泡腾状，5min内颗粒均应完全分散或溶解在水中。颗粒剂按上述方法检查，均不得有异物，中药颗粒还不得有焦屑。混悬颗粒以及已规定检查溶出度或释放度的颗粒剂可不进行溶化性检查。

【装量差异】 单剂量包装的颗粒剂按下述方法检查，应符合规定。检查法 取供试品10袋（瓶），除去包装，分别精密称定每袋（瓶）内容物的重量，求出每袋（瓶）内容物的装量与平均装量。每袋（瓶）装量与平均装量相比较［凡无含量测定的颗粒剂或有标示装量的颗粒剂，每袋（瓶）装量应与标示装量比较］，超出装量差异限度的颗粒剂不得多于2袋（瓶），并不得有1袋（瓶）超出装量差异限度1倍。

平均装量或标示装量	装量差异限度
1.0g及1.0g以下	±10%
1.0g以上至1.5g	±8%
1.5g以上至6.0g	±7%
6.0g以上	±5%

凡规定检查含量均匀度的颗粒剂，一般不再进行装量差异检查。

【装量】 多剂量包装的颗粒剂，照最低装量检查法（通则0942）检查，应符合规定。

【微生物限度】 以动物、植物、矿物质来源的非单体成分制成的颗粒剂，生物制品颗粒剂，照非无菌产品微生物限度检查：微生物计数法（通则 1105）和控制菌检查法（通则 1106）及非无菌药品微生物限度标准（通则 1107）检查，应符合规定。规定检查杂菌的生物制品颗粒剂，可不进行微生物限度检查。

第二节　口服固体制剂生产工艺设备

一、口服固体制剂制粒工段生产工艺设备

（一）粉碎器械

1. 高速撞击式粉碎机

高速撞击式粉碎机具有特殊的撞击装置，如旋锤（锤击机）、钢齿（万能磨粉机）、打板（柴田式粉碎机）等。在密闭的机壳内，以高速度转动，物料受撞击与劈裂等作用而粉碎。

（1）万能磨粉机　是一种应用较广的撞击式粉碎机。图 3-9（a）为万能磨粉机机身，药物自加料口 5 放入，借抖动装置 7 以一定的速度连续经由入料口 1，从粉碎室的中心进入粉碎室。粉碎室的转子及室盖面上装有相互交叉排列的钢齿 2，转子上的钢齿能围绕室盖上的钢齿旋转，药物自高速旋转的转子获得离心力而抛向室壁，因而产生撞击作用。药物在急剧运行过程中亦受钢齿间的劈裂、撕裂与研磨的作用。由于转子的转速很高而粉碎作用很强烈，待药物达到钢齿外围时已具有一定的粉碎度，借转子产生气流的作用使较细的粉粒通过室壁的环状筛板 3 分出。图 3-9（b）为万能磨粉机的完整装置。自筛板筛出的粉末是随着强烈的气流而分出的，在粉碎过程中能产生多量粉尘，故须装有集尘排气装置，以利安全与收集粉末。图 3-9 中，放气袋 8 一般用厚布制成。含有粉尘的气流自筛板流出首先进入集粉器而得到一定速度的缓冲，此时大部分粉末沉集于集粉器底部。已缓冲了的气流带有少量较细的粉尘进入放气袋，通过滤过的作用使气体排出，粉尘则被阻回集粉器中。收集的粉末自出粉口 4 放出。

万能磨粉机操作时应先关闭塞盖，开动机器空转，待机器高速转动时再加入欲粉碎的药物，以免药物阻塞于钢齿间，增加电动机启动时的负荷。加入的药物应大小适宜，必要时应预先切成段块。由于万能磨粉机适宜粉碎各种干燥的非组织性的药物及中药的根、茎、皮等，故有“万能”之称。但由于转动高速，故粉碎过程中会发热，而不宜用于含有大量挥发性成分的药物和具有黏性的药物的粉碎。

万能磨粉机的生产能力及能量消耗，依其尺寸大小、粉碎度和被粉碎药物的性质不同而有较大范围的伸缩性。一般生产能力在 30～300kg/h，功率为 1～8hp（1hp＝735W）。

（2）锤击式粉碎机　由高速旋转的活动锤击件与固定圈间的相对运动，对药物进行粉碎的机器。锤击件对物料主要作用以冲击力，物料受到锤击、碰撞、摩擦等而粉碎。锤击式粉碎机适用于大多数药物，但不适用于高硬度物料及黏性物料的粉碎。锤击式粉碎机结构见图 3-10。

（3）打板机式粉碎机　由高速旋转的刀板与固定的齿圈的相对运动对药物进行粉碎的机器。刀板对物料主要作用为刀板边缘的剪切力和刀板的冲击力，物料受到剪切、冲击、碰撞、摩擦等作用而粉碎，故打板机式粉碎机特别适合于中药材的粉碎。由于中药材含大量纤维，韧性很高，一般采用多级刀式粉碎机粉碎，方可得到所需粒度的药物。刀式粉碎机生产能力较大，机内轴的后端多设有风轮，物料和空气同时进入机内，最后空气携带粉料排出。

粒度由打板与衬板的间隙控制。粉碎机送出的细粉经风选器将粗细粒分离，粗粒重回加料口继续粉碎。

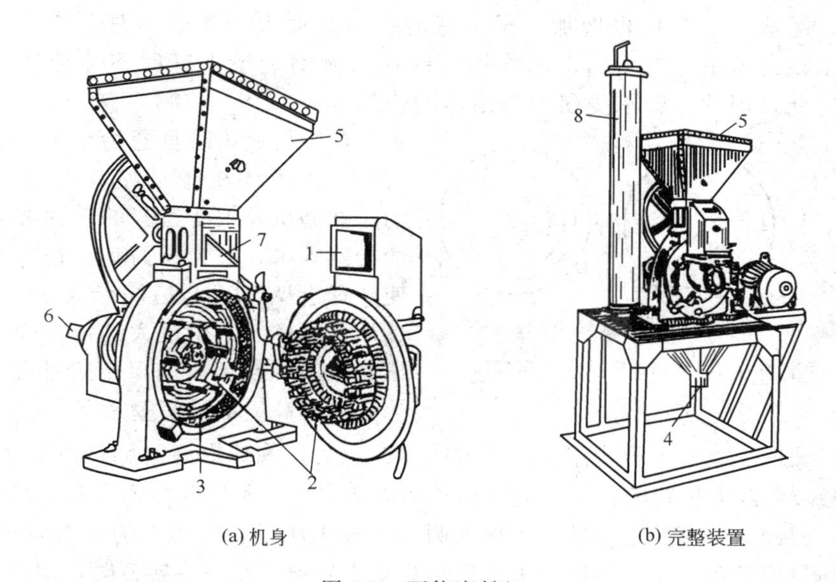

图 3-9 万能磨粉机

1—入料口；2—钢齿；3—环状筛板；4—出粉口；5—加料口；6—水平轴；7—抖动装置；8—放气袋

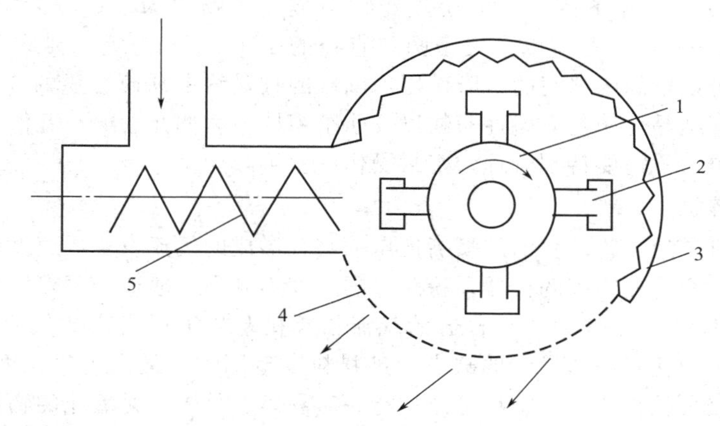

图 3-10 锤击式粉碎机结构示意图

1—圆盘；2—锤头；3—衬板；4—筛板；5—加料器

（4）涡轮粉碎机 由高速旋转的涡轮叶片与固定齿圈的相对运动对药物进行粉碎的机器。涡轮高速旋转（3000～4000r/min），由强大气流产生涡流以及由此产生的超声高频压力振动，并有冲击、剪切、研磨作用。机械和气流的双重作用使物料得到均匀良好的粉碎，细粉经筛网分出。

涡轮粉碎机的特点：粉碎效率高；粉碎粒度 60～320 目；有自冷作用，解决热敏性材料的粉碎发热问题，是一种使用范围广泛的新型粉碎机；除用于粉碎一般物料外，还用于粉碎纤维类物料（中草药如甘草、大黄等）和有机化合物。

2. 球磨机

球磨机是由不锈钢、生铁或瓷制的圆筒，内装一定数量和大小的圆形钢球或瓷球构成。物料在球磨的圆筒内受圆球的连续研磨、撞击和滚压作用而碎成细粉。当球磨机转动时，由于圆筒器壁与圆球间摩擦作用，将圆球依旋转方向带上，随着球磨机转速加大，离心力增加，圆球的上升角也增加，至圆球的重力分力大于离心力时，圆球遂自圆筒内一定高度呈抛物线落下而产生撞击的作用，圆球沿圆筒内壁上升时不停地回转滚动，物料在圆球与筒壁及圆球之间承受研磨与滚压的作用。

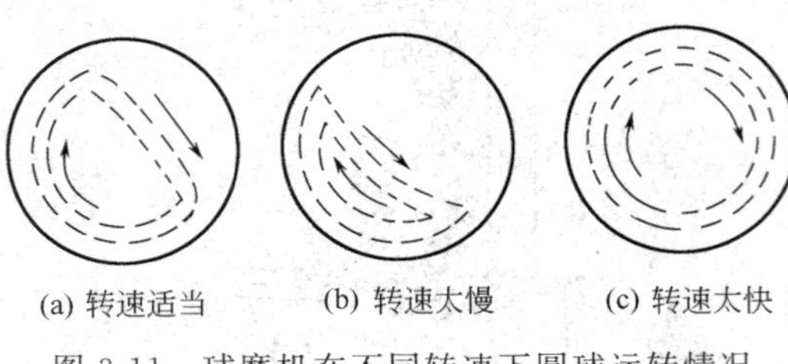

图 3-11　球磨机在不同转速下圆球运转情况

球磨机使用时将药物与圆球装入圆筒密盖后，用电动机带动使其在一定速度下转动。球磨机要求有适当的转速才能获得良好的粉碎效果，因为圆筒具有适宜的转速才能使圆球沿壁运行至最高点而落下[见图 3-11(a)]，这样可产生最大的撞击作用和良好的研磨与滚压作用。如果转速过慢，圆球不能达到一定高度即沿筒壁滚下[见图 3-11(b)]，或转速过快，圆球受离心力的作用，致超过圆球的重力，圆球沿筒壁旋转而不落下[见图 3-11(c)]，都会减弱或失去粉碎作用。旋转运动的离心力大小不仅与转速有关并且与圆周运动的半径有关，因此球磨机的适宜转速需根据圆筒内径大小进行计算。为了有效地粉碎药物，使圆球从最高位置下落，这一转数的极限值称为临界转速。在临界转速时，圆球已失去研磨作用，实践中计算球磨机转速的经验公式是临界转速的 75%。球磨机中所采用圆球的大小，与被粉碎的药物的最大直径、圆筒内径、药物的弹性系数和圆球的重量等有关。应使圆球具有足够的重量，以使其在下落时，能粉碎药物中最大的物块为度；一般圆球直径不小于 65mm。欲粉碎的药物的直径应以不大于圆球直径的 1/4～1/9 为宜。圆球大小不一定要求完全一致，这样可以增加圆球间的研磨作用。圆球的数量约占圆筒容积的 30%～35%为宜。球磨机适用于粉碎结晶性药物、脆性药物以及非组织性中药如儿茶酚、五倍子、珍珠等。球磨机由于结构简单，不需要特别管理，密封操作粉尘可减少。

3. 气流式粉碎机

气流式粉碎机是通过粉碎室内的喷嘴把压缩空气形成的气流束变成速度能量促使药物之间产生强烈冲击、摩擦而粉碎的机器，粉碎过程温度不升高，故适合于热敏性物料的超细粉碎，产品粒度可达 200～325 目。在普通的气流粉碎机基础上研发出的气旋式气流粉碎机，解决了气流粉碎机能耗高、产量低的缺点，进料粒度范围大，最大进料粒度达 5mm，不仅用于超细粉碎，兼具颗粒整形、颗粒打散功能。对易燃、易爆、易氧化的物料可用惰性气体作介质实现闭路粉碎，因惰性气体可循环使用，所以损耗极低。气旋式气流粉碎机适用于低温、无介质粉碎，尤其适合于低熔点、热敏性物料的超微粉碎。该设备结构紧凑，内外壁抛光，粉碎箱无存料，无死角，易清洗，符合 GMP 要求，可负压生产，无粉尘污染，环境优良。

气旋式气流粉碎机的主要工作原理是压缩空气经过冷却、过滤、干燥后，经喷嘴形成超音速气流射入旋转粉碎室，使物料呈流态化，在旋转粉碎室内，被加速的物料在数个喷嘴的喷射气流交汇点汇合，产生剧烈的碰撞、摩擦、剪切而达到颗粒的超细粉碎。粉碎后的物料被上升的气流输送至叶轮分级区内，在分级区叶轮离心力和风机抽力的作用下，实现粗细粉的分离，粗粉根据自身的重力返回粉碎室继续粉碎，合格的细粉随气流进入旋风收集器，微细粉尘由袋式除尘器收集，净化的气体由引风机排出。气旋式气流粉碎机流程见图 3-12。

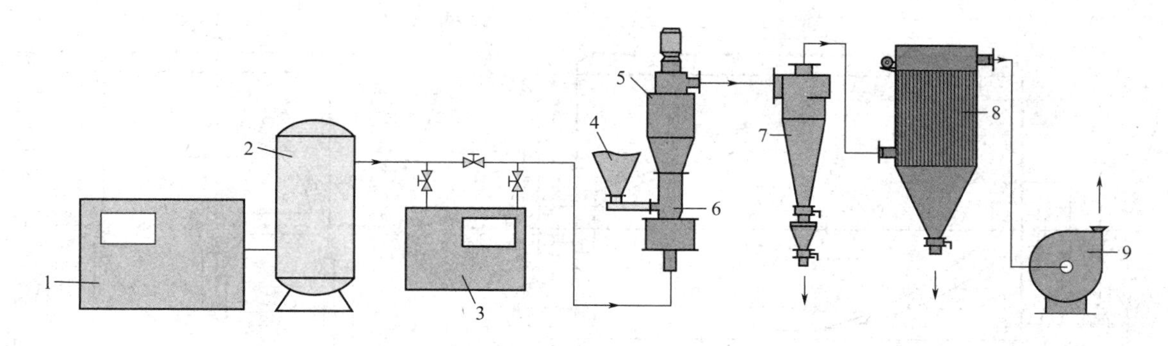

图 3-12　气旋式气流粉碎机流程

1—空气压缩机；2—储气罐；3—冷干机；4—进料系统；5—分级机；
6—粉碎机；7—旋风收集器；8—脉冲除尘器；9—引风机

4. 制剂用筛分机

制剂中固体粒子的粒度，中国药典将其分为六级：最粗粉、粗粉、中粉、细粉、最细粉、极细粉。对各种剂型的粒度药典也做了规定，如制备丸剂的药粉应通过六号筛；外用散剂应通过七号筛；冲剂的颗粒一般应通过一至三号筛，通过四号筛者不应超过全量的5%；片剂的原辅料经80～100目筛网筛除粗粒，软材经14～16目筛网制颗粒，干燥颗粒经12～14目筛网整粒，并经40～60目筛网去除细粉。

(1) 振动筛　筛箱的振动是采用两端不同质量的偏心块，产生离心、纵向、横向的复合作用。物料在筛面上既有纵向弹跳，又有由筛面中心向外发散的抛射运动。振动筛具有密闭操作、粉尘飞扬少；物料分道筛出，操作方便；振动噪声低等优点。

(2) 旋转筛　常用于粉碎后中药材的筛分。圆形筛筒固定于筛箱内，筛筒表面统有筛网，主轴上固定有打板和刷板，打板起分散和推进物料的作用，刷板起清理筛网和促进筛分作用。物料由推进器从筛筒一端进入，粗粉和细粉分别收集，筛网目数20～200目。旋转筛操作方便，适应性广泛，筛网更换容易，对中药细粉筛分效果较好。

（二）混合机

1. 槽式混合机

槽式混合机（图3-13）用于混合粉状或糊状的物料，使不同性质物料混合均匀。是卧式槽形单桨混合，搅拌桨为通轴式，便于清洗。与物体接触的部件全部采用不锈钢制成，有良好的耐腐蚀性，混合槽可自动翻转倒料。一般用在称量后、制粒前的混合，与摇摆式颗粒机配套使用，目的是使物料分布均匀，以保证药物剂量准确。在干粉混合过程中要加黏合剂或润湿剂。主电机带动搅拌桨旋转，由于桨叶具有一定的曲线形状，在转动时对物料产生各方向的推力，使物料翻动，混合均匀。副电机可使混合槽倾斜105°，使物料倾出。一般装料占混合槽体积的70%～80%。槽式混合机的缺点是搅拌效率低、混合时间长；搅拌轴两端的密封件容易漏粉；搅拌时粉尘外溢，污染环境，对人体健康不利。优点是价格低、操作简便、易于维修等。

2. 旋转式混合机

旋转式混合机也称转鼓式混合机。如图3-14所示，机壳有圆筒形、双圆锥形和V形等。这些转鼓装在水平轴上，由转动装置使其绕轴旋转。固体粉末在转鼓内翻动时，主要依靠重力，可将轴不对称地固定在筒的两面上，由传动装置带动。不同的转鼓，机内的固体颗粒运

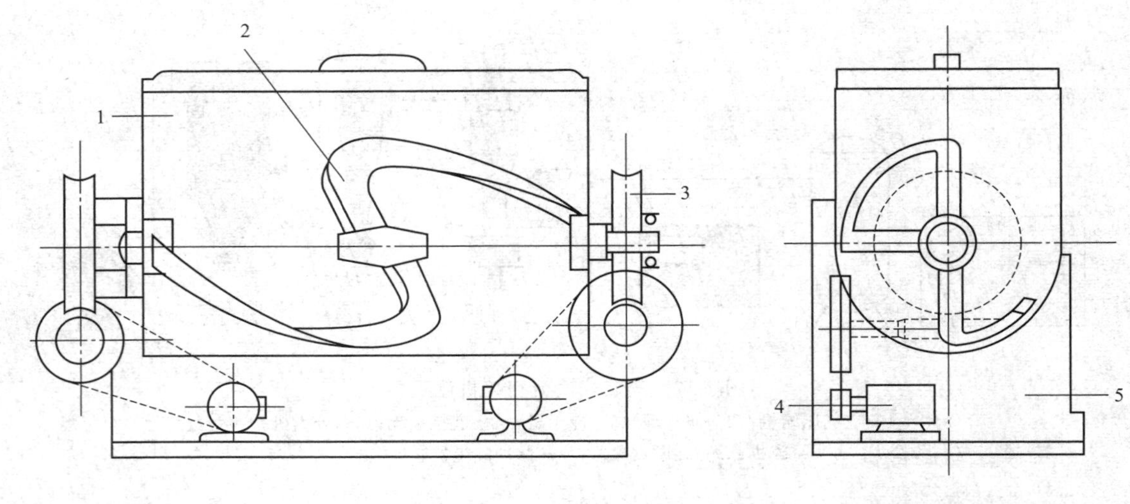

图 3-13　槽式混合机

1—混合槽；2—搅拌桨；3—涡轮减速器；4—电机；5—机座

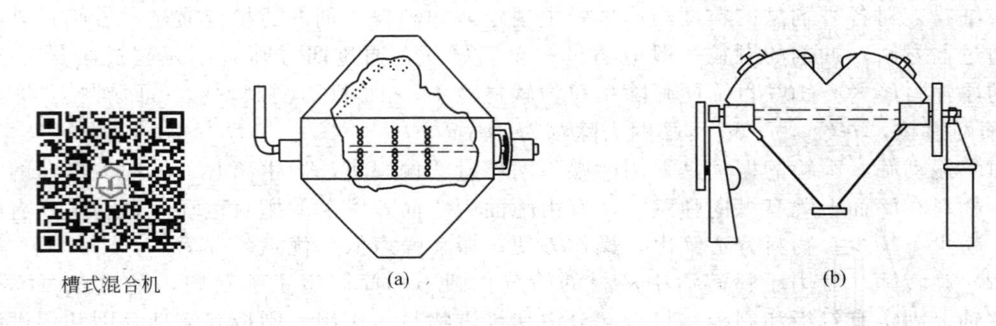

图 3-14　转鼓式混合机

动轨迹不同，因此混合程度也有差异。根据物料及过程要求不同，机内可加装破碎装置、加液装置或挡板，以改善混合效果。

双圆锥形混合机是按照重力滑移摩擦运动原理设计的。由固体颗粒在旋转容器内的运动轨迹可知，其运动形式呈现滑移、对流、循环、混合状态，固体颗粒间的分离、混合两个过程是同时进行的。运动轨迹如图 3-15 所示。

V 形混合机是按照颗粒落下、撞击摩擦运动原理设计的。它对流动性较差的粉体可进行有效的分割、分流强制产生扩散循环混合状态，其物流运动轨迹如图 3-16 所示。

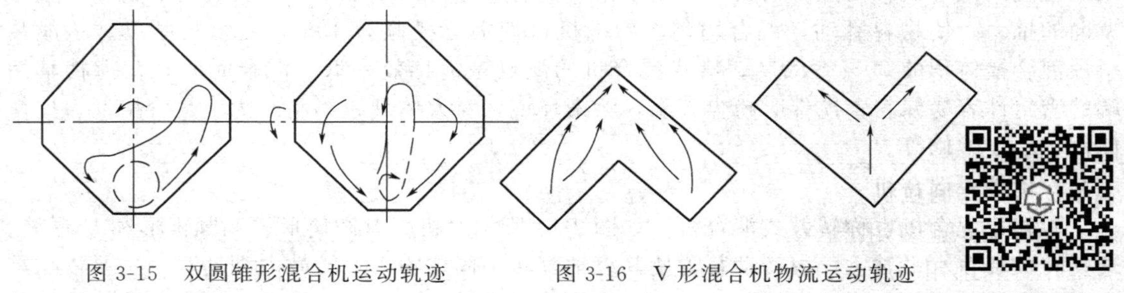

图 3-15　双圆锥形混合机运动轨迹

图 3-16　V 形混合机物流运动轨迹

V形混合机

旋转式混合机的混合效果主要取决于旋转速度。确定工作转速可根据混合的目的、药物的种类、筒体的形式与大小而决定，转速应小于临界转速。速度过大，产生离心力作用大，从而使颗粒附于转鼓上，降低了混合效果。这类混合机适用于轻度混合，尤其是密度相近的细粉粉末。机内有效容积大，易于清洗。尤其是V形混合机，在旋转混合时，可将颗粒分成两部分，再使这两部分药粉汇合均匀，目前国内的V形混合机获得较好的应用。旋转式混合机在中药厂往往用作细粉药物的混合，如散剂混合。

3. 气流混合器

图3-17所示为气流混合器装置，借空气气流使粉粒混合。操作时，先将空气入口1关闭，开动真空泵使混合桶3内真空，然后打开进料管活塞6，使物料从贮料桶7进入混合桶，关闭进料管活塞6，打开空气入口1，此时由于混合桶内外的压力差而使桶内物料随空气循环管2进入混合桶3内，这样反复循环，原辅料在混合桶内可充分混匀。

4. 三维运动混合机

三维运动混合机是混合机的一种，筒体各处为圆弧过渡，经过精密抛光处理。该机在运行中混合桶体具有多方向运转动作，使各种物料在混合过程中，加速了流动和扩散作用，同时避免了一般混合机因离心力作用所产生的物料比重偏析和积累问题，混合无死角，能确保物料混合的效果，是目前各种混合机中的一种较理想产品。三维运动混合机筒体装料率大、效率高、混合时间短。其外形如图3-18所示。

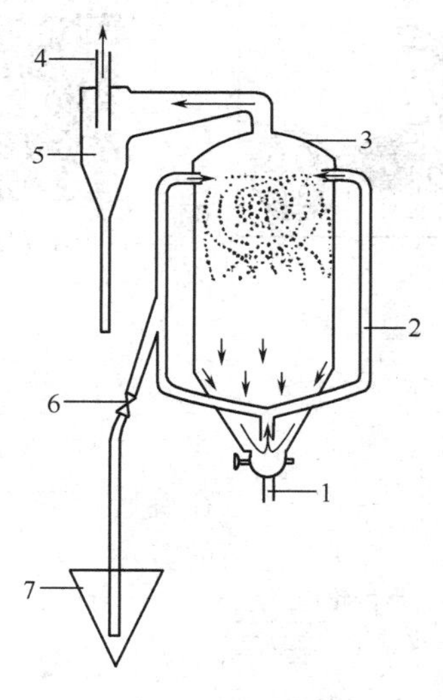

图3-17　气流混合器

1—空气入口与物料出口；2—循环管；3—混合桶；4—水循环真空泵；5—旋风分离器；6—进料管活塞；7—贮料桶

图3-18　三维运动混合机外形图

（三）制粒设备

1. 摇摆式制粒机

现在生产上多用摇摆式制粒机，如图3-19所示。摇摆式制粒机的主要构造是在一个加料斗的底部用一个六钝角形棱柱组成的滚轴，滚轴一端连接于一半月形齿轮带动的转轴上，另一端则用一圆形帽盖将其支住，借机械动力作摇摆式往复转动，使加料斗内的软材压过装于滚轴下的筛网而形成颗粒。滚轴摆动的速度，每分钟约为45次，形成的颗粒落于盘内。凡与筛网接触部分，均应用不锈钢制成，筛网应具有弹性，且应适当控制其与滚轴接触的松紧程度。软材加料斗中的量与筛网装置的松紧对所制成湿粒的松紧、粗细均有关。如加料斗中软材的存量多而筛网装得比较松，滚筒往复转动搅拌运动时可增加软材的黏性，制得的湿粒粗而紧；反之，制得的颗粒细而松。若用调节筛网松紧或增减加料斗内软材的存量仍不能制得适宜的湿粒时，可调节黏合剂浓度或用量，或增加通过筛网的次数来解决。一般过筛次数愈多则所制得湿粒愈紧而坚硬。摇摆式制粒机由于产量较高，制粒时黏合剂或润滑剂稍多并不严重影响操作及颗粒质量。此种机械装拆和清理也方便，在大量生产中多采用。此机在使用金属筛网时容易产生金属屑落于湿粒中，可用磁铁吸除，尼龙网则无此缺点。一般黏性较强和对铁稳定的药物如磺胺嘧啶或复方甘草合剂片等可选用铁筛。遇铁变质、变色的药物如维生素C、水杨酸钠、氨茶碱等可用化学性质稳定的尼龙筛制粒。制粒时筛网目数的选择是根据片量或片重或片剂的大小来进行。片重在0.4g或片剂直径在10mm以上时所需要的颗粒应粗一些，一般选用12～14目筛，片重在0.4g以下或片剂直径接近10mm时可选用14～20目筛；片重在0.1～0.3g的片剂则需制成较细的颗粒，一般用18～22目筛。

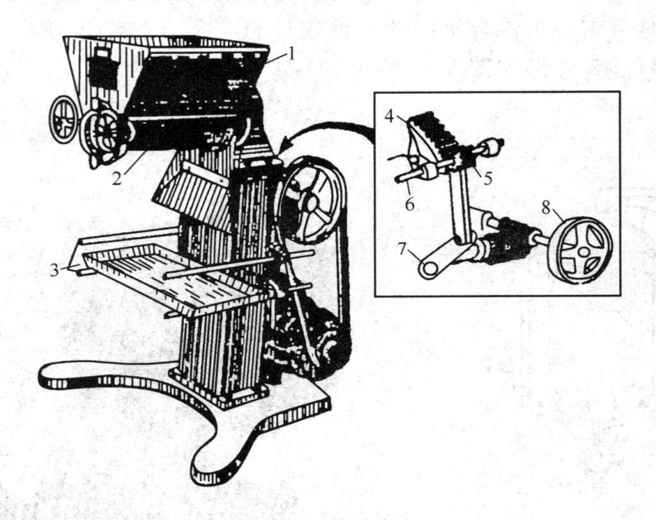

摇摆式制粒机

图3-19 摇摆式制粒机

1—加料斗；2—滚筒；3—置盘架；4—半月形齿轮；
5—小齿轮；6—滚轴；7—偏心轮；8—皮带轮

2. 旋转式制粒机

如图3-20所示，此机主要有一不锈钢圆筒，圆筒两端各备有一种小孔作为不同筛号的筛孔，一端孔的孔径比较大，另一端孔的孔径比较小，借以适应粗细不同颗粒的选用。将此筒的一端装在固定的底盘上，所需大小的筛孔1即装在下面，底盘中心有一个可以随电动机转动的轴心，轴心上固定有十字形四翼刮板和挡板2，两者的旋转方向不同。制粒时先开动电动机，使刮板旋转，将软材放在转筒之间，当刮板旋转时软材被挡板挡至刮板与圆筒之间，并被压出筛孔1而成为颗粒，落于颗粒接受盘7而由出料口6收集。

本机不用金属丝筛网，因此不致有从筛网掉下的金属屑。但由于刮板与圆筒间没有弹性，其松紧难于掌握到恰当程度。软材中黏合剂用量稍多时，所成颗粒则过于坚硬或压成条状；用量稍少则成粉末。本机仅适用于含黏性药物较少的软材，其生产量小于摇摆式，故现在除用于刮碎较粗的干颗粒外已少用。

3. 沸腾制粒机

如图 3-21 所示，FL120 型沸腾制粒机的结构可分成四大部分。

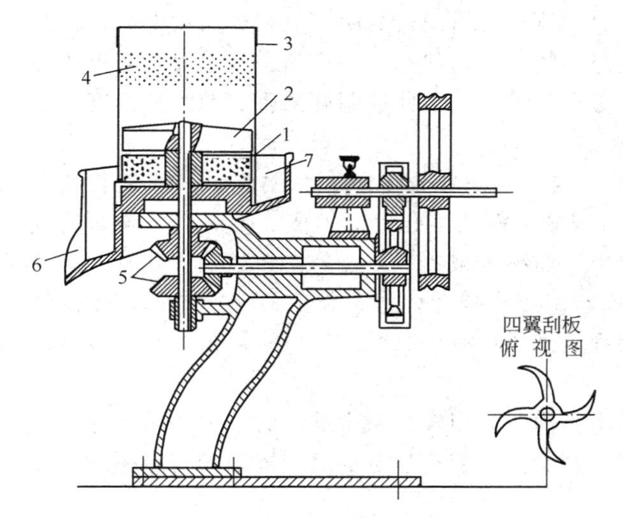

图 3-20　旋转式制粒机

1—筛孔（内有四翼刮板）；2—挡板；
3—有筛孔的圆钢筒；4—备用筛孔；
5—伞形齿轮；6—出料口；7—颗粒接受盘

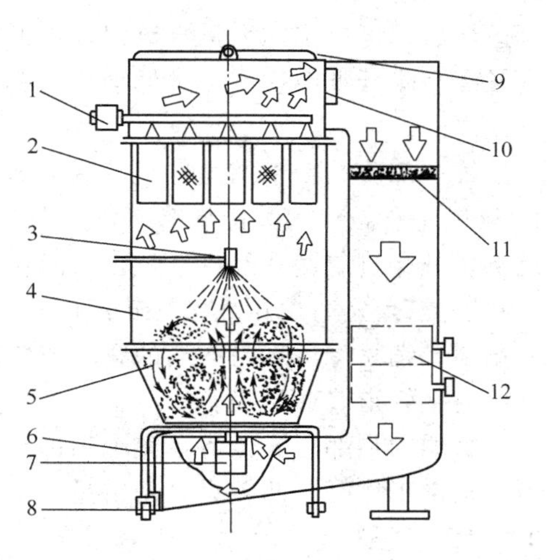

图 3-21　FL120 型沸腾制粒机结构简图

1—反冲装置；2—过滤袋；3—喷枪；
4—喷雾室；5—盛料器；6—台车；
7—顶升汽缸；8—排水口；9—安全盖；
10—排气口；11—空气过滤器；12—加热器

第一部分是空气过滤加热部分（图中右半部）。这一部分的上端有两个口，一个是空气进入口，另一个是空气排出口。空气进入后经过空气过滤器 11，滤去尘埃杂质，通过加热器 12，进行热交换。气流吸热后从盛料容器的底部往上冲出，使物料成运动状态。这一部分有几个问题应引起注意。

沸腾制粒机

① 进气口有风门调节装置，可调节气流大小，以控制物料运动状态、温度等参数。

② 过滤器应根据使用情况按时清理或调换，以保证进入容器内空气净洁度。

③ 在加热器的后部有温度传感元件，它是控制温度的最前沿部件，从元件感温的情况及操作者的设定温度，通过控制仪器执行蒸汽阀门的启闭，以达到控制加热温度的目的。由于蒸汽加热时，温度的升高和降低有一个时间过程，因此操作者在设定和控制时间应注意温度变化有一个“滞后”的过程。

④ 由于管道内外的温度差以及散热冷却等过程，管道中空气的水分有可能凝聚下来，造成最低部位的积水，因此需按时从排水口中排出积水，以保持管道内的干燥。

第二部分是物料沸腾喷雾和加热部分。这一部分是在左半中间位置，下端是盛料器 5 安放在台车 6 上。可以向外移出，向里推入到位，并受机身底座顶升汽缸 7 的上顶进行密封，成工作状态。盛料容器的底是一个布满 $\phi 1 \sim 2\mathrm{mm}$ 小孔的不锈钢板，其开孔率为 4%～12%。上面覆盖一层用 120 目不锈钢丝制成的网布，称为分布板，使网孔分布均匀，气流上升时通过均匀的流量，避免造成“紊流或沟流”。其上端是喷雾室 4，在该室中，物料受气流及容器形态的影响，产生由中心向四周的上、下环流运动。黏合剂由上部喷枪 3 喷出。粉末物料边受黏合剂液滴的黏合，聚集成颗粒，边受热气流的作用，带走水分，逐渐干燥。

粉末物料沸腾成粒是一个至关重要的操作过程。首先容器内的装量要适量，不能过多或过少，一般装置为容器的60%～80%。其次是风量的控制，起始时风量不宜过大，过大会造成粉末沸腾过高，黏附于滤袋表面，造成气流堵塞。风量调节，以进风量略大于排风量为好，一般进风量确定后，只需调节排风量。启动风机时风门需关闭，以减少启动电源，待风机运转后，可逐步加大排气风门，以形成理想的物料沸腾状态。最后是进风温度，若进风温度过高会降低颗粒粒度，过低会使物料过分湿润而结块，因此控制好沸腾成粒时的温度是十分重要的。

第三部分是粉末捕集、反吹装置及排风结构。这一部分在图的左上位置。捕集装置是14只尼龙布做成的圆柱形滤袋，分别套在14只圆形框架上扎紧而组成。带有少量粉末的气流从袋外穿过袋网孔经排气口，再经风机排出，而粉末被集积在袋外。布袋上方装有“脉冲反吹装置”，定时由压缩空气轮流向布袋吹风，使布袋抖动，将布袋上的细粉抖掉，保持气流畅通。细粉降下后与湿润的颗粒或粉末凝聚，排风口有调节风门，可调风量大小。口部由法兰连接管道直通风机。

容器的顶部是安全盖，整个顶部装有两个半圆盖，当发生粉尘爆炸时，可将两盖冲开泄爆，正常工作时，两盖靠自身重量将口压紧。容器内还装有静电消除装置，粉末摩擦产生静电可及时消除。

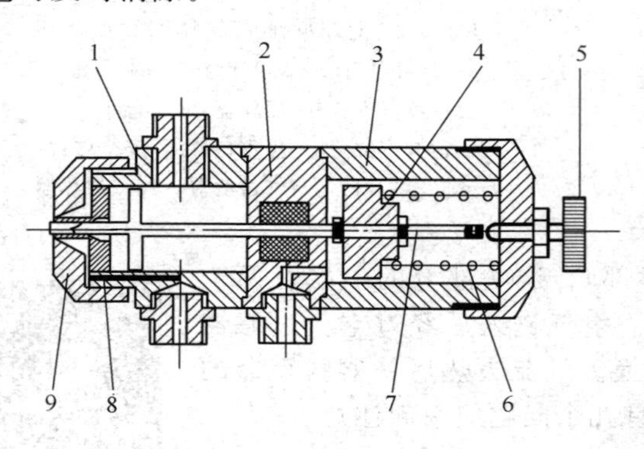

图 3-22 喷枪的结构

1—枪体；2—连接体；3—汽缸；4—活塞；5—调节螺钉；6—弹簧；7—针阀杆；8—阀座；9—调节帽

第四部分是输液泵、喷枪管路、阀门和控制系统。喷枪的结构如图3-22所示。喷枪的枪体1有两个接口，一个是液体进口；另一个是压缩空气的进口。在枪体右边的连接体2上有一个控制压缩空气气流接口，此气流由电磁气阀的通路来提供。再右边是汽缸3，中间有一个活塞4，活塞中间装一根针阀杆7，其左端与阀座8配合紧密，右端与活塞相连。最右端的调节螺钉5可调节针阀杆和阀座之间的间隙大小，控制流量。当控制气源进入喷枪后，压缩空气将活塞往右推，以此来克服弹簧力，带动针阀杆而将喷枪口的液体通道打开，液体从枪口喷出。在阀座的外边套有空气调节帽9。喷枪工作时，压缩空气从帽与阀座的间隙冲出，使液体雾化成圆锥形。调节帽可调节喷液的角度，以确定喷液所覆盖的面积。一般喷雾可调至0.3～0.35MPa，液体流量500～750mL/min。整个喷雾过程中所采用的黏合剂的种类、浓度、喷液含量以及空气压力等，都会对颗粒形成产生影响，因此要综合调节这些可变的参数，以保证制粒的质量。

FL120沸腾制粒机控制原理如图3-23所示。图中0.6MPa的压缩空气经冷冻去湿除去空气中的水分后分三路进入系统内。

第一路向右经过滤器3滤去尘埃和水滴后，通过控制减压阀4进入喷枪的B接口，成为喷枪的旁路喷雾压力。控制减压阀输出的气体压力大小受下面的换向阀5输出的气体压力控制，这一气体由在下面的两个减压阀6、7交替输出。一般旁路的喷雾压力可调节在0.05～0.2MPa范围内，其作用是将喷出的液体吹成雾化状，使药物干燥结成颗粒（见图3-22喷枪结构）。在喷枪关闭时气体将漏液吹散，不会滴入物料中影响质量。

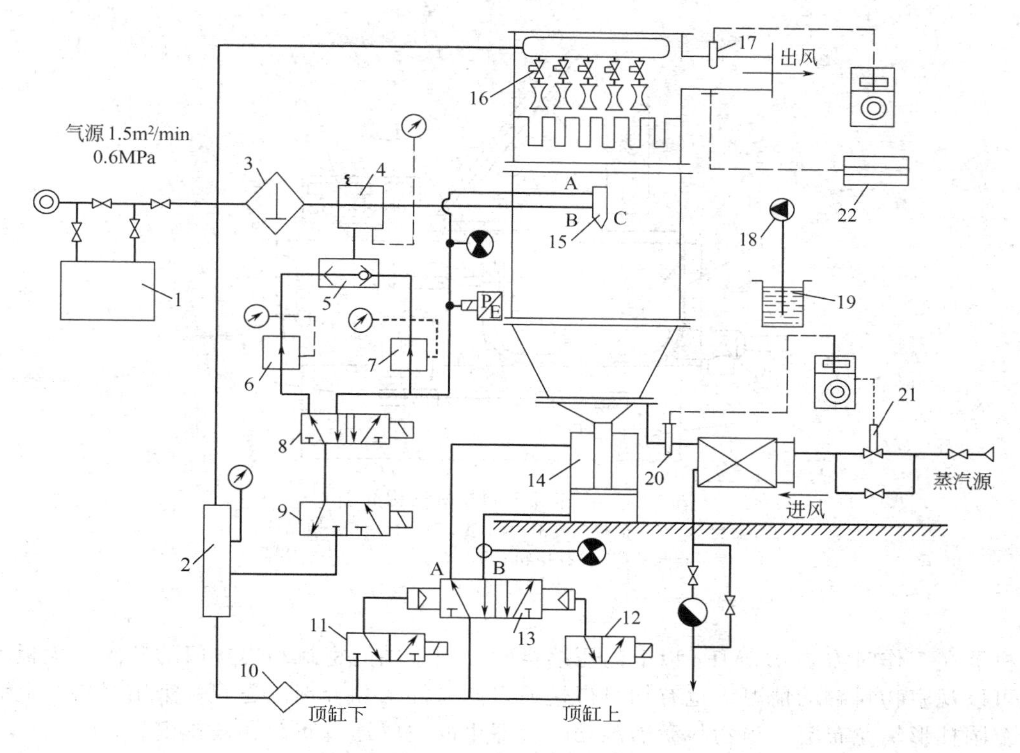

图 3-23　FL120 沸腾制粒机控制原理

1—冷冻去湿机；2—气体分配站；3—过滤器；4—控制减压阀；5—换向阀；6,7—减压阀；8,13—二位五通阀；9,11,12—二位三通阀；10—油雾器；14—顶缸；15—喷枪；16—脉冲阀；17,20—温度传感器；18—泵；19—料罐；21—蒸汽电磁阀；22—真空计

第二路向下进入气体分配站，然后再分两路。一路由其侧面经二位三通阀 9 和二位五通阀 8 进入喷枪的 A 和 B 接口。由控制器控制这两个电磁阀，从而控制喷枪的“开”和“关”两种状态以及控制进入喷枪 B 接口的旁路气体压力。另一路由分配站向下经油雾器 10 进入二位五通阀 13。由两个二位三通阀 11、12 控制五通阀的两个位置，可使气源或进入顶缸 14 活塞下部，使活塞上升，将制粒机容器与机身密封；或进入顶缸活塞上部，使活塞下降，将容器与机身离开。

第三路向上进入机内过滤袋上方，由脉冲阀控制压缩空气交替反吹，抖动滤袋，使粘于袋壁的粉末振落。

三路气源受各部分阀门控制进入系统，而阀门动作由控制器按工艺要求进行设定。当操作时，喷枪、顶缸和滤袋按设定程序和参数进行工作。

图中进风和出风处皆有温度传感器，将接受到的温度信号反馈至控制器，按操作设定的温度由蒸汽电磁阀打开或关闭蒸汽回路，使经加热器的空气温度得到控制。

4. 快速混合制粒机

快速混合制粒机是由盛料器、搅拌桨、搅拌电机、制粒刀、制粒电机、控制器和机座等组成，其结构如图 3-24 所示。

快速混合制粒机是通过搅拌器混合及高速旋转制粒刀切制，将物料制成湿颗粒的机器。具有混合与制粒的功能；同时机器操作时混合部分处于密闭状态，粉尘飞扬极少；输入的转轴部位，其缝隙有气流进行气密封，粉尘无外溢；对轴也不存在由于粉末而“咬死”的现象。设备比较符合 GMP 的生产要求。

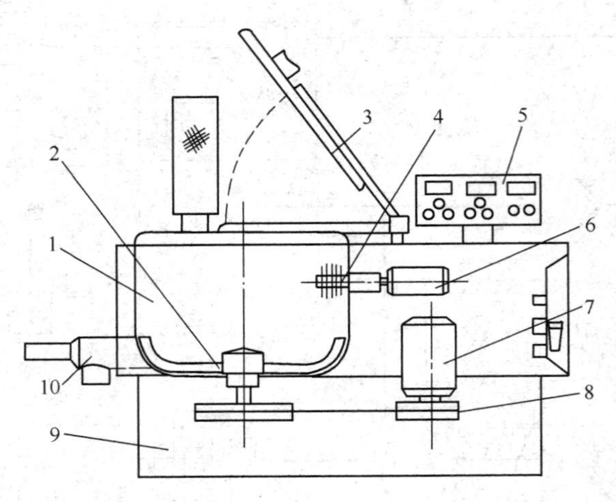

图 3-24 快速混合制粒机结构简图
1—盛料器；2—搅拌桨；3—盖；4—制粒刀；5—控制器；
6—制粒电机；7—搅拌电机；8—传动皮带；9—机座；
10—控制出料门

机器在工作时需要 0.5MPa 以上的压缩空气，用于轴的密封和出料门的开闭，盖板上有视孔可以观察物料翻动情况。也有加料口，通过此口加入黏合剂。还有一个出气口，上面扎紧一个圆柱形尼龙布套，当物料激烈翻动时容器里的空气通过布套孔被排出。

机器上还有一个水管接口，结束后打开水的开关，水流会沿着轴的间隙进入容器内用于清洗。

操作时先将主、辅料按处方比例加入容器内，开动搅拌桨先干粉混合 1～2min，待均匀后加入黏合剂。物料在变湿的情况下再搅拌 4～5min 。此时物料已基本成软材状态，再打开快速制粒刀，将软材切割成颗粒状。由于容器内的物料快速地翻动和转动，使得每一部分的物料在短时间内都能经过制粒刀部位，也就都能被切成大小均匀的颗粒。

快速混合制粒机的混合制粒时间短（一般仅需 8～10min)，制成的颗粒大小均匀，质地结实，细粉少，压片时流动性好，压成片子后硬度较高，崩解、溶出性能也较好。制粒时所消耗的黏合剂，比传统的槽型混合机要少，且槽型混合机所作的品种移到该机器上操作，其处方不需作多大改动就可进行操作，成功的把握较大。工作时室内环境比较清洁，结束后，设备的清洗比较方便。正是由于如此多的优点，因而采用这种机器进行混合制粒的工序过程是比较理想的。

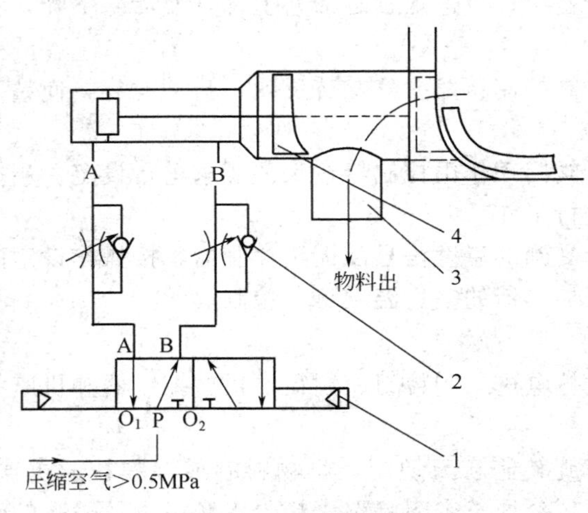

图 3-25 出料机构
1—电磁阀；2—节流阀；3—出料口；4—活塞；
O_1，O_2—电源控制开关

混合机构的出料机构是一个气动活塞门。它受气源的控制来实现活塞门的开启或关闭（见图 3-25)。

当按下“关”的按键时，二位五通电磁阀实现左半的气路，即压缩空气从 A 口进入，推动活塞将门关闭；当按下“开”的按键时，压缩空气从 B 口进入，活塞向左推动，此时容器的门打开，物料可以从出料口处排出容器之外。

上面所述的是德国 Ladege 公司生产的

MGT-250型卧式快速混合制粒机。还有一种立式的快速混合制粒机，是由比利时Collette公司生产的“GRAL”系列机，其容积从10L起一直到1200L。这种机器与卧式机相比较，在相同容积的情况下体积大，重量大。其传动件放在上部，容器可以上下移动，工作原理和实际效果基本与卧式机一样，如图3-26所示。

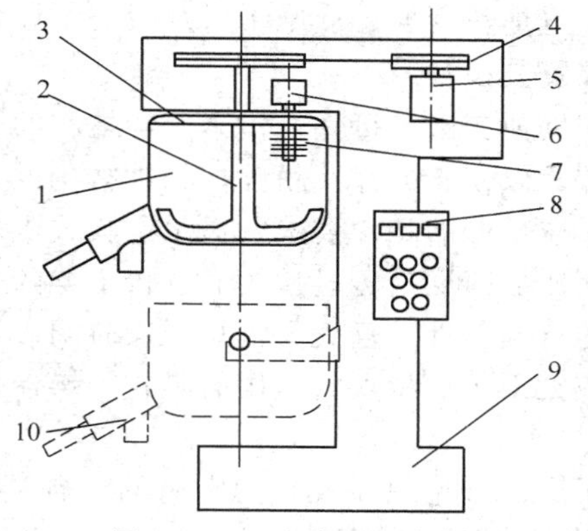

图3-26　立式快速混合制粒机
1—容器；2—搅拌器；3—盖；4—皮带轮；
5—搅拌电机；6—制粒电机；7—制粒刀；
8—控制器；9—基座；10—出粒口

立式快速混合制粒机

立式机在结构上是从上部容器口输入搅拌器和制粒刀。操作前应将容器移至下部，投入原辅料后再移至上部，进行干粉混合。待混合均匀后再移至下部加入黏合剂，然后再上升到搅拌位置进行搅拌制软材和制粒，全部操作结束后，再移至下部进行出料。也可利用压缩泵将浆液打入容器内，可以减少容器的上下移动次数。

容器内放入物料上移时由于受到搅拌器的阻力，对上移到位有影响。因此在电器线路上安排了这样一个程序，即当容器上移到适当位置时，搅拌桨略动一下以使容器到位。

5. 干法制粒机

干法制粒技术是通过压缩力将药物粉末直接压成薄片，再经粉碎、整粒成所需颗粒的技术。该法不加入任何液体，所需辅料少，有利于提高颗粒的稳定性、崩解性和溶散性。干法制粒有压片法和滚压法。

图3-27为干法辊压制粒机结构示意图。其操作流程：粉状物料由经定量送料器横向送至主加料器，粉状物料由振动料斗经螺旋送料器定量送至主加料器，在主加料器搅拌螺旋的作用下脱气并被预压推向两个左右设置的轧辊的弧形槽内，两个轧辊在一对相互啮合的齿轮传动下反向等速运动，粉料在通过轧辊的瞬间被轧成致密的料片，料片通过轧辊后在弹性恢复的作用下脱离轧辊落下，少量未脱落的料片被刮刀刮下，两个轧辊表面轴均布的条状槽防止粉料在被轧辊咬入时打滑。料片落入破碎整粒机整粒后进入振动筛过筛分级，得到符合要求的颗粒产品，筛下轴粉返回振动料斗循环制粒。

图3-27　干法辊压制粒机结构
1—料斗；2—加料斗；3—润滑剂喷雾装置；
4—滚压筒；5—滚压缸；6—粗碎机；
7—滚碎机；8—整粒机

干法制粒工艺所制颗粒均匀，质量好，适合热敏性物料、遇水易分解药物的制粒。该法的应用关键是寻找适宜的辅料，辅料既要有一定的黏合性，又不易吸潮，如乳糖、预胶化淀粉，甘露醇等。

（四）干燥设备

干燥工艺操作多用加热法进行。可按加热方式不同分为膜式干燥、气流干燥、减压干燥、远红外线干燥等。此外，介电加热干燥、冷冻干燥及吸湿干燥等也在不同程度上选用。

1. 膜式干燥及其设备

根据影响干燥速率因素可知，被干燥物堆积的厚度越小，越有利于干燥。有些药剂或产品需要制成薄片，以便于贮存或粉碎，如铁盐的鳞片或干浸膏的制备。为了提高干燥效率、减少热影响和适应生产的特殊要求，提出了膜式干燥法。膜式干燥是将已蒸发到一定稠度的药液涂于加热面使成薄层借传导传热而进行干燥的方法。如此，蒸发面及受热面都有显著增大，造成干燥的有利条件，且大大缩短干燥时间、显著减少受热影响，并有可能进行连续生产，这些都是膜式干燥的特点。常用的膜式干燥器为滚筒式干燥器，可以在常压或减压下进行干燥。

单滚筒式干燥器（见图 3-28）为常用的一种连续性的接触干燥器。适用于浓缩浸出液或稠性流体的干燥。图中 1 为干燥滚筒，由蒸汽导管 6 引入蒸汽加热后，涂于滚筒表面的药物即行干燥。滚筒借传动装置 4 及 5 的推动，以适当的速度缓缓转动，转速可依药物干燥情况来控制。如转速固定不变时，干燥情况可以浸出液的浓度来控制。需要干燥的浓缩液用离心泵经导管不停地送入凹槽 8 内。当浓缩液自凹槽 8 沿箭头方向流回贮器时，滚筒的表面即黏附了一层浓缩液，此时即发生迅速蒸发及干燥作用。该转筒转至刮刀 9 处时即完全干燥，被刮刀刮下而落入干燥物受器 10 中。如将滚筒干燥器置于密闭的外壳中，并吹入干热空气能提高效率。

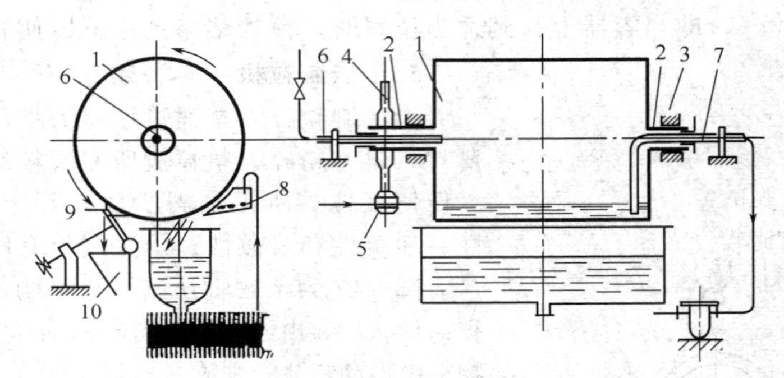

图 3-28　单滚筒式干燥器

1—滚筒；2,3—轴承；4,5—传动装置；6—蒸汽导管；7—冷凝水导出管；
8—凹槽；9—刮刀；10—干燥物受器

2. 气流干燥及其设备

气流干燥是利用热干燥气流借对流传热进行干燥的一种方法。根据各种影响干燥速率因素来看，其效率取决于气流的温度、湿度和流速。温度越高，相对湿度越低，流速越快越有利于干燥；而温度、湿度和流速之间彼此也有相互促进和制约的关系。在实际生产中适当而合理地利用它们之间的相互促进和制约关系，是掌握、改善和提高干燥效率、发展干燥效率设备的根据。当前流化干燥技术的应用就是一个实例。常用的气流干燥设备有烘箱与隧道式烘箱、喷雾干燥及（负压）沸腾干燥器等三类。

（1）烘箱　烘箱是一种常用的干燥设备，多采用强制气流的方法。图 3-29 所示为一大型具有鼓风装置的烘箱。将需要干燥的湿料放在带隔板的架上，打开加热器和鼓风机，空气流沿箭头所示方向经加热，由上至下通过各层带走水分，最后自出口处将热湿空气排出箱外。排出的热湿空气如未饱和时，仍有部分利用的价值，可利用气流调节器，使其一部分回到进气道，与新鲜空气混合后重被利用。

为了防止热量的损失，烘箱的外壳都用石棉或类似物包起，以阻止热量的失散。大量生产中，为了提高干燥速率，采用上述强制气流及分段预热，控制气流速度、提高热空气温度，并相应地降低其相对湿度等技术措施。隧道式烘箱具有干燥速度快，物质受热时间短，可以连续生产等特点。

在丸剂、颗粒剂生产中，亦有采用层叠式履带隧道设备的；其上下分若干层。丸剂自第一层进入，由履带带动传至末层即干燥。

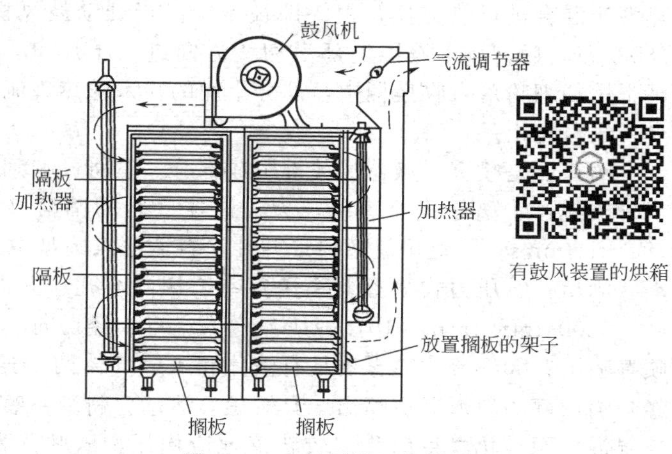

图 3-29　有鼓风装置的烘箱

（2）喷雾干燥　喷雾干燥的应用较早。此法能直接将溶液、乳浊液、混悬液干燥成粉状或颗粒状制品，可以省去进一步蒸发，粉碎等操作。在干燥室内，稀料液（含水量可达 70%～80%）经雾化后，在与热空气接触过程中，水分迅速汽化而产品得到干燥。雾滴直径与雾化器类型及操作条件有关。当雾滴直径为 $10\mu m$ 左右时，每升液体所成的液滴数可达 1.91×10^{12}，其总表面可达 $600m^2$。通常雾滴直径为几十微米，每升料液经喷雾后表面积可达 $300m^2$ 左右，因而表面积很大，传热、传质迅速，水分蒸发极快，干燥时间一般只需零点几秒到十几秒，具有瞬间干燥的特点。同时，在干燥过程中，雾滴表面有水饱和，雾滴温度大致等于热空气的湿球温度，一般不会超过 320～335K，故干燥的制品质量好，特别适用于热敏性物料。此外，干燥后的制品多为松脆的空心颗粒，溶解性能好，对改善某些制剂的溶出速率具有良好的作用。喷雾干燥作为一项比较先进的干燥技术，在药剂生产中正日渐广泛应用。

图 3-30 所示为一种喷雾干燥装置。药液自导管经流量计至喷头后，被进入喷头的压缩空气（$4\sim5kgf/cm^2$，$1kgf/cm^2=98.0665kPa$）将药液自喷头嘴形成雾滴喷入干燥室，再与

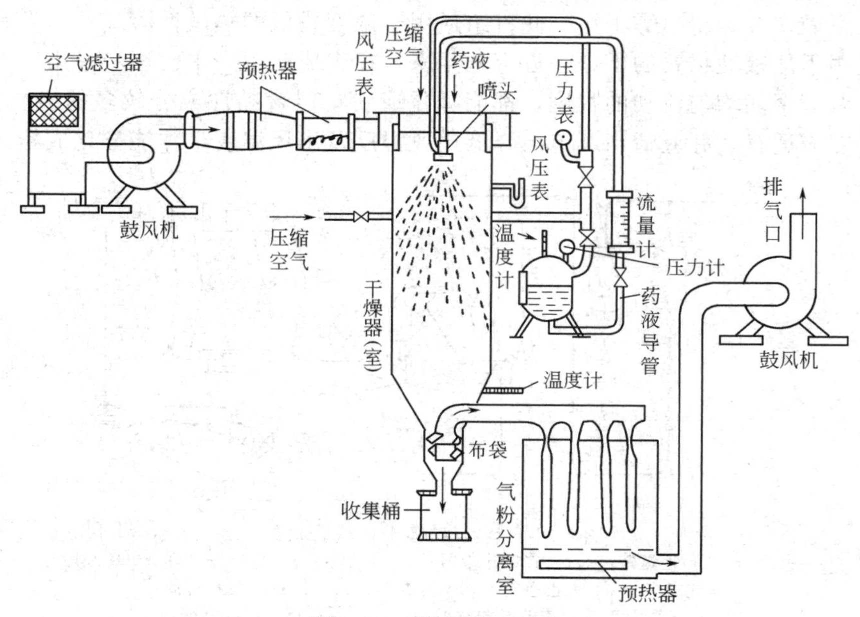

图 3-30　喷雾干燥装置

热气流混合进行热交换，很快即被干燥。当开动鼓风机后，空气经滤过器、预热器加热至280℃左右后，自干燥器上部沿切线方向进入干燥室，干燥室温度一般保持在120℃以下，已干燥的细粉落入收集桶中，部分干燥的粉末随热气流进入分离室后捕集于布袋中，热废气自排气口排出。

喷雾器是喷雾干燥器的关键组成部分。它将影响到产品质量和能量消耗。常用喷雾器有三种类型：①离心式喷雾器，为一高速旋转的圆盘（4000～20000r/min），圆盘圆周速度100～160m/s；圆盘里有放射形叶片，料液送入圆盘中央受离心力作用加速，到达周边时呈雾状洒出；②压力式喷雾器系由空室、切向小孔、漩涡室及喷嘴组成，泵将料液在高压下（20～200atm，1atm＝101.3kPa）送入空室，经切向小孔进入漩涡室，经旋转分散成雾状自喷嘴喷出；③气流式喷雾器具有液体和压缩气体两个通道，压缩空气（2～5kgf/cm^2 表压）经喷嘴内部的斜形通道喷出，具有旋转运动，料液由喷嘴的中间通道流出，在出口处与压缩空气混合而雾化。目前我国较普遍地应用压力式喷雾器，它适用于黏性料液，动力消耗最小，但需附有高压液泵。气流式喷雾器结构简单，适用于任何黏度或稍带固体的料液，但动力消耗最大。离心式喷雾器的动力消耗介于上述两者之间，但造价较高，适用于高黏度或带固体颗粒的料液干燥。

喷雾干燥器的缺点是体积传热系数小，生产强度较低。新型强化喷雾干燥器有两种不同进风温度，雾化器为压力式顺流型的结构，雾化器安装于高温区，料液由雾化器喷入一次风进风管内与高温空气（460℃）接触后进入雾化室，同时与二次风（70℃）接触进行干燥，由于一次风温度高，速度快（48～281m/s），对雾滴可起再雾化作用，较常法可提高一倍，缩短了干燥时间；二次风速度低、风量大，有防止物料过热及稀释一次风湿含量的作用，使出塔尾气的相对湿度能适应产品干燥的要求。这种干燥器是国内首次应用于热敏物料的喷雾干燥器。

图3-31所示为由上下两个锥体圆筒式的喷雾器组合而成，亦称蒸发-喷雾干燥联合机组，每个室内均装有离心式喷雾器，料液先在蒸发室5内蒸发浓缩成一定浓度，进入气液分离器6，二次蒸汽进入旋风除尘器3、4以分离夹带出的浓缩液雾滴、浓缩液（从60%～93%）流入干燥室7进行喷雾干燥。此机组适用于浓度较低的热敏性溶液的蒸发和浓缩。喷雾干燥法适用于热敏性物料的干燥，近十几年来，在中成药生产中已逐步采用。大部分药材的提取液，浓缩至能均匀流动的程度，都能雾化成粉，但含黏性成分较多的药材如黄檗等，提取液的密度应适宜，并应适当调节与降低进风温度及出风温度，才能雾化成粉。含挥发性

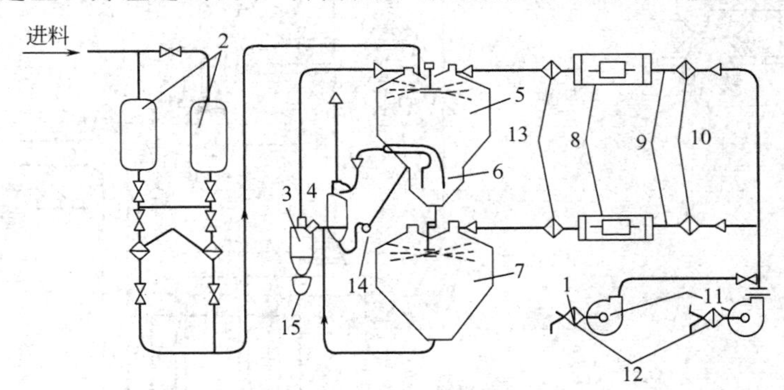

图3-31 蒸发-喷雾干燥联合机组

1—过滤器；2—收集器；3,4—旋风除尘器；5—蒸发室；6—气液分离器；7—干燥室；8—电热风器；9—止逆阀；10—过滤器；11—风机；12—过滤器；13—拦阻机械杂质的高效过滤器；14—泵；15—接收室漏斗

成分的药材，应先提取挥发性成分后，再制备提取液进行干燥。含糖类成分较多的提取液，较难雾化成粉，如党参提取液等。复方制剂中的贵重药物如牛黄、麝香、珍珠、冰片等均不宜进行喷雾干燥。

（3）沸腾干燥器　此器是流化技术在干燥上的应用，主要用于湿粒性物料的干燥，如片剂及颗粒剂颗粒的干燥等。在干燥过程中，湿物料在高压温热气流中不停地纵向跳动，状如沸腾，大大增加了蒸发面，加之气流的不停流动，造成良好的干燥条件。此器体积传热系数大，器内各处温度均匀，由于散热面大，热量损失较多。

惰性载体沸腾干燥器是在近代沸腾干燥技术上发展起来的，其结构如图 3-32 所示。它是将中草药提取物的浓缩液分散于并湿润惰性颗粒的悬浮层，惰性载体颗粒被热空气加热并作热量传递用，水分从物料膜覆盖的颗粒表面蒸发，而当颗粒相互碰撞时，干燥的产品从颗粒的表面脱落，并被气流送入捕集装置中。干燥前用 45mm×4mm 氟塑料颗粒 10 充满。在开动加热器 2、3 和送风机 4 之后开始干燥过程，惰性颗粒被空气流化，并在加热到 100℃ 之后开始向流化层供给被干燥的料液，使料液在载体表面形成薄膜蒸发，惰性载体沸腾干燥的技术经济指标比现有的脱水方法如真空干燥箱相比下降了许多；与喷雾干燥器比较下降约 2～3 倍，按照单位设备容积和单位生产面积计，其产品产率比喷雾干燥器大 2.5～9 倍。

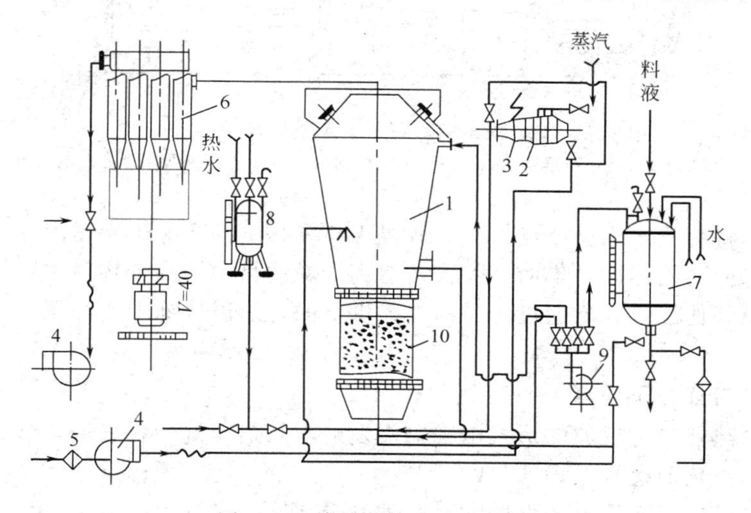

图 3-32　惰性载体沸腾干燥器

1—干燥器；2—蒸汽加热器；3—电加热器；4—送风机；5—输入空气过滤器；6—旋风除尘器；7—原液槽；8—洗涤热水计量槽；9—配料泵；10—充填的氟塑料颗粒

惰性载体沸腾干燥的方法适用于一些原料溶液易于从惰性载体表面蒸发和干燥状态下它们的干薄膜具有较低机械强度的一些产品。根据中草药提取的浓缩液在惰性载体的沸腾层中干燥的一些实验表明，甚至在载体高速运动条件下即颗粒面的撞击被强化后仍然达不到预期效果，为了加强惰性颗粒表面薄膜的剥脱（磨碎）作用，在沸腾干燥器中配置金属线吊索，促进颗粒表面产品薄膜的磨碎作用。

3. 减压干燥

减压干燥是在密闭容器中抽去空气后进行干燥的方法，有时称为真空干燥。减压干燥除能加速干燥、降低温度外，还能使干燥产品疏松和易于粉碎。此外，由于抽去空气减少了空气影响，故对保证药剂质量有一定意义。

图 3-33 所示为一个大型减压干燥器的图解。此器可供较大量药物减压干燥之用。干燥

物是在接触加热干燥盘上进行的。加热蒸汽由1引入，通入夹层搁板内，冷凝水自干燥箱下部的出口2流出，3为列管式冷凝器，4为冷凝液收集器。此器分为上下两部，上部与冷凝器相连，并与真空泵通过侧口相连接，上部与下部之间用导管与阀门5相通。当蒸发干燥进行时将阀门5打开，冷凝液可直接流入收集器4的下部。收集满时，关闭阀门5使上部与下部隔离，并打开阀门6放入空气，冷凝液即可经下口龙头放出，这样可使操作过程不致中断。这类减压干燥箱一般约为150cm×180cm×180cm之大。在干燥过程中，被干燥的物质往往起泡溢出盘外，不但污染干燥箱内部，且能引起结构的损坏。所以使用时应适当地控制被干燥物料的量。

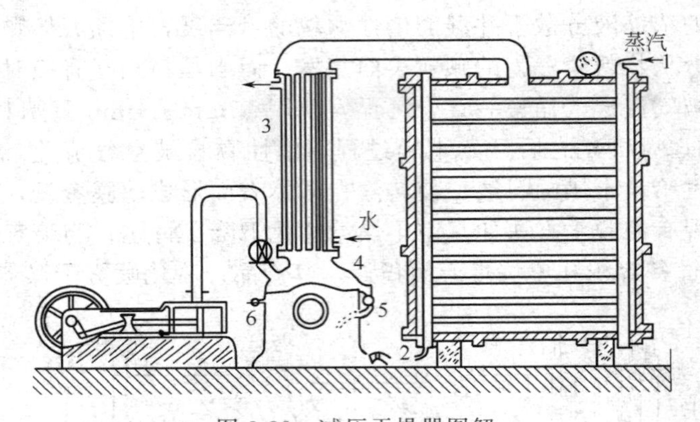

图3-33　减压干燥器图解

1—蒸汽入口；2—冷凝水出口；3—列管式冷凝器；4—冷凝液收集器；5,6—阀门

冷冻干燥是将物料冷冻至冰点以下，放置于高度真空的冷冻干燥器内，在低温、低压条件下，物料中水分由固体冰升华而被除去，达到干燥的目的。由于物料中固体冰升华所需的热量是由空气或其他加热介质通过传导的方式供给的，所以冷冻干燥亦属于传导加热的真空干燥器。

4. 辐射干燥与红外干燥器

辐射干燥系热能以电磁波的形式由辐射器发射，入射至湿物料表面，被其吸收转变为热能，使水分加热汽化而达到干燥的目的。

红外线是一种肉眼看不见的电磁波，其波长范围是0.75～100μm，频率为(4×10^{14})～(3×10^{11})MHz，通常将波长在5.6μm以下的称为近红外，把5.6～100μm区域称为远红外。

红外线由红外发射元件发射后，在传布过程中遇到物体时，一部分被物体表面反射，辐射能量后会发生共振，使物质分子运动加剧、彼此碰撞和摩擦，产生热量，从而使物料受热干燥。实验室常用的红外线灯只能辐射出波长小于3μm的近红外，称为近红外干燥，由于物料对红外线的吸收光谱大部分分布在远红外区域，故其干燥效率低，时间长，能量浪费大。近年来研制用氧化钛、氧化锆、氧化钴、氧化铬、氧化铁、氧化锰等金属氧化物混合而成的新的辐射涂层材料能辐射出2～5μm以上的远红外线。由于许多物料，特别是有机物、高分子物料及水分等在远红外区域有很宽的吸收带，对此区域某些频率的远红外线有很强的吸收作用，故远红外干燥具有干燥速度快、干燥质量好，能量利用率高等优点，有广阔的应用发展前景。

图3-34所示为振动式远红外干燥机，机组由加料系统、加热干燥系统、排气系统及电气控制系统组成。湿颗粒由加料斗1经定量喂料机2输入第一层振槽3，在箱顶预热，振槽

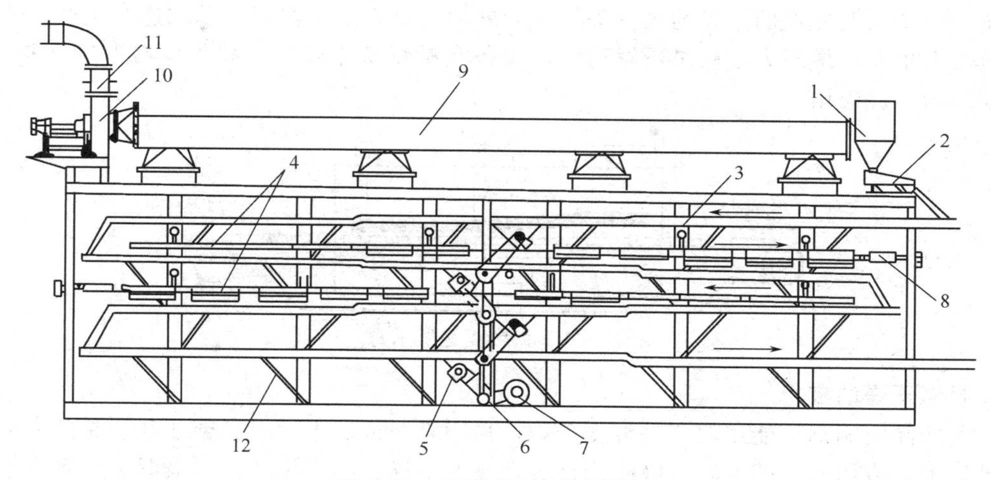

图 3-34　振动式远红外干燥机

1—加料斗；2—喂料机；3—振槽；4—辐射装置；5—偏心振动装置；6—链轮传动机构；7—电动机；8—升降装置；9—排风管；10—风机；11—蝶阀；12—弹簧板

借驱动装置 6（链轮传动机构）振动，并将物料振动输送进入第二层振槽，经辐射装置 4 受远红外辐射加热，水蒸气由风机 10 经排风管 9 及蝶阀 11 排出。物料在振动下输送到第三层振槽继续加热，达到干燥目的。物料至第四层时，经冷风逐渐冷却，通过振槽顶端的筛网，经出口送到贮桶封存。此机附有 7151-DM 型控温仪，SL-24 型温度测定仪，电热丝断路指示灯等控制装置。曾用于颗粒剂的湿颗粒（含水率 7%～8%）干燥，干燥温度最高为 90℃，湿颗粒通过远红外辐射时间为 1.7～22min。受热时间短，成品含水率达到 0.5%～1.9%，颗粒色泽鲜艳、均匀、香味好、无僵块，有较好的效果。此机利用远红外线热能，结合振动及翻转输送物料，显著地提高了传热及传质的过程，故干燥速度快，热能利用率高。缺点是振动噪声较大。

5. 介电加热干燥与微波干燥器

介电加热干燥是将物料置于高频电场内，由于高频电场的交变作用，使物料加热而达到干燥的目的。电场的频率不到 300MHz 的称为高频加热；频率在 300MHz～300GHz 之间的超高频加热称为微波加热，目前微波加热所用的频率为 915MHz 和 2450MHz 两种，后者在一定条件下兼有灭菌作用。

微波为波长 1mm～1m 的电磁波。在微波电场的作用下，湿物料中的水分子会被极化并沿着微波电场方向整齐排列，由于微波是一种高频交变电场，水分子就会随着电场方向的交互变化而不断地迅速转动并产生剧烈的碰撞和摩擦，部分微波能就转化为热能，从而达到干燥的效能。

微波干燥的优点是加热迅速，物料受热均匀，热效率高，故其干燥速度快，干燥的产品也较均匀洁净。因为微波作用于湿物料，其中的水分立即被均匀地加热，它同传导、对流和辐射三种干燥的传热不同，无需经过传热途径和传热时间，热损失小。在干燥过程中，湿物料内部水分往往比表面多，则物料内部吸收的微波能量多，温度也比表面高，这样湿物料的温度梯度与水分扩散的方向是一致的，从而提高了水分的扩散速率，加快了干燥速度。微波尚有选择性加热的特点。由于水的介电常数比固体物料大得多，故湿物料中水分获得较多的能量而迅速汽化，而固体物料因吸收微波能力小，温度不会升得过高，有利于保持产品质量。

微波干燥是一种新型高效的干燥方法，图 3-35 所示为微波干燥器示意，在制剂生产中曾试用于中草药及丸剂的干燥与灭菌等，有较好的效果，适于实现自动化连续生产。但其缺点是微波发生器产量不大，质量不够稳定，设备及维修费用较贵，此外尚有劳动防护问题，故目前尚未广泛应用。

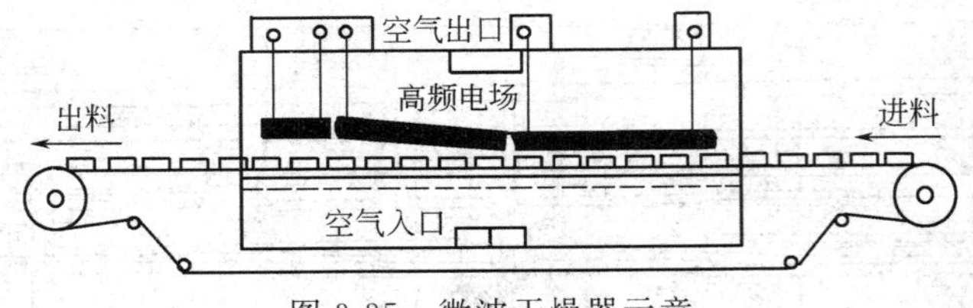

图 3-35　微波干燥器示意

6. 吸湿干燥的应用

有些药品或制剂不能用较高的温度干燥，采用真空低温干燥，又会使某些制剂中的挥发性成分损失，应用适当的干燥（吸附）剂进行吸湿干燥具有实用意义。吸湿干燥系将干燥剂置于干燥柜（或室）的架盘下层，而将湿物料置于架盘上层进行干燥。通常用于湿物料含湿量较少及某些含有芳香成分的生药干燥，也常用于吸湿较强的干燥物料在制剂、分装或贮存过程中的防潮。如糖衣片剂的表层干燥，中药浸膏散剂、胶囊剂、某些抗生素制剂的分装等。

药剂生产中常用的干燥剂有无水氧化钙（干燥石灰）、无水氯化钙、硅胶等，大都可以应用高温解吸再生而回收利用。故此法称为变温吸附干燥。由于解吸再生温度总是高于吸附温度，两个不同温度状态下吸附（湿）量之差就是吸附（干燥）剂的有效吸附量。

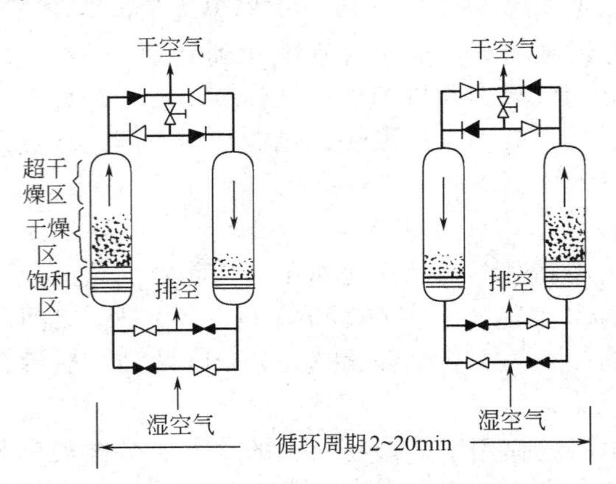

图 3-36　变压吸附压缩空气干燥装置示意

变压吸附干燥是 20 世纪 50 年代末开创的新技术，它是利用系统内压力变化对吸附能力影响的特性，形成在加压下吸附干燥，减压下解吸的循环操作过程。由于吸附剂解吸再生压力总是低于吸附压力。两个不同压力状态下吸附量之差就是吸附剂的有效吸附量。

图 3-36 所示为变压吸附压缩空气干燥装置示意，当加压吸附干燥时，所产生的热量蓄存于床层内，使之温度升高。而当减压时，蓄存于床层内的热量立即放出用于解吸之需，床层温度下降。常用的干燥剂有分子筛、硅胶、活性氧化铝等。此法主要特点是在常温下操作，循环周期短，吸附剂的用量少且利用率高，设备简单，适应性强，具有安全可靠和自动操作等优点。近年来越来越多地代替了变温吸附装置的应用。

二、片剂生产工艺设备

（一）压片机

1. 电动单冲撞击式压片机

电动单冲撞击压片机是由转动轮、加料斗以及一个模圈、上下两个冲头和一个能左右转移或前后进退的饲料斗组成。图 3-37 所示为单冲压片机的压片过程。压片机的压片过程是由加料、加压至出片自动连续进行的。开始时先用手转动转动轮，压片依次产生下列动作：

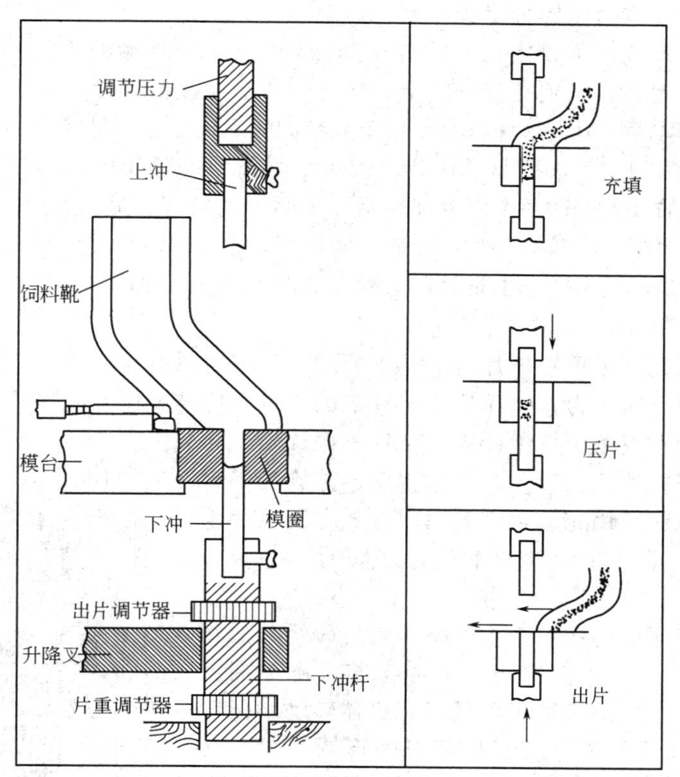

图 3-37　单冲压片机的压片过程

①上冲上升，下冲下降；②饲料靴转移至模圈上，将靴内颗粒填满模孔；③饲料靴转移离开模圈，同时上冲下降，把颗粒压成片剂；④上、下冲相继上升，下冲把片剂从模孔中顶出，至片剂下边与模圈上面齐平；⑤饲料靴转移至模圈上面把片剂推下冲模台而落入接受器中；同时下冲下降，使模内又填满了颗粒；如是反复压片出片。单冲压片机每分钟能出 80～100 片。片剂的质量和硬度（即受压大小）可分别借片重调节器和调节压力部分调整。调节的方法为：①下冲杆附有上、下两个调节器，上面一个为调节冲头使与模圈相平的出片调节器，下面一个是调节下冲下降深度（即调节片剂重量）的片重调节器。如片重轻时，将片重调节器向上转，使下冲杆下降，可借以增加模孔的容积使片重增加。反之，使片重减轻。②压力的大小，可调节上、下冲头间的距离。上冲下降得愈低，也就是上、下冲头距离愈近，则压力愈大，片剂亦愈硬。反之，片剂愈松。

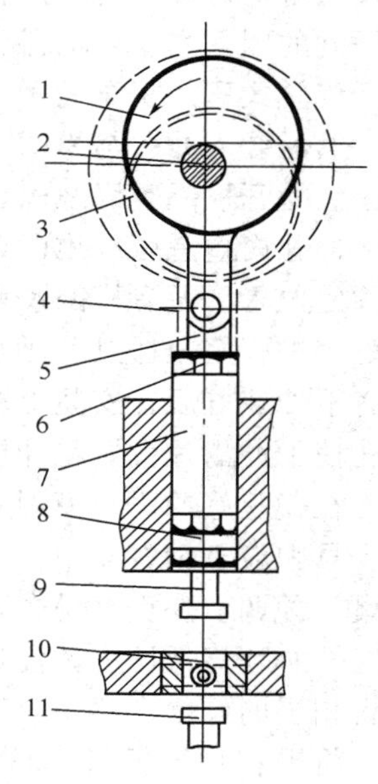

图 3-38　单冲压片机的加压机构

1—偏心轮；2—旋转轴；3—外套；4—连接销；5—调节螺杆；6—紧固螺母；7—上冲芯片；8—螺母；9—上冲；10—中模；11—下冲

单冲压片机的加压机构如图 3-38 所示。图中调节螺杆 5 的上端与偏心轮外套 3 由连接销 4 连接。当外套随偏心轮的旋转而作左右上下运动时，调节螺杆作直线的上下等距运动。上冲芯片 7 和调节螺杆 5 是通过螺纹连接，并由紧固螺母 6 紧固。如需调整压力，增加或减小片子的硬度，只需旋松紧固螺母，再旋转上冲芯子。右旋压力放松，硬度减小；左旋压力加大，硬度增加；调整后再将紧固螺母旋紧即可。

从颗粒剂压成片剂，主要依靠颗粒分子间或颗粒-黏合剂-颗粒之间的分子引力来结合，而这种力是一种近程力，必须在分子间十分接近时才能发挥出这种结合力。单冲压片方式存在两个问题：一是瞬时压力，这种压力作用于颗粒的时间极短；二是空气垫的反抗作用，由于是瞬时施压，颗粒间的空气来不及排出，它像一个弹簧似的随所施压力的改变而压缩-膨胀，影响了颗粒分子间的接近，这两个因素都影响分子间力的发挥。显然，以这种施力方式压片，片子容易松散，大规模生产时质量难以保证，而且产量也太小。单冲压片机是最原始的，但是在了解压片原理时是最基本的，也是目前实验室里做小样的压片机。

2. 旋转式压片机

旋转式压片机是基于单冲压片机的基本原理，又针对瞬时无法排出空气的缺点，变瞬时压力为持续且逐渐增减压力，从而保证了片剂的质量。旋转式压片机对扩大生产有极大的优越性，由于在转盘上设置了多组冲模，绕轴不停旋转。颗粒由加料斗通过饲料器流入位于其下方置于不停旋转平台之中的模圈中。该法采用充填轨道的填料方式，因而片重差异小。当上冲与下冲转动到两个压轮之间时，将颗粒压成片。

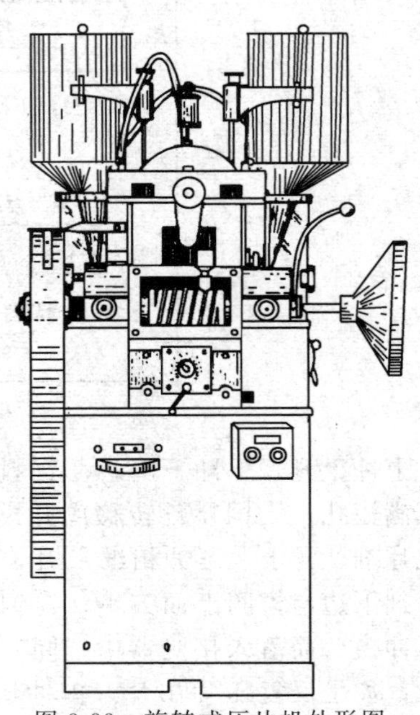

图 3-39　旋转式压片机外形图

这一过程对模圈中的物料产生的挤压效应较缓，故物料中空气在此过程中有机会逸出。下冲抬起，将片剂推出。片剂硬度及重量可不借助于工具而在机器转动时便可进行调节。图 3-39 所示为旋转式压片机外形图，图 3-40 所示为旋转式压片机中完整一周各套冲模所在位置及每套冲模制备 1 片片剂的示意。在压片过程中，影响片重差异及硬度的因素之一是加料斗中颗粒的流动状况。

旋转式压片机的操作：先调节压力，将机件压力减小，然后装入冲头与模圈。模孔必须洁净，亦应无其他物污染。松开模圈紧固螺丝，轻轻将模圈插入模孔中，然后以上冲孔内包有软纤维的金属杆轻轻敲击模圈使之精确到达预定位置。所有模圈装入后，拧紧紧固螺丝，并检查模圈是否被固定。通过转动机轴从机械预置孔中装入下冲。所有下冲装好后，安装上冲，所有冲头的尾端在安装之前必须涂上一薄层矿物油。调节出片凸轮使下冲出片位置与冲模平台平齐。

在安装好冲头与模圈后，即可调节片重和硬度，饲料器需与饲料斗相连接并紧贴模台。加少量颗粒于饲料斗中，用手转动机器，同时旋转压力调节轮直至压出完整片剂。检查片剂重量，并调节片重至符合要求。在获得满意的片重之前往往需要进行多次调节。当填充量减少时，必须降低压力，使片剂具有相同的硬度。反之，当填充量增加时，则必须增加压力以获得相当的硬度。

将颗粒加入饲料斗，开机。在开始运作后立即检查片重及硬度，如需要可做适当调整。每隔 15～30min 对这些指标进行常规检查，这期间机械保持连续运转。当颗粒消耗完后，关闭电源。从机器上移去饲料及饲料器，用吸尘器去除松颗粒及粉尘。旋转压力调节轮至压力最低。按照安装的相反顺序取下冲头、模圈，首先分别取下上冲，然后下冲、模圈，用乙醇洗涤冲头、模圈，并用软刷除去附着物。然后用干净布擦干，涂以薄层油后保存。

压片过程

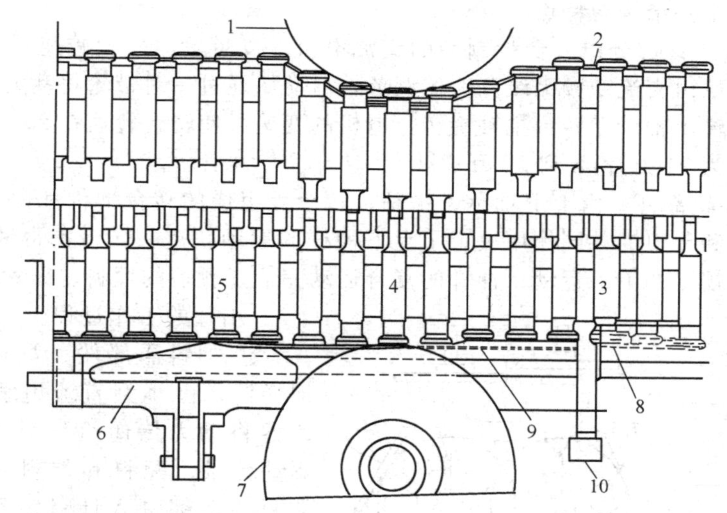

图 3-40 旋转式压片机压片过程示意

1—上压力盘；2—上冲轨道；3—出片；4—加压；5—加料；6—片重调节器；
7—下压力盘；8—下冲轨道；9—出片轨道；10—出片调节器

3. 高速旋转式压片机

旋转式压片机已逐渐发展成为能以高速度压片的机器，通过增加冲模的套数，改进饲料装置等已能基本达到目的。也有些型号通过装设二次压缩点来达到高速。具有二次压缩点的旋转式压片机是参照双重旋转式压片机，以及那些仅有一个压缩点和单个旋转机台的压片机设计而成的。在高速旋转式压片机中有半数的片子在片剂滑槽中旋转了180°，它们在边界之外移行，并和压出的第二片片剂一起移出。在高速机器操作中最主要的问题是如何确保模圈的填料符合规定。由于填料迅速，位于饲料器下的模孔的装填时间不充分，不足以确保颗粒均匀流入和填满。现在已设计出许多动力饲料方法，这些方法可在机器高速运转的情况下迅速地将颗粒重新填入模圈。这样有助于颗粒的直接压片，并可减少因内部空气来不及逸出所引起的裂片和顶裂现象。

（1）工作原理　压片机的主电机通过交流变频无级调速器，并经蜗轮减速后带动转台旋转。转台的转动使上、下冲头在导轨的作用下产生上、下相对运动。颗粒经充填、预压、主压、出片等工序被压成片剂。在整个压片过程中，控制系统通过对压力信号的检测、传输、计算、处理等实现对片重的自动控制，废片自动剔除，以及自动采样、故障显示和打印各种统计数据。

以GZPK37A为例，机器由压片机、计算机控制系统、ZS9真空上料器、ZWS137筛片机和XC320吸尘机几个部分组成。其电气连接平面图如图3-41所示。

图中机器的顶部为真空上料器ZS9两台，通过负压状态将颗料物料吸入，再加到压片机的加料器内。左右两边的ZWS137筛片机是将压出的片剂除去静电及表面粉尘，使片剂表面清洁，以利于包装。XC320吸尘器的功能是将机器内和筛片机内的粉尘吸去，保持机器的清洁和防止室内粉尘的飞扬。

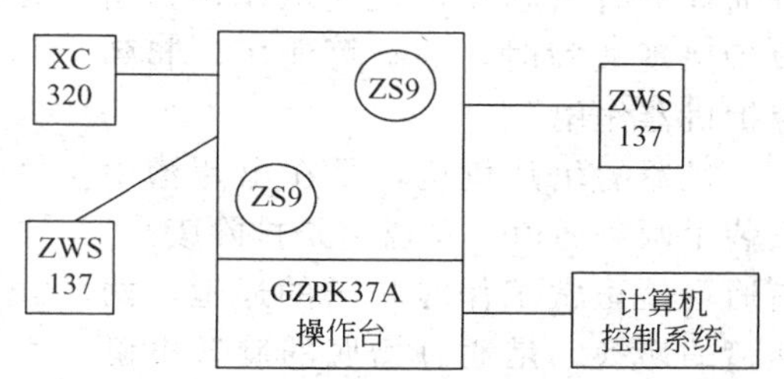

图 3-41　高速旋转式压片机（GZPK37A）电气连接平面图

(2) 机器的主要结构与特点

① 传动部件　该部分由一台带制动的交流电机、皮带轮、蜗轮减速器及调节手轮等组成，电机的转速可由交流变频无级调速器调节，启动后通过一对带轮将动力传递到减速蜗轮上。而减速器的输出轴带动转台主轴旋转，电机的变速可使转台转速在25～77r/min之间变动，使压片产量为11万片/h到34万片/h。

② 转台、导轨部件　由上下轴承、主轴、转台等组成的转台部件和由上下导轨组成的导轨部件，转台和导轨的共同作用决定了上下冲杆的运动轨迹。转台携带冲杆做圆周运动，导轨使冲杆作有规则的上下运动，冲杆的复合运动完成了颗粒的填料、压片（在压轮的作用下）、出片的工作过程。

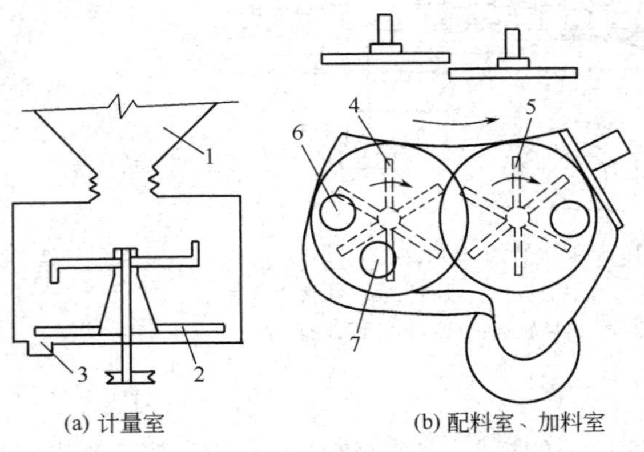

图 3-42　加料器部件

1—料斗；2—计量叶轮；3—出口；4—配料叶轮；5—加料叶轮；6—料位测定器；7—粉粒入口

③ 加料器部件　颗粒的加料用强迫加料器，由小型直流电机通过小蜗轮减速器将动力传递给加料器的齿轮并分别驱动计量、配料和加料叶轮，颗粒物料从料斗底部进入计量室经叶轮混合后压入配料室，再流向加料室并经叶轮通过出料口送入中模。加料器的加料速度可按情况不同由无级调速器调节。图3-42所示为加料器部件（计量室、配料室和加料室）的结构。

④ 充填和出片部件　颗粒充填量的控制，从大的方面来讲，设计时已将下冲下行轨分成A、B、C、D、E五挡，每挡范围均为4mm，极限量为5.5mm，操作前按品种确定所压片重后，应选用某一挡轨道。机器控制系统对充填调节的范围是0～2mm，控制系统从压轮所承受的压力值取得检测信号，通过运算后发出指令，使步进电机旋转，步进电机通过齿轮带动充填调节手轮旋转，使充填深度发生变化（见图3-43）。步进电机使手轮每旋转一格调节深度为0.01mm，手轮的左右旋转使充填量深度增加或减少，图中万向联轴节1带动蜗杆、蜗轮转动。蜗轮中心有可上下移动的丝杆，丝杆上端固定有充填轨。手动旋转手轮4可使充填轨上下移动，每旋转一周充填深度变化0.5mm。步进电机2由控制系统发出脉冲信号而左右旋转，以此改变充填量。图中万向联轴节和蜗杆、蜗轮的作用是用来改变传动方向，蜗轮只能转动而上下不能移动，丝杆与蜗轮配合，所以丝杆只能上下移动而不能转动，有的高速压片机在丝杆下端连接液压提升油缸，液压提升油缸平时只起软连接支承作用，当设备出现故障时，油缸可泄压，起到保护机器作用。

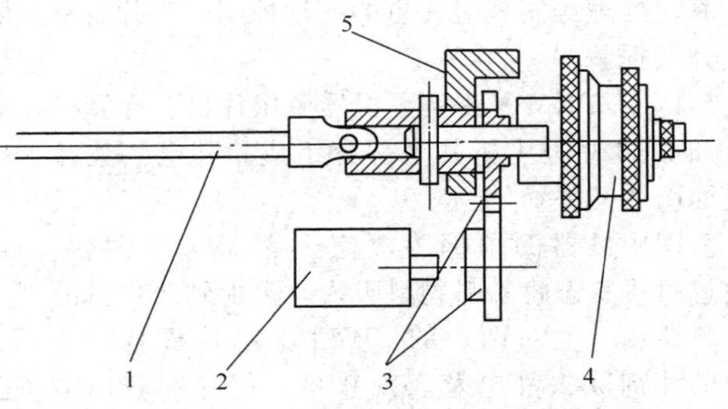

图 3-43　自动调节结构

1—万向联轴节；2—步进电机；3—传动齿轮；4—手轮；5—机架

机器的出片机构，是在出片槽中安装了两条通道，左通道是排除废片，右通道是正常工作时片子的通道，两通道的切换，是通过槽底的旋转电磁铁加以控制。开车时废片通道打开，正常通道关闭，待机器压片稳定后，通道切换，正常片子通过筛片机进入筒内。

⑤ 压力部件　分预压和主压两部分，并有相对独立的调节机构和控制机构，压片时颗粒先经预压后再进行主压，这样能得到质量较好的片剂，预压和主压时冲杆的进模深度以及片厚可以通过手轮来进行调节，两个手轮各旋转一圈可使进模深度分别获得 0.16mm 和 0.1mm 的距离变化。两压轮的最大压力分别可达到 20kN 和 100kN。

压力部件中采用压力传感器，对预压和主压的微弱变化而产生的电信号进行采样、放大、运算并控制调节压力，使操作自动化。

上预压轮通过偏心轴支承在机架上，利用调节手柄可改变偏心距，从而改变上冲进入中模的位置，达到调节预压的作用。下预压轮支承在压轮支座上，压轮支座下部连有丝杆、蜗轮、蜗杆、万向联轴节和手柄。通过手柄可调节下冲进入中模的位置，达到预压力调节作用。压轮支座下的丝杆连在液压支承油缸上，当压片力超出给定预压力时，油缸可泄压，起到安全保护作用。预压的目的是为了使颗粒在压片过程中排除空气，对主压起到缓冲作用，提高质量和产量。

上压轮通过偏心轴支承在机架上，偏心轴一端连在上大臂的上端，上大臂的下端连在液压支承油缸的上端活塞杆上。液压支承油缸起软连接作用，并保护机器超压时不受损坏。下压轮也通过偏心轴支承在机架上，偏心轴一端连在下大臂的上端，下大臂的下端通过丝母、丝杆、螺旋齿轮副、万向联轴节等连在手柄上。通过手柄即可调节片厚。

片剂压片时，中模内孔受到很大的侧压力和摩擦力。侧压力和摩擦力均正比于压制的压力，即正压力。由于摩擦力随片剂厚度的增加而加大，故使正压力在片剂内逐层衰减。对旋转压片机，中模受力最大处是片剂厚度的中间部位。为避免长期总在中模内一个位置压片，延长中模的使用寿命，在片剂厚度保持不变的条件下，应可以使上下冲头在中模孔内同时向上或向下移动，这就是冲头平移调节。冲头平移调节就是保持上下压轮距离不变条件下，同时使上下压轮向上或向下移动的调节。

⑥ 片剂计数与剔废部件　片剂自动计数是利用磁电式接近传感器来工作的。在传动部件的一个皮带轮外侧固定一个带齿的计数盘，其齿数与压片机转盘的冲头数相对应。在齿的下方有一个固定的磁电式接近传感器，传感器内有永久磁铁和线圈。当计数盘上的齿移过传感器时，永久磁铁周围的磁力线发生偏移，这样就相当于线圈切割了磁力线，在线圈中产生感应电流并将电信号传递至控制系统。这样，计数盘所转过的齿数就代表转盘上所压片的冲头数，也就是压出的片数。根据齿的顺序，通过控制系统就可以甄别出冲头所在的顺序号。

对同一规格的片剂，压片机生产之初通过手动将片重、硬度、崩解度调节至符合要求，然后转至电脑控制状态，所压制出的片厚是相同的，片重也是相同的。如果中模内颗粒充填得过松、过密，说明片重产生了差异，此时压片的冲杆反力也发生了变化。在上压轮的上大臂处装有压力应变片，检测每一次压片时的冲杆反力并输入电脑，冲杆反力在上下限内所压出的片剂为合格品，反之为不合格品并记下压制此片的冲杆序号。在转盘的出片处装有剔废器，剔废器有一压缩空气的吹气孔对向出片通道，平时吹气孔是关闭的。当出现废片时，电脑根据产生废片的冲杆顺序号，输出电信号给吹气孔开关，压缩空气可将不合格片剔出。同时，电脑亦将电信号输出给出片机构，经放大使电磁装置通电，迅速吸合出片挡板，挡住合格片通道，使废片进入废片通道收集。

⑦ 润滑系统　高速压片机对各零部件的润滑部位供给润滑油，以保证机器的正常运转是至关重要的，该机设计时已考虑了一套完善的润滑系统，机器开动后油路畅通，润滑油沿

管路流经各润滑点。机器首次使用时应空转 1h，让油路充分流畅，然后再装冲模等部件，进行正常操作。

⑧ 液压系统　高速压片机中，上压轮、下预压轮和充填调节机构设有液压油缸，起软连接支承和安全保护作用。液压系统由液压泵、贮能器、液压油缸、滥流阀等组成。正常操作时，油缸内的液压油起支承作用。当支承压力超过所设定的压力时，液压油通过溢流阀泄压，从而起到安全保护作用。

⑨ 控制系统　GZPK37A 型全自动高速压片机有一套控制系统，能对整个压片过程进行自动检测和控制。系统的核心是可编程序器，其控制电路有 80 个输入、输出点。程序编制方便、可靠。

控制器根据压力检测信号，利用一套液压系统来调节预压力和主压力，并根据片重值相应调整填充量。当片重超过设定值的界限时，机器给予自动剔除，若出现异常情况，能自动停机。

控制器还有一套显示和打印功能，能将设定数据、实际工作数据、统计数据以及故障原因、操作环境等显示、打印出来。

⑩ 吸尘部件　压片机有两个吸尘口，一个在中模上方的加料器旁，另一个在下层转盘的上方，通过底座后保护板与吸尘器相连，吸尘器独立于压片机之外。吸尘器与压片机同时启动，使中模所在的转盘上下方的粉尘吸出。

（二）片剂包衣设备

将素片包制成糖衣片或薄膜衣片的工艺要使用片剂的包衣设备。这种设备目前在国内大约有以下几类。

① 用于手工操作的荸荠型糖衣机。锅的直径有 0.8m 和 1m 两种，可分别包制 80kg 和 100kg 左右的药片（包好后的质量），锅的材料有铜和不锈钢两种。

② 经改造后采用喷雾包衣的荸荠型糖衣机。其锅的大小、包衣量、材料等均与手工的相同，只要加上一套喷雾系统就可以进行自动喷雾包衣的操作工艺。

③ 采用引进或使用国产的高效包衣机，进行全封闭的喷雾包衣。

④ 采用引进或使用国产的沸腾喷雾包衣机，进行自动喷雾包衣。

1. 喷雾包衣

片剂包衣工艺采用手工操作存在着产品质量不稳定、粉尘飞扬严重、劳动强度大、个人技术要求高等问题。采用喷雾法包衣工艺进行药物的包衣能够克服手工操作的这些缺点。喷雾包衣可在国内经改造的荸荠型包衣锅上加以使用，投资费用不高，使用较多。

（1）“有气喷雾”和“无气喷雾”　有气喷雾是包衣溶液随气流一起从喷枪口喷出。这种喷雾方法称为有气喷雾法。

有气喷雾适用于溶液包衣。溶液中不含或含有极少的固态物质，溶液的黏度较小，一般可使用有机溶剂或水溶性的薄膜包衣材料。

无气喷雾则是包衣溶液或具有一定黏性的溶液、悬浮液在受到压力的情况下从喷枪口喷出。液体喷出时不带气体，这种喷雾方法称为无气喷雾法。

无气喷雾由于压力较大，所以除可用于溶液包衣外，也可用于有一定黏度的液体包衣，这种液体可以含有一定比例的固态物质，例如用于含有不溶性固体材料的薄膜包衣以及粉糖浆、糖浆等的包衣。

（2）喷雾包衣的应用

① 埋管包衣　如图 3-44 所示。埋管包衣机组是由包衣锅 1，加上喷雾系统 2，搅拌器 3 及通、排风系统 5、6、7、8 和控制器 4 组成。喷雾系统为一个内装喷头的埋管，埋管直径为 80～100mm。包衣时此系统插入包衣锅中翻动的片床内。

图 3-45 所示为正在进行包衣作业的埋管示意。1978 年勃林格-玛亨（Boeliriger Mamlie-in）首先使用埋管包衣设备进行包衣生产，取得了成功。图中干燥空气伴随着喷雾过程同时从埋管中吹出，穿过片芯层。温度可由控制器调节，干燥效率比较高。

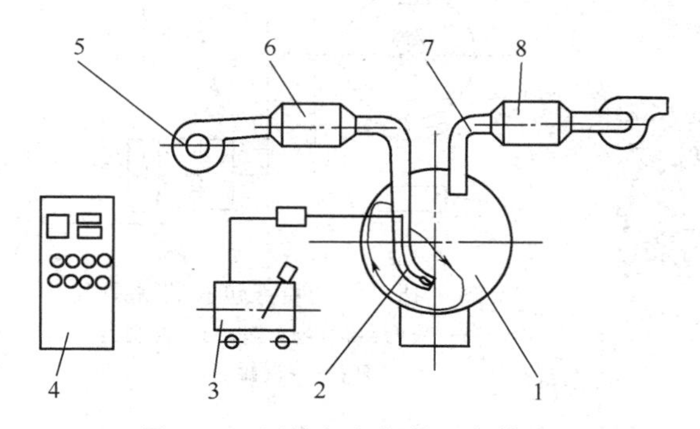

图 3-44　埋管包衣部件组合简图

1—包衣锅；2—喷雾系统；3—搅拌器；4—控制器；5—风机；6—热交换器；7—排风管；8—集尘过滤器

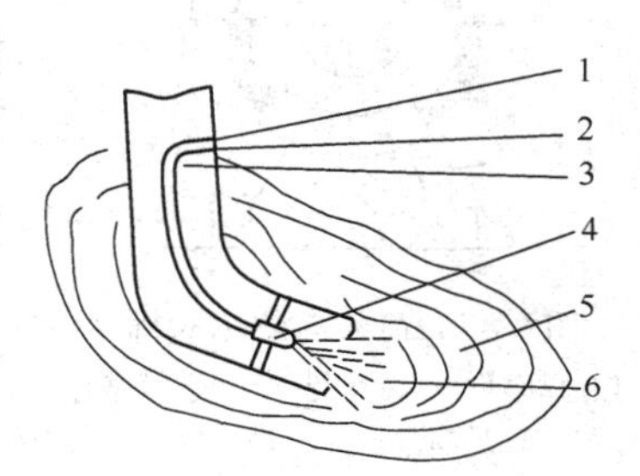

图 3-45　埋管包衣示意

1—气管；2—液管；3—风管；4—喷枪；5—片芯层；6—气囊

② 原有锅上安装使用　将成套的喷雾装置直接装在原有包衣锅上（见图 3-46），即可使用。如图所示的喷雾系统是无气喷雾包衣系统，如改为有气喷雾包衣系统，只需将泵、喷枪调换，管道略加变动即可运行。

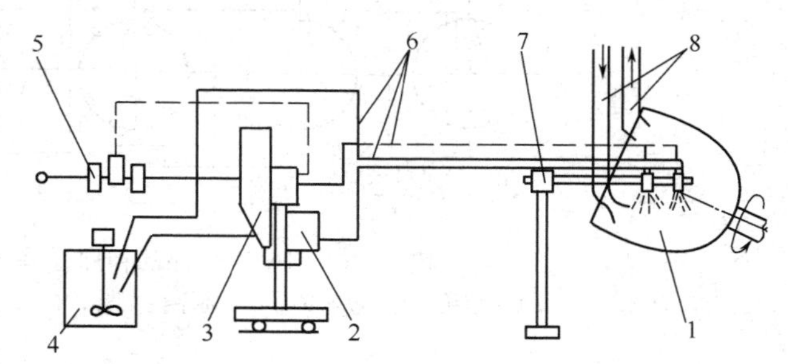

图 3-46　在原有锅上用的喷雾系统示意

1—包衣锅；2—稳压器；3—无气泵；4—液罐；5—气动原件；6—气管（液管）；7—支架；8—进出风管

③ 应用于高效包衣机　图 3-47 所示为最简单的高效包衣机，它是在原有的包衣锅壁上打孔而成，锅底下部紧贴着的是排风管，当送风管 2 送出的热风穿过片芯层 4 沿排风管 5 而排出时带走了由喷枪 3 喷出的液体湿气，由于热空气接触的片芯表面积得到了扩大，因而干燥效率大大提高。该机为封闭的形式，所以在生产过程中无粉尘飞扬，操作环境得到了很大的改善。

2. 程序控制无气喷雾包衣装置

（1）装置的组成　无气喷雾包衣装置主要由无气泵、液罐、程序控制器、自动喷枪及包衣机等组成（见图 3-48）。图中无气泵 4 在压缩空气的推动下，其活塞上下运动，吸口从液罐 5 中吸出液体物料并以一定压力（一般为 8～10MPa）压入喷枪 1 中，并由回路管道流入液罐。当电磁阀 6 受控制器指令打开时，压缩空气进入喷枪将喷枪阀门打开，此时受压液体冲出喷枪，喷洒到片芯表面。如果使用非易燃溶剂，在锅底下部的加热器可受控制器控制，按要求开关。程序的编制可模拟人工操作的经验，灵活性很大。喷量多少、每次喷雾的间隔时间、干燥时间以及热量供给都可按指令进行。

在现有包衣锅上进行糖包衣的无气喷雾装置简图如图 3-49 所示。

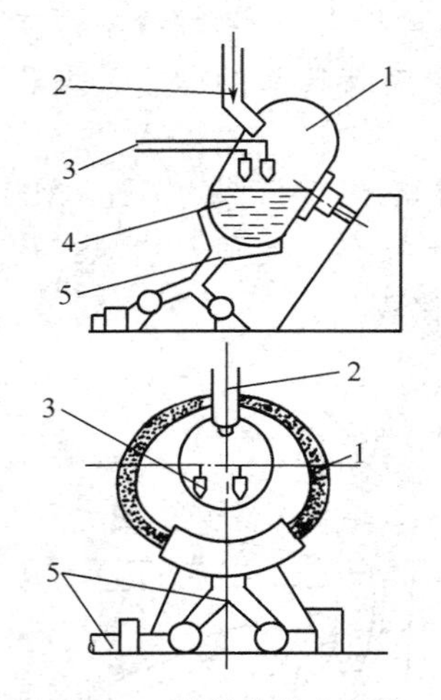

图 3-47 简易高效包衣机

1—包衣锅；2—送风管；3—喷枪；4—片芯层；5—排风管

简易高效包衣

无气喷雾包衣

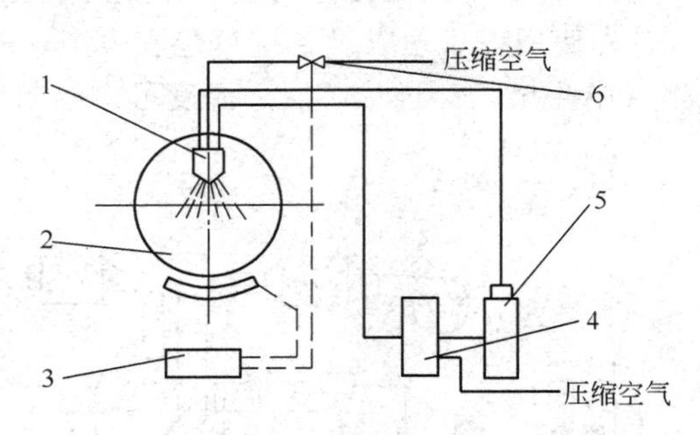

图 3-48 无气喷雾包衣装置示意

1—喷枪；2—包衣锅；3—控制器；4—无气泵；5—液罐；6—电磁阀

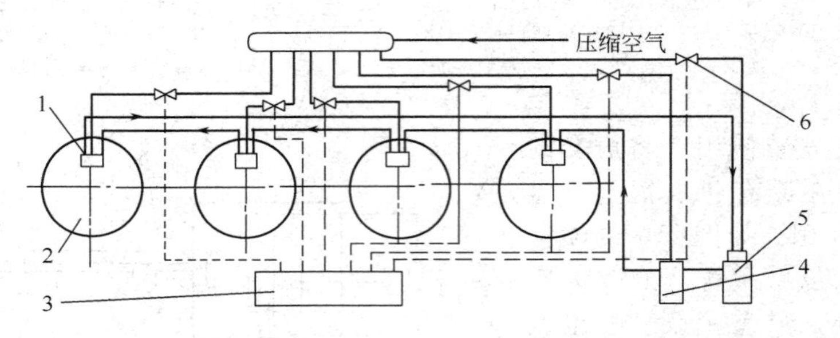

图 3-49 用于四台锅的程序控制无气喷雾包衣装置

1—喷枪；2—包衣锅；3—程序控制器；4—无气泵；5—液罐；6—电磁阀

（2）主要设备介绍

① 高压无气泵 如图 3-50 所示。这是一种以压缩空气为动力，用来推动上部汽缸中的活塞，使之上下移动，而在下部柱塞缸中对液体产生高压的一种类型的泵。当气源进入进气口以后，由于调节门 2 关闭而推动活塞 4 上移，此时液体从进液口吸入，进入柱塞缸 7 的 a 处，这一过程中球阀 2 打开，球阀 1 关闭。当活塞至上部最高处，调节门随即打开（由特殊的弹簧机构），此时气体通过调节门到活塞上部，将活塞压至下移，这时球阀 2 关闭，球阀 1 打开，液体从 a 室进入 b 室。当活塞移至下部最低处时，调节门受弹簧作用再次关闭，此时活塞又被推向上部，液体进入 a 室，b 室中的液体从出液口压出。

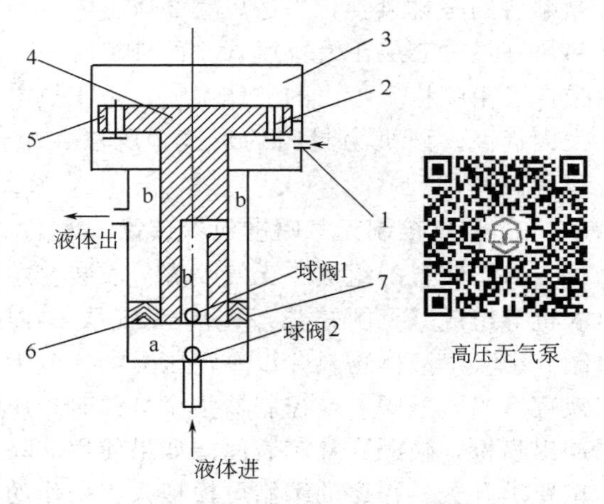

图 3-50 高压无气泵

1—进气口；2—调节门；3—汽缸；4—活塞；5，6—密封圈；7—柱塞缸

活塞不停地在汽缸 3 中运动，液体不断进入柱塞缸内，并被压出。当出口被关闭时，室

中的液体压力开始升高，当升高到一定值时，无气泵中上下活塞受力达到平衡，活塞停止运动。只有打开出口处的液体通路，液体冲出，平衡失去，活塞在压缩空气的推力下重又开始上下运动，直至达到平衡。

平衡是由于上下活塞所受的压力相等。假设汽缸活塞与柱塞缸活塞的面积之比为 25：1，当 0.4MPa 的压缩空气进入汽缸时，会对液体产生 10MPa 的压强。

国产高压无气泵的压力转换比有 44：1，35：1，28：1，25：1，15：1 等多种，也可对进气压力在 0.3～0.6MPa 的范围内来加以调节。泵与液体接触的部件需用不锈钢材料制作，以免污染药品。

② 自动喷枪　如图 3-51 所示。自动喷枪由压缩空气控制，其结构分枪身 1 和汽缸 2 两大部分，汽缸中有一活塞 3 可以左右移动，活塞上连接拉杆 4，拉杆头部接有锥形阀 5，由于锥形阀受弹簧 7 作用与阀座 6 紧密配合，即为关闭，这时液体进入枪体后虽有一定压力也不能从喷嘴中喷出，只有当压缩气体进入汽缸，推动活塞往右运动，并带动拉杆，克服弹簧和摩擦阻力，打开阀门，液体才喷出，当气源断开后，弹簧复位，关闭阀门，液体也就停止流出。

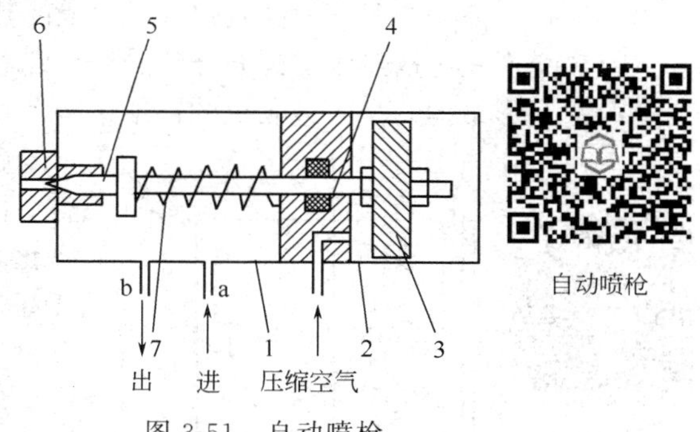

图 3-51　自动喷枪

1—枪身；2—汽缸；3—活塞；4—拉杆；5—锥形阀；6—阀座；7—弹簧

在该枪体中，液体进出有两个口 a 和 b，目的是为了回流用。

（3）无气喷雾包衣的操作过程　以现有包衣机进行粉糖浆包衣为例，操作过程如下。

① 将糖浆和粉末按一定的比例配制成粉糖浆悬浮液，加适量黏合剂混合均匀后，经胶体磨磨细、磨匀，再加入液罐中。

② 将液罐中的夹套水温调节到 70～80℃ 左右，开始搅拌，使浆液均匀，不沉淀。并恒定在 60～70℃左右。

③ 将包衣机内的喷枪放在适当的位置（一般喷嘴离片层约 300mm 距离），喷嘴角度调好（喷液扇面应垂直于片芯的运动方向）。

④ 调节压缩空气的减压阀，打开无气泵的汽缸开关，并调节压力（以喷液压力为 10MPa 左右为准）。

⑤ 按产品要求编好程序控制器的输入数据。打开电源开关，控制器开始工作。

程序的编制是依据手工操作的经验而确定的。一般手工糖浆包衣是按浇糖浆、撒粉、干燥为一周期，以达到层层包制，层层干燥的目的。依照手工包衣的次序，对每一个包衣机来说，无气喷雾的周期包括下列动作过程（见图 3-52）。

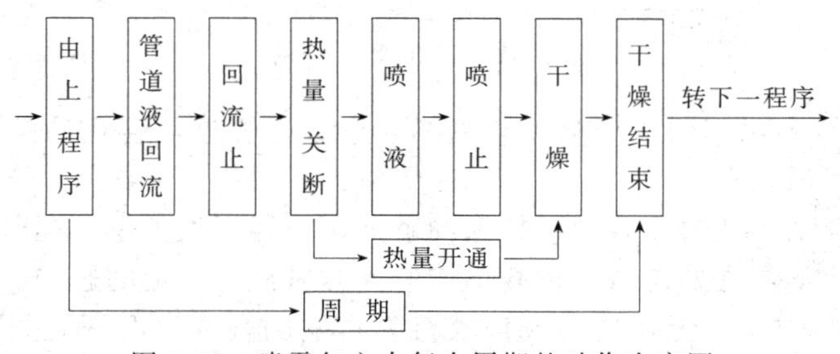

图 3-52　喷雾包衣中每个周期的动作次序图

如图所示在每次开始喷雾前需将管道中的浆液回流至液罐中，以免冷却的浆液喷入锅中，也防止管道中的浆液有粉末沉淀，同时关断热量（热吹风和锅底加热）。喷液量的控制是参照手工加入的量，喷液停止后经一段时间后，热吹风和锅底加热开始，也即图中的干燥。这一时间结束后便又转入下一个程序，并重复周期中的动作内容，以此反复包制直到结束。

3. 高效包衣机

高效包衣机的结构、原理与传统的敞口式包衣机完全不同。敞口式包衣机干燥时，热风仅吹在片芯层表面，并被返回吸出。热交换仅限于表面层，且部分热量由吸风口直接吸出而没有利用，浪费了部分热源。而高效包衣机干燥时热风是穿过片芯间隙，并与表面的水分或有机溶剂进行热交换。这样热源得到充分的利用，片芯表面的湿液充分挥发，因而干燥效率很高。

（1）锅形结构　高效包衣机的锅形结构大致可以分成网孔式、间隔网孔式，无孔式三类。

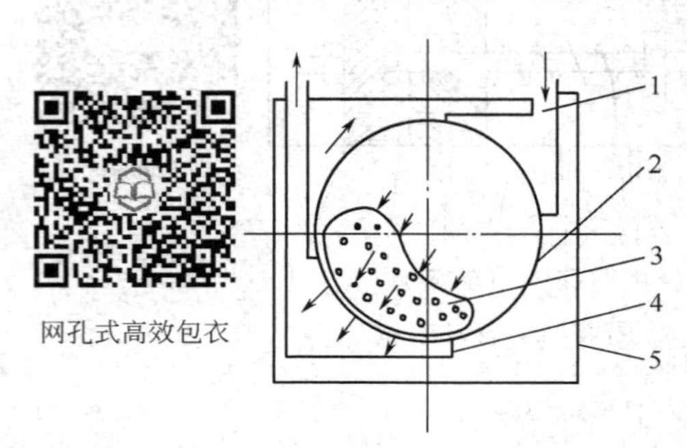

图 3-53　网孔式高效包衣机
1—进气管；2—锅体；3—片芯；4—排风管；5—外壳

① 网孔式高效包衣机　如图 3-53 所示。它的整个圆周都带有 ϕ1.8～2.5mm 圆孔。经过预热的净化，空气从锅的右上部通过网孔进入锅内，热空气穿过运动状态的片芯间隙，由锅底下部的网孔穿过再经排风管排出。由于整个锅体被包在一个封闭的金属外壳内。因而热气流不能从其他孔中排出。

热空气流动的途径可以是逆向的，也即可以从锅底左下部网孔穿入，再经右上方风管排出。前一种称为直流式，后一种称为反流式。这两种方式使片芯分别处于“紧密”和“疏松”的状态，可根据品种的不同进行选择。

② 间隔网孔式高效包衣机　如图 3-54 所示。间隔网孔式的开孔部分不是整个圆周，而是按圆周的几个等分部位。图中是 4 个等分，也即圆周每隔 90°开孔一个区域，并与 4 个风管连接。工作时 4 个风管与锅体一起转动。由于 4 个风管分别与 4 个风门连通，风门旋转时分别间隔地被出风口接通每一管道而达到排湿的效果。

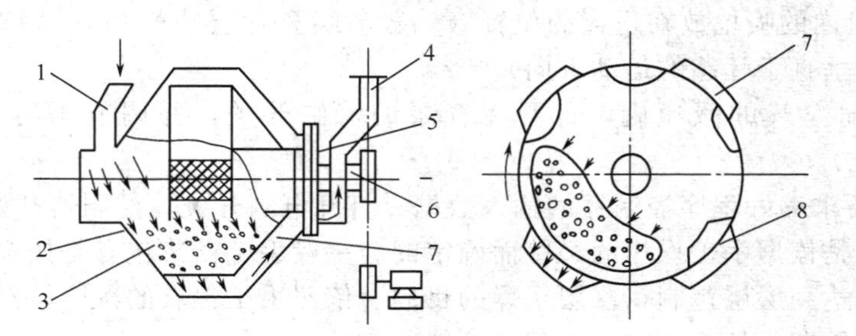

图 3-54　间隔网孔式高效包衣机简图
1—进风管；2—锅体；3—片芯；4—出风管；5—风门；6—旋转主轴；7—风管；8—网孔区

如图 3-55 所示旋转风门的 4 个圆孔与锅体 4 个管道相连，管道的圆口正好与固定风门的圆口对准，处于通风状态。

这种间隙的排湿结构使锅体减少了打孔的范围，减轻了加工量。同时热量也得到充分的利用，节约了能源，不足之处是风机负载不均匀，对风机有一定的影响。

③ 无孔式高效包衣机　无孔式高效包衣机是指锅的圆周没有圆孔，其热交换通过另外的形式进行。目前已知的有两种。

一是将布满小孔的2～3个吸气桨叶浸没在片芯内，使加热空气穿过片芯层，再穿过桨叶小孔进入吸气管道内被排出（见图3-56）。图中进风管6引入干净热空气，通过片芯层4再穿过桨叶2的网孔进入排风管5并被排出机外。

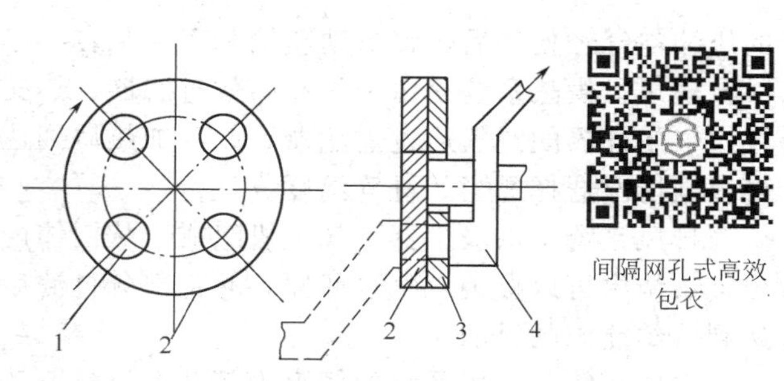

图3-55　间隔网孔式高效包衣机风门结构
1—锅体管道风口；2—旋转风门；3—固定风门；4—排风口

二是采用了一种较新颖的锅形结构，目前已在国际上得到应用。其流通的热风是由旋转轴的部位进入锅内，然后穿过运动着的片芯层，通过锅的下部两侧而被排出锅外（见图3-57）。这种新颖的无孔高效包衣机所以能实现一种独特的通风路线，是靠锅体前后两面的圆盖特殊的形状，在锅的内侧绕圆周方向设计了多层斜面结构。锅体旋转时带动圆盖一起转动，按照旋转的正反方向而产生两种不同的效果（见图3-58）。当正转时（顺时针方向），锅体处于工作状态，其斜面不断阻挡片芯流入外部，而热风却能从斜面处的空当中流出。当反转时（逆时针方向）处于出料状态，这时由于斜面反向运动，使包好的药片沿切线方向排出。

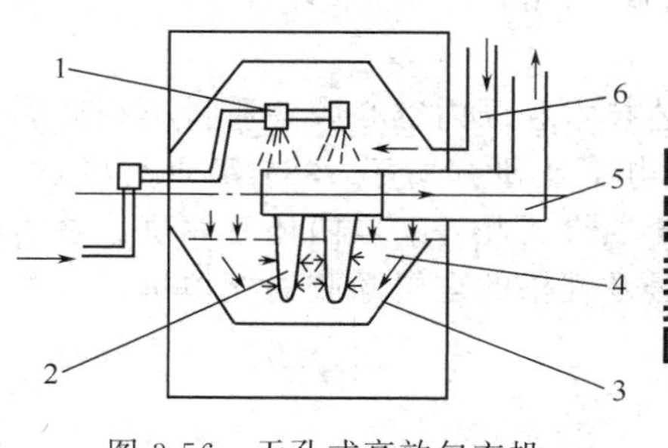

图3-56　无孔式高效包衣机
1—喷枪；2—带孔桨叶；3—无孔锅体；4—片芯层；5—排风管；6—进风管

新颖无孔式高效包衣

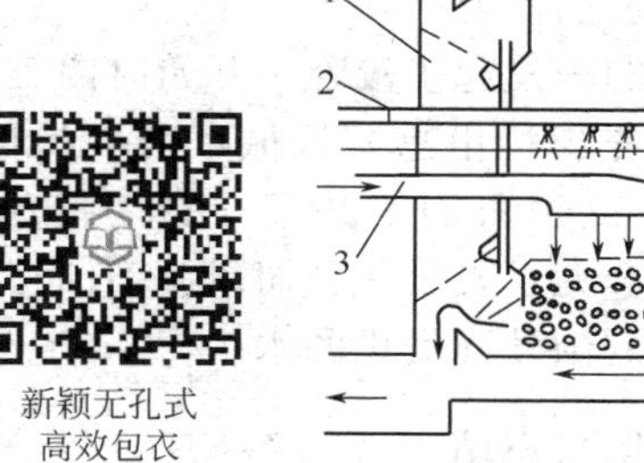

图3-57　新颖无孔式高效包衣机
1—后盖；2—喷雾系统；3—进风；4—前盖；5—锅体；6—片芯；7—排风

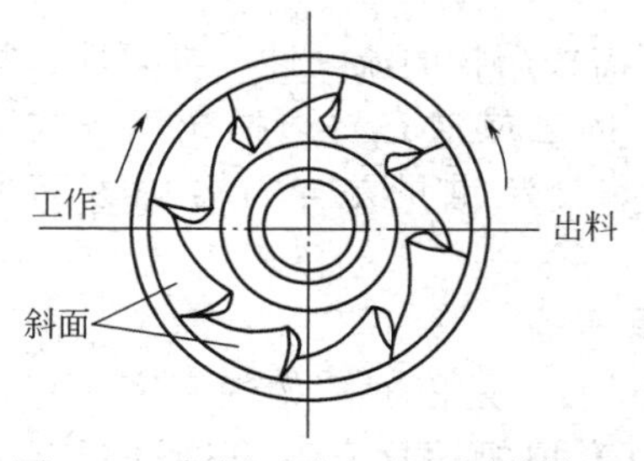

图3-58　新颖无孔包衣机圆盖简图

无孔高效包衣机在设计上具有新的构思，机器除了能达到与有孔机同样的效果外，由于锅体内表面平整、光洁，对运动着的物料没有任何损伤，在加工时也省却了钻孔这一工序，而且机器除适用于片剂包衣外，也适用于微丸等小型药物的包衣。

（2）配套装置　高效包衣机是由多组装置配套而成整体。除主体包衣锅外，大致可分为四大部分：定量喷雾系统，供风、供热和排风系统，以及程序控制设备。

定量喷雾系统是将包衣溶液按程序要求定量送入包衣锅，并通过喷枪口雾化喷到片芯表面。该系统由液缸、泵、计量器和喷枪组成。定量控制一般是采用活塞定量结构。它是利用活塞行程确定容积的方法来达到量的控制，也有利用计时器进行时间控制流量的方法。喷枪是由气动控制，按有气和无气喷雾两种不同方式选用不同喷枪，并按锅体大小和物料多少放入2～6只喷枪，以达到均匀喷洒的效果。另外根据包衣溶液的特性选用有气或无气喷雾，并相应选用高压无气泵或电动蠕动泵。而空气压缩机产生的压缩空气经处理后供给自动喷枪和无气泵。

送风、供热系统是由中效和高效过滤器、热交换器组成。由于排风系统产生的锅体负压效应，使外界的空气通过过滤器，并经加热后到达锅体内部。热交换器有温度检测，操作者可根据情况选择适当的进气温度。

排风系统是由吸尘器、鼓风机组成。从锅体内排出的湿热空气经吸尘器后再由鼓风机排出。系统中可以接装空气过滤器，并将部分过滤后的热空气返回到送风系统中重新利用，以达到节约能源的目的。

送风系统和排风系统的管道中都装有风量调节器，可调节进、排风量的大小。

程序控制设备的核心是可编程序器或微处理机。这一核心一方面接受来自外部的各种检测信号，另一方面向各执行元件发出各种指令，以实现对锅体、喷枪、泵以及温度、湿度、风量等参数的控制。

三、硬胶囊生产工艺设备

(一) 硬胶囊充填机的生产现状

国外的硬胶囊充填机生产历史较长，技术比较成熟，并达到较高自动化水平，代表产品有德国 Bosch 公司的 GKF 系列、意大利 MG2 公司的 MG 系列以及 IMA 公司的 Zanasi 系列、美国的 Parke Davis 公司等产品。充填机的生产能力从 10000～150000 粒/h 不等，产品的可靠性已能适应现代生产的需要。

中国胶囊充填机的研制开发起步较晚，开始时因工艺技术和国内空心胶囊质量不相适应而未获成功。半自动胶囊充填机由惠阳机械厂与广州机电工业研究所于 1984 年研制成功，以后又相继研制开发 ZJT-40 型和 ZJT-20 型全自动胶囊充填机。此外，国内还有北京、哈尔滨、柳州等地的公司以及金丸、飞云等公司研制不同型号及规格的全自动胶囊充填机，这些机器的主要技术性能已达到国外同类机的水平。

(二) 胶囊充填机分类与充填方式

胶囊充填机可分为半自动型及全自动型，全自动胶囊充填机按其工作台运动形式可分为间歇运转式和连续回转式。按充填方式可分为冲程法、插管式定量法、填塞式（夯实及杯式）定量法等多种。

不同充填方式的充填机适应于不同药物的分装，制药厂需按药物的流动性、吸湿性、物料状态（粉状或颗粒状、固态或液态）选择充填方式和机型，以确保生产操作和分装重量差异符合国家药典要求。

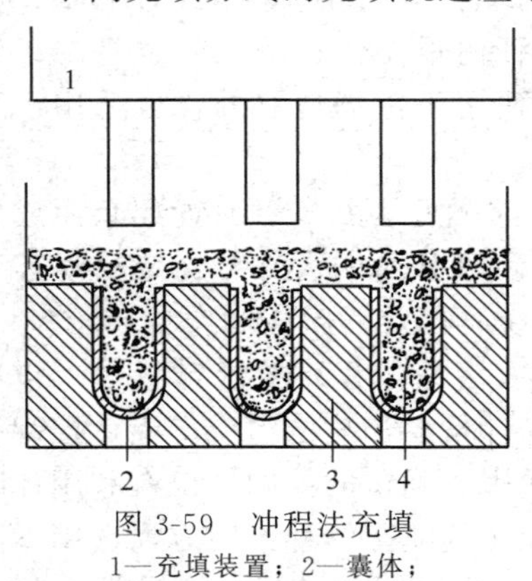

图 3-59　冲程法充填

1—充填装置；2—囊体；3—囊体盘；4—药粉

1. 粉末及颗粒的充填

（1）冲程法（见图 3-59）　是依据药物的密度、容积和剂量之关系，通过调节充填机速度，变更推进螺杆的导程，来增减充填时的压力，以控制分装重量及差异。半自动充填机就是采取这种充填方式，它对药物的适应性较强，一般的粉末及颗粒均适用此法。

（2）填塞式定量法（见图 3-60）　也称夯实式及杯式定量。它是用填塞杆逐次将药物装粉夯实在定量杯里，最后在转换杯里达到所需充填量。药粉从锥形贮料斗通过搅拌输送器直接进入计量粉斗，计量粉斗里有多组孔眼，组成定量杯，填塞杆经多次将落入杯中药粉夯实；最后一组将已达到定量要求的药粉充入胶囊体。这种充填方式可满足现代粉体技术要求。德国 Bosch 公司的 GKF 机型便是采用此法，其优点是装量准确，误差可在±2%，特别对流动性差的和易粘的药物，调节压力和升降充填高度可调节充填重量。

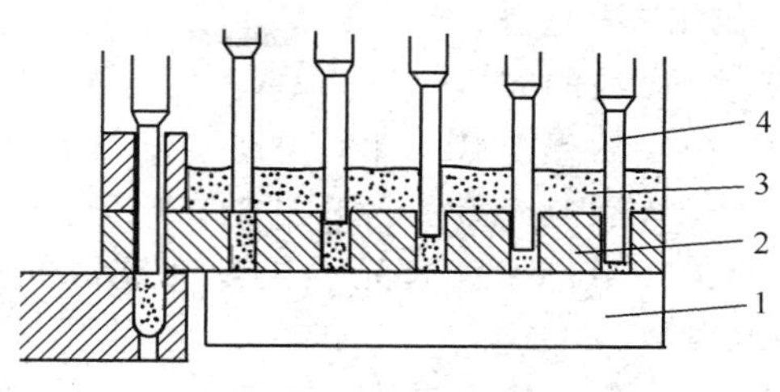

图 3-60 填塞式定量法
1—计量盘；2—定量杯；3—药粉或颗粒；4—填塞杆

（3）间歇插管式定量法（见图 3-61） 该法采用将空心计量管插入药粉斗，由管内的冲塞将管内药粉压紧，然后计量管离开粉面，旋转 180°，冲塞下降，将孔里药料压入胶囊体中。由于机械动作是间歇式的，所以称为间歇插管式定量。

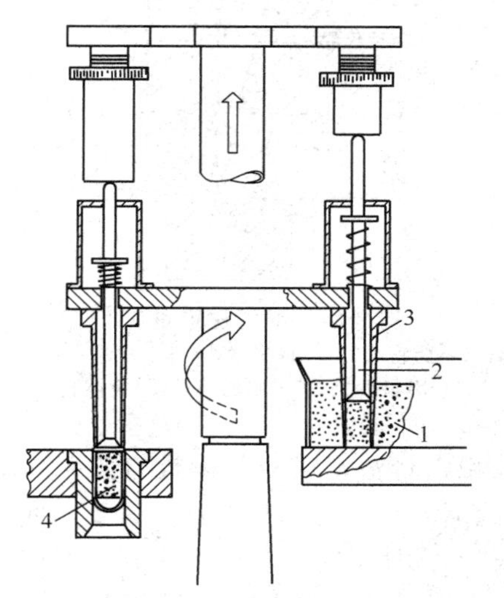

图 3-61 间歇插管式定量法
1—药粉斗；2—冲杆；3—计量管；4—囊体

间歇插管式定量

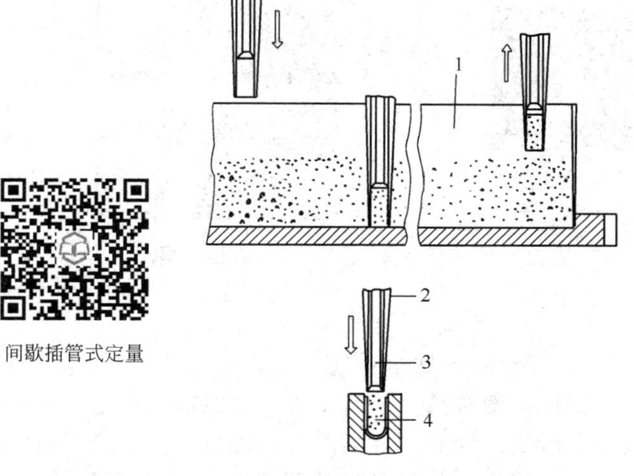

图 3-62 连续插管式定量法
1—计量槽；2—计量管；3—冲塞；4—囊体

药粉斗主要有三部分，一是矮墩平底的圆形料斗，在径向有一腔孔；二是一个星形塞，可改变腔壁高度以便调节充填量；三是药粉斗里有一肾形机构，其覆盖面约为 2/3，可调节高度。药粉通过装在腰子机构上的连接管，进入药粉斗中。药粉斗旋转，计量管下降，将药粉充入管中。药粉斗中药粉高度可调，计量管中冲杆的冲程也可调，这样可无级调整充填重量。由于在生产过程中要单独调整各计量管，因而比较耗时，对流动性好的药物，其误差可较小。意大利 CMA 公司的 AZ 系列采用此法。

（4）连续插管式定量法（见图 3-62） 该法同样是用计量管计量，但其插管、计量、充填是随机器本身在回转过程连续完成的。被充填的药粉由圆形贮粉斗输入，粉斗通常装有螺旋输送器的横向输送装置。一个肾形的插入器使计量槽里的药粉分配均匀并保持一定水平，这就使生产保持良好的重现性。每副计量管在计量槽中连续完成插粉、冲塞、提升，然后推出插管内的粉团，进入囊体。凸轮精确地控制这些计量管和冲塞的移动。当充填量很少时（如 4 号、5 号胶囊），关键的是计量管中的压缩力必须足够，以使粉团在排出时有一相应的冲力。作用在所有管子的压力能精确地控制，以产生所需的密度、粉团的精确长度和充填物所需技术特性。机器在运转中定量管中药物重量也可精确调整，意大利 MG2 公司的 G 系列机采用本法充填。

2. 微粒的充填

（1）冲程定量　冲程定量主要用于手法操作。

（2）逐粒充填法（见图 3-63）　充填物通过腰子形充填器或锥形定量斗单独地逐粒充入胶囊体。半自动胶囊充填机及间歇式充填的全自动胶囊充填机采取这种充填法。但胶囊应充满。

（3）双滑块定量法（见图 3-64）　双滑块定量法是依据容积定量原理，利用双滑块按计量室容积控制进入胶囊的药粉量，该法适用于混有药粉的颗粒充填，对于几种微粒充入同一胶囊体特别有效。

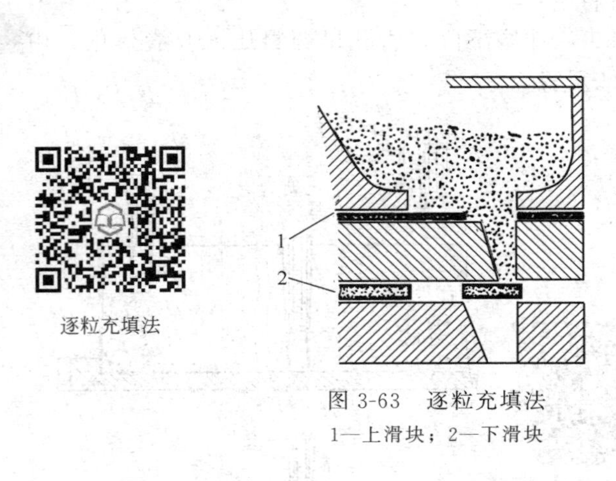

图 3-63　逐粒充填法

1—上滑块；2—下滑块

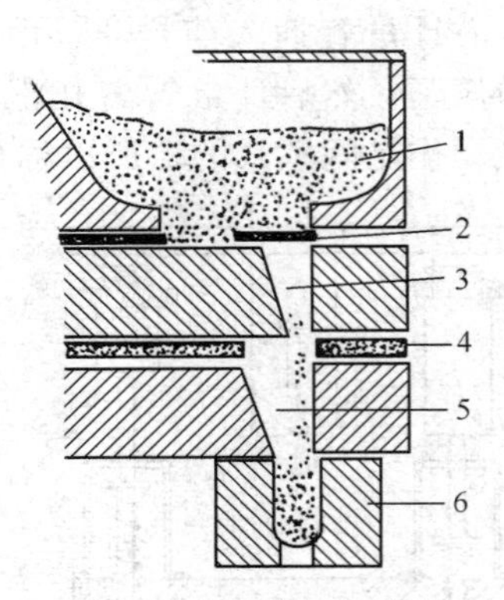

图 3-64　双滑块定量法

1—药粉斗；2—计量滑块；3—计量室；4—出料滑块；5—出粉口；6—囊体套

（4）滑块/活塞定量法（见图 3-65）　此法同样是容积定量法，微粒流入计量管，然后输入囊体。微粒从一个料斗流入微粒盘中，定量室在盘的下方，它有多个平行计量管，此管被一个滑块与盘隔开，当滑块移动时，微粒经滑块的圆孔流入计量管，每一计量管内有一定量活塞，滑块移动将盘口关闭后，定量活塞向下移动，使定量管打开，微粒通过此孔流入胶囊体。

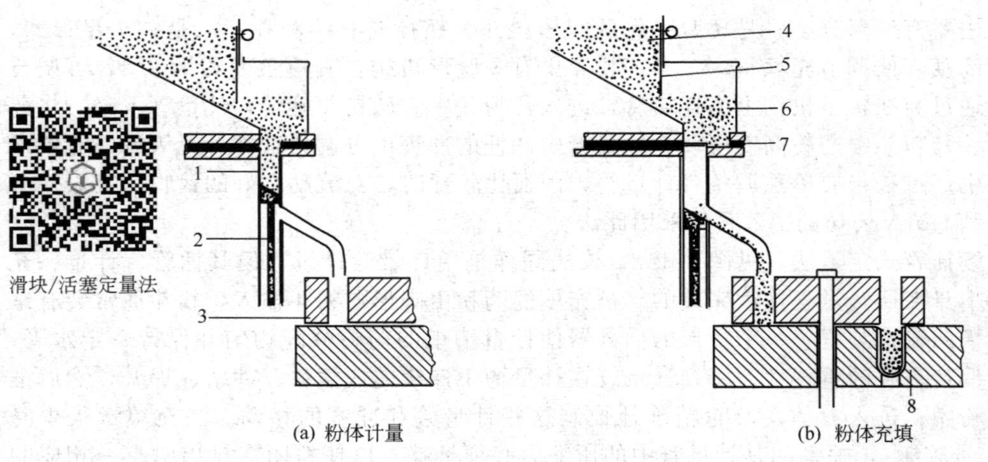

(a) 粉体计量　　(b) 粉体充填

图 3-65　滑块/活塞定量法

1—计量管；2—定量活塞；3—星形轮；4—药斗；5—调节板；6—微粒盘；7—滑块；8—囊体盘

（5）活塞定量法（见图 3-66） 活塞定量法是依据在特殊计量管里采用容积定量。微粒从药物料斗进入定量室的微粒盘，计量管在盘下方，可上下移动。充填时，计量管在微粒盘内上升，至最高点时，管内的活塞上升，这样使微粒经专用通路进入胶囊体。

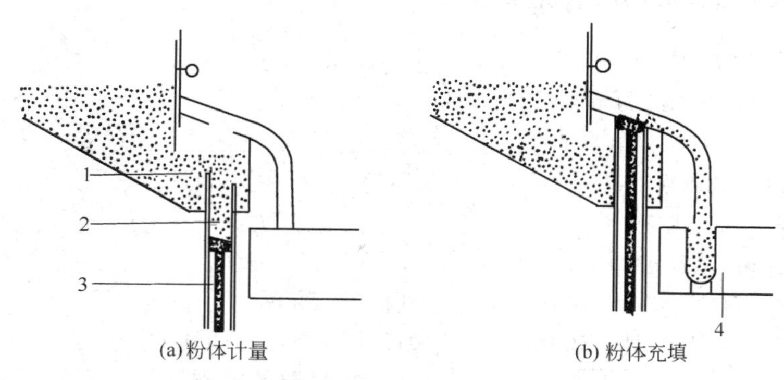

图 3-66 活塞定量法

1—微粒盘；2—计量管；3—活塞；4—囊体盘

（6）定量圆筒法（见图 3-67） 微粒由药物料斗进入定量斗，此斗在靠近边上有一具有椭圆形定量切口的平面板，其作用是将药物送进定量圆筒里，并将多余的微粒刮去。平板紧贴一个有定量圆筒的转盘，活塞使它在底部封闭，而在顶部由定量板爪完成定量和刮净后，活塞下降，进行第二次定量及刮净，然后送至定量圆筒的横向孔里，微粒经连接管进入胶囊体。

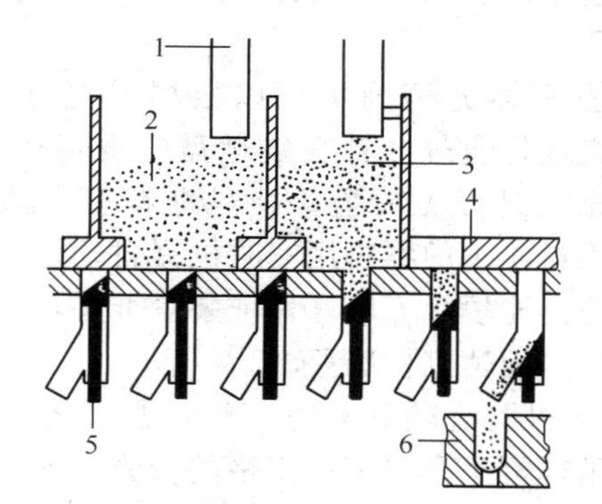

图 3-67 定量圆筒法

1—料斗加料；2—第一定量斗；3—第二定量斗；4—滑块底盘；5—定量活塞；6—囊体盘

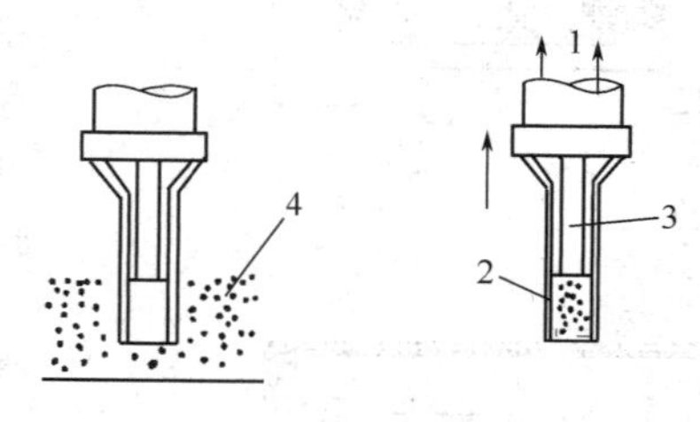

图 3-68 定量管法

1—真空；2—定量管；3—定量活塞；4—定量槽

（7）定量管法（见图 3-68） 定量管法也是容积定量法，但它是采用真空吸力将微粒定量。在定量管上部加真空，定量管逐步插入转动的定量槽，定量活塞控制管内的计量腔体积，以满足装量要求。

（三）胶囊充填的工艺过程

不论间歇式或连续式胶囊充填机，其工艺过程几乎相同，仅仅其执行机构的动作有所差别。工艺过程一般分为以下几个步骤。

①空心胶囊的自由落料；②空心胶囊的定向排列；③胶囊帽和体的分离；④未分离的胶囊清除；⑤胶囊帽体水平分离；⑥胶囊体中充填药料；⑦胶囊帽体重新套合及封闭；⑧充填后胶囊成品被排出机外。

半自动、全自动充填机中落料、定向、帽体分离原理几乎相同，而充填药粉计量机构按运转方式不同而有变化。

(四) ZJT-40 型全自动胶囊充填机

1. 主要技术参数

生产能力　4 万～4.8 万粒/h

装量误差　±5%

主电机功率　1.5kW

送料机功率　0.25kW

外形尺寸/mm　1200×1200×2270

真空泵型号　XD-063 型，$63m^3/h$，200Pa，1.5kW

吸尘器型号　XCJ36 型，$360m^3/h$，0.01916MPa，1.1kW

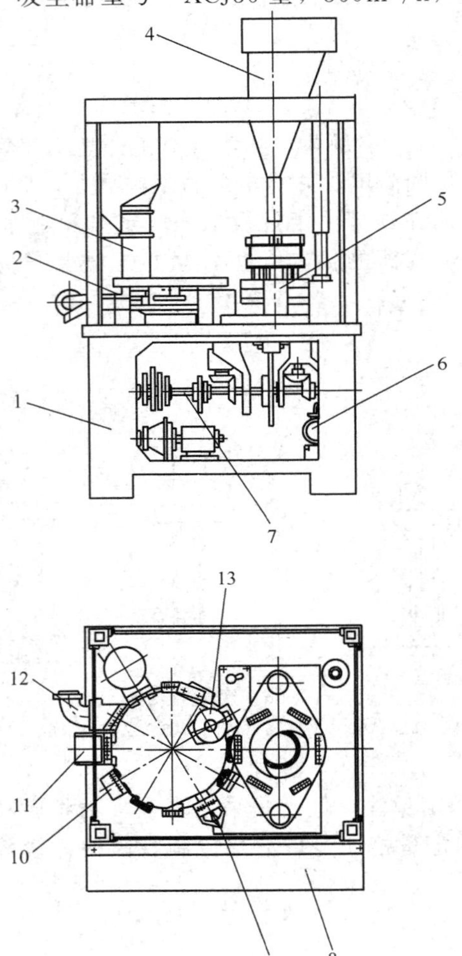

图 3-69　ZJT-40 型全自动胶囊充填机外形图
1—机架；2—胶囊回转机构；3—胶囊送进机构；4—粉剂搅拌机构；5—粉剂充填机构；6—真空泵系统；7—传动装置；8—电气控制系统；9—废胶囊剔出机构；10—合囊机构；11—成品胶囊排出机构；12—清洁吸尘机构；13—颗粒充填机构

2. 机器的特点

① 机器的电气部分采用变频调速系统，对回转盘的工作速度进行无级调速，运动平稳，其转速以数字显示。控制系统采用了可编程序控制器，可利用电脑软件输入控制顺序，从而使整个工作程序实现自动控制。机械部分主传动轴采用了凸轮传动机构，因此使该机具有操作灵活方便，运动协调准确，工作可靠，生产效率高等优点。

② 机器充填剂量可以根据需要进行调整。由于充填是通过冲针在定量盘的垂直孔中进行，粉剂充填过程无粉尘。药料进料有自动控制装置，当料斗中的物料用完时机器自动停止，这样可以防止充填量不够，保证装量准确，使充填的胶囊稳定地达到标准要求。

③ 机器有较好的适应性，装上各种胶囊规格的附件可生产出相应规格的胶囊。此外，还备有安装非常方便的颗粒充填附件，可充填颗粒药料。

3. 机器的组成及传动原理

(1) 机器的组成　机器组成如图 3-69 所示，由机架、胶囊回转机构、胶囊送进机构、粉剂搅拌机构、粉剂充填机构、真空泵系统、传动装置、电气控制系统、废胶囊剔出机构、合囊机构、成品胶囊排出机构、清洁吸尘机构、颗粒充填机构组成。

(2) 传动原理(见图 3-70)　主电机经减速器、链轮带动主传动轴，在主传动轴上装有两个槽凸轮、四个盘凸轮以及两对锥齿轮。中间的一对锥齿轮通过拨轮带动胶囊回转机构上的分度盘

（回转盘），拨轮每转一圈，分度盘转动角度30°，回转盘上装有12个滑块，受上面固定复合凸轮的控制，在回转的过程中分别作上、下运动和径向运动。右侧的一对锥齿轮通过拨轮带动粉剂回转机构上的分度盘，拨轮每转一圈，分度盘转动角度60°。

胶囊回转盘有十二个工位，分别是：a～c送囊与分囊，d颗粒充填，e粉剂充填，f、g废胶囊剔出，h～j合囊，k成品胶囊排出，l吸尘清洁。粉剂回转盘有六个工位，其中A～E为粉剂计量充填位置，F为粉剂充入胶囊体位置。目前国内有的分装机取消颗粒充填，将回转盘简化为十个工位，并从结构上做了改进，但胶囊充填原理是相同的。

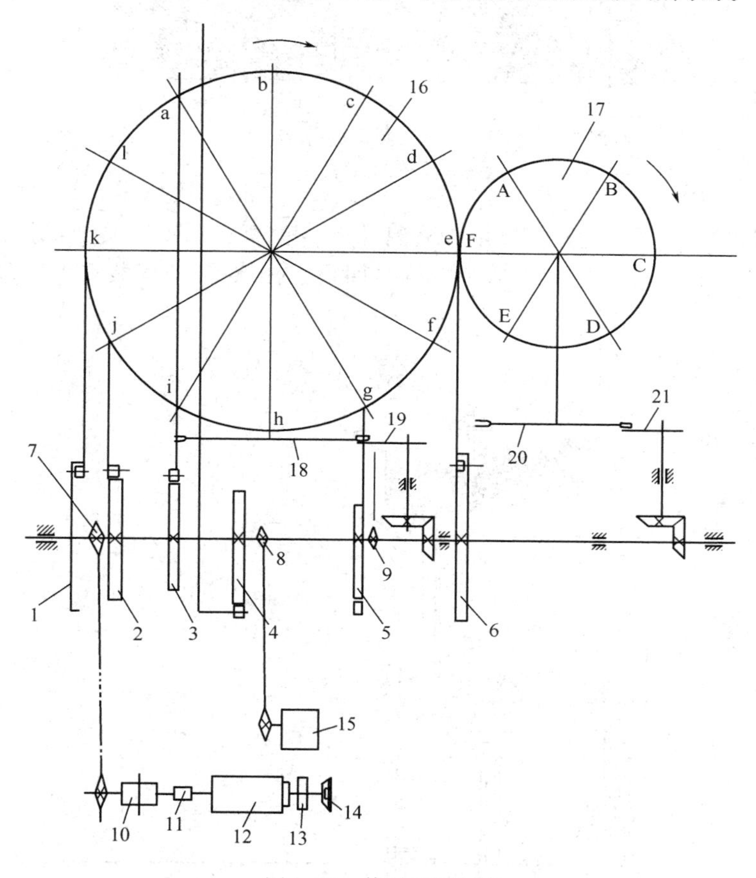

图3-70　传动原理示意

1—成品胶囊排出槽凸轮；2—合囊盘凸轮；3—分囊盘凸轮；4—送囊盘凸轮；5—废胶囊剔出盘凸轮；6—粉剂充填槽凸轮；7—主传动链轮；8—测速器传动链轮；9—颗粒充填传动链轮；10—减速器；11—联轴器；12—电机；13—失电控制器；14—手轮；15—测速器；16—胶囊回转盘；17—粉剂回转盘；18—胶囊回转分度盘；19，21—拨轮；20—粉剂回转分度盘

主传动轴上的槽凸轮1通过推杆的上下运动将成品胶囊排出，盘凸轮2通过摆杆的作用控制胶囊的锁合，盘凸轮3通过摆杆的作用控制胶囊的分离，盘凸轮4通过摆杆的作用控制胶囊的送进运动，盘凸轮5通过摆杆的作用将废胶囊剔出，槽凸轮6通过推杆的上下运动控制粉剂的充填。主传动轴上还有两个链轮，一个带动测速器，另一个带动颗粒充填装置。

4. 主要部件

（1）胶囊送进机构　胶囊送进机构是本机开始工作的第一个工位。它的功能是将预置的空胶囊由垂直叉、水平叉和矫正座块自动地按小头（胶囊身）在下，大头（胶囊帽）在上，每六个一批垂直送入胶囊回转机构的上模块内，再由真空将胶囊身吸下至下模块内，使其帽和身分开（见图 3-71），然后由胶囊回转机构送至下步工序。

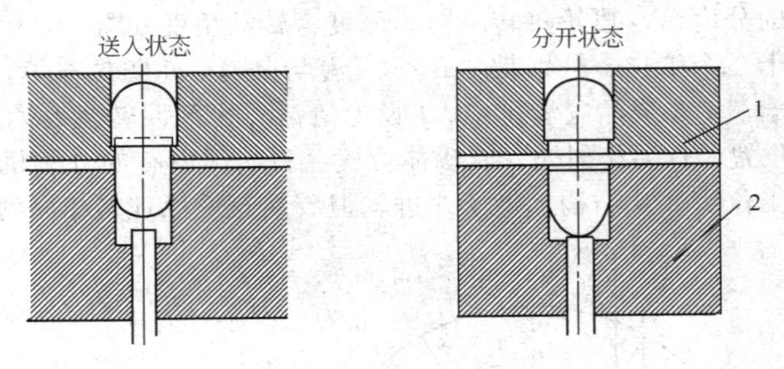

图 3-71　胶囊的分离

1—胶囊上模块；2—胶囊下模块

胶囊送进机构（见图 3-72）主要由胶囊料斗 1、箱体 11、垂直叉 3、水平叉 5、矫正座块 6、摆杆 13、长杠杆 12 等组成。整个机构由四根支柱螺栓 17 安装在工作台上，其杠杆由

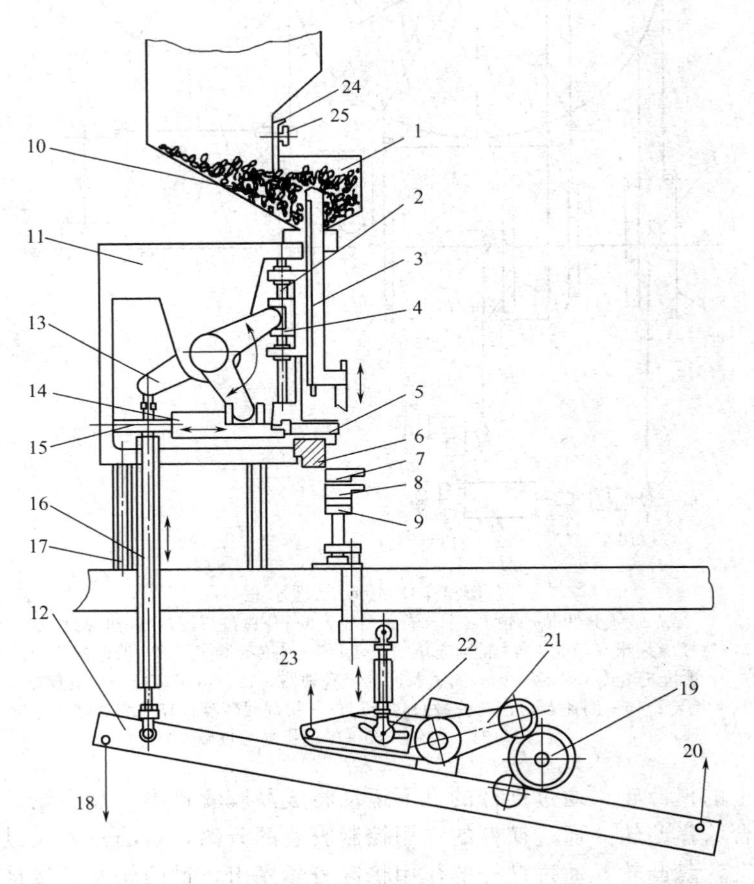

图 3-72　胶囊送进机构

1—胶囊料斗；2—垂直轴；3—垂直叉；4—凹形座块；5—水平叉；6—矫正座块；7—上模块；8—下模块；9—铜座块；10—胶囊；11—箱体；12—长杠杆；13—摆杆；14—滑块；15—水平轴；16—关节拉杆；17—支柱螺栓；18，20，23—拉力弹簧；19—凸轮；21—杠杆；22—螺栓；24—闸门；25—螺母

关节拉杆 16 与凸轮 19 联系动作，杠杆上有拉力弹簧，使其力点紧靠在凸轮 19 上。凸轮 19 的转动使长杠杆 12 动作，并经由关节拉杆拉动摆杆 13 反复运动，长杠杆 12 与摆杆 13 同步摆动并使水平叉 5 作水平前伸后退动作，垂直叉 3 作上下往复运动，在垂直叉向上运动时，叉板的上部插入胶囊料斗 1 内，胶囊就进入叉板上端的六个孔内并顺序溜入叉板的槽内。

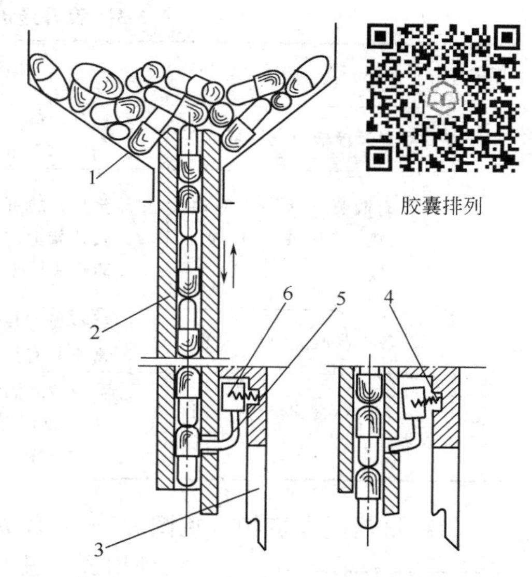

图 3-73　胶囊排列情况
1—贮囊盒；2—排囊板（垂直叉）；3—压爪；4—压簧；5—卡囊簧片；6—簧片架

胶囊的排列的情况如图 3-73 所示，当垂直叉 2 在下行送囊时，卡囊簧片 5 脱离开胶囊，胶囊靠自重从出口送出；当垂直叉上行时，压簧 4 又将簧片架压回原来位置，卡囊簧片将下一个胶囊卡住，排囊板一次行程只能完成一个胶囊的下落动作。由于垂直叉和卡囊簧片的作用，胶囊逐批落入矫正座块内，此时胶囊的大小头尚未理顺。在矫正座块中由于推爪的作用使得胶囊均是小头在前大头在后（见图 3-74），这样，当压爪向下动作时胶囊都是小头在下，大头在上地送入上模块内，然后再用真空将囊身吸入下模孔中，使帽和身分开（见图 3-71）。分囊后，胶囊被带入下步工作程序。

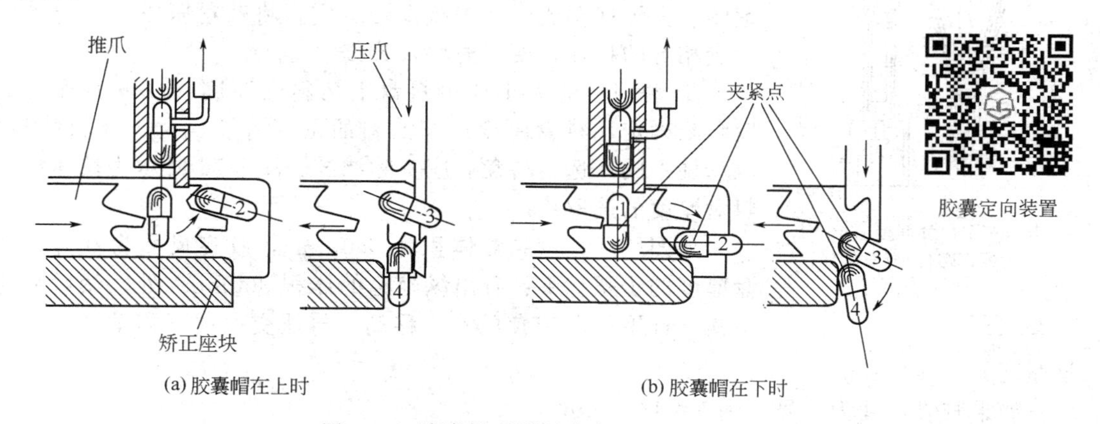

(a) 胶囊帽在上时　　(b) 胶囊帽在下时

图 3-74　胶囊校正原理示意

机构的安装与调整如下。

① 垂直叉、水平叉、矫正座块上的六个送料、导引位置中心必须对称并对准中心，并与回转盘上下模块上的六个孔对正，偏差不应超过 0.03 mm。

② 水平叉和垂直叉行程的起始与终点位置可调节关节拉杆上的螺帽，当旋动螺帽时可伸长或缩短关节拉杆的长度。

③ 水平叉上的滑块与垂直叉上的滑板安装调整后应运动自如。

由于胶囊有多种规格，它们的长度和直径都不同，因此在给不同号的胶囊灌装药粉前，必须换上相应的上下模块、水平叉、垂直叉及矫正座块等。

胶囊送进机构是本机的关键部位之一，容易产生故障，表 3-3 所列为故障原因及排除的方法举例。

表 3-3　胶囊送进机构故障原因及排除方法

序号	故　障	原　因	排　除　方　法
1	垂直叉板槽内无胶囊	a. 料斗无料 b. 闸门口开得太小	a. 重新加足胶囊 b. 旋开螺母，加大开口并固紧
2	没有胶囊落入矫正座块，或仅落入几个（不足 6 个）胶囊	a. 簧片架的簧片变形或伸出太长 b. 簧片架上的簧片不齐 c. 挡轮块挡轮位置不对	a. 矫正簧片或重新更换 b. 调整整齐后紧固 c. 松开挡轮块调整到挡轮能挡住簧片架上的小轮位置后紧固
3	胶囊帽与胶囊身脱不开	a. 真空吸管漏气 b. 真空泵有故障	检查真空泵及真空管，修理或更换
4	垂直叉与水平叉动作不协调	a. 关节拉杆固定端松动 b. 拉力弹簧有问题，未能使拉杆力点紧靠凸轮	a. 重新调整关节拉杆长度并固紧 b. 修理或更换拉力弹簧

（2）粉剂搅拌机构（见图 3-75）　本机构是由一对锥齿轮和丝杆、电机减速器、料斗及螺杆构成。其功能是将药粉搅拌均匀，并将药料送入计量分配室，通过转动手柄和丝杠可以调整下料口与计量分配室的高度到适当的位置，下料粉通过接近开关实现自动控制，当分配室的药料高度低于要求时自动启动电机送料，达到所需高度便自动停止。

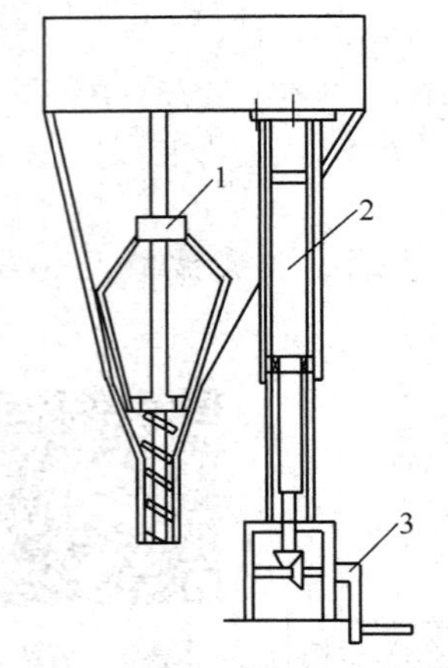

图 3-75　粉剂搅拌机构
1—搅拌螺杆；2—丝杆；3—手柄

（3）粉剂充填机构

① 该机构主要由凸轮、分度槽轮、定位杆、料盘、铜环、充填座、充填杆构成。经多级定量夯实，将药粉压成有一定密度和重量相等的粉柱，便于充填入胶囊中。

② 装药量的大小要由料盘上药料的厚度（以下简称料盘厚度）来确定，料盘厚度还与药料的密度有关，由于药料的粒度、流动性不同，选定料盘后应实际调试。图 3-76 所示为按体积确定料盘厚度的选取线。

如图所示，设胶囊体积为 $360mm^3$，胶囊尺寸为 0 号，求料盘厚度的步骤如下：查出纵坐标的体积 $360mm^3$ 处，然后从这里与横坐标平行向胶囊尺寸 0 移动，再从交点往下移动，可查出料盘厚度 $h=11.6mm$。

如果胶囊尺寸为 1 号，则 $h=14.4mm$。

如果胶囊尺寸为 2 号，则 $h=17mm$。

③ 粉盘上共有六个充填位置，在前五个充填位置中逐次增加粉柱的夯实量，最后一个位置将夯实的粉柱冲入胶囊体中。调整充填杆浸入深度可改变粉柱的压实程度和一致性，以获得较理想的装量差异，同时对装量多少也可有小量的调节作用。由于胶囊有不同规格，更换胶囊时必须更换充填杆和料盘。

（4）废胶囊剔除装置（见图 3-77）　本装置的作用是将没有打开、未装药的空胶囊剔除出去，以免混入成品内。

工作时，回转盘每转一个位置，凸轮 9 就推动杠杆 7 以支脚 8 下端为支点，摆动一次，弹簧 10 保证杠杆 7 上的滚轮始终与凸轮 9 接触。杠杆 7 的动作经接杆组件 2 带动滑柱 5 上下滑动，而达到剔除顶杆 1 上下运动的目的。运动过程中，剔除顶杆 1 插入上模块 4 内，已分开的胶囊不会被顶出，而没有分开的胶囊被顶出上模块，使废胶囊进入集囊箱 3 内。顶杆

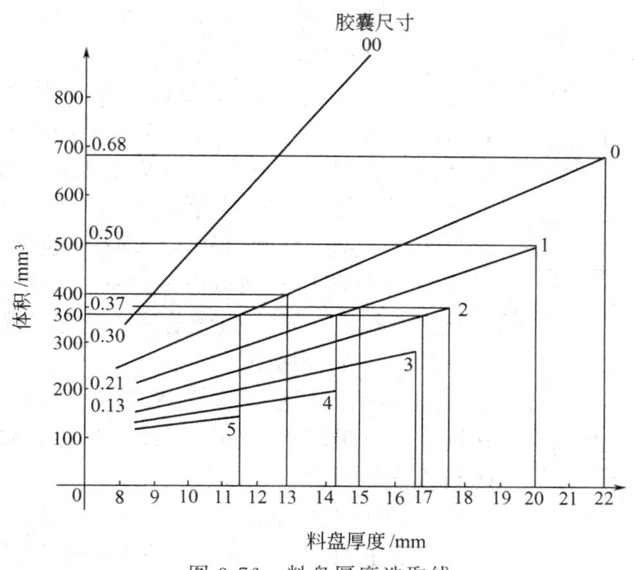

图 3-76　料盘厚度选取线

初始位置及行程调整，可由顶杆下部螺母及双向螺母 6 的调整达到。

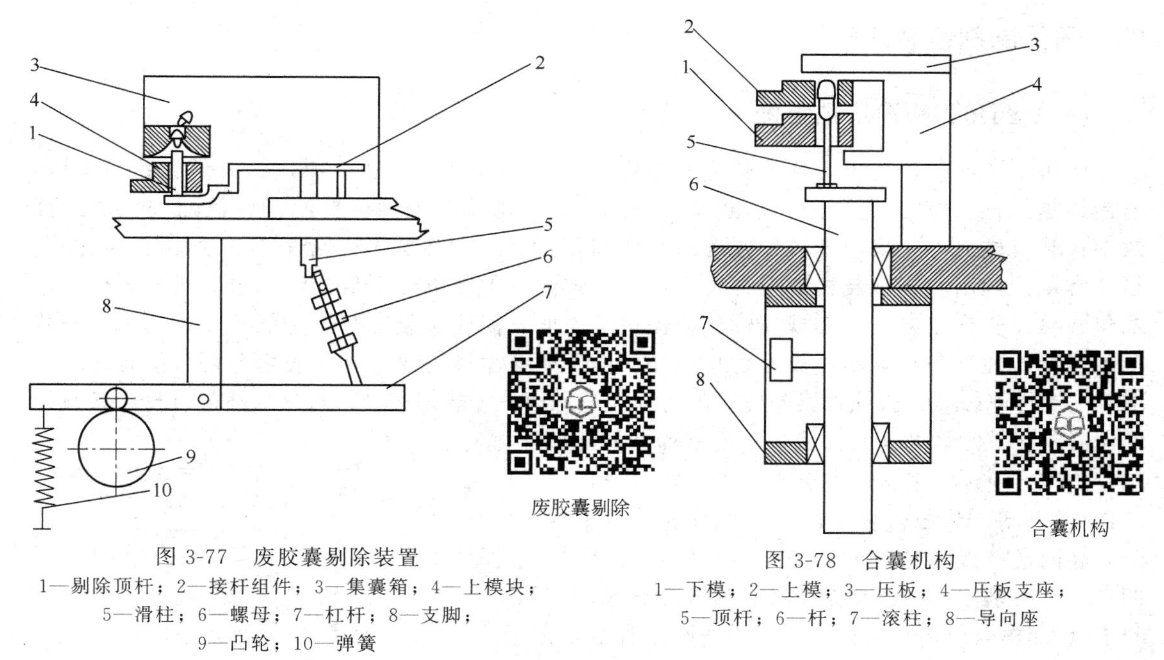

图 3-77　废胶囊剔除装置

1—剔除顶杆；2—接杆组件；3—集囊箱；4—上模块；5—滑柱；6—螺母；7—杠杆；8—支脚；9—凸轮；10—弹簧

图 3-78　合囊机构

1—下模；2—上模；3—压板；4—压板支座；5—顶杆；6—杆；7—滚柱；8—导向座

（5）合囊机构（见图 3-78）　本机构的作用是将已装好药的下囊与上囊锁合。当上模 2 和下模 1 转到本工位时，凸轮推动杆 6 和顶杆 5 向上，使下囊向上插入上囊中，上囊被压板 3 所限，上下囊锁合。8 为导向座，滚柱 7 在导向槽内运动，使杆 6、5 不会发生偏转。顶杆 5 位置调整，可以松开其下部螺母，再调顶杆，锁紧螺母即可。亦可调整杆 6 与双头螺栓（图中未画出）。

（6）成品胶囊排出机构（见图 3-79）　本机构用于将已包装完毕的胶囊排出。

上模 2 和下模 1 转到本工位时，槽凸轮 7 转动，推杆 4 向上，顶杆 3 将胶囊推出上模，自动掉入倾斜的导槽 5 落下。6 为导向座，槽凸轮再继续转动，顶杆 3 下降。

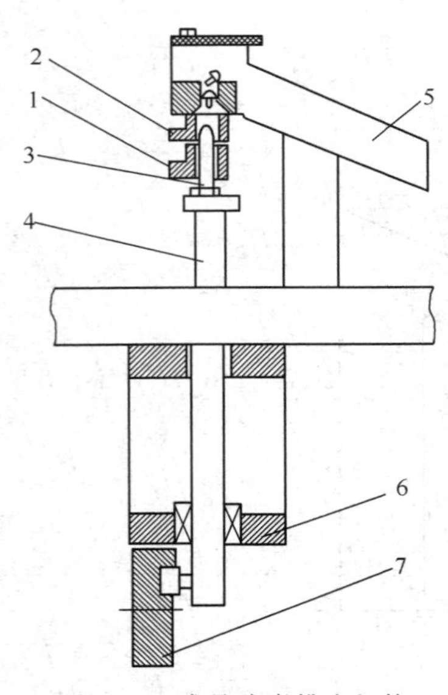

图 3-79　成品胶囊排出机构
1—下模；2—上模；3—顶杆；4—推杆；5—导槽；6—导向座；7—槽凸轮

顶杆高度调整，与合囊机构相同。

(7) 颗粒充填器

① 本机构的作用是通过定量供料进行计量的装置，在计量装置的计量斗内进行容积计量，药料从计量斗内充填到直立在下面的胶囊身内。如果无囊身，药粒就直接进入位于胶囊座下面的一个容器内。

② 本机构主要由料斗、计量斗、机座、凸轮、齿轮构成。

③ 工作原理。动力由主传动轴经过齿轮传递至槽凸轮，由凸轮控制计量斗中的滑动件滑动交替完成计量、下料的工序，其工作原理如图 3-69 所示。

④ 容积的调整。容积的调整主要是调整到所需的体积。其调整依靠旋转调节轴，使调节件左右移动，使容积变化来达到调整的目的。

⑤ 颗粒充填器的保护。a. 计量斗。出现重量的差异在很大程度上取决于颗粒。定期检查计量斗，并清除任何粘于其上的沉积物。b. 在凸轮滚子的轨道上涂一层薄油脂，每月一次。齿轮及槽形凸轮进行清洗并涂上油脂，每两周一次。

四、固体制剂包装设备

(一) 药用铝塑泡罩包装机

药用铝塑泡罩包装机又称热塑成型泡罩包装机，是将塑料硬片加热、成型、药品充填，与铝箔热封合、打字（批号）、压断裂线、冲裁和输送等多种功能在同一台机器上完成的高效率包装机械。可用来包装各种几何形状的口服固体药品如素片、糖衣片、胶囊、滴丸等。目前常用的药用泡罩包装机有三种类型即滚筒式泡罩包装机、平板式泡罩包装机和滚板式泡罩包装机。其优点有：①实现连续化快速包装作业，简化包装工艺，降低污染；②单个药片分别包装，使得药品互相隔离，防止交叉污染及碰撞摩擦；③携带和服用方便。但有的塑料泡罩防潮性能较差，因此选择包装材料时需注意选用：①热塑成型、对化学药剂有良好抵抗性的包装材料；②防潮性好；③生物安全性。如无毒聚氯乙烯（PVC）硬片、聚偏二氯乙烯（PVDC）硬片、聚丙烯（PP）硬片等。泡罩包装是将一定数量的药品单独封合包装。底面是可以加热成型的 PVC 塑料硬片，形成单独的凹穴。上面是盖上一层表面涂敷有热熔黏合剂的铝箔，并与 PVC 塑料封合构成的包装，泡罩结构如图 3-80 所示。

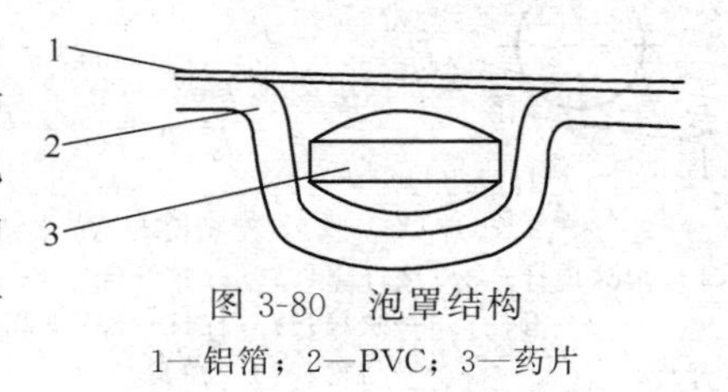

图 3-80　泡罩结构
1—铝箔；2—PVC；3—药片

1. 滚筒式泡罩包装机

滚筒式泡罩包装机示意如图 3-81 所示。其工作流程为卷筒上的 PVC 片穿过导向辊，利用辊筒式成型模具的转动将 PVC 片匀速放卷，半圆弧形加热器对紧贴于成型模具上的 PVC 片加热到软化程度，成型模具的泡窝孔型转动到适当的位置与机器的真空系统相通，将已软化的 PVC 片瞬时吸塑成型。已成型的 PVC 片通过料斗或上料机时，药片充填入泡窝。连续转动的热封合装置中的主动辊表面上制有与成型模具相似孔型，主动辊拖动充有药片的 PVC 泡窝片向前移动，外表面带有网纹的热压辊压在主动辊上面利用温度和压力将盖材（铝箔）与 PVC 片封合。封合后的 PVC 泡窝片利用一系列的导向辊，间歇运动通过打字装置时在设定的位置打出批号，通过冲裁装置时冲裁出成品板块，由输送机传送到下道工序，完成泡罩包装作业。整个流程总结为：PVC 片匀速放卷→PVC 片加热软化→真空吸泡→药片入泡窝→线接触式与铝箔热封合→打字印号→冲裁成块。

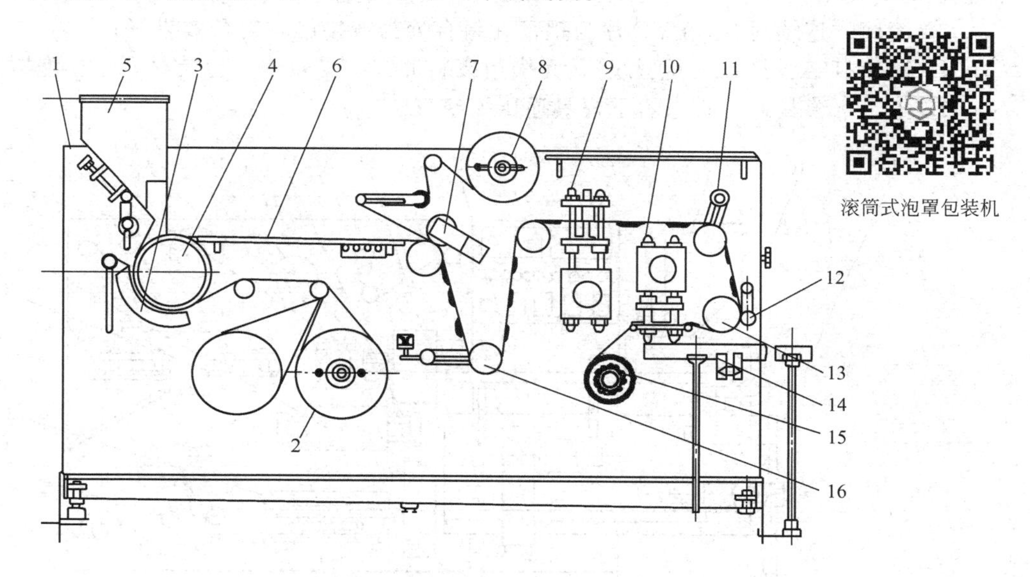

图 3-81　滚筒式泡罩包装机示意

1—机体；2—薄胶卷筒（成型膜）；3—远红外加热器；4—成型装置；5—料斗；6—监视平台；7—热封合装置；8—薄膜卷筒（复合膜）；9—打字装置；10—冲裁装置；11—可调式导向辊；12—压紧辊；13—间歇进给辊；14—输送机；15—废料辊；16—游辊

滚筒式泡罩包装机特点：

① 真空吸塑成型、连续包装、生产效率高，适合大批包装作业；

② 瞬间封合、线接触、消耗动力小、传导到药片上的热量少且封合效果好；

③ 真空吸塑成型难以控制壁厚、泡罩壁厚不匀、不适合深泡窝成型；

④ 适合片剂、胶囊剂、胶丸等剂型的包装；

⑤ 具有结构简单、操作维修方便等优点。

2. 平板式泡罩包装机

平板式泡罩包装机的结构示意图如图 3-82 所示。

平板式泡罩包装机工艺流程为（见图 3-83）：PVC 片通过预热装置预热软化，120℃左右；在成型装置中吹入高压空气或先以冲头顶成型再加高压空气成型泡窝；PVC 泡窝片通过上料机时自动充填药品于泡窝内；在驱动装置作用下进入热封装置，使得 PVC 片与铝箔在一定温度和压力下密封，最后由冲裁装置冲剪成规定尺寸的板块。

平板式泡罩包装机的特点：

① 热封时，上、下模具平面接触，为了保证封合质量，要有足够的温度和压力以及封合时间，不易实现高速运转；

② 热封合消耗功率较大，封合牢固程度不如滚筒式封合效果好，适用于中小批量药品包装和特殊形状物品包装；

③ 泡窝拉伸比大，泡窝深度可达 35mm，满足大蜜丸、医疗器械行业的需要。

3. 滚板式泡罩包装机

滚板式泡罩包装机特点：

① 结合了滚筒式和平板式包装机的优点，克服了两种机型的不足；

② 采用平板式成型模具，压缩空气成型，泡罩的壁厚均匀、坚固，适合于各种药品包装；

③ 滚筒式连续封合，PVC 片与铝箔在封合处为线接触，封合效果好；

④ 高速打字、打孔（断型线），无横边废料冲裁，高效率，包装材料省，泡罩质量好；

⑤ 上、下模具通冷却水，下模具通压缩空气。

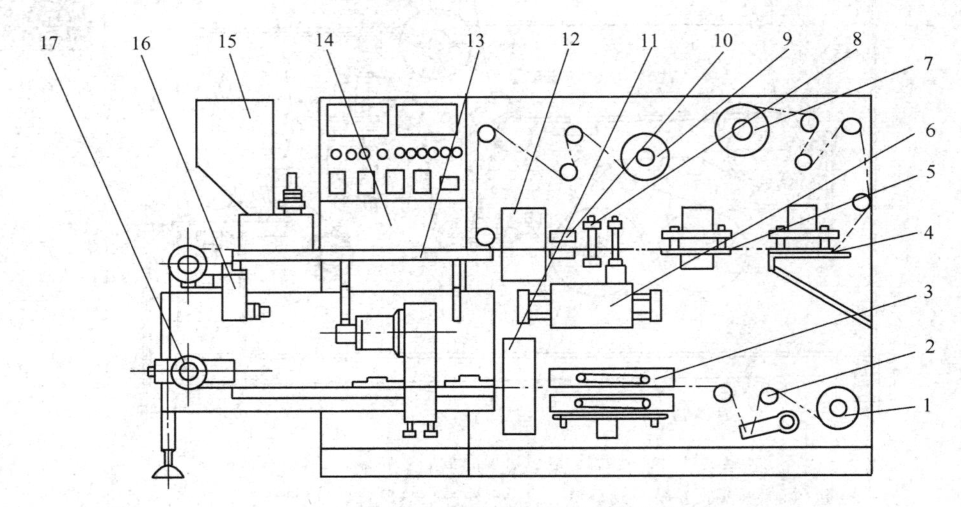

图 3-82 平板式泡罩包装机结构示意

1—塑料膜辊；2—张紧轮；3—加热装置；4—冲裁站；5—压痕装置；6—进给装置；7—废料辊；8—气动夹头；9—铝箔辊；10—导向板；11—成型站；12—封合站；13—平台；14—配电、操作盘；15—下料器；16—压紧轮；17—双铝成型压模

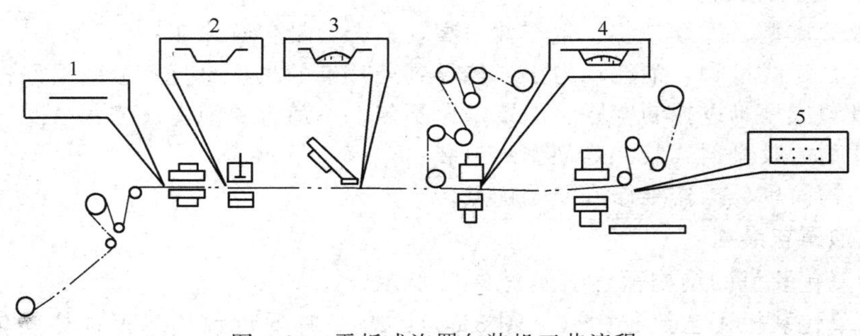

图 3-83 平板式泡罩包装机工艺流程

1—预热；2—吹压；3—充填；4—热封；5—冲裁

4. PVC 片材热成型方法

主要有两种，即真空负压成型和有辅助冲头或无辅助冲头的压缩空气正压成型。这两种方法都是受热的塑料片在模具中成型。

（1）真空负压成型 成型力来自真空模腔与大气压力之间的压力差，故成型力较小；大多数采用滚筒式模具，用于包装较小的药品；远红外加热器加热。

（2）压缩空气正压成型 成型压力一般在 0.58～0.78MPa，预热温度 110～120℃；成型泡罩的壁厚比真空负压成型要均匀。对被包装物品厚度大或形状复杂的泡罩，要安装机械辅助冲头进行预拉伸，单独依靠压缩空气是不能完全成型的；多采用平板式模具，上、下模具需通冷却水。

压缩空气正压成型是在成型工作台上完成的。成型工作台是利用压缩空气将已被加热的PVC片在模具中（吹塑）形成泡罩。成型工作台是由上模、下模、模具支座、传动摆杆和连杆组成。在上、下模具中通有冷却水，下模具通有高压空气。

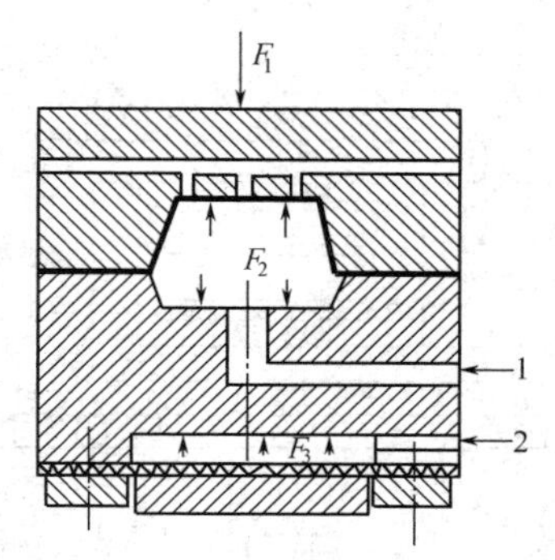

图 3-84 成型台的气路
1—成型高压空气；2—平衡高压空气

成型台的气路如图3-84所示。工作过程中，上模具由传动机构带动作上下间歇运动。在下模具和上模具之间有一个平衡气室，可通入压力可调的高压空气。当上下模具合拢，下模具吹入高压空气，使PVC片在上模具中形成泡罩，同时在上下模具之间产生一个分模力和向下的压力。为了有利于成型，在吹入高压空气的同时，平衡气室也通入高压空气，使之平衡，也保证上下模之间有足够的合模力，图中 F_1 为合模力，F_2 为分模力，F_3 为平衡力。

合模力 F_1 应大于分模力 F_2。遇到较大的成型泡罩时，需提高成型高压空气的压力，使得力 F_2 增大。合模力 F_1 是机械传动产生的力，再提高 F_1 必然增大动力消耗。通入平衡气室的高压空气压力 F_3 可调，使得 $F_2=F_3$，保证了各种泡罩成型饱满。

5. 热封合方法

热封合方法包括双辊滚动热封合和平板式热封合。

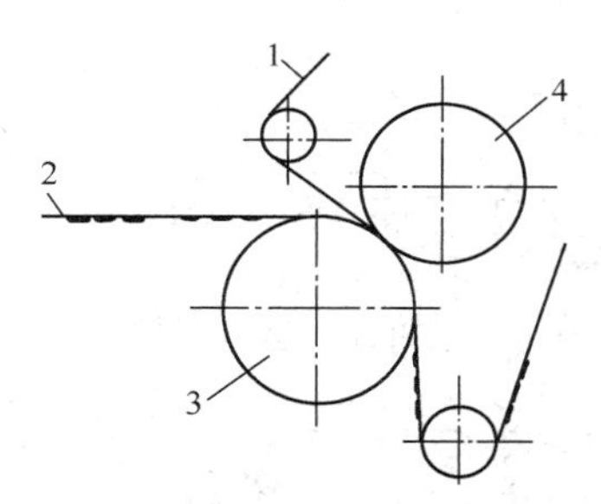

图 3-85 双辊滚动热封合示意
1—铝箔；2—PVC泡窝片；
3—主动辊；4—热压辊

（1）双辊滚动热封合　如图3-85所示，主动辊利用表面制成的模孔拖动充满药片的PVC泡窝片一起转动。表面制有网纹的热压辊具有一定的温度压到主动辊上与主动辊同步转动，将PVC片与铝箔封合到一起。封合是两个辊的线接触，封合比较牢固，效率高。

① 热压辊内圆周均匀安装有管状电加热器，将热量传导给热压辊，热压辊表面形成均匀的热场。为了防止轴承过热，在支承轴承的前后立板上，通过循环冷却水对轴承进行冷却。热压辊压向驱动辊依靠汽缸动力。②驱动辊的转动使PVC泡罩片和铝箔前进时，靠摩擦力使热压辊跟随转动。

在热封合过程中，热压辊的热量也会通过PVC片传导到驱动辊，使驱动辊表面温度逐渐升高。驱动辊表面温度高于50℃时，PVC泡罩片会产生热收缩变形，所以要对驱动辊进行冷却。冷却方式有风冷和水冷。风冷：对辊表面吹冷风；水冷：在驱动辊内通往循环冷却水。驱动辊表面加工有成型模具相一致的孔型。驱动辊转动时，PVC泡罩进入泡窝内，如同链齿一样带动PVC片前进。在热压辊的压力下，PVC片和铝箔封合在一起，使得药品得到良好密封。

（2）平板式热封合　其装置如图3-86所示。下热封板上下间歇运动，固定不动的上热封板内装有电加热器，当下热封板上升到上止点时，上下板将PVC片与铝箔热封合到一起。为了提高封合牢度和美化板块外观，在上热封板上制有网纹。有的机型在热封系统装有气液增压装置，能够提供很大的热封压力，其热封压力可以通过增加装置中的调压阀来调节。

（二）双铝箔包装机

双铝箔包装机全称是双铝箔自动充填热封包装机。其所采用的包装材料是涂覆铝箔，产品的形式为板式包装。由于涂覆铝箔具有优良的气密性、防湿性和遮光性，因此双铝箔包装对要求密封、避光的片剂、丸剂等的包装具有优越性，效果优于玻璃黄圆瓶包装。双铝箔包装除可包装圆形片外，还可包装异形片、胶囊、颗粒、粉剂等。双铝箔包装机也可用于纸袋形式的包装。

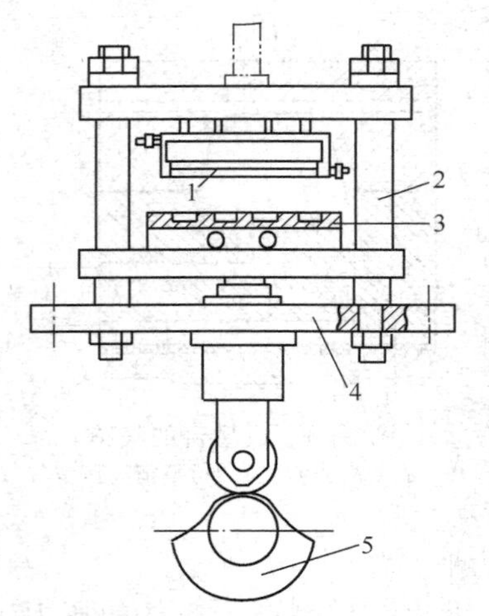

图 3-86　平板式热封合装置
1—上热封板；2—导柱；3—下热封板；4—底板；5—凸轮

双铝箔包装机一般采用变频调速，裁切尺寸大小可任意设定，能在两片铝箔外侧同时对版印刷，其充填、热封、压痕、打批号、裁切等工序连续完成。

图 3-87 所示为双铝箔包装机结构示意。铝箔通过印刷器 5，经一系列导向轮、预热辊 2，在两个封口模轮 3 间进行充填并热封，在切割机构 6 进行纵切及纵向压痕，在压痕切线器 7 处横向压痕、打批号，最后在裁切机构 8 按所设定的排数进行裁切。压合铝箔时，温度在 130～140℃。封口模轮表面刻有纵横精密棋盘纹，可确保封合严密。

（三）瓶装设备

瓶装设备能完成理瓶、计数、装瓶、塞纸、理盖、旋盖、贴标签、印批号等工作。许多固体成型药物，如片剂、胶囊剂、丸剂等常以瓶装形式供应于市场。瓶装机一般包括理瓶机构、输瓶轨道、数片头、塞纸机构、理盖机构、旋盖机构、贴签机构、打批号机构、电器控制部分等。

1. 计数机构

目前广泛使用的数粒（片、丸）计数机构主要有两类，一类为传统的圆盘计数，另一类为先进的光电计数机构。

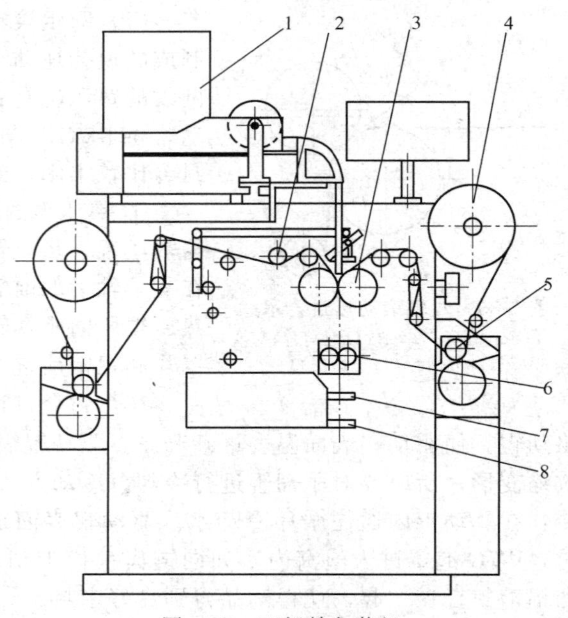

图 3-87　双铝箔包装机
1—振动上料器；2—预热辊；3—模轮；4—铝箔；5—印刷器；6—切割机构；7—压痕切线器；8—裁切机构

（1）圆盘计数机构　圆盘计数机构也叫作圆盘式数片机构，如图 3-88 所示。一个与水平成 30°倾角的带孔转盘，盘上开有几组（3～4 组）小孔，每组的孔数依每瓶的装量数决定。在转盘下面装有一个固定不动的托板 4，托板不是一个完整的圆盘，而具有一个扇形缺口，其扇形面积只容纳转盘上的一组小孔。缺口的下边紧连着一个落片斗 3，落片斗下口直抵装药瓶口。转盘的围墙具有一定高度，其高度要保证倾斜转盘内可存积一定量的药片或胶囊。转盘上小孔的形状应与待装药粒形状相同，且尺寸略大，转盘的厚度要满足小孔内只能容纳一粒药的要求。转盘速度不能过高（约 0.5～2r/min），因为：①要与输瓶带上瓶子的移动频率匹配；②如果太快将产生过大离心力，不能保证转盘转动时，药粒在盘上靠自重而滚动。当每组小孔随转盘旋至最低位置时，药粒将埋住小孔，并落满小孔。当小孔随转盘向高处旋转时，小孔上面叠堆的药粒靠自重将沿斜面滚落到转盘的最低处。

为了保证每个小孔均落满药粒和使多余的药粒自动滚落，常需使转盘不是保持匀速旋转。为此利用图中的手柄 8 转向实线位置，使槽轮 9 沿花键滑向左侧，与拨销 10 配合，同

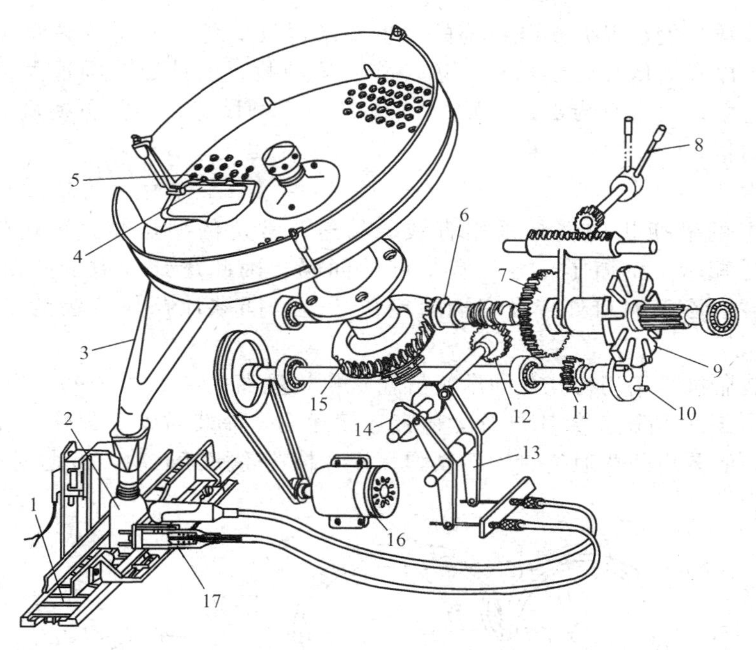

图 3-88 圆盘计数机构

1—输瓶带；2—药瓶；3—落片斗；4—托板；5—带孔转盘；6—蜗杆；7—直齿轮；8—手柄；9—槽轮；10—拔销；11—小直齿轮；12—蜗轮；13—摆动杆；14—凸轮；15—大蜗轮；16—电机；17—定瓶器

时将直齿轮 7 及小直齿轮 11 脱开。拔销轴受电机驱动匀速旋转，而槽轮 9 则以间歇变速旋转，因此引起转盘抖动着旋转，以利于计数准确。

为了使输瓶带上的瓶口和落片斗下口准确对位，利用凸轮 14 带动一对撞针，经软线传输定瓶器 17 动作，使将到位附近的药瓶定位，以防药粒散落瓶外。

当改变装瓶粒数时，则需更换带孔转盘即可。

（2）光电计数机构　光电计数机构是利用一个旋转平盘，将药粒抛向转盘周边，在周边围墙开缺口处，药粒将被抛出转盘。如图 3-89 所示，在药粒由转盘滑入药粒溜道 6 时，溜道上设有光电传感器 7，通过光电系统将信号放大并转换成脉冲电信号，输入到具有“预先设定”及“比较”功能的控制器内。当输入的脉冲个数等于人为预选的数目时，控制器向磁铁 11 发生脉冲电压信号，磁铁动作，将通道上的翻板 10 翻转，药粒通过并引导入瓶。

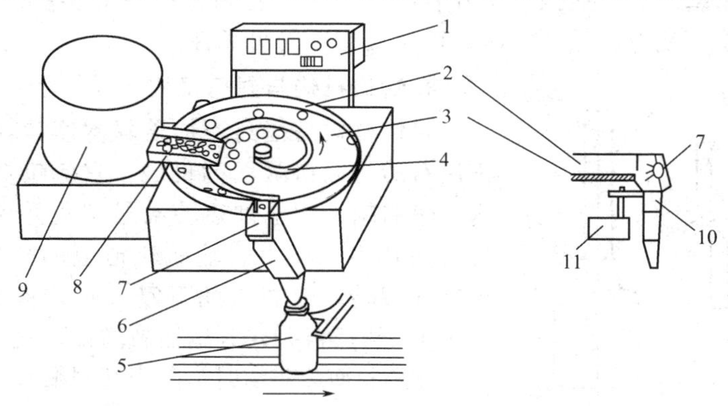

图 3-89 光电计数机构

1—控制器面板；2—围墙；3—旋转平盘；4—回形拨杆；5—药瓶；6—药粒溜道；7—光电传感器；8—下料溜板；9—料桶；10—翻板；11—磁铁

对于光电计数装置，根据光电系统的精度要求，只要药粒尺寸足够大（比如＞8mm），反射的光通量足以起动信号转换器就可以工作。这种装置的计数范围远大于模板式计数装置，在预选设定中，根据瓶装要求（如1～999粒）任意设定，不需更换机器零件，即可完成不同装量的调整。

2. 输瓶机构

在装瓶机上的输瓶机构多是采用直线、匀速、常走的输送带，输送带的走速可调。由理瓶机送到输瓶带上的瓶子，各具有足够的间隔，因此送到计数器的落料口前的瓶子不该有堆积现象。在落料口处多设有挡瓶定位装置，间歇地挡住待装的空瓶和放走装完药物的满瓶。

也有许多装瓶机是采用梅花盘间歇旋转输送机构输瓶的，如图3-90。梅花轮间歇转位、停位准确，如图3-90所示。数片盘及运输带连续运动，灌装时弹簧顶住梅花轮不运动，使空瓶静止装料，灌装后凸块通过钢丝控制弹簧松开梅花轮使其运动，带走瓶子。

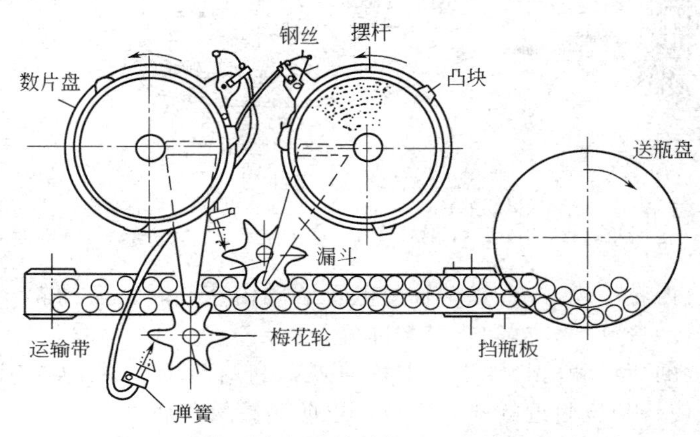

图3-90　梅花盘间歇旋转输送机构输瓶控制示意

3. 塞纸机构

常见的塞纸机构有两类：一类是利用真空吸头，从裁好的纸擦中吸起一张纸，然后转移到瓶口处，由塞纸冲头将纸折塞入瓶；另一类是利用钢钎扎起一张纸后塞入瓶内。

图3-91所示为采用卷盘纸塞纸，卷盘纸拉开后，成条状由送纸轮向前输送，并由切刀切成条状，最后由塞杆塞入瓶内。塞杆有两个，一个主塞杆；一个复塞杆。主塞杆塞完纸，瓶子到达下一工位，复塞杆重塞一次，以保证塞纸的可靠性。

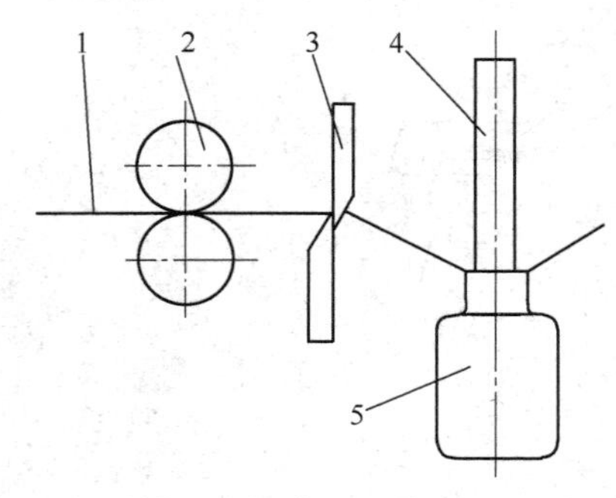

图3-91　塞纸机构原理
1—条状纸；2—送纸轮；3—切刀；4—塞杆；5—瓶子

4. 封蜡机构与封口机构

封蜡机构是指药瓶加盖软木塞后，为防止吸潮，常需用石蜡将瓶口封固的机械。它应包括熔蜡罐及蘸蜡机构，熔蜡罐是用电加热使石蜡熔化并保温的容器；蘸蜡机构是利用机械手将输瓶轨道上的药瓶（已加木塞的）提起并翻转，使瓶口朝下浸入石蜡液面一定深度（2～3mm），然后再翻转到输瓶轨道前，将药瓶放在轨道上。

用塑料瓶装药物时，由于塑料瓶尺寸规范，可以采用浸树脂纸封口，利用模具将胶膜纸冲裁后，经加热使封纸上的胶软熔。届时，输送轨道将待封药瓶送至压辊下，当封纸带通过时，封口纸粘于瓶口上，废纸带自行卷绕收拢。

5. 拧盖机

无论玻璃瓶或塑料瓶，均以螺旋口和瓶盖连接，人工拧盖不仅劳动强度大，而且松紧程度不一致。

拧盖机是在输瓶轨道旁，设置机械手将到位的药瓶抓紧，由上部自动落下扭力扳手（俗称拧盖头）先衔住对面机械手送来的瓶盖，再快速将瓶盖拧在瓶口上，当旋拧至一定松紧时，扭力扳手自动松开，并回升到上停位，这种机构当轨道上没有药瓶时，机械手抓不到瓶子，扭力扳手不下落，送盖机械手也不送盖，直到机械手抓到瓶子时，下一周期才重新开始。

（四）多功能充填包装机

1. 包装材料

对于颗粒、粉末药物，以质量（容积）计量的包装，现多采用袋装。其包装材料均是复合材料，它由纸、玻璃纸、聚酯（又称涤纶膜）膜镀铝与聚乙烯膜复合而成，利用聚乙烯受热后的黏结性能完成包装袋的封固功能。多功能充填包装机根据包装计量范围不同可有不同的用带尺寸规格：长度 40～150mm 不等；宽 30～115mm 不等，这种包装材料防潮、耐蚀、强度高，既可包装药物、食品，也可包装小五金、小工业品件，用途广泛。所谓“多功能”的含义之一是待包装物的种类多，可包装的尺寸范围宽。

2. 工作原理与过程

多功能充填包装机的结构原理如图 3-92 所示。成卷的可热封的复合包装带通过两个带密齿的挤压辊 5 将其拉紧，当挤压辊相对旋转时，包装带往下拉送。挤压辊间歇转动的持续时间，可依不同的袋长尺寸调节。平展的包装带经过折带夹 4 时，于幅宽方向对折而成袋状。折带夹后部与落料溜道紧连。每当一段新的包装带折成袋后，落料溜道里落下计量的药物。挤压辊可同时作为纵缝热压辊，此时热合器中只有一个水平热压板 6，当挤压辊旋转时，热压板后退一个微小距离。当挤压辊停歇时，热压板水平前移，将袋顶封固，又称为横缝封固（同时也作为下一个袋底）。如挤压辊内无加热器时，在挤压辊下方另有一对热压辊，单独完成纵缝热压封固。其后在冲裁器处被水平裁断，一袋成品药袋落下。

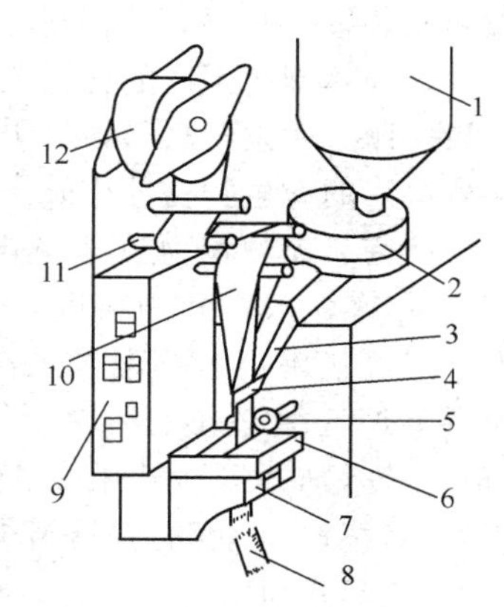

图 3-92　多功能充填包装机结构原理

1—料筒；2—计量加料器；3—落料溜道；4—折带夹；5—挤压辊；6—热压板；7—冲裁器；8—成品药袋；9—控制箱；10—包装带；11—张紧辊；12—包装带辊

3. 计量装置

由于这种机器应用范围广泛，因此可配置不同类型的计量装置。当装颗粒药物及食品时，可以容积代替质量计量，如量杯、旋转隔板等容积计量装置。当装片剂、胶囊剂时，可用旋转模板式计数装置，如装填膏状药物或液体药物及食品、调料等可用注射筒计量装置，还可用电子秤计量、电子计数器计量装置。

第三节　口服固体制剂车间工程设计

一、口服固体制剂车间 GMP 设计原则及相关工序的特殊要求

1. 口服固体制剂车间 GMP 设计原则及技术要求

工艺设计在固体制剂车间设计中起到核心作用，直接关系到药品生产企业的 GMP 验证

和认证。所以在紧扣GMP规范进行合理布置的同时，应遵循以下设计原则和技术要求。

① 固体制剂车间设计的依据是《药品生产质量管理规范》(2010年版）及其附录、《医药工业洁净厂房设计规范》（GB 50457—2008）和国家关于建筑、消防、环保、能源等方面的规范。

② 固体制剂车间在厂区中布置应合理，应使车间人流、物流出入口尽量与厂区人流、物流道路相吻合，交通运输方便。由于固体制剂发尘量较大，其总图位置应不影响洁净级别较高的生产车间如大输液车间等。

③ 车间平面布置在满足工艺生产、GMP、安全、防火等方面的有关标准和规范条件下尽可能做到人、物流分开，工艺路线通顺、物流路线短捷、不返流。

但从目前国内制药装备水平来看，固体制剂生产还不可能全部达到全封闭、全机械化、全管道化输送，物料运送离不开人的搬运。大量物料、中间体、内包材的搬运、传递是人工操作完成的，即人带着物料走。所以不要过分强调人流、物流交叉问题。但应坚持进入洁净区的操作人员和物料不能合用一个入口，应该分别设置操作人员和物料出入口通道。

④ 若无特殊工艺要求，一般固体制剂车间生产类别为丙类，耐火等级为二级。洁净区洁净级别D级，温度18～26℃，相对湿度45%～65%。洁净区设紫外灯，内设置火灾报警系统及应急照明设施。洁净区与非洁净区之间、不同级别洁净区之间的压差应当不低于10Pa，并设测压装置。必要时，相同洁净度级别的不同功能区域（操作间）之间也应当保持适当的压差梯度。固体制剂生产的暴露工序区域及其直接接触药品的包装材料最终处理的暴露工序区域，应当参照“无菌药品”附录中D级洁净区的要求设置，企业可根据产品的标准和特性对该区域采取适当的微生物监控措施。洁净区的内表面（墙壁、地面、天棚）应当平整光滑、无裂缝、接口严密、无颗粒物脱落，避免积尘，便于有效清洁，必要时应当进行消毒。

⑤ 操作人员和物料进入洁净区应设置各自的净化用室或采取相应的净化措施。如操作人员可经过淋浴、穿洁净工作服（包括工作帽、工作鞋、手套、口罩等）、风淋、洗手、手消毒等经气闸室进入洁净生产区。物料可经脱外包、外表清洁、消毒等经缓冲室或传递窗（柜）进入洁净区。若用缓冲间，则缓冲间应是双门联锁，空调送洁净风。洁净区内应设置在生产过程中产生的容易污染环境的废弃物的专用出口，避免对原辅料和内包材造成污染。

⑥ 充分利用建设单位现有的技术、装备、场地、设施。要根据生产和投资规模合理选用生产工艺设备，提高产品质量和生产效率。设备布置便于操作，辅助区布置适宜。为避免外来因素对药品产生污染，洁净生产区只设置与生产有关的设备、设施和物料存放间。空压站、除尘间、空调系统、配电等公用辅助设施，均应布置在一般生产区。

⑦ 原辅料的称量通常应当在专门设计的称量室内进行。产尘操作间（如粉碎机、旋振筛、整粒机、压片机、混合制粒机，干燥物料或产品的取样、称量、混合、包装等操作间）应当保持相对负压，需设置除尘装置或采取专门的措施，防止粉尘扩散，避免交叉污染并便于清洁。用于药品包装的厂房或区域应当合理设计和布局，以避免混淆或交叉污染。如同一区域内有数条包装线，应当有隔离措施。热风循环烘箱、高效包衣机的配液需排热排湿。各工具清洗间的墙壁、地面、吊顶要求防霉且耐清洗。

2. 相关工序的特殊要求

（1）备料室的设置　综合固体制剂车间原辅料的处理量大，应设置备料室，并布置在仓库附近，便于实现定额定量、加工和称量的集中管理。生产区用料时由专人登记发放，可确保原辅料领用。车间与仓库在一起，对GMP要求原辅料前处理（领取、处理、取样）等前期准备工作充分，可减少或避免人员的误操作所造成的损失。仓库布置了备料中心，原辅料在此备料，直接供车间使用。车间内不必再考虑备料工序，可减少生产中的交叉污染。

(2) 固体制剂车间产尘的处理　固体制剂车间的显著特点是产尘的工序多，班次不一。发尘量大的粉碎、过筛、制粒、干燥、整粒、总混、压片、充填等岗位，需设计必要的捕尘、除尘装置（见图 3-93），产尘室内同时设置回风及排风，排风系统均与相应的送风系统联锁，即排风系统只有在送风系统运行后才能开启，避免不正确的操作，以保证洁净区相对室外正压。工序产尘时开除尘器，关闭回风；不产尘时开回风，关闭排风。

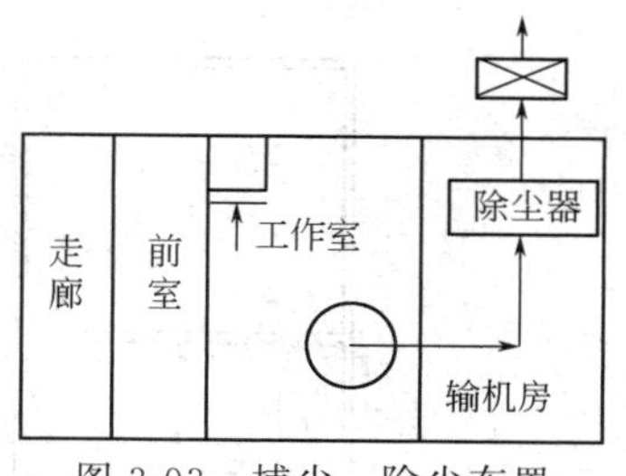

图 3-93　捕尘、除尘布置

设置操作前室，前室相对公共走道为正压，前室相对产尘间为正压，产尘间保持相对负压，以阻止粉尘的外逸，避免对邻室或共用走道产生污染。如图 3-94 所示，压片间和胶囊充填间与其前室保持 5Pa 的相对负压。

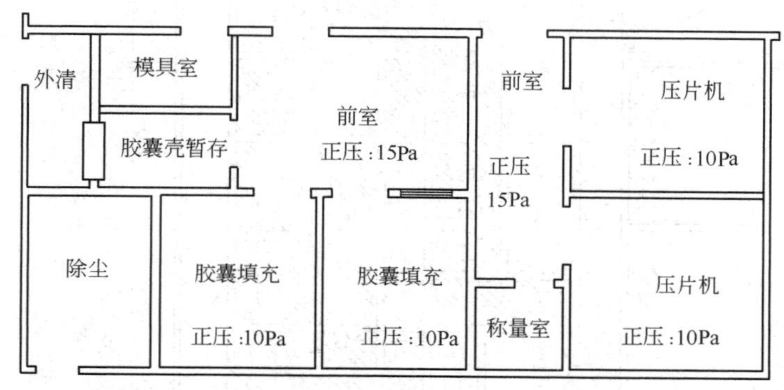

图 3-94　压片间和胶囊充填间与其前室压差

(3) 固体制剂车间排热、排湿及臭味的处理　配浆、容器具清洗等散热、散湿量大的岗位，除设计排湿装置外，也可设置前室，避免由于散湿和散热量大而影响相邻洁净室的操作和环境空调参数。

烘房是产湿、产热较大的工序，如果将烘房排气先排至操作室内再排至室外，则会影响工作室的温湿度。将烘房室排风系统与烘箱排气系统相连，并设置三通管道阀门，阀门的开关与烘箱的排湿联锁，即排湿阀开时，排风口关。此时烘房的湿热排风不会影响烘房工作室的温度和气流组织。

胶囊壳易吸潮，吸潮后易粘连，无法使用，贮存温度应在 18～24℃，相对湿度 45%～65%，可使用恒温恒湿机调控。硬胶囊充填相对湿度应控制在 45%～50%的范围内，应设置除湿机，避免因湿度而影响充填，胶囊剂特别易受温度和湿度的影响，高温度易使包装不良的胶囊剂变软、变黏、膨胀并有利于微生物的滋长，因此成品胶囊剂的贮存也要设置专库进行除湿贮存。

铝塑包装机工作时产生 PVC 焦臭味，故应设置排风。排风口位于铝塑包装热合位置的上方。

(4) 高效包衣工作室　高效包衣采用了大量的有机溶剂，根据安全要求高效包衣工作室应设计为防爆区。防爆区采用全部排风，不回风，防爆区相对洁净区公共走廊负压。

(5) 参观走廊的设置　参观走廊的设置不仅是人物流通道，保证了消防安全通道畅通；使洁净区与外界有一定的缓冲，保证了生产区域的洁净；作为参观走廊，使参观者不影响生产。而且洁净走廊的设置，使用暖气采暖成为可能，保护了洁净区，避免冬季内墙结露。因为洁净区靠外墙，如果不设窗，影响房间采光；若设双层窗，无论如何密闭，灰尘也要进来，窗户的清洗也成问题。

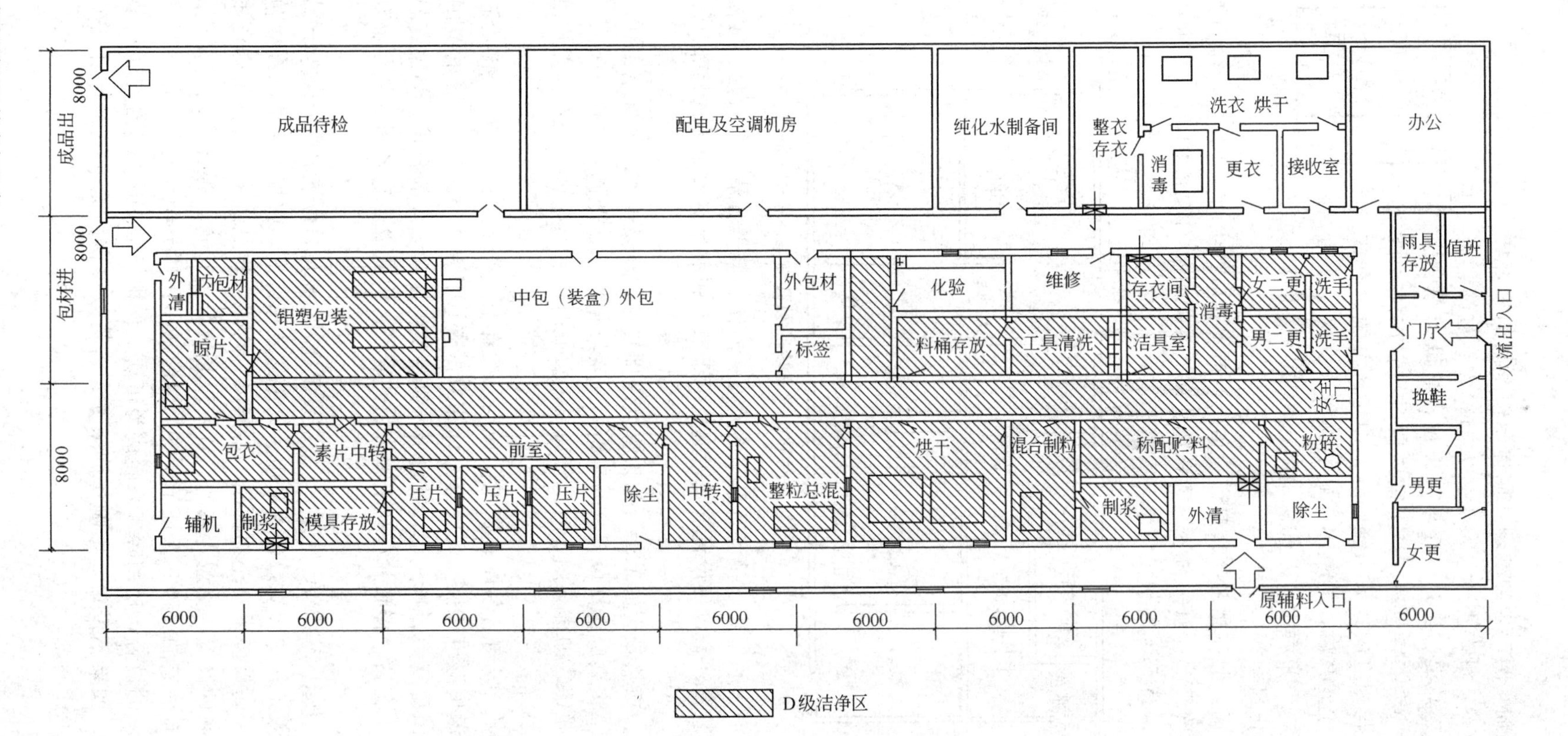

图 3-95 片剂车间工艺布置

(6) 安全门的设置　设置参观走廊和洁净走廊时就要考虑相应的安全门，它是制药工业洁净厂房所必须设置的，其功能是出现突然情况时迅速安全疏散人员，因此开启安全门必须迅速简捷。

二、口服固体制剂车间设计举例

在本章第一节中介绍了口服固体制剂的内容及其工艺流程，口服固体制剂一般包括片剂、胶囊剂、颗粒剂，各种剂型工艺既有区别又有联系，下面根据口服固体制剂的生产工艺、生产设备结合 GMP 要求，针对每个剂型工艺各举一、二实例。

(一) 片剂车间设计举例

图 3-95 所示为片剂车间工艺布置图。该车间生产类别为丙类，耐火等级为二级。其结构形式为单层框架，层高为 5.10m；洁净度级别为 D 级；洁净控制区设吊顶；吊顶高度为 2.70m；车间内的人员和物料通过各自的专用通道进入洁净区，人流和物流无交叉。整个车间主要出入口分三处，一处是人流出入口，即人员由门厅经过更衣进入车间，再经过洗手、更洁净衣进入洁净生产区、手消毒；一处是原辅料入口，即原辅料经过脱外包由传递窗送入；一处为成品出口。

车间内部布置主要有湿法混合制粒、烘箱烘干、压片、高效包衣、铝塑内包等工序。

(二) 胶囊车间 GMP 设计举例

图 3-96 所示为胶囊车间工艺布置图，该车间生产类别为丙类，耐火等级为二级。层高为 5.10m；洁净控制区设吊顶，吊顶高度为 2.70m，一步制粒间局部抬高至 3.5m。洁净级别为 D 级。

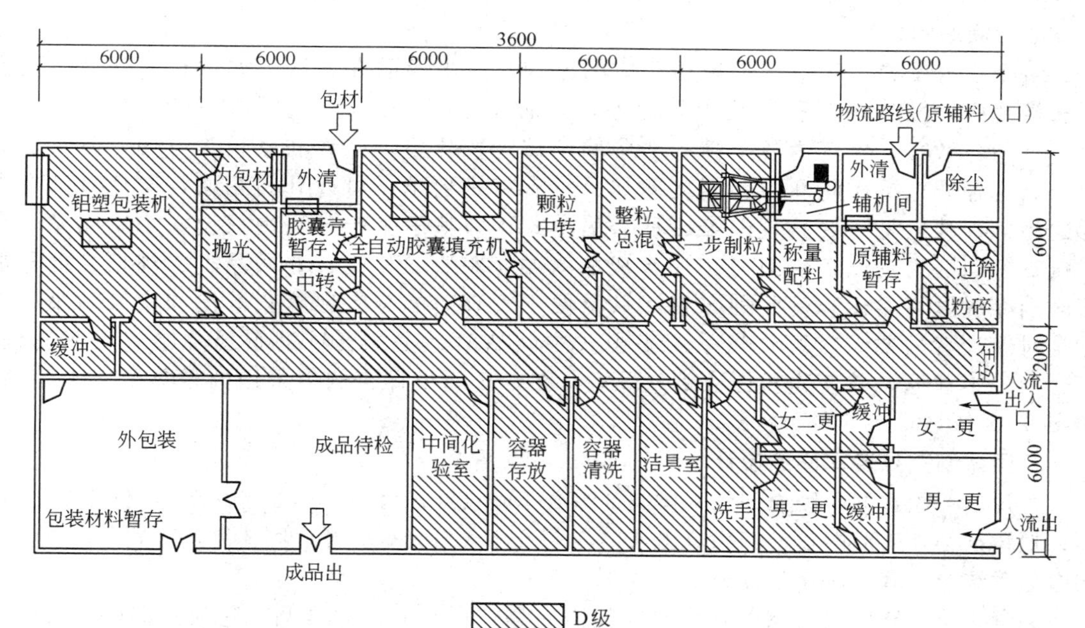

图 3-96　胶囊车间工艺布置

车间内人流和物流分开，人员和物料通过各自的专用通道并经过一定的净化措施进入洁净区。进出车间主要分三处，一处是人流出入口，即人员更衣、洗手、更洁净衣、手消毒进入洁净生产区；一处是原辅料入口，即原辅料经过脱外包外清由传递窗送入；一处为成品出口。

车间内部布置主要设置集混合制粒干燥为一体的一步制粒机、全自动胶囊充填机、铝塑内包等工序。具体布置如图 3-97 所示。

图 3-97(a) 与图 3-97(b) 所示分别为同一建筑物内固体制剂车间一、二层工艺平面布置图，该建筑物为两层全框架结构，每层层高为 5.50m。

在该建筑物内，利用固体制剂生产运输量大的工艺特点，通过立体位差来布置固体制剂生产车间。在该建筑物内左半部一、二层布置胶囊车间，即物料通过货梯由一层送到二层，二层胶囊车间主要布置有多种制粒方式、沸腾干燥、烘箱烘干、整粒等工序。然后将颗粒由升降机送到一层进行胶囊充填抛光、铝塑内包、外包等。

在该建筑物内右半部一、二层布置片剂车间，即物料通过货梯由一层送到二层片剂车间，二层片剂车间主要布置有制粒、烘箱烘干、整粒、压片、高效包衣等工序。然后将素片或包衣片由升降机送到一层进行片剂铝塑包装、塑瓶包装、外包等工序。

（三）固体制剂综合车间设计

1. 固体制剂综合车间

由于片剂、胶囊剂、颗粒剂的生产前段工序一样，如混合、制粒、干燥和整粒等，因此将片剂、胶囊剂、颗粒剂生产线布置在同一洁净区内，这样可提高设备的使用率，减少洁净区面积，从而节约建设资金。在同一洁净区内布置片剂、胶囊剂、颗粒剂三条生产线，在平面布置时尽可能按生产工段分块布置，如将造粒工段（混合制粒、干燥和整粒总混）、胶囊工段（胶囊充填、抛光选囊）、片剂工段（压片、包衣）和内包装等各自相对集中布置，这样可减少各工段的相互干扰，同时也有利于空调净化系统合理布置。

2. 中间站的布置

洁净区内设置了与生产规模相适应的原辅料、半成品存放区，如颗粒中间站、胶囊间和素片中转间等，有利于减少人为差错，防止生产中混药。中间站布置方式有两种。第一种为分散式，优点为各个独立的中间站邻近操作室，二者联系较为方便，不易引起混药，这种方式操作间和中转间之间如果没有特别要求，可以开门相通，避免对洁净走廊的污染，缺点是不便管理。第二种为集中式，即整个生产过程中只设一个中间站，专人负责，划区管理，负责对各工序半成品入站、验收、移交，并按品种、规格、批号加盖区别存放，明显标志。此种布置优点是便于管理，能有效地防止混淆和交叉污染；缺点是对管理者的要求较高。当采用集中式中间站时，生产区域的布局要顺应工艺流程，不迂回、不往返，并使物料传输距离最短。在本车间设计实例中采用的是集中式中间站，如图 3-98 所示。

3. 固体制剂综合车间的设计

含片剂、颗粒剂、胶囊剂的固体制剂综合车间设计规模为片剂 3 亿片/年，胶囊 2 亿粒/年，颗粒剂 2000 万袋/年；其物流出入口与人流出入口完全分开，固体制剂车间共用一套空调净化系统、一套人流净化设施。

关键工位：制粒间的制浆间、包衣间需防爆；压片间、混合间、整粒总混间、胶囊充填、粉碎筛粉需除尘。

固体制剂综合生产车间洁净级别为 D 级，按 GMP 的要求，洁净区控制温度为 18～26℃，相对湿度 45%～65%。具体布置如图 3-98 所示。

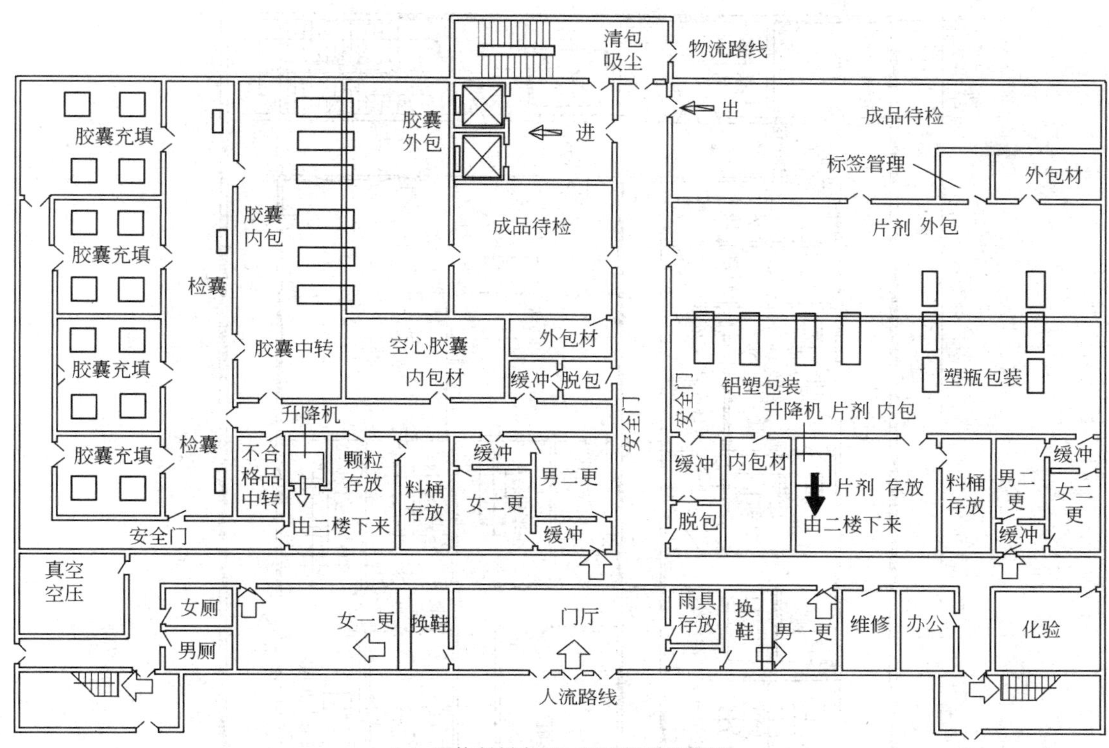

(a) 固体制剂车间一层工艺平面布置

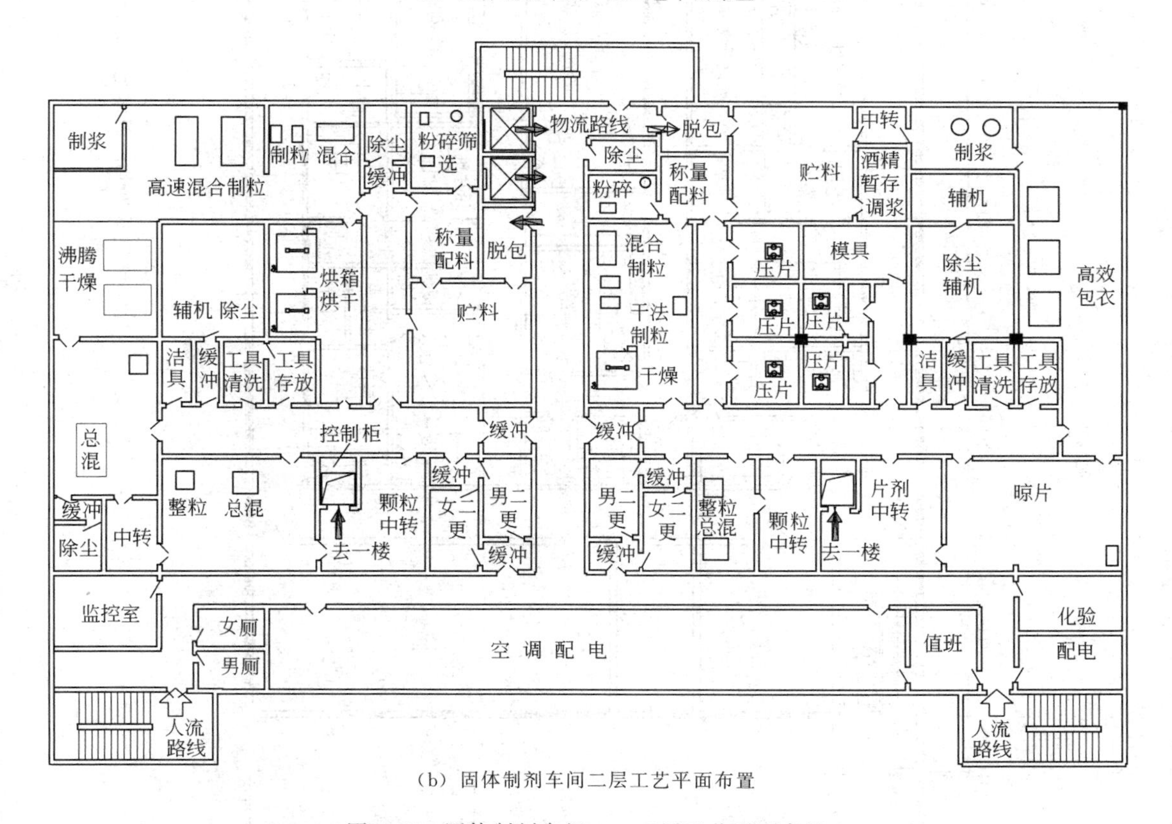

(b) 固体制剂车间二层工艺平面布置

图 3-97 固体制剂车间一、二层工艺平面布置

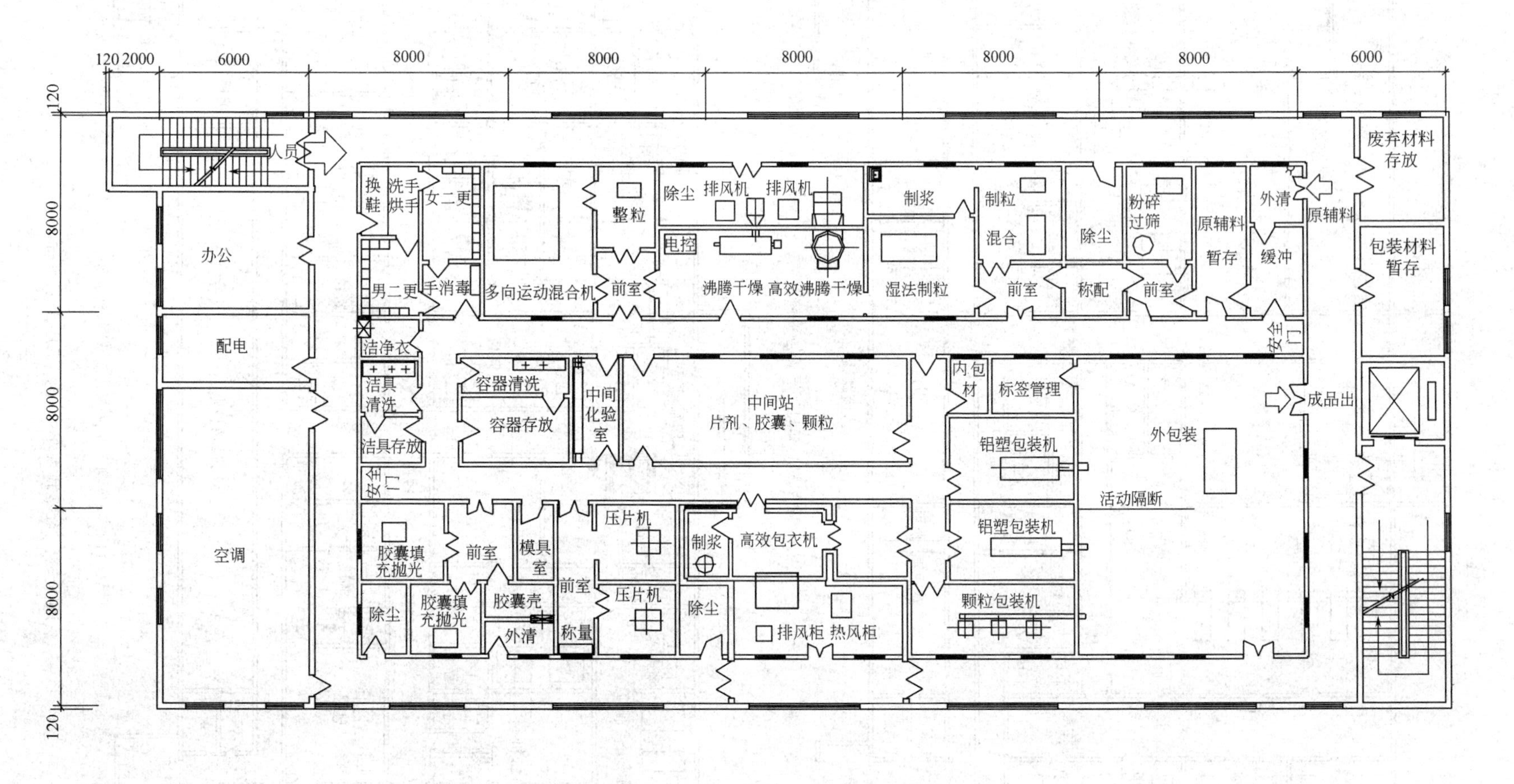

图 3-98 固体制剂综合生产车间布置

第四节　口服固体制剂生产设备的验证与发展

GMP 是药品生产质量管理规范的英文简称，是适用于医药行业的质量保证体系。而GMP 验证是 GMP 的组成部分，GMP 验证是指能证实任何程序、生产过程、设备、物料、活动或系统确能导致预期结果的有文件证明的一系列活动。

GMP 规范要求：企业的厂房、设施、设备和检验仪器应经过确认和验证，应采用经过验证的生产工艺、操作规程和检验方法进行生产、操作和检验，并保持持续的验证状态；应确定需要进行的确认和验证工作，以证明其特定操作的关键部分是受控的；确认和验证工作的关键信息应在验证总计划中以文件形式清晰说明；应建立确认和验证的文件和记录，并能以文件和记录证明达到以下预定的目标。

（1）设计确认（DQ）　应证明厂房、辅助设施、设备的设计符合 GMP 要求；

（2）安装确认（IQ）　应证明厂房、辅助设施和设备的建造和安装符合设计标准；

（3）运行确认（OQ）　应证明厂房、辅助设施和设备的运行符合设计标准；

（4）性能确认（PQ）　应证明厂房、辅助设施和设备在正常操作方法和工艺条件下能持续有效地符合标准要求；

（5）工艺验证（PV）　应证明一个生产工艺在规定的工艺参数下能持续有效地生产出符合预定的用途、符合药品注册批准或规定的要求和质量标准的产品。

GMP 规范还规定：采用新的生产处方或生产工艺前，应验证其对常规生产的适用性。生产工艺在使用规定的原辅料和设备条件下，应能始终生产出符合预定的用途、符合药品注册批准或规定的要求和质量标准的产品。

关键的生产工艺和操作规程应定期进行再验证，确保其能够达到预期结果。

当影响产品质量的主要因素，如原辅料、与药品直接接触的包装材料、生产设备、生产环境（或厂房）、生产工艺、检验方法及其他因素发生变更时，应进行确认或验证，必要时，还应经过药品监督管理部门的批准。

一、口服固体制剂生产设备的验证

口服固体制剂生产过程中，必须对所使用的设备、工艺进行系统验证。验证的项目和主要内容见表 3-4。验证按设计确认（DQ）、安装确认（IQ）、运行确认（OQ）、性能确认（PQ）、工艺验证（PV）五个阶段进行。

工艺验证是对拟订的工艺通过反复试验，收集证明该工艺可行的依据；是为了确保该工艺通过适当的控制能始终如一地生产出完全符合已确定标准的产品。工艺验证主要工作包括：审阅处方和操作规程，确认设备、物料和工艺条件以及工艺条件复验证、变更验证。下面设备验证以旋转式压片机验证为例，工艺验证以设备清洁验证为例加以说明。

二、旋转式压片机验证

1. 设计确认

预确认是对供应商所提供的技术资料的核查，设备、备品备件的检查验收，对照设备说明书，考察该设备的主要性能参数是否适合生产工艺、维修保养、清洗等要求。

表 3-4 口服固体制剂验证工作要点

类别	序号	名称	主要验证内容
设备	1	高速混合制粒机	搅拌桨、制粒刀转速、电流强度、粒度分布、混合时间、水分、松密度
	2	沸腾干燥器	送风温度、风量调整、袋滤器效果、干燥均匀性、干燥效率
	3	干燥箱	温度、热分布均匀性、风量及送排风
	4	V形混合器	转速、电流、混合均匀性、加料量、粒度分布、颜色均匀性
	5	高速压片机	压力、转速、充填量及压力调整、片重及片差变化、硬度、厚度、脆碎度
	6	高效包衣机	包衣液的均匀度、喷液流量与粒度、喷枪位置、进排风温度及风量、转速
	7	胶囊充填机	填充量差异及可调性、转速、真空度、模具的配套性
	8	铝塑泡罩包装机	吸泡及热封温度、热材压力、运行速度
	9	空调系统	尘埃粒子、微生物、温湿度、换气次数、送风位、滤器压差
	10	制水系统	贮罐及用水点水质(化学项目、电导率、微生物)、水流量、压力
工艺	1	设备、容器清洗	药品残留量、微生物
	2	产品工艺	对制粒、干燥、总混、压片、包衣工序制定验证项目和指标
	3	混合器混合工艺	不同产品的装量、混合时间

预确认主要内容包括：按图样及标准认真检查设备包装箱是否符合国家标准规定的包装形式，包装箱上的标志、内容是否清晰完整，无破损现象；按装箱单内容检查箱内物品是否齐全；按图样及技术要求检查整机装配质量和机器外观，是否符合设计图样、技术要求及相关标准，有无敲毛碰伤等现象。并做好预确认的各种检查记录。

2. 安装确认

安装确认确定该设备在规定的限度和承受能力下是否能正常持续运行，确证其是否符合GMP、国家和企业标准。

旋转式压片机安装确认主要内容包括：①按使用说明书检查机器安装情况，确认机器防震垫是否安装就位，机器是否校准水平，机器四周及高空是否留出大于2m的空间；②测定环境温、湿度，是否达到GMP规定的环境温度18～26℃、相对湿度45%～65%，用尘埃测定仪测定空气洁净度是否达到D级洁净级别；③按使用说明书检查辅助设施配套情况，如电源、吸粉箱、筛片机、上料器等是否配齐；④机器调试情况，主要是目测物料流量调节装置、压力调节装置、充填调节装置、片厚调节装置、速度调节装置等是否调节作用明显，有无失效、失控现象；⑤机器空运转试验，空运转1～2h，按技术指标及标准检查运转是否平稳，有无异常噪声，仪器仪表工作状况是否可靠。

3. 运行确认

根据预确认和安装确认后，草拟该设备的SOP。对整机进行足够的空载试验。证明旋转式压片机的各项参数是否达到设定指标。运行确认各项内容要求见表3-5。

表 3-5 旋转式压片机运行确认内容要求

序号	确认内容	要求	方法
1	性能指标		
1.1	最大工作压片力	60kN	压力表显示
1.2	最大压片直径	13mm	实物压制
1.3	最大片剂厚度	6mm	实物压制
1.4	最大压片产量	150000片/h	根据转速计算
1.5	最高转速	不低于额定转速的95%	测速仪测定
1.6	轴承在传动中的升温	≤35℃	温度计测定
1.7	空载噪声	≤82dB(A)	声级计测定
1.8	液压系统	在75kN压片力时不渗漏	目测

续表

序号	确认内容	要求	方法
2	片剂成品指标		
2.1	片剂外观	外观光洁，无缺陷	目测
2.2	片剂厚度	规定要求	卡尺测定
2.3	片重差异	±7.5%（平均重量<0.3g）	按标准用天平测定
2.4	片剂硬度	>7kg	硬度计测量
3	电气安全指标		
3.1	电气系统绝缘电阻	>1MΩ	500V 摇表
3.2	电气系统耐压试验	1s、1000V 无击穿、闪终现象	耐压试验仪
3.3	电气系统接地电阻	<0.1 MΩ	接地电阻测试仪
4	调节装置性能		
4.1	物料流量调节装置	调节作用明显，无失效、失控现象	目测
4.2	压力调节装置	调节作用明显，无失效、失控现象	目测
4.3	充填调节装置	调节作用明显，无失效、失控现象	目测
4.4	片厚调节装置	调节作用明显，无失效、失控现象	目测
4.5	速度调节装置	调节作用明显，无失效、失控现象	目测
5	安全保护装置性能		
5.1	压力过载保护装置	当压片力超过 60kN 时，自动停机	目测
5.2	电流过载保护装置	当电流超过额定值时，电源自动切断，停机	目测
5.3	故障报警装置	装拆下冲模报警	目测
6	压片工作室状况	密闭，无污染，无死角，易拆卸，易清洗	按 GMP 要求检查
7	技术文件		
7.1	技术图纸	满足性能要求及符合国家标准	审查、归档
7.2	工艺文件	能指导制造、装配、调试	审查、归档

4. 性能确认

性能确认是为了证明设备、系统是否达到设计标准和 GMP 有关要求而进行的系统性检查和试验。在运行试验稳定的情况下，将这些资料汇总后由验证小组进行分析并提出意见后报请专家组审批同意后，再进行性能确认。旋转式压片机将用空白颗粒模拟实际生产情况进行试车。

旋转式压片机性能确认的主要内容要求如下。

（1）片剂质量　片剂外观光洁，无缺陷；片剂厚度符合实际要求；片重差异±7.5%（平均重量<0.3g）、±5.0%（平均重量≥0.3g），片剂硬度>7kg。

（2）运行质量　吸粉效果较高，充填无不可调整的异常漏粉现象，运转平稳、无异常振动现象，操作便利。

（3）维护保养情况　清洗方便、无死角、无泄漏，加料器、料斗、模具等装拆方便，润滑点清晰、观察方便。

压片机经过以上验证后还应完成以下工作：①将得到的各种验证数据和结果进行分析比较整理出验证报告，最终得出验证结论；②相关的文件资料（如产品使用说明书、产品合格证、验证数据和记录、验证报告等）归档；③验证工作结束，出具验证报告书。

5. 工艺验证

清洁方法应经过验证，证实其清洁的效果，以有效防止污染和交叉污染。清洁验证应综合考虑设备使用情况、所使用的清洁剂和消毒剂、取样方法和位置以及相应的取样回收率、残留物的性质和限度、残留物检验方法的灵敏度等因素。

清洁验证要达到的目的是：确认清洁方法和程序能够足以使污染物降低到“可接受”的水平。有人认为清洁验证只是要对产品的残留进行评估，这不全面，清洁验证必须对所有污染物的残留进行评估。

设备清洁是指从设备表面（尤其是直接接触药品的内表面及各部件）去除可见及不可见物质的过程，这些物质包括活性成分、辅料、清洁剂、润滑剂、微生物及环境污染物等。如果设备清洁不足以保证残留量降到安全水平，那在更换品种时就会造成严重的交叉污染。因此制定切实可行的清洁操作规程，并对清洁进行验证是保证产品质量、防止交叉污染的有效措施。设备清洁应在清场后进行，否则，清洁的设备必然会受到粉尘或其他异物再次的污染。

设备清洁验证是采用化学分析和微生物检测方法来检查设备按清洁规程清洁后，设备上残留物量是否符合规定的限度标准，证明本设备清洁规程的可行和可靠，从而消除换品种造成的交叉污染，有效地保证药品质量。设备清洁验证内容如下。

（1）清洁设计的审查　审查清洁设计的主要内容包括：清洁房间的大小、位置、结构和设施，清洁设备（工具）的设计和选型，清洁剂的选择，清洁方法和操作规程草案，清洁标准的制定。

（2）验证指标　化学指标：国际上通用的残留限度为任何产品不能受到前一品种带来超过其0.001的最低日剂量的污染。这是结合三个1/10的因素得出的：第一是一般药品在常用剂量的1/10时就不显示活性；第二是一个安全系数；第三是清洁工作要彻底，使其能被接受。综合起来就是0.001。另外，食品法规一般要求有毒物质对其他物质的污染不超过10μg/g（10ppm），而药品在某种程度上均是有毒的。因此，应结合上述两种标准，经过测算其化学指标定为$<100\mu g/25cm^2$。

微生物指标：菌落数≤50个/棉签（D级洁净区）。

（3）取样方法

① 洗液法。指取清洗过程最终洗出液作为检验样品的方法，适用于贮罐、管道、配液锅、包衣锅等表面不可及的设备的取样，这种内部残留物的测试，在试验方面必须根据检出的灵敏度规定洗液量。

② 擦拭法。用清洁或含有合适的溶剂的纱布或棉签等擦拭所指定的区域面积，适用于各种机械表面残留物的测试，这是最常用的方法。要使其具有代表性，取样部位必须选取清洗的关键点，即机械设备的边角，也是最易为固体残留物、液体沾污的地方。为了使清洗效果的评价测定无失误，取样工具和试验工具的清洁度极为重要。

（4）样品的检查

① 物理检查。a.外观，无可见残留物痕迹。b.最后淋洗设备的回流水，以淋洗用水为空白，在波长210～360nm处测定吸收度应小于0.03。c.灭菌制剂生产设备清洗后，应取样检查不溶性微粒。

② 化学检查。主要测定活性成分和清洁剂的残留量。由于残留量很小，要求检测仪器灵敏度高，可操作性强。常用的仪器有高效液相色谱仪和紫外分光光度计。

活性成分残留限度计算：

a.清洗后，最难清洗部位每一取样棉签活性成分最大允许残留量Q_1

$$Q_1=\frac{A}{B}\times\frac{C}{E}\times D\times F \qquad \text{mg/棉签}$$

式中　A——前一组产品中活性成分日最低剂量×0.1%；

B——一组产品中最大日服用剂量，mg(mL)/日；

C——一组产品中最小批量，kg（或 L）；

D——棉签取样面积，$25cm^2$/棉签；

E——设备内表面积，cm^2；

F——棉签取样有效性，一般取 50%。

b. 末次清洗液取样活性成分最大残留量 Q_2

$$Q_2=\frac{A}{B}\times\frac{C}{G}\times F \qquad mg/mL$$

式中 G——末次淋洗液的体积，mL。

③ 微生物检查。将取样后 4 个棉签放于无菌生理盐水 20mL 中，用超声波洗涤 2min，取洗涤水进行生物限度检查。用琼脂培养基，倒入培养皿中。取棉签洗涤水 0.1mL 均匀涂布在每个培养皿的培养基上，各接种 10 个培养，30～37℃培养 48h，观察菌落数。将每个培养皿菌落总数相加，每个棉签菌落数=(菌落数总和×总体积)/4。

(5) 验证实施 在产品生产结束后，按该设备清洁规程清洁后，按以上规定的取样部位和取样方法进行取样检查，重复三次。从检测数据分析，如果化学项目$<100\mu g/25cm^2$，微生物指标：菌落数≤50 个/棉签，则符合限度指标，可以按此规程进行设备清洁。

三、口服固体制剂生产设备的发展

固体制剂在生产时，需要粉碎、混合、制粒、总混、压片、充填等，每个环节都易产生粉尘，各单元在物料转运时也易产生粉尘，导致污染和交叉污染，降低药品质量。目前制药工业多采用传统的分批式生产，为了提高生产效率，降低生产成本，缩短产业化时间，现代制药产业也将向连续制造模式转型。基于以上几种原因，口服固体制剂生产设备主要着力于向密闭化、自动化、连续化方向发展，以实现制药工厂智能化。目前，由于 GMP 的要求，单个操作单元设备的密闭化有了很大的发展，多数操作单元都有密闭化程度高的设备可供选择。但在自动化、连续化和智能化上，口服固体制剂生产设备的发展才刚刚起步。

（一）自动化设备

自动化要求单个设备的运行、清洗能自动进行，物料的进出能自动执行。固体制剂中德国的自动化设备最为先进，开发有高效的高速混合制粒机，一步制粒机密闭生产和多功能技术，性能优越，符合 GMP 要求，尤其是片剂自动生产线，操作人员只需要用气流输送将原辅料加入料斗和管理压片操作，其余可在控制室经过一个管理计算机和控制盘完成。在固体制剂生产过程中，利用无人机技术，实现物料的全密闭输送。药品包装生产线，各单机既可独立运转又可联合成为自动生产线，广泛采用了光电装置和先进的光纤等技术以及电脑控制，使生产线实现在线监控，自动剔除不合格品。装备的联机性、配套性好，如压片、筛片、除尘为一体，模块化设计，密闭性能好，自动化程度高。

（二）连续制造设备

连续制造（continuous manufacturing，CM）是指通过计算机控制系统将各个单元操作过程进行高集成度的整合，将传统断续的单元操作连贯起来组成连续生产线的一种新型生产方式，增加物料在生产过程中的连续流动，即从原辅料投入到制剂产出，中间不停顿，原辅料和成品以相同速率输入和输出并且通过实施过程分析技术（process analytical technology，PAT）来保证最终产品质量。2000 年前后，在线清洗和在线除菌技术的开发与应用，使药品生产向在线连续模式转变的可能性得以提升。

口服固体制剂连续制造是通过计算机控制系统将各个单元操作过程进行整合，增加物料在生产过程中的连续流动并加快最终产品成形。通过对某些设备进行改造或采用一些替代的技术，将间歇的单元过程转换为连续制造过程，起始原料和成品以同样速度输入和输出，物料和产品在每个单元操作之间持续流动，整个生产过程实际用时只需几分钟至几小时；同时，采用PAT实时对关键质量和性能指标进行检测，实现在线控制中间体和成品的质量，生产的全过程实时可控。连续化生产的特性对生产设备提出了新的要求，2015年11月，葛兰素史克（GSK）、基伊埃（GEA）和辉瑞（Pfizer）联合设计了一个小型、连续、微缩、模块化的固体制剂工厂。该工厂可用卡车运往世界上的任何地方，快速组装，能在几分钟内生产出裸片，而传统的批式生产则需要几天至几周。

（三）智能化设备

未来智能化制药工厂的设备层（生产线）是指以工作站为单位组合的药品生产设备，及相应的机器人和传感器系统，通过将工作站中机器上安装的传感器与网络连接起来，借助计算机技术的力量来实现不同设备任务目标的机电一体化，其是制药工厂数据采集、共享、应用的基础。也就是说智能化制药工厂是以智能化高端设备为基础，利用信息化、大数据、云处理等先进技术，与药品生产工艺要求高度集成的新型工厂，而机电一体化、跨界合作、整体思维是实现智能化高端设备的基本思路。机电一体化代表产品开发核心部分的跨学科系统概念，最初只是指机械元件及器具中电气和电子元件的扩展功能，现如今对工业4.0时代的展望中，计算机科学在机电一体化中有了更重要的意义，其软件部分被誉为工业的未来。软件不再仅仅是为了控制仪器或者执行某步具体的工作程序而编写，也不再仅仅被嵌入产品和生产系统里。设备将不再只生产产品，因设备上安装更多的传感器，设备还将生产海量数据，通过设备与设备间的网络连接来实现设备间的数据共享，设备间存在的“信息孤岛”正被打破，相比过去通过人来主导进行的数据整理与统计等数据应用，现在更多的是通过设备软件来完成，设备操作人员更多的工作用来参与生产判断与决策。传感器、互联网、软件等技术的融合水平将决定设备生产、共享、应用数据的程度；设备生产、共享、应用数据的程度，将实现使用者对设备要求的不同任务目标，而设备核心部分的机电一体化程度，将代表不同任务目标实现的可能。例如，通用机器人大规模应用于设备，让传统的机械传动与结构组合被模块化的机器人动作所取代，机器人是机电一体化水平提升的一个重要设备部件，让设备的操作减少了大量的人工参与。现今，计算机科学在机电一体化技术中的快速发展，也让设备开始有了“自省”能力。

思考题

1. 口服固体制剂生产过程中为什么要进行制粒？请简述制粒的方法及其优缺点。

2. 口服固体制剂生产过程中物料的转移可采取什么措施？

3. 片剂生产过程中，哪些工序易产生粉尘？处理的措施有哪些？哪些工序可能需要防爆？防爆的措施有哪些？

4. 口服固体制剂车间设计的一般原则有哪些？有哪些特殊工序？这些特殊工序需采取什么措施？

5. 铝塑包装机有几种类型？在工作流程上有什么不同？各自的优缺点是什么？

6. 请展望口服固体制剂的未来（包括设备，生产工艺，车间等）。

参考文献

[1] 丁涛. 固体制剂数字化智能生产线的模块化设计. 电子技术与软件工程，2017（11）：190-191.
[2] 王莹莹，焦建梅. 粉体真空输送机械在固体制剂生产中的应用探讨. 中国机械，2016（10）：88.
[3] 齐继成. 世界制药工业的连续制粒技术的开发应用最新进展. 中国制药信息，2016（9）：14-16.
[4] 余红伟. 新版 GMP 下口服固体制剂的工艺设计. 临床医药文献电子杂志，2017（50）：202-203.
[5] 赵春妹. 口服固体制剂设备的清洁验证. 煤炭与化工，2016，39（2）：152-153.
[6] 袁春平，时晔，王健，等. 口服固体制剂连续制造的研究进展. 中国医药工业杂志，2016，47（11）.
[7] 林玉珍，刘翠玲. 热熔制粒在口服固体制剂中的应用. 山东工业技术，2017（17）：285.
[8] 仝永涛，高春红，高春生. 口服固体制剂连续生产与过程控制技术研究进展. 中国新药杂志，2017（23）.
[9] 陈禄，邵帅，高春生. 口服固体制剂个体化给药技术研究进展. 中国新药杂志，2016（5）：512-517.
[10] [德] 波特霍夫，哈特曼. 工业 4.0（实践版）：开启未来工业的新模式、新策略和新思维. 北京：机械工业出版社，2015.
[11] 张绪桥. 药物制剂设备与车间工艺设计. 北京：中国医药科技出版社，2000.
[12] 陈燕忠，朱盛山. 药物制剂工程. 第 3 版. 北京：化学工业出版社，2018.
[13] 赵宗艾. 药物制剂机械. 北京：化学工业出版社，1998.
[14] 屠锡德，张钧寿，朱家璧. 药剂学. 第 3 版. 北京：人民卫生出版社，2002.
[15] 吴中秋，贾景华. 药物制剂设备. 沈阳：辽宁科学技术出版社，1994.

第四章

注射剂

学习目标

掌握：最终灭菌大容量注射剂、最终灭菌小容量注射剂、无菌分装粉针剂和冻干粉针剂的生产工艺流程及环境区域划分；最终灭菌大容量注射剂、最终灭菌小容量注射剂和冻干粉针剂主要生产设备的工作原理、特点；在2010版GMP要求下注射制剂车间设计的原则及要点；制水工艺流程及其设计原则。

熟悉：无菌分装粉针剂主要生产设备的工作原理、特点及其设计要求；纯化水及注射用水的制备设备与特点；动物房设计的基本要求与方法。

了解：国内外注射制剂设备的发展动态；制药用水分类及其应用范围；实验动物的分类与环境要求；注射制剂生产工艺设备验证。

注射剂（injection）系指将药物制成供注入体内的灭菌溶液、乳状液和混悬液以及供临用前配成溶液或混悬液的无菌粉剂。

注射剂按分散系统可分为四类。

（1）溶液型注射剂　对于易溶于水而且在水溶液中稳定的药物，则制成溶液型注射剂，如氯化钠注射液、葡萄糖注射液等。

（2）注射用无菌粉剂　注射用无菌粉剂亦称粉针，系将供注射用的无菌粉末状药物装入安瓿或其他适宜容器中，临用前用适当的溶剂溶解或混悬。例如遇水不稳定的药物青霉素、丙种球蛋白等粉针剂。

（3）混悬型注射剂　水难溶性药物或注射后要求延长药效作用的药物，可制成水或油混悬液，如醋酸可的松注射液。这类注射剂一般仅供肌内注射。

（4）乳剂型注射剂　水不溶性液体药物，根据医疗需要可以制成乳剂型注射剂，例如静脉注射脂肪乳剂等。

注射剂的特点。

① 药效迅速作用可靠。因药剂直接注入人体组织或血管，所以吸收快，作用迅速。特别是静脉注射，不需经过吸收阶段，适用于抢救危重病人。注射剂由于不经过胃肠道，故不受消化液及食物的影响，作用可靠，易于控制。

② 适用于不宜口服的药物。如胰岛素可被消化液破坏、链霉素口服不易吸收等，故此类药物只有制成注射剂，才能发挥它的疗效。

③ 适用于不能口服给药的病人。如不能吞咽或昏迷的患者，可以注射给药。

④ 可以产生局部定位作用。

⑤ 使用不便且注射疼痛。注射剂一般不便自己使用。

⑥ 制备工艺复杂。对生产环境条件要求高。

注射剂的给药途径主要有静脉注射、脊椎腔注射、肌内注射、皮下注射和皮内注射等五种。

在制剂工程上，根据注射剂制备工艺的特点将其分为：最终灭菌小容量注射剂、最终灭菌大容量注射剂、无菌分装粉针剂、冻干粉针剂等四种类型。

第一节　注射剂生产工艺技术

一、注射剂生产工艺通用技术说明

1. 注射用溶剂

（1）注射用水　为纯化水经蒸馏所得的水。灭菌注射用水为注射用水经灭菌所得的水。纯化水可作为配制普通药物制剂的溶剂或试验用水，不得用于注射剂的配制。注射用水为配制注射剂用的溶剂。灭菌注射用水主要用于注射用灭菌粉末的溶剂或注射液的稀释剂。

注射用水的质量要求在《中国药典》2015 年版中有严格规定。除一般蒸馏水的检查项目如酸碱度、氯化物、硫酸盐、钙盐、二氧化碳、易氧化物、不挥发物及重金属等均应符合规定外，还必须通过热原检查。

制药工艺用水包括纯化水和注射用水，其制备工艺参见本章第四节。

（2）注射用油　《中国药典》（2015 年版）二部附录对注射用油的质量要求有明确规定。注射用油应无异臭，无酸败味；色泽不得深于黄色 6 号标准比色液；在 10℃时应保持澄明。碘值为 79～128；皂化值为 185～200；酸值不大于 0.56，常用的油有芝麻油、大豆油、茶油等。

酸值、碘值、皂化值是评定注射用油的重要指标。酸值说明油中游离脂肪酸的多少，酸值高质量差，从中也可以看出酸败的程度。碘值说明油中不饱和键的多少，碘值高，则不饱和键多，油易氧化，不适合注射用。皂化值表示油中游离脂肪酸和结合成酯的脂肪酸的总量多少，可看出油的种类和纯度。考虑到油脂氧化过程中，有生成过氧化物的可能性，故最好对注射用油中的过氧化物加以控制。

（3）其他注射用溶剂

① 乙醇。可与水、甘油、挥发油任意混合。可供肌内或静脉注射，但浓度超过 10%肌内注射有疼痛感。

② 甘油。可与水、乙醇任意混合。利用它对许多药物具有较大的溶解性，常与乙醇、丙二醇、水混合使用。常用浓度一般在 1%～50%。

2. 热原

（1）热原（pyrogens）　是微生物产生的一种内毒素，它存在于细菌壁外膜上。内毒素是由磷脂、脂多糖和蛋白质所组成的复合物，其中脂多糖是内毒素的主要成分，具有特别强的热原活性。脂多糖的化学组成因菌种不同而异，从大肠埃希菌分出来的脂多糖中有 68%～69%的糖（葡萄糖、半乳糖、庚糖等），12%～13%的类脂化合物，7%的有机磷和其他一些成分。热原的相对分子质量一般为 10×10^5 左右。

含有热原的输液注入人体，大约半小时以后，就使人体产生发冷、寒战、体温升高、身痛、出汗、恶心呕吐等不良反应，有时体温可升至 40℃，严重者出现昏迷、虚脱，甚至有生命危险。

（2）热原的特性

① 耐热性。热原在60℃加热1h不受影响，在180℃ 3～4h或250℃ 30～45min可使热原彻底破坏。通常在注射剂灭菌的条件下，难以使热原破坏。

② 滤过性。热原体积小，约在1～5nm之间，可通过微孔滤膜；但活性炭可以吸附热原。

③ 水溶性。热原能溶于水。

④ 不挥发性。热原本身不挥发，但在蒸馏时，可随水蒸气雾滴带入蒸馏水。

⑤ 其他。热原能被强酸、强碱、强氧化剂、超声波所破坏。

(3) 污染热原的主要途径　从溶剂中带入；从原料中带入；从容器具、管道和装置等带入；被生产环境所污染。

(4) 热原的除去方法

① 高温法，250℃加热30min以上，可以破坏热原。

② 酸碱法，用重铬酸钾硫酸清洁液或稀氢氧化钠处理，可将热原破坏。

③ 吸附法，常用的吸附剂有活性炭，活性炭对热原有较强的吸附作用，同时有助滤脱色作用，所以在注射剂中使用较广，常用量为0.1%～0.5%。

④ 交换法，国内有用10%的301弱碱性阴离子交换树脂与8%的122弱酸性阳离子交换树脂除去丙种胎盘球蛋白注射液中的热原。

⑤ 过滤法，如反渗透法、超滤法、凝胶滤过法等。

3. 注射液的配制与滤过

(1) 注射液的配制　供注射用的原料药，必须符合《中华人民共和国药典》2015年版所规定的各项杂质检查与含量限度，活性炭要使用针剂用炭。配制时，如原料含有结晶水应注意换算，在计算处方时应将附加剂的用量一起算出，然后分别准确称量。称量时应两人核对。

配制用具的选择与处理。调配器具使用前，要用洗涤剂或硫酸清洁液处理洗净。临用前用新鲜注射用水荡洗或灭菌后备用。每次配液后，一定要立即刷洗干净，玻璃容器可加入少量硫酸清洁液或75%乙醇放置，以免长菌，使用时再依规程洗净。

配制方法。配液方式有两种，一种方法是将原料加入所需的溶剂中一次配成所需的浓度即所谓稀配法，原料质量好的可用此法；另一种方法是将全部原料药物加入部分溶剂中配成浓溶液，加热滤过，必要时也可冷藏后再滤过，然后稀释至所需浓度，此法叫浓配法，溶解度小的杂质在浓配时可以滤过除去。配制所用注射用水其贮存时间不得超过12h。对于不易滤清的药液可加0.1%～0.3%的活性炭，但使用活性炭时要注意其对药物的吸附作用，要通过加炭前后药物含量的变化，确定能否使用。活性炭在酸性溶液中吸附作用较强；在碱性溶液中有时出现“胶溶”或脱吸附作用，反使溶液中的杂质增加，故活性炭最好用酸处理并活化后使用。药液配好后，要进行半成品的测定，一般主要包括pH值、含量等项目，合格后才能滤过灌封。

配制油性注射液一般先将注射用油在150～160℃ 1～2h灭菌，冷却后进行配制。

(2) 注射液的滤过　常用滤器有垂熔玻璃滤器、砂滤棒、钛滤器、板框压滤器、膜滤器等。在注射剂车间生产中通常用的有砂滤棒、钛滤器和微孔滤膜过滤器等。

① 钛滤器。钛滤器是用粉末冶金工艺将钛粉末加工制成滤过元件，有钛滤棒与钛滤片两种。钛滤器抗热震性能好、强度大、重（质）量轻、不易破碎，过滤阻力小，滤速大。注射剂配制中孔径不大于30μm的钛滤棒可作脱炭过滤。钛滤器在注射剂生产中是一种较好的粗滤材料，目前许多制剂生产单位已开始应用。

② 微孔滤膜过滤器。微孔滤膜常用醋酸纤维膜、硝酸纤维膜、醋酸纤维与硝酸纤维混

合酯膜等，其在干热125℃以下在空气中是稳定的，在125℃以上就逐渐分解，故在121℃热压灭菌，滤膜不受影响。其性能指标为孔径大小、孔径分布和流速。

孔径大小测定一般用气泡法。微孔滤膜使用前后均要进行气泡点试验，其测试方法如下。将微孔滤膜湿润后装在过滤器中，并在滤膜上覆盖一层水，从滤过器下端通入氮气，以每分钟压力升高34.3kPa（$0.35kg/cm^2$）的速度加压，水从微孔中逐渐被排出。当压力升高至一定值时，滤膜上面水层中开始有连续气泡逸出，此压力值即为该滤膜气泡点。现在根据实验已经总结出的一些气泡点与孔径大小的经验数据（见表4-1），通过测定气泡点，可以算出薄膜孔径的大小。

表4-1　不同孔径纤维素混合酯膜的气泡点与流速

孔径/μm	气泡点/kPa(kgf/cm^2)	流速/mL/(min·cm)$^{-1}$	孔径/μm	气泡点/kPa(kgf/cm^2)	流速/mL/(min·cm)$^{-1}$
0.8	103.9(1.06)	212	0.45	225.5(2.3)	52
0.65	143.2(1.46)	150	0.22	377.5(3.65)	21

不同种类滤膜适合不同的溶液，因此在使用前，应进行膜与药物溶液的配伍实验，证明确无相互作用，才能使用。如纤维素酯滤膜适用于药物的水溶液、稀酸和稀碱、脂肪族和芳香族碳氢化合物或非极性液体，不适用于酮类、酯类、乙醚-乙醇混合溶液，也不适用于强酸和强碱。

微孔滤膜过滤器的安装方式有两种，即圆盘形膜滤器和圆筒形膜滤器。图4-1所示是圆盘形膜滤器，由多孔筛板、微孔滤膜、底板垫圈、滤器底板、垫圈等构成。

③ 滤过装置注射剂的滤过通常有高位静压滤过、减压滤过及加压滤过等方法，具体装置有以下几种。

a. 高位静压滤过装置。此种装置适用于生产量不大、缺乏加压或减压设备的情况，此法压力稳定、质量好，但滤速稍慢。

b. 减压滤过装置。此法适用于各种滤器，设备要求简单，但压力不够稳定，操作不当易使滤层松动，影响质量。一般可采用如图4-2所示的滤过装置，此装置可以进行连续滤过，整个系统都处在密闭状态，药液不易污染。但进入系统中的空气必须经过滤过。

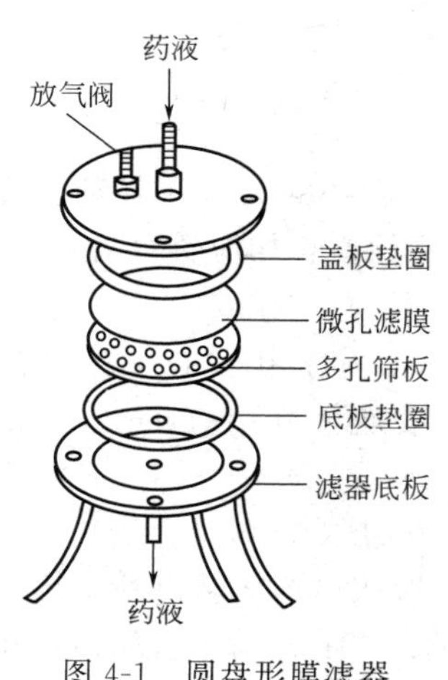

图4-1　圆盘形膜滤器

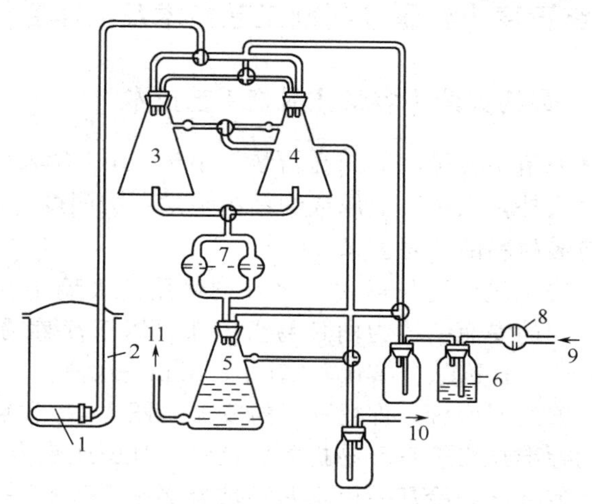

图4-2　注射剂减压滤过装置

1—滤棒；2—贮液桶；3～5—滤液瓶；6—洗气瓶；7—垂熔玻璃漏斗；8—滤气球；9—进气口；10—抽气；11—接灌注器

c. 加压滤过装置。加压滤过多用于药厂大量生产，压力稳定、滤速快、质量好、产量高。由于全部装置保持正压，因此即使滤过时中途停顿，也不会对滤层产生较大影响，同时外界空气不易漏入滤过系统。但此法需要离心泵或压滤器等耐压设备，适于配液、滤过及灌封工序在同一平面的情况。加压滤过装置如图 4-3 所示。

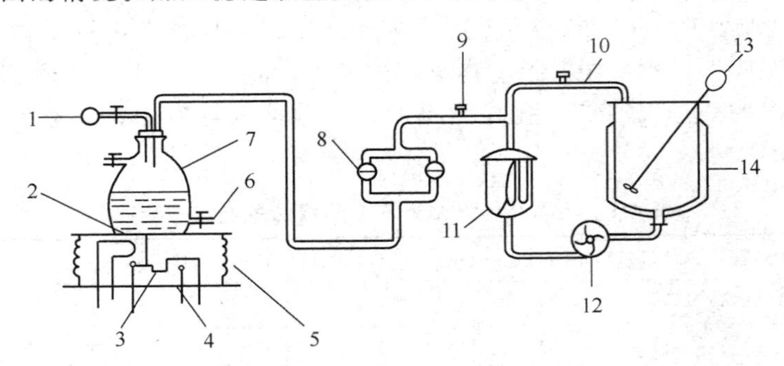

图 4-3 加压滤过装置

1—空气进口滤器；2—限位开关（常断）；3—连板接点；4—限位开关（常通）；5—弹簧；6—接灌注器；7—贮液瓶；8—滤器（滤球或微孔膜滤器）；9—阀；10—回流管；11—砂棒；12—泵；13—电动搅拌器；14—配液

4. 注射剂生产特殊要求

（1）由于产品直接进入人体血液，应在生产全过程中采取各种措施防止微粒、微生物、内毒素污染，确保安全。

（2）所用的主要系统和设备，包括灭菌设备、过滤系统、空调净化系统、水系统均应验证，按标准操作规程要求维修保养，实施监控。

（3）直接接触药液的设备、内包装材料、工器具，如配液罐、输送药液的管道等的清洗规程须进行验证。

（4）任何新的加工程序，其有效性都应经过验证并需定期进行再验证。当工艺或设备有重大变更时，也应进行验证。

二、最终灭菌小容量注射剂工艺技术及洁净区域划分

（一）最终灭菌小容量注射剂工艺技术

最终灭菌小容量注射剂是指装量小于 50mL，采用湿热灭菌法制备的灭菌注射剂。除一般理化性质外，无菌、热原或细菌内毒素、澄明度、pH 值等项目的检查均应符合规定。

1. 包装材料的质量要求

（1）安瓿的种类与形式　水针剂使用的玻璃小容器称为安瓿，GB/T 2637—2016 规定水针剂使用的安瓿一律为曲颈易折安瓿（以下简称易折安瓿），安瓿的规格有 1mL、2mL、3mL、5mL、10mL、20mL、25mL、30mL 八种。

易折安瓿有两种，即色环易折安瓿（图 4-4）和点刻痕易折安瓿（图 4-5）。表 4-2 为易折安瓿的标准规格。色环易折安瓿是将一种膨胀系数高于安瓿玻璃两倍的低熔点粉末熔固在安瓿颈部成环状，冷却后由于两种玻璃膨胀系数不同，在环状部位产生一圈永久应力，用力一折即平整断裂，不易产生玻璃碎屑和微粒。点刻痕易折安瓿是在曲颈部分刻有一微细刻痕的安瓿，在刻痕上方中心标有直径为 2mm 的色点，折断时，施力于刻痕中间的背面，折断后，断面应平整。

表 4-2　易折安瓿的标准规格尺寸

单位：mm

规格	外径									高度							厚度				圆跳动 t	正底	容量（至颈部中间）/mL
	身外径 d_1		颈外径 d_2		泡外径 d_3		丝外径 d_4		色点直径 d_5	全高 h_1		底至颈高 h_2		底至测量点高 h_3	底至肩高 h_4	底至色点上方高 h_5	壁厚 S_1		丝壁厚 S_2	底厚 S_3			
	基本尺寸	极限偏差	基本尺寸	极限偏差	基本尺寸	极限偏差	基本尺寸	极限偏差		基本尺寸	极限偏差	基本尺寸	极限偏差	基本尺寸	≥	≤	基本尺寸	极限偏差	≥	≥	≤	≤	≈
1mL	10.00	±0.20	6.3	±0.6	7.8	±0.9	5.2	±0.4	8.0±0.5	60.0	±1.0	25.0	±1.0	57.0	21.0	32.5	0.50	±0.04	0.2	0.2	0.8	0.8	1.5
2mL	11.50	±0.20	6.8	±0.6	8.5	±0.9	5.7	±0.4		70.0	±1.0	36.5	±1.0	67.0	32.0	44.0	0.50	±0.04	0.2	0.2	0.8	0.8	2.9
3mL	13.30	±0.20	7.8	±0.7	9.2	±0.9	6.0	±0.4		70.0	±1.0	36.5	±1.0	67.0	32.0	44.0	0.50	±0.04	0.2	0.2	0.8	0.8	4.0
5mL	16.00	±0.25	8.0	±0.7	10.0	±0.9	6.1	±0.5		87.0	±1.0	43.0	±1.0	84.0	38.5	50.5	0.55	±0.05	0.2	0.3	1.2	1.0	6.8
10mL	18.40	±0.25	8.5	±0.8	11.0	±1.0	7.0	±0.6		102.0	±1.0	58.5	±1.2	99.0	53.5	66.5	0.60	±0.05	0.3	0.3	1.3	1.0	12.3
20mL	22.00	±0.30	10.0	±1.0	13.0	±1.2	7.3	±0.8		126.0	±1.0	76.5	±1.4	123.0	68.0	85.0	0.70	±0.05	0.3	0.4	2.0	1.0	21.5
25mL	22.00	±0.30	10.0	±1.0	13.0	±1.2	7.3	±0.8		144.0	±1.0	94.5	±1.4	141.0	86.0	103.0	0.70	±0.06	0.3	0.4	2.0	1.0	29.4
30mL	22.00	±0.30	10.0	±1.0	13.0	±1.2	7.3	±0.8		162.0	±1.0	112.5	±1.4	159.0	104.0	121.0	0.70	±0.05	0.3	0.4	2.0	1.0	35.2

注：1. 同一只安瓿应 $d_1 > d_3 > d_2 > d_4$。

2. 规格尺寸可根据协议标准要求生产。

3. 本表摘自《安瓿》（GB/T 2637—2016）。

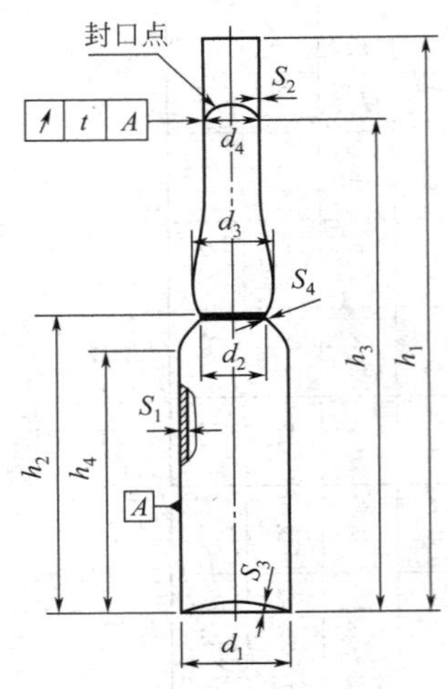

图 4-4　色环易折安瓿

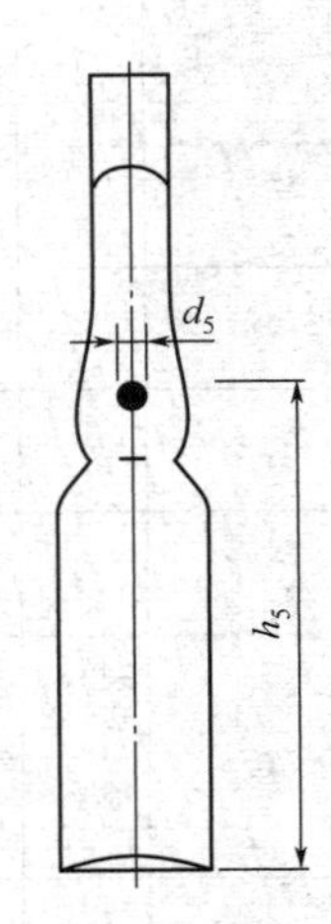
图 4-5　点刻痕易折安瓿

（2）安瓿的质量要求　安瓿的质量应达到以下要求：①安瓿玻璃应无色透明，以便于检查澄明度、杂质以及变质情况；②应具有低的膨胀系数、优良的耐热性、足够的物理强度，以耐受洗涤和灭菌过程中所产生的热冲击，避免在生产、装运和保存过程中造成破损；③应具有高度的化学稳定性，不改变溶液的 pH 值，不易被注射液所侵蚀；④熔点较低，易于熔封；⑤不得有气泡、麻点及砂粒。

目前制造安瓿的玻璃根据它们的组成可分为：中性玻璃、含钡玻璃与含锆玻璃三种。中性玻璃是低硼硅酸盐玻璃，化学稳定性较好，作为 pH 接近中性或弱酸性注射剂的容器，如各种注射液、葡萄糖注射液、注射用水等可以用中性玻璃安瓿。含钡玻璃的耐碱性能好，可作碱性较强注射剂的容器，如磺胺嘧啶钠注射液（pH 10～10.5）。含锆玻璃系含少量氧化锆的玻璃，具有更高的化学稳定性，耐酸、耐碱性均良好，不易受药液侵蚀，有利于检查药液澄明度，此种玻璃安瓿可用于盛装如乳酸钠、碘化钠、酒石酸锑钾等注射液。对需遮光药品的水针剂，采用棕色玻璃制造安瓿。

（3）塑料安瓿　塑料安瓿，以塑料［聚乙烯（PE）或聚丙烯（PP）：PE 材料不能灭菌，PP 材料可最终灭菌］粒子为原料，通过吹灌封三合一无菌灌装技术生产出来的注射制剂容器，与玻璃安瓿相比有安全和便于开启的优点，可用于非最终灭菌小容量注射剂的生产。

2. 生产工艺

最终灭菌小容量注射剂的生产过程包括原辅料的准备，配制，安瓿的洗涤、烘干、灭菌、灌封、灭菌、质检、包装等步骤，生产工艺中各个工序在下一节与其生产设备一起叙述。

（二）最终灭菌小容量注射剂生产工艺流程及环境区域划分

按照生产工艺中安瓿的洗涤、烘干灭菌、灌装的机器设备的不同，将最终灭菌小容量注射剂生产工艺流程分为单机灌装工艺流程和洗、烘、灌、封联动机组工艺流程，以及塑料安瓿工艺流程。

最终灭菌小容量注射剂洗、烘、灌、封联动机组工艺流程及环境区域划分示意图见图 4-6。

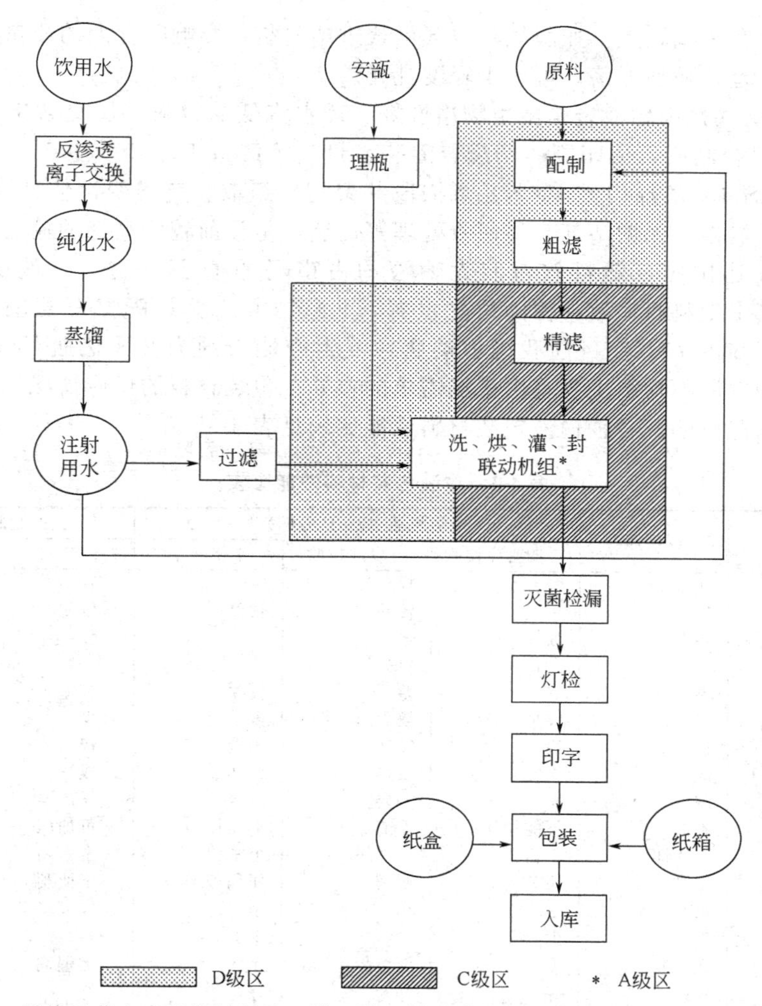

图 4-6 最终灭菌小容量注射剂洗、烘、灌、封联动机组工艺流程及环境区域划分示意

三、最终灭菌大容量注射剂生产工艺技术及洁净区域划分

最终灭菌大容量注射剂简称大输液或输液，是指 50mL 以上的最终灭菌注射剂。输液容器有瓶形与袋形两种，其材质有玻璃、聚乙烯、聚丙烯、聚氯乙烯或复合膜等。

其生产过程包括原辅料的准备、浓配、稀配、瓶外洗、粗洗、精洗、灌封、灭菌、灯检、包装等步骤，其生产控制及工艺技术要点如下。

（一）最终灭菌大容量注射剂生产工艺技术

1. 大输液包装材料的质量要求

（1）输液玻璃瓶为硬质中性玻璃制成，物理化学性质稳定，其质量要符合国家标准。瓶口内径必须符合要求，光滑圆整，大小合适，否则将影响密封程度。但玻璃瓶有重量重、易脆、有无机物溶出等缺点。

聚丙烯塑料输液瓶耐水耐腐蚀，具有无毒、质轻、耐热性好、机械强度高、化学稳定性强的特点，可以热压灭菌。

输液用塑料袋由无毒聚氯乙烯制成。有重量轻、运输方便、不易破损、耐压等优点。但此种塑料袋尚存在一些缺点，如湿气和空气可透过塑料袋，影响贮存期的质量。同时其透明性和耐热性也较差，强烈振荡，可产生轻度乳光。

非 PVC 多层共挤膜输液袋是由生物惰性好、透水汽低的材料多层交联挤出的筒式薄膜在 A 级环境下热合制成，集印刷、制袋、灌装、封口等四道工序合一生产，每层为不同比率的 PP 和 SEBS（苯乙烯-丁二烯-苯乙烯嵌段共聚物）组成。有透明性佳、抗低温性能强、韧性好、可热压消毒、无增塑剂、易回收处理等优点，是目前较为高档的输液包装。

在欧美等发达国家，塑料软包装大输液约占市场的 60%～80%，玻璃瓶输液仅占 20%～40%。其中塑料瓶输液：德国约占 80%，北欧约占 70%；PVC 软袋输液：美国约占 90%以上，法国约占 70%。目前我国玻璃瓶输液生产能力约为 2.8 亿瓶/年，占全国输液 90%以上。这种发展不均衡主要是由市场需求的差异、包装材料的供应情况不同以及工艺技术的滞后等原因造成的。各种输液包装材料性能比较见表 4-3。

表 4-3 输液包装材料性能比较

比较项目	玻璃瓶	塑料瓶(以 PP 为例)			塑料软袋	
		二步法注拉吹	一步注拉吹	挤吹	PVC	非 PVC
瓶重	10 倍以上	轻	轻	轻	轻	轻
灭菌后透明性	特好	好	较差	较差	较差	好
耐落地后冲击性	特差	强	强	差	强	强
灭菌温度范围/℃	121	121	115	115	109	121
低温适应性	差	好	差	较差	较差	好
生产废料量	多	较少	较少	多	少	少
生产速度	快	快	慢	较慢	快	快
生产工艺	成熟	成熟	成熟	成熟	成熟	较成熟
输液通气针	需要	需要	需要	需要	不需要	不需要
输液形式	不能加压	不能加压	不能加压	不能加压	可加压	可加压
加压输液系统	半密闭	半密闭	半密闭	半密闭	全密闭	全密闭
加药便利性	便利	便利	便利	便利	不便利	不便利
水蒸气透过率	很小	很小	小	小	较大	很小
吸附药物	少	少	少	少	多	少
溶出物	无机物	无	无	无	增塑剂	无
运输方便性	较差	好	好	好	好	好
燃烧性	不燃	可燃	可燃	可燃	难燃	可燃
环保影响	不易回收	易回收	易回收	易回收	燃烧时产生有毒气体	易回收

（2）橡胶塞和隔离膜的质量要求为：①富于弹性及柔软性。②针头刺入和拔出后应立即闭合，能耐受多次穿刺而无碎屑脱落。③具耐溶性，不致增加药液中的杂质。④可耐受高温灭菌。⑤有高度化学稳定性。⑥对药液中药物或附加剂的吸附作用应达最低限度。⑦无毒性，无溶血作用。

采用天然胶塞时，需用涤纶膜。涤纶膜的要求：对电解质无通透性，理化性能稳定，用稀酸（0.001mol/L HCl）或水煮均无溶解物脱落，耐热性好（软化点 230℃以上）并有一定的机械强度，灭菌后不易破碎。

输液橡胶塞质量正在逐步提高，硅橡胶塞质量较好，但成本贵。目前我国正在逐步推广合成橡胶塞如丁基橡胶的使用，逐步达到不用隔离膜衬垫。

（3）输液容器洗涤质量要求：输液容器洗涤洁净与否，对澄明度影响较大，洗涤工艺的设计与容器原来的洁净程度有关。一般有直接水洗、酸洗、碱洗，最后应用微孔滤膜滤过的注射用水洗净。碱洗是用 2%氢氧化钠溶液（50～60℃）冲洗，也可用 1%～3%的碳酸钠溶液，由于碱对玻璃有腐蚀作用，故碱液与玻璃接触时间不宜过长（数秒钟内）。天然胶塞经酸或碱处理后，用饮用水洗至洗液 pH 值呈中性，在纯化水中煮沸 30min 取出。在 C 级清洗室用经滤膜过滤的流动注射用水清洗至洗液澄清。洗净的胶塞应当天用完，剩余的胶塞在下次使用前应重新清洗至符合要求。

涤纶膜的处理：将薄膜逐张分散于药用乙醇浸泡或放入蒸馏水中于 112～115℃加热处理 30min 或煮沸 30min，再用滤清的注射用水动态漂洗备用。操作中要严格控制环境，防止污染。注射用水动态漂洗需在 A 级环境下进行。

2. 输液的配制

配液必须用新鲜注射用水，要注意控制注射用水的质量，特别是热原、pH 与铝盐，原料应选用优质注射用原料。输液配制，通常加入 0.01%～0.5%的针用活性炭，具体用量视品种而异，加入活性炭的目的是吸附热原、杂质和色素，并可用作助滤剂。药液配制方法，多用浓配法，即先配成较高浓度的溶液，经滤过处理后再行稀释，有利于除去杂质。原料质量好的，也可采用稀配法。配制称量时必须严格核对原辅料的名称、规格、重量。配制好后，要检查半成品质量。

配制用具多用带夹层的不锈钢罐，可以加热。用具的处理要特别注意，避免污染热原，特别是管道阀门的安装，不得遗留死角。

3. 输液的滤过

输液滤过方法、滤过装置与安瓿剂基本相同，滤过多采用加压滤过法，效果较好。滤过材料一般用陶瓷滤棒、垂熔玻璃滤棒或微孔钛滤棒。在预滤时，滤棒上应先吸附一层活性炭，并在滤过开始，反复进行循环回滤至滤液澄明合格为止。滤过过程中，不要随便中断，以免冲动滤层，影响滤过质量。精滤多采用微孔滤膜，根据不同品种，选用孔径为 0.22～0.45μm，以降低药液的微生物污染水平。药液终端过滤使用 0.22μm 微孔滤膜时，先用注射用水漂洗至无异物脱落，再在使用前后做气泡点试验。

4. 塑料瓶输液的生产工艺

塑料瓶输液生产工艺有一步法生产工艺和分步法生产工艺两种。一步法生产工艺是从塑料颗粒处理开始，制瓶、灌装、封口等工艺在一台机器内完成。分步法生产工艺则是由塑料颗粒制瓶后再在清洗、灌装、封口联动生产线上完成。目前，国际上欧美国家以一步法生产线为主，而我国则以分步法生产线为主。

（1）一步法生产工艺　塑料颗粒经过挤出形成可进一步成型的管坯，此无菌无热原的管坯在模具中通过无菌压缩空气吹模成型（挤吹法），同时进行产品灌装及通过附加的封口模进行封口，整个工艺过程均在无菌条件下完成。封好口的半成品经过组合盖的焊接后进入下一道灭菌工序。

该法生产污染环节少，厂房占地面积小，运行费用较低，设备自动化程度高，能够在线清洗灭菌，没有存瓶、洗瓶等工序。但设备一次性投资较大，塑料瓶透明度情况一般。

塑料瓶一步法成型机有两种生产工艺：挤吹制瓶工艺和注拉吹制瓶工艺。挤吹是把塑料颗粒挤料塑化成坯，然后直接通入洁净压缩空气吹制成瓶。注拉吹是把塑料颗粒先注塑成坯，然后立即把它双向拉吹，在同一台设备上一步到位成型。

（2）塑料瓶分步法成型工艺　注塑机先将塑料颗粒（PP）塑化，将熔化的 PP 树脂注入模具中制成瓶坯，然后打开模具将瓶坯推出，输送至存放间冷却。吹瓶机是将冷却后的瓶坯整理上料后再加热（预热、强热、均化），加热后的瓶坯被送入拉吹工位，由可调节行程的气动拉杆完成纵向拉伸，横向拉伸由吹入高压气完成。

关于最终灭菌大容量注射剂生产工艺中各个工序如输液瓶的粗精洗、灌装、塞塞、加盖、轧盖、灭菌、灯检等，其工艺技术将在下一节与其生产设备一起叙述。按照输液包装材料和包装形式的不同，将最终灭菌大容量注射剂生产工艺流程分为三种。具体见下面工艺流程及环境区域划分示意图的介绍。

（二）最终灭菌大容量注射剂工艺流程及环境区域划分示意图

最终灭菌大容量注射剂（复合膜）工艺流程及环境区域划分示意图见图 4-7，最终灭菌大容量注射剂（玻璃瓶）工艺流程及环境区域划分示意图见图 4-8，最终灭菌大容量注射剂（塑料容器）工艺流程及环境区域划分示意图见图 4-9。

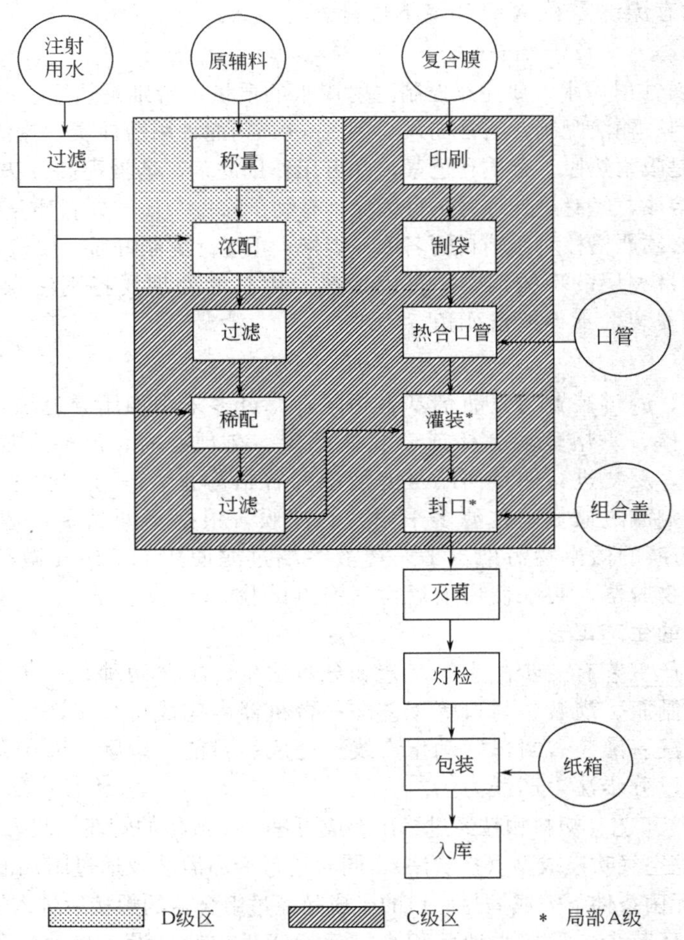

图 4-7　最终灭菌大容量注射剂（复合膜）工艺流程及环境区域划分示意

四、无菌分装粉针剂生产工艺技术、工艺流程及洁净区域划分

无菌分装粉针剂是指在无菌条件下将符合要求的药粉通过工艺操作制备的非最终灭菌无菌注射剂。其生产过程包括原辅料的擦洗消毒、瓶粗洗和精洗、灭菌干燥、分装、轧盖、灯检、包装等步骤。

（一）无菌分装粉针剂生产工艺技术

1. 无菌分装粉针剂生产工艺的特点

① 需要无菌分装的注射剂为不耐热、不能采用成品灭菌工艺的产品。其生产过程必须无菌操作，并要防止异物混入。

② 无菌分装的注射剂吸湿性强，在生产过程中应特别注意无菌室的相对湿度、胶塞和

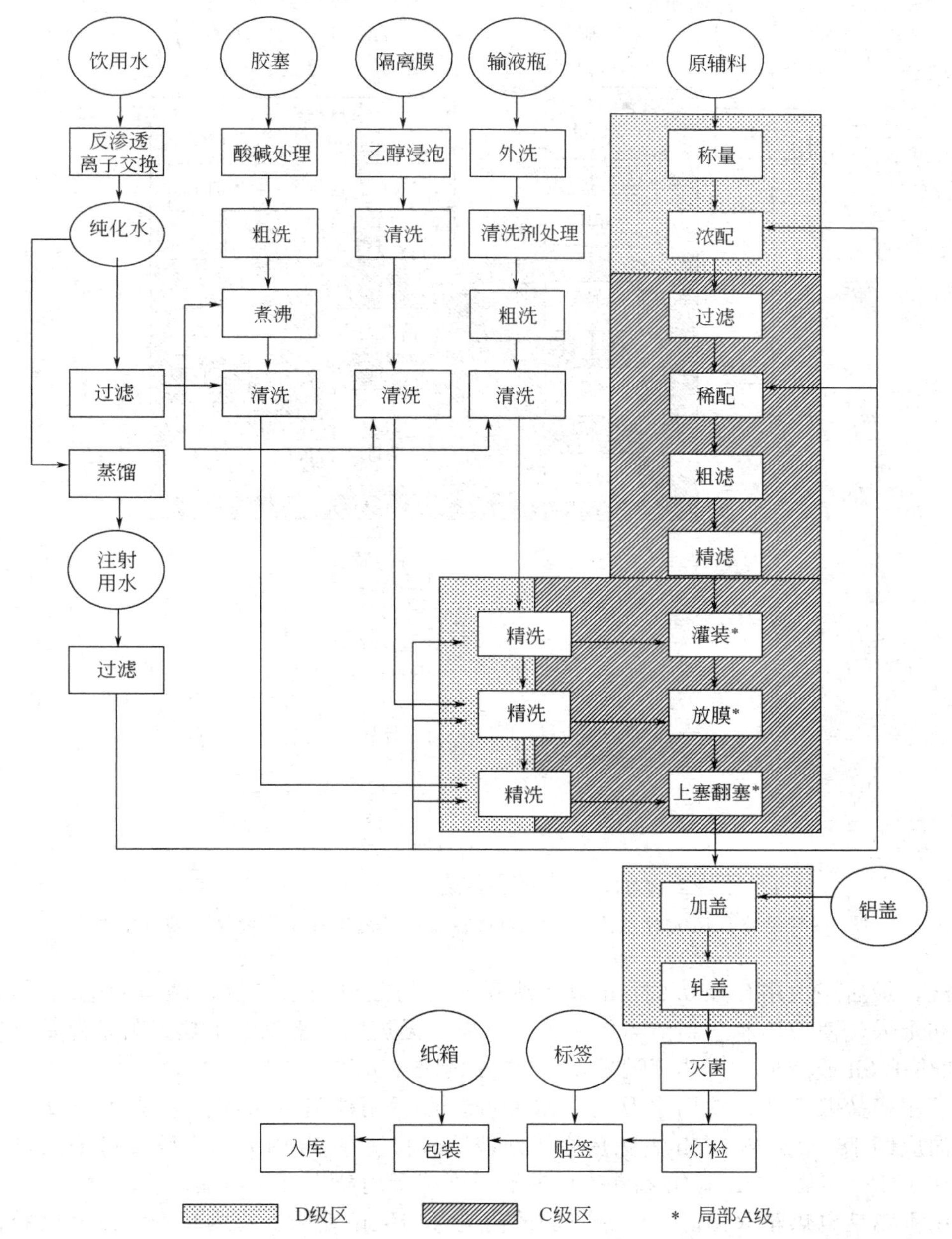

图 4-8　最终灭菌大容量注射剂（玻璃瓶）工艺流程及环境区域划分示意

瓶子的水分、工具的干燥和成品包装的严密性。

③ 为保证产品的无菌性质，需严格监测洁净室的空气洁净度。无菌操作区与非无菌操作区应严格分开，凡进入无菌操作区的物料及工具均必须经过灭菌或消毒。

④ 为防止污染，青霉素类无菌分装注射剂生产中其出车间的物料，如工作衣、废瓶、废胶塞、空容器、鞋需 1%碱溶液处理。

2. 粉针剂包装材料的质量要求

粉针剂玻璃瓶的清洗、灭菌和干燥根据《药品生产质量管理规范》要求，经过粗洗后用

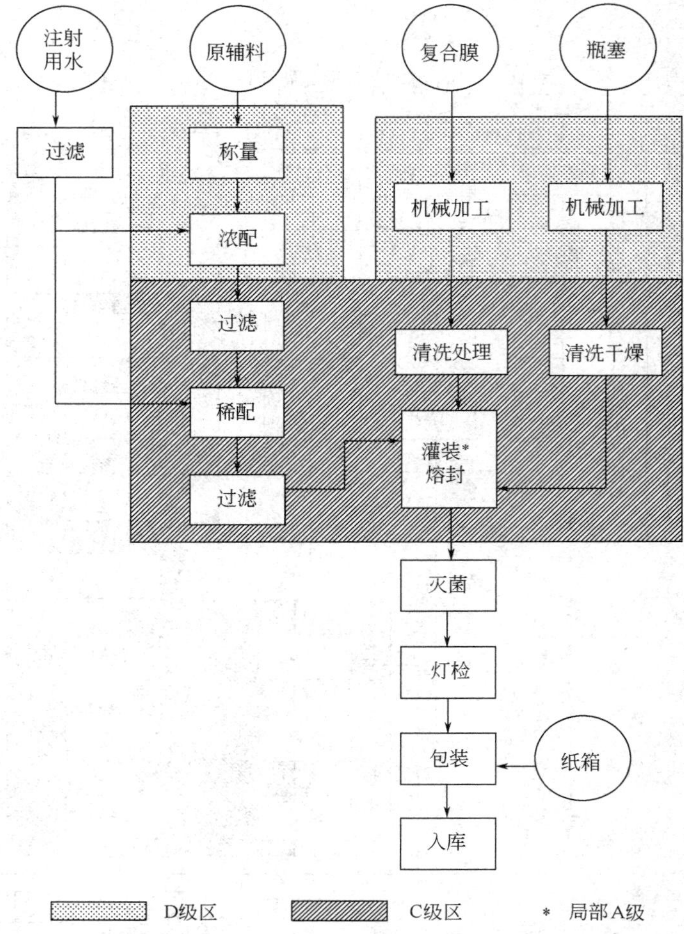

图 4-9　最终灭菌大容量注射剂（塑料容器）工艺流程及环境区域划分示意

纯水冲洗，最后一次用孔径 0.22μm 微孔滤膜滤过的注射用水冲洗。洗净的玻璃瓶应在 4h 内灭菌和干燥，使玻璃瓶达到洁净、无菌、干燥、无热原。常见的干热灭菌条件是电烘箱于 180℃加热 1.5h 或隧道式干热灭菌器于 320℃加热 5min 以上。

胶塞用稀盐酸煮洗、饮用水及纯化水冲洗，最后用注射用水漂洗。洗净的胶塞进行硅化，硅油应经 180℃加热 1.5h 去除热原，处理后的胶塞在 8h 内灭菌。胶塞可采用热压蒸汽灭菌，在 121℃灭菌 40min，并在 120℃烘干，灭菌所用蒸汽宜用纯蒸汽。

采用不锈钢电烘箱灭菌时，烘箱一侧的门应开向无菌室内，箱内垫圈宜用硅橡胶，不得使用石棉类物质，电烘箱新风进口应开在无菌室内，并装有除菌过滤器；用隧道式干热灭菌器灭菌时，冷却段的出口应设在无菌室内，并有 A 级的洁净空气冷却。

灭菌后的瓶子和胶塞应在 A 级层流下存放或存放在专用容器中。

3. 分装

采用容积定量方式，按规定粉剂的剂量，通过装粉机构等量地将粉剂分装在玻璃瓶内，并在同一洁净级别环境下将经过清洗、灭菌、干燥的洁净胶塞盖在瓶口上。此过程是在专用的分装机上完成的，应通过培养基灌装试验来验证分装工艺的可靠性后才能正式投产。每半年应进行一次再验证。分装室不宜安排三班生产以保证有足够的时间用于消毒。更换品种时，应有一定的间歇时间用于清场及消毒。

气流式分装机所用的压缩空气应经除油去湿和无菌过滤，相对湿度不得超过 20%。螺杆式分装机应设有故障报警和自停装置，以防螺杆与漏斗摩擦产生金属屑。

4. 轧封铝盖

玻璃瓶装粉盖胶塞后，将铝盖严密地包封在瓶口上，保证瓶内的密封，防止药品受潮、变质。

半成品检查。粉针剂生产，在玻璃瓶轧封铝盖后，即完成了基本生产过程，形成了半成品。为保证粉针剂质量，在这一阶段要进行一次过程检验，其方式是目测，主要检查玻璃瓶有无破损、裂纹，瓶口是否盖好胶塞，铝盖是否包封完好，瓶内药粉剂量是否准确以及瓶内有无异物。

5. 无菌分装工艺中存在的问题

① 装量差异。药粉因吸潮而黏性增加，导致流动性下降，药粉的物理性质如晶形、粒度、比体积及机械设备性能等因素均能影响装量差异。应根据情况采取相应措施。

② 澄明度问题。采用此种工艺，由于药物粉末经过一系列处理，以致污染机会增多，往往使粉末溶解后出现毛毛和小点，以致澄明度不合要求。因此应从原料的处理开始，注意环境控制，严格防止污染。

③ 无菌度问题。由于产品系无菌操作法制备，稍有不慎就有可能使局部受到污染，而微生物在固体粉末中繁殖又较慢，不易为肉眼所见，危险性更大。为了保证用药安全，解决无菌分装过程中的污染问题，要求采用层流净化装置，为高度无菌提供了可靠的保证。

④ 贮存过程中的吸潮变质。对于瓶装无菌粉末，这种情况时有发生。原因之一是由于天然橡胶塞的透气性。因此，一方面对所有橡胶塞要进行密封防潮性能测定，选择性能好的橡胶塞；另一方面铝盖压紧后应瓶口烫蜡，防止水气透入。

（二）无菌分装粉针剂生产工艺流程及洁净区域划分

无菌分装粉针剂的工艺流程示意图及洁净区域划分如图 4-10 所示。

五、冻干粉针剂的生产工艺技术、工艺流程及洁净区域划分

根据生产工艺条件和药物性质，用冷冻干燥法制得的注射用无菌粉末称为冻干粉针剂。冻干粉针剂不仅在制剂工业生产上非常重要，而且在医学上也得到了广泛应用。凡是在常温下不稳定的药物，如干扰素、白介素、生物疫苗等生物工程药品以及一些医用酶制剂（胰蛋白酶、辅酶 A）和血浆等生物制剂，均需制成冻干制剂才能推向市场。

注射用无菌粉末的生产必须在无菌室内进行，特别是一些关键工序要求严格，可采用层流洁净装置，保证无菌无尘。

（一）冻干粉针剂的生产工艺技术

1. 冻干粉针剂的特点

① 改善药剂的保存性。冻干粉针剂是在低温、真空条件下制得，含水量在 1%～3%，真空或充氮后密封，避免药品氧化分解、变质，可长期保存。

② 药品复溶性好。所得产品质地疏松，加水后迅速溶解并恢复药液原有的特性。

③ 产品剂量准确，外观优良。配制溶液后定量灌注，比粉体直接分装准确。

④ 容易实现无菌操作。药液配制和灌装容易实现无菌化生产，实行药液的无菌过滤处理，有效去除细菌及杂物。

⑤ 改善生产环境、避免有害粉尘。

⑥ 不足之处：溶剂不能随意选择，技术比较复杂，需特殊生产设备、成本较高、产量低。

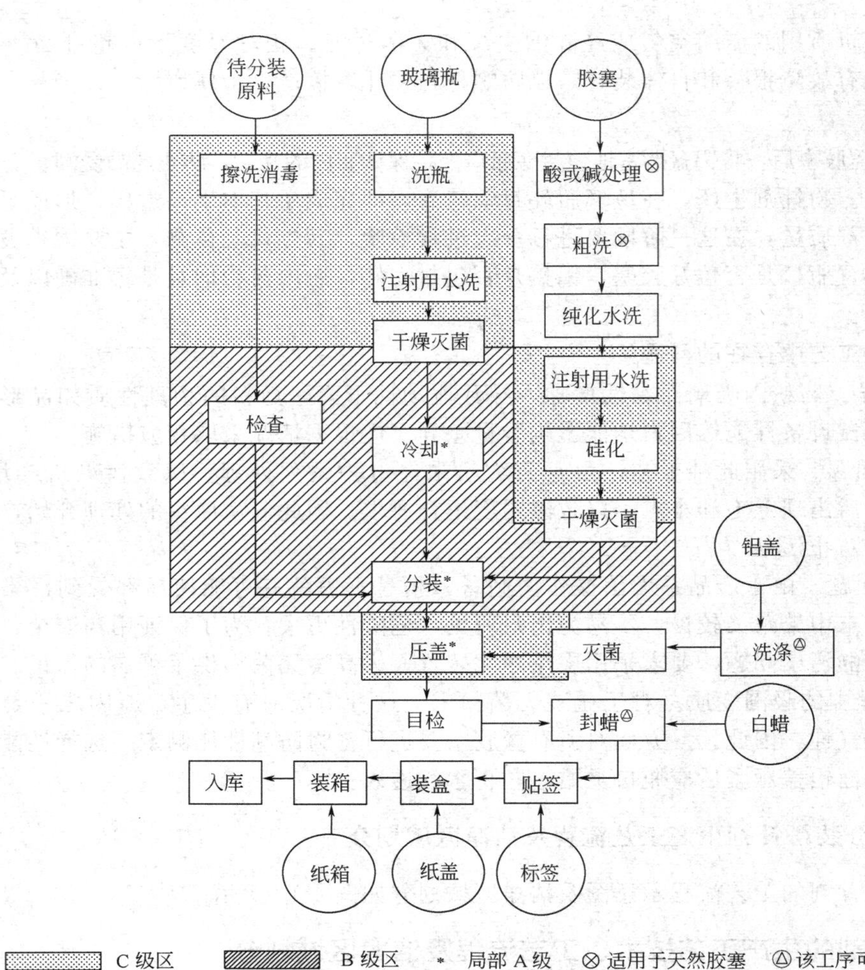

图 4-10　无菌分装粉针剂工艺流程及洁净区域划分示意

2. 冷冻干燥原理

冷冻干燥是将需要干燥的药物溶液预先冻结成固体，然后在低温低压条件下从冻结状态不经过液态而直接升华除去水分的一种干燥方法。

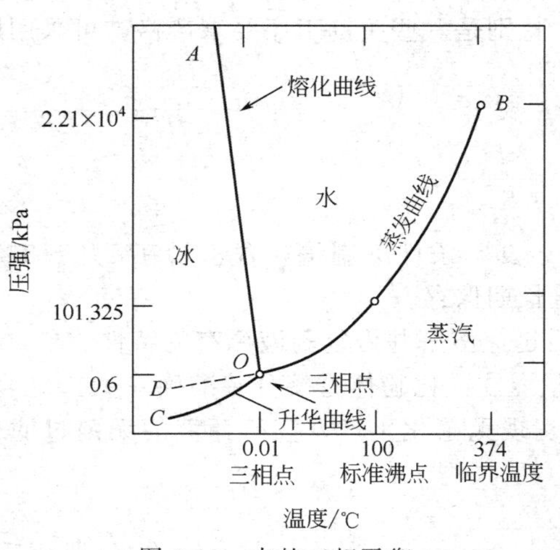

图 4-11　水的三相平衡

冷冻干燥的原理可用水的三相图加以说明，如图 4-11 所示。图中 OA 线是冰和水的平衡曲线，在此线上冰、水共存；OB 线是水和水蒸气的平衡曲线，在此线上水、汽共存；OC 线是冰和水蒸气的平衡曲线，在此线上冰、汽共存；O 点是冰、水、汽的平衡点，在这个温度和压力时冰、水、汽共存，这个温度为 0.01℃，压力为 613.3Pa，此时对于冰来说，降压或升温都可打破汽固平衡，从图可以看出，当压力低于 613.3Pa 时，不管温度如何变化，只有水的固态和气态存在，液态不存在。固相（冰）受热时不经过液相直接变为汽相；而气相遇冷时放热直接变为冰。

冷冻干燥就是根据这个原理进行的。

3. 冷冻干燥工艺过程

（1）测定产品的低共熔点　由上述冷冻干燥原理可知，对于正常的产品冻干生产时，必须先测出其低共熔点，然后控制其冻干温度在低共熔点以下。低共熔点是在水溶液冷却过程中，冰和溶质同时析出结晶混合物时的温度。测定低共熔点的方法有热分析法和电阻法。

电阻法测定低共熔点的原理为：溶液中含有大量的导电离子，当溶液处于液态时它的导电能力很强而当它处于固态时它的导电能力明显减弱，电阻法测量溶液的低共熔点就是利用溶液的这一性质进行的。

许多溶质在冷冻过程中不形成共熔相。当温度降低时，冷冻浓缩液变得更浓更黏稠，同时有冰产生，当降到某一温度时，很小的温度变化就可引起冷冻浓缩液黏度的明显增加，同时冰的结晶停止。此时的温度叫玻璃化温度。在玻璃化温度以下，冷冻的浓缩液以硬的玻璃状态存在，而在玻璃化温度以上，冷冻浓缩液为黏稠的液体。冷冻浓缩液的玻璃化温度的意义在于它与冻干过程中的坍塌温度密切相关。如果在坍塌温度以上进行干燥，则冷冻浓缩液将发生流动，从而破坏了冷冻建立起来的微细结构，产生各种坍塌、破坏。

（2）预冻　预冻是在常压下使制品冻结，使之适于升华干燥的状态。预冻时，冷却速度、制品的成分、含水量、液体黏度和不可结晶成分的存在等是影响晶体大小、形状和升华阶段的主要因素。

预冻温度应低于产品共熔点 10～20℃。如果预冻温度不在低共熔点以下，抽真空时则有少量液体“沸腾”而使制品表面凹凸不平。

预冻方法有速冻法和慢冻法。速冻法就是在产品进箱之前，先把冻干箱温度降到−45℃以下，再将制品装入箱内。这样急速冷冻，形成细微冰晶，晶体中空隙较小，制品粒子均匀细腻，具有较大的比表面积和多孔结构，产品疏松易溶。但升华过程速度较慢，成品引湿性也较大，对于酶类或活菌活病毒的保存有利。慢冻法所得晶体较大，有利于提高冻干效率，但升华后制品中空隙相对较大。

（3）干燥阶段　制品预冻后，启动真空泵，冰的升华随即开始。干燥分为第一阶段干燥和第二阶段干燥。

第一阶段干燥开始时，冰的升华在表面进行，然后升华面进入制品内部，水汽需通过已干燥的表层，干燥过程依赖于水汽的传递排出速率及所必需的升华热。

升华所需热量主要依靠搁板对制品的热传导，此时搁板温度可控制升高一定温度。由于干层导热能力很低，制品内外层温度梯度逐渐增大，为防止制品破坏，干层不得超过允许温度，通常此阶段板温控制在±10℃之间。此外，必须避免升华面的过热，应使传递给冰核心表面的热量与水分升华所需热量平衡。当制品中的冰全部升华完时，第一干燥阶段结束。

第二阶段干燥的目的是去除制品内以吸附形式结合的水分。一般情况下，为避免制品过热，不宜过分提高搁板温度。为克服水的吸附力，冻干设备在第二阶段干燥时应提供较大的压力梯度，一方面适当提高板温，此时因水分排出量减少，制品温度缓慢升高；另一方面因水分量减少，干燥器内压力有所下降，确保吸附水分的排除。第二阶段干燥必须避免制品过分干燥。

图 4-12 为搁板温度与制品温度随时间变化的曲线，称为冻干曲线。

（4）冻干过程终点判定

① 温度法判定干燥终点：制品温度与板温重合即达干燥终点。

② 压力测量法判定干燥终点：将干燥箱与冷凝器之间的阀门关闭一段时间，如果箱内压力没有变化，即表示干燥已到终点。

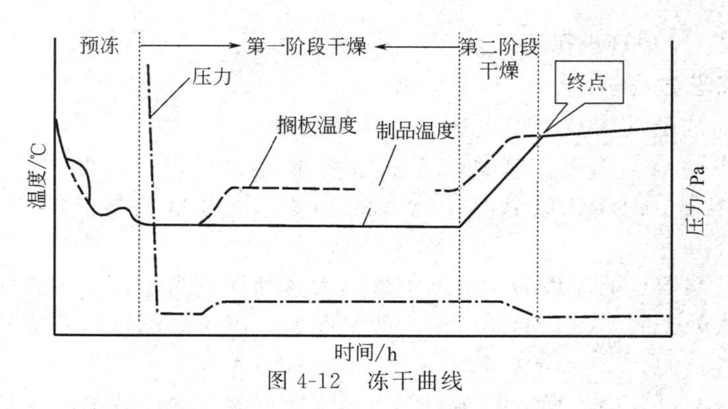

图 4-12 冻干曲线

4. 冷冻干燥过程中常出现的异常现象及处理方法

（1）含水量偏高　装入容器液层过厚，超过 10～15mm；干燥过程中热量供给不足，使蒸发量减少；真空度不够，冷凝器温度偏高等均可造成含水量偏高。可采用旋转冷冻机或斜冻以增加升华面来解决。

（2）喷瓶　原因可能有预冻不好，预冻温度过高，产品冻结不实，有少量液体；或升华时供热过快，局部过热，部分制品熔化为液体，在高真空条件下，少量液体从已干燥的固体界面下喷出而形成喷瓶。为了防止喷瓶，必须控制温度在低共熔点以下 10～20℃，同时加热升华，温度不要超过该溶液的低共熔点。

（3）产品外形不饱满或萎缩成团粒　形成此种现象的原因，可能是冻干时开始形成的干外壳结构致密，升华的水蒸气的穿过阻力很大，水蒸气在干层停滞时间较长，使部分药品逐渐潮解，以致体积收缩，外形不饱满或成团粒。黏度较大的样品更易出现这类现象。解决办法主要是从配制处方和冻干工艺两方面考虑，可以加入适量甘露醇、氯化钠等填充剂，或采用反复预冷升华法，改善结晶状态和制品的通气性，使水蒸气顺利逸出，从而使产品外观得到改善。

（二）冻干粉针剂工艺流程及环境区域划分

冻干粉针剂属于无菌分装注射剂。因所需无菌分装的药品多数不耐热，不能采用灌装后灭菌，故生产过程必须是无菌操作。粉针剂的生产工序包括洗瓶及干燥灭菌、胶塞处理及灭菌、铝盖洗涤及灭菌、分装加半塞、冻干、轧盖、包装等。冻干粉针剂工艺流程及环境区域划分见图 4-13。

六、注射剂生产工艺质量控制

由于注射剂直接注入人体内部，所以必须确保注射剂质量，注射剂的质量要求如下。

（1）无菌　注射剂成品中不应含有任何活的微生物。不管用什么方法制备，都必须达到药典无菌检查的要求。

（2）无热原　无热原是注射剂的重要质量指标，特别是大量的、供静脉注射及脊椎腔注射的药物制剂，均需进行热原检查，合格后方能使用。

（3）澄明度　注射剂要在规定条件下检查，不得有肉眼可见的浑浊或异物。鉴于微粒引入人体所造成的危害，目前对澄明度的要求更严。具体内容参看本章质量检查部分。

（4）安全性　注射剂不能引起对组织刺激或发生毒性反应，特别是非水溶剂及一些附加剂，必须经过必要的动物实验，确保使用安全。

（5）渗透压　注射剂要有一定的渗透压，其渗透压要求与血浆的渗透压相等或接近。

（6）pH 值　注射剂的 pH 值要求与血液相等或接近（血液 pH 值为 7.4），注射剂一般控制在 4～9 的范围内。

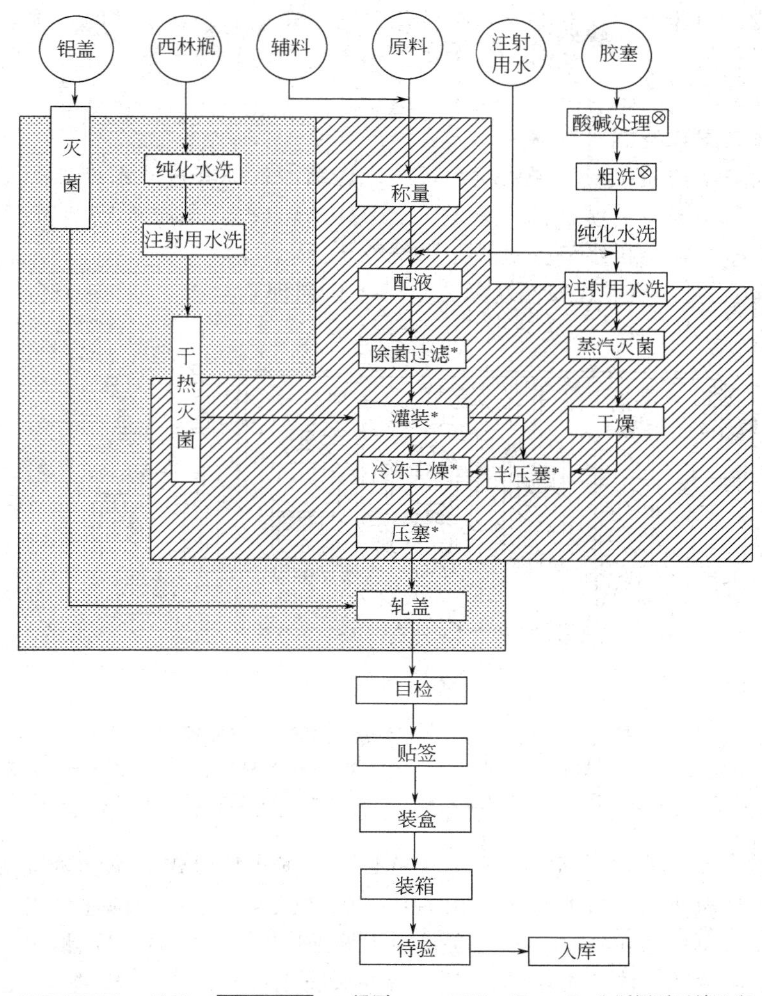

图 4-13　冻干粉针剂工艺流程及环境区域划分示意

说明：洁净级别设置可根据具体设备情况适当调整。

(7) 稳定性　注射剂多系水溶液，而且从制造到使用需要经过一段时间，所以稳定性问题比其他剂型突出，故要求注射剂具有必要的物理稳定性和化学稳定性，确保产品在贮存期内安全有效。

(8) 降压物质　有些注射剂，如复方氨基酸注射剂，其降压物质必须符合规定，以保证用药安全。

第二节　注射剂生产工艺设备

一、最终灭菌小容量注射剂生产工艺设备

(一) 安瓿的洗涤设备

安瓿作为盛放注射药品的容器，在其制造及运输过程中难免会被微生物及尘埃粒子所污

染，为此在灌装针剂药液前安瓿必须进行洗涤，要求在最后一次清洗时，须采用经微孔滤膜精滤过的注射用水加压冲洗，然后再经灭菌干燥方能灌注药液。下面介绍目前常用的两种注射剂容器处理设备。

1. 气水喷射式安瓿洗瓶机组

气水喷射式安瓿洗瓶机组主要由供水系统、压缩空气及其过滤系统、洗瓶机等三大部分组成。洗涤时，利用洁净的洗涤水及经过过滤的压缩空气，通过喷嘴交替喷射每个安瓿内外，将其喷洗干净。整个机组的关键设备是洗瓶机。

图 4-14 所示是气水喷射式安瓿洗瓶机组的工作原理示意图。

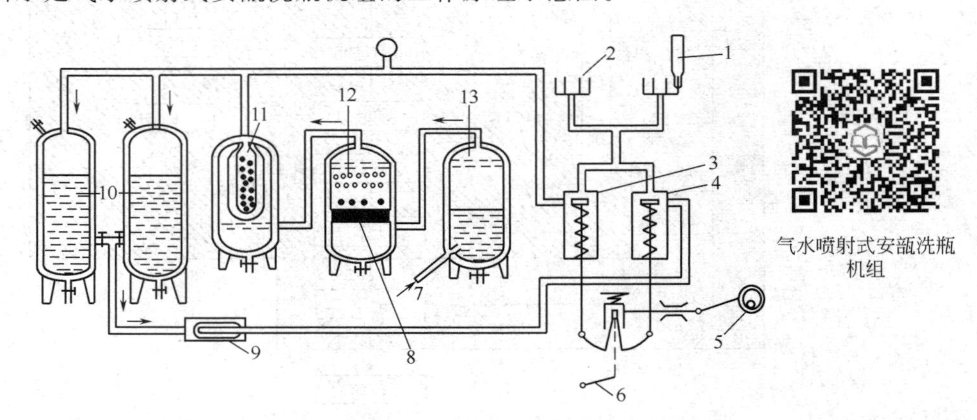

图 4-14　气水喷射式安瓿洗瓶机组工作原理示意

1—安瓿；2—针头；3—喷气阀；4—喷水阀；5—偏心轮；6—脚踏板；7—压缩空气进口；8—木炭层；9,11—双层涤纶袋滤器；10—水罐；12—瓷环层；13—洗气罐

图 4-15 为应用较多的半自动 XP 型 5/10mL 单针气水喷射式安瓿洗瓶机结构示意图。该机组由进瓶斗、移瓶机构、气水开关、出瓶斗、电动机及变速箱等构件组成。该机水气的冲洗吹净方式为：安瓿送达位置 A_1 时，位于针头架 28 上的针头插入安瓿内，并向内注水洗瓶；当安瓿到达位置 A_2 时，继续对安瓿补充注水洗瓶；到达位置 B_1 时，经净化滤过的压缩空气将安瓿瓶内的洗涤水吹掉；到达位置 B_2 时，继续由压缩空气将安瓿瓶内的积水吹净，从而完成了二水二气的洗瓶工序。

2. 超声波安瓿洗瓶机

超声波安瓿洗瓶机是目前制药工业界较为先进且能实现连续生产的安瓿洗瓶设备，它的作用机理如下。

浸没在清洗液中的安瓿在超声波发生器的作用下，使安瓿与液体接触的界面处于剧烈的超声振动状态时所产生的一种“空化”作用，将安瓿内外表面的污垢冲击剥落，从而达到清洗安瓿的目的。所谓空化是在超声波作用下，液体中产生微气泡，小气泡在超声波作用下逐渐长大，当尺寸适当时产生共振而闭合。在小泡湮灭时自中心向外产生微驻波，随之产生高压、高温，小泡涨大时会摩擦生电，于湮灭时又中和，伴随有放电、发光现象，气泡附近的微冲流增强了流体搅拌及冲刷作用。在超声波作用下，微气泡不断产生与湮灭，“空化”不息。“空化”作用所产生的搅动、冲击、扩散和渗透等一系列机械效应大部分有利于安瓿的清洗。超声波的洗涤效果是其他清洗方法不能比拟的，将安瓿浸没在超声波清洗槽中，不仅可保证外壁洁净，也可保证安瓿内部无尘、无菌，从而达到洁净指标。

工业上常用连续操作的机器来实现大规模处理安瓿的要求。运用针头单支清洗技术与超声技术相结合的原理构成了连续回转超声洗瓶机，其原理如图 4-16 所示。

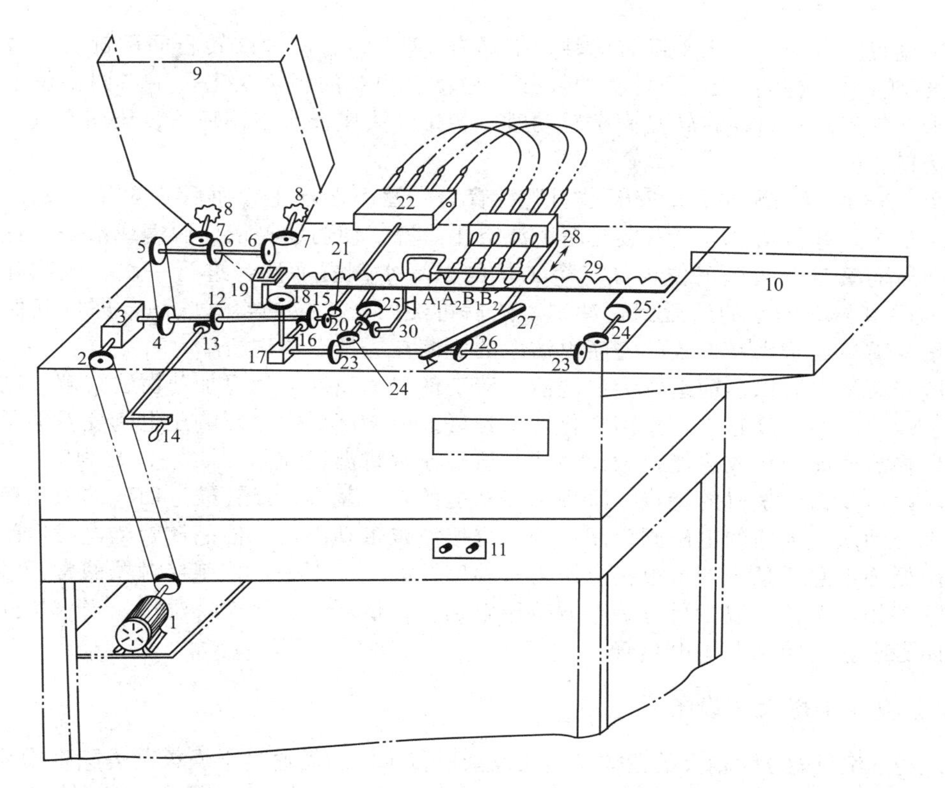

图 4-15　XP 型 5/10mL 单针气水喷射式安瓿洗瓶机结构示意图

1—电动机；2—皮带轮；3—变速箱；4,5—链轮；6,7,12,13,15,16,20,21,23,24,26—锥齿轮；8—拨轮；9—进瓶斗；10—出瓶斗；11—机架；14—手柄；17—变速箱；18,26—凸轮；19—落瓶动槽板；22—气水开关；25—偏心轮；27—摇臂；28—针头架；29—移动齿板；30—压瓶机构

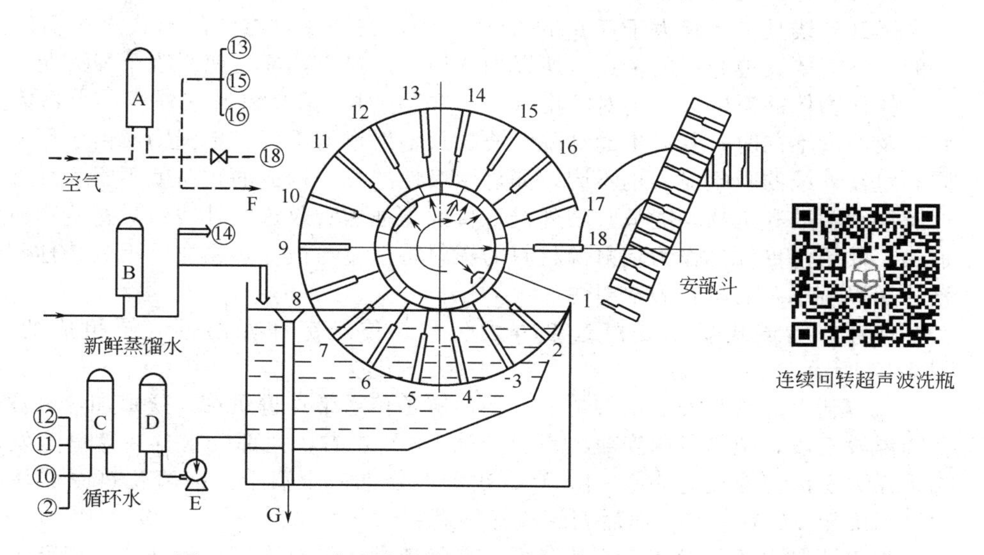

图 4-16　18 工位连续回转超声滤洗瓶原理

1—引瓶；2—注循环水；3～7—超声清洗；8,9—空位；10～12—循环水冲洗；13—吹气排水；14—注新蒸馏水；15,16—吹净化气；17—空位；18—吹气送瓶；A～D—过滤器；E—循环泵；F—吹除玻璃屑；G—溢流回收

清洗流程。利用一个水平卧装的轴，拖动有18排针管的针鼓转盘间歇旋转，每排针管有18支针头，构成共有324个针头的针鼓。与转盘相对的固定盘上，于不同工位上配置有不同的水、气管路接口，在转盘间歇转动时，各排针头座依次与循环水、压缩空气、新鲜蒸馏水等接口相通。

从图4-16所标的顺序看，安瓿被引进针管后先灌满循环水，而后于60℃的超声水槽中经过五个工位，共停留25s左右接受超声波空化清洗，使污物振散、脱落或溶解。针鼓旋转带出水面后的安瓿空两个工位再经三个工位的循环水倒置冲洗，进行一次空气吹除，于第14工位接受新鲜蒸馏水的最后倒置冲洗，然后再经两个工位的空气吹净，即可确保安瓿的洁净质量。最后处于水平位置的安瓿由洁净的压缩空气推出清洗机。

一般安瓿清洗时以蒸馏水作为清洗液。清洗液温度越高，越可加速污物溶解。同时，温度越高，清洗液的黏度越小，振荡空化效果越好。但温度增高会影响压电陶瓷及振子的正常工作，易将超声能转化成热能，做无用功，所以通常将温度控制在60～70℃为宜。

回转超声安瓿清洗机的特点：采用了多功能的自控装置；以针鼓上回转的铁片控制继电器触点来带动水、气路的电磁阀启闭；利用水槽液位带动限位棒使晶体管继电器启闭，从而得以控制循环水泵；预先调节电接点压力式温度计的上、下限，控制接触器的常开触点，使得电热管工作，保持水温。另有一个调节用电热管，供开机时迅速升温用，当水达到上限时打开常闭触点，关闭调节用电热管。

（二）安瓿干燥灭菌设备

安瓿经淋洗只能去除稍大的菌体、尘埃及杂质粒子，还需通过干燥灭菌去除生物粒子的活性，达到杀灭细菌和热原的目的，同时也可使安瓿进行干燥。干燥灭菌设备的类型较多，烘箱是最原始的干燥设备，因其规模小、机械化程度低、劳动强度大，目前大多被隧道式灭菌烘箱所代替，常用的有远红外隧道式烘箱和电热隧道灭菌烘箱。所用能源有蒸汽、煤气及电热等。

1. 远红外隧道式烘箱

远红外线是指波长大于5.6μm的红外线，它是以电磁波的形式直接辐射到被加热物体上的，不需要其他介质的传递，所以加热快、热损小，能迅速实现干燥灭菌。

任何物体的温度大于绝对零度（－273℃）时，都会辐射红外线。当物体的材料、表面状态及温度不同时，其产生的红外线波长及辐射率均不同。不同物质由于原子、分子结构不同其对红外线的吸收能力也不同，如显示极性的分子构成的物质就不吸收红外线，而水、玻璃及绝大多数有机物均能吸收红外线，特别是强烈吸收远红外线。对这些物质使用远红外线加热，效果也更好。作为辐射源材料的辐射特性应与被加热物质的吸收特性相匹配，而且应该选择辐射率高的材料做辐射源。

远红外隧道式烘箱是由远红外发生器、传送链和保温排气罩组成的，具体结构如图4-17所示。

瓶口朝上的盘装安瓿由隧道的一端用链条传送带送进烘箱。隧道加热分预热段、中间段及降温段三段，预热段内安瓿由室温升至100℃左右，大部分水分在这里蒸发；中间段为高温干燥灭菌区，温度达300～450℃，残余水分进一步蒸干，细菌及热原被杀灭；降温段是由高温降至100℃左右，而后安瓿离开隧道。

为保证箱内的干燥速率不致降低，在隧道顶部设有强制抽风系统，以便及时将湿热气排出；隧道上方的罩壳上部应保持5～20Pa的负压，以保证远红外发生器的燃烧稳定。

该机操作和维修时应注意以下几点。

① 调风板开启度的调节。根据煤气成分不同而异，每只辐射器在开机前需逐一调节调风板，当燃烧器赤红无焰时固紧调风板。

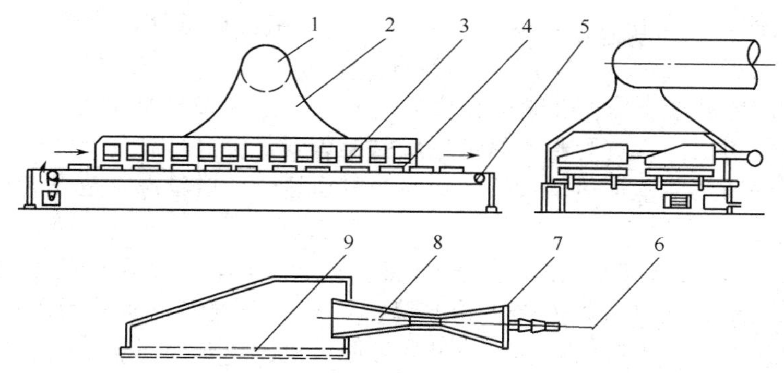

图 4-17　远红外隧道式烘箱结构

1—排风管；2—罩壳；3—远红外发生器；4—盘装安瓿；5—传送链；
6—煤气管；7—通风板；8—喷射器；9—铁铬铝网

② 防止远红外发生器回火。压紧发生器内网的周边不得漏气，以防止火焰自周边缝隙（指大于加热网孔的缝隙）窜入发生器内部引起发生器内或引射器内燃烧，即回火。

③ 安瓿规格需与隧道尺寸匹配。应保证安瓿顶部距远红外发生器面为 15～20cm，此时烘干效率最高，否则应及时调整其距离。此外，还需定期清扫隧道并加油，以保持运转部位润滑。

2. 电热隧道灭菌烘箱

这种烘箱的基本形式也为隧道式。可考虑与超声波安瓿清洗机和安瓿拉丝灌封机配套使用，组成联动生产线。烘箱组成如图 4-18 所示。各部分的结构作用原理分述如下。

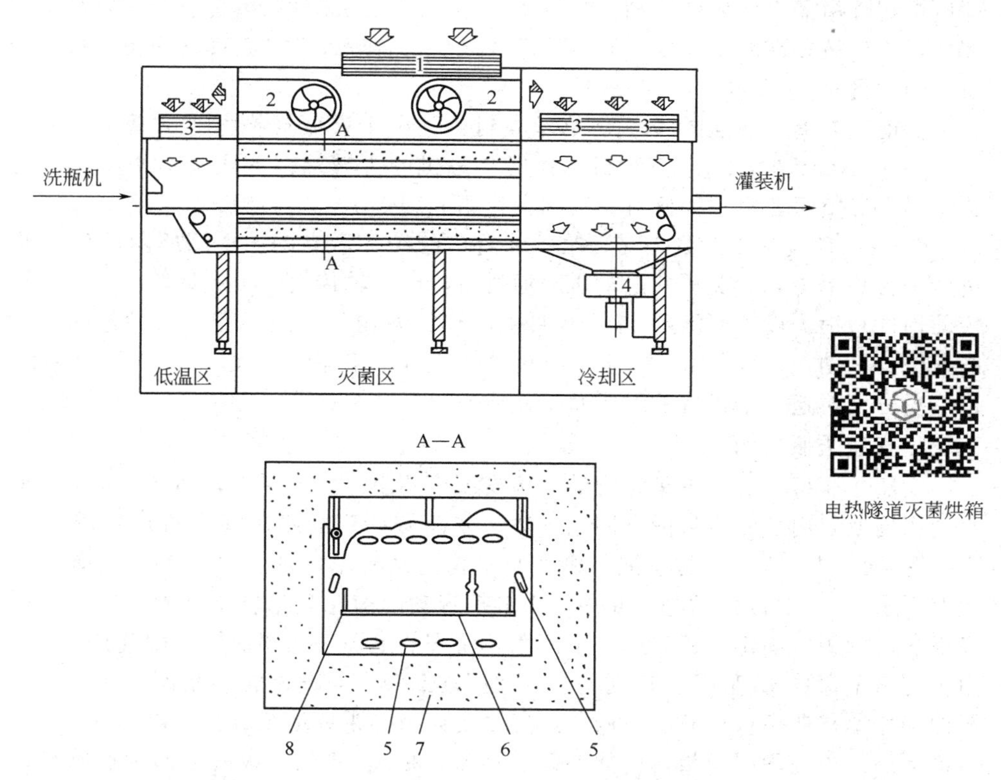

图 4-18　电热隧道灭菌烘箱结构示意

1—中效过滤器；2—送风机；3—高效过滤器；4—排风机；5—电热管；6—水平网带；7—隔热材料；8—竖直网带

① 为了将安瓿水平运送入、出烘箱并防止安瓿走出传送带外，传送带由三条不锈钢丝编织网带构成。水平传送带宽 400mm，两侧垂直带高 60mm，三者同步移动。

② 加热器为 12 根电加热管沿隧道长度方向安装，在隧道横截上呈包围安瓿盘的形式。电热丝装在镀有反射层的石英管内，热量经反射聚集到安瓿上以充分利用热能。电热丝分两组，一组为电路常通的基本加热丝；另一组为调节加热丝，依箱内额定温度控制其自动接通或断电。

③ 该机的前后提供 A 级层流空气形成垂直气流空气幕，一则保证隧道的进、出口与外部污染的隔离；二则保证出口处安瓿的冷却降温。外部空气经风机前后的两级过滤达到 A 级净化要求。烘箱中段干燥区的湿热气经另一可调风机排出箱外，但干燥区应保持正压，必要时由 A 级净化气补充。

④ 隧道下部装有排风机，并有调节阀门，可调节排出的空气量。排气管的出口处还有碎玻璃收集箱，以减少废气中玻璃细屑的含量。

⑤ 为确保箱内温度要求及整机或联机的动作功能，均需由电路控制来实现。如层流箱未开或不正常时，电热器不能打开。平行流风速低于规定时，自动停机，待层流正常时，才能开机。电热温度不够时，传送带电机打不开，甚至洗瓶机也不能开动。生产完毕停机后，高温区缓缓降温，当温度降至设定值时（通常 100℃），风机会自动停机。

（三）安瓿灌封设备

注射液灌封是注射剂装入容器的最后一道工序，也是注射剂生产中最重要的工序，注射剂质量直接由灌封区域环境和灌封设备决定。因此，灌封区域是整个注射剂生产车间的关键部位，应保持较高的洁净度。同时，灌封设备的合理设计及正确使用也直接影响注射剂产品质量的优劣。

目前主要的安瓿灌封设备是拉丝灌封机，由于安瓿规格大小的差异，灌封机分为 1～2mL、5～10mL 和 20mL 三种机型，但灌封机的机械结构形式基本相同，在此以应用最多的 1～2mL 安瓿灌封机为例对其结构及作用原理作一介绍分析。

图 4-19 所示为 LAGI-2 安瓿拉丝灌封机的结构示意图。由图所示的传动路线可知，该机由一台功率为 0.37kW 的电动机，通过带轮的主轴传动，再经蜗轮、凸轮、压轮及摇臂等传动构件转换为设计所需的 13 个构件的动作，各构件之间均能满足设定的工艺要求，按控制程序协调动作。LAGI-2 拉丝灌封机的主要执行机构是：送瓶机构、灌装机构及封口机构。现分别对这三个机构的组成及工作原理分析介绍如下。

1. 安瓿送瓶机构

安瓿送瓶机构是将密集堆排的灭菌安瓿依照灌封机的要求，即在一定的时间间隔（灌封机动作周期）内，将定量的（固定支数）安瓿按一定的距离间隔排放在灌封机的传送装置上。图 4-20 为 LAGI-2 拉丝灌封机送瓶机构的结构示意图。将前工序洗净灭菌后的安瓿放置在与水平成 45°倾角的进瓶斗内，由链轮带动的梅花盘每转 1/3 周，将 2 支安瓿拨入固定齿板的齿槽中。固定齿板有上、下两条，使安瓿上、下两端恰好被搁置其上而固定，并使安瓿仍与水平保持 45°倾角，口朝上，以便灌注药液。与此同时移瓶齿板在其偏心轴的带动下开始动作。移瓶齿板也有上下两条，与固定齿板等距离地装置在其内侧（共有四条齿板，最上最下的两条是固定齿板，中间两条是移瓶齿板）。移瓶齿板的齿形为椭圆形，以防在送瓶过程中将瓶撞碎。当偏心轴带动移瓶齿板运动时，先将安瓿从固定齿板上托起，然后越过其齿顶，将安瓿移过两个齿距。如此反复动作，完成送瓶的动作。偏心轴每转 1 周，安瓿右移

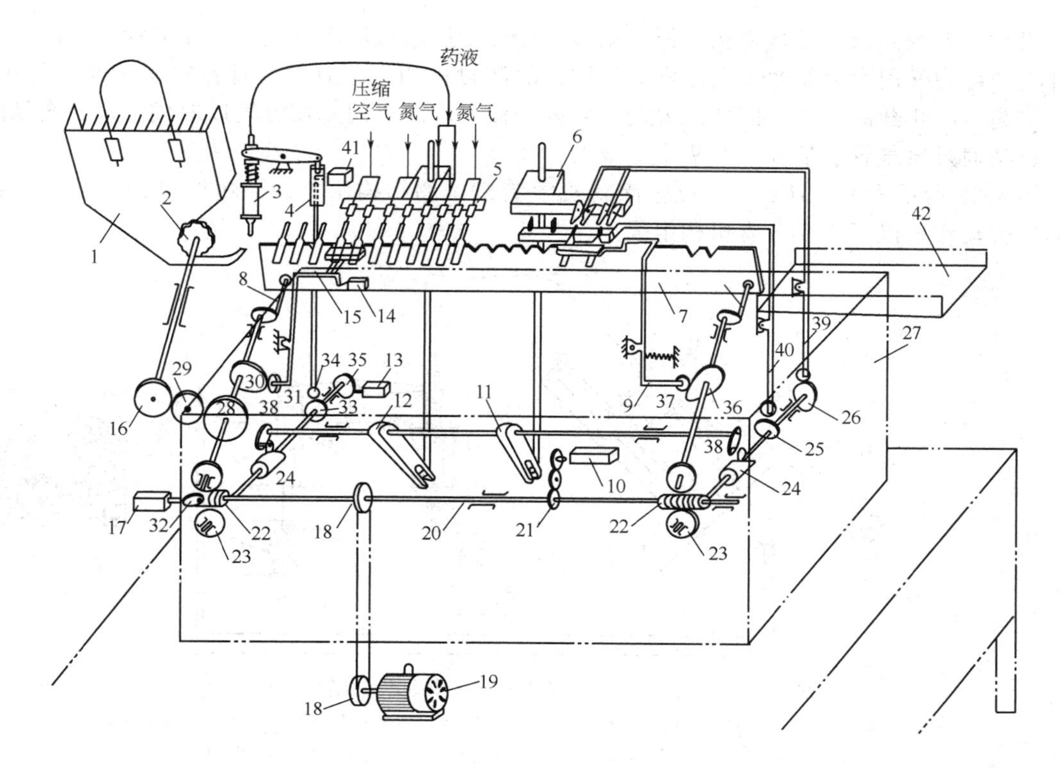

图 4-19　LAGI-2 安瓿拉丝灌封机结构示意

1—进瓶斗；2—梅花盘；3—针筒；4—导轨；5—针头架；6—拉丝钳架；7—移瓶齿板；8—曲轴；9—封口压瓶机构；10—移瓶齿轮箱；11—拉丝钳上、下拨叉；12—针头架上、下拨叉；13—气阀；14—行程开关；15—压瓶装置；16,21,28—圆柱齿轮；17—压缩气阀；18—皮带轮；19—电动机；20—主轴；22—蜗杆；23—蜗轮；24,30,32,33,35,36—凸轮；25,26—拉丝钳开口凸轮；27—机架；29—中间齿轮；31,34,37,39—压轮；38—摇臂压轮；40—火头让开摇臂；41—电磁阀；42—出瓶斗

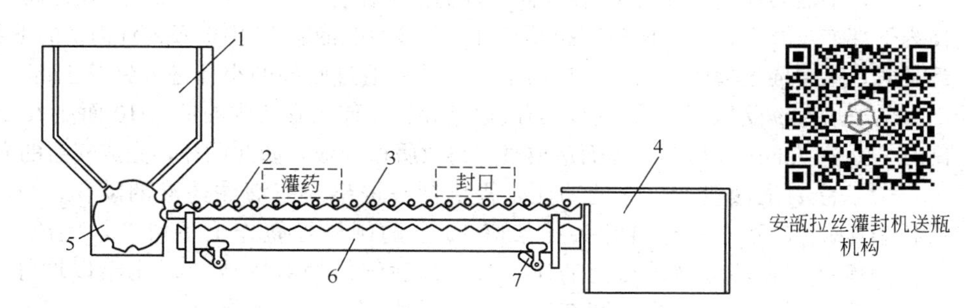

安瓿拉丝灌封机送瓶机构

图 4-20　LAGI-2 安瓿拉丝灌封机送瓶机构结构示意

1—进瓶斗；2—安瓿；3—固定齿板；4—出瓶斗；5—梅花盘；6—移瓶齿板；7—偏心轴

2 个齿距，依次过灌药和封口两个工位，最后将安瓿送到出瓶斗。完成封口的安瓿在进入出瓶斗时，由移动齿板推动的惯性力及安装在出瓶斗前的一块有一定角度斜置的舌板的作用，使安瓿转动并呈竖立状态进入出瓶斗。此外应当指出的是偏心轴在旋转 1 周的周期内，前 1/3 周期用来使移瓶齿板完成托瓶、移瓶和放瓶的动作，后 2/3 周期供安瓿在固定齿板上滞留以完成药液的灌注和封口。

2. 安瓿灌装机构

安瓿灌装机构是将配制后的药液经计量，按一定体积注入安瓿中去。为适应不同规格、尺寸的安瓿要求，计量机构应便于调节。经计量后的药液需使用类似注射针头状的灌注针灌入安瓿，又因灌封是数支安瓿同时灌注，故灌封机相应地有数套计量机构和灌注针头。充氮是为了防止药品氧化，因此需要向安瓿内药液上部的空间充填氮气以取代空气。充氮的功能也是通过氮气管线端部的针头来完成的。

图 4-21 所示为 LAGI-2 安瓿拉丝灌封机灌装机构的结构示意图。由图可知，该灌装机构的执行动作由以下三个分支机构组成。

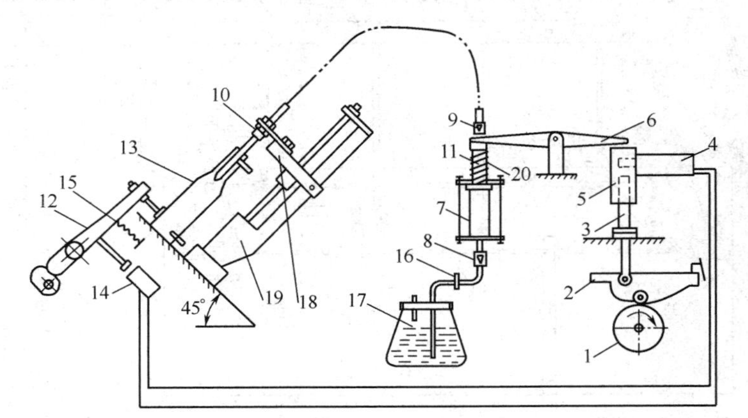

安瓿拉丝灌装机

图 4-21 LAGI-2 安瓿拉丝灌封机灌装机构的结构示意

1—凸轮；2—扇形板；3—顶杆；4—电磁阀；5—顶杆座；6—压杆；7—针筒；8,9—单向玻璃阀；10—针头；11—压簧；12—摆杆；13—安瓿；14—行程开关；15—拉簧；16—螺丝夹；17—贮液罐；18—针头托架；19—针头托架座；20—针筒芯

（1）凸轮-杠杆机构　它的功能是完成将药液从贮液罐中吸入针筒内并输向针头进行灌装。它的整个传动系统如下。

凸轮 1 的连续转动，通过扇形板 2，转换为顶杆 3 的上、下往复移动，再转换为压杆 6 的上下摆动，最后转换为针筒芯 20 在针筒 7 内的上下往复移动。当针筒芯 20 在针筒 7 内向上移动时，筒内下部产生真空；下单向玻璃阀 8 开启，药液由贮液罐 17 中被吸入针筒 7 的下部；当筒芯向下运动时，下单向玻璃阀 8 关阀，针筒下部的药液通过底部的小孔进入针筒上部。筒芯继续上移，上单向玻璃阀 9 受压而自动开启，药液通过导管及伸入安瓿内的针头 10 而注入安瓿 13 内。与此同时，针筒下部因针筒芯上提而造成真空再次吸取药液，如此循环，完成安瓿的灌装。

（2）注射灌液机构　它的功能是提供针头进出安瓿灌注药液的动作。针头 10 固定在针头托架 18 上，随它一起沿针头托架座 19 上的圆柱导轨作上下滑动，完成对安瓿的药液灌装。一般针剂在药液灌装后尚需注入某些惰性气体如氮气或二氧化碳以增加制剂的稳定性。充气针头与灌液针头并列安装在同一针头托架上，一起动作。

（3）缺瓶止灌机构　其功能是当送瓶机构因某种故障致使在灌液工位出现缺瓶时，能自动停止灌液，以免药液的浪费和污染。当灌装工位因故致使安瓿空缺时，拉簧 15 将摆杆 12 下拉，直至摆杆触头与行程开关 14 触头相接触，行程开关闭合，致使开关回路上的电磁阀 4 动作，使顶杆 3 失去对压杆 6 的上顶动作，从而达到了自动止灌的功能。

3. 安瓿拉丝封口机构

封口是用火焰加热，将已灌注药液且充氮后的安瓿颈部熔融后使其密封。加热时安瓿需自转，使颈部均匀受热熔化。为确保封口不留毛细孔隐患，一般均采用拉丝封口工艺。拉丝封口不仅是瓶颈玻璃自身的融合，而且用拉丝钳将瓶颈上部多余的玻璃靠机械动作强力拉走，加上安瓿自身的旋转动作，可以保证封口严密不漏，且使封口处玻璃厚薄均匀，而不易出现冷爆现象。

图 4-22 所示为 LAGI-2 安瓿拉丝灌封机气动拉丝封口机构的结构示意图。

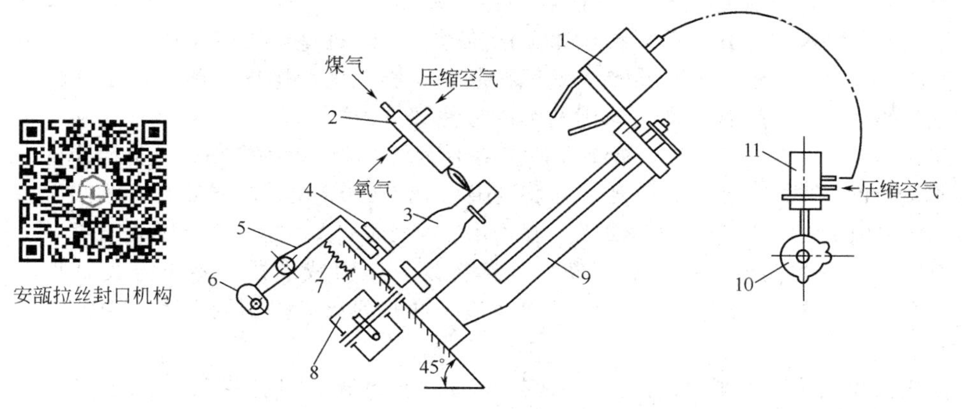

图 4-22　LAGI-2 安瓿拉丝灌封机气动拉丝封口机构结构示意

1—拉丝钳；2—喷嘴；3—安瓿；4—压瓶滚轮；5—摆杆；6—压瓶凸轮；
7—拉簧；8—蜗轮蜗杆箱；9—钳座；10—凸轮；11—气阀

拉丝封口主要由拉丝机构、加热部件及压瓶机构三部分组成。拉丝机构包括拉丝钳的钳口开闭及钳子上下运动。按其传动形式有气动拉丝和机械拉丝两种，两者不同之处在于如何控制钳口的开闭，气动拉丝通过气阀凸轮控制压缩空气经管道进入拉丝钳使钳口开闭，而机械拉丝则由钢丝绳通过连杆和凸轮控制拉丝钳口开闭。气动拉丝结构简单，造价低，维修方便。机械拉丝结构复杂，制造精度要求高，适用于无气源的地方，并且不存在排气的污染。

下面介绍气动拉丝封口的过程。

灌好药液的安瓿经移瓶齿板作用进入图示位置时，安瓿由压瓶滚轮压住以防止拉丝钳拉安瓿颈丝时安瓿随拉丝钳移动。蜗轮转动带动滚轮旋转，从而使安瓿旋转，同时压瓶滚轮也旋转。加热火焰由煤气、压缩空气和氧气混合组成，火焰温度为 1400℃左右。对安瓿颈部需加热部位圆周加热到一定火候，拉丝钳口张开向下，当达到最低位置时，拉丝钳收口，将安瓿头部拉住，并向上将安瓿熔化丝头抽断而使安瓿闭合。

当拉丝钳到达最高位置时，拉丝钳张开、闭合两次，将拉出的废丝头甩掉，这样整个拉丝动作完成。拉丝过程中拉丝钳的张合由气阀凸轮控制压缩空气完成。安瓿封口完成后，由于凸轮作用，摆杆将压瓶滚轮拉起，移瓶齿板将封口安瓿移至下一位置，未封口安瓿送入火焰进行下一个周期动作。

4. 灌封过程中常见问题及解决方法

（1）冲液　冲液是指在注液过程中，药液从安瓿内冲起溅在瓶颈上方或冲出瓶外，冲液的发生会造成药液浪费、容量不准、封口焦头和封口不密等问题。

解决冲液现象的主要措施有以下几种：注液针头出口多采用三角形的开口，中间拼拢，这样的设计能使药液在注液时沿安瓿瓶身进液，而不直冲瓶底，减少了液体注入瓶底的反冲力；调节针头进入安瓿的位置使其恰到好处；凸轮的设计使针头吸液和注药的行程加长，不给药时的行程缩短，保证针头出液先急后缓。

（2）束液　束液是指注液结束时，针头上不得有液滴沾留挂在针尖上，若束液不好则液滴容易弄湿安瓿颈，既影响注射剂容量，又会出现焦头或封口时瓶颈破裂等问题。

解决束液不好现象的主要方法有：灌药凸轮的设计，使其在注液结束时返回快；单向玻璃间设计有毛细孔，使针筒在注液完成后对针筒内的药液有微小的倒吸作用；另外，一般生产时常在贮液瓶和针筒连接的导管上夹一只螺丝夹，靠乳胶管的弹性作用控制束液。

(3) 封口火焰调节　封口火焰的温度直接影响封口质量，若火焰过大，拉丝钳还未下来，安瓿丝头已被火焰加热熔化并下垂，拉丝钳无法拉丝；火焰过小，则拉丝钳下来时瓶颈玻璃还未完全熔融，不是拉不动，就是将整只安瓿拉起，均影响生产操作。此外，还可能产生“泡头”“瘪头”“尖头”等问题，产生原因及解决方法如下。

① 泡头。煤气太大、火力太旺导致药液挥发，需调小煤气；预热火头太高，可适当降低火头位置；主火头摆动角度不当，一般摆动1°～2°；压脚没压好，使瓶子上爬，应调整上下角度位置；钳子太低，造成钳去玻璃太多，玻璃瓶内药液挥发，压力增加，而成泡头，需将钳子调高。

② 瘪头。瓶口有水迹或药迹，拉丝后因瓶口液体挥发，压力减少，外界压力大而瓶口倒吸形成平头，可调节灌装针头位置和大小，不使药液外冲；回火火焰不能太大，否则使已圆好口的瓶口重熔。

③ 尖头。预热火焰太大，加热火焰过大，使拉丝时丝头过长，可把煤气量调小些；火焰喷枪离瓶口过远，加热温度太低，应调节中层火头，对准瓶口，离瓶3～4mm；压缩空气压力太大，造成火力急，温度低于软化点，可将空气量调小一点。

由上述可见，封口火焰的调节是封口好坏的首要条件，封口温度一般调节在1400℃，由煤气和氧气压力控制，煤气压力大于0.98kPa，氧气压力为0.02～0.05MPa。火焰头部与安瓿瓶颈间最佳距离为10mm，生产中拉丝火头前部还有预热火焰，当预热火焰使安瓿瓶颈加热到微红，再移入拉丝火焰熔化拉丝，有些灌封机在封口火焰后还设有保温火焰，使封好的安瓿慢慢冷却，以防止安瓿因突然冷却而发生爆裂现象。

(四) 安瓿洗、烘、灌封联动机

安瓿洗、烘、灌封联动机是一种将安瓿洗涤、烘干灭菌以及药液灌封三个步骤联合起来的生产线，实现了注射剂生产承前联后同步协调操作，联动机由安瓿超声波清洗机、隧道灭菌箱和多针拉丝安瓿灌封机三部分组成。除了可以连续操作之外，每台单机还可以根据工艺需要，进行单独的生产操作。安瓿洗、烘、灌封联动机工作原理如图4-23所示，主要特点

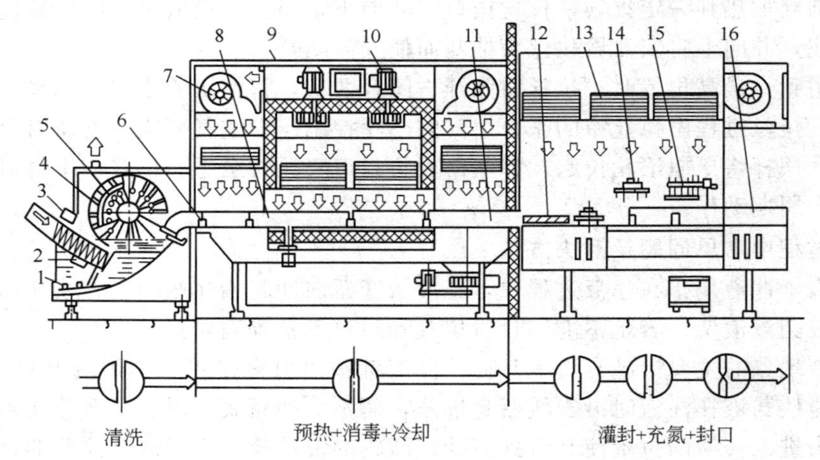

图4-23　安瓿洗、烘、灌封联动机工作原理

1—水加热器；2—超声波换能器；3—喷淋水；4—冲水、气喷嘴；5—转鼓；6—预热器；7,10—风机；8—高温灭菌区；9—高效过滤器；11—冷却区；12—不等距螺杆分离；13—洁净层流罩；14—充气灌药工位；15—拉丝封口工位；16—成品出口

如下。

① 采用了先进的超声波清洗、多针水气交替冲洗、热空气层流消毒、层流净化、多针灌装和拉丝封口等先进生产工艺和技术，全机结构清晰、明朗、紧凑，不仅节省了车间、厂房场地的投资，而且减少了半成品的中间周转，使药物受污染的可能降低到最小限度。

② 适合于 1mL、2mL、5mL、10mL、20mL 5 种安瓿规格，通用性强，规格更换件少，更换容易。但安瓿洗、烘、灌封联动机价格昂贵，部件结构复杂，对操作人员的管理知识和操作水平要求较高，维修也较困难。

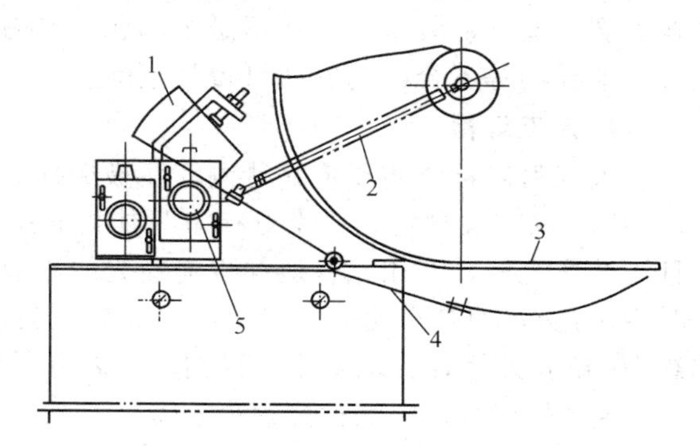

图 4-24 烘箱网带的伺服机构

1—感应板；2—拉簧；3—垂直网带；4—满缺瓶控制板；5—接近开关

③ 全机设计考虑了运转过程的稳定可靠性和自动化程度，采用了先进的电子技术和微机控制，实现机电一体化，使整个生产过程达到自动平衡、监控保护、自动控温、自动记录、自动报警和故障显示。需要指出的是灭菌干燥机与跟它前后相衔接的清洗机及灌封机的速度匹配是至关重要的问题。由于箱体内网带的运送具有伺服特性（图 4-24），因而为安瓿在箱体内的平稳运行创造了条件。伺服机构是通过接近开关与满缺瓶控制板等相互作用来执行的。即将网带入口处安瓿的疏密程度通过支点作用反馈到接近开关上，使接近开关及时发出讯号进行控制并自动处理以下几种情况。

a. 当网带入口处安瓿疏松到感应板在拉簧作用下脱离后接近开关，此时能立即发出讯号，令烘箱电机跳闸，网带停止运行。

b. 当安瓿清洗机的翻瓶器间歇动作出瓶时，即在网带入口处的安瓿呈现“时紧时弛”状态，感应板亦随之来回摆动。当安瓿密集时，感应板覆盖后接近开关，于是发出讯号，网带运行，将安瓿送走；当网带运行一段距离后，入口处的安瓿又呈现疏松状态，致使感应板脱离后接近开关，于是网带停止运行。如此周而复始，两机速度匹配达到正常运行状态。

c. 当网带入口处安瓿发生堵塞，感应板覆盖到前接近开关时，此时能立即发出讯号，令清洗机停机，避免产生轧瓶故障（此时网带则照常运行）。

（五）安瓿灭菌检漏设备

为确保针剂的内在质量，对灌封后的安瓿必须进行高温灭菌，以杀死可能混入药液或附在安瓿内壁的细菌，确保药品的无菌。针剂灭菌宜采用双扉式灭菌检漏柜，或采取其他能防止灭菌前后半成品混淆措施。

水针的灭菌一般采用热压蒸汽灭菌，并且需要检漏工艺。检漏的目的是检查安瓿封口的严密性，以保证安瓿灌封后的密封性。一般将灭菌消毒与检漏在同一个密闭容器中完成。利用湿热法的蒸汽高温灭菌在未冷却降温之前，立即向密闭容器注入色水，将安瓿全部浸没后，安瓿内的气体与药水遇冷成负压。这时如遇有封口不严密的安瓿将出现色水渗入安瓿的现象，同时实现灭菌和检漏工艺。

（六）灯检设备

注射剂的澄明度检查是保证注射剂质量的关键。因为注射剂生产过程中难免会带入一些异物，如未滤去的不溶物、容器或滤器的剥落物以及空气中的尘埃等，这些异物在体内会引起肉芽肿、微血管阻塞及肿块等不同的损坏。这些带有异物的注射剂通过澄明度检查必须剔除。

经灭菌检漏后的安瓿通过一定照度的光线照射，用人工或光电设备可进一步判别是否存在破裂、漏气、装量过满或不足等问题。空瓶、焦头、泡头或有色点、浑浊、结晶、沉淀以及其他异物等不合格的安瓿可得到剔除。

1. 人工灯检

人工目测检查主要依靠待测安瓿被振摇后药液中微粒的运动从而达到检测目的。按照我国 GMP 的有关规定，一个灯检室只能检查一个品种的安瓿。检查时一般采用 40W 青光的日光灯作光源，并用挡板遮挡以避免光线直射入眼内；背景应为黑色或白色（检查有色异物时用白色），使其有明显的对比度，提高检测效率。检测时将待测安瓿置于检查灯下距光源约 200mm 处轻轻转动安瓿，目测药液内有无异物微粒。人工灯检，要求灯检人员视力不低于 0.9（每年必须定期检测视力）。

2. 安瓿异物光电自动检查仪

安瓿异物光电自动检查仪的原理是利用旋转的安瓿带动药液一起旋转，当安瓿突然停止转动时，药液由于惯性会继续旋转一段时间。在安瓿停转的瞬间，以束光照射安瓿，在光束照射下产生变动的散射光或投影，背后的荧光屏上即同时出现安瓿及药液的图像。利用光电系统采集运动图像中（此时只有药液是运动的）微粒的大小和数量的信号，并排除静止的干扰物，再经电路处理可直接得到不溶物的大小及多少的显示结果。再通过机械动作及时准确地将不合格安瓿剔除。

图 4-25 所示为安瓿澄明度光电自动检查仪的主要工位示意图。待检安瓿放入不锈钢履带上输送进拨瓶盘，拨盘和回转工作台同步作间歇运动，安瓿 4 支一组间歇进入回转工作转盘，各工位同步进行检测。第一工位是顶瓶夹紧。第二工位高速旋转安瓿带动瓶内药液高速翻转。第三工位异物检查，安瓿停止转动，瓶内药液仍高速运动，光源从瓶底部透射药液，检测头接收异物产生的散射光或投影，然后向微机输出检测信号。检测原理如图 4-26 所示。第四工位是空瓶、药液过少检测，光源从瓶侧面透射，检测头接收信号整理后输入微机程序处理，见图 4-27。第五工位是对合格品和不合格品由电磁阀动作，不合格品从废品出料轨道予以剔除，合格品则由正品轨道输出。

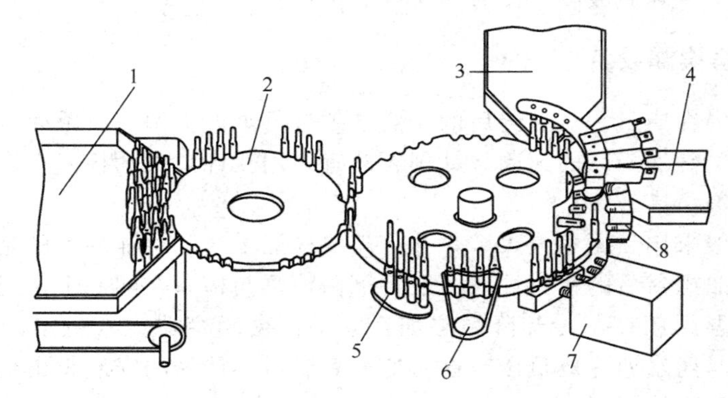

图 4-25　安瓿澄明度光电自动检查仪工位示意

1—输瓶盘；2—拨瓶盘；3—合格贮瓶盘；4—不合格贮瓶盘；5—顶瓶；6—转瓶；7—异物检查；8—空瓶、液量过少检查

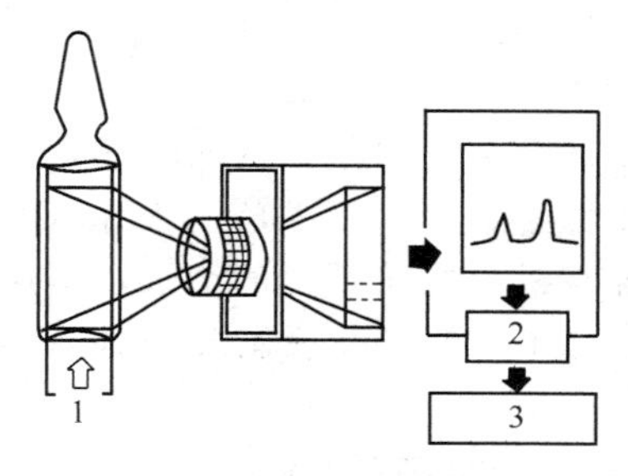

图 4-26　异物检查
1—光；2—处理；3—合格品与不合格品的分选

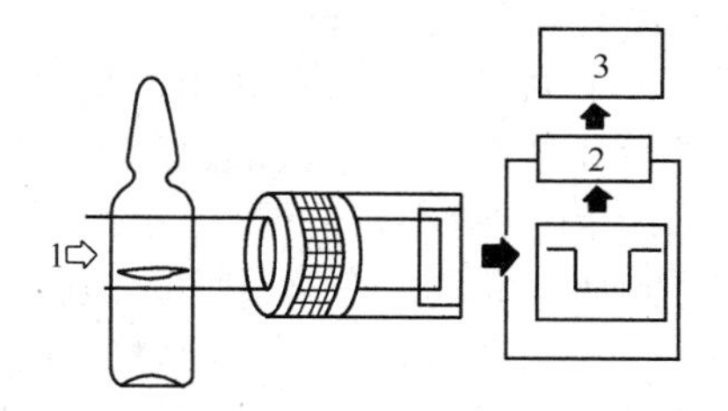

图 4-27　空瓶、药液量过少检测
1—光；2—处理；3—合格与不合格品的分选

（七）安瓿印字包装机

安瓿印字包装是水针制剂生产的最后工序，整个过程包括安瓿印字、装盒、加说明书。印包机由开盒机、印字机、装盒关盖机、贴标签机等四个单机联动而成。印包生产线的流程如图 4-28 所示。现分述各单机的功能及结构原理。

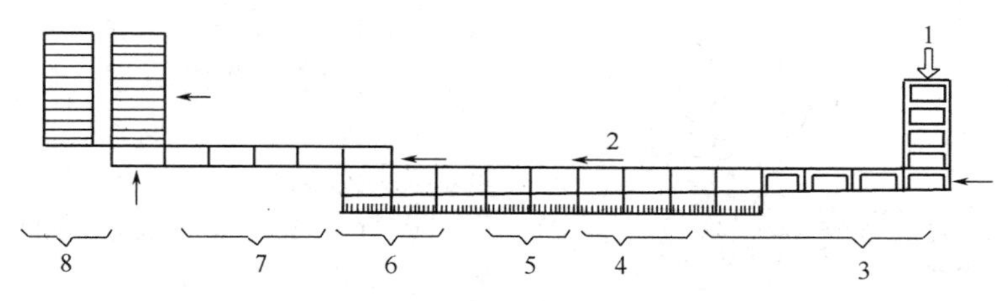

图 4-28　印包生产线流程
1—贮盒输送带；2—传送带；3—开盒区；4—安瓿印字理放区；5—放说明书；
6—关盖区；7—贴标签区；8—捆扎区

1. 开盒机

图 4-29 是开盒机的结构示意图。开盒机由传动机构（图中未示）、输送带、光电管、推盒板、翻盒爪、弹簧片、翻盒杆等构件组成。开盒机的作用是将一叠叠堆放整齐的贮放安瓿的空纸盒盒盖翻开，以供贮放印好字的安瓿。

机器操作时，由人工将 20 盒一叠的贮放安瓿的空纸盒，以底朝上、盖朝下的方式堆放在贮盒输送带上。输送带作间歇直线运动，将纸盒向前移送。如图示位置，纸盒已堆靠至底，此时尽管输送带仍在不停作间歇运动，只要作往复运动的推盒板尚未动作，纸盒就只能在输送带上打滑，滞留不动。图中所示的推盒板和翻盒爪的动作是同步协调的：翻盒爪旋转一圈，推盒板完成推送一只纸盒的动作。推盒板每次动作仅将光电管前一叠纸盒中的最下面一只纸盒移送一只纸盒长度的距离。光电管的作用是监控纸盒的个数并指

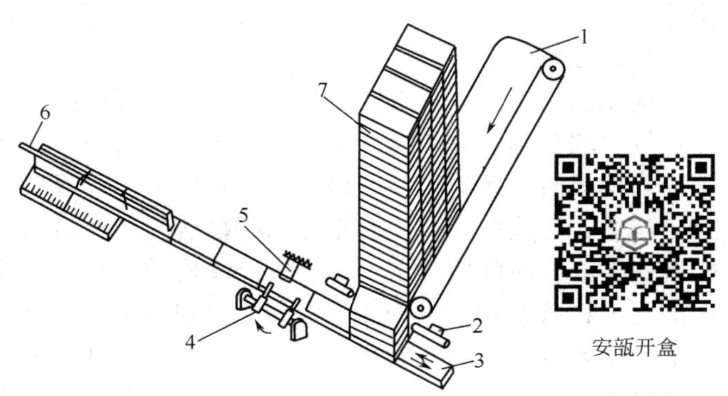

图 4-29　安瓿开盒机结构示意
1—输送带；2—光电管；3—推盒板；4—翻盒爪；
5—弹簧片；6—翻盒杆；7—空纸盒

挥输送带的动作：当光电管前的纸盒为零时，光电管即发出信号，指挥推送机构将后面的一叠纸盒及时补充到光电管的位置。翻盒爪与推盒板作同步转动，当推盒板将一只纸盒推送到翻盒爪位置，并当盒爪与盒底相接触时，就给纸盒一定的压力，迫使纸盒向上翘，使纸盒底部越过弹簧片的高度，此时翻盒爪已转过盒底，纸盒上无外力，盒底下落；张开口的纸盒搁架在弹簧片上并在推盒板的推送下按图示方向自右向左移动。当张开口的纸盒被传送至翻盒杆时，受到曲线状翻盒杆的作用，迫使纸盒的张口越张越大，直至将盒盖完全翻开。翻好的纸盒由另一条输送带输送到安瓿印字机，以供印字。

翻盒爪的材料及几何尺寸要求极为严格。翻盒爪需有一定的刚度和弹性，既要能撬开盒口，又不能压坏纸盒，翻盒爪的长度太长，将会使旋转受阻，翻盒爪若太短又不利于翻盒动作。

2. 安瓿印字机

灌封、检验后的安瓿需在安瓿瓶体上用油墨印写清楚药品名称、有效日期、产品批号等，否则不许出厂和进入市场。

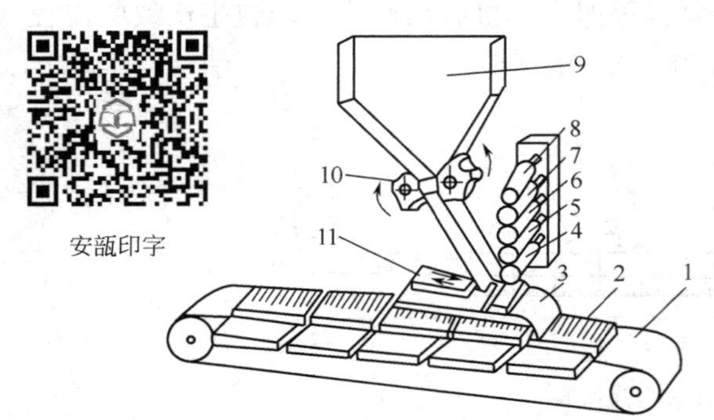

安瓿印字

图 4-30　安瓿印字机结构原理

1—纸盒输送带；2—纸盒；3—托瓶板；4—橡皮印字轮；5—字轮；6—上墨轮；7—钢质轮；8—匀墨轮；9—安瓿盘；10—送瓶轮；11—推瓶板

安瓿印字机除了往安瓿上印字外，还应完成将印好字的安瓿摆放于纸盒里的工序。其结构原理如图 4-30 所示。两个反向转动的送瓶轮按着一定的速度将安瓿逐只自安瓿盘输送到推瓶板前，即送瓶轮、印字轮的转速及推瓶板和纸盒输送带的前进速度等需要协调，使这四者同步运行。作往复间歇运动的推瓶板 11 每推送一只安瓿到橡皮印字轮 4 下，也相应地将另一只印好字的安瓿推送到开盖的纸盒 2 槽内。油墨是用人工的方法加到匀墨轮 8 上。通过滚动，由钢质轮 7 将油墨滚匀并传送给上墨轮 6。随之油墨滚加在字轮 5 上，带墨的钢制字轮再将墨迹传印给橡皮印字轮 4。

由安瓿盘的下滑轨道滚落下来的安瓿将直接落到镶有海绵垫的托瓶板 3 上，以适应瓶身粗细不匀的变化。推瓶板 11 将托瓶板 3 及安瓿同步送至橡皮印字轮 4 下。转动着的印字轮在压住安瓿的同时也拖着其反向滚动，油墨字迹就印到安瓿上了。

3. 贴标签机

图 4-31 是向装有安瓿的纸盒上贴标签的设备结构示意图。装有安瓿和说明书的纸盒在传送带前端受到悬空的挡盒板 3 的阻挡不能前进，而处于挡板下边的推板 2 在做间歇往复运动。当推板向右运动时，空出一个盒长使纸盒下落在工作台面上。在工作台面上纸盒是一只只相连的，因此推板每次向左运动时推送的是一串纸盒同时向左移动一个盒长。胶水槽 4 内贮有一定液面高度的胶水。由电机经减速后带动的大滚筒回转时将胶水带起，再借助一个中间滚筒可将胶水均匀分布于上浆滚筒 6 的表面上。上浆滚筒 6 与左移过程中的纸盒接触时，自动将胶水滚涂于纸盒的表面上。做摆动的真空吸头 7 摆至上部时吸住标签架上的最下面一张，当真空吸头向下摆动时将标签一端顺势拉下来，同时另一个做摆动的压辊 10 恰从一端将标签压贴在纸盒盖上，此时真空系统切断，真空消失。由于推板 2 使纸盒向前移动，压辊的压力即将标签从标签架 8 上拉出并被滚压平贴在盒盖上。

贴标签机示意

当推板 2 右移时，真空吸头及压辊也改为向上摆动，返回原来位置。此时吸头重新又获得真空度，开始下一周期的吸、贴标签动作。

不干胶贴签机原理如图 4-32 所示。

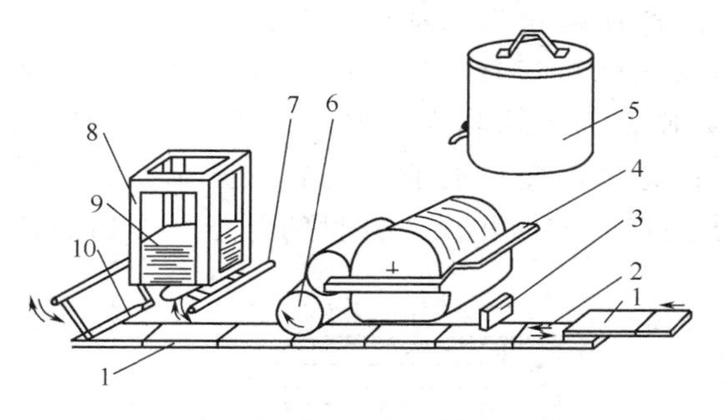

图 4-31 贴标签机结构示意

1—纸盒；2—推板；3—挡盒板；4—胶水槽；5—胶水贮槽；6—上浆滚筒；7—真空吸头；8—标签架；9—标签；10—压辊

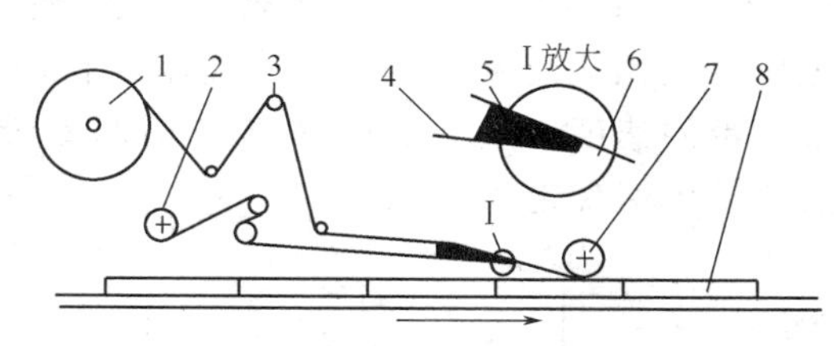

图 4-32 不干胶贴签机原理

1—胶带纸轮；2—衬纸轮；3—中间张紧轮；4—衬纸；5—剥离刃；6—标签纸；7—压签轮；8—纸盒

印有标签的整盘胶带纸装在胶带纸轮上，经过多个中间张紧轮 3 引到剥离刃 5 前。由于剥离刃处的突然转向，刚度大的标签纸保持前伸状态，被压签轮 7 压贴到输送带上不断前进的纸盒面上。衬纸被预先引到衬纸轮上，背纸轮的缠绕速度应与输送带的前进速度协调，即随着背纸轮直径的变大，其转速需相应降低。

二、最终灭菌大容量注射剂生产工艺设备

大输液生产联动线流程见图 4-33。玻璃输液瓶由理瓶机理瓶经转盘送入外洗机，刷洗瓶外表面，然后由输送带进入滚筒式清洗机（或箱式洗瓶机），洗净的玻璃瓶直接进入灌装机，灌满药液立即封口（经盖膜、胶塞机、翻胶塞机、轧盖机）和灭菌。灭菌完了贴标签、打批号、装箱，进入流通领域成为商品。

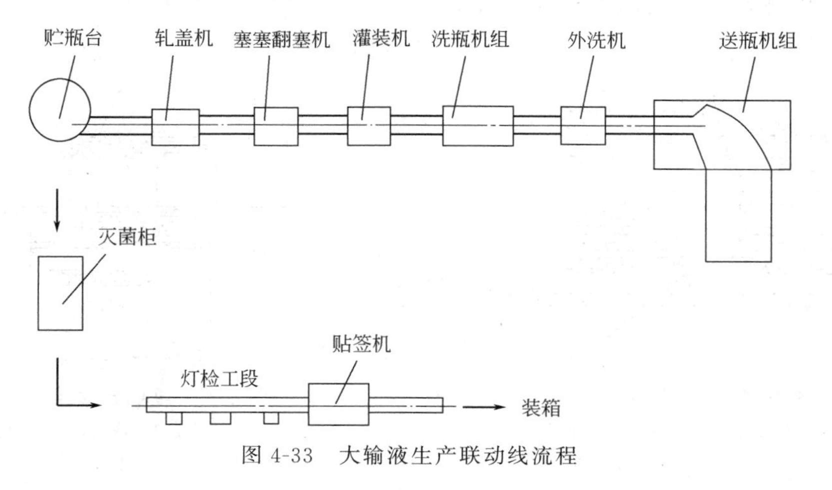

图 4-33 大输液生产联动线流程

（一）理瓶机

理瓶机的作用是将拆包取出的瓶子按顺序排列起来，并逐个输送给洗瓶机。理瓶机类型很多，常见的有圆盘式理瓶机及等差式理瓶机。

圆盘式理瓶机如图 4-34 所示。低速旋转的圆盘上搁置着待洗的玻璃瓶，固定的拨杆将运动着的瓶子拨向转盘周边，经由周边的固定围沿将瓶子引导至输送带上。

等差式理瓶机如图 4-35 所示。数根平行等速的传送带被链轮拖动着一致向前，传送带上的瓶子随着传送带前进。与其相垂直布置的差速输送带，利用不同齿数的链轮变速达到不同速度要求，第Ⅰ、第Ⅱ（输送）带以较低速度运行，第Ⅲ带的速度是第Ⅰ带的 1.18 倍，第Ⅳ带的速度是第Ⅰ带的 1.85 倍。差速是为了达到在将瓶子引出机器的时候，避免形成堆积从而保持逐个输入洗瓶的目的。在超过输瓶口的前方还有一条第Ⅴ带，其与第Ⅰ带的速度比是 0.85，而且与前四根带子的传动方向相反，其目的是把卡在出瓶口处的瓶子迅速带走。

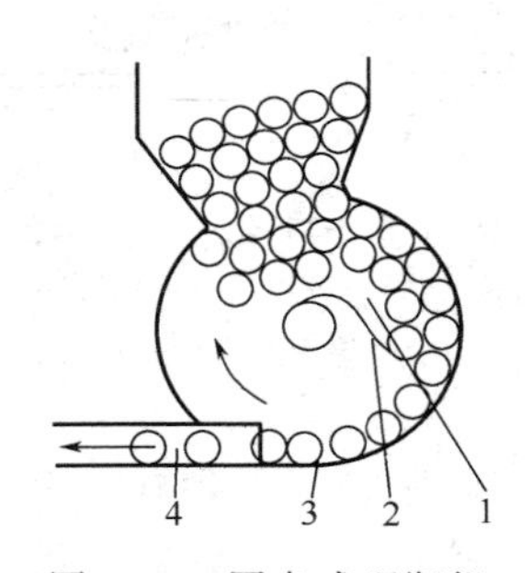

图 4-34 圆盘式理瓶机

1—转盘；2—拨杆；3—围沿；4—输送带

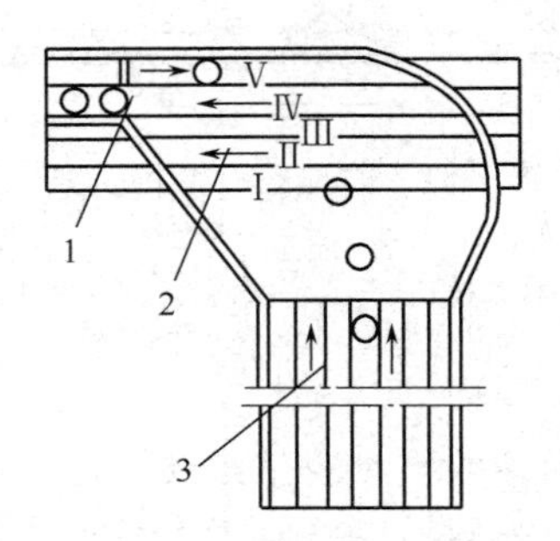

图 4-35 等差式理瓶机

1—玻璃瓶出口；2—差速进瓶机；3—等速进瓶机

（二）外洗瓶机

外洗瓶机是清洗输液瓶外表面的设备。清洗方法为：毛刷固定两边，瓶子在输送带的带动下从毛刷中间通过，达到清洗目的。也有毛刷旋转运动，瓶子通过时产生相对运动，使毛刷能全部洗净瓶子表面，毛刷上部安有喷淋水管，可及时冲走刷洗的污物。

图 4-36 和图 4-37 为这两种外洗方法简图。

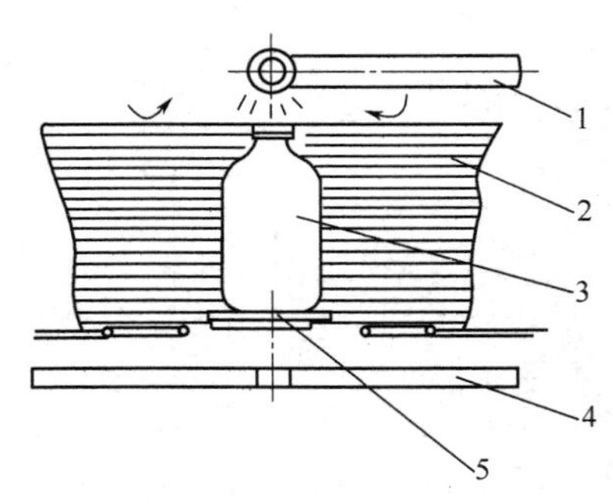

图 4-36 毛刷固定外洗机

1—淋水管；2—毛刷；3—瓶子；4—传动装置；5—输送带

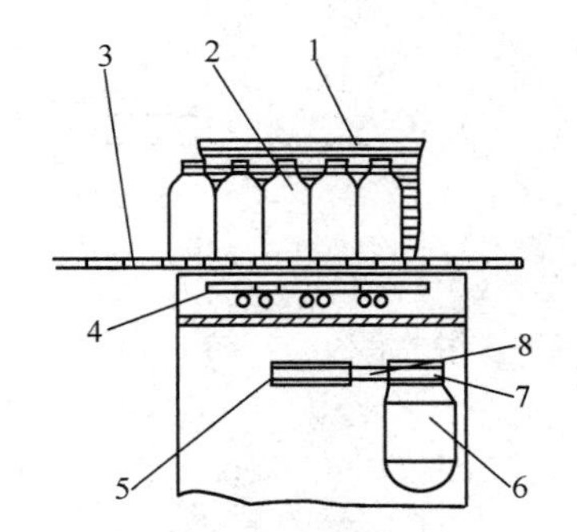

图 4-37 毛刷转动外洗机

1—毛刷；2—瓶子；3—输送带；4—传动齿轮；5,7—皮带轮；6—电机；8—三角带

（三）玻璃瓶清洗机

玻璃瓶清洗机的类型很多，有滚筒式、箱式等。

1. 滚筒式清洗机

滚筒式清洗机是一种带毛刷刷洗玻璃瓶内腔的清洗机。该机的主要特点是结构简单、操作可靠、维修方便、占地面积小，粗、精洗分别置于不同洁净级别的生产区内，不产生交叉污染。其设备外形如图 4-38 所示。

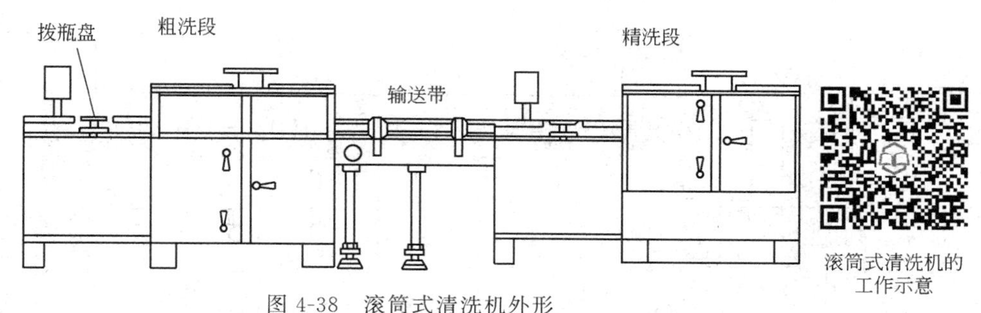

图 4-38　滚筒式清洗机外形

该机由两组滚筒组成，一组滚筒为粗洗段；另一组滚筒为精洗段，中间用长 2m 的输送带连接。因此精洗段可置于洁净区内，洗净的瓶子不会被空气污染。粗洗段由前滚筒与后滚筒组成，滚筒的运转是由马氏机构控制作间歇转动。进入滚筒的空瓶数是由设置在滚筒前端的拨瓶轮控制的，一次可以是 2 瓶、3 瓶、4 瓶或更多。更换不同齿数的拨瓶轮则可得到所需要的进瓶数。

滚筒式清洗机的工作位置示意图见图 4-39。载有玻璃瓶的滚筒转动到设定的位置 1 时，碱液注入瓶内；当带有碱液的玻璃瓶处于水平位置时，毛刷进入瓶内刷洗瓶内壁约 3s，之后毛刷退出。滚筒转到下两个工位逐一由喷液管对瓶内腔冲碱液，当瓶子处于进瓶通道停歇位置时，进瓶拨轮同步送来的待洗空瓶将冲洗后的瓶子推向后滚筒进行常水外淋、内刷、内冲洗。经粗洗后的玻璃瓶经输送带送入精洗滚筒进行清洗，精洗滚筒取消了毛刷部分，其他结构与粗洗滚筒基本相同，滚筒下部设置了回收注射用水和注射用水的喷嘴，前滚筒利用回收注射用水作外淋内冲，后滚筒利用注射用水作内冲并沥水，从而保证了洗瓶质量。

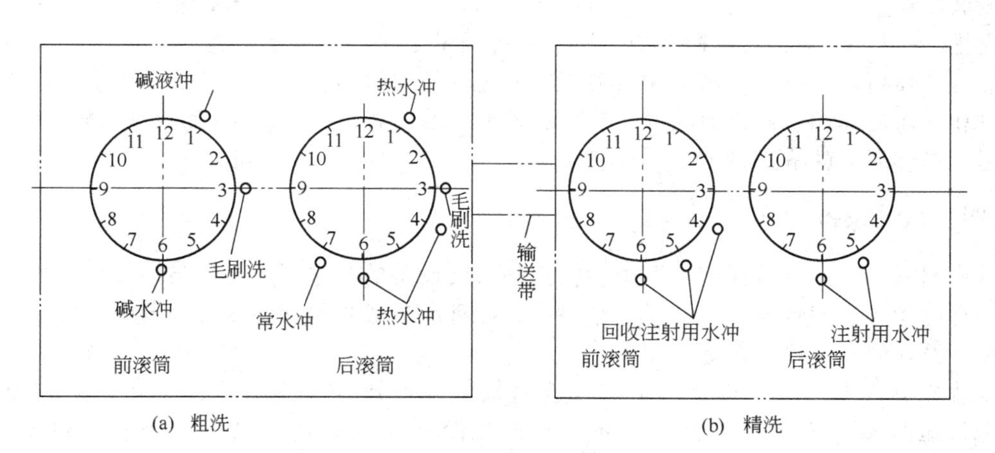

图 4-39　滚筒式清洗机的工作位置示意

2. 箱式清洗机

箱式清洗机整机是个密闭系统，是由不锈钢铁皮或有机玻璃罩子罩起来工作的。箱式清洗机工位如图 4-40 所示，玻璃瓶在机内的工艺流程：

热水喷淋→碱液喷淋→热水喷淋→冷水喷淋→喷水毛刷清洗→冷水喷淋→蒸馏水喷淋→沥干
（两道） （两道） （两道） （两道） （两道） （两道） （三喷两淋）（三工位）

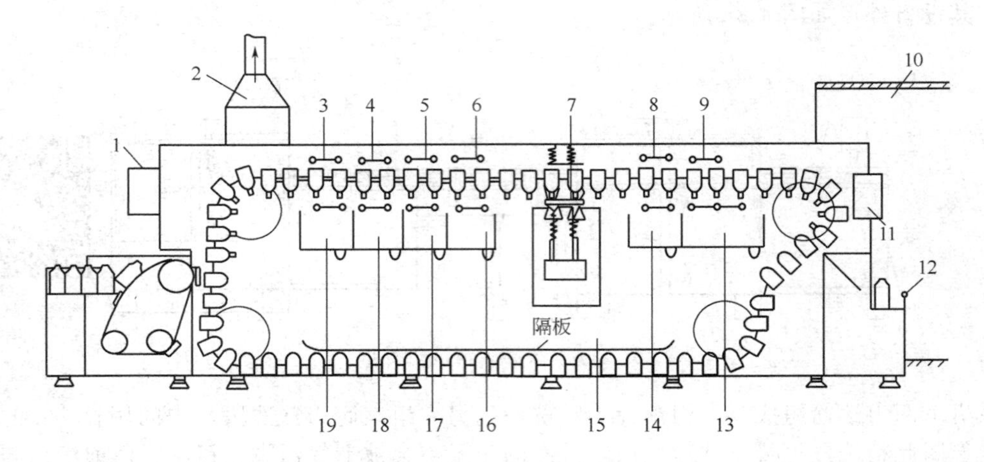

图 4-40 箱式清洗机工位示意

1,11—控制箱；2—排风管；3,5—热水喷淋；4—碱水喷淋；6,8—冷水喷淋；
7—毛刷带冷喷；9—蒸馏水喷淋；10—出瓶净化室；12—手动操纵杆；13—蒸馏水收集槽；
14,16—冷水收集槽；15—残液收集槽；17,19—热水收集槽；18—碱水收集槽

其中“喷”是指用 $\phi 1$（mm）的喷嘴由下向上往瓶内喷射具有一定压力的流体，可产生较大的冲刷力。“淋”是指用 $\phi 1.5$（mm）的淋头，提供较多的洗水由上向下淋洗瓶外，以达到将脏物带走的目的。

洗瓶机上部装有引风机，将热水蒸气、碱蒸气强制排出，并保证机内空气是由净化段流向箱内。各工位装置都在同一水平面内呈直线排列，其状如图 4-40 所示。在各种不同淋液装置的下部均设有单独的液体收集槽，其中碱液是循环使用的。为防止各工位淋溅下来的液滴污染轨道下边的空瓶盒，在箱体内安装有一道隔板收集残液。

玻璃瓶在进入洗瓶机轨道之前是瓶口朝上的，利用一个翻转轨道将瓶口翻转向下，并使瓶子成排（一排 10 支）落入瓶盒中。瓶盒在传送带上是间歇移动前进的。因为各工位喷嘴要对准瓶口喷射，所以要求瓶子相对喷嘴有一定的停留时间。同时旋转的毛刷也有探入、伸出瓶口和在瓶内作相对停留时间（3.5s）的要求。玻璃瓶在沥干后，仍需利用翻转轨道脱开瓶盒落入局部层流的输送带上。

（四）灌装设备

对将配制好的药液灌注到容器中的输液剂灌装设备的基本要求是：与药液接触的零部件因摩擦有可能产生微粒时，如计量泵注射式，此种灌装形式须加终端过滤器；灌装易氧化的药液时，设备应有充氮装置等。

灌装机有许多形式，按运动形式分有直线式间歇运动、旋转式连续运动；按灌装方式分有常压灌装、负压灌装、正压灌装和恒压灌装 4 种；按计量方式分有流量定时式、量杯容积式、计量泵注射式 3 种。如用塑料瓶，现代装置则常在吹塑机上成型后于模具中立即灌装和封口，再脱模出瓶，这样更易实现无菌生产。下面介绍两种常用的输液剂灌装机。

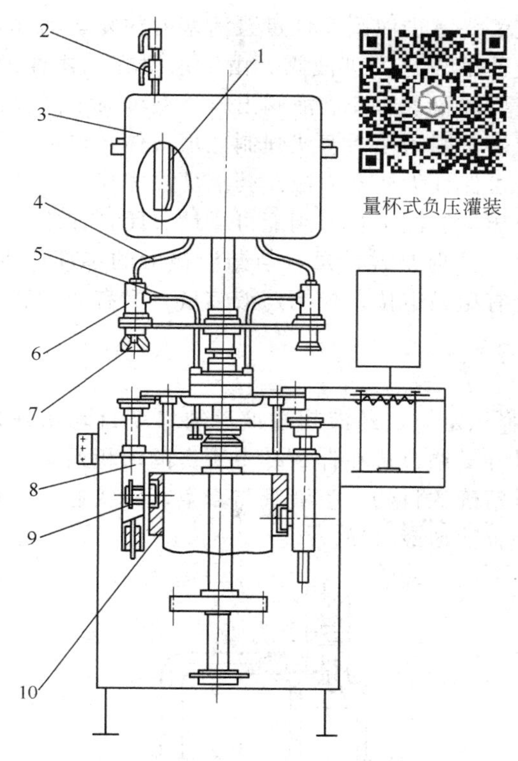

图 4-41　量杯式负压灌装机

1—计量标；2—进液调节阀；3—盛料桶；4—硅橡胶管；5—真空吸管；6—瓶肩定位套；7—橡胶喇叭口；8—瓶托；9—滚子；10—升降凸轮

1. 量杯式负压灌装机

量杯式负压灌装机如图 4-41 所示。该机由药液量杯、托瓶装置及无级变速装置三部分组成。盛料桶中装有 10 个计量杯，量杯与灌装套用硅橡胶管连接，玻璃瓶由螺杆式输瓶器经拨瓶星轮送入转盘的托瓶装置，托瓶装置由圆柱凸轮控制升降，灌装头套住瓶肩形成密封空间，通过真空管道抽真空，药液负压流进瓶内。

该机的优点是：量杯计量、负压灌装，药液与其接触的零部件无相对机械摩擦，没有微粒产生，保证了药液在灌装过程中的澄明度；计量块调节计量，调节方便简捷。该机为回转式，量杯式负压灌装机大多是 10 个充填头，产量约为 60 瓶/min。机器设有无瓶不灌装。缺点是机器回转速度加快时，量杯药液产生偏斜，可能造成计量误差。

2. 计量泵注射式灌装机

计量泵注射式灌装机是通过注射泵对药液进行计量并在活塞的压力下将药液充填于容器中。充填头有 2 头、4 头、6 头、8 头、12 头等。机型有直线式和回转式两种。

图 4-42 为八泵直线式灌装机示意图，输送带上洗净的玻璃瓶每 8 个一组由两星轮分隔定位，V 形卡瓶板卡住瓶颈，使瓶口准确对准充氮头和进液阀出口。灌装前，先由 8 个充

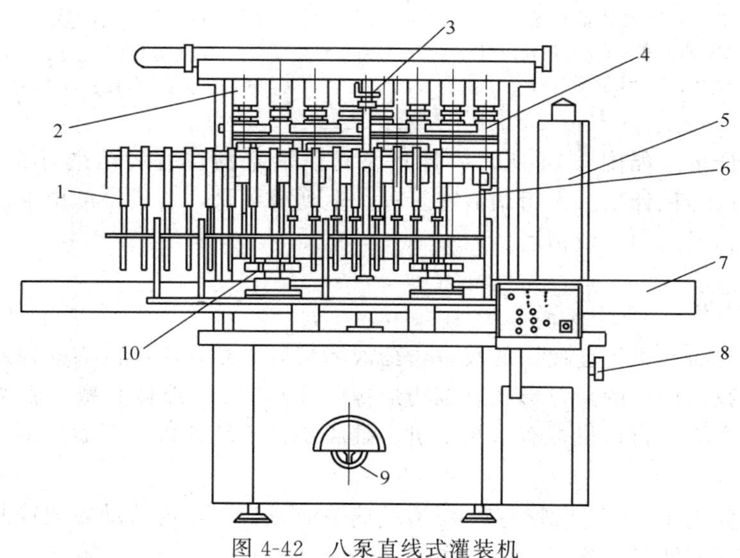

图 4-42　八泵直线式灌装机

1—预充氮头；2—进液阀；3—灌装头位置调节手柄；4—计量缸；5—接线箱；6—灌装头；7—灌装台；8—装量调节手柄；9—装置调节手柄；10—星轮

氮头向瓶内预充氮气，灌装时边充氮边灌液。充氮头、进液阀及计量泵活塞的往复运动都是靠凸轮控制。从计量泵泵出来的药液先经终端过滤器再进入进液阀。由于采用容积式计量，计量调节范围较广，从100～500mL之间可按需要调整，改变进液阀出口类型可对不同容器进行灌装，如玻璃瓶、塑料瓶、塑料袋及其他容器。因为是活塞式强制充填液体，可适应不同浓度液体的灌装。无瓶时计量泵转阀不打开，可保证无瓶不灌液。药液灌注完毕后，计量泵活塞杆回抽时，灌注头止回阀前管道中形成负压，灌注头止回阀能可靠地关闭，加之注射管的毛细管作用，可靠地保证了灌装完毕不滴液。注射泵式计量，与药液接触的零部件少，没有不易清洗的死角，清洗消毒方便。计量泵既有粗调定位，控制药液装量，又有微调装置控制装量精度。

3. 计量调节方式

(1) 量杯式计量　如图4-43所示，它是以容积定量，药液超过液流缺口就自动从缺口流入盛料桶，这是计量粗定位。误差调节是通过计量调节块在计量杯中所占的体积而定，旋动调节螺母使计量块上升或下降，从而达到装量精确的目的。吸液管与真空管路接通，使计量杯的药液负压流入输液瓶内。计量杯下部的凹坑使药液吸净。

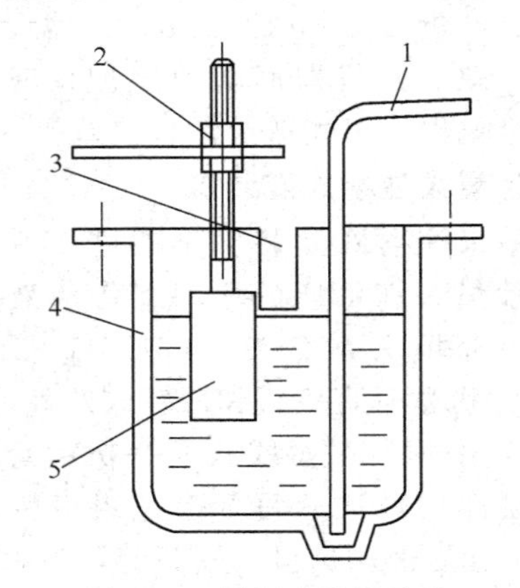

图4-43　量杯式计量示意

1—吸液管；2—调节螺母；3—量杯缺口；4—计量杯；5—计量调节块

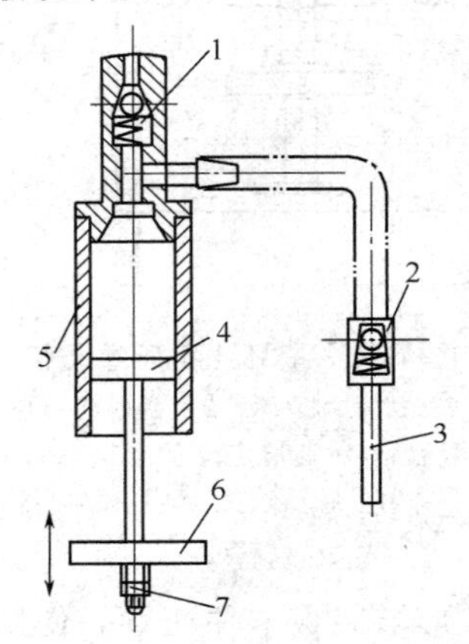

图4-44　计量泵示意

1,2—单向阀；3—灌装管；4—活塞；5—计量缸；6—活塞升降板；7—微调螺母

(2) 计量泵计量　如图4-44所示。计量泵是以活塞的往复运动进行充填，常压灌装。计量原理同样是以容积计量。先粗调活塞行程，达到灌装量，装量精度由下部的微调螺母来调定，它可以达到很高的计量精度。

(五) 封口设备

封口机械是与灌装机配套使用的设备，药液灌装后必须在洁净区内立即封口，免除药品的污染和氧化。我国使用的封口形式有翻边形橡胶塞和“T”形橡胶塞，胶塞的外面再盖铝盖并轧紧，封口完毕。封口机械有塞胶塞机、翻胶塞机、轧盖机，下面分别简述。

1. 塞胶塞机

塞胶塞机主要用于“T”形胶塞对A型玻璃输液瓶封口，可自动完成输瓶、螺杆同步送瓶、理塞、送塞、塞塞等工序。

图4-45为“T”形胶塞塞塞机构。当夹塞爪（机械手）抓住“T”形塞，玻璃瓶瓶托在凸轮作用下上升，密封圈套住瓶肩形成密封区间，真空吸孔充满负压，玻璃瓶继续上升，夹

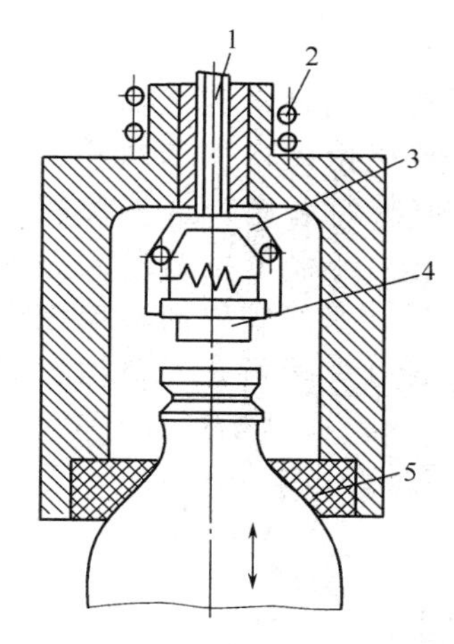

图 4-45 “T”形胶塞塞塞机构
1—真空吸孔；2—弹簧；3—夹塞爪；4—“T”形塞；5—密封圈

塞爪对准瓶口中心，在外力和瓶内真空的作用下，将塞插入瓶口，弹簧始终压住密封圈接触瓶肩。

回转式塞胶塞机如图 4-46 所示，其工作流程为：灌好药液的玻璃瓶在输瓶轨道上经进瓶螺杆 2 按设定的节距分隔开来，再经进瓶拨轮 5 送入回转工作台的托瓶盘 9。“T”形塞在理塞料斗 16 中经垂直振荡装置 18 沿螺旋形轨道送入水平振荡装置 15，在水平振荡的作用下，胶塞送至抓塞机械手 17，机械手再将胶塞传递给扣塞头 10，扣塞头由平面凸轮控制下降套住瓶肩，形成密封区间，此时真空泵经接口 6 向瓶内抽真空，同时扣塞头在凸轮控制下向瓶口塞入胶塞。进瓶时如遇缺瓶，则缺瓶检测装置 4 发出信号，经计算机指令控制相应扣塞头不供胶塞。出瓶时输送带上如堆积瓶子太多，出瓶防堆积装置 14 发出信号，计算机控制自动报警停机。故障消除后，机器恢复正常运转。

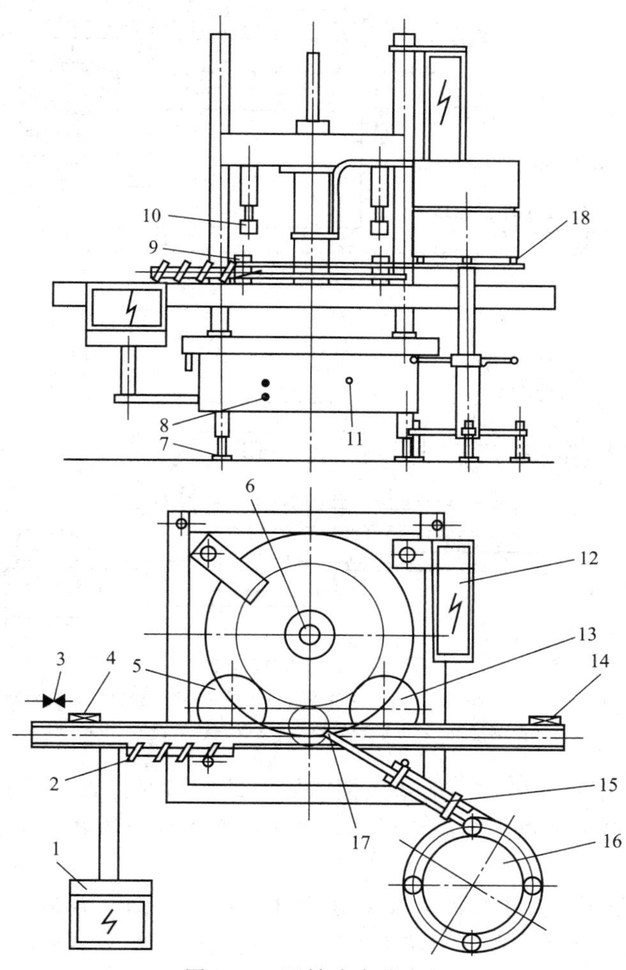

图 4-46 回转式塞胶塞机

1—操作箱；2—进瓶螺杆；3—压缩空气接口；4—缺瓶检测装置；5—进瓶拨轮；6—真空泵接口；7—调节螺栓及脚垫；8—主轴加油口；9—托瓶盘；10—扣塞头；11—减速机油窗；12—接线箱；13—出瓶拨轮；14—出瓶防堆积装置；15—水平振荡装置；16—理塞料斗；17—抓塞机械手；18—垂直振荡装置

2. 塞塞翻塞机

塞塞翻塞机主要用于翻边形胶塞对B型玻璃输液瓶进行封口，能自动完成输瓶、理塞、送塞、塞塞、翻塞等工序的工作。塞塞翻塞机见图4-47，该机由理塞振荡料斗、水平振荡输送装置和主机组成。整机工作流程为：装满药液的玻璃瓶经输送带进入拨瓶转盘，同时胶塞从料斗经垂直振荡沿料斗螺旋轨道上升到水平轨道，经水平振荡送入分塞装置，真空塞塞头将胶塞旋转地塞入瓶口内（模拟人手动塞胶塞），塞好胶塞的玻璃瓶由拨瓶轮传送到翻塞工位，利用爪、套同步翻塞，机械手将胶塞翻边头翻下并平整地将瓶口外表面包住。

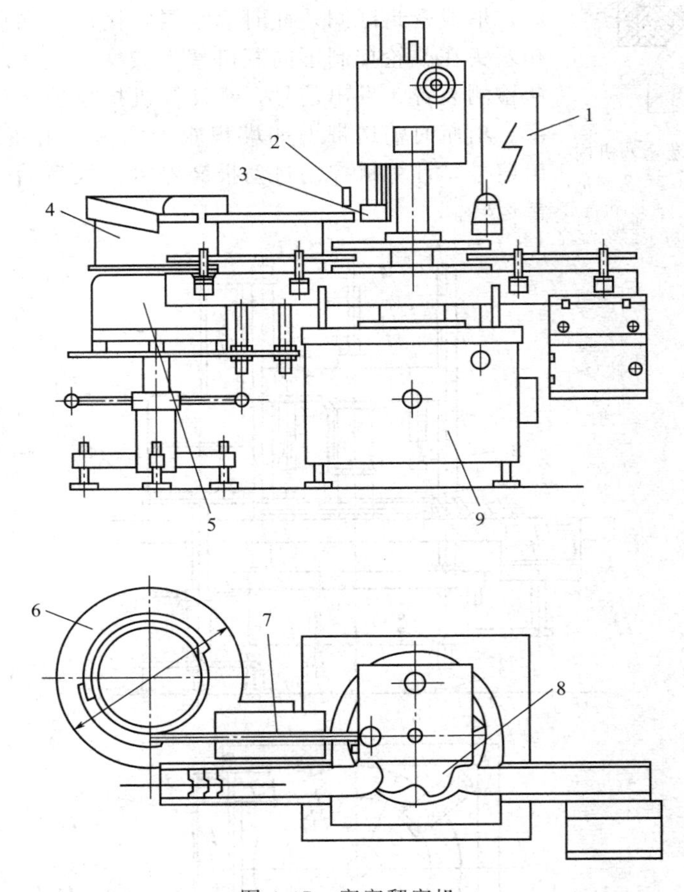

图4-47　塞塞翻塞机

1—电气箱；2—光电检测器；3—分塞装置；4—料斗；5—胶塞分选、输送装置；6—振荡送塞；7—水平导轨；8—拨瓶转盘；9—主机

图4-48为翻边胶塞塞塞机构。加塞头插入胶塞的翻口时，真空吸孔吸住胶塞。对准瓶口时，加塞头下压，杆上销钉沿螺旋槽运动，塞头既有向瓶口压塞的功能，又有模拟人手旋转胶塞向下按的动作。

图4-49为翻塞机构。它要求翻塞效果好，且不损坏胶塞，普遍设计为五爪式翻塞机，爪子平时靠弹簧收拢，整个翻塞机构随主轴作回转运动，翻塞头顶杆在平面凸轮或圆柱凸轮轨道上做上下运动。玻璃瓶进入回转的托盘后，翻塞杆沿凸轮槽下降，瓶颈由V形块或花盘定位，瓶口对准胶塞。翻塞爪插入橡胶塞，由于下降距离的限制，翻塞芯杆抵住胶塞大头内径平面，而翻塞爪张开并继续向下运动，达到张开塞子翻口的作用。

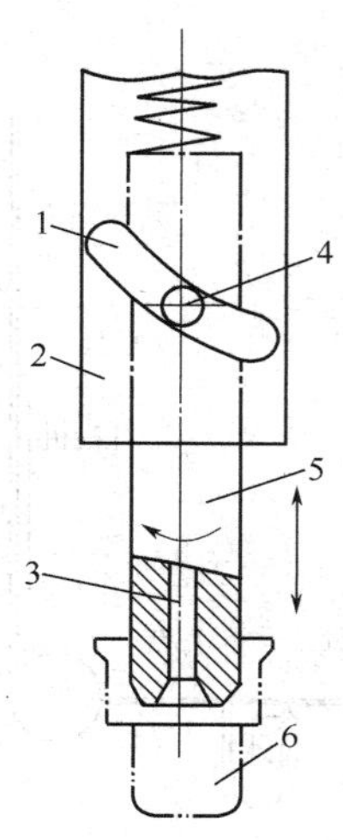

图 4-48　翻边胶塞塞塞机构

1—螺旋槽；2—轴套；3—真空吸孔；

4—销；5—加塞头；6—翻边胶塞

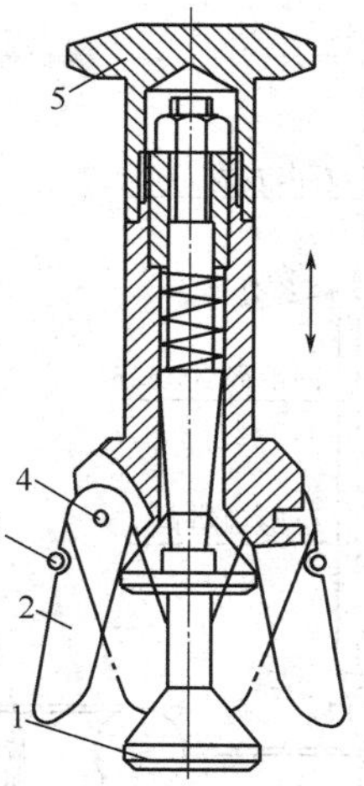

图 4-49　翻塞机构

1—芯杆；2—爪子；3—弹簧；

4—铰链；5—顶杆

3. 玻璃输液瓶轧盖机

轧盖示意

玻璃输液瓶轧盖机由振动落盖装置、掀盖头、轧盖头等组成，能够进行电磁振荡输送和整理铝盖、挂铝盖、轧盖。轧盖时瓶子不转动，而轧刀绕瓶旋转。轧头上设有三把轧刀，呈正三角形布置，轧刀收紧由凸轮控制，轧刀的旋转是由专门的一组皮带变速机构来实现的，且转速和轧刀的位置可调。

轧刀如图 4-50 所示，整个轧刀机构沿主轴旋转，又在凸轮作用下作上下运动。三把轧刀均能自行以转销为轴自行转动。轧盖时，压瓶头抵住铝盖平面，凸轮收口座继续下降，滚轮沿斜面运动，使三把轧刀（图中只绘一把）向铝盖下沿收紧并滚压，即起到轧紧铝盖作用。

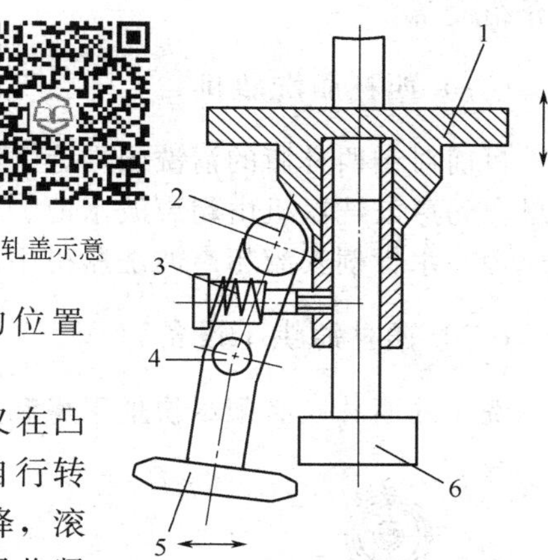

图 4-50　轧刀机构示意

1—凸轮收口座；2—滚轮；3—弹簧；

4—转销；5—轧刀；6—压瓶头

（六）灭菌设备

灭菌工序对保证大输液在灌封后的药品质量非常关键，目前较为常用的有高压蒸汽灭菌柜和水浴式灭菌柜。

三、无菌分装粉针剂生产工艺设备

无菌分装粉针剂生产是以设备联动线的形式来完成的，其工艺流程如图 4-51 所示。

粉针剂生产过程包括粉针剂玻璃瓶的清洗、灭菌和干燥、粉针剂充填、盖胶塞、轧封铝盖、半成品检查、粘贴标签等。

目前，国内粉针剂的分装容器一般为西林瓶，根据制造方法的不同西林瓶分为两种类型：一种是管制抗生素玻璃瓶；一种是模制抗生素玻璃瓶。管制抗生素玻璃瓶规格有 3mL、7mL、10mL、25mL 4 种。模制抗生素瓶按形状分为 A 型、B 型两种，A 型瓶自 5～100mL 共 10 种规格，B 型瓶自 5～12mL 共 3 种规格。规格尺寸见 GB 2640—90。下面将按生产工艺流

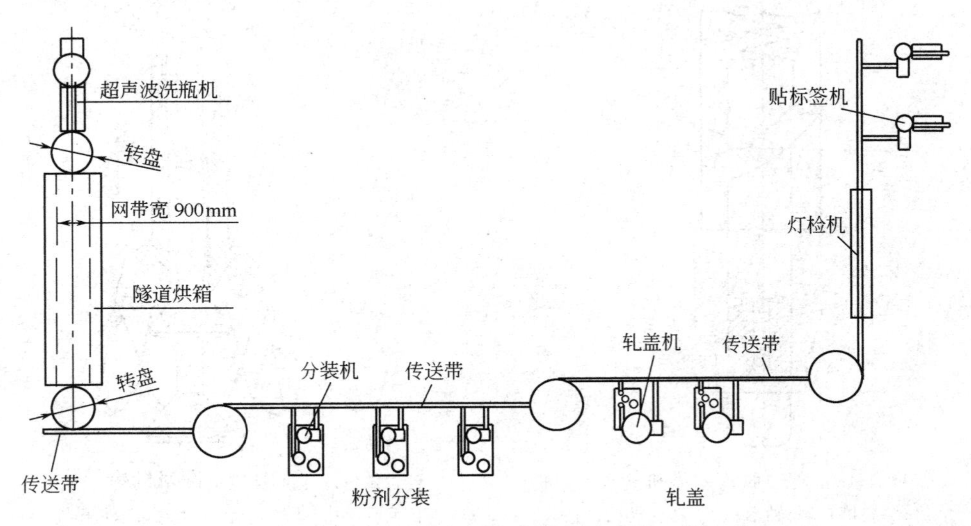

图 4-51 无菌分装粉针剂生产设备联动线工艺流程

程介绍设备。

(一) 西林瓶洗瓶机

目前对于西林瓶的清洗国内绝大多数厂家使用毛刷式洗瓶机。先进的洗瓶机有超声波洗瓶机。超声波洗瓶机由超声波水池、冲瓶传送装置、冲洗部分和空气吹干等部分组成。其工作原理在水针剂安瓿超声波洗瓶机中已经叙述，这里不再介绍。

(二) 西林瓶烘干设备

洗净的西林瓶必须尽快地干燥和灭菌，以防止污染。灭菌干燥设备有两种常用类型，一种是柜式；另一种是隧道式。隧道式灭菌烘箱，其结构及原理在前面章节中已做介绍。本节主要介绍柜式电热烘箱。

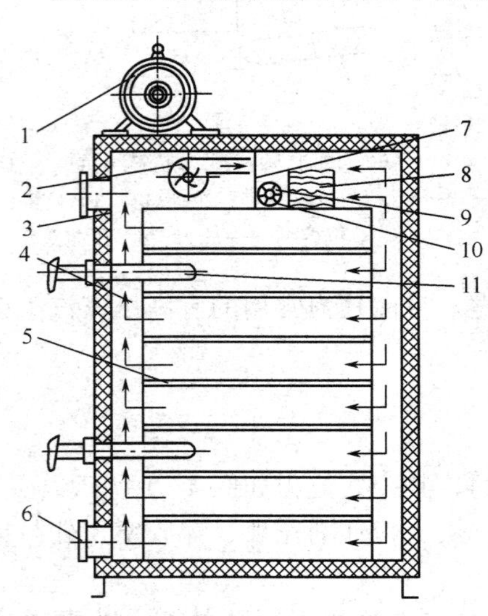

图 4-52 柜式电热烘箱

1—电机；2—风机；3—保温层；4—风量调节板；5—托架；6—进风口；7—挡风板；8—电热丝；9—排风口；10—排风调节板；11—温度计

柜式电热烘箱一般应用在小量粉针剂生产中的玻璃瓶灭菌干燥，也可用于铝盖或胶塞的灭菌干燥。目前，我国生产的电热烘箱主体基本结构主要由不锈钢板制成的保温箱体、电加热丝、托架（隔板）、风机、可调挡风板等组成。箱体前后开门，并有测温点、进风口和指示灯等，见图 4-52。

其工作原理如下。洗净后玻璃瓶整齐排列放入底部有孔的方盘中，然后将方盘从烘箱后门送进烘箱，放置在托架上，通电启动风机并升温，使箱内温度升至 180℃，保持 1.5h，即完成了玻璃瓶的灭菌干燥。停止加热，风机继续运转对瓶进行冷却，当箱内温度降至比室温高 15～20℃时，烘箱停止工作，打开洁净室一侧的前门，出瓶，转入下道工序。

（三）粉针分装设备

分装设备的功能是将药物定量灌入西林瓶内，并加上橡皮塞。这是无菌粉针生产过程中最重要的工序，依据计量方式的不同常用两种类型：一种为螺杆分装机；一种是气流分装机。两种方法都是按体积计量的，因此药粉的黏度、流动性、比容积、颗粒大小和分布都直接影响到装量的精度，也影响到分装机构的选择。

在装粉后及时盖塞是防止药品再污染的最好措施，所以盖塞及装粉多是在同一装置上先后进行的。轧铝盖是防止橡胶塞绷弹的必要手段，但为了避免铝屑污染药品，轧铝盖都是与前面的工序分开进行的，甚至不在同室进行。

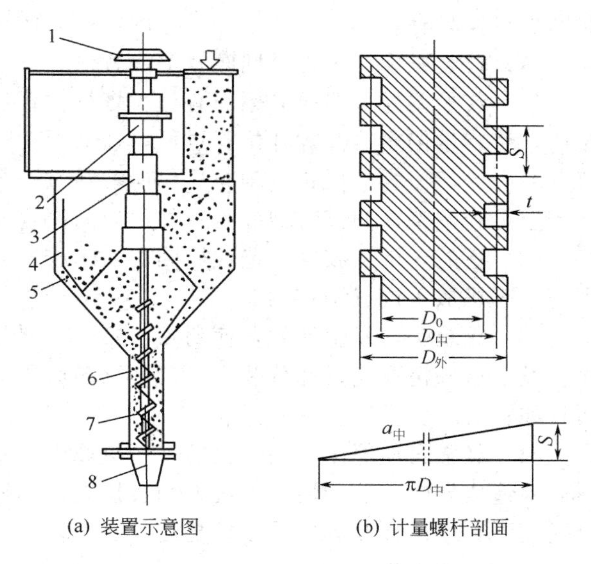

(a) 装置示意图　　(b) 计量螺杆剖面

图 4-53　螺杆分装头

1—传动齿轮；2—单向离合器；3—支承座；4—搅拌叶；5—料斗；6—导料管；7—计量螺杆；8—送药嘴

1. 螺杆分装机

螺杆分装机是利用螺杆的间歇旋转将药物装入瓶内达到定量分装的目的。螺杆分装机由进瓶转盘、定位星轮、饲料器、分装头、胶塞振荡饲料器、盖塞机构和故障自动停车装置所组成，有单头分装机和多头分装机两种。螺杆分装机具有结构简单，无需净化压缩空气及真空系统等附属设备，使用中不会产生漏粉、喷粉现象，调节装量范围大以及原料药粉损耗小等优点；但速度较慢。

图 4-53 所示为一种螺杆分装头。粉剂置于粉斗中，在粉斗下部有落粉头，其内部有单向间歇旋转的计量螺杆，每个螺距具有相同的容积，计量螺杆与导料管的壁间有均匀及适量的间隙（约 0.2mm），螺杆转动时，料斗内的药粉则被沿轴移送到送药嘴 8 处，并落入位于送药嘴下方的药瓶中，精确地控制螺杆的转角就能获得药粉的准确计量，其容积计量精度可达±2%。为使粉剂加料均匀，料斗内还有一搅拌桨，连续反向旋转以疏松药粉。

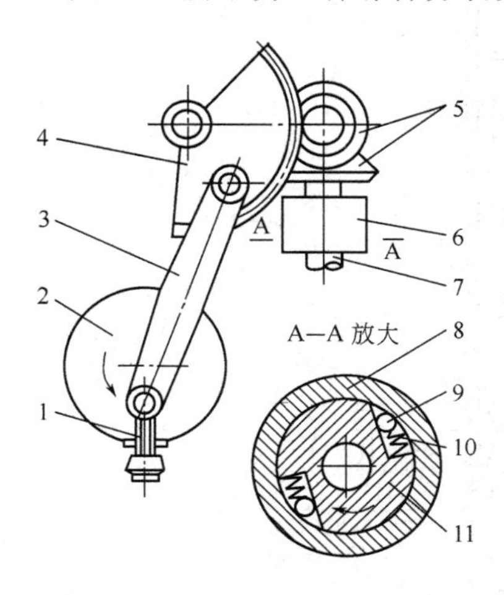

图 4-54　螺杆计量的控制与调节机构

1—调节螺丝；2—偏心轮；3—曲柄；4—扇形齿轮；5—中间齿轮；6—单向离合器；7—螺杆轴；8—离合器套；9—制动滚珠；10—弹簧；11—离合器轴

控制离合器间歇定时“离”或“合”是保证计量准确的关键，图 4-54 为螺杆计量的控制与调节机构，扇形齿轮 4 通过中间齿轮 5 带动离合器套 8，当离合器套顺时针转动时，靠制动滚珠 9 压迫弹簧 10，离合器轴 11 也被带动，与离合器轴同轴的搅拌叶和计量螺杆一同回转。当偏心轮带着扇形齿轮反向回转时，弹簧不再受力，滚珠只自转，不拖带离合器轴转动。现在也有使用两个反向弹簧构成单向离合器的，较滚珠式离合器简单、可靠。

利用调节螺丝 1 可改变曲柄在偏心轮上的偏心距，从而改变扇形齿轮的连续摆动角度，达到改变计量螺杆转角，以使剂量得到微量调节的目的。当装量要求变化较大时则需更换具有不同螺距及根径尺寸的螺杆，才能满足计量要求。

螺杆分装机生产中常见问题及解决方法如下。

（1）装量差异　造成的原因有：①螺杆位置过高，致使装药停止时仍有一部分药粉进入瓶内，使装量偏多；②螺杆位置过低，造成下粉时散开而进不到瓶内，使装量偏少；③单向离合器失灵，使螺杆反转或刹车后仍向前转过一个角度。解决方法为：如果是螺杆位置安装不当应重新调整，使其恰到好处；如是单向离合器失灵应对其检修或调换。

（2）不能正常盖胶塞　造成原因有：①胶塞硅化时硅油过多；②胶塞振荡器振动弹簧不平衡；③机械手位置调整偏差。

（3）分装头内发生油污，使药粉污染　主要是螺杆轴承内或轴承的油落入药粉而造成污染。发生这种情况应拆卸分装头，清洗灭菌后重新安装，既可防止药粉污染，又能使螺杆运转自如。

（4）经常自动停车，亮灯报警　产生原因：①药粉湿度过大或漏斗绝缘体受潮，有金属屑嵌入造成导电，这种情况可用万用表检查；②控制器本身故障，这种情况可将接漏斗一根电线拔下，以检查控制器是否仍亮红灯。

2. 气流分装机

气流分装机原理就是利用真空吸取定量容积粉剂，再通过净化干燥压缩空气将粉剂吹入玻璃瓶中，其装量误差小、速度快、机器性能稳定。这是一种较为先进的粉针分装设备，实现了机械半自动流水线生产，提高了生产能力和产品质量，减轻了工人劳动强度。

AFG 320A 型气流分装机是目前中国引进最多的一种，由粉剂分装系统、盖胶塞机构、床身及主传动系统、玻璃瓶输送系统、拨瓶转盘机构、真空系统、压缩空气系统几部分组成。AFG 系列气流分装机组成见图 4-55。

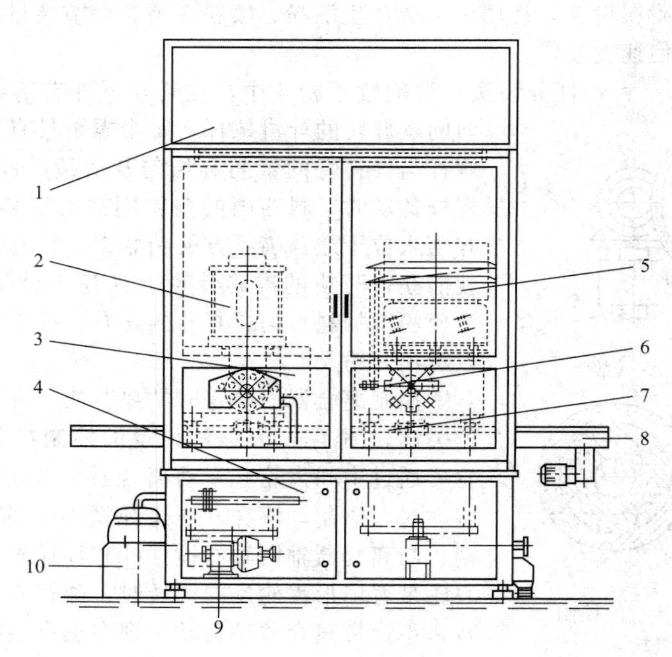

图 4-55　AFG 系列气流分装机

1—层流控制系统；2—粉剂分装系统；3—压缩空气系统；4—电气控制系统；5—盖胶塞机构；6—真空系统；7—拨瓶转盘机构；8—玻璃瓶输送系统；9—床身及主传动系统；10—吸粉器

粉剂分装系统工作原理见图 4-56。搅粉斗内搅拌桨每吸粉一次旋转一转，其作用是将装粉筒落下的药粉保持疏松，并协助将药粉装进粉剂分装头的定量分装孔中。真空接通，药粉被吸入定量分装孔内并有粉剂吸附隔离塞阻挡，让空气逸出；当粉剂分装头回转 180°至装粉工位时，净化压缩空气通过吹粉阀门将药粉吹入瓶中。分装盘后端面有与装粉孔数相同且和装粉孔相通的圆孔，靠分配盘与真空和压缩空气相连，实现分装头在间歇回转中的吸粉和卸粉。

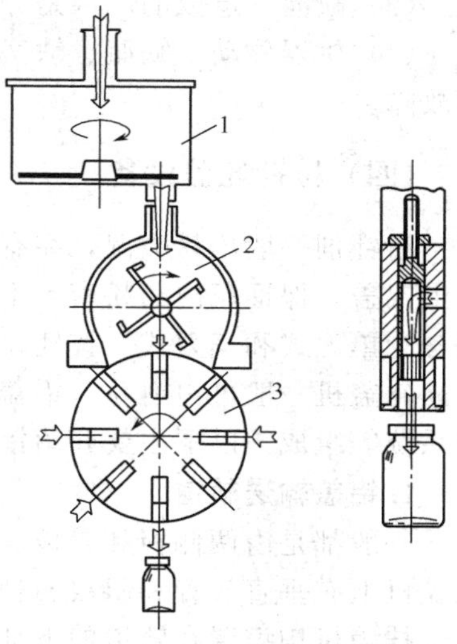

图 4-56　粉剂分装系统工作原理
1—装粉筒；2—搅粉斗；3—粉剂分装头

当缺瓶时机器自动停车，剂量孔内药粉经废粉回收收集，回收使用。为了防止细小粉末阻塞吸附隔离塞而影响装量，在分装孔转至与装粉工位前相隔 60°的位置时，用净化空气吹净吸附隔离塞。装粉剂量的调节是通过一个阿基米德螺旋槽来调节隔离塞顶部与分装盘圆柱面的距离（孔深），达到调节粉剂装量。

根据药粉的不同特性，分装头可配备不同规格的粉剂吸附隔离塞。粉剂吸附隔离塞有两种类型，一是活塞柱；一是吸粉柱。其头部滤粉部分可用烧结金属或细不锈钢纤维压制的隔离刷，外罩不锈钢丝网，如图 4-57 所示。

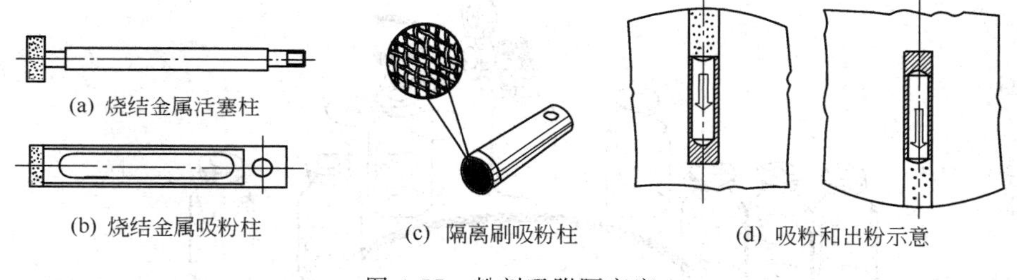
(a) 烧结金属活塞柱
(b) 烧结金属吸粉柱
(c) 隔离刷吸粉柱
(d) 吸粉和出粉示意

图 4-57　粉剂吸附隔离塞

经处理后的胶塞在胶塞振荡器中，由振荡盘送入导轨内，再由吸塞嘴通过胶塞卡扣在盖塞点，将胶塞塞入瓶口中。

压缩空气系统是由动力部门送来的压缩空气预先进行净化和干燥，并经过除菌处理。空气通过机内过滤器后分成两路，分别通过压缩空气缓冲缸上下室及通过气量控制阀门，一路通过吹起阀门接入装粉盘吹气口，用于卸粉；另一路则直接接入清扫器，用于清理卸粉后的装粉孔。

真空系统的真空管由装粉盘清扫口接入缓冲瓶，再通过真空滤粉器接入真空泵，通过该泵附带的排气过滤器接至无菌室外排空。

气流分装机生产中常见问题及解决方法如下。

（1）装量差异　造成的原因有真空度过大或过小，料斗内药粉量过少、隔离塞堵塞或活塞个别位置不准确，应根据具体情况逐一排除。

（2）盖塞效果不好　如出现缺塞或胶塞从瓶口弹出等情况。前者的原因是胶塞硅化不适或加盖部分位置不当，后者可能是由于胶塞硅化时硅油量多或容器温度过高而引起其内空气膨胀，应根据具体情况解决。可以调节盖塞部分位置，减少硅油用量或使瓶子温度降低后再用。

(3) 缺灌　造成的原因是分装头内粉剂吸附隔离塞堵塞，应及时调换隔离塞。

(4) 机器停动　缺瓶、缺塞、防护罩未关好均可造成不出车，应按故障指示灯的显示排除故障。

(四) 粉针轧盖设备

粉针剂一般均易吸湿，在有水分的情况下药物稳定性下降，因此粉针在分装塞胶塞后应轧上铝盖，保证瓶内药粉密封不透气，确保药物在贮存期内的质量。粉针轧盖机按刀的数量可分为单刀式和三刀式。按轧盖方式可分为卡口式和滚压式。

轧盖机一般可由料斗、铝盖输送轨道、轧盖装置、玻璃瓶输送装置、传动系统、电气控制系统等组成。以下主要介绍铝盖输送轨道和轧盖装置。

1. 铝盖输送轨道

一般都是由两侧板和盖板、底板构成，上端与料斗铝盖出口相接，下端为挂盖机构。在轧盖机上有垂直放置和斜放两种。铝盖在轨道中的方向总是铝盖口对着瓶子的行进方向。

挂盖机构设置在轨道的下部，活动的两侧板通过弹簧夹持和定位铝盖，并使铝盖倾斜一个合适的角度。工作时瓶子经过挂盖机构下方时正好将铝盖挂在瓶口上，再经过压板将铝盖压正。见图 4-58。

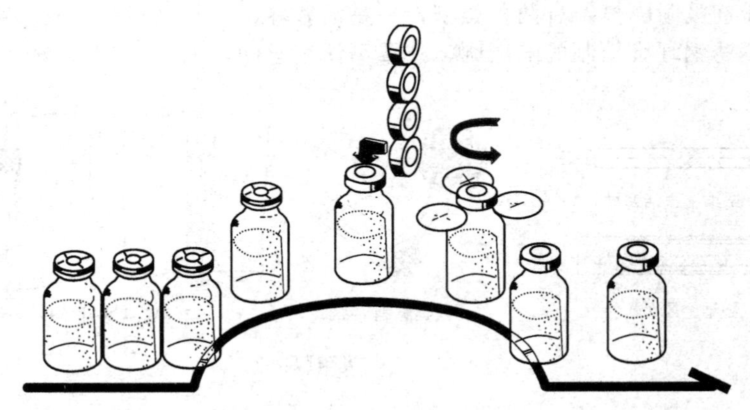

图 4-58　挂盖、轧盖原理

2. 轧盖装置

轧盖装置是轧盖机的核心部分，作用是铝盖扣在瓶口上后，将铝盖紧密牢固地包封在瓶口上。轧盖装置的结构类型有滚压式和卡口式两种。其中滚压式有瓶子不动和瓶子随动两种类型。

(1) 瓶子不动、三刀滚压型　该种型式轧盖装置由三组滚压刀头及连接刀头的旋转体、铝盖压边套、心杆和皮带轮组及电机组成。轧盖过程：电机通过皮带轮组带动滚压刀头高速旋转，转速约 2000r/min，在偏心轮带动下，轧盖装置整体向下运动，先是压边套盖住铝盖，只露出铝盖边沿待收边的部分，在继续下降过程中，滚压刀头在沿压边套外壁下滑的同时，在高速旋转离心力作用下向心收拢滚压铝盖边沿使其收口。

(2) 瓶子随动、三刀滚压型　该型轧盖装置由电机、传动齿轮组、七组滚压刀组件、中心固定轴、回转轴、控制滚压刀组件上下运动的平面凸轮和控制滚压刀离合的槽形凸轮等组成。轧盖过程：扣上铝盖的小瓶在拨瓶盘带动下进入到一组正好转动过来并已下降的滚压刀下，滚压刀组件中的压边套先压住锅盖，在继续转动中，滚压刀通过槽形凸轮下降并借助自转在弹簧力作用下，在行进中将铝盖收边轧封在小瓶口上。

（3）卡口式　亦称开合式轧盖装置，由分瓣卡口模、卡口套、连杆、偏心（曲柄）机构等组成。轧盖过程：扣上铝盖的小瓶由拨瓶盘送到轧盖装置下方间歇停止不动时，偏心（曲柄）轴带动连杆推动分瓣卡口模、卡口套向下运动（此时卡口模瓣呈张开状态），卡口模先行到达收口位置，卡口套继续向下，收拢卡口模瓣使其闭合，就将铝盖收边轧封在小瓶口上。

（五）西林瓶贴签设备

本节以ELN2011型贴签机为例介绍专供西林瓶粘贴标签用的贴签机，该贴签机结构紧凑，主要是针对7mL的西林瓶而设计的。因真空吸签而简化了机械结构，使贴签顺序交接连续运动，实现了机械化生产，提高了产品质量和生产能力；并具有无瓶不粘签、无签不打字的功能。具体流程如图4-59所示。

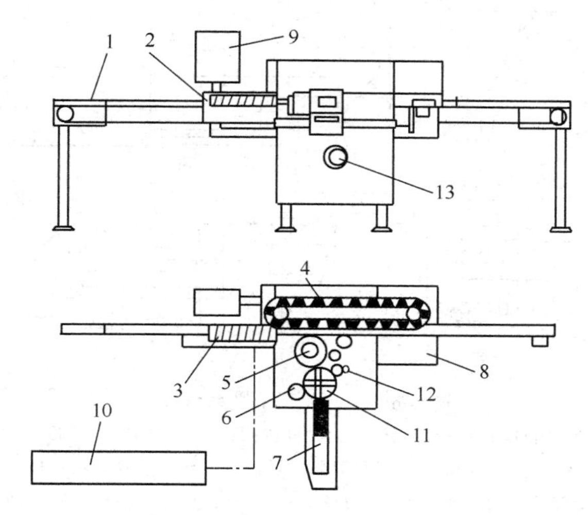

图4-59　ELN2011型贴签机

1—玻璃瓶输送装置；2—挡瓶机构；3—送瓶螺杆；4—V形夹传动链；5—贴签辊；6—涂胶机构；7—签盒；8—床身；9—操纵箱；10—电气控制柜；11—转动圆盘机构；12—打印机构；13—主传动系统

传签形式在结构上设置了一个转动圆盘机构，上面安装4个类型和动作一样的摆动传签头，代替供签系统中的吸签机构和传签辊、打字辊、涂胶头。传签过程是：传签头先在涂胶辊上粘上胶，随着圆盘转到签盒部位粘上签，当转到打字工位，印字辊就将标记印在标签上，再转下去与贴签辊相接，贴签辊通过爪勾和真空吸附将标签接过并使之与瓶接触，把标签贴在瓶上。整个传签过程从传签头将标签从签盒中粘出到传给贴签辊，标签始终粘在传签头上，省去了从吸签头把签传给传签辊，传签辊再传给打字辊这两个交接环节，减少了传签失误率。

贴签机工作中常见问题及解决方法如下。

（1）瓶签不正　造成原因是真空度不够，瓶签槽与吸签辊相对位置不平行，造成标签纸在吸签辊部位不正，应加以适当调节，保证吸签位置正好盖在6个真空吸孔上。

（2）吸不出签　主要原因是签纸太厚或真空度不够。

（3）每次吸两张签　主要原因是瓶签纸张太薄。

（4）瓶签贴不牢　造成原因是胶黏度不够，应重新调整；或者是瓶签纸张为横丝纹，应通知印签厂改为横切横印。

（5）胶水满布瓶身　原因是涂胶位置不当，应调整涂胶水位置以避免胶水满布瓶签。

四、冻干粉针剂生产工艺设备

冷冻干燥机由冻干箱、冷凝器、冷冻系统、真空系统、冷热交换系统组成。如图4-60所示。

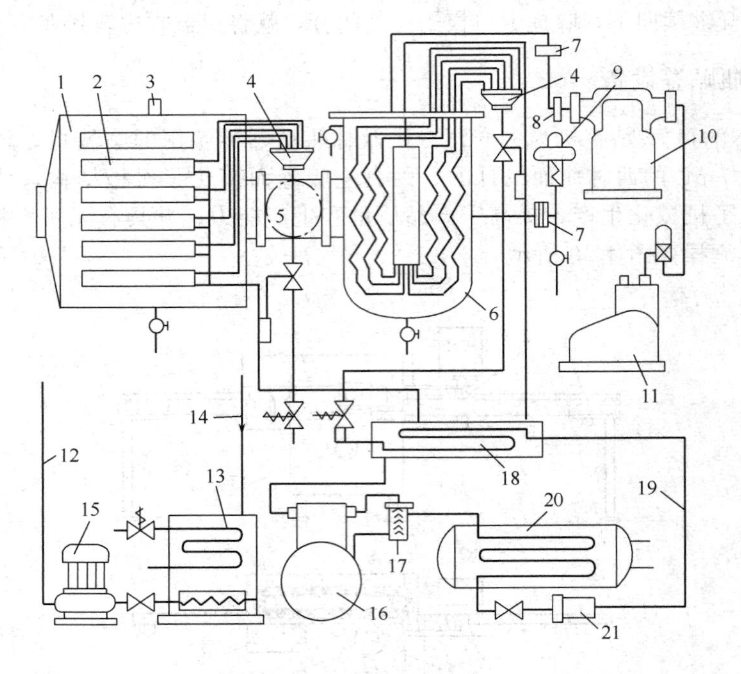

图4-60 冷冻干燥机系统图

1—干燥箱；2—冷热搁板；3—真空测头；4—分流阀；5—大蝶阀；6—凝结器；7—小蝶阀；8—真空馏头；9—鼓风机；10—罗茨真空泵；11—旋片式真空泵；12—油路管；13—油水冷却管；14—制冷低压管路；15—油泵；16—冷冻机；17—油分离器；18—热交换器；19—制冷高压管路；20—水冷凝器；21—干燥过滤器

① 制品的冻干在冻干箱内进行。冻干箱内有若干层搁板，搁板内可通入导热液，可进行对制品的冷冻或加温。冻干箱内有西林瓶压塞机构：一种是采用液压或螺杆在上部伸入冻干室，将隔板一起推叠，将塞子压紧在西林瓶上；另一种是桥式设计，系将搁板支座杆从底部拉出冻干室，同时室内的搁板升起而将塞子压入西林瓶。

② 与干燥室相连接的是冷凝器，冷凝器内装有螺旋式冷气盘管，其工作温度低于干燥室内药品温度，最低可达－60℃。它主要用于捕集来自冻干箱中制品升华的水汽，并使之在盘管上冷凝，从而保证冻干过程的顺利完成。

③ 冷冻系统的作用是将冷凝器内的水蒸气冷凝及将冻干箱内制品冷冻。制冷机组可采用双级压缩制冷（单机双级压缩机组，其蒸发温度低于－60℃）或复叠式制冷系统（蒸发温度可至－85℃）。在冷凝器内，采用直接蒸发式；在冻干箱内采用间接供冷。

制冷系统使用的制冷液体是高压氟利昂-22。由水冷凝器出来的高压氟利昂经过干燥过滤器、热交换器电磁阀到达膨胀阀，使制冷剂有节制地进入蒸发器，由于冷冻机的抽吸作用，使蒸发器内压力下降，高压液体制冷剂在蒸发器内迅速膨胀，吸收环境热量，使干燥室内制品或凝结器中的水气温度下降而凝固。高压液体制冷液吸热后迅速蒸发而成为低压制冷剂，气体被冷冻机抽回，再经压缩成高压气体，最后被冷凝器冷却成高压制冷液，重新进入制冷系统循环。

④ 真空系统是使冻结的冰在真空下升华的条件。真空系统的选择是根据排气的容积以及冷凝器的温度。真空下的压力应低于升华温度下冰的蒸气压（－40℃下冰的饱和蒸气压为

12.88Pa）而高于冷凝器内温度下的蒸气压。

真空系统多采用一台或两台初级泵（油回转真空泵）和一台前置泵（罗茨泵）串联组成。干燥室与凝结器之间装有大口径真空蝶阀，凝结器与增压泵之间装有小蝶阀及真空测头，便于对系统进行真空度测漏检查。

⑤ 冷热交换系统是用制冷剂或电热将循环于搁板中的导热液进行降温或升温的装置，以确保制品冻结、升华、干燥过程的进行。

⑥ 冷冻干燥的操作压力、温度由以下条件确定。

冻结温度：物质的低共熔点以下 10～20℃。

加热温度：被干燥物的允许温度。

操作压力：冻结物质温度的饱和蒸气压以下。

水分捕集温度：操作压力的饱和温度以下。

五、灭菌设备

灭菌是指利用物理或化学的方法杀灭或除去所有致病和非致病微生物繁殖体和芽孢的过程。一般有化学法、物理法。制剂的灭菌既要除去或杀灭微生物，又要保证稳定性，保证药品的理化性质和治疗作用不受任何影响。一般用物理法灭菌，包括干热灭菌法、湿热灭菌法、射线灭菌法、滤过除菌法。

（一）干热灭菌法

（1）干热灭菌法定义　指将物品利用高温干热空气达到杀灭微生物或消除热原的方法。主要设备包括干热灭菌柜、隧道灭菌器等，如远红外隧道式烘箱和电热隧道灭菌烘箱［详见本节“一（二）”的详细介绍］。干热灭菌法适用于耐高温的玻璃制品、金属制品以及不允许湿热灭菌物品的灭菌。

（2）干热灭菌条件　一般为 135～145℃、3～5h；160～170℃、2～4h；180～200℃、0.5～1h 或 250℃、45min。上述只是一般的参考标准，具体数据必须通过实验确定。

（3）灭菌装载方式　采用干热灭菌时，被灭菌的物品应有适当的装载方式，不能排列过密，以保证灭菌的有效性和均一性。灭菌腔内的空气应循环并保持正压，以阻止带菌空气进入，进入腔室的空气应经过高效过滤器过滤。本方法的缺点是穿透力弱，温度不易均匀，而且温度较高，时间长；故不适用于橡胶、塑料及大部分药品的灭菌。

（二）湿热灭菌法

湿热灭菌法是指在饱和水蒸气或沸水或流通蒸汽中进行灭菌的方法。由于蒸汽潜热大，穿透力强，容易使蛋白质变性或凝固，所以灭菌效率比干热法好。注射剂常用的湿热灭菌设备有卧式热压灭菌箱、水浴式灭菌柜、回转水浴式灭菌柜等。其热压灭菌的温度、压力及时间见表 4-4。

表 4-4　通常热压灭菌的温度、压力及时间

温度/℃	压力(表压力)/MPa	建议最少的灭菌时间/min
115～116	0.070	30
121～123	0.105	15
126～129	0.140	10
134～138	0.225	3

1. 卧式热压灭菌箱

图 4-61 为卧式热压灭菌箱结构示意图。箱体分内、外两层，由坚固的合金制成。外层涂有保温材料（保温层），箱内备有带轨道并分为若干的格车，格车上有活动的铁丝网格架。箱外附有可推动的搬运车，可用于装卸灭菌安瓿等。箱内装有淋水排管和蒸汽排管，箱体与外界连接的管道有蒸汽进管、排气管、进水管、排水管、真空管和有色水管等。

卧式热压灭菌箱

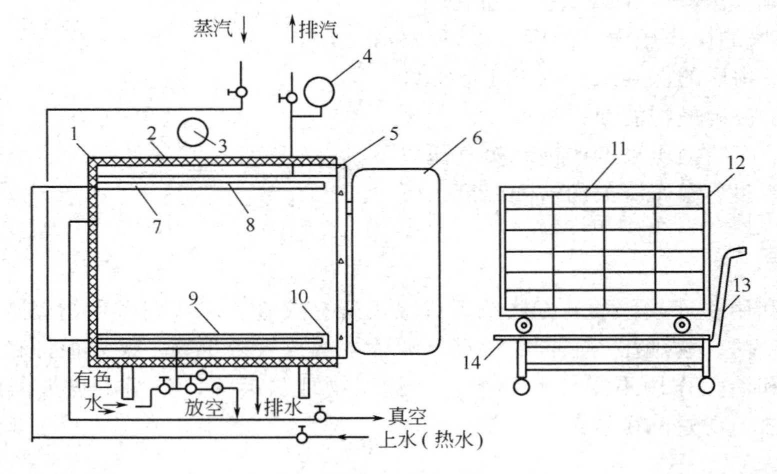

图 4-61　卧式热压灭菌箱结构示意

1—保温层；2—外壳；3—安全阀；4—压力表；5—高温密封圈；6—箱门；7—淋水管；8—内壁；9—蒸汽进管；10—消毒箱轨道；11—安瓿盘；12—格车；13—小车；14—格车轨道

安瓿热压灭菌箱工作程序包括灭菌、检漏、冲洗三个功能。

（1）高温灭菌　灭菌箱使用时先开蒸汽阀，让蒸汽通入夹层中加热约 10min，压力表读数上升到灭菌所需压力。同时用小车将装有安瓿的格车沿轨道推入灭菌箱内，严密关闭箱门，控制一定压力，箱内温度达到灭菌温度时开始计时，灭菌时间到达后，先关蒸汽阀，然后开排气阀排除箱内蒸汽，灭菌过程结束。

（2）色水检漏　检漏的方法有二种：一种方法为真空检漏技术，其原理是将置于真空密闭容器中的安瓿于 0.09MPa 的真空度下保持 15min 以上时间，使封口不严密的安瓿内部也处于相应的真空状态，其后向容器中注入色水（常用 0.05%亚甲基蓝或曙红溶液），将安瓿全部浸没于水中，色水在压力作用下将渗入封口不严密的安瓿内部，使药液染色，从而与合格的、密封性好的安瓿得以区别。另一种方法是在灭菌后趁热直接将颜色溶液压入箱内，安瓿突然遇冷时内部空气收缩形成负压，颜色溶液也被漏气安瓿吸进瓶内，这样合格品与不合格品能够初步分开。

（3）冲洗色迹　检漏之后安瓿表面留有色迹，此时淋水排管可放出热水冲洗掉这些色迹。到此，整个灭菌检漏工序完成，安瓿从灭菌箱内用搬运车取出，干燥后直接剔除漏气安瓿。

2. 水浴式灭菌柜

水浴式灭菌柜是采用国际上通用的灭菌方法，即以去离子水为载热介质，对输液瓶进行加热升温、保温灭菌、降温。而对载热介质去离子水的加热和冷却都是在柜体外的热交换器中进行的。

水浴式灭菌柜的流程见图 4-62。它是由灭菌柜、热水循环泵、换热器及微机控制系统组成。灭菌柜中，利用循环的热去离子水通过水浴式（即水喷淋）达到灭菌目的。适应玻璃瓶或塑料瓶（袋）装输液，灭菌效果达到《中国药典》标准。

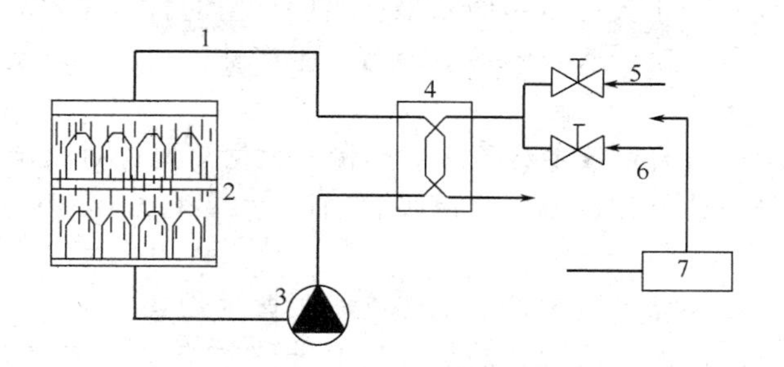

图 4-62　水浴式灭菌柜流程

1—循环水；2—灭菌柜；3—热水循环泵；4—换热器；5—冷水；6—蒸汽；7—控制系统

水浴式灭菌优点：采用密闭的循环去离子水，灭菌时不会对药品产生污染，符合 GMP 要求；柜内灭菌温度均匀可靠、无死角；采用 F_0 值监控仪监控灭菌过程，保证了灭菌质量。

3. 回转水浴式灭菌柜

回转水浴式灭菌柜主要用于脂肪乳输液和其他混悬输液剂型的灭菌，既有水浴式灭菌柜全部性能和优点，又有自身独特的优点。该灭菌柜工艺流程见图 4-63，由柜体、回转内筒、减速机构、热水循环泵、热交换器等组成。

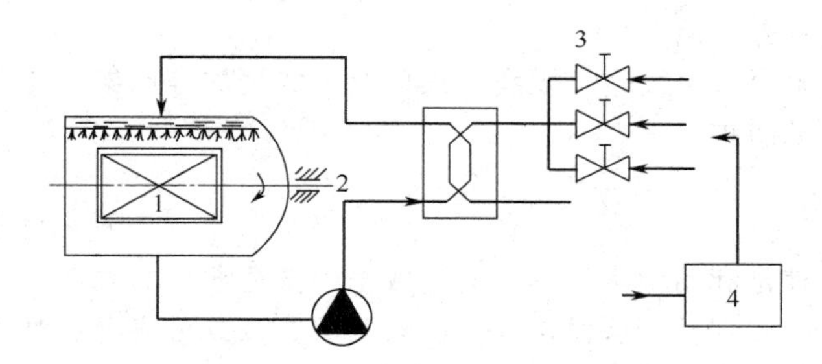

图 4-63　回转水浴式灭菌柜工艺流程

1—回转内筒；2—减速机构；3—执行阀；4—计算机控制系统

回转灭菌柜的独特优点如下：

① 柜内设有回转内筒，内筒的转速无级可调，玻璃瓶固紧在小车上，小车与内筒压紧为一体。内筒旋转有准停装置，方便小车进出柜内。

② 装满药液的玻璃瓶随内筒转动，使瓶内药液不停地旋转翻滚，药液传热快，温度均匀，不能产生沉淀或分层，可满足脂肪乳和其他混悬输液药品的灭菌工艺要求。

③ 采用先进的密封装置——磁力驱动器。把旋转内筒的动力输入和柜外动力输出部分完全隔离开来，从根本上取消了旋转内筒轴密封结构，使动密封改变为静密封，灭菌柜处于全封闭状态，灭菌过程无泄漏、无污染。

（三）射线灭菌法

射线灭菌法系指采用辐射、微波和紫外线灭菌的方法。

（1）辐射灭菌法　指灭菌物品置于适宜放射源辐射的 γ 射线，或适宜的电子加速器发生的电子束进行电离辐射，从而达到杀灭微生物的方法。最常用的是 ^{60}Co-γ 射线辐射灭菌。γ 射线可使有机化合物的分子直接发生电离，破坏正常代谢的自由基而导致微生物体内的大分子化合物分解，从而达到杀灭微生物的效果。辐射灭菌的特点是不升高产品温度、穿透力强，适合于不耐热药物的灭菌。医疗器械、容器、生产辅助用品、不受辐射破坏的原料药及成品均可使用辐射灭菌。

γ 射线辐射灭菌所控制的参数主要是辐射剂量，灭菌前要针对灭菌物品的安全性、有效性和稳定性进行验证评价。常用的辐射灭菌吸收剂量为 25kGy，常用的生物指示剂为短小芽孢杆菌孢子。

(2) 微波灭菌法　指用微波照射产生的热能杀灭微生物的方法。原理是利用产生频率为 300～3000MHz 之间的电磁波利用微波的热效应和非热效应（生物效应）相结合实现灭菌。其中微波的热效应使细菌体内蛋白质变性，非热效应干扰了细菌正常的新陈代谢与破坏细菌生长条件，起到物理化学灭菌所没有的作用。且在低温下（70～80℃左右）即可达到灭菌效果。

微波能穿透到介质的深部，适用于液体制剂的灭菌。特点：低温、常压、省时、高效。但需要做好微波辐射的防护工作。

(3) 紫外线灭菌法　指用紫外线照射杀灭微生物的方法。一般使用波长为 200～300nm，灭菌力最强的波长为 254nm。灭菌机理是紫外线作用于核酸蛋白能促使其变性，同时空气受紫外线照射后产生微量臭氧协同杀灭细菌。

紫外线为直线传播，可被不同的表面反射，穿透力微弱，但较易穿透洁净空气及纯净的水。因此，紫外线灭菌法适用于物体表面的灭菌、洁净室洁净空气和纯化水的灭菌。不适合药液和固体物质等的深部灭菌。

紫外线对人体照射过久会发生结膜炎、红斑及皮肤烧灼等现象，在生产操作时需要关闭紫外线灯，或加强劳动防护。

（四）滤过除菌法

滤过除菌法的机理是利用微生物不能通过致密的微孔滤材的原理，可除去对热不稳定的药品溶液或液体物质中的细菌，从而达到无菌的要求。该方法适合于对对热不稳定的药物溶液、气体、水等物品的灭菌。常用的无菌过滤器有 0.22μm 或 0.3μm 的微孔膜滤器和 G6(号) 垂熔玻璃滤器。过滤灭菌应在无菌条件下进行操作。

六、注射剂生产整体解决方案

智能制药工程整体解决方案是通过一系列全自动化生产设备与信息化管理系统，实现信息技术与制造技术的深度融合，打造数字化与智能化制造工厂，在注射剂生产中已经有了很多的应用。全自动化生产设备包括制药用水系统、配液系统、洗烘灌封联动生产线、冻干机及自动进出料系统、全自动灯检机、全自动包装机、全自动灭菌物料系统、全自动仓储系统等。信息化管理系统具体包括生产在线集成监控系统、客户远程服务监控中心、ERP (enterprise resource planning) 系统、MES (manufacturing execution system) 系统等。目前已研发出安瓿水针制剂生产整体解决方案、无菌冻干制剂生产整体解决方案、无菌粉针制剂生产整体解决方案、塑瓶吹灌封切生产整体解决方案、非 PVC 软袋生产整体解决方案、玻璃瓶大输液生产整体解决方案、隔离系统等。

智能制药工程整体解决方案解决了两大问题：第一，大幅提高设备的自动化水平。通过采用大量的自动化设备代替人工操作，最终实现生产高度自动化和去人力化，有效提高生产效率和产品质量。如从原辅材料的进入到清洗、灭菌、灌装、冻干、轧盖、灯检、包装、入库等均实现自动化，实现生产设备之间以及工序之间的连接。第二，企业搭建信息化管理平台，实现互联网技术与工厂的深度融合，实现智能化生产及生产全流程信息的自动化采集、存储，如设备信息、工艺数据、环境参数、人员与物料的信息等。通过应用大数据、云计算以及物联网技术，有效实现设备自动预警、远程维护与运营管理等，最终实现智能生产、智能服务，使产品设计、供应链、物流、监管等外部系统高度集成，实现产品全周期控制及追溯。智能制药工程整体解决方案使制剂生产更紧促、智能、高效、节能，且极大减少了人员参与，减小了污染风险，提高了产品的安全性。智能制药工程整体解决方案是未来的发展方向和趋势。

第三节　注射剂生产车间工程设计

一、 最终灭菌小容量注射剂车间 GMP 设计

1. 最终灭菌小容量注射剂（水针）车间设计一般性要点

① 最终灭菌小容量注射剂生产过程包括原辅料的准备、配制、灌封、灭菌、质检、包装等步骤，其工艺设备为联动机组生产工艺。关于水针各单机设备和联动机组设备的具体内容详见本章第二节。

② 按照 GMP 的规定最终灭菌小容量注射剂生产环境分为三个区域：一般生产区、D 级洁净区、C 级洁净区（局部 A 级层流）。一般生产区包括安瓿外清处理、半成品的灭菌检漏、异物检查、印包等；D 级洁净区包括物料称量、浓配、质检、安瓿的洗烘、工作服的洗涤等；C 级洁净区包括稀配、灌封，且灌封机自带局部 A 级层流。洁净级别高的区域相对于洁净级别低的区域要保持至少 10Pa 的正压差。

如工艺无特殊要求，一般洁净区温度为 18～26℃，相对湿度为 45%～65%。各工序需安装紫外线灯。

③ 车间设计要贯彻人流、物流分开的原则。人员在进入各个级别的生产车间时，要先更衣，不同级别的生产区需有相应级别的更衣净化措施。生产区要严格按照生产工艺流程布置，各个级别相同的生产区相对集中，洁净级别不同的房间相互联系中设立传递窗或缓冲间，使物料传递路线尽量短捷、顺畅。物流路线的一条线是原辅料，物料经过外清处理，进行浓配、稀配；另一条线是安瓿瓶，安瓿经过外清处理后，进入洗灌封联动线清洗、烘干，两条线汇聚于灌封工序。灌封后的安瓿再经过灭菌、检漏、擦瓶、异物检查，最后外包，完成整个生产过程。具体进出水针车间的人流、物流路线如图 4-64 所示。

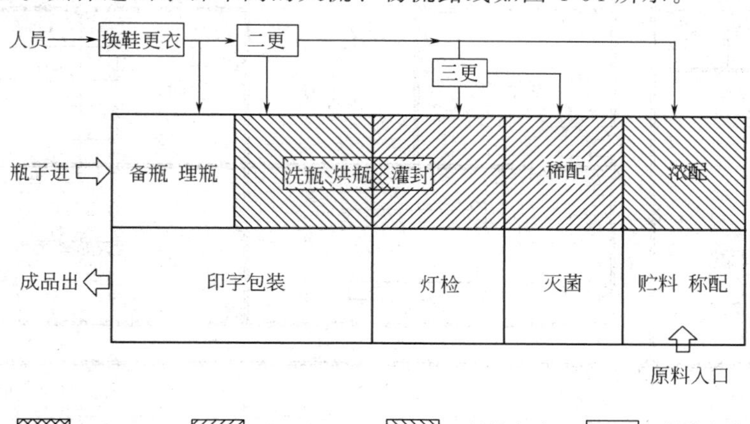

图 4-64　进出水针车间的人流、物流路线

④ 辅助用房的合理设置是制剂车间GMP设计的一个重要环节。厂房内设置与生产规模相适应的原、辅材料，半成品、成品存放区域，且尽可能靠近与其联系的生产区域，减少运输过程中的混杂与污染。存放区域内应安排待验区、合格品区和不合格品区；贮料称量室，质检室、工具清洗存放间，清洁工具洗涤存放间，洁净工作服洗涤干燥室等均要围绕工艺生产来布置，要有利于生产管理；空调间、泵房、配电室、办公室、控制室要设在洁净区外，并且要有利于包括空调风管在内的公用管线的布置。

⑤ 水针生产车间内地面一般做耐清洗的环氧自流坪地面，隔墙采用轻质彩钢板，墙与墙、墙与地面、墙与吊顶之间接缝处采用圆弧角处理，不得留有死角。

⑥ 水针生产车间需要排热、排湿的房间有浓配间、稀配间、工具清洗间、灭菌间、洗瓶间、洁具室等，灭菌检漏需考虑通风。公用工程包括给排水、供气、供热、强弱电、制冷通风、采暖等专业设计应符合GMP原则。

2. 车间设计举例

图4-65是水针生产联动机组工艺车间布置图，采用浓配加稀配的配料方式，具体布置见图4-65。

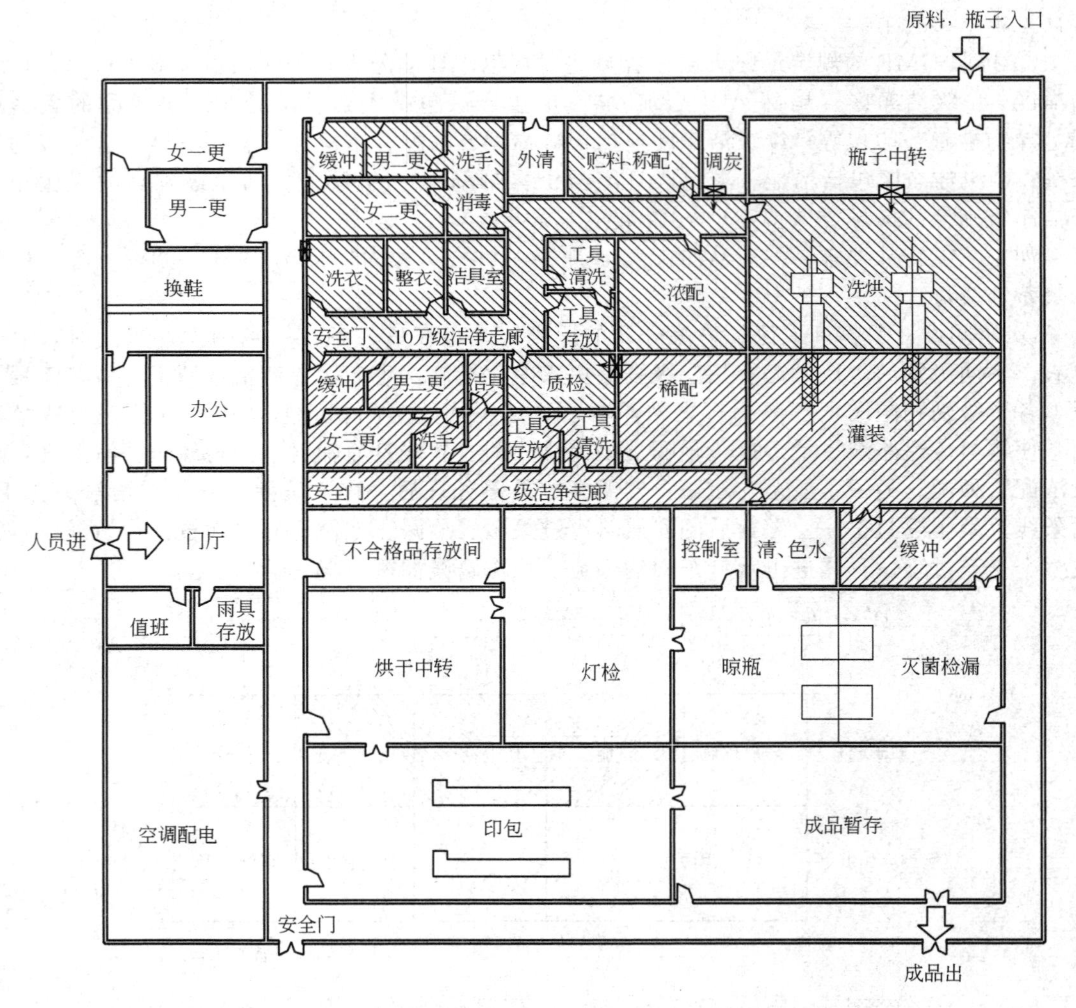

图4-65 水针生产联动机组工艺车间布置图

二、 最终灭菌大容量注射剂（大输液）车间 GMP 设计

1. 大输液生产车间设计一般性要点

① 掌握大输液的生产工艺是车间设计的关键，盛装输液的容器有玻璃瓶、聚乙烯塑料瓶、复合膜等，包装容器不同其生产工艺也有差异，复合膜、玻璃瓶、塑料容器的输液工艺流程及环境区域划分分别见图 4-6 和图 4-7。无论何种包装容器其生产过程一般包括原辅料的准备、浓配、稀配、包材处理（瓶外洗、粗洗、精洗等）、灌封、灭菌、灯检、包装等工序。

② 设计时要分区明确，按照 GMP 规定，由大输液生产工艺流程及环境区域划分示意图可知，大输液生产分为一般生产区、D 级洁净区、C 级及局部 A 级洁净区。一般生产区包括瓶外洗、粒子处理、灭菌、灯检、包装等；D 级洁净区包括原辅料称配、浓配、瓶粗洗、轧盖等；C 级洁净区包括瓶精洗、稀配、灌封，其中瓶精洗后到灌封工序的暴露部分需 A 级层流保护。生产相联系的功能区要相互靠近，以达到物流顺畅、管线短捷，如物料流向：原辅料称配→浓配→稀配→灌封工序尽量靠近。

车间设计时合理布置人、物流，要尽量避免人、物流的交叉。人流路线包括人员经过不同的更衣进入一般生产区、D 级洁净区、C 级洁净区；进出车间的物流一般有以下几条：瓶子或粒子的进入、原辅料的进入、外包材的进入以及成品的出口。进出输液车间的人流、物流路线如图 4-66 所示。

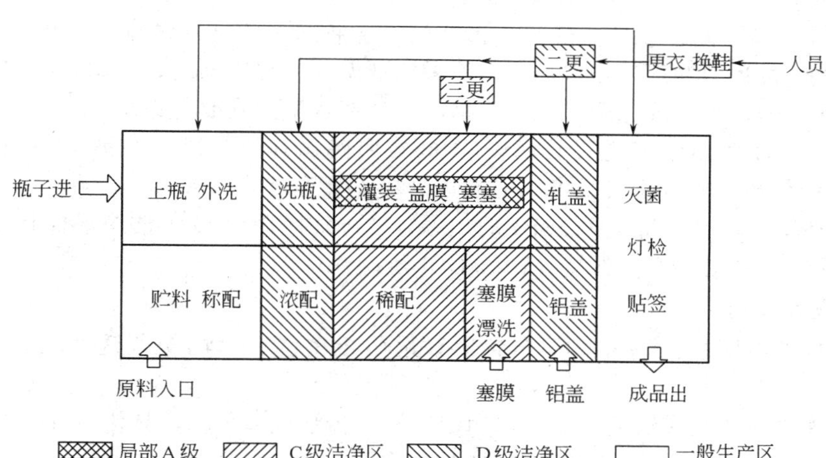

图 4-66 进出输液车间的人流、物流路线

③ 熟练掌握工艺生产设备是设计好输液车间的关键，输液包装容器不同其生产工艺不同，导致其生产设备亦不同。即使是同一包装容器的输液，其生产线也有不同的选择，如玻璃瓶装输液的洗瓶工序有粗洗、精洗的滚筒式洗瓶机和集粗、精洗于一体的箱式洗瓶机。工艺设备的差异，车间布置必然不同，目前的输液生产均采用联动线，图 4-67 为我国较为常用的玻璃瓶输液生产线。

④ 合理布置好辅助用房。辅助用房是大输液车间生产质量保证和 GMP 认证的重要内容，辅助用房的布置是否得当是车间设计成败的关键。一般大输液生产车间的辅助用房包括 C 级工具清洗存放间、D 级工具清洗存放间、化验室、洗瓶水配制间、不合格品存放间、洁具室等。

2. 大输液车间一般性技术要求

① 大输液车间控制区包括 D 级洁净区、C 级洁净区，C 级环境下的局部 A 级层流，控制

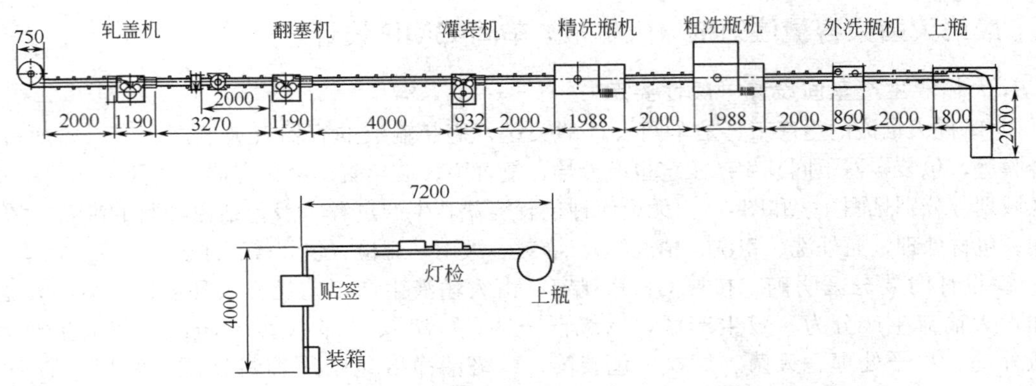

图 4-67　我国常用的玻璃瓶输液生产线

区温度为 18～26℃，相对湿度为 45%～65%。各工序需安装紫外线灯。

② 洁净生产区一般高度为 2.7m 左右较为合适，上部吊顶内布置包括风管在内的各种管线加上考虑维修需要，吊顶内部高度需为 2.5m。

③ 大输液生产车间内地面一般做耐清洗的环氧自流坪地面，隔墙采用轻质彩钢板，墙与墙、墙与地面、墙与吊顶之间接缝处采用圆弧角处理，不得留有死角。

④ 洁净生产区需用洁净地漏，A 级区不得设置地漏。

⑤ 浓配间、稀配间、工具清洗间、灭菌间、洗瓶间、洁具室需排热、排湿。在塑料颗粒制瓶和制盖的过程中均产生较多热量，除采用低温水系统冷却外，空调系统应考虑相应的负荷，塑料颗粒的上料系统必须考虑除尘措施。洗瓶水配制间要考虑防腐与通风。

⑥ 纯化水和注射用水管道设计时要求 65℃回路循环，管道安装坡度一般为 0.3%～0.5%，不锈钢材质。支管盲段长度不应超过循环主管管径的 6 倍。

⑦ 不同环境区域要保持至少 10Pa 的压差，C 级洁净区对 D 级洁净区保持≥10Pa 的正压，D 级洁净区对一般生产区保持≥10Pa 的正压。

3. 车间设计举例

图 4-68 是玻璃瓶装大输液车间布置图，选用粗精洗合一的箱式洗瓶机，具体布置见图 4-68。

图 4-69 为塑料瓶装大输液车间。选用塑料瓶二步法成型工艺，具体布置见图 4-69。

三、 无菌分装粉针剂车间 GMP 设计

1. 粉针剂车间设计一般性要点

① 粉针剂的生产工序包括：原辅料的擦洗消毒、西林瓶粗洗和精洗、灭菌干燥、胶塞处理及灭菌、铝盖洗涤及灭菌、分装、轧盖、灯检、包装等步骤，按 GMP 规定其生产区域空气洁净度级别分为 A 级、B 级、C 级和 D 级。其中无菌分装、西林瓶出隧道烘箱、胶塞出灭菌柜及其存放等工序需要 B 级环境下 A 级层流保护，原辅料的擦洗消毒，瓶塞粗洗、精洗，干燥灭菌为 B 级，轧盖为 C 级或 D 级环境，其中轧盖要设置局部 A 级层流保护。其工艺流程图及洁净区域划分见图 4-10。

② 车间设计要做到人、物流分开的原则，按照工艺流向及生产工序的相关性，有机地将不同洁净要求的功能区布置在一起，使物料流短捷、顺畅。粉针剂车间的物流基本上有以下几种：原辅料、西林瓶、胶塞、铝盖、外包材及成品出车间。进入车间的人员必须经过不同程度的更衣分别进入 B 级和 C 级洁净区。进出粉针剂车间人、物流路线如图 4-70 所示。

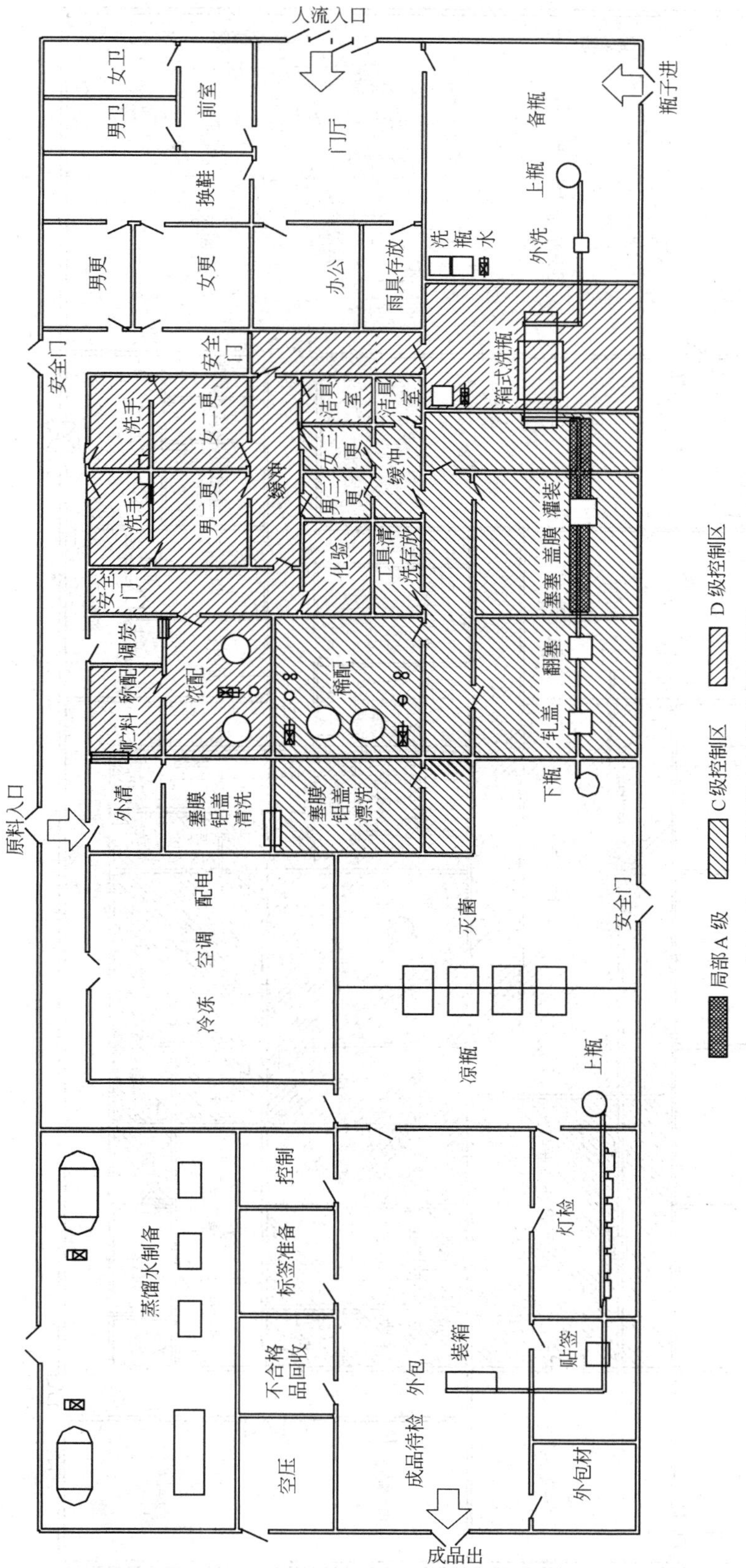

图4-68 玻璃瓶装大输液车间布置图

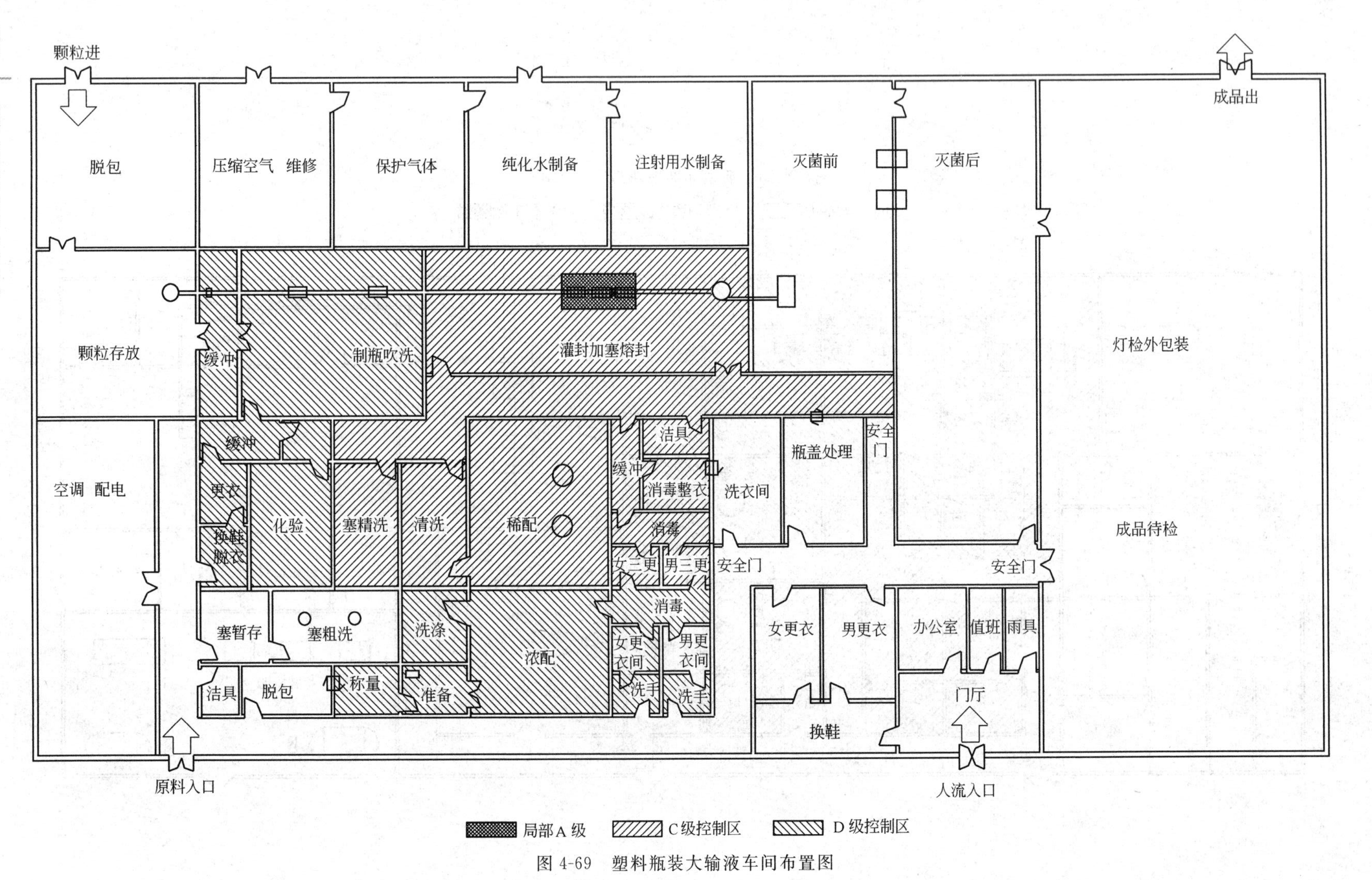

图 4-69 塑料瓶装大输液车间布置图

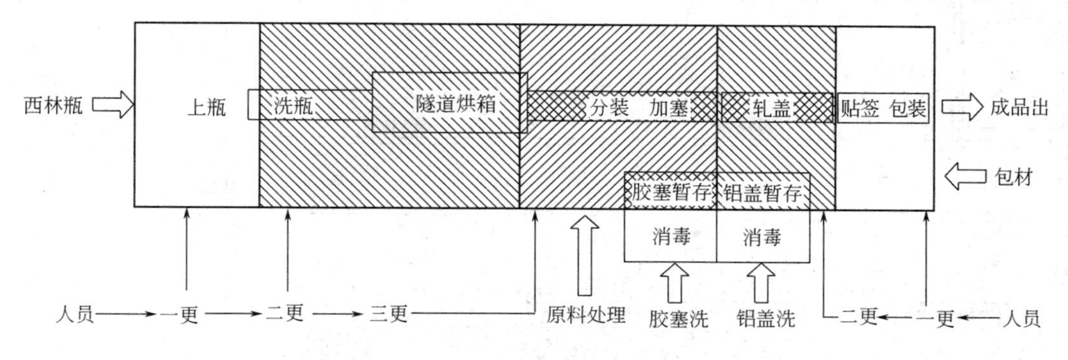

图 4-70 进出粉针剂车间人流、物流路线

③ 车间设置净化空调和舒适性空调系统能有效控制温、湿度；并能确保培养室的温、湿度要求；若无特殊工艺要求，控制区温度为 18～26℃，相对湿度为 45%～65%。各工序需安装紫外线灯。

④ 车间内需要排热、排湿的工序一般有洗瓶区、隧道烘箱灭菌间、洗胶塞铝盖间、胶塞灭菌间、工具清洗间、洁具室等。

⑤ 级别不同洁净区之间保持至少 10Pa 的正压差，每个房间应有测压装置。如果是生产青霉素或其他高致敏性药品，分装室应保持相对负压。

⑥ 由于轧盖会产生大量的微粒，应设置单独的轧盖间，并有措施防止所产生的微粒对其他区域的污染。

⑦ 无菌生产的 A/B 级洁净区内禁止设置水池和地漏。

2. 粉针剂车间设计举例

图 4-71 为无菌分装粉针剂车间工艺布置图。该工艺选用联动线生产，瓶子的灭菌设备为远红外隧道烘箱，瓶子出隧道烘箱后即受到局部 A 级的层流保护。胶塞处理选用胶塞清洗灭菌一体化设备，出胶塞及胶塞的存放设置 A 级层流保护。铝盖的处理另设一套人流通道，以避免人流、物流之间有大的交叉。具体布置如图 4-70 所示。

四、 冻干粉针剂车间 GMP 设计

1. 冻干粉针剂车间设计一般性要点

① 冻干粉针剂的生产工序包括：洗瓶及干燥灭菌、胶塞处理及灭菌、铝盖洗涤及灭菌、分装加半塞、冻干、轧盖、包装等。按 GMP 规定其生产区域空气洁净度级别分为 A 级、B 级、C 级和 D 级。其中料液的无菌过滤、分装加半塞、冻干、净瓶塞存放为 B 级环境下的局部 A 级即为无菌区，配料、瓶塞精洗、瓶塞干燥灭菌为 C 级，瓶塞粗洗、轧盖为 C 级或 D 级环境，其中轧盖要设置局部 A 级层流保护。其工艺流程图及环境区域划分见图 4-13。

② 车间设计力求布局合理，遵循人、物流分开的原则，不交叉返流。进入车间的人员必须经过不同程度的净化程序分别进入 A 级、B 级、C 级和 D 级洁净区，进入 A/B 级洁净区的人员必须穿戴无菌工作服，洗涤灭菌后的无菌工作服在 A 级层流保护下整理。无菌作业区的气压要高于其他区域，应尽量把无菌作业区布置在车间的中心区域，这样有利于气压从较高的房间流向较低的房间。

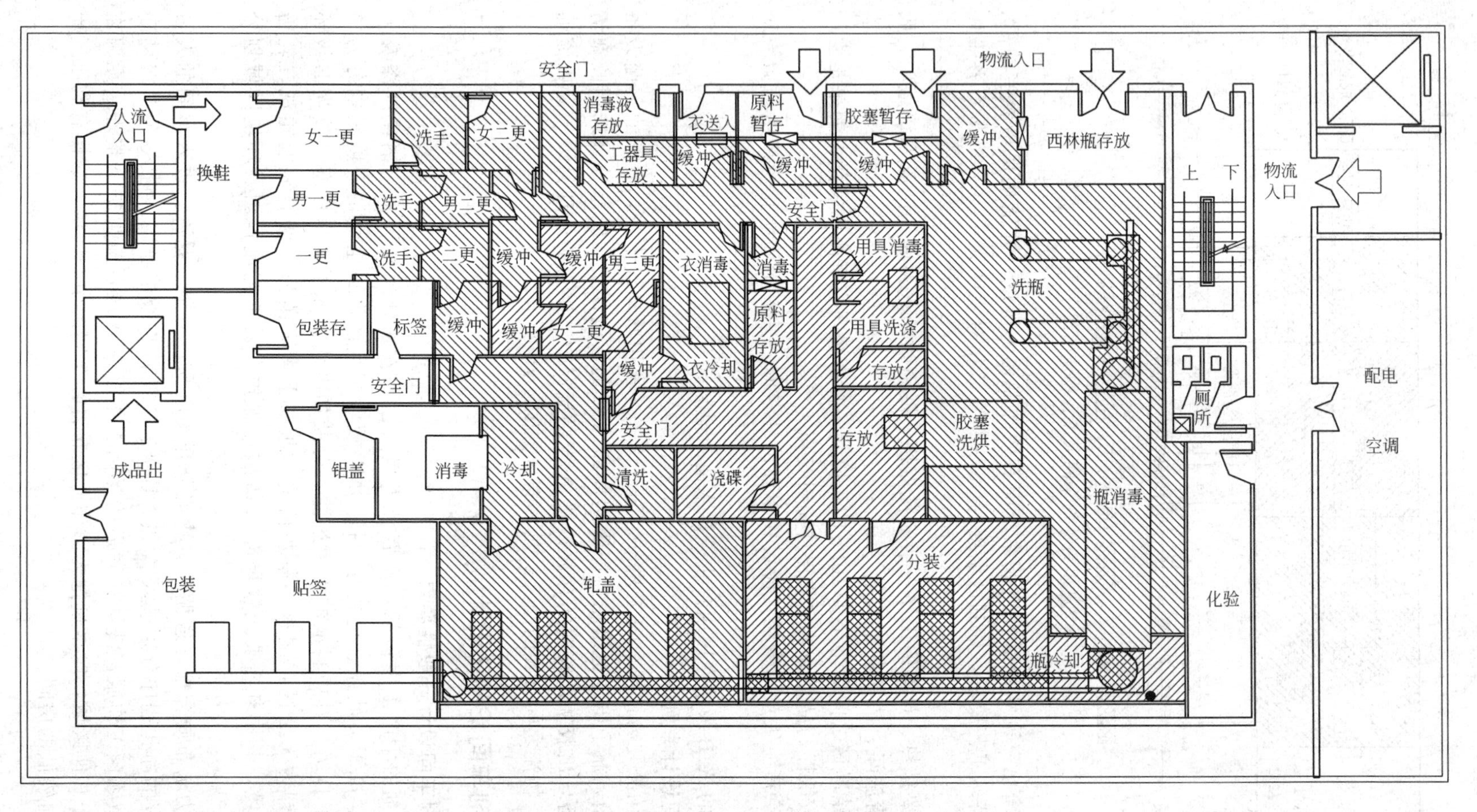

图4-71 无菌分装粉针剂车间工艺布置图

③ 辅助用房的布置要合理，清洁工具间、容器具清洗间宜设在无菌作业区外，非无菌工艺作业的岗位不能布置在无菌作业区内。物料或其他物品进入无菌作业区时，应设置供物料、物品消毒或灭菌用的灭菌室或灭菌设备。洗涤后的容器具应经过消毒或灭菌处理方能进入无菌作业区。

④ 车间设置净化空调和舒适性空调系统可有效控制温、湿度；并能确保培养室的温、湿度要求；控制区温度为18～26℃，相对湿度为45%～65%。各工序需安装紫外线灯。

⑤ 若有活菌培养如生物疫苗制品冻干车间，则要求将洁净区严格区分为活菌区与死菌区，并控制、处理好活菌区的空气排放及带有活菌的污水。

⑥ 按照GMP的要求布置纯水及注射用水的管道。

2. 车间设计举例

设计任务：2000万支/年细胞色素C无菌冻干制剂车间设计。

包装规格：15mg/2mL西林瓶。

外包形式：10瓶/小盒，10小盒/大盒，10大盒/箱。

（1）车间工艺平面设计说明　具体车间布置图见图4-72。

① 车间为单层框架结构。长为52.5m，短边长为41m，总面积为2152.5m^2；层高6m。主要公用工程区包括配电、空调净化系统、制水、人员更衣卫生间等辅助设施，生产区包括称量、配液、灭菌、洗瓶、烘瓶、灌装、冻干、轧盖、包装等生产区域。

② 车间设计紧扣生产工艺流程，将生产区和公用工程区设计成两个互不交叉、互不接触的区域，从根本上解决交叉污染。

③ 该车间生产类别为丙类，耐火等级为二级。

④ 车间设计做到人、物流分开，整个车间主要出入口分两处，一处是人流出入口，即人员由门厅经过更衣进入车间，再经过洗手、更洁净衣进入洁净生产区，手消毒；一处是原料入口，即原辅料经过脱外包由传递窗送入。此外还有成品出口。

⑤ 本车间在C级洁净区主要工序有：贮料、称量、配液、洗瓶、胶塞清洗、铝盖清洗；在B级洁净区主要工序有：灌封机组、冻干间、轧盖间；在B级下A级洁净区的主要工序有：铝盖清洗后的运输、冻干结束后从AGV（automated guided vehicle）小车下瓶之后的轧盖间区域和轧盖。

⑥ 由于使用RABS系统和Getinge无菌处理系统，在灌装机和胶塞清洗后的铝盖灭菌区域为密闭系统，系统自带使用A级层流。

（2）车间工艺平面布置特点

① 参观方便。此车间中的参观走廊设计在整个流程的一周，因此，通过参观走廊能够完整参观整个工厂的生产过程，避免参观人员的进入带来的风险。

② 灌装冻干机室和轧盖室隔离。灌装冻干机室和轧盖室虽然同为B级洁净级别，但是由于在轧盖过程中会有大量碎屑产生，因此在设计过程中将轧盖室与其他B级洁净级别的房间隔离，并分别设有两处进入B级洁净级别房间的更衣入口。有效防止轧盖碎屑对产品的污染。

③ B级洁净级别的人流进出口不同。这一举措可以使进出人流分离，防止已经污染的洁净服进一步污染更衣间中干净的洁净服。

④ 不合格产品运输方便。灯检区旁边即是不合格产品暂存区，可以及时有效地存储不合格的产品，而且能够使生产更加流畅简洁，符合GMP生产的洁净整齐的要求。

⑤ 通过RABS系统的使用降低车间的生产风险。在灌装机和上瓶机上增设RABS系统，减少了产品被污染的风险；运用AGV小车实现半轧盖的西林瓶从灌装机到冻干机的转运，

使操作更加自动化、并且减少了人对于产品的污染；利用Getinge系统进行胶塞从清洗机到灌装机的转运，减少了产品被污染的风险。

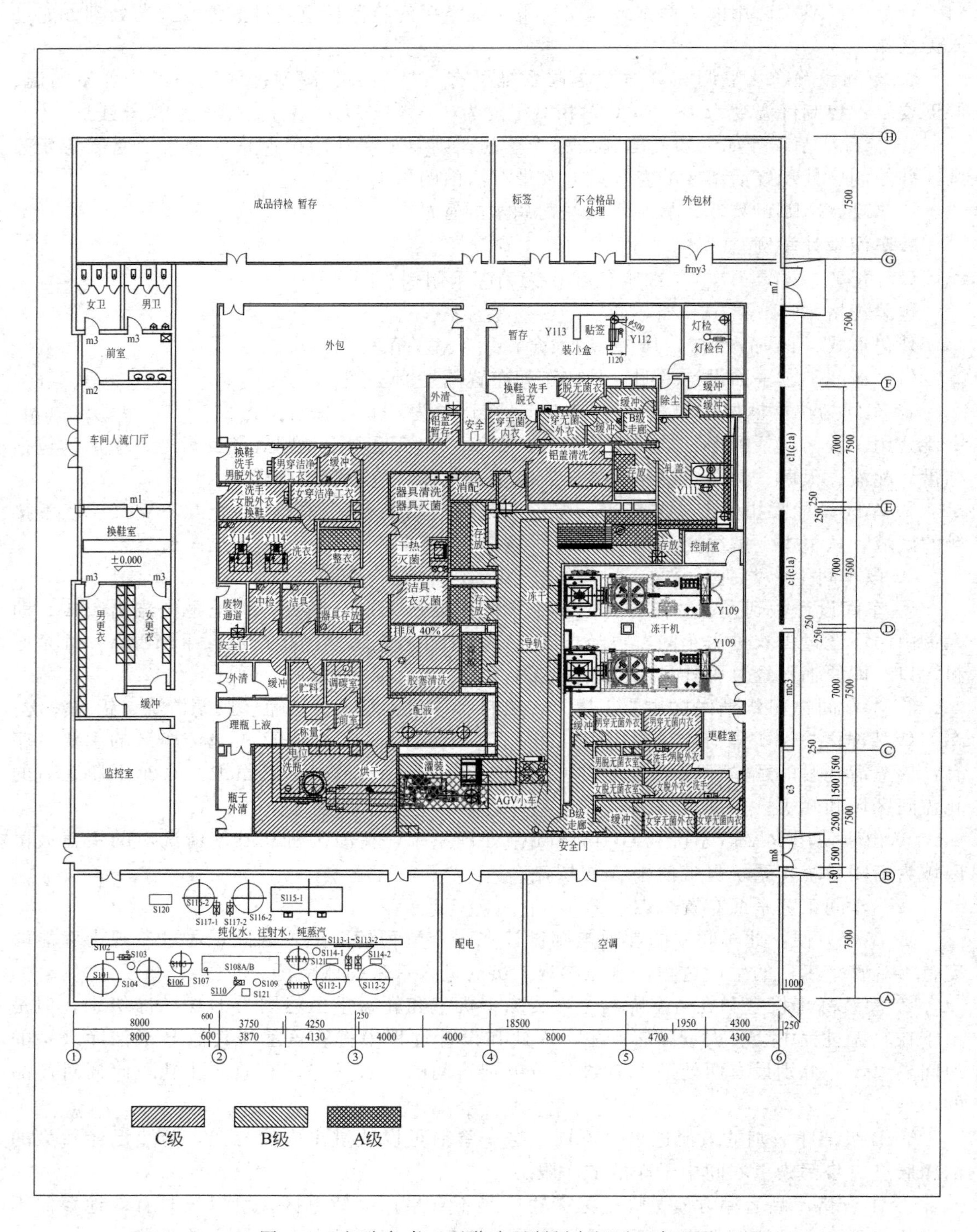

图 4-72 细胞色素C无菌冻干制剂车间平面布置图

第四节 制药用水的生产工艺技术

制药用水通常指制药工艺过程中用到的各种质量标准的水。包括饮用水、纯化水和注射用水。

一、制药用水分类及其应用范围

1. 制药工艺用水在《药品生产质量管理规范》2010版通则和附录中有如下要求：

第九十六条 制药用水应适合其用途，并符合《中华人民共和国药典》的质量标准及相关要求。制药用水至少应采用饮用水。

第一百条 应对制药用水及原水的水质进行定期监测，并有相应的记录。

附录1：无菌药品。第四十九条 无菌原料药的精制、无菌药品的配制、直接接触药品的包装材料和器具等最终清洗、A/B级区内消毒剂和清洁剂的配制用水应符合注射用水的质量标准。

附录2：原料药。第十一条 非无菌原料药精制工艺用水应至少符合纯化水的质量标准。

附录5：中药制剂。第三十三条 中药材洗涤、浸润、提取用工艺用水的质量标准不得低于饮用水标准，无菌制剂的提取用工艺用水应采用纯化水。

2. 在《中国药典》2015年版中，有以下几种制药用水的定义和应用范围。

饮用水：为天然水经净化处理所得的水，其质量必须符合现行中华人民共和国国家标准《生活饮用水卫生标准》。

纯化水：为饮用水经蒸馏法、离子交换法、反渗透法或其他适宜的方法制得的制药用水。不含任何添加剂，其质量应符合纯化水项下的规定。

注射用水：为纯化水经蒸馏所得的水。应符合细菌内毒素试验要求。注射用水必须在防止细菌内毒素产生的设计条件下生产、贮藏及分装。其质量应符合注射用水项下的规定。

灭菌注射用水：为注射用水照注射剂生产工艺制备所得。不含任何添加剂。

制药工艺用水的应用范围和水质要求见表4-5。

表4-5 制药用水的应用范围和水质要求

水质类别	应用范围	水质要求
饮用水	1. 药品包装材料粗洗用水，中药材和中药饮片的清洗、浸润、提取等用水； 2. 制备纯化水的水源； 3. 制药用具的粗洗用水	生活饮用水标准GB 5749—2006
纯化水	1. 非无菌药品的配料，直接接触药品的设备、器具和包装材料最后一次洗涤用水； 2. 非无菌原料药精制工艺用水、制备注射用水的水源、直接接触非最终灭菌棉织品的包装材料粗洗用水等； 3. 配制普通药物制剂用的溶剂或试验用水； 4. 中药注射剂、滴眼剂等灭菌制剂所用饮片的提取溶剂； 5. 口服、外用制剂配制用溶剂或稀释剂； 6. 非灭菌制剂用器具的精洗用水、非灭菌制剂所用饮片的提取溶剂； 7. 制备注射用水的水源； 8. 纯化水不得用于注射剂的配制与稀释	符合《中国药典》标准； 电导率不同温度有不同的规定，如<4.3μS/cm，20℃

续表

水质类别	应用范围	水质要求
注射用水	1.直接接触无菌药品的包装材料的最后一次精洗用水、无菌原料药精制工艺用水;直接接触无菌原料药的包装材料的最后洗涤用水; 2.无菌制剂的配料用水等; 3.配制注射剂、滴眼剂等的溶剂或稀释剂及用于容器的精洗	符合《中国药典》标准; 电导率不同温度有不同的规定值,如<1.1μS/cm,20℃
灭菌注射用水	灭菌注射用灭菌粉末的溶剂或注射剂的稀释剂	应符合《中国药典》灭菌注射用水项下的规定

二、纯化水的制备工艺与设备

纯化水为采用离子交换法、反渗透法、蒸馏法或其他适宜的方法制得供药用的水，不含任何附加剂。中国、欧洲、美国药典规定纯化水指标对比见表4-6。

表 4-6 中国、欧洲、美国药典规定纯化水指标对比

检测项目	中国药典(2015年版)	欧洲药典6.7①	美国药典32②
来源	本品为蒸馏法、离子交换法、反渗透法或其他适宜方法制得	为符合法定规定的饮用水经蒸馏、离子交换或其他适宜方法制得	符合美国环境保护协会或欧共体或日本法定要求饮用水,经适宜方法制得
性状	无色澄明液体,无臭,无味	无色澄明液体,无臭,无味	—
酸碱度	符合规定	—	—
氨	$\leqslant 0.3\times10^{-6}$	—	—
亚硝酸盐	$\leqslant 0.2\times10^{-7}$	—	—
不挥发物	≤1mg/100mL		
硝酸盐	$\leqslant 0.6\times10^{-7}$	$\leqslant 0.2\times10^{-6}$	—
重金属	$\leqslant 0.1\times10^{-6}$	$\leqslant 0.1\times10^{-6}$	—
铝盐	—	用于生产渗析液时方控制此项	—
易氧化物	符合规定	符合规定	总有机碳(0.5mg/L)
总有机碳(TOC)/(mg/L)	≤0.5	≤0.5	≤0.5
电导率/(μS/cm)	<4.3(20℃)	<4.3(20℃)	符合规定
细菌内毒素/(EU/mL)	—	0.25	—
无菌检查	—	—	符合规定(用于制备无菌制剂时控制)
微生物限度(action limit)/(CFU/mL)	≤100	≤100	≤100

① 美国药典中规定：现生产的纯化水监测TOC和电导率，灌装入容器内供商用的纯化水，应符合无菌纯化水的试验要求。表中所列为现生产的纯化水的监测项目。纯化水不得用于制备非肠道制剂。

② 欧洲药典中TOC和易氧化物项目，可任选一项监控。

1. 纯化水的制备工艺

原水水质应达到饮用水标准，方可作为制药用水或纯化水的起始用水。目前在制药企业生产中主要有以下四种纯化水制备工艺流程。

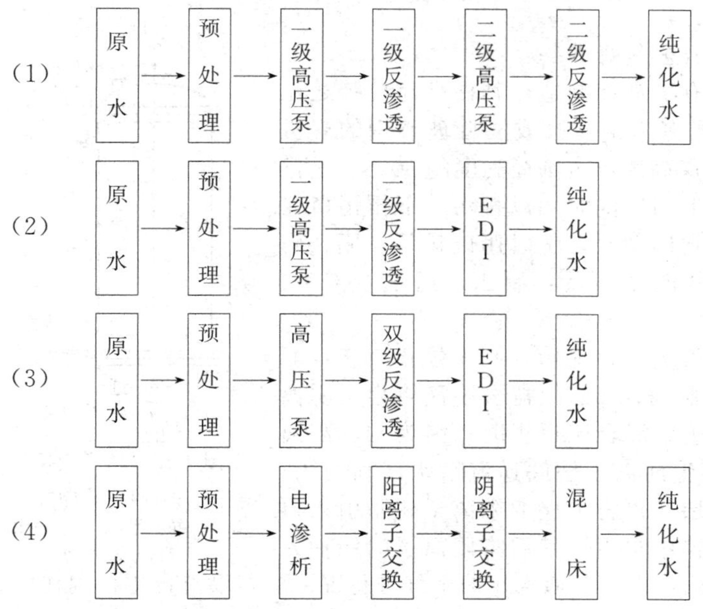

预处理工艺与流程如下。

① 预处理工序第一道是投加絮凝剂，以促使水中胶体状微粒凝聚，可去除水中部分铁、锰、氟和有机物。投加的絮凝剂的常用种类有 ST 高效絮凝剂、聚合氯化铝，有时再添加聚丙烯酸胺以增强凝聚效果。

② 地表水除浊度

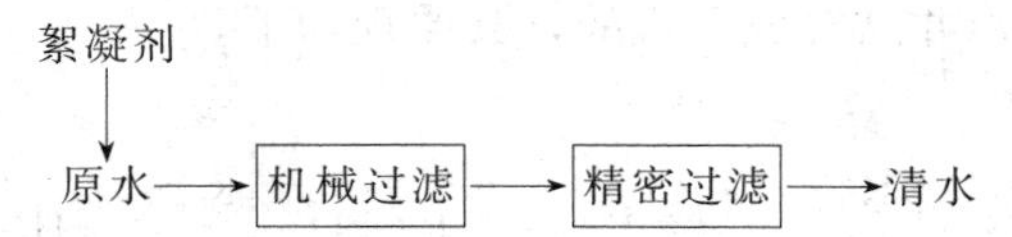

此流程适用于浊度＜30 的河水与普通自来水，通过处理一般可使清水浊度⩽1。

③ 原水同时除浊、除有机物及余氯。如原水中有机物（COD）、余氯含量高，则采用以下流程。

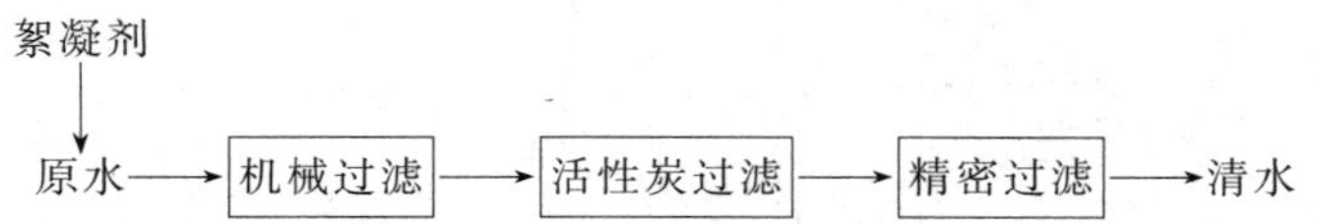

其中，多介质过滤器主要去除水中悬浮物、机械杂质，降低出水浊度，以满足后道深度净水、脱盐系统的进水水质指标。活性炭过滤器采用粒状活性炭作滤料来吸附有机物、余氯、胶体，降低色度、浊度，保证后道系统的正常运行。精密过滤器其过滤精度有 1μm、5μm、10μm 等，是一种效率高、阻力小的深层过滤方式，可用于膜分离系统的保安过滤器。

流程（1）：以二级反渗透工艺制备纯水，可省去再生时带来的酸、碱污染，具有反渗透脱盐率高、除菌、去热原、降低 COD 作用，但其投资和运行费用较高。

流程（2）：以一级反渗透＋电去离子装置（EDI）工艺制备纯水，占地面积小，无须再生，制水成本低。

流程（3）：以双级反渗透＋电去离子装置（EDI）工艺制备纯水，去离子能力更强。

流程（4）：全离子交换法，用于符合饮用水标准的原水，常用于原水含盐量＜500mg/L情况。混床是阴：阳＝2∶1混合，起再一次净化作用。

2. 纯化水的设备及其原理

（1）离子交换柱　其结构示意图见图4-73。

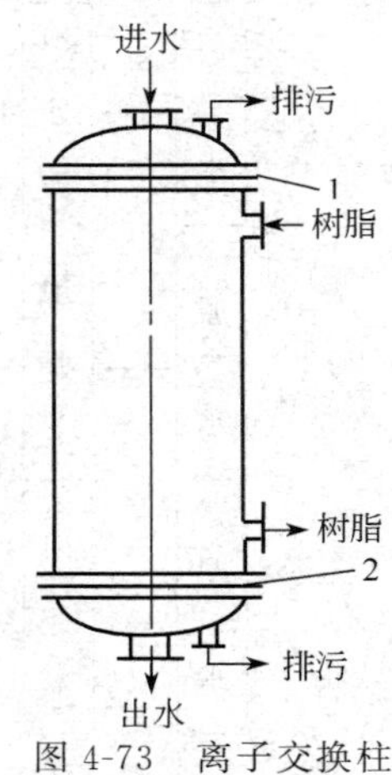

图4-73　离子交换柱结构示意图

1—上布水器；2—下布水器

产水量：$5m^3/h$以下常用有机玻璃制造，其柱高与柱径之比为5～10；产水量较大时，材质多为钢衬胶或复合玻璃钢的有机玻璃，其高径比为2～5。树脂层高度约占圆筒高度的60％。上排污口工作期用以排空气，在再生和反洗时用以排污。下排污口在工作前用以通入压缩空气使树脂松动，正洗时用以排污。阳、阴离子交换柱的运行操作，可分四个步骤：制水、反洗、再生、正洗。

当树脂交换平衡时，就会失去置换能力，则需停止生产，而进行树脂活化再生。阳离子树脂需用5％的盐酸溶液再生，阴离子树脂则用5％的氢氧化钠再生。混合床再生时，因为阴、阳离子树脂再生所用药品不同，再生前需于柱底逆流给水，利用阴、阳离子树脂的密度差，使其分层。再将上层的阳离子树脂引入再生柱，两种树脂分别于两个容器中再生。其后将阳离子树脂抽入混合柱内，柱内加水超过树脂面，由下部通入压缩空气进行混入。若没有再生柱则在中部带有排液口的混合柱内进行再生，再生时使混合柱内阴阳树脂完全分层，阴树脂再生时，碱液由底部输入，从中部树脂分层处的排液管排出，阴树脂再生后，进行反洗；阳树脂再生时，酸液由上部输入，从中部排液管排出，再生完毕，进行阳树脂正洗，以洗去余酸；阴、阳树脂分别再生完毕，柱内加水，超过树脂面，由下部通入压缩空气进行混合。

离子交换原理为原水进入阳离子交换柱，与阳离子交换树脂充分接触，将水中的阳离子和树脂上的H^+进行交换，并结合成无机酸，其原理如下。

$$R—SO_3^- H^+ + \left.\begin{matrix} Na^+ \\ K^+ \\ Ca^{2+} \\ Mg^{2+} \end{matrix}\right\} \left\{\begin{matrix} SO_4^{2-} \\ Cl^- \\ NO_3^- \\ HCO_3^- \end{matrix}\right. \longrightarrow R—SO_3^- \left\{\begin{matrix} Na^+ \\ K^+ \\ Ca^{2+} \\ Mg^{2+} \end{matrix}\right. + H^+ \left\{\begin{matrix} SO_4^{2-} \\ Cl^- \\ NO_3^- \\ HCO_3^- \end{matrix}\right.$$

交换后的水呈酸性。当水进入阴离子交换柱时，利用树脂去除水中的阴离子生成水，其反应如下。

$$R{\equiv}N^+ OH^- + H^+ \left\{\begin{matrix} SO_4^{2-} \\ Cl^- \\ NO_3^- \\ HCO_3^- \\ HSiO_3^- \end{matrix}\right. \longrightarrow R{\equiv}N^+ \left\{\begin{matrix} SO_4^{2-} \\ Cl^- \\ NO_3^- \\ HCO_3^- \\ HSiO_3^- \end{matrix}\right. + H_2O$$

混合离子交换柱中是阴、阳离子树脂按照2∶1的比例混合放置的，其作用是将水质再一次净化。再生柱是配合混合柱使用的。

（2）电渗析器　是在外加直流电场作用下，利用离子交换膜对溶液中离子的选择透过性，使溶液中阴、阳离子发生离子迁移，分别通过阴、阳离子交换膜而达到除盐或浓缩目的。

电渗析器由阴、阳离子交换膜、隔板、极板、压紧装置等部件组成。离子交换膜可分为均相膜、半均相膜、导相膜3种。纯水用膜都用导相膜，它是将离子交换树脂粉末与尼龙网在一起热压，将其固定在聚乙烯膜上，膜厚一般0.5mm。阳膜是聚乙烯苯乙烯磺酸型，阴膜是聚乙烯苯乙烯季铵型，阳膜只允许通过阳离子，阴膜只允许通过阴离子。

电渗析器原理见图4-74。两端为电极，极室、浓室、淡室均由2mm厚聚氯乙烯隔板制成，隔板间有阳膜或阴膜，按照阴极—极室—阳膜—淡室—阴膜—浓室—阳膜—淡室—……—极室—阳极的顺序叠合。其中淡室中的阴离子透过阴膜，阳离子透过阳膜，原水得到淡化。浓室中离子在电场作用下被滞留于浓室中。

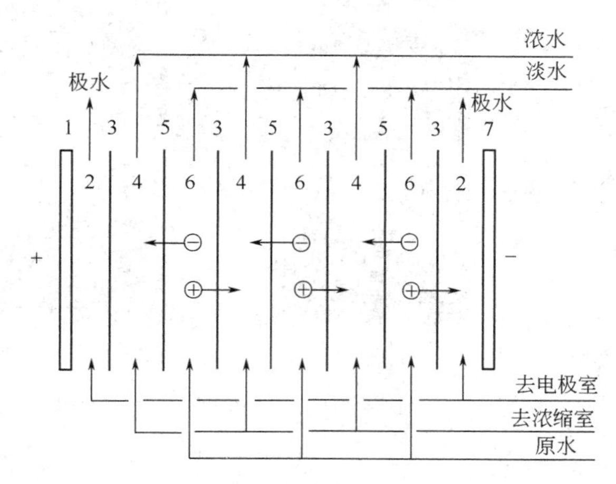

图4-74 电渗析器原理图

1—阳极；2—极室；3—阳膜；4—浓室；5—阴膜；6—淡室；7—阴极

由于阳极的极室中有初生态氯产生，对阴膜有毒害作用，故贴近电极的第一张膜宜用阳膜，因为阳膜价格较低且耐用。又因在阴极的极室及阴膜的浓室侧易有沉淀，故电渗析每运行4～8h，需倒换电极，此时原浓室变为淡室，故倒换电极后，需逐渐升到工作电压，以防离子迅速转移使膜生垢。

电渗析器的组装方式是用“级”和“段”表示，一对电极为一级，水流方向相同的若干隔室为一段。增加段数可增加流程长度，所得水质较高。极数和段数的组合由产水量及水质确定。

(3) 电去离子装置（EDI） EDI技术是将电渗析和离子交换相结合的除盐技术，该技术取电渗析和混床离子交换两者之长，弥补对方之短，即可利用离子交换做深度处理，且不用药剂进行再生，利用电离产生的H^+和OH^-，达到再生树脂的目的。由于纯化水流中的离子浓度降低了水离子交换介质界面的高电压梯度，导致水分解为离子成分（H^+和OH^-），在纯化单元的出口末端，H^+和OH^-连续产生，分别重新生成阳离子和阴离子交换介质。离子交换介质的连续高水平的再生使EDI系统中可以产生高纯水（电阻率1～18MΩ）。EDI工作原理如图4-75所示。

EDI系统主要功能是为了进一步除盐。EDI系统中的设备主要包括反渗透产水箱、EDI给水泵、EDI装置及相关的阀门、连接管道、仪表及控制系统等。电去离子利用电的活性介质和电压来达到离子的运送，从水中去除电离的或可以离子化的物质。

EDI单元是由两个相邻的离子交换膜或由一个膜和一个相邻的电极组成。EDI单元一般有交替离子损耗和离子集中单元，这些单元可以用相同的进水源，也可以用不同的进水源。水在EDI装置中通过离子转移被纯化。被电离的或可电离的物质从经过离子损耗的单元的水中分离出来而流入到离子浓缩单元的浓缩水中。

通电时在EDI系统的阳极和阴极之间产生一个直流电场，原料水中的阳离子在通过纯

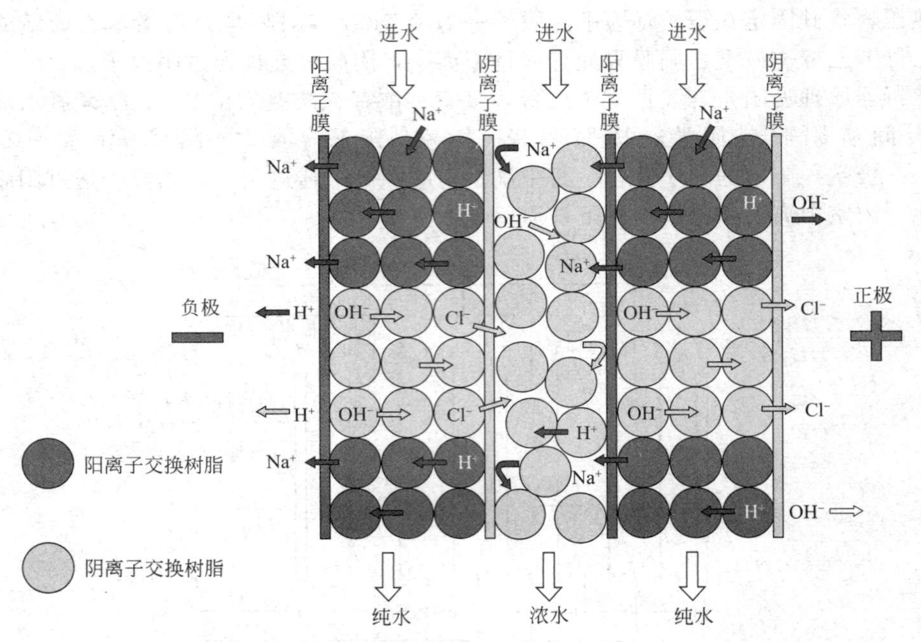

图 4-75 EDI 工作原理图

化单元时被吸引到阴极，通过阳离子膜进行介质交换；阴离子被吸引到阳极，并通过阴离子膜交换介质。离子交换膜包括在浓缩单元中在纯化单元中去除的阳离子和阴离子，因此离子污染就从 EDI 单元里去除了。有些 EDI 单元利用浓缩单元中的离子来交换介质。

在 EDI 单元中被纯化的水只通过通电的离子交换介质，而不是通过离子交换膜。离子交换膜能透过离子化的或可电离的物质，而不能透过水。

（4）反渗透法　反渗透法实际是将水通过半透膜去除杂质，从而得到纯净的水。因为通常的渗透概念是指一种浓溶液向一种稀溶液的自然渗透，但在这里是讲靠外界压力使原水中的水透过膜，而杂质被膜阻挡下来，原水中的杂质浓度将越来越高，故称做反渗透。其原理见图 4-76。图中 π 为溶液渗透压，p 为所加外压。反渗透膜不仅可以阻挡截留住细菌、病毒、热原、高分子有机物，还可以阻挡盐类及糖类等小分子。反渗透法制纯水时没有相变，故能耗较低。反渗透膜能使水透过的机理有许多假说，一般认为是反渗透膜对水的溶解扩散过程，水被膜表面优先吸附溶解，在压力作用下水在膜内快速移动，溶质不易被膜溶解，而且其扩散系数也低于水分子，所以透过膜的水远多于溶质。

反渗透装置与一般微孔膜过滤装置的结构完全一样，但需要较高的压力（一般在 2.5～7MPa），所以结构强度要求高。水透过率较低，故一般反渗透装置中单位体积的膜面积要

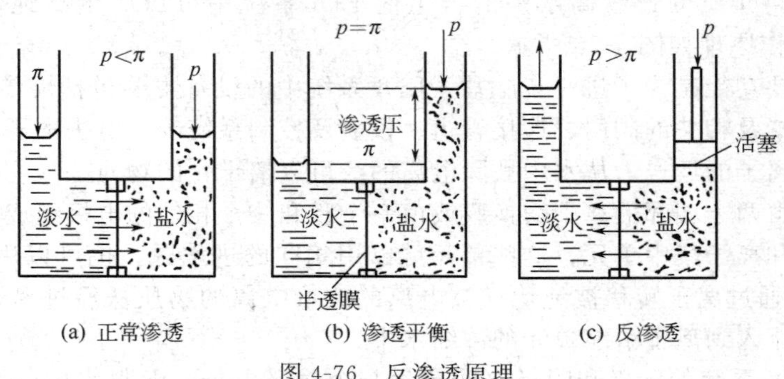

(a) 正常渗透　(b) 渗透平衡　(c) 反渗透

图 4-76 反渗透原理

大。工业生产中使用较多的反渗透装置类型是螺旋卷绕式（图 4-77）及中空纤维式（图 4-78）结构。

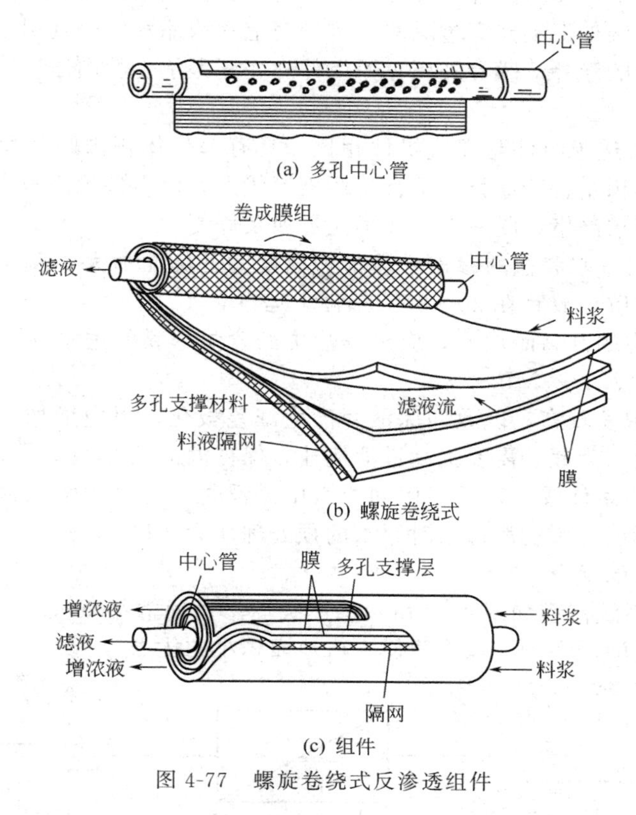

图 4-77　螺旋卷绕式反渗透组件

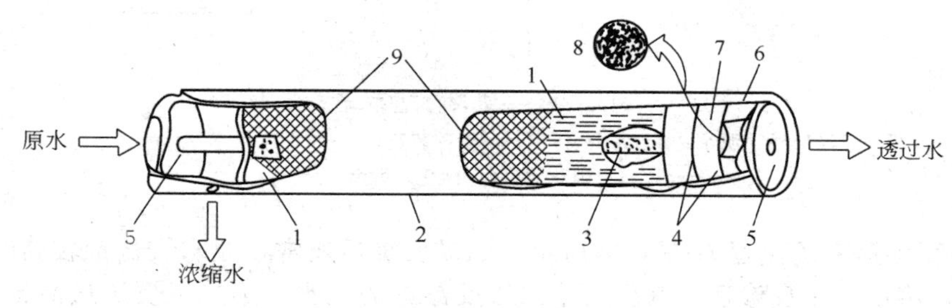

图 4-78　中空纤维式反渗透组件

1—中空纤维；2—外壳；3—原水分布管；4—密封隔圈；5—端板；6—多孔支撑板；7—环氧树脂管板；8—中空纤维端部示意；9—隔网

螺旋卷绕式组件是将两张单面工作的反渗透膜相对放置，中间夹有一层原水隔网，以提供原水流道。在膜的背面放置有多孔支撑层，以提供纯水流道。将这样四层材料一端固封于开孔的中心管上，并以中心管为轴卷绕而成。在卷轴的一端保留原水通道，密封膜与支撑材料的边缘；而另一端保留纯水通道，密封膜与隔网的边缘。将整个卷轴装入机壳中即成组件。利用高压迫使原水以较高的流速沿隔网空隙流过膜面，纯水透过膜汇集于中心管，带有截留物的浓缩水则顺隔网空隙自组件另一端汇集引出。

中空纤维反渗透组件是由许多根中空的细丝状反渗透膜束集在一起用环氧树脂固封，并用其成型为管板，再将整束纤维装在耐压管壳内，构成组件。内压式组件是自一端管内通入原水，透过纤维壁渗出，在壳内汇集并引出纯水，浓缩水由纤维另一端引出。也有外压式组件，如图 4-78 所示。原水自管壳一端引到中心的原水分布管后，进入中空纤维膜的纤维之间，在流体压力推动下反渗透到纤维中心，再于树脂管极端部汇集引出为纯水。被中空纤维膜截留的浓缩水在纤维外汇集并穿过隔网，自管壳上的浓缩水引出管引出。就中空纤维膜来讲反渗透压力来自膜的管外，膜受外压，而组件外壳还是承受的内压。

反渗透装置的特点。

① 中空纤维反渗透膜组件与卷式组件相比，具有单位体积内膜面积大、结构紧凑、工作压力较低、设备体积小、寿命长、不会受污染等优点。但组件价格较高，膜堵塞时，去污困难，水的预处理要求严格，膜一旦破坏不能更换及修复。

② 反渗透运行时，水和盐的渗透系数都随温度的升高而加大，温度过高，将会导致膜的压实或引起膜的水解，故宜在 20～30℃条件下运行。

③ 透水量随压力的升高而加大，应根据盐类的含量、膜的透水性能及水的回收率来确定操作压力，一般在 2.5～7MPa 。

④ 膜表面的盐浓度较高，以致同原液间产生浓差极化，阻力增加，透水量下降，甚至引起盐在膜表面沉淀。为此，需要提高进液流速，保持湍流状态。

⑤ 反渗透膜使用条件较为苛刻，比如原水中悬浮物、有害化学元素、微生物等均会降低膜的使用效果，所以应用反渗透法时原水的预处理较为严格。

(5) 反渗透装置的组合

① 一级反渗透系统流程如图 4-79 所示。一级反渗透通常在原水水质较好、含盐量不高的时候使用。具有无酸碱污染、操作简便、占地面积小的优点。

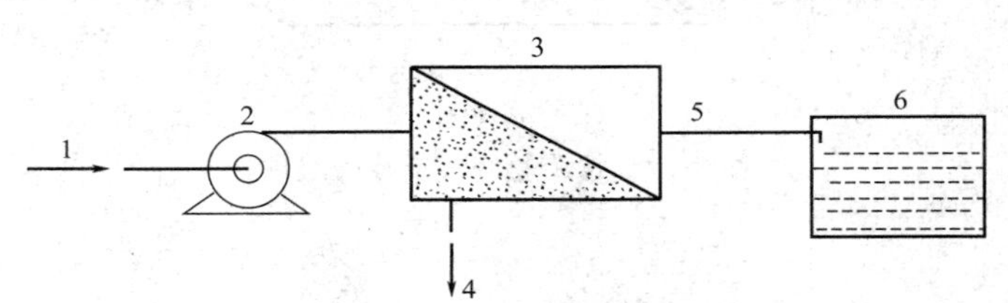

图 4-79 一级反渗透系统

1—源水；2—高压泵；3—反渗透装置；4—浓缩水排水；

5—纯化水；6—纯化水贮罐

② 二级反渗透系统流程如图 4-80 所示。二级反渗透通常在原水含盐量较高时使用。采用串联方式，将第一级反渗透出水作为第二级反渗透的进水；第二级反渗透的排水（浓水）的质量远高于第一级反渗透的原水进水，可与第一级反渗透的原水进水合并作为第一级反渗透的进水，以提高水的利用率。

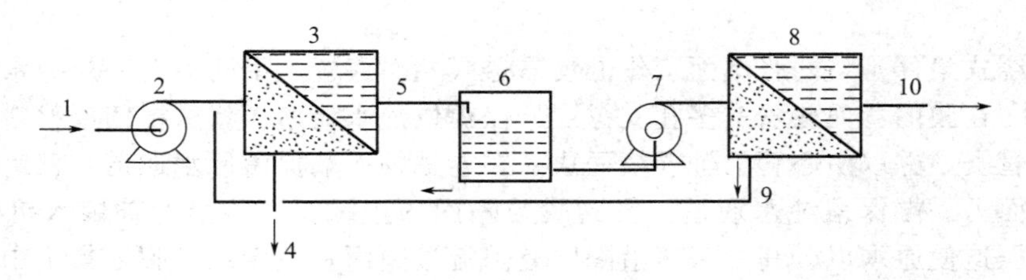

图 4-80 二级反渗透系统

1—源水；2—高压泵；3—反渗透装置；4—浓缩水排水；5—一级反渗透出水；

6—中间贮罐；7—二级高压泵；8—二级反渗透装置；

9—二级浓缩水排水返回至一级入口；10—纯化水出水

③ 二级反渗透与一级反渗透+离子交换床的比较。一级反渗透+离子交换混合床在提高出水的电导率方面比二级反渗透好，但后者在对热原控制能力和出水水质稳定性方面优于前者；在设备投资上，一级反渗透+离子交换混合床比二级反渗透少20%，但一级反渗透+离子交换混合床在土建方面需做地面防腐，须有酸碱再生和中和装置。二级反渗透无酸碱再生，运行费用较低，且维护方便，自动化程度高。

膜分离、离子交换、反渗透等装置允许的进水水质指标见表4-7。

表4-7 膜分离、离子交换、反渗透等装置允许的进水水质指标

检测项目		电渗析	离子交换	反渗透	
				卷式膜(醋酸纤维素系)	中空纤维膜(聚酰胺系)
1	浊度/度	1～3 一般<2	逆流再生宜<2 顺流再生宜<5	<0.5	<0.3
2	色度/度	—	<5	清	清
3	污染指数值	—	—	3～5	<3
4	pH值	—	—	4～7	4～11
5	水温/℃	5～40	<40	15～35	15～35(降压后最大为40)
6	化学耗氧量(以O_2计)/(mg/L)	<3	<2～3	<1.5	<1.5
7	游离氯/(mg/L)	<0.1	宜<0.1	0.2～1.0	0
8	铁(以总铁计)	<0.3	<0.3	<0.05	<0.05
9	锰/(mg/L)	—	—	—	—
10	铝/(mg/L)	—	—	<0.05	<0.05
11	表面活性剂/(mg/L)	—	<0.5	检不出	检不出
12	洗涤剂、油分、H_2S等	—	—	检不出	检不出
13	硫酸钙溶度积	—	—	浓水$<19\times10^{-5}$	浓水$<19\times10^{-5}$
14	沉淀离子(SiO_2,Ba等)	—	—	浓水不发生沉淀	浓水不发生沉淀
15	Langelier饱和指数	—	—	浓水<0.5	浓水<0.5

反渗透装置产水标准：产水电导率≤6μS/cm；pH=5.0～7.0；

反渗透装置运行条件：最高操作压力<2.2MPa，单元压差<0.07MPa，进水压力>0.15MPa。

三、注射用水的制备

注射用水可用蒸馏水机或反渗透法制备，注射用水的纯度与纯化水相类似，但其主要区别是注射用水中不含微生物和热原物，中国、欧洲、美国药典规定注射用水指标对比见表4-8。

1. 注射用水制备工艺流程

注射用水制备流程如下。

Ⅰ 纯化水→[蒸馏水机蒸馏]→[微孔滤膜]→[注射用水贮存]

Ⅱ 自来水→[预处理]→[弱酸床]→[反渗透]→[脱气]→[混床]→[紫外线杀菌]→[超滤]→[微孔滤膜]→[注射用水贮存]

流程Ⅰ是以纯水为进料用水，用蒸馏法制备蒸馏水作为注射用水，为各国药典所收载，是国外最常用的注射用水制备方法。蒸馏法能有效地除去水中细菌、热原和其他绝大部分有机物质，我国目前正在用多效蒸馏水机代替原来的塔式单效蒸馏水机，大大地降低蒸汽和冷却水消耗，质量符合GMP要求，并且方法简单、易行、可靠，制得的蒸馏水电阻率>10MΩ·cm，各项指标均符合我国药典规定。

流程Ⅱ是20世纪70年代发展起来的新技术，系用反渗透加上离子交换法制成高纯水，再用超滤装置去除热原，经紫外线杀菌，最终经微孔滤膜滤除微粒而制得注射用水。此流程的操作费用较低，但受膜技术水平的影响，我国尚未广泛用于针剂配液，可用于针剂洗瓶或动物注射剂。美国药典（19版）已收载反渗透制备注射用水方法。

表 4-8　中国、欧洲、美国药典规定注射用水指标对比

检测项目	中国药典(2015年版)	欧洲药典 6.7②	美国药典 32①
来源	本品为纯化水经蒸馏所得的水	为符合法定规定的饮用水或纯化水经适当方法蒸馏而得	由符合美国环境保护协会或欧共体或日本法定要求饮用水经蒸馏或反渗透纯化而得
性状	无色澄明液体、无臭、无味	无色澄明液体、无臭、无味	—
pH	5.0～7.0	—	—
氨	0.2×10^{-6}	—	—
氯化物、硫酸盐与钙盐、亚硝酸盐、二氧化碳、不挥发物	符合规定	—	—
硝酸盐	0.06×10^{-6}	0.2×10^{-6}	—
重金属	0.5×10^{-6}	0.1×10^{-6}	—
铝盐	—	用于生产渗析液时方控制此项	—
易氧化物	符合规定	符合规定	—
总有机碳(TOC)/(mg/L)	—	0.5	0.5
电导率/(μS/cm)	—	1.1(20℃)	符合规定
细菌内毒素/(EU/mL)	0.25	0.25	0.25
微生物纠偏限度/(CFU/mL)	—	10	10

① 美国药典中规定：现生产的注射用水（原料）监测TOC和电导率，装入容器内供商用的注射用水（非无菌注射用水），应符合无菌纯水的试验要求。表中所列为现生产注射用水的监测项目。

② 欧洲药典中TOC和易氧化物项目，可任选一项监控。

2. 注射用水设备

蒸馏水机可分为多效蒸馏水机和气压式蒸馏水机两大类，其中多效蒸馏水机又可分为列管式、盘管式和板式3种类型。板式现尚未广泛使用。

（1）列管式多效蒸馏水机　列管式多效蒸馏水机是采用列管式的多效蒸发制取蒸馏水的设备。多效蒸馏水机的效数多为3～5效，5效以上时蒸汽耗量降低不明显。图4-81为四效蒸馏水机流程。进料水经冷凝器5，并依次经各蒸发器内的发夹形换热器，最终被加热至142℃进入蒸发器1，外来的加热蒸汽（165℃）进入管间，将进料水蒸发，蒸汽冷凝后排出。进料水在蒸发器内约有30%被蒸发，其生成的纯蒸汽（141℃）作为热源进入蒸发器2，其余的进料水也进入蒸发器2（130℃）。

在蒸发器2内，进料水再次被蒸发，而纯蒸汽全部冷凝为蒸馏水，所产生的纯蒸汽

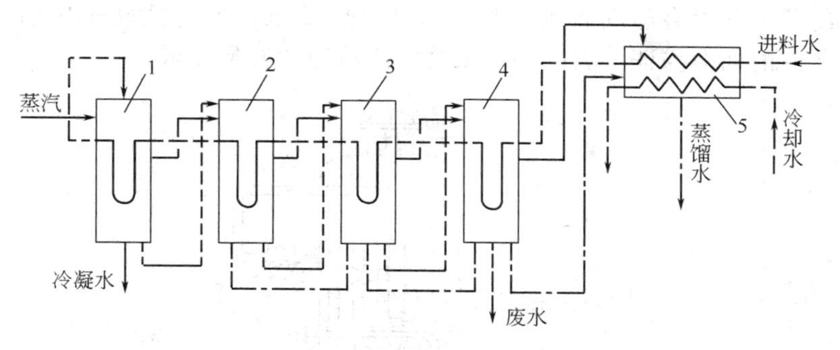

图 4-81 列管式四效蒸馏水机流程
1～4—蒸发器；5—冷凝器

(130℃) 作为热源进入蒸发器 3。蒸发器 3 和蒸发器 4 均以同一原理依此类推。最后从蒸发器 4 出来的蒸馏水及二次蒸汽全部引入冷凝器，被进料水和冷却水所冷凝。进料水经蒸发后所聚集的含有杂质的浓缩水从最后蒸发器底部排除。另外，冷凝器顶部也排出不凝性气体。蒸馏水出口温度为 97～99℃。

(2) 塔式多效蒸馏水机　此种蒸馏水机属于蛇管降膜蒸发器，又称盘管式多效蒸馏水机。蒸发传热面是蛇管结构，蛇管上方设有进料水分布器，将进料水均匀地分布到蛇管的外表面，吸收热量后，部分蒸发，二次蒸汽经除沫器分出雾滴后，由导管送入下一效，作为该效的热源；未蒸发的水由底部节流孔流入下一效的分布器，继续蒸发。这种蒸馏水机具有传热系数大、安装不需支架、操作稳定等优点。

塔式多效蒸馏水机一般 3～5 效。其流程见图 4-82。进料水经泵升压后，进冷凝冷却器 4，然后顺次经第 $N-1$ 效至第一效预热器，最后进入第一效的分布器，喷淋到蛇管外表面，部分料水被蒸发，蒸汽作为第二效热源，未被蒸发的料水流入第二效分布器。以此原理顺次流经第三效，直至第 N 效，第 N 效底部排出少量的浓缩水，大部分被泵抽吸循环使用。

由锅炉来的蒸汽进入第一效蛇管内，冷凝水排出。第一效产生的二次蒸汽进入第二效蛇管作为热源。第二效的二次蒸汽作为第三效热源，直至第 N 效。由第二效至第 N 效的冷凝水汇集到冷凝冷却器，在此与第 N 效二次蒸汽的冷凝水汇流到蒸馏水贮罐，蒸馏水温度 95～98℃。

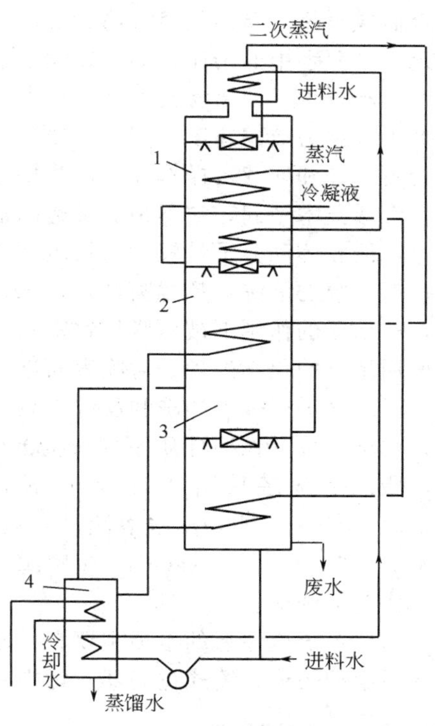

图 4-82 塔式多效蒸馏水机
1—第一效；2—第二效；
3—第三效；4—冷凝冷却器

(3) 气压式蒸馏水机　气压式蒸馏水机是将已达饮用水标准的原水进行处理，其原理如图 4-83 所示。原水自进水管 1 引入换热器 2（预加热）后由泵打入蒸发冷凝器 5 的管内，受热蒸发。蒸汽自蒸发室 6 上升，经捕雾器 7 后引入压缩机 8。蒸汽被压缩成过热蒸汽，在蒸发冷凝器 5 的管间，通过管壁与进水换热，使进水受热蒸发，自身放出潜热冷凝，再经泵 3 打入换热器使新进水预热，并将产品自出口 13

引出。蒸发冷凝器下部设有蒸汽加热管及辅助电加热器 10。叶片式转子压缩机是该机的关键部件，过热蒸汽的加热保证了蒸馏水中无菌、无热原的质量要求。

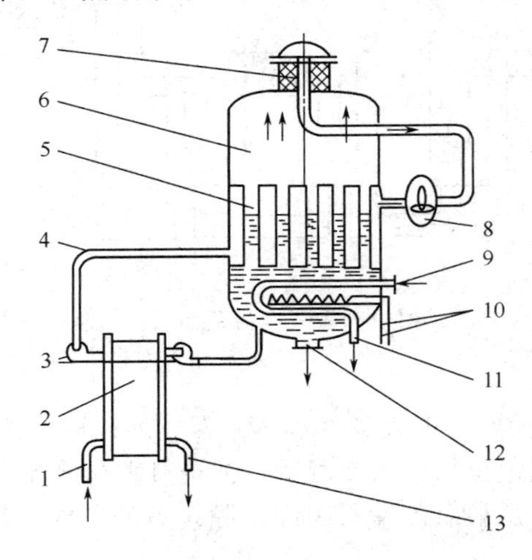

图 4-83 气压式蒸馏水机原理示意图

1—进水管；2—换热器；3—泵；4—蒸汽冷凝管；5—蒸发冷凝器；6—蒸发室；7—捕雾器；8—压缩机；9—加热蒸汽进口；10—电加热器；11—冷凝水出口；12—浓缩水出口；13—蒸馏水出口

（4）超滤　超滤是一种选择性的膜分离过程，其过滤介质被称为超滤膜，一般由高分子聚合而成。超滤膜的孔径大约为 2～54μm，介于微孔滤膜和反渗透膜的孔径之间，能够有效地去除源水中的杂质，如胶体大分子、致热原等杂质微粒。超滤系统的过滤过程采用切向相对运动技术，即错流技术（又称十字流），使滤液在滤膜表面切向流过时完成过滤，大大降低了滤膜失效的速度，同时又便于反冲清洗，能够较大地延长滤膜的使用寿命，并且有相当的再生性和连续可操作性。这些特点都表明，超滤技术应用于水过滤工艺是相当有效的。与反渗透技术不同，它不是靠渗透而是靠机械法进行分离的，超滤膜可以使盐和其他电解质通过，而胶体和分子量较大的物质被滤出。

超滤膜的清洗：超滤膜经过较长时间的运行后，膜表面会逐渐形成污染物和凝胶质沉淀，在水压的作用下被压紧呈致密状，从而使装置的运行阻力增大，膜的透水能力降低，常需要用特殊的化学处理法对膜表面进行冲洗处理。冲洗处理有物理法和化学法。物理法主要是对膜表面进行强力冲洗和反洗。只有在物理清洗不能满足需要的情况下才能使用化学处理法。化学法按其作用性质不同分为酸性清洗、碱性清洗、氧化还原清洗和生物酶清洗。其中，酸性清洗多采用 0.1mol/L 草酸溶液或 0.1mol/L 盐酸溶液；碱性清洗主要采用 0.1%～0.5%的 NaOH 水溶液。氧化还原清洗主要是除去有机污染，采用 1%～1.5%的 H_2O_2 和 0.5%～1%NaOCl；生物酶清洗主要用于除去油脂和蛋白质，采用胰蛋白酶和胃蛋白酶作为清洗剂。

超滤系统应注意的事项主要有：滤膜材料对消毒剂的适应性；膜的完好性；由微粒及微生物引起的污染；筒式过滤器对污染物的滞留以及密封完好性。

四、制水工艺的设计

1. 制水工艺及其管道的设计原则

我国《药品生产质量管理规范》2010 版对制药用水系统的要求如下。

第九十七条　水处理设备及其输送系统的设计、安装、运行和维护应确保制药用水达到设定的质量标准。水处理设备的运行不得超出其设计能力。

第九十八条　纯化水、注射用水储罐和输送管道所用材料应无毒、耐腐蚀；储罐的通气口应安装不脱落纤维的疏水性除菌滤器；管道的设计和安装应避免死角、盲管。

第九十九条　纯化水、注射用水的制备、贮存和分配应能防止微生物的滋生。纯化水可采用循环，注射用水可采用 70℃以上保温循环。

第一百零一条　应按照操作规程对纯化水、注射用水管道进行清洗消毒，并有相关记录。发现制药用水微生物污染达到警戒限度及纠偏限度时应按操作规程处理。

纯化水与注射用水管路系统的要求：①采用低碳不锈钢，内壁抛光并作钝化处理；②管路采用氩弧焊焊接或用卫生夹头连接；③阀门采用不锈钢隔膜阀，卫生夹头连接；④管路适度倾斜（安装坡度 0.5%～1%），以便排除积水；⑤管路采用串联循环布置，经加热回流入贮罐。阀门盲管段长度对加热系统<$6d$，对冷却系统<$4d$，d 为管径；⑥注射用水回路保持 70℃以上循环，用水点处冷却；⑦系统能用纯蒸汽灭菌。

综上所述，典型的注射用水管道布置系统如图 4-84 所示。

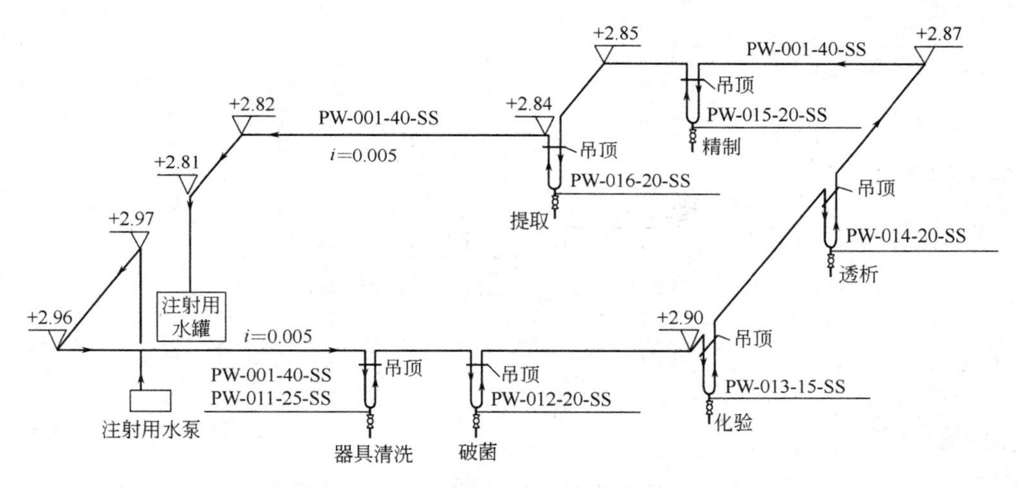

图 4-84　注射用水管道布置系统

2. 典型纯化水系统装置单元简介

典型纯化水系统装置包括聚凝剂投加装置、机械过滤器、活性炭纤维过滤器、一级保安过滤器、一级高压泵、一级 RO 装置、淡水箱、淡水泵、pH 调整装置、二级保安过滤器、二级高压泵、二级 RO 装置、纯水箱、纯水泵、紫外线杀菌器、0.2μm 微孔过滤器等。

具体实例：2m^3/h 纯化水工艺流程及设备平面布置图详见图 4-85。

3. 典型注射用水系统简介

典型注射用水系统配置包括纯化水贮罐、多效蒸馏水机、纯蒸汽发生器、注射用水贮罐、注射用水泵、换热器（一台加热器和一台冷却器）。其系统流程见图 4-86 所示。

配水循环管路。注射用水的配水循环管路在设计时应要求系统串联循环，无死角，管道与阀门管件采用 316L（00Cr17Ni14Mo2）或 304L（00Cr19Ni11）材质。管道连接和管道与阀门管件的连接采用惰性气体保护焊接和管箍卫生连接两种方式相结合。为了尽量减少连接处的缝隙，管道连接的方法应以焊接为主，卫生连接为辅。不锈钢管道要采用内部抛光以提高管壁的光洁度。管道使用前要进行钝化处理。

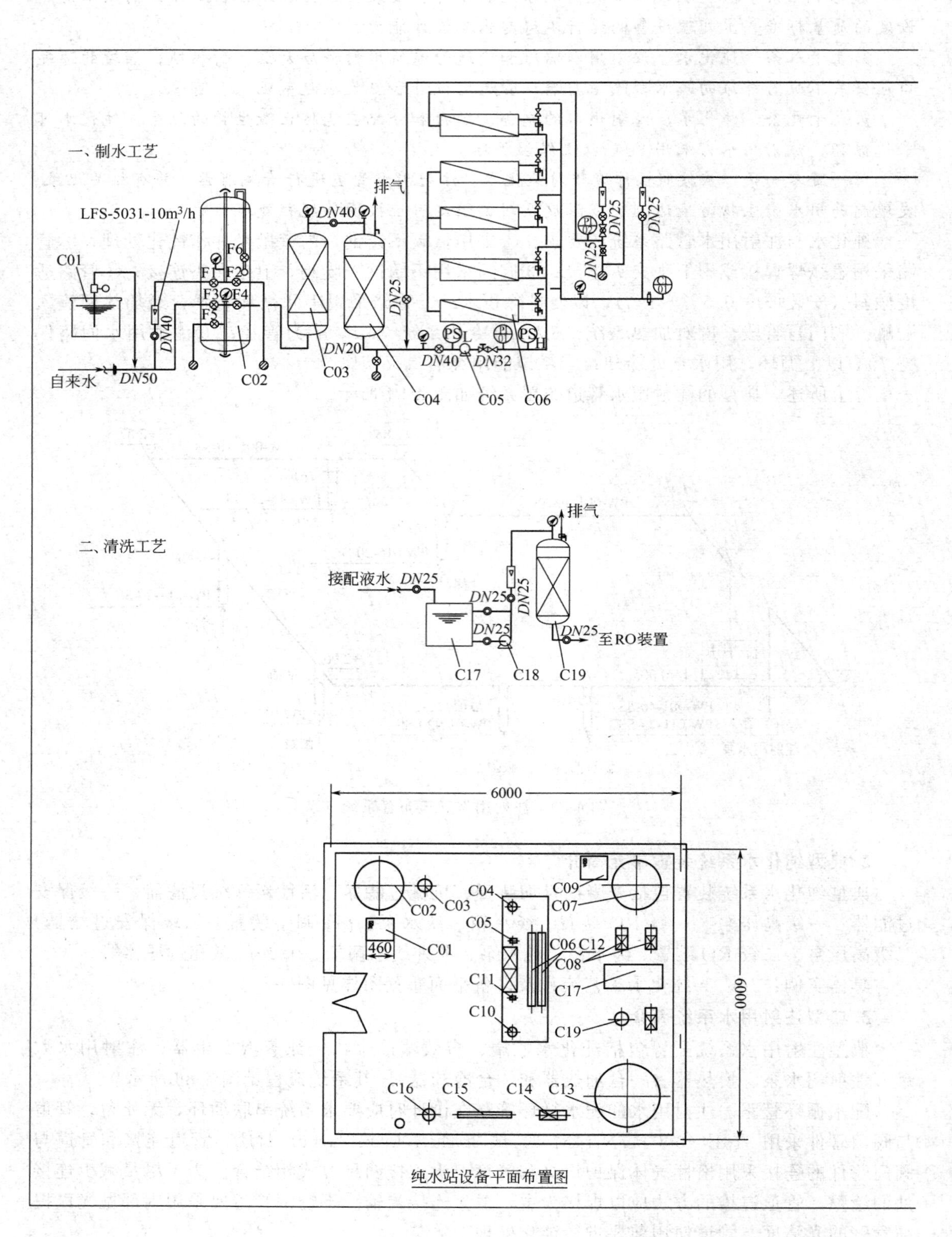

图 4-85　2m³/h 纯化水工艺

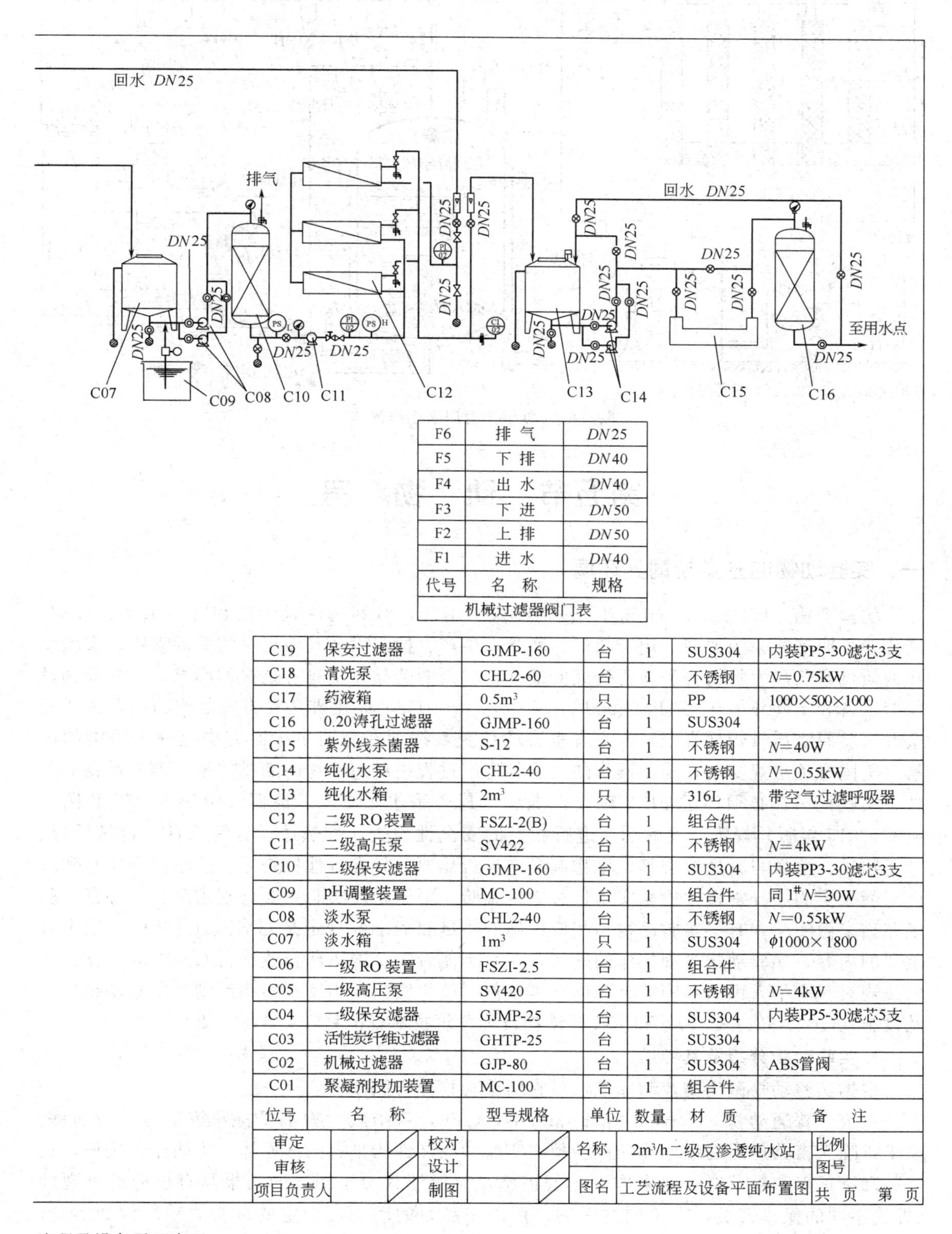

代号	名 称	规格
F6	排 气	DN25
F5	下 排	DN40
F4	出 水	DN40
F3	下 进	DN50
F2	上 排	DN50
F1	进 水	DN40

机械过滤器阀门表

位号	名 称	型号规格	单位	数量	材 质	备 注
C19	保安过滤器	GJMP-160	台	1	SUS304	内装PP5-30滤芯3支
C18	清洗泵	CHL2-60	台	1	不锈钢	N=0.75kW
C17	药液箱	$0.5m^3$	只	1	PP	1000×500×1000
C16	0.20涛孔过滤器	GJMP-160	台	1	SUS304	
C15	紫外线杀菌器	S-12	台	1	不锈钢	N=40W
C14	纯化水泵	CHL2-40	台	1	不锈钢	N=0.55kW
C13	纯化水箱	$2m^3$	只	1	316L	带空气过滤呼吸器
C12	二级RO装置	FSZI-2(B)	台	1	组合件	
C11	二级高压泵	SV422	台	1	不锈钢	N=4kW
C10	二级保安滤器	GJMP-160	台	1	SUS304	内装PP3-30滤芯3支
C09	pH调整装置	MC-100	台	1	组合件	同1# N=30W
C08	淡水泵	CHL2-40	台	1	不锈钢	N=0.55kW
C07	淡水箱	$1m^3$	只	1	SUS304	ϕ1000×1800
C06	一级RO装置	FSZI-2.5	台	1	组合件	
C05	一级高压泵	SV420	台	1	不锈钢	N=4kW
C04	一级保安滤器	GJMP-25	台	1	SUS304	内装PP5-30滤芯5支
C03	活性炭纤维过滤器	GHTP-25	台	1	SUS304	
C02	机械过滤器	GJP-80	台	1	SUS304	ABS管阀
C01	聚凝剂投加装置	MC-100	台	1	组合件	

审定		校对		名称	$2m^3/h$二级反渗透纯水站	比例
审核		设计				图号
项目负责人		制图		图名	工艺流程及设备平面布置图	共 页 第 页

流程及设备平面布置

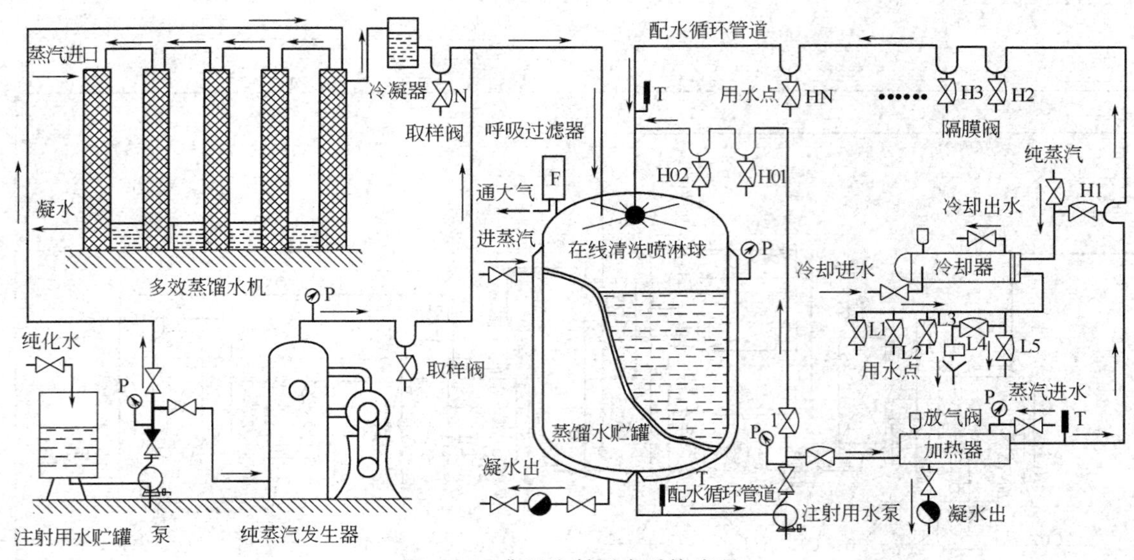

图 4-86　典型注射用水系统流程

第五节　动　物　房

一、实验动物的分类与饲养环境

实验动物（laboratory animal）是指经人工培育，对其携带微生物和寄生虫实行控制，遗传背景明确或来源清楚，用于科研、教学、生产、检定以及其他科学实验的动物。实验动物的质量是药品生物检测和新药研究的基础，对判断药品质量有着直接的影响。实验动物及仪器装备和实验环境在 GLP（good laboratory practice，最佳研究实验规范或药物非临床安全性试验研究质量管理规范）中占有重要的位置，特别在新药申报研究中是一个关键的因素。美国有关法规要求，药品操作的实验、生产过程中所用动物的品质体系、饲养动物的条件、实验记录都必须经过 FDA 审查批准后，其产品才能出厂。根据《中华人民共和国药典》（2015 年版）规定，注射剂应进行相应的安全性检查，如热原、异常毒性、过敏反应、降压物质、溶血与凝聚检查等，生物制品应进行热原、异常毒性检查等。热原检查实验和溶血与凝聚实验、异常毒性检查实验、过敏性实验、降压物质实验主要分别用家兔、小鼠、豚鼠和猫来做实验。有关实验动物和相应设施的质量和标准的规定是 GMP、GLP 中一项十分重要的内容，实验动物管理工作的好坏，关系到能否在全国医药行业推行 GMP 和 GLP。主要法规有《中华人民共和国实验动物管理条例》《医学实验动物管理实施细则》《实验动物环境及设施》(GB 14925—2010）和《实验动物设施建筑技术规范》(GB 50447—2008)。

1. 实验动物分级及其标准

根据实验动物微生物控制标准，可将实验动物分为四级。

一级　普通动物（conventional animals，CV)，系指微生物不受特殊控制的一般动物。要求排除人畜共患病的病原体和极少数的实验动物烈性传染病的病原体。为防止传染病，在实验动物饲养和繁殖时，要采取一定的措施，应保证其用于测试的结果具有反应的重现性(即使不同的操作人员，在不同的时间，用同一品系的动物按规定的试验规程所做的实验，应都能获得几乎相同的结果)。

二级　清洁动物（clean animals，CL），要求排除人畜共患病及动物主要传染病的病原体。

三级　无特定病原体动物（specific pathogen free，SPF），除达到二级要求外，还要排除一些规定的病原体。

四级　无菌动物（germ free，GF）或悉生动物（gnotobiotic，GN）。无菌动物要求不带有任何用现有方法可检出的微生物。悉生动物要求在无菌动物体上植入一种或数种已知的微生物。

在病理学检查上，四类实验动物也有不同的病理检查标准。

一级　外观健康，主要器官不应有病灶。

二级　除一级指标外，显微镜检查无二级微生物病原的病变。

三级　无特殊病原体动物。无二级、三级微生物病原病变。

四级　不含二级、三级微生物病原病变，脾、淋巴结是无菌动物组织学结构。

目前国内药品生产行业用于检验药品质量的实验动物为二级即清洁动物（CL）。

2. 动物饲养环境设施分类

依据《实验动物 环境及设施》（GB 14925—2010），动物饲养环境设施分为三类。

（1）普通环境设施　符合动物居住的基本要求，能控制人员和物品出入，不能完全控制传染因子，适用于饲育基础级实验动物。

（2）屏障环境设施　符合动物居住的要求，严格控制人员、物品和空气的进出，适用于饲育清洁动物及无特定病原体（SPF）的实验动物，通常在该环境下饲养小鼠和豚鼠。

（3）隔离环境设施　采用无菌隔离装置以保持环境无菌或无外源污染物。隔离装置内的空气、饲料、水、垫料和设备应无菌，动物和物料的动态传递须经特殊的传递系统，该系统既能保证与环境的绝对隔离，又能满足转运动物时保持与内环境一致，适用于无特定病原体级、无菌（GF）及悉生级实验动物（GN）。

实验动物环境设施的分类、使用功能及适用动物等级见表 4-9。

表 4-9　实验动物环境设施的分类、使用功能及适用动物等级

环境设施分类		使用功能	适用动物等级
普通环境		实验动物生产，动物实验，检疫	基础动物
屏障环境	正压	实验动物生产，动物实验，检疫	清洁动物、SPF 动物
	负压	动物实验，检疫	清洁动物、SPF 动物
隔离环境	正压	实验动物生产，动物实验，检疫	GF 动物、SPF 动物、GN 动物
	负压	动物实验，检疫	GF 动物、SPF 动物、GN 动物

3. 实验动物的动物房环境技术指标

GB 14925—2010 规定的实验动物的动物房环境技术指标见表 4-10。特殊动物实验设施实验间的技术指标除满足表 4-10 外，还应符合相关标准的要求。

表 4-10　实验动物的动物房环境技术指标

项目	指标								
	小鼠、大鼠		豚鼠、地鼠			犬、猴、猫、兔、小型猪			鸡
	屏障环境	隔离环境	普通环境	屏障环境	隔离环境	普通环境	屏障环境	隔离环境	隔离环境
温度/℃	20～26		18～29	20～26		16～26	20～26		16～26
最大日温差/℃（≤）	4								
相对湿度/%	40～70								
最小换气次数/（次/h）（≥）	15①	20	8②	15①	20	8②	15①	20	—

项目		指标								
		小鼠、大鼠		豚鼠、地鼠			犬、猴、猫、兔、小型猪			鸡
		屏障环境	隔离环境	普通环境	屏障环境	隔离环境	普通环境	屏障环境	隔离环境	隔离环境
动物笼具处气流速度/(m/s)(≤)		0.2								
相通区域的最小静压差/Pa(≤)		10	50③	—	10	50③	—	10	50③	50③
空气洁净度/级		7	5 或 7④	—	7	5 或 7④	—	7	5 或 7④	5
沉降菌最大平均浓度/[CFU/(0.5h · ϕ90mm 平皿)](≤)		3	无检出	—	3	无检出	—	3	无检出	无检出
氨浓度/(mg/m^3)		≤ 14								
噪声/dB(A)		≤ 60								
照度/lx	最低工作照度	≥ 200								
	动物照度	15～20					100～200			5～10
昼夜明暗交替时间/h		12/12 或 10/14								

① 为降低能耗，非工作时间可降低换气次数，但不应低于 10 次/h。

② 可根据动物种类和饲养密度适当增加。

③ 指隔离设备内外静压差。

④ 根据设备的要求选择参数，用于饲养无菌动物和免疫缺陷动物时，洁净度达到 5 级。

注：1. 表中氨浓度指标为动态指标。

2. 温度、相对湿度、压差是日常性检测指标；日温差、噪声、气流速度、照度、氨浓度为监督性检测指标；空气洁净度、换气次数、沉降菌最大平均浓度、昼夜明暗交替时间为必要时检测指标。

3. 静态检测除氨浓度外的所有指标，动态检测日常性检测指标和监督性检测指标，设施设备调试和/或更换过滤器后检测必要检测指标。

二、动物房设计的基本要求

① 选址要求僻静、卫生无污染。

② 在总体布置上要求人流、物流、动物流分开（单向流程），分区明确，一般有准备区、饲养区、实验区；房间要求净化、灭菌、防虫。

③ 建筑：要求墙面、地面、吊顶平整光滑，耐清洗，易消毒。墙面、地面、吊顶的交接处无死角。一般采用轻质彩钢板隔断。

④ 空调系统：有可控制的温度、湿度、气流速度及分布，达到规定的换气量和气压。动物房洁净区与外界保持至少 10Pa 的正压。

⑤ 照明：使用洁净荧光灯，洁净区要设紫外线灯。

⑥ 供水：有饮用水和纯化水。

三、具体动物房设计案例

具体动物房设计案例见图 4-87。

1. 物流设计要遵循人流、物流分开的原则

① 实例中工器具、笼具、饮水瓶、铺垫物等由东面偏南经脱外包后进入清洗间清洗，然后通过双扉灭菌柜灭菌后传入 7 级洁净区（依据微粒度控制指标相当于 C 级）存放间，通过洁净走廊分送到各工作间和饲养室。受到污染的笼具、铺垫物等由饲养室后室的传递窗送到污物走廊，集中收集后送到清洗间。整个物流采用单向流形式，受到污染的物品不得

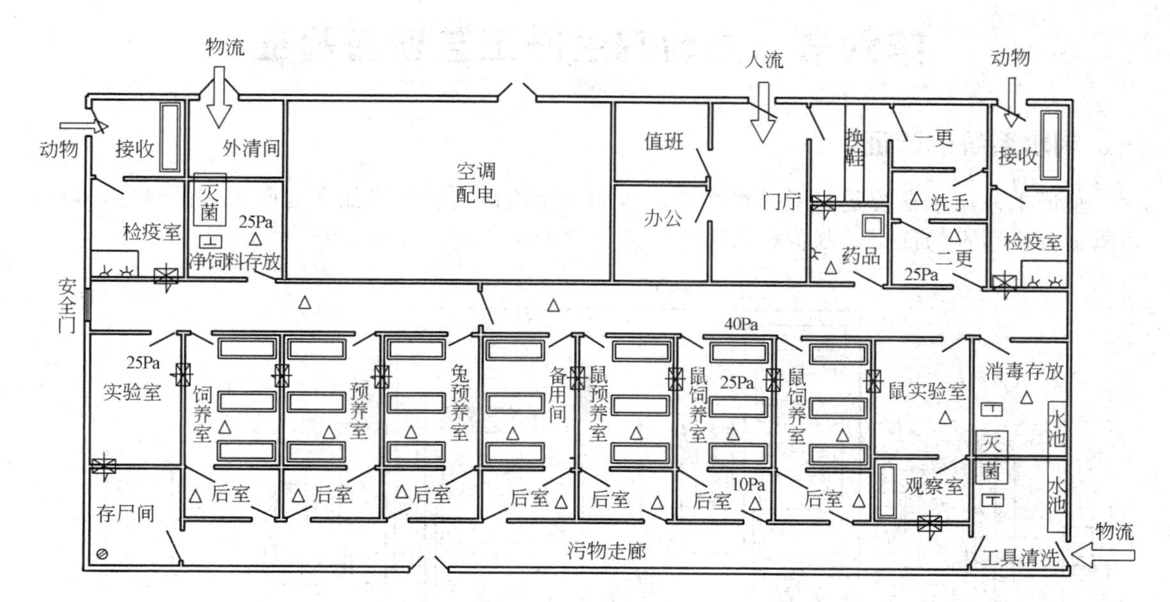

△表示7级洁净区

图 4-87　动物房平面布置图

返流。

② 饲料由外清间脱外包，经双扉灭菌柜灭菌后送入净饲料存放间。

③ 外来动物由动物接收室进入，经检疫、观察合格后由传递窗传入洁净区预养室。做过实验后的动物尸体由传递窗送入存尸间，再集中收集送出焚烧。

2. 平面布置设计

① 动物房前半部为人净、物净及接受动物的区域。在靠近接受室旁边设立检疫室，对外来的动物进行隔离检疫，判定其健康状况，以保证实验动物的安全性和实验数据的准确性。

② 每类动物的饲养、实验相对集中，即小鼠预养室、饲养室和实验室按单向流布置在一起，豚鼠预养室、饲养室和实验室按单向流布置在一起。做到实验动物由预养室、饲养室内的传递窗传入实验室，避免了实验动物因经过洁净走廊而产生的污染。预养室目的是使动物恢复体力并适应新的环境。

③ 预养室和饲养室均设有后室，为污染的物品传到污物走廊起到缓冲作用，保证了饲养室的洁净环境，并使其他动物不受干扰。

④ 豚鼠和小鼠的实验室均设有动物观察室，可避免用药后的动物不受外界的干扰，确保实验数据的真实性。观察室后面设有存尸间，动物尸体由传递窗经污物走廊传入存尸间暂存，避免动物尸体返流造成污染。

⑤ 动物房的南面设置一污物走廊，用于收集和输出动物尸体及污物。此走廊通过传递窗与洁净区相通。动物预养室、饲养室内设置氨浓度检测装置。

⑥ 洁净区净化级别为7级（相当于C级），预养室、饲养室、实验室的净化空气只送不回，采用全新风形式，室内风压由高到低形成梯度，即：洁净走廊（40Pa）→饲养室（25Pa）→后室（10Pa）→排出。

⑦ 废气需要收集后集中脱氨处理。

第六节 注射剂生产工艺设备验证

一、制水系统的验证

验证工艺用水系统是为了提供文件，作为确保该系统能始终如一地向工艺供给规定数量和质量合格用水的证据。制备合格用水工艺流程如图 4-88、图 4-89 所示。

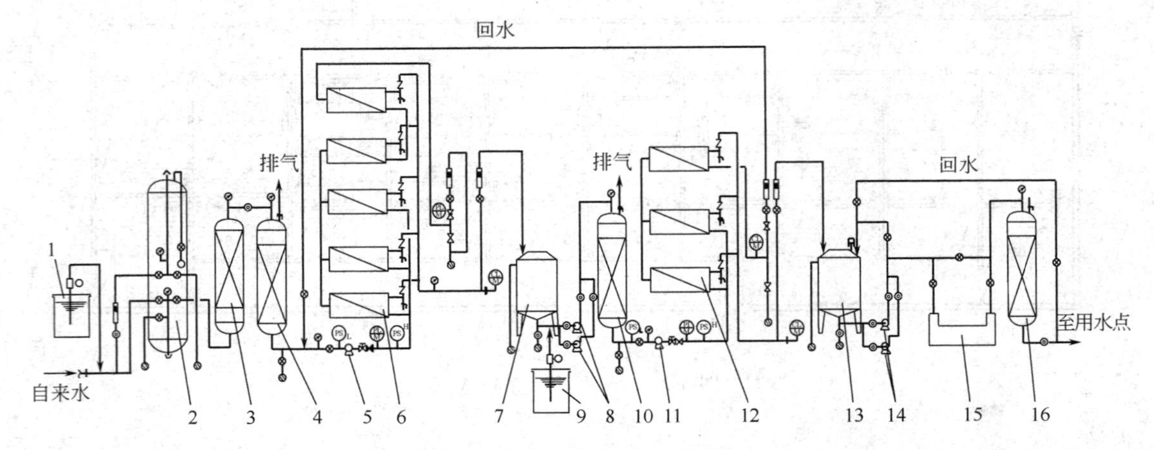

图 4-88 纯水制备工艺流程图

1—聚凝剂投加装置；2—机械过滤器；3—活性炭纤维过滤器；4——级保安过滤器；5——级高压泵；6——级 RO 装置；7—淡水箱；8—淡水泵；9—pH 调整装置；10—二级保安过滤器；11—二级高压泵；12—二级 RO 装置；13—纯水箱；14—纯水泵；15—紫外线杀菌器；16—0.2μm 微孔过滤器

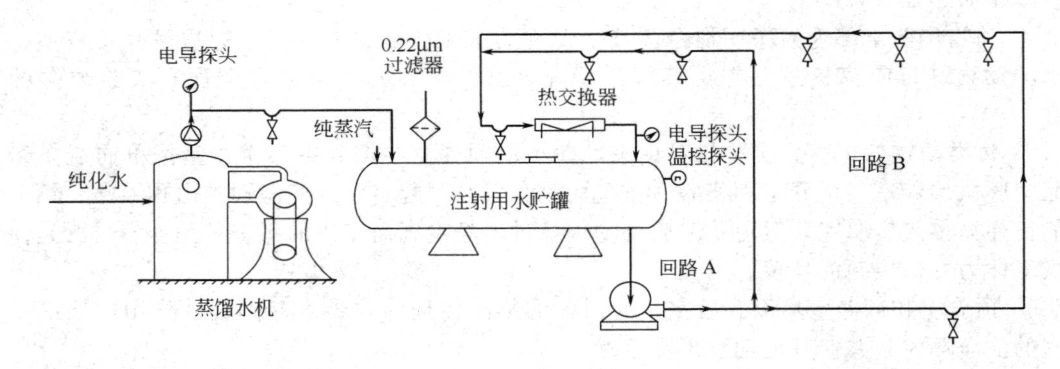

图 4-89 注射用水系统示意图

1. 安装验证及确认

安装验证是为保证事先确定的设计参数的达标。项目建设期，建造、安装的步骤和方法一定要加以控制以保证施工前确认的材料、设备配件与设计的一致性；施工过程与施工规程的一致性；竣工图与设计图的一致性；建造阶段与竣工后清洗操作与清洗规程的一致性；按设计要求调试设备校验仪表（器）；按 GMP 要求做好记录。

（1）结构材料确认　系统的主要设备，蒸馏水器、过滤器、电渗析、离子交换器、水泵和贮水罐等在采购时或供应商发运前要进行检查。运行功能和特性应与规范保持一致，而且任何偏差都应得到纠正。设备一到应立即检查，确定运输有无损坏及散失。管道、贮水罐、蒸馏水机、纯蒸汽发生器、注射用水水泵采用 316L 或 00Cr17Ni14Me 不锈钢材料，电抛光并钝化处理。阀门采用不锈钢聚四氟乙烯隔膜阀。隔膜可将介质与阀门的其他组件隔离，密封效果好，易清洁、易更换。膜分离技术在制药工艺用水中的应用越来越普遍，如电渗析膜、微孔滤膜、反渗透膜、超滤膜，安装前必须确认其完整性和规格的适用性。

（2）安装　对照设计图纸，将水处理设备就位。管道的连接用氩弧焊、对接焊或撞击焊，内壁抛光处理，记录焊接过程及控制参数（电流大小、频率等）。采用卡箍式快装不锈钢管道，以便清洗和安装。管路安装有适度倾斜，不用时管道内能排空积水。管道采用循环布置，系统循环回水流入贮罐，无盲管。装有除菌呼吸过滤器，使用点装阀门处的长度，加热系统不得大于 6 倍管径，冷却系统不得大于 4 倍管径。阀门、水泵用卫生夹头连接。蒸馏水机冷凝器上排气口必须安装孔径 0.22μm 膜过滤器，贮水罐通气口应安装不脱落纤维的疏水性除菌滤器，并可以加热消毒。

（3）安装后的清洗钝化、消毒

① 纯水循环冲洗。在贮液罐中注入足够的常温纯水，用水泵打循环，15min 后打开排水阀，边循环边排放，冲洗系统去尘埃和其他脏物。

② 碱液冲液。以 10%NaOH 溶液，保温 70℃以上循环冲洗 30min 以上后排放，去除油脂或油污。再改用纯水冲洗，直至各出口点水的电阻率与纯水电阻率相一致，冲洗排放持续时间不少于 30min。

③ 钝化。用 8% 的 HNO_3 水溶液或 3% HF + 20% HNO_3 水溶液在 49～50℃下循环 60min 后排放，酸既可起到钝化不锈钢作用，还可溶解系统中的亚铁颗粒。钝化后用纯化水冲洗，直到出口点水的电阻率与纯水一致。最后是消毒，将洁净蒸汽通入整个系统，每个使用点至少 15min，消毒温度 121℃。

（4）水处理设备安装确认　水处理系统安装确认所需的文件包括：系统的流程图、设备布置图、水处理设备及管道安装调试记录；仪器仪表的检定记录；设备的规格说明书、设备操作手册及标准操作、维修规程（SOP）。主要内容如下。

① 对照竣工图和设计图及供应商提供的技术资料，检查安装是否符合设计要求和规范以及仪表的校正及操作、阀门和控制装置是否正常、维修规程的编写等。确认校正的仪表和控制器，如流量计、电导仪、温度计、压力表，使其起到监测和控制作用。检查设备调试记录，确认 SOP 草案。

② 根据生产要求检查水处理设备和水、电、气、汽等管道系统的安装是否合格，管线与仪表、过滤器等连接情况。水管焊接质量，除做 X 光拍片检查外，还要做静压试验。试验压力为工作压力的 1.5 倍，以无渗漏为合格。对于管道及分配系统要确认管道的材质、连接与试压、清洗钝化与消毒。

③ 纯水设备、蒸馏水机试运行情况。测试设备的参数和系统各功能作用。化验分析每台设备进、出口点水质，来确定该设备处理水的效率、产量是否符合设计要求。例如离子交换树脂，检查其牌号、交换能力、再生周期、再生用酸碱浓度以及每次用量和自动反冲情况，测定出水的电阻率、流量、pH 值、Cl^- 含量。

④ 贮水罐应检查加热、制冷、保温和循环情况，通气过滤器膜的完整性（测定起泡点），ϕ0.22μm 滤膜起泡点压力不小于 0.4MPa。

2. 水处理设备运行确认

水处理设备的运行确认在完成安装确认并得到认可后进行。水系统的运行确认是为证明系统、设备是否达到设计标准要求与生产工艺要求而进行的实际运行试验。在这个阶段所有水处理设备（包括辅助设施）均应开动。在开车验证前须审查操作规程和水质标准。在此过程中主要确认工作为系统操作参数的检测与报警互锁装置、安全装置、自动控制系统的检测。逐个检查所有设备运行功能是否正常、操作参数是否符合要求、设备性能参数是否达到要求，并对系统的产水水质进行预测分析，证明系统各设备的产水达到设计的处理标准。质量标准包括水处理各阶段的化学和微生物、热原指标，首先必须符合《中国药典》2015年版关于纯水和注射用水要求，再根据企业情况制订高于药典要求的内控标准和报警限。表4-11为注射用水水质的内控标准。在此阶段要对水系统设备的标准操作、维修、清洁规程结合本单位实际进行修订和完善。

表 4-11　注射用水水质的内控标准

项　目	要　求	项　目	要　求
细菌内毒素	<0.25EU/mL	硝酸盐	依法检查应<0.000006%
电导率	<1μS/cm	亚硝酸盐	依法检查应<0.000002%
菌落数	≤10CFU/100mL	二氧化碳	依法检查应符合规定
氨	依法检查应<0.00003%	易氧化物	依法检查应符合规定
氯化物、硫酸盐与钙盐	依法检查应符合规定	不挥发物	依法检查应符合规定
		重金属	依法检查应<0.00001%

运行测试需模拟生产时的手动、自动和紧急状态，重复开、关，挑战设计极限，以保证所有条件下具有与设计的一致性和生产适应性。根据设计和使用情况，验证监测一般持续3个星期。整个水监控一般分为三个验证周期，每个周期约7d。工艺用水按水质分为四种：饮用水、去离子水、蒸馏水和注射用水（清洁蒸汽）。要控制自进水开始一直到最后使用点止的整个水处理过程的水质，必须把水处理系统划区域采样，以对应的检查方法和标准进行监控。采样阀内径要小，阀门易全部打开，冲洗就会既高速又迅速，保证在实际的采样之前把阀门后的微生物去除掉。整个系统采样阀应保持一致型号。以去离子水和注射用水为例介绍采样点和采样：贮水罐、总送水口、总回水口均天天取样；各使用点，去离子水，每周取水1次，注射用水各使用点天天取样。水质检查频次按我国GMP实施指南规定，见表4-12。

表 4-12　纯水、注射用水质量控制要点

工　序	质量控制点	质量控制项目	频　次
制　水	纯化水	电导率	1次/2h
		《中国药典》全项	1次/周
	注射用水	pH值、氯化物、铵盐	1次/2h
		《中国药典》全项	1次/周

纯水、注射用水验证的周期：新建改建的水系统必须验证。水系统正常运行后一般循环水泵不得停止工作，若停用，在正式生产三个星期前开启水处理系统并做三个周期监控。每周上班第1d应做全检。发生异常情况或出现不符合规定的情况应增加取样检验的频率。系统一般每周用清洁蒸汽消毒一次，鉴定蒸汽能接触到系统的所有部分，其压力、温度均达到指定值。

二、蒸汽灭菌柜的验证

（一）验证目的

蒸汽灭菌设备是注射剂生产最重要的设备，其目的是通过一系列验证试验提供足够的数据和文件依据，以证明药品生产过程中所使用的每一台蒸汽灭菌器对各种不同物品灭菌过程的可靠性和重现性。验证结果必须证明生产中采用的灭菌过程对经过灭菌的物品能够保证残存微生物污染的概率或可能性低于百万分之一。

（二）蒸汽灭菌的有关常数及其相互关系

1. 灭菌的对数规则

蒸汽灭菌的对数规则始于 1921 年 Bigeow 发表的论文“用对数式来表达微生物的杀灭过程”。以后 Rahn 等对此进行了详细的研究，使对数规则更系统化。灭菌时微生物的死亡遵循对数规则，灭菌过程可以用阿伦尼乌斯（Arrhenius）的一级反应方程式来描述。根据质量作用定律，在恒定温度及保持其他条件不变的情况下，单位时间内被杀灭的微生物数正比于原有的数目，即：

$$dN/dt = K(N_0 - N_k) \tag{4-1}$$

式中 N_0——初始的微生物数；

N_k——被杀灭的微生物数；

N——残存的微生物数；

K——杀灭速度常数；

t——时间。

将式（4-1）积分得到

$$\lg Nt = \lg N_0 - (K/2.303)t \tag{4-2}$$

2. *D* 值

D 值是指在一定温度下将 90% 微生物杀灭所需的时间。美国药典用 D 值表示灭菌程度。一般来说，灭菌后的微生物残存率应达到 10^{-6}。

按定义把 $t=D$，$Nt=1/10N$。代入式（4-2）并化简得

$$D = 2.303/K \tag{4-3}$$

D 值越大，该温度下微生物的耐热性就越强，在灭菌中就越难杀灭。对某一种微生物而言，在其他条件保持不变情况下，D 值随灭菌温度的变化而变化。灭菌温度升高时杀灭 90% 微生物所需的时间就短。

USP 收载的生物指示剂嗜热脂肪杆菌的孢子在 121℃下的 D 值为 1.3～3.0min 之间。不同温度下，不同的微生物在不同的环境条件下具有各不相同的 D 值见表 4-13。

表 4-13　不同灭菌温度下的 *D* 值

微生物名称	温度/℃	介　　质	*D* 值/min
嗜热脂肪杆菌	105	5%葡萄糖	87.8
	110		32.0
	115		11.7
	121		2.4
	121	5%葡萄糖乳酸林格氏液	2.1
	121	注射用水	3.0
梭状芽孢杆菌	105	5%葡萄糖	1.3
	105	注射用水	13.7
	115		2.1

3. *Z* 值

Z 值是指降低一个 $\lg D$ 值所需的温度数。在一定温度范围内（100～138℃）$\lg D$ 与温度 T 呈直线关系。

$$Z=\frac{T_1-T_2}{\lg D_2-\lg D_1} \tag{4-4}$$

式（4-4）可写为

$$D_2/D_1=10^{(T_1-T_2)/Z} \tag{4-5}$$

Z 值被用于定量地描述微生物对灭菌温度变化的“敏感性”。Z 值越大，微生物对温度变化的“敏感性”就越弱。此时，若企图通过升高灭菌温度的方式来加速杀灭微生物，其效果就不明显。不同的微生物孢子，在不同的溶液中有各不相同的 Z 值，同种孢子的 Z 值在不同溶液中亦有差异。表 4-14 列举了嗜热脂肪杆菌在不同溶液中的 Z 值，在没有特定要求时，Z 值通常都取 10。

表 4-14 嗜热脂肪杆菌在不同溶液中的 Z 值

溶　液	Z 值	溶　液	Z 值
5%葡萄糖水溶液	10.3	5%葡萄糖乳酸林格氏液	11.3
注射用水	8.4	pH=7 的磷酸盐缓冲液	7.6

4. F_T 值及 F_0 值

F_T 值系指一个给定 Z 值下，灭菌程序在温度 T（℃）下的等效灭菌时间，以分钟（min）为单位。其数学表达式为

$$F_T=\Delta t\sum 10^{(T-T_0)/Z} \tag{4-6}$$

F_0 值为一定灭菌温度、Z 为 10℃所产生的灭菌效果与 121℃、Z 为 10℃所产生的灭菌效果相同时所相当的时间（min）。也就是 F_0 为 $T=121$℃及 $Z=10$℃下的 F_T 值。如果把 121℃理解为“标准状态”那么 F_0 可理解为“标准灭菌时间”。由定义可知，其数学表达式为

$$F_0=\Delta t\sum 10^{(T-121)/Z} \tag{4-7}$$

由于 F_0 值能将不同的受热温度折算成相当于 121℃灭菌时的热效应，对于验证灭菌效果极为有用，故 F_0 值的计算公式在蒸汽热压灭菌过程中最为常用。

（三）验证项目及要求

（1）仪表校正

① 校正的温度指示、传感器、温度记录仪读数值与标准热电偶指示值之间的误差应≤±0.5℃；

② 校正的时间记录仪与标准时间指示装置之间的误差应≤±1%；

③ 校正的压力表/真空表与标准表之间的误差应≤±10%。

（2）热分布试验　热分布试验应用至少 10 支或 10 支以上经过校正的标准热电偶，在空载状态下连续进行 3 次或 3 次以上试验，以证明空载灭菌器腔室内各点（包括最冷点）的温度在每次灭菌程序运行过程中的差值≤±1℃。

热分布研究中使用的热电偶分置在灭菌器中有代表性的水平及垂直的平面上，灭菌器的几何中心位置及几个角、蒸汽入口、冷凝水排放口，温度控制传感器在旁边必须表示出来，一般以 10～20 根热电偶有规律地把温度记录下来，热电偶分置见图 4-90 和表 4-15。应注意热电偶焊接处不能与腔室的金属表面接触，负载应尽可能使用待灭菌产品或类似物，方法与正常生产相同，以保证测定结果的准确性和可靠性。负载腔测试使用的热电偶必须放在与空腔试验相同的位置上，以得到稳定的结果和可信度。

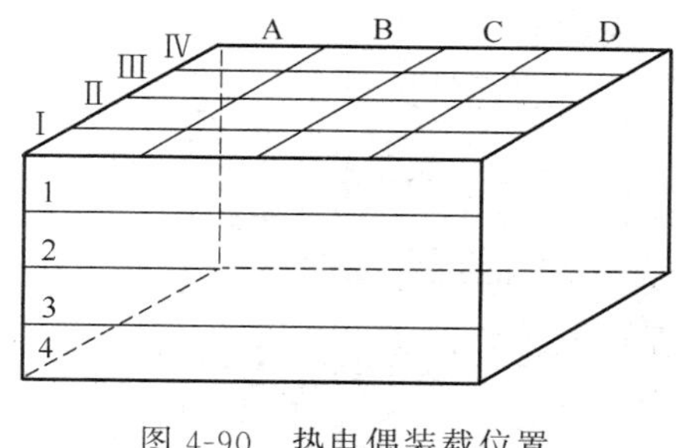

图 4-90　热电偶装载位置

表 4-15　热电偶分布

探头号	探头位置	探头号	探头位置
1	4-B-Ⅱ	6	2-B-Ⅲ
2	4-C-Ⅲ	7	2-A-Ⅰ
3	4-A-Ⅰ	8	1-B-Ⅱ
4	3-A-Ⅰ	9	1-C-Ⅳ
5	3-D-Ⅳ	10	1-A-Ⅰ

（3）热穿透和微生物标的试验　在灭菌器负载状态下（一般为最大负载），将至少 10 支经过校正的标准热电偶和微生物标物插入到灭菌物品中（设备部件、容器、胶塞、无菌服等），至少有 1 件插有微生物标物的灭菌物品应置于灭菌器的“冷点区”（此“冷点”由热分布试验确定）以证明以下两点。

① 最大负载状态下，最冷点灭菌物品暴露时间为 121℃≥15min，即 F_0≥15。对大输液来说，最冷点灭菌物品暴露时间为 121℃≥8min，即 F_0≥8。

② 微生物存活概率≤10^{-6}。

热穿透和微生物标的试验至少应连续进行 3 次。

综上，GMP 对大输液灭菌器主要性能的要求可归结为表 4-16。

表 4-16　GMP 对大输液灭菌器主要性能要求

项　　目		GMP 要求	项　　目		GMP 要求
仪表	温度指示	≤±0.5℃	热分布	空载热分布	至少用 10 支传感器≤±1℃
	传感器	≤±0.5℃		满载热分布	至少用 10 支传感器≤±2.5℃
	温度记录仪	≤±0.5℃	F_0 值分布		冷点 F_0 值与 F_0 的平均值之差≤2.5℃
	计时器	≤±1%	热穿透试验		最大负载 115℃、31 min 最冷点 F_0>8
	压力表	≤±10%	微生物存活率试验		≤10^{-6}

（四）再验证

任何重大变更，如改变装载状态、改变灭菌时间、更换灭菌物品或重大的维修项目完成后，均要进行验证，以证明各种不同的变更对已有的灭菌系统的灭菌效果没有不良影响。根据企业的具体情况及设备维修变更情况，其再验证周期并不相同，但在一般的、正常的情况下，建议再验证的周期为：仪表校正应每个季度进行 1 次；微生物标物试验应每个季度进行 1 次；真空度试验应每年进行 1 次；泄漏率试验应每年进行 1 次；热分布试验应每年进行 1 次。

三、隧道式干热灭菌烘箱的验证

隧道式干热灭菌烘箱工作原理示意图见图 4-91。隧道式干热灭菌烘箱按其功能设置，可分为彼此相对独立的三个组成部分：预热、灭菌及冷却段，如图 4-91 中 A、B、C 所示，它们分别用于已最终清洁瓶子的预热、干热灭菌、冷却。灭菌器的前端与洗瓶机相连，后端设在无菌作业区。干热灭菌器出口至灌装机之间的传送带均在 A 级层流保护下。本机还安装风速、压差监控仪表，用于运行状态的调试及监控。

1. 验证范围

隧道式干热灭菌器的验证实际是指该设备在设定的运行条件下，能否达到预期的要求。

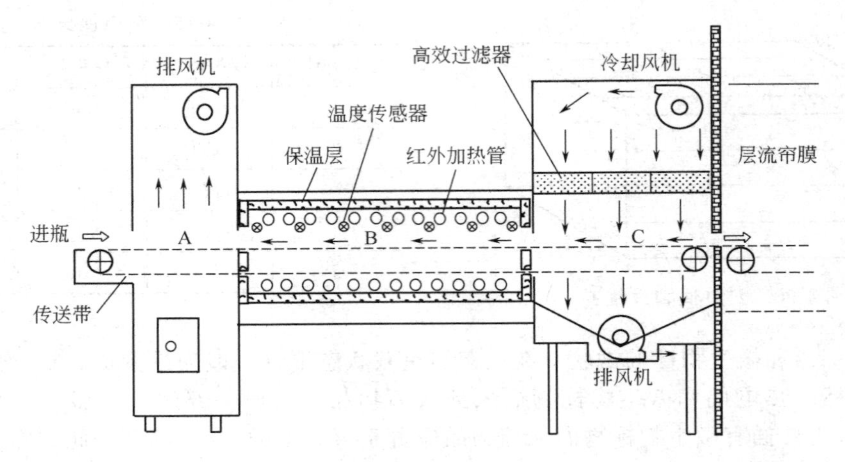

图 4-91　隧道式干热灭菌烘箱工作原理示意

A—预热；B—干热灭菌；C—冷却

因此，验证包括设备设计性能及生产中实际使用的干热灭菌程序。相关的项目如下。

① A、B、C 段及与洁净室间的气流平衡；

② B 段瓶子的热分布情况；

③ 灭菌及去热原效果。

2. 验证合格标准

隧道式干热灭菌器运行时，其所处环境的空气应不得对 A、B、C 段造成正压，以致出现已清洁瓶子被再次污染的风险；B 段的热分布应达到设计的要求，如中心及两侧的温差不超过 5℃；B 段达到灭菌完全并使细菌内毒素至少下降 3 个对数单位的效果。

3. 仪表校准

10 根用于测温的 K 型（镍铬-镍硅）热电偶在使用前后均应在 0℃及 340℃校准，不符合精度和准确度要求的不得使用。验证系统试验前在 0℃/340℃两点校准，试验结束后仍在该两个温度点进行复检，以确认验证系统在试验前后均处于准确、可靠状态。

温差≤±1℃的探头准于使用。0℃校准用冰浴，340℃用盐浴。

4. 验证方案要点

（1）安装确认　技术资料文件化，如设备操作说明书、设备维修手册、备品清单等检查、编号、登记、归档。进行安装情况检查。

C 段所安装的高效过滤器均须进行检漏试验，按悬浮粒子测试方法（CB/T 16292—2010）检查，应符合要求。原始记录略。

（2）运行确认　应根据洁净区对非洁净区的压差，调节 C 段的送、排风量，同时调节 A 段的排风量，保证 A、B、C 段均不出现污染空气从房间倒灌入隧道式干热灭菌烘箱的风险。由于 C 段的主要作用是冷却，并提供层流空气，应注意洁净区对 C 段的压差基本平衡。当洁净室对 C 段压差较大时，虽然进入 C 段的空气来自传送带的层流罩内，但冷风会给 B 段的升温带来负面影响；反之，热空气进入洁净区，对洁净区也有负面影响。

在正常运行时，B 段的气流如图所示，风量不宜过大，以便保持设定的干热灭菌温度，并使 A 段始终保持一定的预热温度。

当隧道式干热灭菌器处于非运行状态时，隧道式干热灭菌器只是一个洁净空气的通道。

（3）性能确认

① 热分布均一性。包括无负荷的热分布测试、满负荷的热分布测试。

空腔体热分布测试。可以在隧道式灭菌器腔体或批量灭菌器腔体内放置10根以上热电偶，在火焰灭菌器内，热电偶应放置在与西林瓶相平的位置上。热电偶的探头不能接触固体表面，温度分布范围必须符合规定的要求。如果空负荷的温度分布不合格，必须对灭菌器进行调整或修理，然后重新对温度进行测试，直至合格。对空腔温度分布进行连续三次作业，以保证该周期及灭菌器的重现性。

满负荷热分布测试。热穿透测试应该与热分布研究同时进行，因为热穿透率与负荷物料的种类、包装及温度分配的均匀度有关，所以必须把热电偶放在容器、材料或物品中间，同时应保证与物品表面接触，安排最有代表性的物料进行试验。精确而又详细的热电偶位置图及所有的温度数据应该放在一起，标明各个不同区域容器加热的速率，如果温度概貌是合格的，那么要用连续三次操作来表明有负荷的灭菌器及灭菌周期的重现性。

② 灭菌及去热原能力。在每列瓶中各加入1000单位的细菌内毒素，经干热灭菌后，检查瓶内细菌内毒素的残存量。计算干热灭菌是否达到了使细菌内毒素至少降低3个对数单位的要求。

由于干热灭菌的效果直接与洗瓶的速度有关，即与传送带的走速有关，试验应包括可能的干热灭菌程序，如330℃、80mm/min；340℃、100mm/min。每一程序的试验瓶数通常不少于3例，试验的次数每一程序不应少于3次。

四、除菌过滤系统的验证

常见的微孔滤膜过滤器有两种：圆盘形过滤器和圆筒式过滤器。无菌过滤器去除微生物的能力须用平均直径为0.3μm的缺陷假单孢菌（*P. Dimimuta*）进行挑战性试验来验证。

1. 材料和方法

生物指示剂挑战验证试验装置的示意图见图4-92。

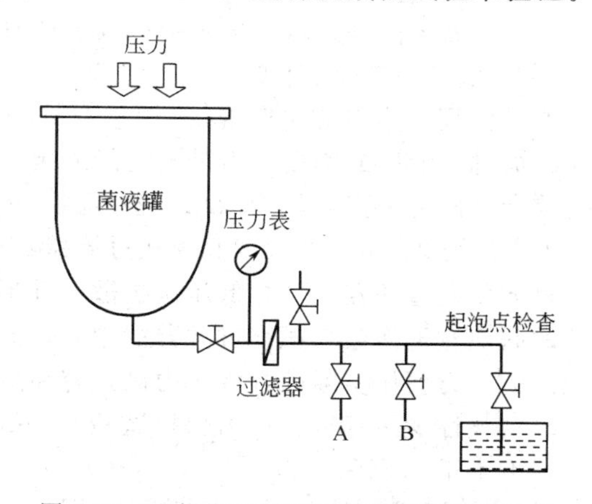

图4-92 生物指示剂挑战验证试验装置示意

A—无菌空白对照；B—无菌检查

阳性对照：生理盐水和/或蛋白胨。

生物指示剂：缺陷假单孢菌（*P. Dimimuta*）(ATCC 19146)。

菌液浓度：每平方厘米有效过滤面积应达到10^7个菌的挑战水平。

试验压力：约为0.20MPa。

试验流量：筒式过滤器可为每分钟2～3.86L/0.1m^2。

2. 操作步骤

① 将过滤系统灭菌。

② 用无菌生理盐水或0.1%蛋白胨水湿润过滤器，此后进行过滤器的完整性试验。

③ 将此溶液用一阴性对照用无菌过滤器压滤，培养并检查无菌。

④ 将事先标定浓度的微生物悬浮液装入适当容器，并对待试验的过滤器进行挑战试验，操作同上。

⑤ 进行过滤器的完整性检查，确认试验过程中滤膜没有损坏。

⑥ 培养并观察结果。

⑦ 结果评价：如阴性对照过滤器获得阳性结果，则试验无效；如挑战试验的滤液中长菌，则过滤系统不合格。

3. 讨论

① 验证试验的成功展示了某种型号的除菌过滤器对某特殊产品的适用性。它同时展示了该菌过滤器名义孔径与除菌保证能力的相关性，从而为除菌过滤器物理试验（过滤器完整性试验，如扩散流试验、压力保持试验、起泡点试验）的有效性奠定了基础。

供货商在验证试验中，一般要求考察三个项目：过滤器截留微生物的能力、药液中是否有与过滤器相关的化学萃取物以及过滤器对活性物质的吸附量。

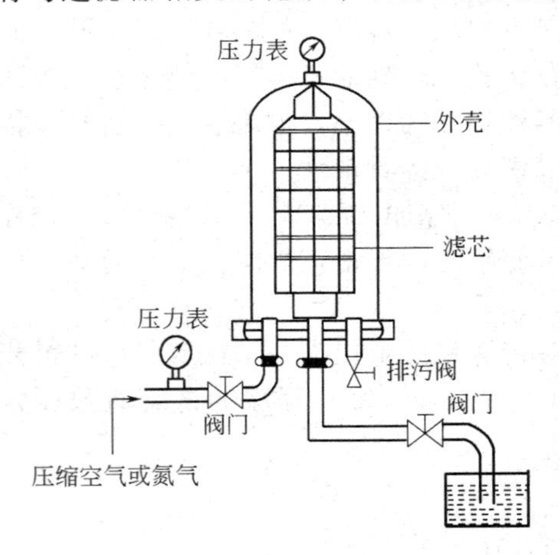

图 4-93　无菌过滤器起泡点试验装置示意

② 培养基灌装验证试验的结果能证明在某些特定条件下，可以达到一定的无菌保证水平。

③ 起泡点试验。试验装置示意图见图 4-93。将微孔滤膜过滤器用液体充分浸湿后，逐步加大气体的压力至发泡点临界压力的 80%，将系统密闭，在规定时间内观察并记录压力的下降情况。继续升压，直至在过滤器下侧浸入水中的管中有稳定的气流发生。记录气泡第一次出现时压力的读数，起泡点试验应注意以下几点。

a. 将系统中的空气赶净，以确保滤膜充分湿润。

b. 为了使本试验的结果能直接用来评价过滤系统的完整性，在生产设备安装过程中应尽可能考虑到过滤器应进行起泡点试验的要求，以至这项试验可以在过滤作业的前后在生产系统中完成。

c. 过滤器灭菌处理将对滤膜表面的活性有一定影响，从而使过滤材料的可湿润性以至起泡点试验的读数产生某种变化。

d. 试验用压力表应定期校正。

e. 被过滤液体的表面张力是测定的关键因素，因此，应用待过滤的产品进行试验以确定待过滤产品的起泡点，不应以水代替产品。

f. 直径为 293mm 的大表面膜式过滤器，在压力下，起泡点试验用的气体会从过滤器上方透过滤膜向过滤器下方的低压区扩散，并形成气泡，易造成误判；对于筒式过滤器而言，开始的起泡点气泡会累积在过滤器的中心，而不是离开过滤器，在这种情况下，所观察到的起泡点的压力值比实际的临界压力高，容易造成误判，应引起操作人员注意。

g. 完整性参考标准：压力保持试验 0.26MPa，10min 内压降<5%；起泡点压力（临界压力）不小于 0.31MPa。

④ 扩散流量试验。试验装置示意图见图 4-94。本试验系在低于起泡点临界压力条件下，用测试气体扩散流量的方法来验证滤膜孔径的大小及完整性。

将待试验的滤膜安装在滤器架中，充分湿润滤膜，并将过滤器内的水排去。使用空气或氮气作试验气体，逐步加压，使系统压力达到起泡点临界压力的 80%，然后定量测定气体的流量。

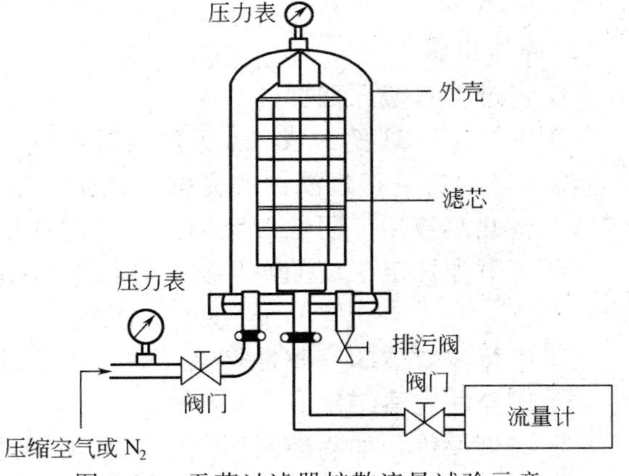

图 4-94　无菌过滤器扩散流量试验示意

⑤ 对于非最终灭菌产品而言，为了确保产品的无菌性质，无菌生产工艺中所用的

气体除菌过滤器，即疏水性膜，也需要进行过滤器完好性试验。这类过滤器的完好性试验中，一般以40%水及60%异丙醇的混合法来浸润滤膜，其操作原理同上。

五、冻干设备的验证

冷冻干燥系统由冻干箱、真空冷凝器、制冷系统、真空系统、热交换系统和仪表控制系统组成。冷冻干燥设备验证应从每个组成部分的确认做起，确认每个组成部分都达到良好状态，性能可满足操作要求。

1. 冷冻机性能确认

冷冻干燥过程中，冷冻机向冻干箱、真空冷凝器提供冷量，其冷却能力、控温精度对冻干操作影响很大。

（1）冻干箱无负荷状态冷却能力确认　冻干箱内空载时通入导热液，启动冷冻机，导热液平均降温速度>0.5℃/min，从10℃降至－50℃不超过90min。冷凝器温度<－70℃。

（2）冻干箱水负荷状态冷却能力确认　冻干箱内满载蒸馏水的托盘，启动冷冻机，导热液温度从10℃降至－45℃所用时间不超过120min。此时真空冷凝器温度<－55℃。

（3）真空冷凝器的控温精度确认　真空冷凝器的温度变化将影响系统真空度，一般温度波动应在±3℃之内。

（4）真空冷凝器的最大捕水能力确认　确认实际最大捕水能力作为生产操作的依据。

2. 导热液加热器性能确认

冻干产品在第一阶段干燥和第二阶段干燥需不断补充热量，这部分热量是由电加热器通过导热液传递到搁板。加热器对导热液加热的升温速度需进行无负荷和水负荷运转确认。

3. 真空系统性能确认

（1）真空系统性能　冻干箱无负荷下初期排气应在20min内达到13.3Pa（0.1mmHg[1]），6h内系统极限真空度达到1.33Pa（0.01mmHg）。

（2）冻干系统泄漏量确认　冻干箱无负荷下达到极限真空度后关闭真空系统阀门，在3min内记录冻干系统真空度变化，从而确知泄漏量。

（3）真空度控制能力确认　冻干过程要求真空度恒定，控制方法有二：一是控制系统真空阀的开度来维持冻干箱内压力恒定；二是在冻干箱导入适量气体来平衡真空系统的排气能力。一般真空度控制精度应在±3Pa之内。

4. 自控系统模拟试验认证

按照所拟采取的冻干曲线在不运行冻干机下进行自控系统虚拟运行，以检查输入的参数在模拟运行自控系统的运行控制是否吻合。

5. 冻干箱在线清洗确认

冻干箱运行间隙需进行清洗，首先用洗涤液粗洗箱内表面，再通过清洗装置以加压喷洒蒸馏水，对冻干箱、真空冷凝器和其间的主真空阀进行清洗。清洗后用灭菌压缩空气吹干，再喷洒定量乙醇，最后去除乙醇待用。清洗后取水样及对清洗表面进行清洗效果确认。

6. 冻干箱在线灭菌确认

冻干箱灭菌时，将饱和蒸汽通入冻干系统，对冻干箱、真空冷凝器和其间的主真空阀进行121℃、30min灭菌。为确认灭菌效果，应进行热分布试验和生物指示剂试验。

---

[1] 1mmHg=133.322Pa。

思考题

1. 请简述最终灭菌注射剂（小水针和大输液）、无菌分装粉针剂、冻干粉针剂生产中的环境区域划分。

2. 请简述注射用水的制备方法及设备的工作原理。

3. 请简述冻干机的工作原理，如何判断冻干终点？

4. 注射制剂车间设计的一般原则有哪些？有哪些特殊工序？这些特殊工序需采取什么措施？

5. 请简述注射剂灭菌设备的类型及其工作流程。

6. 请对比分析电渗析器、电去离子装置（EDI）、反渗透的工作原理及其功能。

7. 请展望注射制剂的未来（包括设备，生产工艺，车间等）。

参考文献

[1] 国家食品药品监督管理局药品认证管理中心. 药品GMP实施指南. 北京：中国医药科技出版社，2011.

[2] 唐燕辉. 药物制剂生产专用设备及车间工艺设计. 北京：化学工业出版社，2002.

[3] 朱世斌，曲红梅. 药品生产质量管理工程. 第2版. 北京：化学工业出版社，2017.

[4] 陈燕忠，朱盛山. 药物制剂工程. 第3版. 北京：化学工业出版社，2018.

[5] 李钧. 药品GMP实施与认证. 北京：中国医药科技出版社，2000.

[6] 赵宗艾. 药物制剂机械. 北京：化学工业出版社，1998.

[7] 张绪桥. 药物制剂设备与车间工艺设计. 北京：中国医药科技出版社，2000.

[8] 毕殿洲. 药剂学. 第4版. 北京：人民卫生出版社，2002.

[9] 张雪，齐宜广，武玉杰，等. 新型注射剂的国内外研发进展. 药学进展，2018，42（12）：20-27.

[10] 丁芬. 小容量注射剂无菌保证控制措施（最终灭菌）. 科学技术创新，2018（19）：60-61.

[11] 王俊. 小容量注射液生产工艺管理要点探讨. 临床医药文献电子杂志，2017，4（84）.

[12] 赵静，王忠宝. 浅谈除菌滤芯在注射剂生产中的应用. 现代制造，2017（8）：45-48.

[13] 梁凤林. 小容量注射剂可见异物的分析及控制. 机电信息，2018（17）.

[14] 李存玉，彭国平，郑云枫，等. 注射剂中热原在线检测仪及应用. 实验技术与管理，2017（12）：109-113.

[15] 赵皎云. 楚天科技：推进药品生产智能化——访楚天科技股份有限公司郑起平. 物流技术与应用，2018，220（06）：124-126.

[16] 张洪斌. 药厂实验动物房设计. 医药工程设计，2000，21（4）.

[17] 梁其辉，蒋宇陪，卢浩，等. 浅淡SPF级动物房设计的一些做法. 医药工程设计，2013，34（1）：17-20.

[18] 刘志军. 浅析实验动物房的工程设计. 机电信息，2017，14：43-46.

第五章

液体制剂

学习目标

掌握： 口服液和糖浆剂生产工艺流程及洁净区域划分；口服液和糖浆剂的主要生产设备工作原理、特点；在 2010 版 GMP 下口服液车间工艺设计原则和要点。

熟悉： 口服液和糖浆剂的生产工艺技术；糖浆剂车间工艺设计原则和要点。

了解： 液体制剂关键生产设备的发展动态；液体制剂车间关键设备的验证。

液体制剂系指药物分散在适宜的分散介质中制成的可供人体内服或外用的液体形态的制剂。药物以分子状态分散在介质中形成均相液体制剂，如溶液剂、高分子溶液剂等；药物以微粒状态分散在介质中形成非均相液体制剂，如溶胶剂、乳剂、混悬剂等。

均相液体制剂应是澄明溶液，非均相液体制剂的药物粒子应分散均匀；口服的液体制剂应外观良好、口感适宜，外用的液体制剂应无刺激性；液体制剂在保存和使用过程中不应发生霉变；包装容器适宜，方便患者携带和使用。

液体制剂种类较多，包括低分子溶液剂、高分子溶液剂（亲水胶体溶液）等均相液体制剂，以及溶胶剂、乳剂、混悬剂等非均相液体制剂。其中，低分子溶液剂又包含溶液剂、芳香水剂、糖浆剂、醑剂、酊剂和甘油剂等。液体制剂的生产工艺、设备和车间布置通常较为接近，本章以口服液和糖浆剂两种常见的液体制剂为例进行介绍。

第一节　液体制剂生产工艺技术

一、口服液生产工艺技术、工艺流程及洁净区域划分

（一）口服液生产工艺技术

1. 口服液概述

合剂系指饮片用水或其他溶剂采用适宜的方法提取制成的口服液体制剂（口服液剂）。单剂量灌装的也可称为口服溶液剂。

口服液剂是在汤剂的基础上改革与发展起来的，是结合了汤剂、糖浆剂、注射剂特点的液体剂型，保持了汤剂的特点，使得中药材中所含有的活性成分能很容易被提取出来。此外，提取工艺和制剂的质量标准容易固定。病人服药后吸收快，奏效迅速，临床疗效可靠。服用剂量与汤剂相比，大大减小，适用于工业大生产，并且病人用时省去了汤剂临用时煎煮的麻烦。口服液体制剂在制备时，经浓缩工艺服用量小，且加入适合的矫味剂，口感好，病

人乐于服用。

口服液体制剂在贮存过程中易发生霉变，在制备过程中，应选择适宜的防腐剂加至成品中，并经灭菌处理，密封包装，防止其霉变。此外包装容器需清洁消毒，在灌装过程中应严格防止污染。在工业生产中所需的生产设备、工艺条件要求高，如配制环境应清洁避菌，灌装容器应无菌洁净干燥等。封口后应立即灭菌（非最终灭菌的封口即可）。

总的来说口服液剂具有以下特点：

① 其为液体制剂，吸收快，起效迅速；

② 采用单剂量包装，服用方便，易于保存，省去煎药的麻烦；

③ 制备工艺控制严格，质量和疗效稳定；

④ 每次服用量小，口感好，易为患者，特别是儿童、幼儿、婴儿所接受；

⑤ 制备工艺复杂，设备要求较高，生产成本相对较高；

⑥ 口服液处方固定且批量制备，故不能随便加减；

⑦ 由于口服液容积小，经过多步提取与精制，有效成分易丢失，特别是脂溶性成分保留少，故在某种程度上使得口服液剂疗效不太稳定。

目前，临床用于治疗的口服液的来源主要有以下四种。

① 单味药。例如生大黄煎剂、大黄口服液及原料药直接压片治疗胰腺炎有一定疗效，但使病人产生呕吐、腹泻、腹胀等副作用，制成口服液后疗效较好，且副作用减少，柴胡口服液也是如此。

② 新研制的品种。主要由单味中药经筛选、组合而成的。例如慢肾宝口服液、冠心舒口服液、明珠饮、冠心安口服液等。

③ 由药典、地方标准制剂经过剂型改变而成的品种。临床使用多年，证明其疗效确切、可靠的固体制剂可以将其改变剂型，变为口服液体制剂，进一步提高其疗效。例如：蛇胆川贝液，是由蛇胆川贝散剂型改进而成的新制剂，临床上具有清肺、止咳、祛痰之功效。使原有固体制剂疗效提高，口感好，现已进入国际市场。通过改变剂型而成的口服液还有复方丹参口服液、儿童清肺口服液、蛇胆陈皮液、牛黄蛇胆川贝液等。

④ 通过古方改剂型的品种。此类占多数，如玉屏风口服液，处方来源于《丹溪心法》。还有六味地黄口服液、杞菊逍遥饮口服液等。此外，还有一些口服液剂是通过古方加减改进而成，例如蟾龙定喘口服液，是在小青龙汤的基础上除去白芍，添加地龙、蟾酥而成。此外还有黄芪生脉饮、小儿清热解毒口服液、康宝口服液等。

口服液绝大部分为溶液型。近来亦出现了口服脂质体液、口服乳剂等。已上市或进入临床研究的有鸦胆子油口服液、月见草油口服液等。

口服液剂近年来发展很快，在制备方法、质量控制等方面均有所提高，品种增加很多，特别是种类繁多的营养补剂和名优中成药都是以口服液剂的形式用于临床，很多常见病的中医治疗可采用口服液这种剂型，市场的需要促进了口服液剂的发展。

2. 口服液常用的溶剂

水是制备口服液剂最常用的溶剂，来源充足，价廉易得，本身无药理作用。水能与甘油、丙二醇、乙醇等溶剂以任意比例互溶，能溶解绝大多数有机药物、无机盐以及中药材中的糖类、树胶、黏液质、生物碱、有机酸及色素等物质。

水也有不足之处。例如，使易水解药物不稳定；水中溶解的一定量的氧气，使易氧化的药物变质；水的化学活性比有机溶剂强，容易增殖微生物，使得某些蛋白质或碳水化合物发酵分解；此外口服液剂不易长久贮存。

根据《中华人民共和国药典》2015 年版四部制剂通则中的规定，制药用水可分为饮用水、纯化水、注射用水和灭菌注射用水。在制备口服液体制剂时常选择纯化水（蒸馏水或去离子水），而饮用水则可作为药材净制时的漂洗、容器具的粗洗以及饮片的提取溶剂使用。

3. 口服液的防腐

（1）防腐的重要性　口服液剂是以水为溶剂的液体制剂，容易被微生物污染而发霉变质，特别是含有糖类、蛋白质等营养物质的液体制剂，更容易引起微生物的滋长与繁殖。被微生物污染的口服液剂的理化性质发生变化，制剂质量受到严重影响，微生物产生的细菌内毒素对人体十分有害，严重会引起病人死亡。《中华人民共和国药典》2015年版四部制剂通则中“非无菌药品微生物限度标准”规定：每1mL含需氧菌总数不得超过100个，霉菌和酵母菌总数不超过10个，并不得检出大肠埃希菌（含药材原粉的中药口服液另有规定）。药品卫生标准的实施，极大地提高了药品的质量，保证了病人的用药安全。

（2）防腐的途径　为使口服液剂达到卫生学要求，必须采取适宜的防腐途径。

① 防止污染。防止制剂被微生物污染是防止腐败的一项重要措施，尤其是防止青霉菌、酵母菌等微生物的污染，防止附着在空气灰尘上的细菌如产气杆菌、枯草杆菌的污染。为了有效防止微生物污染应当采用以下措施：加强生产环境的管理，清除周围环境的污染源，保持清洁卫生的生产环境；加强操作室的卫生管理，保持操作室空气净化的效果，并要经常检查净化设备，使洁净度符合生产要求；生产用具和设备必须按规定要求进行卫生管理和清洁处理；在制剂生产过程中还必须加强操作人员个人卫生管理；操作人员的健康和个人卫生状况、工作服的标准化、进入操作室的制度等，都必须进行严格规范的管理。

② 添加防腐剂。在口服液剂的工业生产中，微生物的污染是不可避免的，总有少量微生物污染药品，对此可以通过向制剂中加入适量的防腐剂，从而有效地抑制其繁殖生长，达到有效的防腐目的。

a. 防腐剂须具备的条件。在水中有较大的溶解度，能达到防腐需要的浓度；对大多数微生物有较强的抑制作用，防腐剂自身的理化性质和抗微生物性质应稳定，不易受热和药剂pH值的影响；防腐剂在抑菌浓度范围内对人体无害、无刺激性，用于内服者应无特殊臭味；优良的防腐剂也不影响制剂的理化性质、药理作用。此外防腐剂也不受制剂中药物的影响。

b. 防腐剂的分类。

季铵化合物类　度米芬、溴化十六烷胺、氯化苯甲烃胺、氯化十六烷基吡啶等。

中性化合物类　双醋酸盐、氯仿、苯乙醇、三氯叔丁醇、苯甲醇、氯乙定、挥发油、聚维酮碘等。

汞化合物类　硝甲酚汞、醋酸苯汞、硫柳汞、硝酸苯汞等。

酸碱及其盐类　氯甲酚、苯酚、甲酚、羟苯烷基酯类、苯甲酸及其盐类、麝香草酚、硼酸及其盐类、山梨酸及其盐、丙酸、脱氢醋酸、戊二醛、甲醛等。

c. 常用防腐剂。

羟苯烷基酯类　也称尼泊金类，是一类有效、无毒、无味、无臭、不挥发、化学性质稳定的防腐剂。在酸性、中性溶液中均有效，在酸性溶液中作用较强，对大肠埃希菌作用最强。由于酚羟基解离，故其在弱碱性溶液中作用减弱。其抑菌作用随烷基碳数增加而增加，但溶解度则减少，丁酯抗菌力最强，溶解度却最小。本类防腐剂混合使用具有协同作用。通常是乙酯和丙酯（1∶1）或乙酯和丁酯（4∶1）合用，浓度均为0.01%～0.25%。羟苯酯类在不同溶剂中溶解度及在水中抑菌浓度见表5-1。

表 5-1 羟苯酯类在不同溶剂中的溶解度及在水中的抑菌浓度

酯类	溶解度(25℃)/(g/100mL)				水溶液中抑菌浓度/%
	水	乙醇	甘油	丙二醇	
甲酯	0.25	52	1.3	22	0.05～0.25
乙酯	0.16	70	—	25	0.05～0.15
丙酯	0.04	95	0.35	26	0.02～0.075
丁酯	0.02	210	—	110	—

此类防腐剂遇铁能变色，遇弱碱或强酸易水解，塑料能吸附本品，故含有本类防腐剂的口服液尽量不要使用塑料容器。

氯化苯甲烃胺 在水溶液中抑菌浓度是0.01%～0.02%。此种防腐剂不能与阴离子型药物、水杨酸盐或硝酸盐配伍使用。

硝酸苯汞 在水溶液中抑菌浓度是0.002%～0.004%。这种防腐剂不宜与氯化钠、碘化物、溴化物等配伍使用。

苯甲酸与苯甲酸钠 为常用防腐剂。苯甲酸用量一般为0.03%～0.1%，苯甲酸分子抑菌作用强，所以在酸性溶液中抑菌效果较好，最适pH值为4。苯甲酸防霉作用比尼泊金类弱，但防发酵能力则比尼泊金类强。尼泊金0.05%～0.1%和苯甲酸0.25%联合使用对防止发霉和发酵最为理想，特别适用于中药口服液剂。苯甲酸钠在酸性溶液中的防腐作用与苯甲酸作用相当，一般用量为0.1%～0.2%，当pH值超过5时，苯甲酸钠和苯甲酸的抑菌作用明显降低，此时使用量应不少于0.5%。

苯扎溴铵 又称新洁尔灭，是阳离子表面活性剂。淡黄色黏稠液体，低温时形成蜡状固体，有特臭、味苦、易潮解。在酸性和碱性溶液中稳定，耐热压。其使用浓度为0.02%～0.2%。

山梨酸 本品为黄白色至白色结晶性粉末，无味，有微弱特臭。对细菌最低抑菌浓度为2～4mg/mL（pH≤6.00），对真菌、酵母最低抑菌浓度为0.8%～1.2%。本品在空气中久置易被氧化，在水溶液中尤其敏感，遇光时更不稳定，可与没食子酸、苯酚联合使用使其稳定性增加。山梨酸在pH值为4的酸性水溶液中效果较好。山梨酸钾、山梨酸钙作用与山梨酸相同，亦需在酸性溶液中使用。

其他防腐剂 硫柳汞使用浓度为0.005%～0.1%，使用时不能与含巯基化合物、溴化物、氢溴酸盐及磺胺嘧啶配伍；苯乙醇，使用浓度0.5%；三氯叔丁醇，使用浓度0.35%～0.50%，不能与碱配伍使用；对羟基苯甲酸甲酯与丙酯混合物，使用时甲酯浓度是0.03%～0.1%，丙酯浓度是0.01%，在使用时不宜与聚维酮、吐温-80、甲基纤维素、聚乙二醇6000、明胶等配伍；桉叶油，使用浓度为0.01%～0.05%；桂皮油0.01%；薄荷油0.05%；醋酸氯乙定，微溶于水，溶于乙醇、甘油、丙二醇等溶剂中，是广谱杀菌剂，使用浓度是0.02%～0.05%；邻苯基苯酚，微溶于水，具杀菌和杀真菌作用，使用浓度为0.005%～0.2%。

4. 口服液剂的矫嗅、矫味与着色

（1）口服液剂的色、香、味 口服液剂应具有外观良好、口感好，使病人特别是婴儿、幼儿、儿童乐于服用。许多药物如奎宁、氯霉素、黄连素等味道极苦，鱼肝油有腥味，碘化钾、溴化钾等盐类有咸味，蓖麻油难以下咽，长期使用，易引起患者厌恶、恶心，儿童容易拒绝服药，这样会影响疗效。有些口服液剂本身没有颜色，有时为了心理治疗的需要而调色。所以，矫正药物的嗅味，提高制剂质量，使患者愿意接受与服用，是提高口服液剂的治疗效果的一项重要措施。

口服液剂应尽量改善其色、香、味，但不能过分强调矫味、矫嗅和着色。在使用矫味、矫嗅、着色剂时，应保证用药安全、有效、稳定。在使用时应注意以下几个问题：

① 品种和用量应符合国家规定标准；

② 主药和所用的矫味剂、矫嗅剂、着色剂应无配伍禁忌；

③ 注意 H^+、OH^- 的影响；

④ 儿科用药应适当矫味；

⑤ 含剧毒药物矫味应慎重；

⑥ 对有意利用苦味作用的药剂，不能矫味，如复方龙胆合剂等苦味健胃药；

⑦ 同一药剂不同批号间应尽量着色一致。

（2）矫味剂

① 常用矫味剂

a. 甜味剂。甜味剂是口服液剂矫味时应用最多的一种矫味剂。常用的有蔗糖、单糖浆。此外还有芳香味的甘草糖浆、枸橼糖浆、橙皮糖浆、樱桃糖浆等。甘露醇、山梨醇、甘油也作甜味剂。天然甜味剂甜菊苷，甜味比蔗糖大约 300 倍，常用量为 0.025%～0.05%。本品甜味持久且不被吸收，但甜中带苦，故常与蔗糖和糖精钠合用。还有人工合成的甜味剂如糖精钠，甜度为蔗糖的 200～700 倍，易溶于水，但水溶液不稳定，长期放置甜度下降，常用量为 0.03%，常与甜菊苷、蔗糖、单糖浆合用，常作咸味的矫味剂。新开发的甜味剂还有异构化半乳糖、甘草甜素、高果糖浆、索马丁（甜度是蔗糖的 3000 倍）等。

b. 芳香剂。有些药剂有不良嗅味，可加香料掩盖。常用食用香精有橘子香精、柠檬香精、杨梅香精、樱桃香精、苹果香精、香蕉香精，是由人工香料添加一定量的溶剂调和而成的混合香料。从植物中提取的芳香性挥发油如薄荷油、桂皮油、茴香油、橙皮油、枸橼油等，也可以作为香料加入口服液剂中。口服液剂中通常用 0.06%的香料，即能达到要求。

c. 泡腾剂。用碳酸氢钠与有机酸（柠檬酸或酒石酸）加适量香精、甜味剂等辅料制成，遇水产生 CO_2 气体，能麻痹味蕾而产生矫味作用。此类矫味剂多用于苦味盐类泻药中。

d. 胶浆剂。具有黏稠、缓和的性质，可干扰味蕾的敏感性。如：淀粉、西黄蓍胶、羟甲基纤维素钠、琼脂胶浆、海藻酸钠、明胶、甲基纤维素等胶浆。如在胶浆剂中添加糖精钠 0.02%和甜菊苷 0.025%，可增加其矫味效果。

e. 化学矫味剂。麸氨酸钠能矫正鱼肝油的腥味，消除铁盐制剂的铁金属味。

② 矫味剂的应用

a. 对咸味。药物的咸味较难掩盖，通常并用芳香剂和甜味剂。

b. 对酸味。可并用碳酸氢盐、甜味剂、芳香剂，既能中和酸味，又可得清凉饮料的佳味。

c. 对苦味。一般选用甜味剂，也可并用芳香剂、泡腾剂、甜味剂。但极苦的药物是很难消除苦味的。

d. 对甜味。加适量芳香剂和酸味剂，使患者乐于服用。

（3）着色剂　颜色在药剂中可用来区别药物种类、浓度或应用方法，亦可改变药剂的外观。一般分为天然着色剂和合成着色剂两大类。天然色素分为植物性色素和矿物性色素两大类。植物性色素包括胭脂虫红、紫草根、茜草根、苏木、山栀子、胡萝卜素、松叶兰、乌饭树叶等。矿物性色素有氧化铁。合成着色剂有苋菜红、胭脂蓝、日落黄、柠檬黄等，通常配成 1%贮备液使用，用量不超过万分之一。目前我国准许应用的部分合成食用色素见表 5-2。

使用色素应注意：不同溶剂能产生不同色调和强度；氧化剂、还原剂及日光对大多数色素有褪色作用；pH 值常对色调产生影响；相互配色可产生多样化的着色剂。

表 5-2 目前我国准许应用的部分合成食用色素

品名		胭脂红	苋菜红	柠檬黄	靛蓝
别名		大红	杨梅红二	肼黄、柠檬黄二	水溶性靛蓝
溶解性	水	溶	溶	溶	溶
	乙醇	微溶	微溶	微溶	微溶
	油	不溶	不溶	不溶	不溶
颜色		0.1%水溶液呈红色	0.1%水溶液呈紫红色	0.1%水溶液呈黄色	0.05%水溶液呈涤蓝或蓝紫色
稳定性		碱性变棕色	碱性变暗红色	不为酸、碱、光影响	光对颜色有影响，水溶液遇金属盐可析出沉淀

5. 制备口服液剂时增加药物溶解度的方法

口服液剂是将药物溶解于一定量的溶剂中形成均匀分散的澄明液体。在溶解过程中，有些药物在溶剂中即使达到饱和浓度，也满足不了治疗所需的药物浓度，必须设法增加溶解度。中药材中不少成分，例如鱼腥草素、喜树碱、桉叶油、大黄素等在水中溶解度远较治疗作用所需要浓度低，所以在制备口服液剂时，必须采取有效措施增加某些药物的溶解度以满足临床上治疗疾病的需要。总的来说，增加药物溶解度的方法主要有以下几种。

(1) 制成可溶性盐　一些难溶性弱酸、弱碱，可将之制成盐而增加药物的溶解度。对于弱碱性药物，例如普鲁卡因、可卡因、奎宁、秋水仙生物碱、麻黄生物碱、金鸡纳生物碱等加酸，如硫酸、硝酸、盐酸、磷酸、氢溴酸、醋酸、枸橼酸、酒石酸等与碱性药物作用形成盐，以增加药物在水中的溶解度。对于酸性药物，如含有羧基、亚胺基、磺酰胺基等酸性基团的药物，例如苯甲酸、水杨酸、对氨基水杨酸等，加碱或有机胺。氢氧化钠、氢氧化钾、氢氧化铵、碳酸氢钠、三乙醇胺、二乙胺等可制成盐增加其在水中溶解度。乙酰水杨酸制成钙盐在水中溶解度增大，且比其钠盐稳定。

同一种弱酸性或弱碱性药物用不同的碱或酸制成盐，其溶解度不同。例如，可待因用氢溴酸制成盐，溶解度是 1∶100；若用磷酸制成盐，则溶解度为 1∶3.5。通常某些有机酸的钠盐或钾盐的溶解度都很大，例如水杨酸钠、苯甲酸钠。应注意制成盐后其溶解度虽然增加，但有时稳定性、刺激性、毒性、疗效等也常发生变化。例如磺胺噻唑溶解度为 1∶1700，而其钠盐为 1∶2.5，但钠盐的水溶液不稳定，当吸收空气中 CO_2 气体，溶液 pH 值变小时易析出游离的磺胺噻唑。

此外，容易氧化的碱性药物，若将它们制成含还原性的有机酸盐，亦可提高其稳定性。例如马来酸麦角新碱等。

(2) 加入增溶剂　利用表面活性剂形成胶团来增加难溶性药物或成分的溶解。这种现象称为增溶，加入的表面活性剂称为增溶剂。这种方法常用于挥发油、磺胺类、抗生素类、苯巴比妥及生物碱、甾体激素类、脂溶性维生素等药物的增溶，并防止澄清液经过一定时间贮存以后因胶体陈化凝结析出沉淀。

常用的增溶剂有阴离子型表面活性剂如硫酸酯类、肥皂类、磺酸化物等；非离子型表面活性剂如可盘类、吐温类。

(3) 加入助溶剂　助溶系指由于第二种物质的存在，增加了难溶性药物（一般为水中）的溶解度而不降低其活性的现象。难溶性药物加入助溶剂可因形成配合物、复合物等而增加溶解度。例如碘在水中溶解度为 1∶2950，而在 10%碘化钾水溶液中可制成含碘达 5%的水溶液，主要是因为碘化钾与碘形成可溶性配合物而增大碘在水中的溶解度之故。

$$I_2 + KI \longrightarrow KI_3$$

茶碱在水中的溶解度为 1∶120，用乙二胺助溶形成氨茶碱，溶解度为 1∶5；芦丁在水中的溶解度为 1∶10000，可加入硼砂而增加溶解度；咖啡因在水中的溶解度为 1∶50，用苯甲酸钠助溶，生成分子复合物苯甲酸钠咖啡因，溶解度增大到 1∶1.2。

常用的助溶剂有两大类，一类是有机酸及其盐类，如水杨酸钠、苯甲酸、苯甲酸钠等；另一类是酰胺化合物，例如烟酰胺、乙酰胺、尿素、乌拉坦等。

由于溶质与助溶剂的种类多，助溶的机理复杂，至今还未找出明确的助溶的一般规律。已有研究表明，助溶剂的浓度（摩尔浓度）与溶质的溶解度（以摩尔计）之间成直线关系，如图 5-1 所示。因为助溶剂的用量较大，故宜选用无毒副作用的物质。

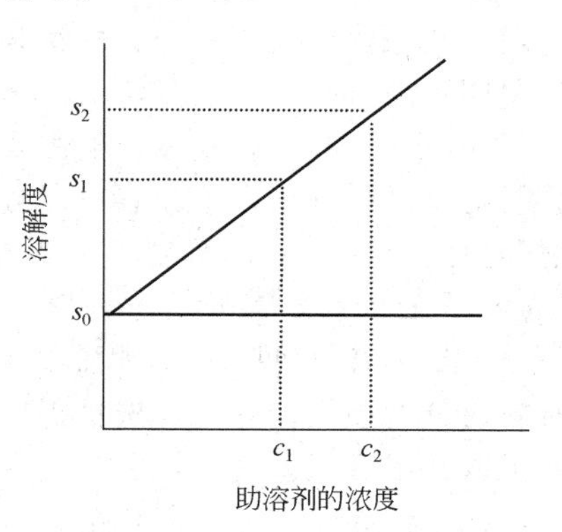

图 5-1 难溶性药物的溶解度与助溶剂浓度的关系

（4）应用混合溶剂 某些药物在混合溶剂中更易溶解，药剂中常应用混合溶剂来增加某些药物的溶解度。例如硝酸纤维素在乙醇中或乙醚中只能略溶，但它易溶于乙醇-乙醚混合溶剂中，这种现象称为潜溶，这种溶剂称为潜溶剂。这种现象被认为是由于两种溶剂对分子间不同部位的作用而致。

（5）改变部分化学结构 某些难溶性药物常在其分子结构中引入亲水性基团，从而增加其在水中溶解度。亲水性基团如羟基（—OH）、次甲羧酸钠基（$—CH_2COONa$）、羧酸钠基（—COONa）、磺酸钠基（$—SO_3Na$）以及多元醇或糖基等基团的引入，都可以增大难溶性药物的溶解度。但应当注意：有些药物引入亲水性基团后，水溶性增大，其药理作用也可能有所改变。

6. 口服液剂的制法

口服液剂的制备工艺较汤剂、合剂复杂。其制备过程主要包括中药饮片的浸提、浸提液的净化、浓缩、配液、分装、灭菌等工艺过程。

（1）饮片的浸提 首先将中药材饮片洗净，适当加工成片、段或粉，一般按汤剂的煎煮方法进行提取，由于一次投料量大，故煎煮时间每次为 1～2h，通常煎 2～3 次，滤过，合并滤液备用。如果方中含有芳香挥发性成分的药材，可先用蒸馏法收集挥发性成分，药渣再与方中其他药材一起煎煮、滤过，收集滤液，并与挥发性成分分别放置、备用。此外，亦可根据药材有效成分的特性，选用不同浓度的乙醇或其他溶剂，采用渗漉法、回流法等方法浸提。

（2）浸提液的净化 中药提取液中成分复杂，常含有大量高分子物质，例如黏液质、多糖、蛋白质、鞣质、果胶等，这些杂质在药液中形成胶体分散体系，药液在长期贮存过程中因胶体溶液“陈化”而影响口服液体制剂的澄明度。因此口服液的澄清与过滤工艺研究显得很重要。目前口服液的制备，绝大多数采用水提醇沉方法除去提取液中的高分子杂质，但此种方法醇的使用量大，而且还会造成醇不溶性成分大量损失，影响药物的疗效。

近年来有用甲壳素或明胶丹宁作絮凝剂进行纯化处理。明胶与丹宁可反应生成明胶丹宁酸盐的配合物，其沉淀时可将中药提取浓缩液中悬浮颗粒一起共沉除去。此外，浓缩液中的负电荷的杂质，如纤维素、果胶、树胶等在 pH 酸性条件下与正电荷的明胶相互作用，絮凝沉淀。它的工艺流程是将 1％明胶液和 1％丹宁液在不断搅拌下加入中药浓缩液中，其加入量按实际需要而定，在 8～12℃反应 6～10h，使得胶体凝聚沉淀，滤过即得。甲壳素是从节肢动物如虾或蟹壳经稀酸处理后得到的物质，是一种无毒无味的天然阳离子型絮凝剂，可以生物降解，不会造成二次污染。在中药浓缩液中使用甲壳素，可以明显地使带负电荷的悬浮颗粒反应后凝聚沉淀。它的一般工艺流程是在中药浓缩液中加入 0.1％的甲壳素，作用温度一般是40～50℃。此外还有用酶作为澄清剂收到较好的效果。例如制备生脉饮口服液时用酶处理法澄清，代替原醇沉工艺，不仅节约工时，缩短生产周期，而且大幅度降低了成本。其工艺流程是原料经提取浓缩至适当程度，根据该产品中各类成分（特别是需去除成分）确定选用何种酶进行酶解，再经灭酶及滤过处理，灌装即得。

苏彦珍等采用低温离心工艺（4～6℃、3000r/min、40min）对生脉饮口服液进行净化处理，产品留样一年，外观性状和内在质量都没有明显变化；该工艺在同样产量下，一个生产周期所需时间约为超滤法的50%、醇沉法的30%，耗电量约为超滤法的1/2。离心分离用于药液澄清时，转速会影响主要成分的含量。

超滤是膜分离技术，它可以分离药液中不同分子量的组分，分离效率高，能耗低。杨张渭等报道应用超滤技术制备人参精，滤膜选用PSA-700或PAN-700型，即截留分子量在70000左右的膜，杂质透过量少，滤液纯度高。大分子杂质以浓缩液状态回收，该浓缩液中仍含少量皂苷，可加入等量稀醇液混匀后进行二次超滤，以提取浓缩液中的人参皂苷，减少有效成分的损失。总之，选择提取、纯化工艺应合理，既能除去大部分杂质，缩小体积，又能提取并尽量保留有效成分，以保证药效。

（3）浓缩、配液　净化后的药液须适当浓缩，一般以每日服用量在30～60mL为宜。经过醇沉净化处理的口服液，应先回收乙醇，再浓缩，每日服用量控制在20～40mL。汤剂处方经剂型改进，制成口服液，其浓缩液的计算方法，原则上为汤剂1日量改制成的口服液量在1日内用完。此外根据需要加入适宜附加剂，例如矫味剂、防腐剂等。《中国药典》2015年版中规定，若以蔗糖作为附加剂，除另有规定外，其含蔗糖量不高于20%（g/mL）。

（4）分装、灭菌　配好的药液可按注射剂制备工艺要求粗滤、精滤后，灌装于无菌洁净干燥的容器中，或者按单剂量灌装于指形管或适宜容器中，密封或熔封，采用适宜的方法灭菌。也有进行避菌操作，灌装后不经灭菌，直接包装者。

夏丕芳报道，采用热灌法，将药液在微沸状态下灌装于热瓶（80℃左右）内，立即密封瓶口，冷却后瓶口上层空间相当于半真空状态，抑制了微生物的生长，不用防腐剂可以保持1年以上，甚至几年不发酵，不长酶。

口服液的灭菌多采用热压灭菌法、煮沸灭菌法或流通蒸汽灭菌法。

7. 口服液剂的包装材料

（1）直口瓶包装　为了提高包装水平，原国家食品药品监督管理局制定了《钠钙玻璃管制口服液体瓶》(YBB00032004) 国家药品包装容器（材料）标准。其中列出的C型瓶制造困难，但由于外形美观，很受欢迎，此种包装的口服液剂目前市场占有率最高。其规格见表5-3，外形见图5-2。

表5-3　C型直口瓶规格（YBB00032004）

公称容积/mL	瓶脖外径(D_5max)/mm	瓶颈长(h_3)/mm	瓶重(W)/g	满口容量(V)/mL
5	12.5	2.3	6.3	70.0
10	12.5	2.3	9.9	12.3
12	12.0	3.0	10.0	14.3
15	14.5	2.3	12.5	17.5
20	14.5	2.3	14.2	22.5

（2）塑料瓶包装　塑料瓶包装系伴随着意大利塑料瓶灌生产线的引进而采用的一种包装形式，该联动机入口处以塑料薄片卷材为包装材料，通过将两片分别热成型，并将两片热压

在一起制成成排的塑料瓶，然后自动灌装、热封封口、切割得成品。塑料包装成本较低，服用方便，但由于塑料透气、透温，产品不易灭菌，对生产环境和包装材料的洁净度要求很高。

（3）螺口瓶包装　在直口瓶基础上新发展的一种很有前景的改进包装，它克服了封盖不严的隐患，而且结构上取消了撕拉带这种启封形式，且可制成防盗盖形式，但由于这种新型瓶制造相对复杂，成本较高，而且制瓶生产成品率低，所以现在药厂实际采用的还不是很多。

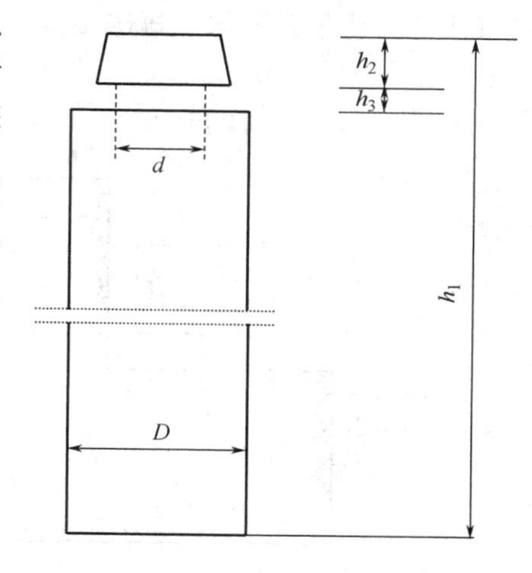

图 5-2　C 型直口瓶外形

按照《中华人民共和国药典》2015 年版四部制剂通则中的规定，口服液剂应从装量、装量差异、干燥失重、微生物限度等方面进行质量控制，口服液混悬剂还应检查干燥失重和沉降体积比。口服液剂的质量标准与改进前的某些剂型会有较大的不同。单味或药味较少的口服液，且主要成分明确的，可以其主要成分为质量控制指标；对于药味多的口服液，可选择一个或几个有代表性的有效成分作为质检指标。

（二）口服液生产的工艺流程及洁净区域划分

口服液的一般制备过程是：从饮片中提取有效成分，并适当精制，然后加入添加剂，使溶解、混匀，并滤过澄清，最后将药液灌封于适当容器中，即得。根据需要，灌封后的口服液也可采用适宜方法进行灭菌。

根据国家中医药管理局发布的《中成药生产管理规范实施细则》，口服液生产的工艺流程及洁净区域划分见图 5-3。

根据《药品生产质量管理规范》(2010 年版）中第四章第四十八条规定，口服液体和固体制剂、腔道用药（含直肠用药）、表皮外用药品等非无菌制剂生产的暴露工序区域及其直接接触药品的包装材料最终处理的暴露工序区域，应参照“无菌药品”附录中 D 级洁净区的要求设置，企业可根据产品的标准和特性对该区域采取适当的微生物监控措施。一般情况下药液的配制、瓶子精选、干燥与冷却、灌封或分装及封口加塞等工序应控制在 D 级；不能热压灭菌的口服液体制剂的配制、滤过、灌封应控制在 C 级；其他工序为“一般生产区”，无洁净级别要求，但要“清洁卫生、文明生产”。

口服液举例。

胎盘口服液

【处方】胎盘 100g、蜂蜜 900g、香精 4mL、乙醇 500mL、尼泊金乙酯 0.5g，水适量制成 1000mL。

【制法】取健康产妇胎盘，除去脐带黏膜等物，横直割开血管，用水反复漂洗干净，切成小块，于沸水中煮至胎盘浮起。取出微火烘干，研成粗粉，加 30% 乙醇在 65℃ 水浴中温浸 2 次。第 1 次 6h，第 2 次 4h，滤过，残渣再用 95% 乙醇如上法温浸 2 次，滤过，合并滤液，用稀盐酸调节 pH 值 4.4，静置 24h。取上清液，65～70℃ 减压回收乙醇，并浓缩至 1∶(2.5～2.8)，冷却备用。另取蜂蜜加热至 85～90℃，保温 0.5h。将尼泊金乙酯溶于乙醇，加入蜂蜜中滤过放冷，加入上述备用液中，加香精搅匀，再加水至全量，灌装即得。

【功能与主治】温肾补精、益气养血。

【用法与用量】口服，每次 10mL，1 日 3 次。

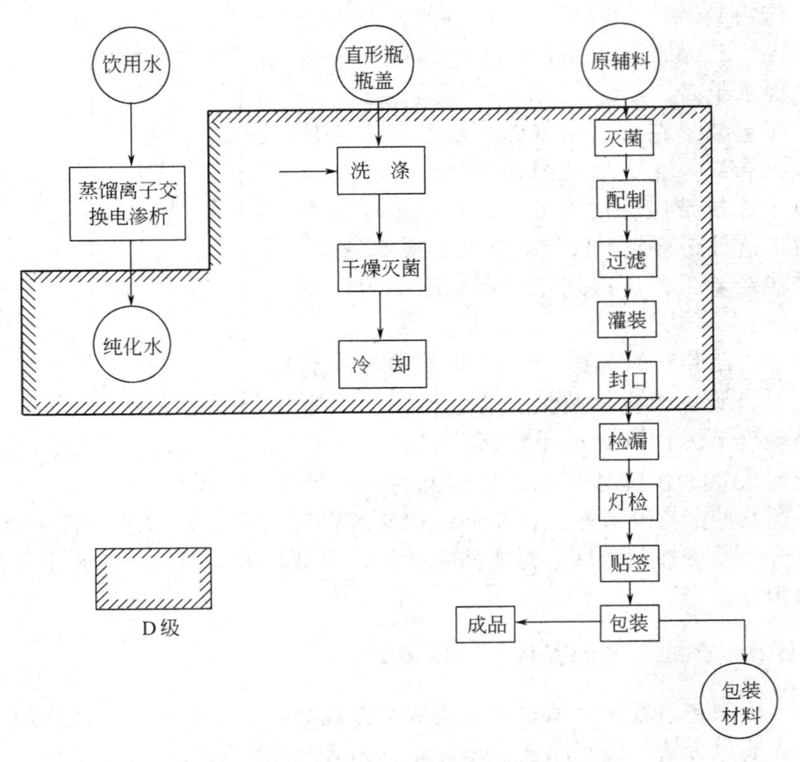

图 5-3 口服液生产工艺流程及洁净区域划分图

银翘口服液

【处方】金银花 80g、薄荷 60g、荆芥 32g、淡豆豉 40g、牛蒡子 48g、桔梗 48g、淡竹叶 32g、芦根 48g、甘草 40g、单糖浆 350mL，共制 1000mL。

【制法】薄荷、荆芥提取挥发油备用，淡豆豉温浸 2 次，每次 2h，合并浸液，浓缩至适量，金银花等其余各味及提取挥发油后的残渣水煎 2 次，每次 2h，合并滤过，与淡豆豉浸液合并，浓缩至适量，加乙醇至含醇量约为 65%，静置 24h。吸取上清液，回收乙醇，药液加入单糖浆中，搅匀，薄荷及荆芥挥发油用适量乙醇搅匀，逐渐加入上述糖浆中搅匀，使总量为 1000mL，分装每支 10mL，即得。

【检查】本品含醇量应为 15%～20%，相对密度 1.08～1.20，pH 值 6.0～7.0。

【功能与主治】辛凉解表，清热解毒。用于感冒风热、发热恶风、头痛咳嗽、咽喉疼痛等症。

【用法与用量】口服。每次 10mL，1 日 2～3 次。

二、糖浆剂生产的工艺技术、工艺流程及洁净区域划分

（一）糖浆剂生产工艺技术

1. 糖浆剂概述

糖浆剂系指含有原料药物的浓蔗糖水溶液，供口服用。蔗糖和芳香剂能掩盖某些药物的苦味、咸味及其他不良气味，使病人乐于服用。糖浆剂含糖浓度一般不低于 45%（g/mL）。糖浆剂因含有糖等营养性成分，在制备和贮藏过程中易被酵母菌、真菌和其他微生物污染，

从而使得糖浆剂发霉变质。若糖浆剂含糖浓度高，则渗透压大，在高渗溶液中，微生物呈脱水状态，生长繁殖受到抑制。

对于低浓度而易于霉变的糖浆剂，则需加入适宜的防腐剂，常用防腐剂参见口服液剂的防腐剂。

对于糖浆剂中所用的溶剂、制备糖浆剂时增加药物溶解度的办法，类似于口服液剂，具体内容参见口服液剂。

糖浆剂中的药物可以是化学药物也可以是中药提取物。以中药提取物制备而成的糖浆剂，即为中药糖浆剂。它是在传统的汤剂、煎膏剂的基础上，吸取了西药糖浆的优点而发展起来的中成药剂型。近年来，不仅将一些传统方剂改为糖浆剂应用，而且还用中草药研制了不少新品种。

糖浆剂的配制应在清洁避菌的环境中进行，及时灌装于灭菌的洁净干燥容器中，并在25℃以下避光保存。

在制备糖浆剂时，若选用苯甲酸为防腐剂，应加枸橼酸或醋酸调 pH 值 3～5，对真菌、酵母菌或其他微生物均有抑制作用，否则不能抑菌。防腐剂联合使用，能使防腐效果增强。例如对羟基苯甲酸甲酯、乙酯混合物在一些含枸橼酸的糖浆中对霉菌和酵母菌的抑制作用增强。

制备糖浆剂所用的蔗糖对糖浆剂的质量影响至关重要。制备糖浆剂所用的蔗糖应选用精制的无色或白色干燥结晶。纯度不高的蔗糖有糖的微臭，且易吸潮，使微生物增殖，引起糖的变质。

在制备糖浆剂的过程中，特别是蔗糖水溶液在加热时，如果在有酸存在的条件下更容易水解生成转化糖，其甜度较高，且具还原性，可以缓解某些药物的氧化变质。较高浓度的转化糖在糖浆剂中还能防止在低温中析出蔗糖结晶。但转化糖不能过多，若过多，对糖浆剂的稳定性也有一定的影响，故一般来说转化糖不得超过 0.3%。

2. 糖浆剂的分类

糖浆剂根据它的组成和作用的不同，一般可以分为三大类。

（1）单糖浆　纯蔗糖的近饱和水溶液称为单糖浆或糖浆。其浓度为 64.7%（g/g）或 85%（g/mL）。可以作为供配制含药糖浆、作其他内服制剂的矫味剂用及作为不溶性成分的助悬剂，还可以作为丸剂、片剂、颗粒剂等固体制剂的黏合剂。

（2）含药糖浆　为含有药物或中药提取物的蔗糖水溶液。临床上具有治疗疾病的作用，一般含蔗糖浓度在 45%～65%（g/mL）。例如五味子糖浆具有益气补肾，镇静安神的作用；复方百部止咳糖浆，具有清肺止咳作用；咳嗽糖浆，具有镇咳祛痰作用。

（3）芳香糖浆　又称为矫味糖浆，为含有芳香物质或果汁的浓蔗糖水溶液。主要作为液体药剂的矫味剂，如姜糖浆、橙皮糖浆。

3. 糖浆剂的制法

制备糖浆所用的蔗糖应符合《中国药典》2015 年版规定，且应是精制的无色或白色干燥的白砂糖，不能选用食用糖，因为食用糖中含有黏液质、蛋白质等杂质。

中药糖浆剂中药物的提取、纯化、浓缩同口服液剂，详见口服液剂。

制备糖浆剂的方法主要有以下两种。

（1）溶解法

① 热溶法。热溶法是将蔗糖溶于新煮沸过的纯化水中，继续加热使其全部溶解，待温度降低后加入其他药物，混合搅拌使之溶解，滤过，再从滤器上加入适量纯化水至全量，分装即得。不加药物可以制备单糖浆。在热溶法中，蔗糖溶解速度快，糖浆易于滤过澄清，生长期的微生物容易被杀灭。蔗糖内含有的高分子杂质例如蛋白质等，可因加热而凝聚滤除。注意加热时间不易太长（溶液加热至沸后 5min 即可），温度不宜超过 100℃，否则会使转化

糖含量增加，糖浆剂颜色变深。

此法适合于对热稳定的药物、有色糖浆、不含挥发性成分的糖浆、单糖浆的制备。

② 冷溶法。将蔗糖溶于冷纯化水或含有药物的溶液中，待完全溶解后，滤过，即得糖浆剂。也可以使用渗漉器制备。

此制备方法的优点是所制得的糖浆剂颜色较浅或无色，转化糖含量少。该法缺点是蔗糖溶解速度慢，生产时间长，在生产过程中易于被微生物污染，因此要严格控制卫生条件，以免污染。

冷溶法适用于对热不稳的药物、挥发性药物、单糖剂的制备。

（2）混合法　系将含药溶液与单糖浆均匀混合制备糖浆剂的方法。此种方法适合于制备含药糖浆。此法的优点为灵活、简便，可大量配制也可小量配制。根据此法所制备的含药糖浆含糖量较低，要注意糖浆剂的防腐。

根据药物状态和性质有以下几种混合方式。

① 药物为可溶性液体或药物为液体制剂时，可直接与计算量单糖浆混匀，必要时滤过。如药物是挥发油时，可先溶于少量乙醇等辅助溶剂或酌加适宜的增溶剂，溶解后再与单糖浆混匀。

② 药物为含乙醇的制剂（如酊剂、流浸膏剂等）时，与单糖浆混合时常发生混浊而不易澄清，为此可将药物溶于适量蒸馏水中，加滑石粉助滤，反复澄清，再加蔗糖制成含药糖浆或与单糖浆混合制成含药糖浆；也可加适量甘油助溶。

③ 药物为可溶性固体，可先用少量蒸馏水制成浓溶液后再与计算量单糖浆混匀。水中溶解度较小的药物可酌加少量其他适宜的辅助溶剂使溶解，再加入单糖浆中，搅匀，即得。

④ 药物为干浸膏时，应将干浸膏粉碎成细粉后加入适量甘油或其他适宜稀释剂，在无菌研钵中研磨混匀后，再与单糖浆混匀。

⑤ 药物为水浸出制剂，因其含有黏液质、蛋白质等高分子物质容易发酵、长霉变质，可先加热至沸腾后 5min 使其凝固滤除，将滤液与单糖浆混匀。必要时将浸出液的浓缩物用乙醇处理一次，回收乙醇后的母液加入单糖浆混匀。

在制备糖浆剂时，为了有效防止微生物污染而使得糖浆剂腐败变质，制备时应在避菌环境中进行，各种用具、容器应进行洁净或灭菌处理，并及时灌装。在工业生产中，若采用热溶法制备糖浆剂时，宜采用蒸汽夹层锅加热，温度和时间应严格控制。糖浆剂应在 30℃以下密闭贮存。

4. 糖浆剂的包装材料

糖浆剂通常采用玻璃瓶包装，封口主要有滚轧防盗盖封口、内塞加螺纹盖封口、螺纹盖封口等。

糖浆剂玻璃瓶规格可以从 25～1000mL，常用规格为 25～500mL，见表 5-4。

表 5-4　糖浆剂玻璃瓶常用规格

规格/mL	25	50	100	200	500
满口容量/mL	30	60	120	240	600
瓶身外径/mm	34	42	50	64	83
瓶子全高/mm	74	89	107	128	168

5. 糖浆剂的质量要求

《中国药典》2015 年版四部制剂通则中对糖浆剂的质量有明确规定，一般要求有以下几点。

① 糖浆剂含蔗糖量应不低于 45%（g/mL）。

② 将原料药物用新煮沸过的水溶解（饮片应按各品种项下规定的方法提取、纯化、浓缩至一定体积），加入单糖浆；如若直接加入蔗糖配制，则需煮沸，必要时滤过，并自滤器上添加适量新煮沸过的水至处方规定量。

③ 根据需要可加入适宜的附加剂。如需加入防腐剂，山梨酸和苯甲酸的用量不得超过0.3%（其钾盐、钠盐的用量按酸计），羟苯酯类的用量不得超过0.05%。如需加入其他附加剂，其品种与用量应符合国家标准的有关规定，且不影响成品的稳定性，并应避免对检验产生干扰。必要时可加入适量的乙醇、甘油或其他多元醇。

④ 除另有规定外，糖浆剂应澄清，在贮存期间不得有发霉、酸败、产生气体或其他变质现象，允许有少量摇之易散的沉淀。

⑤ 一般应检查相对密度、pH 值等。

除另有规定外，即应密封，置阴凉处贮存。

6. 糖浆剂在工业生产中容易出现的问题

（1）中药糖浆剂的沉淀　中药糖浆剂在贮存一段时间后，容易产生沉淀，主要原因有以下几个方面。

① 药材中含有细小颗粒或杂质，净化处理不够。

② 提取液中有些成分在加热时溶于水，但冷却后又逐渐沉淀出来。

③ 提取液中所含高分子物质，在贮存过程中胶态粒子“陈化”聚集沉出。

④ 糖浆剂的 pH 值发生改变，某些物质沉淀析出。

因此，对沉淀物要进行具体分析：首先必须选用质量合格的原辅料进行生产；制备时用适宜的精制方法，除去杂质或细小颗粒；对于提取液中的高分子物质和热溶冷沉类物质不能简单地视为“杂质”。《中国药典》2015 年版四部制剂通则中规定：糖浆剂应澄清；在贮存期间不得有发霉、酸败、产生气体或其他变质现象，允许有少量摇之易散的沉淀。但在糖浆剂中，应尽可能减少沉淀。可采取加入乙醇沉淀、热处理冷藏滤过、加表面活性剂增溶、离心分离、超滤等方法改进。

（2）霉败　糖浆剂特别是低浓度的糖浆剂容易被微生物污染后引起霉败，使药物变质。即使加入了防腐剂也不能避免其霉败。

引起霉败的主要原因是原料（蔗糖和药物）不洁净，用具处理不当及生产环境不达标。所以糖浆剂生产时，其蔗糖应符合《中国药典》生产标准，生产用具及生产环境的质量符合 GMP 规范要求。

（3）变色　蔗糖为双糖，在加热或酸性条件下易水解，水解后生成使糖浆颜色变深、含转化糖的糖浆。因其具有还原性，可防止某些药物氧化变质，但也能加速糖浆本身的发酵变质。糖浆剂加热可使糖糊化变色。所以在生产过程中避免高压灭菌，注意加热时间和温度，贮藏时注意避光存放。

（二）糖浆剂生产的工艺流程及洁净区的划分

糖浆剂与口服液剂同属于液体制剂的范畴，故二者的生产工艺流程及洁净区的划分相同，在此不再详述，相关内容参见口服液剂生产的工艺流程及洁净区的划分部分的内容。

糖浆剂的举例如下。

磷酸可待因糖浆

【处方】磷酸可待因 5g、蒸馏水 15mL、单糖浆加至 1000mL。

【制法】取磷酸可待因溶于蒸馏水中，加单糖浆至全量，即得。

【功能与主治】镇咳药，用于剧烈咳嗽。

【用法与用量】口服，一次2～10mL，1日10～15mL。极量一次20mL，1日50mL。

川贝枇杷糖浆

【处方】川贝母流浸膏45mL、枇杷叶300g、桔梗45g、薄荷脑0.34g。

【制法】以上四味，川贝母流浸膏系取川贝母45g，粉碎成粗粉，用70%乙醇作溶剂，浸渍5天后，缓缓渗漉，收集初渗漉液38mL，另器保存，继续渗漉，待可溶性成分完全漉出，续渗漉液浓缩至适量，与初渗漉液混合，继续浓缩至45mL，滤过。桔梗和枇杷叶加水煎煮2次，第一次2.5h，第二次2h，合并煎液，滤过，滤液浓缩至适量，加入蔗糖400g及防腐剂适量，煮沸使溶解，滤过，滤液与川贝母流浸膏混合，放冷，加入薄荷脑和含适量杏仁香精的乙醇溶液，加水至1000mL，搅匀，即得。

【功能与主治】清热宣肺，化痰止咳。用于风热犯肺、痰热内阻所致的咳嗽痰黄或咯痰不爽。咽喉肿痛、胸闷胀痛。感冒、支气管炎见上述证候者。

【用法与用量】口服，一次10mL，一日3次。

人参五味子糖浆

【处方】人参20g、五味子30g、乙醇34mL、单糖浆适量。

【制法】将人参、五味子酌予碎断，加乙醇34mL与沸水180mL，浸泡3日，滤过，残渣再加沸水180mL，同法浸渍2日，滤过，合并两次滤液，静置。取上清液300mL，加防腐剂及单糖浆适量，使总量至1000mL，搅匀，滤过，即得。

【性状】本品为红棕色的黏稠液体，味酸而甘微苦。

【功能与主治】益气敛阴，安神镇静，用于病后体衰、神经衰弱。

【用法与用量】口服，一次10mL，一日2次。

第二节　液体制剂生产工艺设备

一、口服液生产工艺设备

（一）洗瓶设备

在制备口服液剂前必须对口服液剂的容器——口服液瓶进行充分的清洗以保证口服液剂达到无菌或基本无菌，从而防止口服液被微生物污染而导致药液腐败变质，所以除应确保药液无菌之外，还应对包装物进行清洗。在口服液剂的生产及运输过程中污染是不可避免的，为防止交叉污染，瓶的内外壁均需清洗，而且每次清洗后，必须除去残水。目前制药厂中常用的洗瓶设备有以下几类。

（1）毛刷式洗瓶机　这种洗瓶机可以单独使用，也可接与联动线，以毛刷的机械运动再配以碱水或酸水、自来水、纯化水使得口服液瓶获得较好清洗效果。此法洗瓶的缺点：该法是以毛刷的运动来进行洗刷，难免会有一些毛掉入口服液瓶中，此外瓶壁内粘的很牢的杂质不易被清洗掉，还有一些死角也不易被清洁干净，所以此类洗瓶机档次不高，在此不做详细介绍。

（2）喷淋式洗瓶机　该设备是用泵将水加压，经过滤器压入喷淋盘，由喷淋盘将高压水流分成许多股激流将瓶内外冲洗干净，这一类设备亦属于档次不高型，主要由人工操作。在《直接接触药品的包装材料、容器生产质量管理规范》实施以前，有些制药厂的瓶子很脏，需以强洗涤剂预先将瓶浸泡数小时，然后喷淋清洗，有的辅以离心机甩水，从而将残水除净。国外有的厂家认为喷淋清洗方式优越，一直生产高压大水量喷淋式洗瓶机。

（3）超声波式洗瓶机　这种清洗方法是近几年来最为优越的清洗设备，具有简单、省时、省力、清洗成本低等优点，从而被广泛应用于医药、化工、食品等各科研及生产领域。此种清洗设备的工作机理是利用超声波换能器发出的高频机械震荡（20～40kHz）在液体清洗介质中疏密相间地向前辐射，使液体流动而产生大量非稳态的微小气泡，在超声场的作用下气泡进行生长闭合运动，即达到“超声波空化效应”，空化效应可形成超过 100MPa（1000atm）的瞬间高压，其强大的能量连续不断冲击被洗对象的表面，使污垢迅速剥离，达到清洗目的。下面介绍制药工业生产中常用的和最新的一些超声波式洗瓶机。

① 转盘式超声波洗瓶机。其主体部分为连续转动的立式大转盘，大转盘周向均布若干机械手机架，每个机架上装两个或三个机械手，这种洗瓶机突出特点是每个机械手夹持一支瓶子，在上下翻转中经多次水气冲洗，由于瓶子是逐个清洗，清洗效果能得到更好的保证。YQC 8000/10-C 是这类超声波洗瓶机的典型代表，是原 XP-3 型超声波洗瓶机的新的标准表示方法，其额定生产功率为 8000 瓶/h，适用于 10mL 口服液瓶，这种设备目前是比较先进的，下面就其常用的几种转盘式超声波洗瓶机做简要介绍。

a. YQC 8000/10-C 型。如图 5-4 所示，玻璃瓶预先整齐地放置于贮瓶盘中，将整盘玻璃瓶放入洗瓶机的料槽 1 中，用推板将整盘的瓶子推出，撤掉贮瓶盘，此时玻璃瓶留在料槽中，瓶子全部口朝上紧密靠紧，料槽的平面与水平面成 30°的角，料槽中的瓶子在重力的分力作用下下滑，料槽上方置有淋水器，将玻璃瓶内注满循环水（循环水由机内泵提供压力，经过滤后循环使用）。装满水的玻璃瓶滑至水箱中水面以下时，利用超声波在液体中的空化作用对玻璃瓶进行清洗。超声波换能头紧紧地靠在料槽末端，其与水平面也成 30°角，因此可以保证瓶子顺畅地通过。

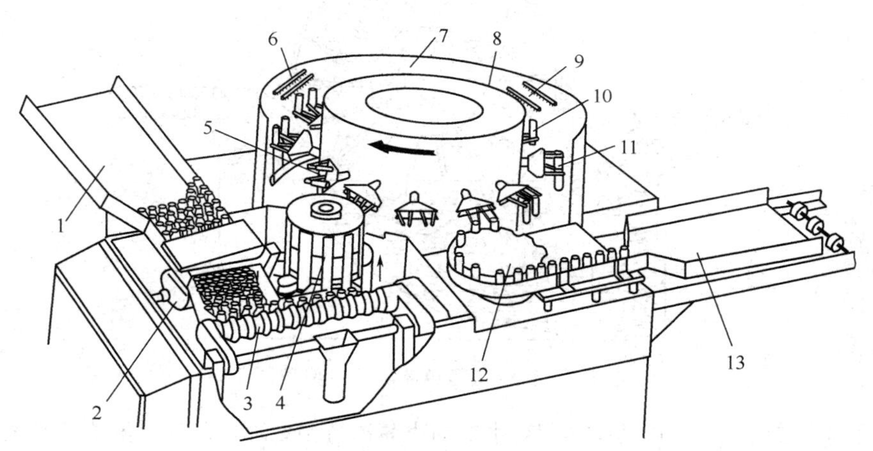

图 5-4 YQC 8000/10-C 型超声波洗瓶机

1—料槽；2—超声波换能头；3—送瓶螺杆；4—提升轮；5—瓶子翻转工位；
6,7,9—喷水工位；8,10,11—喷气工位；12—拨盘；13—滑道

经过超声波初步清洗的玻璃瓶，由送瓶螺杆 3 将瓶子理齐并逐个序贯送入提升轮 4 的 10 个送瓶器中，送瓶器由旋转滑道带动做匀速回转的同时，受固定的凸轮控制作升降运动，旋转滑道 13 运转一周，送瓶器完成接瓶、上升、交瓶、下降一个完整的运动周期。提升轮 4 将玻璃瓶依次交给大转盘的机械手。大转盘周向均布 13 个机械手机架，每机架上左右对称装两对机械手夹子，大转盘带动机械手匀速转动，夹子在提升轮和拔盘 12 的位置上的由固定环上的凸轮控制开夹动作接送瓶子。机械手在位置 5 由翻转凸轮控制翻转 180°，从而使瓶口向下便于接受下面诸工位的水、气冲洗，在位置 6～11，固定在摆环上的射针和喷管完成对瓶子的三次水和三次气的内外冲洗。射针插入瓶内，从射针顶端的五个小孔中喷出的水

流冲洗瓶子内壁和瓶底，与此同时固定喷头架上的喷头则喷水冲洗瓶外壁，位置6、位置7、位置9喷的是压力循环水和压力净化水，位置8、位置10、位置11均喷压缩空气以便吹净残水。射针和喷管固定在摆环上，摆环由摇摆凸轮和升降轮控制完成“上升—跟随大转盘转动—下降—快速返回”这样的运动循环。洗净后的瓶子在机械手夹持下再经翻转凸轮作用翻转180°，使瓶口恢复向上，然后送入拔盘12，拔盘拨动玻璃瓶由滑道13送入下步操作。

整台超声波洗瓶机由一台直流电机带动，能够实现平稳的无级调速，三水汽由外部或机内泵加压并经机器本体上的三个过滤器过滤，水气的供和停由行程开关和电磁阀控制，压力可根据需要调节并由压力表显示。

b. CXP-A型。CXP-A型超声波营养洗瓶机是对直管营养瓶在50～60℃的水温下进行超声波清洗，同时在密闭情况下进行三水二气冲洗营养瓶的内外壁的新颖机械，适用于口服液瓶及糖浆剂瓶的清洗。该机生产能力7000支/h；瓶子规格ϕ18mm×70mm，瓶颈间隙≥12mm；电机等总功率为2560W；设备外形尺寸：长×宽×高＝960mm×1300mm×1230mm。

② 转鼓式超声波洗瓶机。该机的主体部分为卧式转鼓，其进瓶装置及超声处理部分基本YQC 8000-/10-C相同，经超声处理后瓶子继续下行，经排列和分离，以定数瓶子为一组，由导向装置缓缓推入作间歇回转的转鼓上的针管上，随着转鼓的回转，在后续不同的工位上断续冲循环水、冲气、冲净水、再冲净水，瓶子在末工位从转鼓上退出，翻转使瓶口向上，从而完成洗瓶工序。其原理见图5-5。

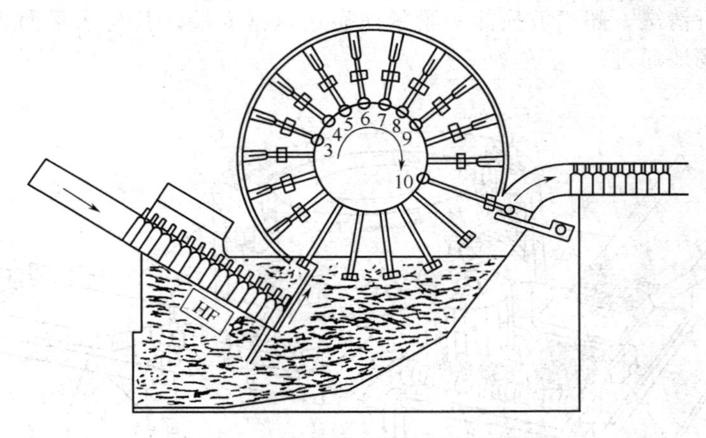

图5-5　转鼓式超声波洗瓶机原理图

③ 简易超声波洗瓶机。用功率超声对水中的小瓶进行预处理，送到喷淋式或毛刷清洗装置。因为增加了超声预处理，大大改进了清洗效果，但由于未对机器结构做其他大的改动，故瓶子只能整盘清洗，不能提供联动线使用，工序间瓶子传送只能由人工完成，增加了污染概率。

（二）口服液瓶的灭菌干燥设备

口服液瓶洗净后，需进行灭菌干燥，才能符合口服液剂的生产要求。下面介绍几种口服液瓶的灭菌干燥设备。

1. 手工操作的蒸汽灭菌柜

利用高压蒸汽杀灭细菌是一种较可靠的常规湿热灭菌方式，一般需115.5℃（表压68.9kPa）、30min。

2. GMS 600-C隧道式灭菌干燥机

属于热风循环式灭菌干燥机，该型主要原理见本书第四章第二节，它的主传送带宽度为

600mm，下面简要介绍其工作过程。

经过超声波清洗机洗净的玻璃瓶从洗瓶机的出口进入灭菌隧道，隧道中由三条同步前进的不锈钢丝编织带形成输瓶通道，主传送带宽 60cm，水平安装，两侧带高 6cm，分别垂直于主传送带的两侧成倒 Ⅱ 形，共同完成对瓶子的约束和传送。瓶子从进入到移出隧道约需 40min，从而保证瓶子在热区停留 5min 以上完成灭菌，三条传送带由一台小电机同步驱动，电机根据传送带上瓶满状态传感器的控制处于频繁的启停交替状态。

传送带携带布满的瓶子在隧道内先后通过预热区（长约 60cm）、高温灭菌区（长约 90cm）、冷却区（长约 150cm）。高温灭菌区的温度可由用户视需要自行设定，通过温度自控系统来实现，设定温度最高可达 350℃，在冷却区瓶子经大风量洁净冷风进行冷却，隧道出口处的瓶温应降至常温附近。

在隧道传送带的下方安装高效排风机，在它的出口处装有调节风门，根据需要可以调节风门以控制排出的废气量和带走热量。

灭菌隧道的关键运行参数是设定所需温度，由该机电控系统自动实现、自动保持、自动显示、自动记录（存档备查），温度控制器回路与联动线各机器联锁，隧道中未达设定条件时洗瓶机主控回路锁死，不能启动。当平行流风速低于设定值时，整个机器会自动停机，待排除故障后重新启动。每班生产结束，主机停机，但风机继续工作，排风门开到最大，强迫高温区降温至某设定值（通常是 80℃或 100℃），风机自动停机，以上全部都是自动控制。

3. PMH-B_5 对开门远红外灭菌烘箱

此种设备适用于口服液瓶的烘干、灭菌。

该设备采用平流热风内循环结构，见图 5-6，自动排湿装置，工作温度为 350～400℃，各点温差在 ±1℃，现代化自动控制装置，配设清洗流水自排和强制冷却装置，设备噪声低。该型设备总功率 30kW；工作室尺寸 800mm × 2000mm × 1000mm；外形尺寸 1550mm × 2400mm × 2200mm；净化级别能达到局部 A 级。

4. HDC 型远红外隧道灭菌烘干箱

该型设备适用于口服液的黄圆瓶的灭菌、烘干。内部结构见本书第四章内容。

该设备产量高，运行故障低，无机械性破瓶现象，是现代化的自控装置，不同洁净级别层次分明，设备使用效率高、运行成本低，符合 GMP 认证要求。

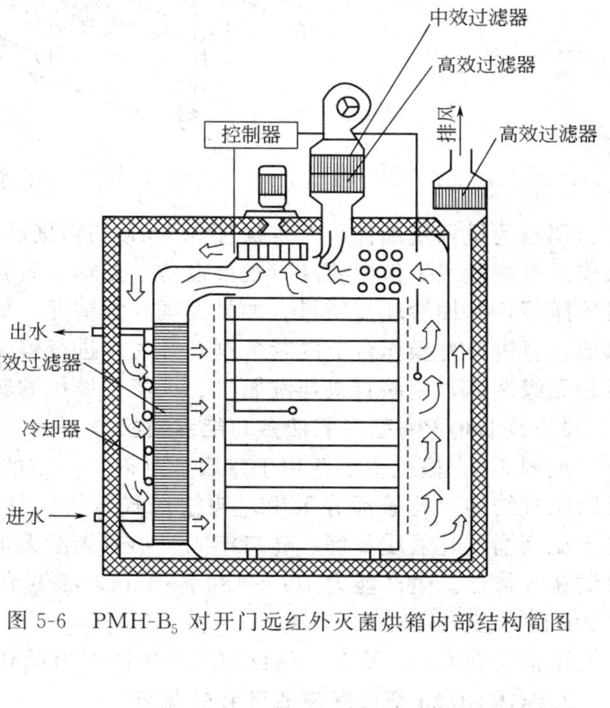

图 5-6　PMH-B_5 对开门远红外灭菌烘箱内部结构简图

（三）口服液剂灌封机

该类设备是用于易拉盖口服液玻璃瓶的自动定量灌装和封口的设备。口服液灌封机是口服液剂生产设备中的主要设备。灌封机主要包括自运送瓶、灌药、送盖、封口、传动等几个部分。下面简单介绍几种口服液剂的灌封机。

1. YGE 系列灌封机

见图 5-7，下面以 YGE 系列灌封机为例，介绍灌封的操作方式。该机操作方式分为手动和自动两种，由其操作台上的钥匙开关控制。手动方式主要用于设备的调式和试运行，自动方式主要用于机器联线的自动生产。国产灌封机在开机前应对包装瓶和瓶盖进行人工目测检查。另外在启动机器以前要检查机器润滑情况，从而保证运转灵活。手动 4～5 个循环以后，应当对所灌药量进行定量检查。

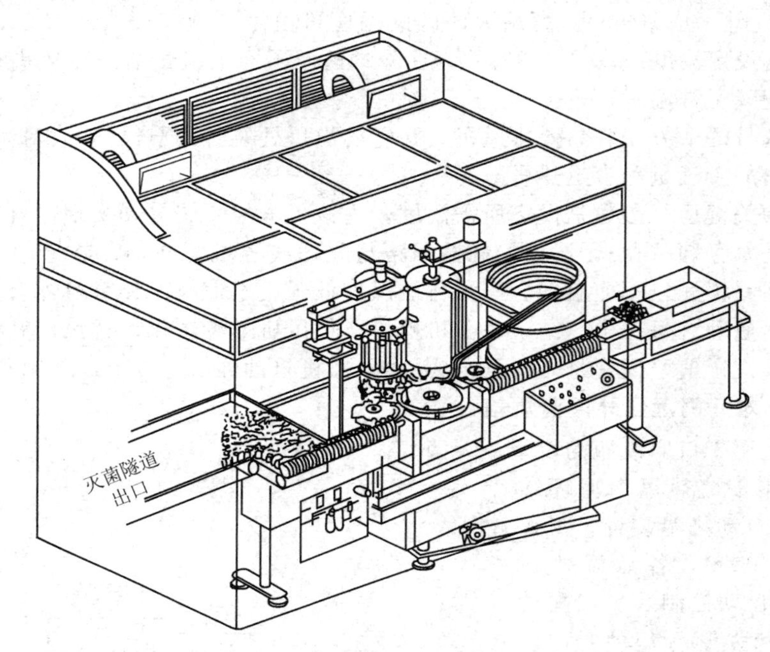

图 5-7　YGE 系列灌封机

调整药量调整部件，至少保证 0.1mL 的精确度。此时可自动操作，使得机器联线工作。操作人员在联线工作中要随时观察设备，处理一些异常情况，例如下盖不通畅、走瓶不顺畅或碎瓶等，并抽检轧盖质量。如果发现异常情况，如出现机械故障，可以按动安装在机架尾部或设备进口处操作台上的紧急制动开关，进行停机检查、调整。在联线中，机器的运转速度是无级调速，使灌封机与洗瓶机、灭菌干燥机的转速相适应，从而实现全线联动。

2. YD-160/180 型口服液多功能灌封机

见图 5-8，该机主要适用于口服液制剂生产中的计量灌装和轧盖。灌装部分采用八头连续跟踪式结构，轧盖部分采用八头滚压式结构。具有生产效率高、占地面积小、计量精度高、无滴漏、轧盖质量好、轧口牢固、铝盖光滑无折痕、操作简便、清洗灭菌方便、变频无级调速等特点。生产能力 100～180 瓶/min；灌量范围 5～15mL；该机外形尺寸 2090mm×1040mm×1500mm。

该机符合 GMP 要求，是目前国内生产能力最高的液体制剂灌装轧盖设备。

3. DGK10/20 型口服液瓶灌装轧盖机

该设备是将灌液、加铝盖、轧口功能汇于一机，结构紧凑，生产效率高。其采用螺旋杆将瓶垂直送入转盘，结构合理，运转平稳。灌液分两次灌装，避免液体泡沫溢出瓶口，并装有缺瓶止灌装置，以免料液损耗，污染机器及影响机器的正常运行。轧盖由三把滚刀采用离心力原理，将盖收轧锁紧，因此本机在不同尺寸的铝盖及料瓶的情况下，机器都能正常运转。该机生产

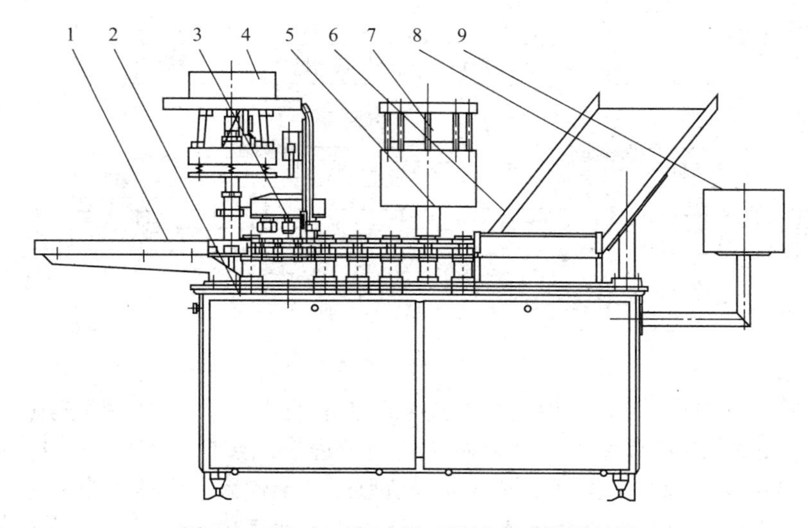

图 5-8　YD-160/180 型口服液多功能灌封机

1—出瓶盘；2—机架；3—锁盖机；4—振荡器；5—拨瓶轮；6—推进器；
7—灌注机；8—集瓶盘；9—控制器

能力为 3000～3600 支/h；装量 10～20mL；机型尺寸：(长×宽×高) 1.05m×1.2m×1.4m。

除以上几种以外，常见的口服液灌封设备还有 FBZG 型口服液灌装轧盖机、DHGZB 型口服液灌轧机、GZZG 型口服液灌轧机等。

(四) 口服液剂联动线

口服液剂联动线是用于口服液剂包装生产的各台生产设备，为了生产的需要和进一步保证产品质量，有机地连接起来而形成的生产线。主要包括洗瓶机、灭菌干燥设备、灌封设备、贴签机等。采用联动线生产方式能提高和保证口服液剂的生产质量。在单机生产中，从洗瓶机到灌封机，都必须由人工搬运，在此过程中，很难避免污染的可能，例如人体的触摸、空瓶等待灌封时环境的污染等，因此，采用联动线灌装口服液可保证产品质量达到 GMP 需求。在联动线生产中，减少了人员数量和劳动强度，设备布置更为紧密，车间管理得到了改善。

口服液联动方式有串联式和分布联动方式。前者每台单机在联动线中只有一台，因而各单机的生产能力要相互匹配，此种方式适用于产量中等情况，在联动线中，生产能力高的单机要适应生产能力低的设备，这种方式易造成一台设备发生故障时，整条生产线就要停下来；而后者是将同一种工序的单机布置在一起，完成工序后产品集中起来，送入下道工序，此种方式能够根据各台单机的生产能力和需要进行分布，可避免一台单机故障而使全线停产，该联动线用于产量很大的品种。国内口服液剂一般采用串联式联动方式，各单机按照相同生产能力和联动操作要求协调原则设计，确定各单机参数指标，尽量使整条联动线成本下降，节约生产场地。两种联动方式见图 5-9。

下面简单介绍两种工业生产中常用的口服液洗灌封联动设备。

(1) BXKF 系列洗烘灌轧联动机　其基本工作原理是将瓶子放盘中，推入 XLPQ-Ⅱ型翻装置中。在 PLC 程序控制下，翻盘将瓶口朝下的瓶子经过 180°旋转，使瓶口朝上，瓶子注满水并浸没在水中进行超声波清洗，经过 25s（可调节）翻盘自动回到初始状态。由推盘送到冲淋装置中进行内外壁冲洗，每只针管插入瓶子中，进行若干次（可调节）水气交换冲洗。完成粗洗后自动进行第二次清洗——精洗（原理同第一次清洗）。精洗完毕后自动进入

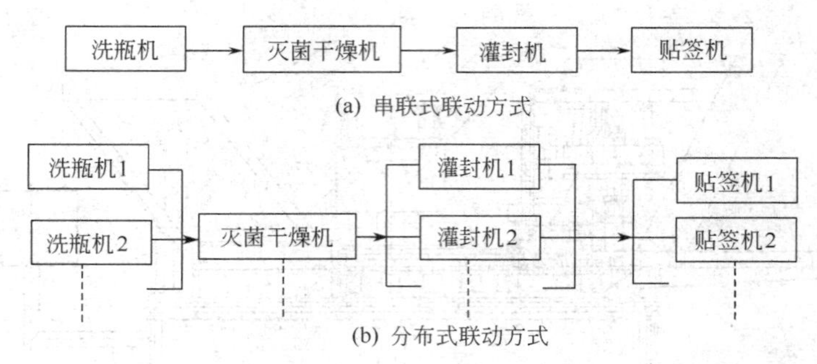

图 5-9 口服液联动方式

分瓶装置（瓶子与瓶盘分开），再由出瓶汽缸把散瓶子推入隧道烘箱。瓶子进入 SDHX 型网带式隧道烘箱后，在 PLC 程序控制下，瓶子随网带进入预热区、高温区、冷却区。网带无级调速，层流风速变频调节，温度由显示屏调节监控。干燥灭菌后瓶子自动进入液体灌装加塞机。瓶子进入 FBZG 型液体灌装轧盖机内，按序进入变螺旋距送瓶杆的导槽内，被间歇性送入等分盘的 U 形槽内，然后进行灌装、轧盖，在拨杆作用下进入出瓶轨道。

该设备外形尺寸：1500mm×9500mm×2000mm（长×宽×高）。

(2) YLX 8000/10 系列口服液自动灌装联动线　是工业生产中常见的口服液灌封联动设备，见图 5-10。口服液瓶从洗瓶机入口处被送入后，洗干净的口服液瓶被推入灭菌干燥机隧道，隧道内的传送带将瓶子送到出口处的振动台，再由振动台送入灌封机入口处的输瓶螺杆，在灌封机完成灌装封口后，再由输瓶螺杆送到贴口处。与贴签机连接目前有两种方式，一种是直接和贴签机相连完成贴签；另一种是由瓶盘装走，进行清洗和烘干外表面，送入灯检带检查，看瓶中是否含有杂质，再送入贴签机进行贴签。贴签后即可装盒、装箱。

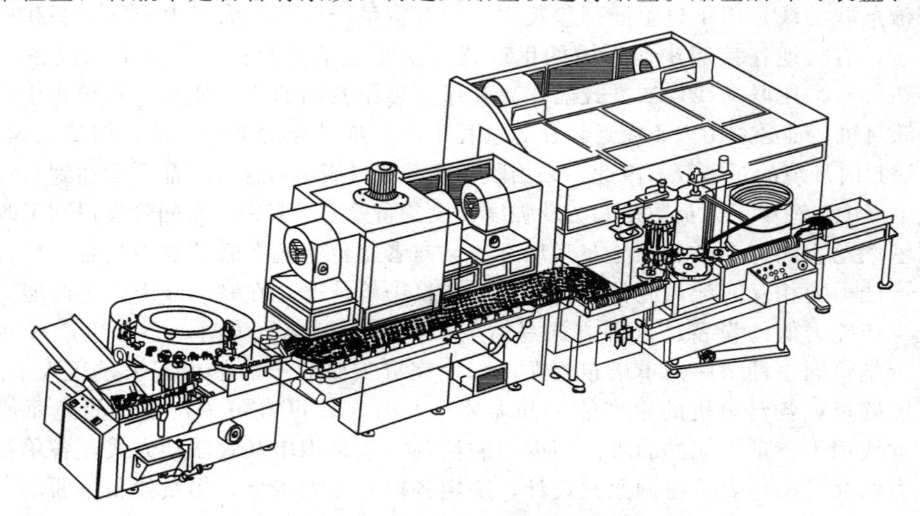

图 5-10 YLX8000/10 系列口服液自动灌装联动线

(五) 口服液成品灭菌设备

国内许多中小药厂受操作和设备等条件限制，不能确保药液和包装材料无菌，常采用蒸汽灭菌柜、辐射灭菌、微波灭菌等方法进行灭菌。但这种方法在一定程度上破坏了盖子的密封，不利于长期保存。随着当今科技的发展，可利用新的灭菌机理完成口服液成品的灭菌，现已采用的有辐射灭菌和微波灭菌等。

二、糖浆剂生产工艺设备

（一）四泵直线式灌装机

GCB4D 四泵直线式灌装机是目前制药企业最常用的糖浆灌装设备，它的工作原理是容器经整理后，通过输瓶轨道进入灌装工位，药液通过柱塞泵计量后，经直线式排列的喷嘴灌入容器。机器具有堆瓶、缺瓶、卡瓶等自动停车保护机构。生产速度、灌装容量均能在其工作范围内无级调节。该种设备见图 5-11，生产工艺流程见图 5-12。

四泵直线式灌装机一般适用容积是 50～1000mL 的糖浆瓶；喷头数 4 个；生产能力是 15～80 瓶/min；电机功率是 1.73kW；外形尺寸是 3860mm×1870mm×1700mm。

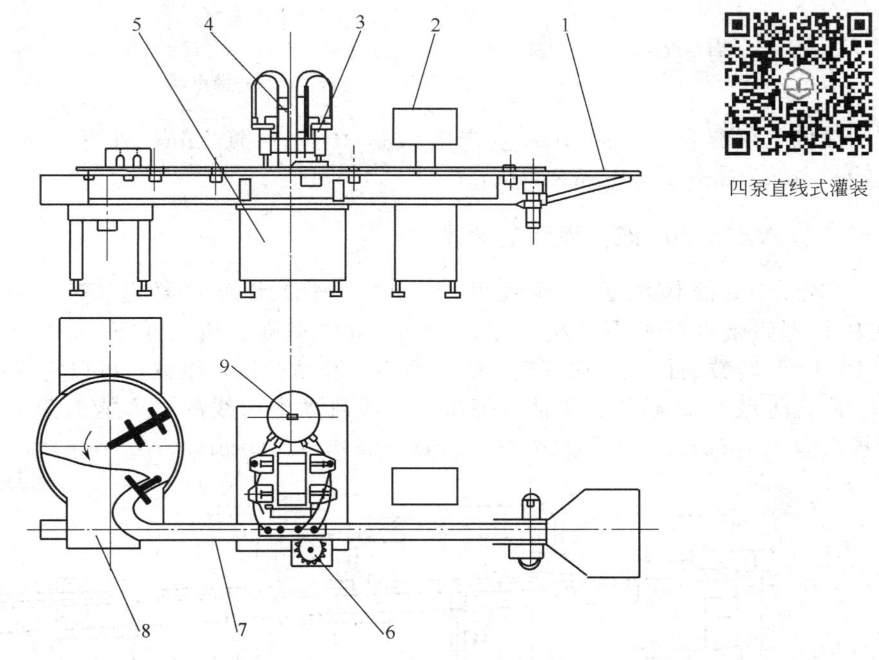

图 5-11　四泵直线式灌装机

1—贮瓶盘；2—控制盘；3—计量泵；4—喷嘴；5—底座；6—挡瓶机；7—输瓶轨道；8—理瓶盘；9—贮药桶

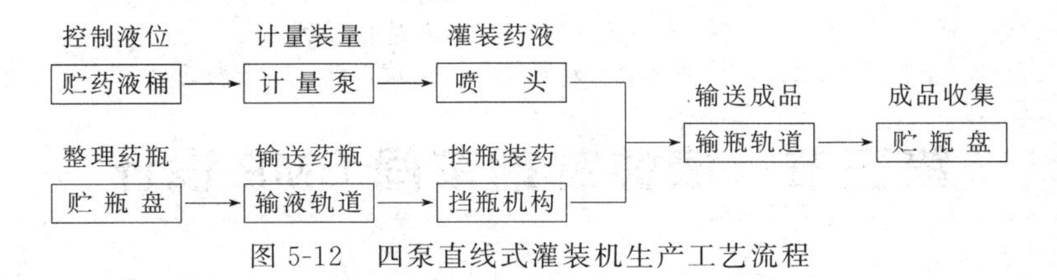

图 5-12　四泵直线式灌装机生产工艺流程

（二）JC-FS 自动液体充填机

JC-FS 自动液体充填机见图 5-13，该机以活塞定量充填设计，使用空汽缸定位，无噪声，易于保养，可快速调整各种不同规格的瓶子。有无瓶自动停机装置，易于操作。充填量可以一次调整完成，亦可微量调整，容量精、误差小。拆装简便，易于清洗，符合 GMP 标

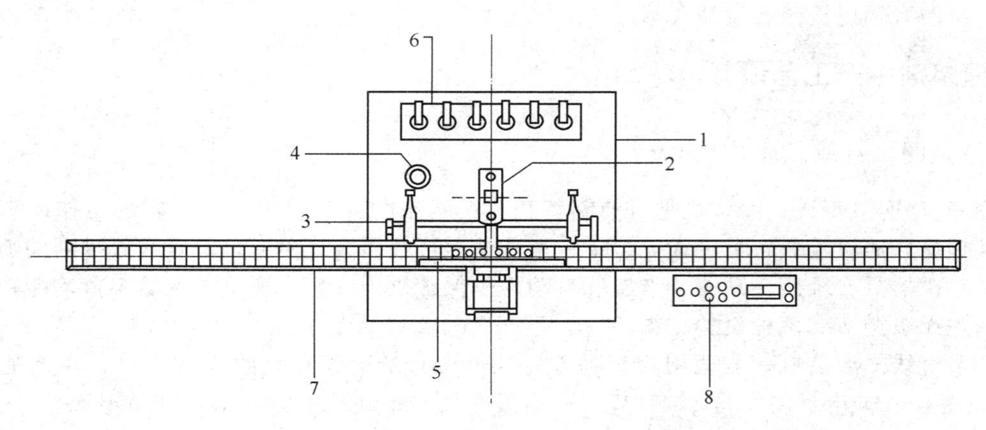

图 5-13　JC-FS 自动液体充填机

1—机体；2—充填机转动组；3—大小瓶调整轮；4—充填时规调整；5—定瓶板；
6—充填机构；7—输送带；8—操作盘

准。该机充填容量 5～30mL；生产能力是 40～70 瓶/min；外形尺寸（长×宽×高）为(2200～3000)mm×860mm×1550mm。

（三）YZ25/500 液体灌装自动线

YZ25/500 液体灌装自动线见图 5-14，该流水线主要由 CX25/1000 型冲洗瓶机、GCB4D 型四泵直线式灌装机、XGD30/80 型单头旋盖机（或 FTZ30/80 型防盗轧盖机）、ZT20/1000 转鼓贴标机（或 TNJ30180 型不干胶贴标机）组成，可以完成冲洗瓶、灌装、旋盖（或轨防盗盖）、贴签、印批号等步骤。该自动生产线的生产能力为 20～80 瓶/min；容量规格 30～1000mL；外形尺寸（长×宽×高）：12000mm×2020mm×1800mm。

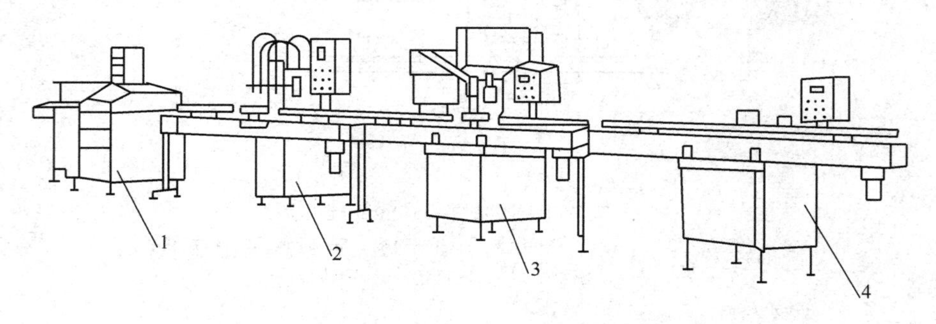

图 5-14　YZ25/500 液体灌装自动线

1—洗瓶机；2—四泵直线式灌装机；3—旋盖机；4—贴标机

第三节　液体制剂车间 GMP 设计

口服液体制剂在生产过程中很容易被微生物污染，特别是水性制剂，例如口服液剂、糖浆剂等，容易腐败变质，并在包装、运输、贮存中存在很多问题。所以，口服液体制剂生产中必须充分强调全过程的质量监控，保证制造出品质优良的产品。下面从以下几个方面简单介绍液体制剂车间 GMP 设计时应注意的问题。

一、厂房环境与生产设施

口服液体制剂生产厂房应远离发尘量大的交通频繁的公路、烟囱和其他污染源，并位于主导风向的上风侧。药厂周围的大气条件良好，另外水源要充足而清洁，从而保证制出的纯水符合药典规定的标准。洁净厂房周围应绿化，尽量减少厂区内的露土面积。绿化有利于保护生态环境，改善小气候，净化空气，起滞尘、杀菌、吸收有害气体和提供氧气的作用。

生产厂房应根据工艺要求合理布局，人、物流分开。人流与货流的方向最好相反进行布置，并将货运出入口与工厂主要出入口分开，以消除彼此交叉。此外，生产车间上下工序的连接要方便。

为了提高我国液体制剂的产品质量，使我国液体制剂的生产与国际 GMP 要求相符，药液的配制、瓶子精选、干燥与冷却、灌封或分装及封口加塞等工序应控制在 D 级；其他工序为"一般生产区"，无洁净级别要求，但也要清洁卫生、文明生产、符合要求。有洁净度要求的洁净区域的天花板、墙壁及地面应平整光滑，无缝隙，不脱落、散发或吸附尘粒，并能耐受清洗或消毒。洁净厂房和墙壁与天花板、地面的交界处宜成弧形。控制区还应设防蚊蝇、防鼠等五防设施。

人员进入洁净室必须保持个人清洁卫生、不得化妆、佩戴首饰，应穿戴本区域的工作服，净化服经过空气吹淋室或气闸室进入洁净室。进入控制区域的物料，需除去外包装，如外包装脱不掉则需擦洗干净或换成室内包装桶，并经物料通道送入室内。

根据口服液体制剂工艺要求合理选用设备。设备不得与所加工的产品发生反应，也不得释放可能影响产品质量的物质。另外，要求在每台新设备正式用于生产以前，必须要做适用性分析和设备的验证工作。与药物直接接触的设备表面应光洁、平整、易清洗、耐腐蚀。近几年来，不少新型的制药机械设计成多工序联合或联动线的型式以减少产品流转环节中的污染。设备和管道应按工艺流程布置，间距恰当，整齐美观，便于操作、清洗和维修。安装跨越不同洁净度级别房间的设备和管道，在穿越房间的连接处应采用可靠的密封隔断措施。有些公用管道可将其安装于洁净室的技术夹层或室外走廊里。洁净室内设备和管道的保温层表面必须平整、光滑，不得有颗粒性物质脱落，不得使用石棉及其制品作为保温材料。各种管道的色标应按统一规定处理。设备应有专人维修保养，保持设备的良好状态。此外，设备安装尽可能不作永久性固定，尽量安装成可移动的半固定式，为今后可能的设备搬迁或更新带来方便。

二、生产工艺要求和措施

口服液体制剂的配制、过滤、灌装、封口、灭菌、包装等工序，除严格按处方及工艺规程的要求外，还应注意以下要求和措施。

（一）限额领料

车间应按生产需要，限额领取原材料。所领取的原材料必须是合格产品，不合格原材料不得发放。进出车间的原材料必须有质检部门的合格证或检验报告单，并且包装完好，品名、批名、数量、规格等相符，有记录人、领料人和发料人的签字。在运输过程中，外面加保护罩，容器需贴有配料的标志。

（二）根据处方正确计量称量

按规定要求称重计量，并填写称量记录。称量前，必须再次核对原辅料的品名、批号、数量、规格、生产厂家及合格证等，核对处方的计算数量，检查衡器量是否经过校正或校验。然后正确称取所需要的原辅料置于清洁容器中，作好记录并经工人复核签字。剩余的原辅料应封口贮存，并在容器外标明品名、数量、日期以及使用人等，在指定地点保管。

（三）配制与过滤

在药液配制前，要求配制工序必须有清场合格证，配料锅及容器、管道必须清洗干净。此后，必须按处方及工艺规程和岗位技术安全操作法的要求进行。配制过程中所用的水（去离子水）必须是新鲜制取的，去离子水的贮存时间不能超过 24h，若超过 24h，必须重新处理后才能使用。如果使用了压缩空气或惰性气体，使用前也必须进行净化处理。在配制过程中如果需要加热保温则必须严格加热到规定的温度并保温至规定时间。当药液与辅料混匀后，若需要调整含量、pH 值等，调整后需经重新测定和复核。药液经过含量、相对密度、pH 值、防腐剂等检查复核后才能进行过滤。应注意按工艺要求合理选用无纤维脱落的滤材，不能够使用石棉作为滤材。在配制和过滤中应及时、正确地做好记录，并经工人复核。滤液放在清洁的密闭容器中，及时灌封。在容器外应标明药液品种、规格、批号、生产日期、责任人等。

（四）洗瓶和干燥灭菌

直形玻璃瓶等口服的液体制剂瓶首先必须用饮用水把外壁洗刷干净，然后用饮用水冲洗内壁 1～2 次，最后用纯水冲洗至符合要求。洗净的玻璃瓶应及时干燥灭菌，符合制剂要求。洗瓶和干燥灭菌设备应选用符合 GMP 标准的设备。灭菌后的玻璃应置于符合洁净度要求的控制区域冷却备用，一般应当在一天内用完。若贮存超过 1d，则需重新灭菌后使用，超过 2d 应重新洗涤灭菌。

直形玻璃瓶塞（与药液接触的内容）也要用饮用水洗净后用纯水漂洗，然后干燥或消毒灭菌备用。

（五）灌装与封口

在药液灌装前，精滤液的含量、色泽、纯明度等必须符合要求，直形玻璃瓶必须清洁才可使用；灌装设备、针头、管道等必须用新鲜蒸馏水冲洗干净和煮沸灭菌。此外，工作环境要清洁，符合要求。配制好的药液一般应在当班灌装、封口，如有特殊情况，必须采取有效的防污措施，可适当延长待灌时间，但不超过 48h。经灌封或灌装、封口的半成品盛器内应放置生产卡片，标明品名、规格、批号、日期、灌装（封）机号及操作者工号等。

操作工人必须经常检查灌装及封口后的半成品质量，随时调整灌装（封）机器，保证装量差异及灌封等质量。

（六）灭菌消毒

从灌封至灭菌时间应控制在 12h 以内。在灭菌时应及时记录灭菌的温度、压力和时间，在有条件情况下，在灭菌柜上安装温度、时间等自动检测设备，并和操作人员的记录相对照。灭菌后必须真空检漏，真空度应达到规定要求。对已灭菌和未灭菌产品，可采用生物指示剂、热敏指示剂及挂牌等有效方法与措施，防止漏灭。灭菌后必须逐柜取样，按柜编号作生物学检查。

灭菌设备宜选用双扉式灭菌柜，并对灭菌柜内温度均一性、重复性等定期作可靠性验证，对温度、压力等检测设备定期校验。

（七）灯检和印包

对直形玻璃瓶等瓶装的口服液体制剂原则上都需要进行灯检，以便发现异物并去除有各种异物的瓶子及破损瓶子等。每批灯检结束，必须做好清场工作，被剔除品应标明品名、规格、批号，置于清洁容器中交给专人负责处理。经过检查后的半成品应注明名称、规格、批号及检查者的姓名等，并由专人抽查，不符合要求者必须要返工重检。

经过灯检和车间检验合格的半成品要印字或贴签。操作前，应当对半成品的名称、批号、规格、数量和所领用的标签及包装材料是否相符进行核对。在包装过程中应随时抽查印字贴签及包装质量。印字应清晰，标签应当贴正、贴牢固；包装应当符合要求。包装结束后，应当准确统计标签的领用数和实用数，对破损和剩余标签应及时做销毁处理，并做好记录。包装成品经厂检验室检验合格后及时移送成品库。

三、工艺规程与质量监控

正式生产的口服液体制剂都必须制定工艺规程。主要包括：药品名称，处方，剂型，规格，生产的详细操作规程，药品和半成品贮存的注意事项，半成品质量标准和各项技术参数，理论收得率和实际收得率以及成品使用的容器、包装材料和标签等。工艺规程由厂技术部门或车间技术主任组织编写，并由工厂组织有关部门进行专业审查，经总工程师（或厂技术负责人）审定批准，由厂长发布执行。工艺规程一经确立，厂各部门及职工必须严格执行，任何擅自偏离工艺规程的现象都不允许发生。一般工艺规程 3～5 年修订一次，并应有严格的修订程序和手续。岗位技术安全操作法由车间技术人员根据工艺规程编写，经过车间技术主任批准，报经厂技术部门备案后执行。岗位技术安全操作法是工人操作的直接依据，一般 1～2 年修订一次，也应有严格的修订手续。

质量监控是企业各部门及车间内全体工作人员的共同职责。车间必须设有专职或兼职的质量监督员。质量监督员按照工艺要求和质量标准，检查产品质量和工艺卫生，并做好检查记录。在各生产工序，应当建立质量监控点，并制定监控项目和要求，质量由监督员或操作员定时检测，并作好记录。

企业及车间应当对原辅材料、包装材料、标签的领用、生产记录、洁净室、设备与器具、成品所用的容器、工艺用水、中间产品、成本与不合格品、留样观察、批号、清场、清洁卫生等制定严格的管理制度，对其进行严格的质量监控。

四、仓储

企业必须具有与生产规程相适应的原辅料库、包装材料库、成品库等，并有专人管理和记录台帐。仓库货物应按品种、批号堆码，堆放整齐，有间距、墙距。合格品、待检品和不合格品均有明显标记，物料的领用发放应按先进先出的原则执行，有记录和复核。

五、液体制剂车间设计举例

图 5-15 为口服液体制剂车间布置图。物料称量，药液配制，瓶子和易拉盖的洗涤、干燥，药液灌封以及洁净工作服洗涤消毒等工序在 D 级洁净区，其他工序在一般生产区。

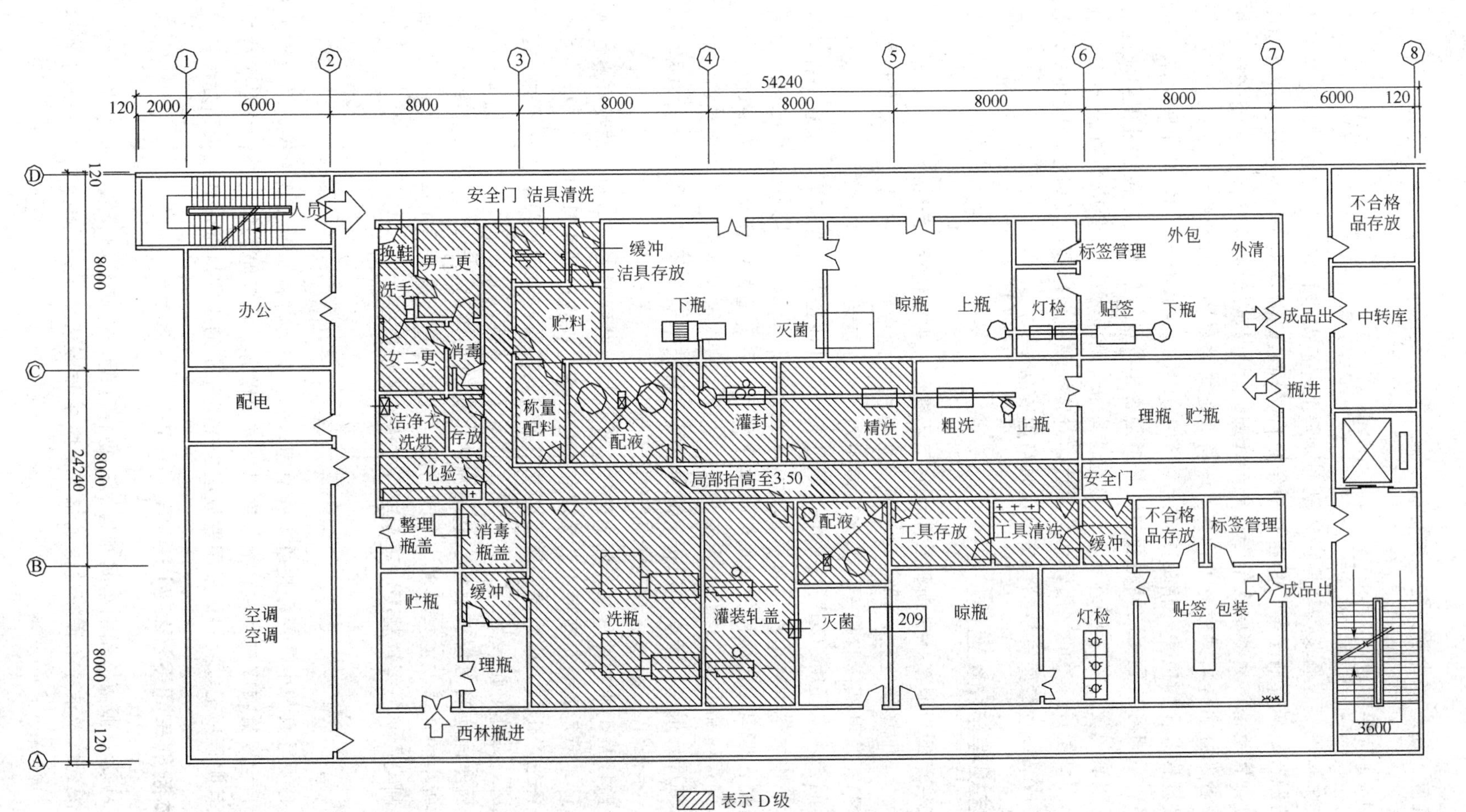

图5-15 口服液体制剂车间布置图

第四节　液体制剂设备的验证

设备验证是对设计、选型、安装及运行等进行检查，安装后再进行试运行，从而证明设备所要达到的设计要求及规定的技术指标。然后再进行模拟生产试机，证明该设备能满足生产操作需要，且符合工艺标准要求。糖浆剂和口服液剂都是属于均相的液体制剂，在生产中的主要设备包括制备罐、贮罐、液剂包装线、包装容器的洗涤、干燥、灭菌等设备。

一、配制罐的验证

首先是对欲订购设备技术指标适用性的审查及对供应商的选定。要对设备性能、装量范围、符合 GMP 的材质进行验证。对于不锈钢制造的配制罐，必须对设备的材质、工作压力、温度范围（配制罐若有夹层，也必须包括夹层的压力和温度范围）、容积、搅拌器、温度计位置、管口位置等进行验证。此外，还需对罐内表面的抛光面进行确认，例如罐内是否有凹坑、罐内排液管处液体能否放净、焊缝是否平滑、抛光面的光洁度。

安装完配制罐后必须进行试运转，从而考察安装的准确性。在试运转时罐内灌入约 70% 的饮用水，试运装时注意减速机和电机的声响和发热情况以及搅拌轴转动时的摆动情况。减速机不得漏油，否则会污染料液。若有夹层，向夹层内通蒸汽或冷却水，考察其加热或冷却速度。配料罐中的搅拌器主要是使物料溶解混合均匀和加速传热、传质。对搅拌器应从固体溶解速度、传热时加热冷却速度的搅拌效果和物料达到均匀一致的混合时间综合进行确认。

二、液体制剂灌装机的验证

此验证同样包括预确认、安装确认、运行确认和性能确认四个阶段。只有四个阶段全部得到确认，该设备才可认为已得到验证，经批准予以使用。

灌装机的内容与其他制剂设备的验证要求一样，必须符合 GMP 中对设备要求的有关规定，主要内容包括：与药液接触表面的结构材料、清洁柜和清洁剂、包装容器的洗涤和干燥灭菌、包装容器的适用性、灌装容量和偏差、计量器的准确性、操作的进出料、料液温度的控制、设备生产能力与批产量的适应、需清洗零部件的易于拆装、整机操作的可靠性和稳定性、润滑剂的滴漏、操作中的噪声等。以上各项经确认后总结形成设备验证结论，即可进入工艺验证。液体制剂中的其余设备的验证都必须按照预确认、安装确认、运行确认、性能确认几个步骤进行。

三、清洁验证

详见第四章验证章节。

思考题

1. 口服液和糖浆剂的生产工艺和洁净度要求是？
2. 口服液生产联动线一般包括哪些设备？有哪两种联动方式？分别有什么优缺点？
3. 糖浆剂的制备方法有哪些？分别有何特点？
4. 口服液体制剂生产车间一般需使用哪几种制药用水？分别用于哪些工序？
5. 简述口服液车间工艺设计原则和要点。

参考文献

[1] 方亮. 药剂学. 第 8 版. 北京：人民卫生出版社，2016.
[2] 杨明. 中药药剂学. 第 4 版. 北京：中国中医药出版社，2016.
[3] 国家药典委员会. 中华人民共和国药典（2015 年版·四部）. 北京：中国医药科技出版社，2015.
[4] 药品 GMP 指南委员会. 药品 GMP 指南. 北京：中国医药科技出版社，2011.
[5] 张绪峤. 药物制剂设备与车间工艺设计. 北京：中国医药科技出版社，2000.
[6] 潘卫三. 工业药剂学. 第 3 版. 北京：中国医药科技出版社，2015.
[7] 赵宗艾. 药物制剂机械. 北京：化学工业出版社，1998.

第六章

其他常用制剂

学习目标

掌握： 软膏剂、软胶囊剂的主要生产设备的工作原理和特点。掌握在2010版GMP要求下软胶囊剂车间工艺设计原则和要点。

熟悉： 软膏剂、软胶囊剂生产工艺技术、工艺流程及区域划分；软膏剂工艺设计要点。

了解： 栓剂、膜剂的工艺技术及其生产设备的工作流程。

第一节　软膏剂生产工艺技术与设备

一、软膏剂生产工艺技术

（一）概述

软膏剂是指药物、药材、药材的提取物与适宜基质均匀混合制成具有适当稠度的半固体外用制剂，容易涂布于皮肤、黏膜、创面，起到保护、润滑和局部治疗作用。

软膏剂的发展过程与基质的应用类型有很密切的关系。我国是最早应用豚脂、麻油蜂蜡等制备软膏的国家。近代，随着石油工业的发展，人们广泛采用凡士林、石蜡等作为基质。此外，随着各种高分子合成材料的快速研制成功和投入生产，新型的水溶性基质和乳剂型基质作为优良基质取代很大部分油脂性基质而制备成较为理想的软膏剂。

软膏剂多用于慢性皮肤病，禁用于急性损害部位。软膏剂中的某些药物透皮吸收后，亦能产生全身治疗作用，例如硝酸甘油软膏用于治疗心绞痛。

根据软膏基质的特性，可以将软膏剂分为油膏、乳膏和凝胶三大类。各种类型的软膏剂所用的基质和生产的工艺方法也不相同。在使用上根据皮肤生理的功能和治疗目的选用适合的软膏剂种类。

① 油膏。是用油脂类做成的基质。其优点是润滑、无刺激性、对皮肤有保护和软化的作用。缺点是吸水性差、药物的释放性差、油腻性大、不易洗除。

② 乳膏。是用水、甘油、高醇和乳化剂做成的基质。优点是极性小，容易清洗，药物透皮性能好，对皮肤的正常功能影响小。根据其基质配制方法不同，可以将其分为水包油的雪花膏型和油包水的冷霜型。

③ 凝胶。是用高分子人造树脂羧甲基纤维素钠等做成的基质。它的优点是可以将其制

成半固体状，流动性小、易于随身携带、易溶于水且无油腻性。

(二) 软膏剂的基质

软膏剂由药物和基质组成。基质既是软膏剂的赋形剂，也是药物的载体。其性质和质量对软膏剂的质量和药物的释放与吸收都有重要影响。

软膏剂基质的选用，要根据医疗要求及皮肤患处的病理生理情况。如果只是为了对皮肤表面起保护、滋润和治疗作用，则以穿透性能差的基质，如烃类较好。但因其吸水性差，不容易与分泌物混合，所以对急性而有多量渗出液的皮肤疾患，不宜用封闭性基质凡士林等。若拟通过皮肤给药发挥全身作用，则应选择容易释放和穿透的基质，如乳剂型基质。因无论是 W/O 型还是 O/W 型，均有较强的吸水性，可用于有渗出或分泌物的皮肤病。但若是急性而有多量渗出液时，即使应用 O/W 型乳剂基质也应慎重，因为有可能产生“反向吸收”而使症状恶化，此时选择水溶性基质较好。

对软膏剂的基质也有一定的要求：①润滑无刺激，稠度适宜，易于涂布；②性质稳定，不与主药发生配伍变化；③具有吸水性，能吸收伤口分泌物；④不妨碍皮肤的正常功能，具有良好的释药性能；⑤易洗除，不污染衣服。目前常用基质可分为油脂性基质、乳剂型基质、水溶性基质三大类。

1. 油脂性基质

此类基质又称油膏基质，是指动植物油脂、类脂、烃类及硅酮类等疏水性物质为基质。共同特点是润滑、无刺激性、保护及软化作用比其他基质强，能与较多药物配伍。但是其油腻性及疏水性大，不易与水性液体混合，也不易用水洗除，对药物的释放、穿透性较其他基质小，很少应用，主要适用于遇水不稳定的药物制备软膏剂，一般不单独用于制备软膏剂。为了克服其疏水性的缺点，可以加入适量表面活性剂以增加吸水量，或制成乳剂型基质来应用。

此类基质常用凡士林与羊毛脂配合使用。羊毛脂有较强的吸水性，渗透性也较好，但其过于黏稠，难于涂擦；而凡士林油滑性较强，但不吸水，两者配合使用可取长补短。为了防止久贮易氧化酸败变色，可在 100℃下干热或加抗氧剂。下面分别予以简述。

(1) 油脂类　是指从动物或植物中取得的高级脂肪酸甘油酯及其混合物。这类基质较为古老，一般为就地取用的呈半固体的豚脂或液体的植物油等，因其具有不稳定的双键结构而易被氧化酸败，已很少应用。有时将植物油与固体油脂性基质合用，用以调节成适当稠度的半固体，或者将植物油氢化成半固体或固体的氢化植物油用作基质，因为植物油中的不饱和脂肪酸在催化作用下加氢而成的饱和或接近饱和的脂肪酸甘油酯较植物油稳定。完全氢化的植物油呈现蜡状固体，熔点约为 34～41℃。

① 植物油。常用的有花生油、麻油等。在常温下多为液体，常与熔点较高的蜡类熔合制成稠度适宜的基质，如以蜂蜡 330g 与花生油 670g 加热熔合制成的单软膏。中药油膏常用蜂蜡与麻油熔合为基质。植物油也可用做乳剂基质的油相。

② 氢化植物油。是由植物油加氢而成的饱和或部分饱和的脂肪酸甘油酯，包括完全氢化的植物油与不完全氢化的植物油。不完全氢化的植物油呈半固体状，较植物油稳定，但仍能被氧化而酸败。

③ 动物油。最常用的是豚脂，熔点 36～42℃，此外还有牛脂（熔点 47～54℃）、羊脂（熔点 45～50℃），也可以作为软膏基质。因为含有少量胆固醇，故可吸收一定量水分，释放药物也较快。但动物油脂容易酸败，可加入 1%～2%苯甲酸或 0.1%没食子酸丙酯防止

酸败。

（2）类脂类　是指高级脂肪酸与高级脂肪醇化合而成的酯及它们的混合物，有类似脂肪的性质，但化学性质较脂肪稳定，且具有一定的表面活性作用和一定的吸水性能，多与油脂类基质合用，常用的有蜂蜡、虫白蜡、羊毛脂、鲸蜡等。

① 羊毛脂，又称无水羊毛脂。羊毛脂属于蜡类，为淡黄色黏稠微具异臭的半固体，熔点与豚脂相同。它是羊毛上的脂肪性物质的混合物，主要成分是胆固醇类的棕榈酸酯及游离的胆固醇类，游离胆固醇和羟基胆固醇等约占7%，熔点36～42℃，其具有较大的吸水性，可吸收水150%、甘油140%及70%的乙醇40%。为了取用方便常吸收30%的水分以改善其黏稠度，也称为含水羊毛脂。由于羊毛脂组成与皮脂分泌物很相似，其软膏中药物的渗透性较好。

由于本品黏性较大，故很少单独使用，常与凡士林合用以改善凡士林的吸水性和渗透性。

② 虫白蜡。为介壳虫科昆虫白蜡虫分泌的蜡经精制而成，呈白色或类白色块状，质硬而稍脆，用手捻搓即碎，熔点为81～85℃，可用做调节软膏的熔点，亦可作为W/O型乳剂软膏基质的组成成分。

③ 蜂蜡，又称黄蜡。白（蜂）蜡由黄蜡漂白精制而成，主要成分是棕榈酸蜂花醇酯，此外还含有少量游离高级脂肪醇而具有一定的表面活性作用，属较弱的W/O型乳化剂，在O/W型乳剂基质中起稳定作用，熔点62～67℃，不易酸败，可用于取代乳剂型基质中部分脂肪性物质以调节稠度或增加稳定性。

④ 鲸蜡。主要成分为棕榈酸鲸蜡醇酯，并含有少量其他脂肪酸，熔点42～50℃，不易酸败，能吸水，与脂肪、蜡、凡士林等熔合，有较好的润滑性，主要用于调节基质的稠度。

⑤ 二甲基硅油，简称硅油或硅酮，是一系列不同分子量的聚二甲基硅氧烷的总称。其通式为$CH_3[Si(CH_3)_2 \cdot O]_n \cdot Si(CH_3)_3$，为无色、无臭或几乎无臭的油性半固体，疏水性强，黏度随分子量增大而增大，与羊毛脂、单硬脂酸、甘油酯、硬脂酸、吐温、司盘均能混合，对大多数化合物稳定，但在强酸强碱中降解。本品对皮肤无刺激性、润滑而易于涂布，不妨碍皮肤正常功能，不污染衣物，故常用于乳膏剂中作润滑剂，最大用量可达10%～30%，也常与其他油脂性原料合用制成防护性软膏。

（3）烃类　是指从石油中得到的各种烃的混合物，大部分属于饱和烃类，它的性质比较稳定，一般不与主药发生作用；皮肤很难吸收，可以制备保护性软膏，难溶于醇和水，但在多数的挥发油和脂肪油中能够溶解。主要有凡士林、液状石蜡、固体石蜡等。

① 液状石蜡。为液体饱和烃，主要用于调节软膏剂的稠度，特别适用于调节凡士林基质的稠度。有时也可以将其用来研磨粉状药物使成细糊状，以利于与基质均匀混合。

② 固体石蜡。为固体饱和烃混合物，熔点为50～65℃，适用于调节软膏剂的稠度。具有结构均匀，与其他基质熔合后不会单独析出等优点，所以其优于蜂蜡。

③ 凡士林。又称软石蜡，是液体烃类与固体烃类形成的半固体混合物。有较长的熔点距，为38～60℃，有黄、白两种凡士林，白凡士林由黄凡士林漂白而得。其具有适宜的稠度和涂展性，化学性质稳定，能与大多药物配伍。对皮肤与黏膜无刺激性，能与脂肪、植物油（除蓖麻油）、蜂蜡熔合。本品能够吸收约5%的水分，其不适用于有多量渗出液的伤患上。但如果加入适量胆甾醇或羊毛脂等，则可以增加其吸水性。凡士林对药物的释放与穿透能力较弱，如果加入适量的表面活性剂则可以改善。

2. 乳剂型基质

乳剂型基质是由含有固体的油相加热液化后与水相借乳化剂作用在一定温度下混合乳化，最后在室温下成为半固体的基质。其与乳剂相似，也分为 W/O 与 O/W 型两大类。但其油相是半固体或固体。最常用的有液状石蜡、蜂蜡、凡士林、硬脂酸、高级脂肪醇等，水相为药物的水溶液或蒸馏水。

W/O 型乳剂外观似油膏状，通常称之为冷霜，油腻性小，比油脂性基质容易涂布，且水分从皮肤表面蒸发时有缓和冷却的作用。O/W 型乳剂基质外观似雪花膏，与水能够混合，无油腻性，易洗除，但易干燥、发霉，所以需加入防腐剂和甘油、丙二醇或山梨醇等保湿剂，一般用量为 5%～20%。乳剂型基质由于表面活性剂作用，对油和水有较强的亲和力，能够与创伤面的渗出物或分泌物混合，对皮肤的正常功能影响小；并且由于乳化剂的表面活性作用可促使药物与皮肤的接触。在一般 O/W 型乳剂基质中，药物的释放和穿透皮肤较其他基质快。

在采用乳剂型基质时应注意：遇水不稳定的药物例如四环素、金霉素等不宜用乳剂型基质制备软膏；若 O/W 型基质制成的软膏在使用于分泌物较多的皮肤病如湿疹时，可与分泌物一同进入皮肤而使炎症恶化，故需正确地选择适应证。通常乳剂型基质可用于亚急性、慢性、无渗出的皮损和皮肤瘙痒症，忌于糜烂、溃疡、水疱及化脓性创面。

乳剂型基质常用的乳化剂及稳定剂有以下几类。

(1) 肥皂类　主要包括一价皂、二价皂、三价皂等。

① 一价皂。一般是在配制时用铵、钾、钠的氢氧化物或三乙醇胺等有机碱与脂肪酸相作用生成的肥皂为乳化剂，与水相、油相混合后形成 O/W 型乳剂基质，但如果处方中含有过多的油相时能转相为 W/O 型乳剂型基质。一价皂的乳化能力随脂肪酸中碳原子数 12 到 18 而递增，但在 18 以上这种性能又降低，故碳原子数为 18 的硬脂酸为最常用的脂肪酸，其用量一般为基质总量的 10%～25%，但硬脂酸的用量中仅有一部分（约 15%～25%）与碱反应生成肥皂，没有皂化的硬脂酸被乳化分散成小粒形成分散相，并可增加基质的稠度。采用硬脂酸制成的乳剂型基质，外观光滑美观，涂于皮肤，当水分蒸发后留有一层硬脂酸薄膜而具保护性，但如果仅用硬脂酸为油相制成的乳剂基质润滑作用小，一般需加入适当的油脂性基质如液状石蜡、凡士林调节其稠度和涂展性。

此类基质的缺点是易被酸、碱、钙离子或电解质破坏，主要是因为会形成不溶性皂类而乳化作用被破坏。制备的水宜用蒸馏水和离子交换水。

【处方】硬脂酸 100g、蓖麻油 100g、液体石蜡 100g、三乙醇胺 8g、甘油 40g、蒸馏水 452mL。

【制法】将硬脂酸、蓖麻油、液体石蜡置蒸发器中，在水浴上加热（75～80℃）使熔化。另取三乙醇胺，甘油与蒸馏水混合均匀，加热至同温度，缓缓加入油相中，边加边搅至乳化完全，放冷即得。

三乙醇胺与部分硬脂酸形成有机铵皂起乳化作用，其 pH 为 8，HLB 值为 12。可在乳剂型基质中加入 0.1%羟苯乙酯作防腐剂。必要时还可加入适量单硬脂酸甘油酯，以增加油相的吸水能力，达到稳定 O/W 型乳剂型基质的目的。此类 O/W 型乳剂型基质，可用于配制 0.02%倍他米松乳膏、止痒乳膏、2%磺胺嘧啶乳膏、0.5%泼尼松乳膏、0.5%氢化可的松乳膏。不能与醋酸氯己定、盐酸丁卡因、硫酸新霉素、硫酸庆大霉素等阳离型药物配伍。

② 二价皂。二价的金属皂是 W/O 型乳化剂，例如硬脂酸镁、硬脂酸钙等，其制法简便，原料易得，但耐酸性差。此类皂价在水中解离度小，亲水基、亲水性小于一价皂，形成

的 W/O 型乳剂型基质比一价皂为乳化剂形成的 O/W 型乳剂型基质稳定。

【处方】白凡士林 120g、硬脂酸 150g、甘油 75g、吐温 80　30g、单硬脂酸甘油酯 35g、防腐剂适量、蒸馏水加至 1000g。

此为 O/W 型乳剂基质，用于配制呈酸性药物，比用一价金属皂制成的乳剂基质稳定。

（2）吐温与司盘类　都可用于乳剂基质中，对黏膜和皮肤刺激性小，并能与电解质配伍。吐温能与某些酚类药物（例如鞣酸）作用使乳剂破坏，故此类药物宜与司盘类、月桂醇硫酸酯钠或增稠剂合用，从而调整制品的 HLB 值并使之稳定。吐温类也易与一些防腐剂如尼泊金类络合而使之部分失活，可考虑适量补充防腐剂。

（3）高级脂肪醇与脂肪醇硫酸（酯）类　有十二醇硫酸（酯）钠，属阴离子型乳化剂，常与 W/O 型乳化剂合用来调整适当的 HLB 值，以达到油相所需范围。此外，还有 W/O 型乳化剂的辅助乳化剂，例如十六醇（鲸蜡醇，熔点 45～50℃）、十八醇（硬脂醇，熔点 56～60℃）、硬脂酸、甘油酯、脂肪酸山梨坦等。本品常用量为 0.5%～2%，可与阳离子表面活性剂作用形成沉淀并失效。加入 1.5%～2%氯化钠可使之丧失乳化作用，其乳化作用适宜 pH 值应为 6～7，不应小于 4 或大于 8。

【处方】鲸蜡醇 250g、白凡士林 250g、十二烷基硫酸钠 10g、甘油 120g、尼泊金乙酯 1g、蒸馏水加至 1000g。

【制法】取十二烷基硫酸钠、甘油、尼泊金乙酯、蒸馏水，加热至 70～80℃，缓缓加入已加热至同温度的鲸蜡醇、白凡士林油相中，在加入的同时向同一方向搅拌，至乳化凝结。

该处方中十二烷基硫酸钠为主要乳化剂，能形成 O/W 型乳剂基质。鲸蜡醇既是油相，又起辅助乳化及稳定的作用，此外还可增加基质的稠度。甘油是保湿剂，以减少贮存的水分的散失，使软膏保持润温、细腻状态，并有助于防腐剂的溶解。尼泊金乙酯为防腐剂。

（4）脂肪醇聚氧乙烯醚类与烷基酚聚氧乙烯醚类

① 平平加。为脂肪醇聚氧乙烯醚类，是以十八(烯)醇聚乙二醇-800 醚为主要成分的混合物，结构式为 $R—O(CH_2—CH_2O)_nH$，是非离子型 O/W 型乳化剂，其 HLB 值为 15.9，在冷水中溶解度比在热水中大，溶液的 pH 值为 6～7，对皮肤无刺激性，有良好的乳化、分散性能。性质稳定，耐酸、碱、硬水，耐热，耐金属盐，其用量一般为油相质量的 5%～10%（一般搅拌）或 2%～5%（高速搅拌）。本品与羟基或羧基化合物形成络合物，从而使形成的乳剂基质被破坏，所以不宜与苯酚、水杨酸配伍。

② 乳化剂 OP。是以聚氧乙烯（20）月桂醚$[(CH_2—CH_2O)_nH]$为主的烷基聚氧乙烯醚的混合物。亦属于非离子型 O/W 型乳化剂，可溶于水，其 HLB 值为 14.5，对皮肤无刺激性，1%水溶液的 pH 值为 5.7，其用量一般为油相总量的 2%～10%。本品耐酸、碱、还原剂及氧化剂，对盐类亦较稳定，但水溶液中如有大量金属离子时，将降低其表面活性。本品不宜与酚羟基类化合物如麝香草酚、水杨酸、苯酚、间苯二酚等配伍，以免形成络合物，破坏乳剂型基质。

【处方】硬脂酸 114g、蓖麻油 100g、液体石蜡 114g、三乙醇胺 8mL、乳化剂 OP 3mL、羟苯乙酯 1g、甘油 16mL、蒸馏水 500mL。

【制法】将油相（蓖麻油、液体石蜡、硬脂酸）与水相（乳化剂 OP、三乙醇胺、甘油、蒸馏水）分别加热至 80℃。将油、水两相逐渐混合。搅拌至冷凝，即得 O/W 型乳剂型基质。

③ 柔软剂 SG。为硬脂酸聚氧乙烯酯，亦属于非离子型 O/W 型乳化剂，可溶于水，HLB 值为 10，pH 近中性，渗透性大，常与平平加 O 等混合使用。

【处方】平平加 O 25g、十六醇 100g、液体石蜡 100g、白凡士林 100g、甘油 50g、尼泊金乙酯 1g、蒸馏水加至 1000g。

【制法】将油相成分液体石蜡、白凡士林、十六醇加热至 70～80℃使熔化，缓缓加入已加热至同温度的水相（尼泊金乙酯、蒸馏水、平平加 O、甘油）中，向同一个方向搅拌，至乳化凝结。

3. 水溶性基质

是由天然或合成的水溶性高分子物质所组成。此类基质无脂性，又称水凝胶软膏基质。该类基质能为水性体液混合，吸收组织渗出液，一般释药速度比较快，无油腻性，易涂展和洗除。对皮肤和黏膜无刺激性，适用于糜烂的创面和腔道黏膜。缺点是润滑作用差，易失水干涸，一般需加保湿剂与防腐剂。

（1）聚乙二醇类　是用环氧乙烷与水或乙二醇逐步加成聚合得到的水溶性聚醚。结构式为 $HOCH_2(CH_2OHCH_2)_nCH_2OH$。药剂中常用平均相对分子质量在 300～6000 间者，随平均相对分子质量的增加由液体过渡到蜡状固体。PEG 700 以下均是液体，PEG 1000、PEG 1500 及 PEG 1540 是半固体，PEG 2000～PEG 6000 是固体。若取不同平均相对分子质量的聚乙二醇以适当比例相混合，则可制成稠度适宜的基质。该物质对人体无毒性和刺激性；化学性质稳定，耐热、不易酸败和发霉；能与水、乙醇、丙酮、氯仿等混溶；吸湿性好，可吸收分泌液；易洗涤；可与大多数药物配伍；因药物释放和渗透较快，可充分发挥效用；但注意长期使用可致皮肤干燥。

【处方】聚乙二醇 3350　400g、聚乙二醇 400　600g。

【制法】将两种聚乙二醇混合后，在水浴上加热至 65℃，搅拌至冷凝，即得。

若需较硬基质，则可取等量混合后制备。若药物为水溶液（6%～25%的量），则可用 30～50g 硬脂酸取代同重聚乙二醇 3350，以调节稠度。

（2）卡波姆　为人造高分子树胶质，是丙烯酸聚合物。白色粉末状，加水振荡，生成黏度低的酸性溶液，加碱中和，可得澄明且稳定的凝胶。本品的钠盐 2%～5%与药物混合后，加水振摇均匀，即可制成软膏。

（3）甘油明胶　是由明胶溶液与甘油混合制成，明胶 1%～3%，甘油 10%～20%，水占 70%～80%。制备时取明胶置已称重的蒸发器中，加适量水浸渍 1h 后，滤去过剩的水，加入甘油，置水浴上加热至明胶溶解，滤过，放冷至成凝胶，即得。本品遇热后易涂布，涂后形成一层保护膜。

（4）纤维素衍生物　是天然胶的合成代用品。常用的羧甲基纤维素钠也是白色粉末，在冷、热水中均溶解，浓度较高时呈凝胶状。甲基纤维素为白色粉末，能与冷水形成复合物而胶溶。由于取代基的不同，而呈现不同的黏度。

4. 其他基质

皂土是天然的胶体含水硅酸铝，在水中不溶解，在 8～10 倍水中能膨胀生成胶冻，根据加水量不同可得到黏度不同的品种。也可用来制作药用牙膏、糊剂等，但容易干燥，所以常加入甘油作保湿剂，凡士林作软化剂。

（三）软膏剂的附加剂

1. 抗氧剂

在软膏剂的贮藏过程中，微量的氧就会使某些活性成分氧化而变质。因此，常加入一些抗氧剂来保护软膏剂的化学稳定性。常用的抗氧剂有三种：①抗氧化的化合物，它能与自由基反应，抑制氧化反应，如维生素 E、没食子酸烷酯、丁羟基茴香醚（BHA）和丁羟基甲苯（BHT）等。②还原剂组成，其还原势能小于活性成分，更易被氧化从而能保护活性物质。它们通常与自由基反应，如抗坏血酸、异抗坏血酸和亚硫酸盐等。③抗氧剂的辅助剂，它们通常是螯合剂，本身抗氧效果较小，但可通过优先与金属离子反应（重金属在氧化中起催化作用），从而加强抗氧剂的作用。这类辅助抗氧剂有枸橼酸、酒石酸、EDTA 和巯基二丙酸等。

2. 防腐剂

软膏剂的基质中通常有水性、油性物质，甚至蛋白质，这些基质易受细菌和真菌的侵袭，微生物的滋生不仅可以污染制剂，而且有潜在毒性。所以应保证在制剂及应用器械中不含有致病菌，例如假单孢菌、沙门菌、大肠埃希菌、金黄色葡萄球菌。对于破损及炎症皮肤，局部外用制剂不含微生物尤为重要。加入的杀菌剂的浓度一定要使微生物致死而不是简单地起抑制作用。对抑菌剂的要求是：①与处方中组成物没有配伍禁忌；②抑菌剂要有热稳定性；③在较长的贮藏时间及使用环境中稳定；④对皮肤组织无刺激性、无毒性、无过敏性。软膏剂中常用的抑菌剂见表 6-1。

表 6-1　软膏剂中常用的抑菌剂

种类	举　例	使用含量/%
醇	乙醇，异丙醇，氯丁醇，三氯甲基叔丁醇，苯基-对-氯苯丙二醇，苯氧乙醇，溴硝基丙二醇(Bronopol)	7
酸	苯甲酸，脱氢乙酸，丙酸，山梨酸，肉桂酸	0.1～0.2
芳香酸	茴香醚，香茅醛，丁子香粉，香兰酸酯	0.001～0.002
汞化物	醋酸苯汞，硼酸盐，硝酸盐，汞撒利	
酚	苯酚，苯甲酚，麝香草酚，卤化衍生物(如对氯邻甲苯酚，对氯-间二甲苯酚)，煤酚，氯代百里酚，水杨酸	0.1～0.2
酯	对羟基苯甲酸(乙酸，丙酸，丁酸)酯	0.01～0.5
季铵盐	苯扎氯铵，溴化烷基三甲基铵	0.002～0.01
其他	葡萄糖酸洗必泰	0.002～0.01

（四）软膏剂的制备

1. 基质的处理

一般情况下，软膏剂中的基质需净化和灭菌。如果油脂性基质质地纯净可以直接使用，但若混有异物或在大量生产时都必须要加热过滤后再用。一般在加热熔融后需通过数层细布或 120 目铜丝筛趁热过滤，然后加热至 150℃、1h，灭菌并除去水分。灭菌时不能用火直接加热，使用蒸汽夹层锅加热则需用耐高压夹层锅。

2. 制备的方法

（1）研和法　将药物细粉用少量基质研匀或用适宜液体研磨成细糊状，再递加其余基质研匀的制备方法。凡软膏剂中含有的基质比较软，在常温下基质为油脂性的半固体，可采用此法。但水溶性基质和乳剂型基质不宜采用。该法简单易行，适用于小量制备且药物不溶于基质者。通常是在放入木框的软膏板（陶瓷或玻璃）上用软膏刀（不锈钢刀或硬橡皮刀）进行调制；亦可在乳钵中研匀。最好将基质温热软化以助不溶性粉末的研和操作。大量生产时可用电动乳钵进行，但生产效率低。

（2）熔和法　将基质先加热熔化，再将药物分次逐渐加入，边加边搅拌，直至冷凝的制备方法，称熔和法。凡软膏剂中含有的基质熔点不同，在常温下不能均匀混合者，以及油脂性基质大量制备主药可溶于基质或药材需用基质加热浸取其有效成分时都可用此法。特别适用于含固体成分的基质，通过加热熔化，再加入其他成分熔合成均匀基质，然后加入药物，能溶者搅拌均匀，冷却即可。含有不溶性固体粉末的软膏，经一般搅拌，混合往往还不够细腻，需要通过研磨机进一步研匀使无颗粒感，常使用三滚筒软膏机，其主要构造是由三个平行的滚筒和传动装置组成。在第一个与第二个滚筒上面装有加料斗，两边两个滚筒与中间一个滚筒间距离可以调节，操作时将软膏装入加料斗中，开动后滚筒旋转以不同的速度作如图 6-1 所示方向的转动，转动慢的滚筒 1 上的软膏能被速度快的滚筒 2 带过来，并被速度最快的滚筒 3 卷过去，经刮板而进入接受器中，由于滚筒的转速不同，所以软膏滚筒间的间隙受到滚碾和研磨，固体即与基质混匀。

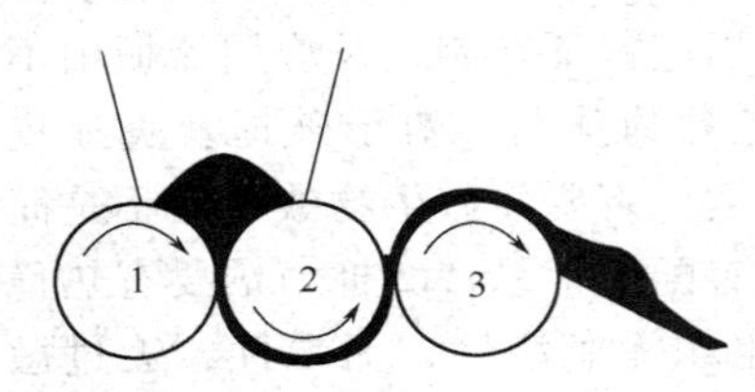

图 6-1　滚筒旋转方向示意

对于软膏中不同熔点的基质，一般应将熔点高的基质先熔化，再加熔点低的基质。

熔和法与研和法常互相配合使用。大量制备时可使用电动搅拌机混合，并可通过齿轮泵循环数次混匀。

(3) 乳化法　将处方中的油溶性和油脂性组分油相在一起加热（水浴或夹层锅）熔融，另将水溶性组分溶于水后一起加热至 80℃成水溶液（水相），使温度略微高于油相温度，边加边搅拌，待皂化完全后搅至冷凝。在搅拌过程中尽量防止空气混入软膏剂中，如有气泡存在，一方面使得制剂体积增大；另一方面也会使得制剂在贮藏和运输中发生腐败变质。如大量生产，在温度降至 30℃时再通过乳匀机或胶体磨使更细腻均匀。

乳化法中水、油两相有三种混合方法。

① 连续相加入分散相中，可以用于大多数乳剂系统。

② 分散相加入连续相中，可以用于含小体积分散相的乳剂系统。

③ 两相同时混合到一起，可用于大批量或连续的操作。

3. 在软膏剂的制备过程中药物的加入方法

为了减少软膏对患者病患部位的刺激，要求制剂均匀细腻，且不含有固体粗粒，药物粒子愈细，药效越强。制备药物时通常按以下几种方法来进行处理。

① 如药物能在基质中溶解，可用熔化的基质将药物溶解，制成溶液型软膏。

② 药物不溶于基质或基质的任何组分、直接加入的药材，应预先用适合的方法将其制成细粉，过 100～120 目筛（眼膏中药物细度为 75μm 以下），然后先与少量基质或液体成分如植物油、液状石蜡、甘油等混合均匀，再逐渐增加其余基质；或在不断搅拌下，将药物细粉加至熔融的基质中，继续搅拌至冷凝即可。

③ 半固体黏稠性药物，例如鱼石脂中含有某些极性成分不易与非极性基质（例如凡士林等）混匀，可预先加入适量平平加或羊毛脂混合均匀，再加入基质中。此外，中药煎剂、流浸膏等可先浓缩至糖浆状，再与基质混合均匀。固体浸膏应先用稀乙醇溶解使之转化或研成糊状后，再与基质混匀。

④ 一些挥发性或易于升华的药物或受热易结块的树脂类药物，应使基质降温至 40℃左右，再与药物混合均匀。樟脑、冰片、薄荷脑、麝香、草酚等挥发性共熔组分共存时，可先研磨至共熔后，再与冷却至 40℃左右的基质混匀。

⑤ 少量水溶性毒、剧药或结晶性药物，例如汞溴红、碘化钾、硫酸铜、生物碱盐、蛋白银等，应先加入少量水溶解再与吸水性基质或羊毛脂混合均匀，然后再与其他基质混匀。在溶解药物时，一般不宜采用乙醇、氯仿、乙醚等溶剂，因为此类溶剂挥发速度快，使得药

物析出。

⑥ 对处方中含量较小的药物如皮质激素类、生物碱盐类等，可用少量溶剂溶解后再加入基质中混匀。

⑦ 对遇水不稳定的药物，如某些抗生素、盐酸氮芥等均不宜用水溶解或含水基质配制。

⑧ 加热不稳定或挥发性药物加入时，基质温度不宜过高，以减少药物的破坏和损失。

4. 软膏剂的生产注意事项

① 防止空气混入；② 防止微生物引起的腐败作用。

5. 软膏剂的质量评定

软膏剂的质量评定包括药物的含量，软膏剂的物理性质、刺激性、稳定性等的检测以及软膏剂中药物释放、穿透、吸收的评定。

（1）主药含量测定　一般软膏剂应按药典或其他规定的标准和方法测定主药含量，合格后才能出厂使用。一般多采用适宜的溶剂将药物溶解提出，再进行含量测定。

（2）熔点　油脂性基质、烃类基质或原料可以采用熔点（或滴点）检查，一般软膏剂以接近凡士林的熔点为宜，测定方法可采用药典方法或显微镜熔点测定仪测定。由于熔点的测定不易观察清楚，需取数次平均值来评定。

滴点是指样品在标准条件下受热熔化而从管上滴下第一滴时的温度，生产上多用滴点45～55℃的基质。

（3）黏度和稠度　对牛顿流体可根据流动性质测定其黏度，如甲基硅油、液状石蜡等；非牛顿流体可以使用插度计测定其稠度。见图6-2，在一定温度下，将重150g的金属锥体的锥尖放在供试品的凝固表面上，然后锥体以5s的时间自由垂直落下插入供试品中，以插入的深度评定供试品的稠度，以0.1mm深度为单位，称为插入度。稠度大的插入度小，反之则大。例如凡士林的插入度在0℃时≥100，在37℃时≤300。O/W型乳剂基质的插入度在25℃时在200～300较为适宜。

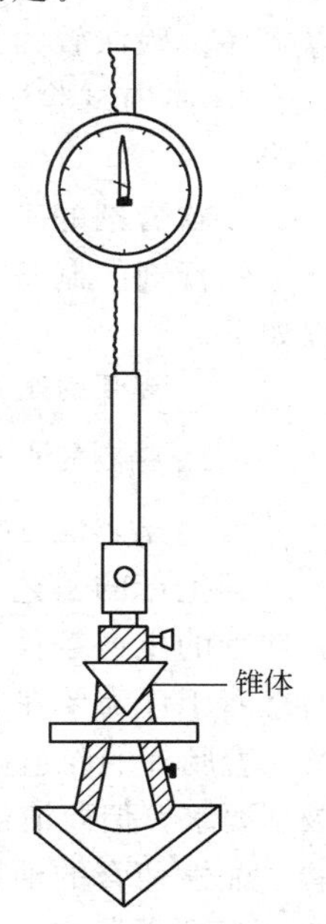

图6-2　插度计

（4）水值　一般采用水值来表示软膏基质的吸水能力。是指在规定温度下100g的基质能吸纳的水量（以g表示）。测定方法：向一定量的基质中逐渐加入少量水研磨，至不能再吸收水而又无水滴渗出即为终点。例如白凡士林的水值为9.5，若加入4%鲸蜡醇，水值可达38.2。羊毛脂的水值为185。

（5）酸碱度　有些软膏剂的基质在精制过程中需用酸或碱处理，所以为了避免其对皮肤或黏膜产生刺激性，中国药典规定应检查软膏剂的酸碱度。

检查方法：取样品加适宜的溶剂（水或乙醇）振摇，所得溶液遇酚酞或甲基橙均不得变色。对乳剂型基质的pH值也做了规定，例如W/O型乳剂基质要求不大于8.5，O/W型乳剂基质不大于8.3。

（6）刺激性　软膏涂于皮肤或黏膜时，不得引起红肿、疼痛或产生斑疹等不良反应。软膏剂应做刺激性试验。

① 贴敷试验。将软膏敷于手臂及大腿内侧等柔软的皮肤表面，24h后观察该部位皮肤的反应。

② 皮肤测定法。用皮肤的软膏剂。剃去兔背上的毛约2.5cm^2，休息24h，待产生的刺激痊愈后，取0.5g软膏均匀涂布于剃毛部位形成薄层。24h后观察有无发红、发疹、水疱的现象，并用空白基质作对照。

(7) 稳定性　对软膏剂的稳定性要求，主要有性状（酸败、变色、分层、异臭、涂展性）鉴别、含量测定、卫生学检查、皮肤刺激性试验等方面，在一定的贮存期内应符合规定要求。

① 耐热耐寒试验。将软膏均匀装入密闭容器中填满，分别置于恒温箱（39℃±1℃）、室温（25℃±1℃）及冰箱（5℃±1℃）中至少1～3个月，代表不同地区的气温，检查上述要求，应符合规定。

乳膏剂耐热、耐寒试验分别于55℃恒温放置6h与－15℃恒温放置24h，观察有无粗化、液化、分层等现象。O/W型基质一般能耐热，但不耐寒，易发粗。反之，W/O型基质不耐热，通常于38～40℃即有油分离出来。

② 离心试验。将软膏样品置于10mL离心管中，离心30min，观察有无分层现象。

(8) 药物释放、穿透及吸收的测定方法

① 体外试验法。有离体皮肤法、半透膜扩散法、凝胶扩散法和微生物扩散法等，其中以离体试验法较为接近实际情况。

② 体内试验法。有体液与组织器官中的药物含量测定法、生理反应法、放射性示踪原子法。

6. 软膏剂的工艺流程及洁净区的划分

软膏剂的制备，根据药物与基质的性质，制备量的多少及设备条件的选用其总的工艺流程如下。

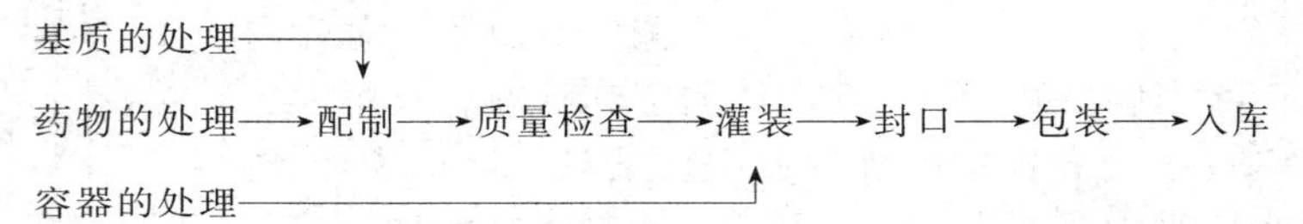

其生产的工艺过程可分三部分：制管、配料、包装。软管可以自制，也可由外厂加工，制软管的生产条件也需要符合卫生条件，灌装前也需检验和消毒。表皮外用软膏的配料灌注的暴露工序需要在D级净化条件下操作，深部组织创伤外用软膏、眼部用软膏的暴露工序，及除直肠外的腔道用软膏的暴露工序均需在C级以下操作。包装应在一般生产区进行，无洁净级别要求，但要清洁卫生、文明生产、符合要求。凡士林等基质需经过消毒和过滤处理。

油性药膏的油脂性基质在使用前需经灭菌处理，可以采用反应罐夹套加热至150℃保持1h，起到灭菌和蒸除水分作用。过滤采用压滤或多层细布抽滤的方法，去除各种异物。其生产工艺流程见图6-3。

乳剂药膏的油相配制，将油或脂肪混合物的组分放入带搅拌的反应罐中进行熔融混合，加热至80℃左右，通过200目筛过滤。水相配制是将水相组分溶解于蒸馏水中，加热至80℃，也经过筛子过滤。工艺流程见图6-4。

在工业大生产中乳剂软膏剂配料设备流程见图6-5。

操作时将通蒸汽的蛇形管放入凡士林桶中，熔化后过滤，抽入夹层锅中，通蒸汽加热150℃灭菌1h后，通过布袋滤入接受桶中，再抽入贮油槽中。配制前先将油通过滤网接头，滤入置于磅秤上的桶中，称重后再通过另一滤网接头，滤入混合锅中。开动搅拌器，加入药料混合，再由锅底输出，通过齿轮泵又回入混合锅中。如此循环30min～1h，将软膏通过出料管（顶端夹层保温），输入灌装机的夹层加料漏斗进行灌装。

7. 软管种类和规格

常用的软管有内壁涂膜铝管复合材料管、塑料管几种。药用软管常用规格及尺寸见表6-2。

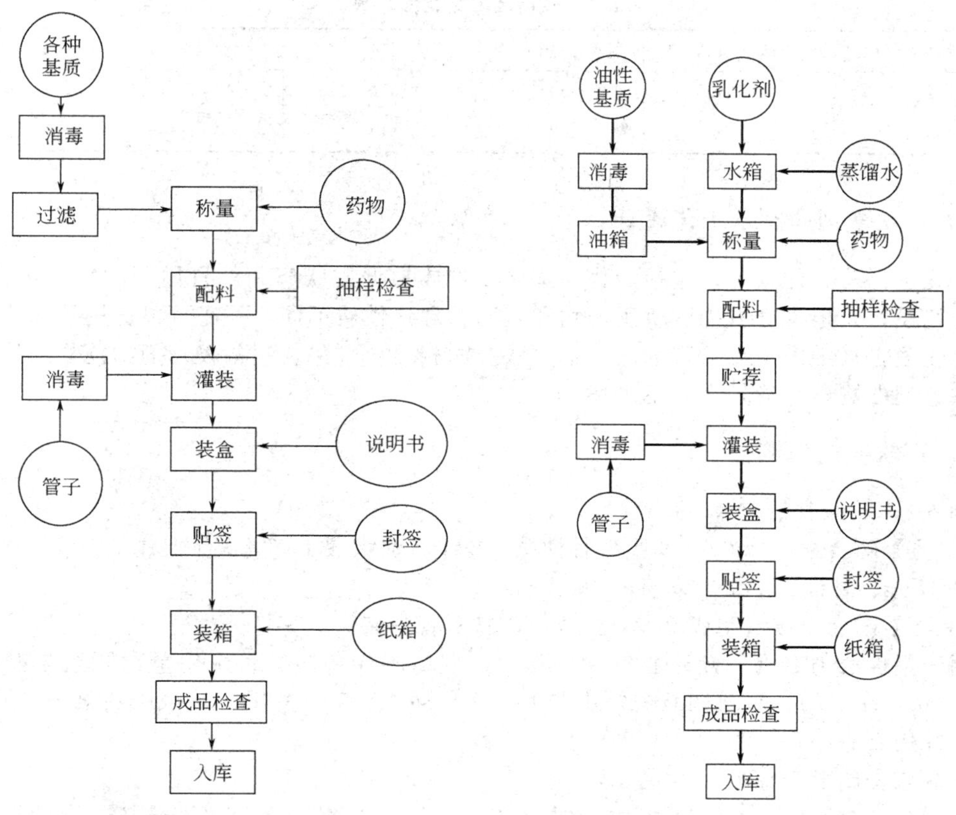

图 6-3　油性药膏生产工艺

图 6-4　乳剂药膏生产工艺

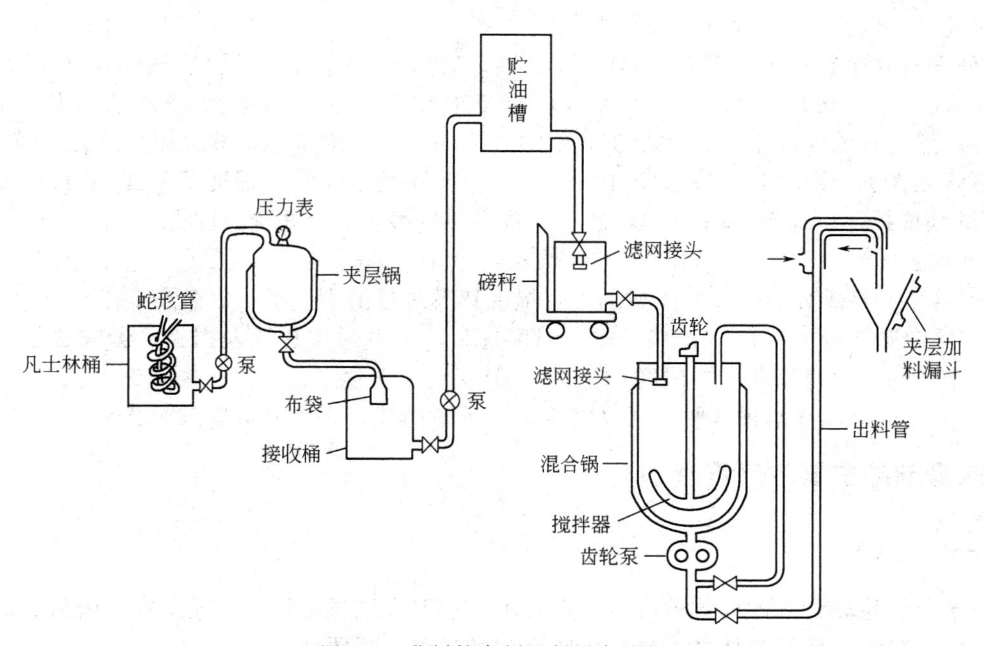

图 6-5　乳剂软膏剂配料设备流程

表 6-2　药用软管常用规格及尺寸

规格/g	直径/mm	管长/mm	规格/g	直径/mm	管长/mm
2	11	50	10	16	84
4	13	62	14	19	96

(五) 软膏剂的制备工艺设计

首先选择适宜的处方，包括药物与基质。具体根据皮肤病和外科用药的特点进行选择。制备工艺设计：根据处方中的所用药物和基质的理化性质不同，一般可以选用研和法、熔和法、乳化法，详细内容见软膏剂的制备方法。两相混合方法及制备较膏剂中药物的处理原则详见软膏剂的制备方法，在此不重述。

(六) 软膏剂举例

例 6-1　硝酸甘油（NTG）软膏

【处方】硝酸甘油 2.0g、硬脂酸甘油酯 10.5g、硬脂酸 17.0g、凡士林 13.0g、月桂醇硫酸酯钠 1.5g、甘油 10.0g、蒸馏水 46.0mL。

【制法】按上述方法制成 O/W 乳膏剂，软膏管包装。

用于慢性心力衰竭，预防心绞痛发作。一般每晚涂一次。每次用量约相当于硝酸甘油 10～20mg，涂于胸、腹或四肢内侧皮肤上，涂敷面积（5cm×5cm）～(8cm×8cm)，覆盖塑料纸，并用胶布固定。

本品应密闭贮于凉处，不宜久贮。

【注解】软膏剂中硝酸甘油经皮吸收，以免口服后受胃肠道分泌液破坏，较舌下给药制剂作用时间短，目前已有人研究改进为新的给药系统——贴剂，使用更方便。

例 6-2　复方十一烯酸锌软膏

【处方与制法】取十一烯酸 8.4kg 及甘油，置适宜的容器中，加热至约 40℃，不断搅拌，加入氧化锌和热水 12kg，继续加热使反应完全，待十一烯酸锌全部熔化（107～110℃），然后将温度降至 103～105℃，缓缓加入羧甲基纤维素钠，继续加热至约 107℃，使羧甲基纤维素钠全溶。自然降温至 104℃左右，再缓缓加入十一烯酸 2.4kg 与 90℃蒸馏水 9kg，继续搅拌，冷却至 50～60℃，测定含量，并研磨至符合要求，即得。

【注解】

① 本品主要成分为经反应生成的十一烯酸锌及过量的十一烯酸（含量 5%）。

② 反应温度应控制在 107～110℃，温度过高，十一烯酸易挥发损失，影响含量；温度过低，十一烯酸锌成块状影响研磨。

③ 反应完毕加热水稀释时，速度宜慢，并不断搅拌，否则易析出大块状十一烯酸锌。

二、软膏剂的主要生产设备

(一) 胶体磨

由于对外用软膏剂的固体粒度有一定要求，一般来说越细越好。通常在出配料罐后再用胶体磨研磨加工。常用胶体磨有立式胶体磨和卧式胶体磨两种。

胶体磨由转子与定子两部分构成，膏体从转子与定子间的空隙流过，依赖于两个锥面以 3000r/mm 的高速相对转动，使得膏体在很大的摩擦力、剪切力、离心力作用下产生涡旋和高频振动，从而将膏体粉碎，起到较好的混合、均质和乳化作用。见图 6-6。

立式胶体磨中，膏体从料斗进入胶体磨，研磨后的膏体在离心盘作用下自出口排出。卧式胶体磨，膏体自水平的轴向进入，在叶轮作用下自侧向出口排出。

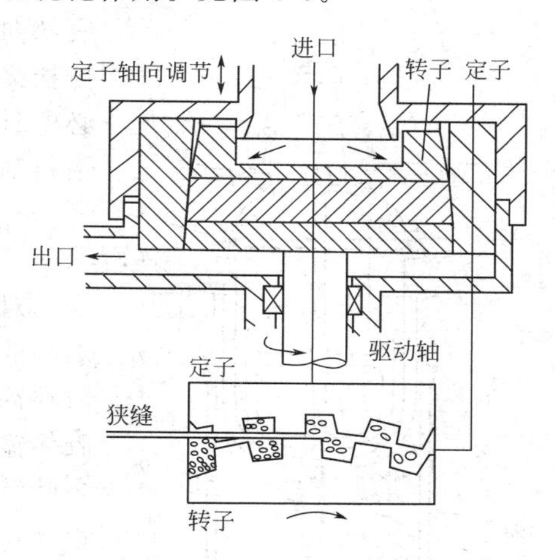

图 6-6 胶体磨工作原理

胶体磨与膏体接触部分由不锈钢材料制成，耐腐蚀。采用调节圈调节定子和转子间的空隙，从而控制流量和细度。可在外夹套通冷却水带走研磨高黏度物料时产生的热。胶体磨的轴封常用聚四氟乙烯、硬质合金或陶瓷环制成，可以避免在工作时被磨损。料液在进入胶体磨前需先用 18 目的滤网过滤，此外要避免金属杂物进入，从而避免胶体磨被磨损。胶体磨转子和定子的表面接触面积大于 50%，同心度偏差不超过 0.05mm。如果磨损严重，应及时更换，同时调节圈上零刻度线位置予以修正。当进入的料液黏度大，磨腔内充满物料时，启动转矩大，一旦停车，则很难启动，所以在机器运行过程中尽量避免停车。操作完毕应立即清洗，不可留有余料。平常要定期向润滑系统加润滑油，以延长机器的使用寿命。

（二）加热罐

凡士林、石蜡等油性基质在低温时常处于半固体状态，与主药混合之前需加热降低其黏稠度。多采用蛇管蒸汽加热器加热，在蛇管加热器中央安装有一个桨式搅拌器，见图 6-7。低黏稠基质被加热后多使用真空管将其从加热罐底部吸出，再进行下一步的处理。输送物料的管线也需安装适宜的伴热、保温设备，以避免黏稠性基质凝固后造成管道堵塞。

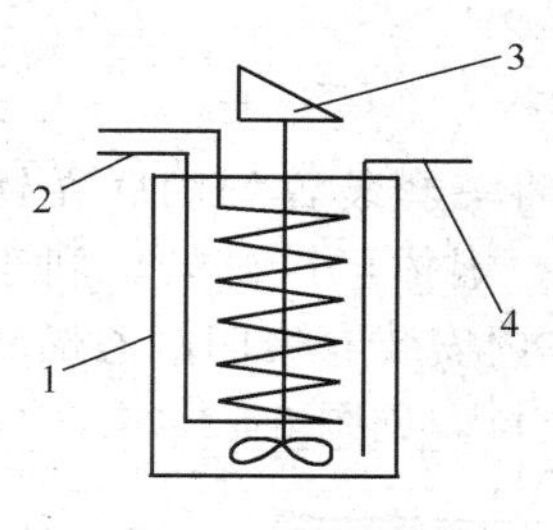

图 6-7 加热罐

1—加热罐壳体；2—蛇管加热器；3—桨式搅拌器；4—真空管

对于黏稠度较好的物料，当多种基质辅料在配料前也要使用加热罐加热与预混匀。一般采用夹套加热器内装框式搅拌器。大多数是从顶部进料，底部出料。对于真空吸料式的加热罐，则必须是封闭的罐盖，并配有灯孔和视镜。采用高位槽加料时，一般将罐盖做成半开的，即半边能开启、另一半也固定在罐体上。在制造此种设备时要有相应的防尘及防止异物掉入罐内的装置。此种加热罐的优点是方便清洗。

（三）配料锅

在制备基质时，为了保证充分熔融和各组分充分混合，一般需加热、保温和搅拌。所用的油膏、乳膏的基质配料设备，称为配料锅，其基本结构见图 6-8。锅体由搪玻璃材料、不锈钢材料制成。在锅体和锅盖之间装有密封圈。其搅拌系统由电机、减速器、搅拌器构成。配料锅的夹套可以采用热水或蒸汽加热。使用热水加热时，根据对流原理，排水阀安装在上部，进水阀安装在设备底部，此外在夹套的较高位置安装有放气阀，防止顶部放气而降低传热效果。

在搅拌器轴穿过锅盖的部位安装有机械密封，除为了维持密封锅内真空或压力外，还可以防止锅内药物被传动系统的润滑油污染。图 6-8 所示的真空阀是用来接通真空系统，主要是为了配料锅内物料引进和排出。使用真空加料时，可以有效防止芳香族原料向大气中散发；

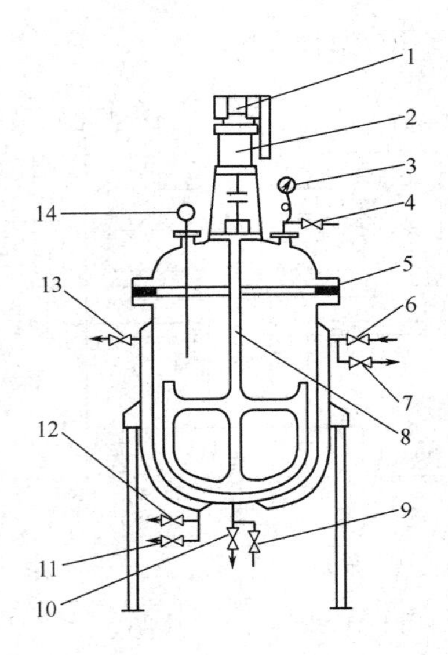

图 6-8　配料锅结构示意

1—电机；2—减速器；3—真空表；4—真空阀；5—密封圈；6—蒸汽阀；7—排水阀；8—搅拌器；9—进泵阀；10—出料阀；11—排气阀；12—放气阀；13—温度计；14—机械密封

用真空排料时，需将接管伸入到设备底部。也可采用泵从底部向罐内送料或排料。在配制膏剂时，锅内壁要求光滑，搅拌桨选用框式，其形状要尽量接近内壁，间隙尽可能小，必要时安装聚四氟乙烯刮板，从而保证将内壁上黏附着的物料刮干净。

（四）输送泵

对于黏度大的基质、固体含量高的软膏及搅拌质量要求高的样品，需使用循环泵携带物料做锅外循环，帮助物料在锅内上、下翻动。常用胶体输送泵、不锈钢齿轮泵。胶体输送泵是一种少齿转子泵，见图 6-9，它的传动齿轮与泵叶转子分开，泵叶转子的齿形、传动齿轮制造质量要求很高，轴封采用机械密封，使用寿命长，功耗低。

（五）制膏机

在软膏剂的制备过程中，制膏机是配制软膏剂的关键设备。所有物料都在制膏机内搅拌均匀、加温、乳化。在制备时，要求搅拌器性能好、操作方便、便于清洗。优良的制膏机能制成细腻、光滑的软膏。

目前有很多多功能的制膏设备被应用于工业大生产中，下面分别对其进行简单的介绍。

1. 新型制膏机

在该机的锅内安装有胶体磨、刮板式搅拌桨和桨式搅拌器，将三套装置均固联在锅盖上。当使用液压装置抬起锅盖时，各装置也同时升高，抬出锅体。锅体可以翻转，利于出料、清洗。在锅体偏置有搅拌器，使膏体做多种方向流动。在锅体内安装有聚四氟乙烯软性刮板式搅拌桨，安装时需贴锅壁，减少搅拌死角，又能刮净锅壁余料，见图 6-10。

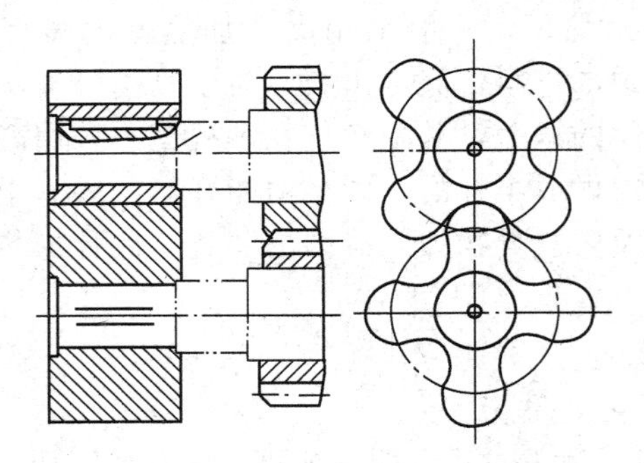

图 6-9　胶体输送泵转子结构示意

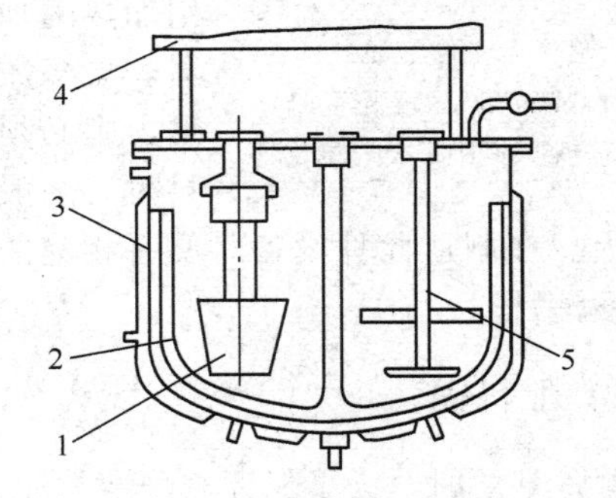

图 6-10　新型制膏机结构

1—胶体磨；2—刮板式搅拌桨；3—夹套锅体；4—液压提升装置；5—桨式搅拌器

2. FRYMA 公司的真空均质制膏机

该种制膏机包括主搅拌（208r/min）、溶解搅拌（1000r/min）、均质搅拌（3000r/min）。主搅拌属于刮板式，安装有可活动的聚四氟乙烯刮板，可避免软膏粘于罐壁而过热、变色，同时影响传热。主搅拌速度缓慢，能混合软膏剂中各种成分，对软膏剂的乳化过程无影响。溶解搅拌速度比主搅拌速度快，能快速将各种成分粉碎、混匀，还能促进投料时固体粉末的溶解。均质搅拌速度转动更快，内带定子和转子起到胶体磨作用。膏体随着搅拌叶的转动，在罐体内上下翻动，将膏体中的粗粒磨得很细，搅拌得更均匀。膏体细度在 2～15μm，大多数靠近 2μm。该制膏机所制膏体更细腻，外观光泽度更亮。见图 6-11。

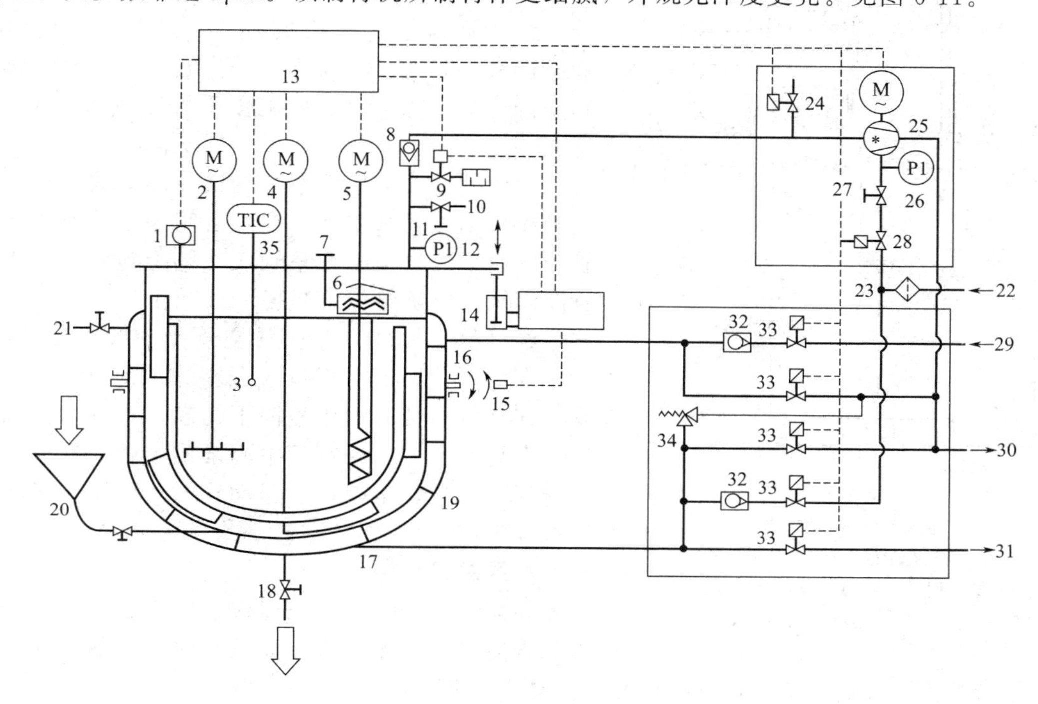

图 6-11 真空均质制膏机（FRYMA 公司）

1—视镜；2—溶解器；3—温度计；4—搅拌器；5—均质器；6—液膜分配器；7—磨缝调节；8—止回阀；9—自动排气阀；10—消声器；11—真空调节开关；12—真空表；13—电开关装置；14—液压升降；15—液压倾斜；16—进气出水口；17—进水排冷凝水口；18—出料；19—导流板；20—加料；21—排气；22—进水；23—水过滤器；24—自动通气阀；25—真空泵；26—压力表；27—水调节器；28，33—电磁阀；29—进气；30—排水；31—排气；32—止回阀；34—安全阀

该种制膏机的罐盖靠液压自动升降，罐体能翻转 90°，有利于出料和清洗。主搅拌转速能够无级变速，可以根据工艺要求在 5～20r/min 间调节。该机附有真空抽气泵，膏体经真空脱气后，可以消除膏体中的小气泡，香料更能渗透到膏体内部。采用真空制膏机，可以使得辅料和香料的投料量减少，测得成品含量不变，这是由膏体分散得更均匀所造成的。

3. OLSA 公司真空制膏机

其均质器安装于罐底，整体外形紧凑，适用于容积较大的制膏机和固体量较大的膏体上，见图 6-12。

（六）软膏灌装设备

软膏剂软管自动灌装机主要包括输管、灌装、封口等主要功能。

1. 输管机构

由进管盘和输管盘组成。空管由手工单向卧置（管口朝向一致）推进管盘内，进管盘与水平面成一定斜角。空管输送道可根据空管长度调节其宽度。靠管身自身重量，空管在输送

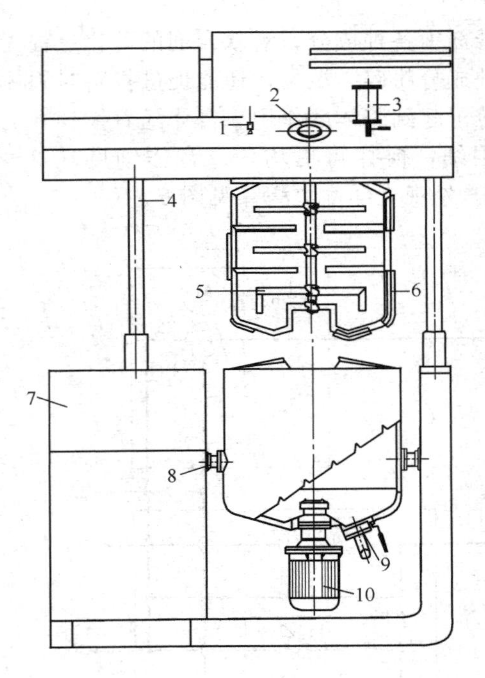

图 6-12　OLSA 公司真空制膏机

1—加料球阀；2—视镜及刮水器；3—香料瓶；4—立柱；5—内搅拌桨；6—带刮板外搅拌桨；7—操作面板；8—翻转轴；9—出料阀；10—均质乳化器

道的斜面下滑，出口处被插板挡住，使空管不能越过。利用凸轮间歇抬起下端口，使最前面一支空管越过插板，并受翻管板作用，空管以管尾朝上的方向被滑入管座。凸轮的旋转周期和管座链的间歇移动周期一致。在管座链拖带着管座移开的过程，进管盘下端口下落到插板以下，进管盘中的空管顺次前移一段距离。插板具有阻挡空管的前移及利用翻管板使空管轴线由水平翻转成竖直作用。见图 6-13。

管座链是一个平面布置的链传动装置，链轮通过槽轮传动做间歇运动。在链上间隔地装有支承软管的管座。经过精心调整管座在链上位置，可保证管座间歇、准确停位于灌装、封口各工序。

经过翻管板落入管座的空管受摩擦力的影响，管尾高低不一。当空管滑入管座时，其上方有一个受四连杆机构带动的压板向下运动，将软管尾口压至一定高度。为保证空管中心准确定位，在管座上装有弹性夹片，压板在下压动作时，即可保证软管在夹片中插紧。

2. 灌装机构

在灌装药物时要保证灌入空管内的药物不能黏附在管尾口上；保证每次灌装药物的剂量准确；还要保证当管座中没有管子时，不向外灌药，避免污染设备。

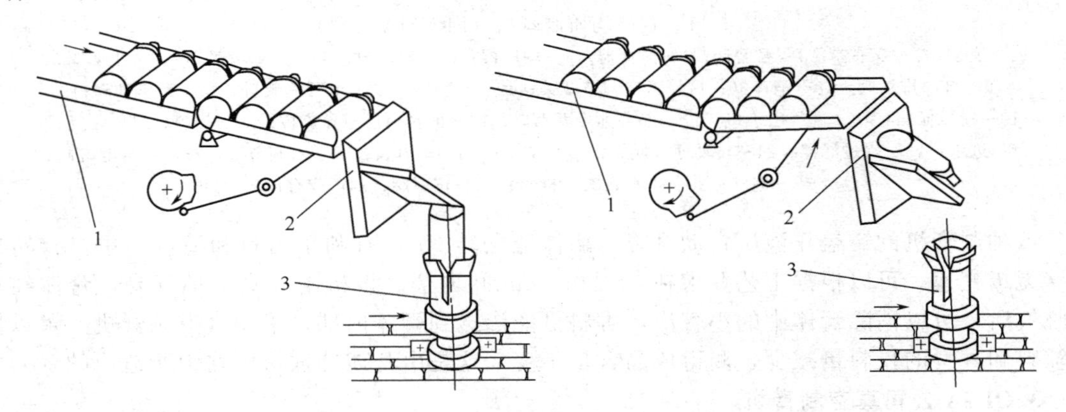

图 6-13　插板控制器及翻管示意

1—进管盘；2—插板（带翻管板）；3—管座

灌装药物是采用活塞泵计量。为了保证计量精度，可以采用微细调节活塞行程，来加以控制。见图 6-14，其是灌装活塞动作示意图，可以通过冲程摇臂下端的螺丝调节活塞的冲程。随着冲程摇臂做往复运动，控制旋转的泵阀间或与料斗间接通，使得物料进入泵缸；间或与灌药喷嘴接通，将缸内的药物挤出喷嘴而完成灌药工作。这种活塞泵还有回吸功能，即活塞冲到前顶端，软管接受药物后尚未离开喷嘴时，活塞先轻微返回一小段，此时泵阀尚未转动，喷嘴管中的膏料即缩回一段距离，可以避免嘴外的余料碰到软管封尾处的内壁，而影响封尾质量。

另外，在喷嘴内还套装着一个吹风管，平时膏料从风管外的环境中喷出。灌装结束时，开始回吸的时候，泵阀上的转齿接通压缩空气管路，用以吹净喷嘴端部的膏料。

当管座链拖动管座停位在灌药喷嘴下方时，利用凸轮将管座抬起，令空管套入喷嘴。管座的抬起动作是沿着一个槽形护板进行。护板两侧嵌有用弹簧支承的永久磁铁，利用磁铁吸住管座，可以保持管座升高动作稳定。

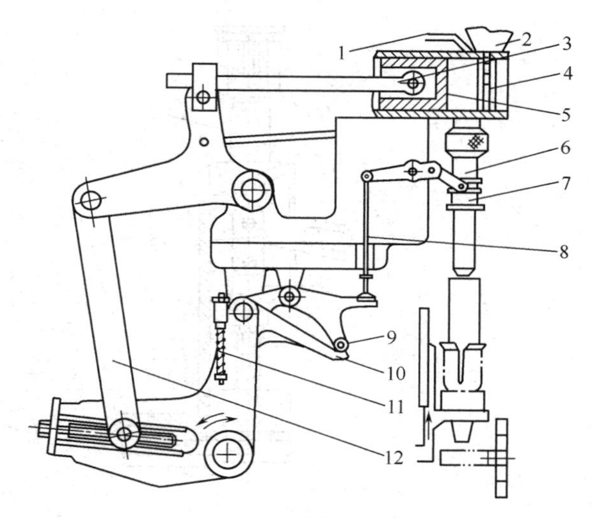

图 6-14 灌装活塞动作示意

1—压缩空气管；2—料斗；3—活塞杆；4—回转泵阀；5—活塞；6—灌药喷嘴；7—释放环；8—顶杆；9—滚轮；10—滚轮机；11—拉簧；12—冲程摇臂

管座上的软管上升时将碰到套在喷嘴上的释放环，推动其上升。通过杠杆作用，使顶杆下压摆杆，将滚轮压入滚轮轨，从而使冲程摇臂受传动凸轮带动，将活塞杆推向右方，泵缸中的膏料挤出。如果管座上没有空管时，管座上升，并没有软管来推动释放环时，拉簧使滚轮抬起，不会压入滚轮轨，传动凸轮空转，冲程摇臂不动。保证无管时不灌药，既防止药物损失，又不会污染机器和被迫停车清理。在活塞泵缸上方置有料斗，它的外臂安装有电热装置，当膏料黏度较大时，可适当加热，以保持其有一定的流动性。

3. 光电对位装置

其作用是使软膏管在封尾前，管外壁的商标图案都按同一方向排列。此装置由步进电机和光电管完成。步进电机又称脉动马达，是将电脉冲信号转换成角位移的电磁机械，其转子的转角与输入的电脉冲数成正比例，它的运动方向取决于加入脉冲的顺序。所以，步进电机可以在数字系统中作为数字转角位移的转换元件，也可以直接带动机械负载产生一定的转角。本机就是使其直接带动管座转动一定角度。通过同步传送带，保持软管和电机同步转动。软管被送到光电对位工位时，对光凸轮使提升杆向上抬起，带动提升套抬起，使管座离开托杯，再由对光中心锥凸轮工作，在光电管架上的圆锥中心头压紧软管。此时，通过接近开关控制器，使步进电机由慢速转动变成快速转动，管子和管座随着旋转。当反射式光电开关识别到管子上预先印好的色标条纹后，步进电机就能制动，停止转动，再由对光升降凸轮的作用，提升套随之下降，管座落到原来的托杯中，完成对位工作。光电开关离开色标条纹后，步进电机仍又开始慢速转动，等待下一个循环。装置见图 6-15。软管上的色标要求与软管的底色反差要大。

在步进电机座上还装有一个行程开关，作为过载保护作用。当提升套卡住，软管链轴仍转动，这样产生一个扭力，推动法兰脱开摆动杠杆，碰到行程开关触头，切断电源，迫使设备停转。

光电控制线路主要由二极管、三极管、集成电路、光学元件组成。由凸轮控制晶体管接近开关，发出同步工作信号，通过驱动线路，控制步进电机慢转、快转、停止。

4. 封口机构

根据软管材质，有对塑料管的加热压纹封尾和对金属管的折叠式封尾。折叠式封口机构，在封口架上配有三套平口刀站、两套折叠刀站、一套花纹刀站。封口机架除了支承六套刀

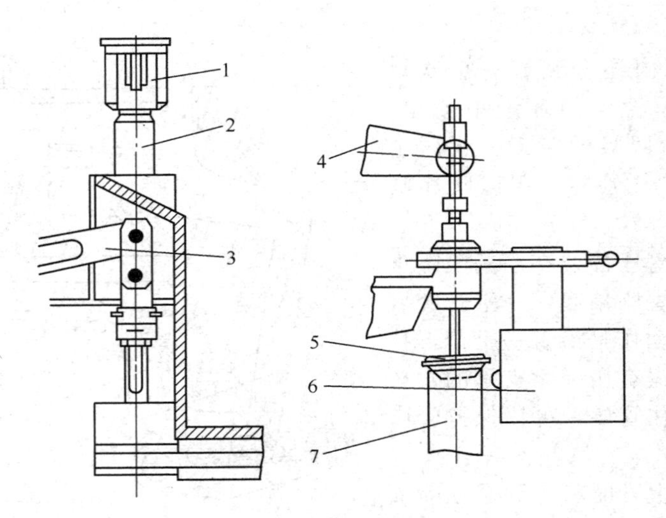

图 6-15　光电对位装置

1—托杯；2—提升套；3—提升杠杆；4—摆杆；
5—圆锥中心头；6—反射式光电开关；7—软管

站外，还可根据软管不同长度调整整套刀架的上、下位置。封口机构通过两对弧齿圆锥齿轮、一对正齿轮将主轴上动力传递到封口机构的控制轴上，依靠一对封尾共轭凸轮和杠杆把动作传送到封尾轴，在封尾轴上安装着各种刀站。刀站上每套架有两片刀，同时向管子中心压紧。轧尾（封口、封尾）顺序见图 6-16：其中 1、3、5 是平刀站完成，2、4 是折叠刀站完成，6 是花纹刀站完成。平刀站上有前后两把刀片，向中间轧平管尾。轧尾的宽度可以调节。

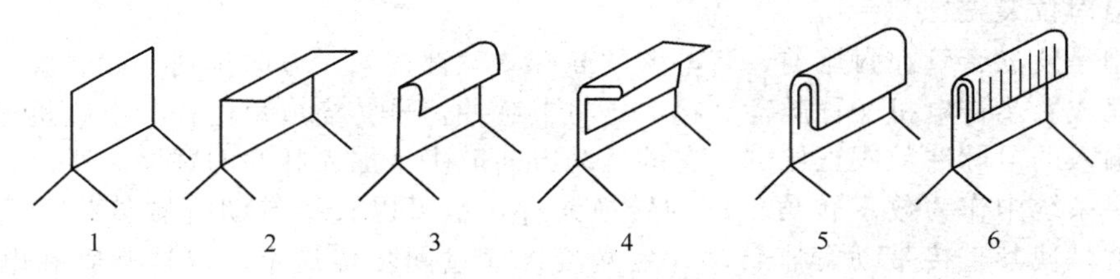

图 6-16　软管轧尾顺序

折叠刀站见图 6-17。前折叠装置上的摆杆控制刀片合拢，刀片上的弹簧可调节夹紧力，要求在没有管子时，前刀片折叠面比后刀片低 0.1mm。后折叠装置由摆杆控制推杠上的尼龙滚柱折弯管子尾部。推杆上的弹簧可调节夹紧力。

六套钳口在机架上的安装位置及钳口的尺寸变化依软管的规格可进行调换与调整。

5. 出料机构

封尾后的软管随管座链停位于出料工位时，主轴上的出料凸轮带动出料顶杆上抬，从管座的中心孔将软管顶出，使其滚翻到出料斜槽中，滑入输送带，送去外包装。顶杆中心应与管座中心对正，保证顶出动作顺利进行，见图 6-18。

在定位精度要求较高的多工位联动机的主传动中，常使用无级调速器，以适应不同规格产品的生产速度要求。常见有齿链式无级调速器。见图 6-19，调速轴上的左右旋螺纹，可使一对调速杠杆绕铰链轴上的铰销做相对摇动，同时带动两对可分合的带齿链轮，张开或合拢，这样就可以改变齿链在两对链轮上的接触半径，从而达到改变驱动轴与输出轴的传动片。

下面简单介绍几种软膏剂的灌装封口机。

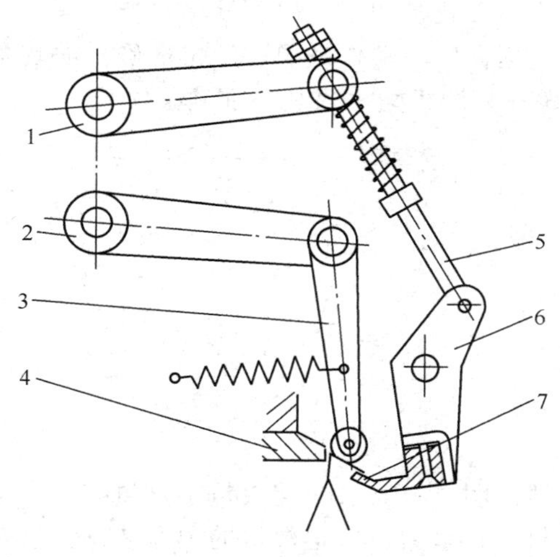

图 6-17　折叠刀站

1,2—摆杆；3—推杆；4—后刀片；
5—调节螺杆；6—前刀片挂脚；7—前刀片

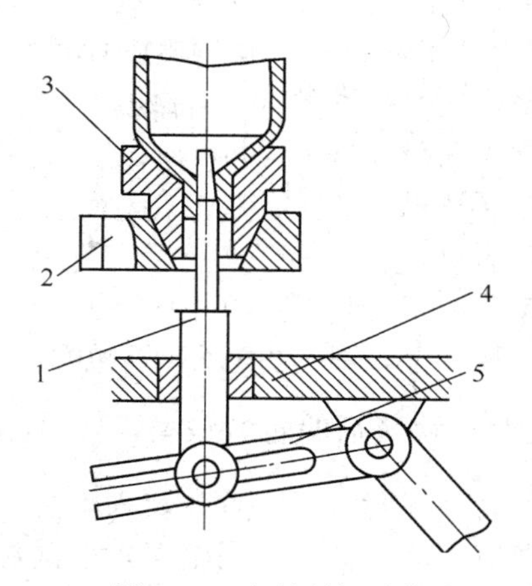

图 6-18　出料顶杠对位

1—出料顶杆；2—管座链节；3—管座；
4—机架；5—凸轮摆杆

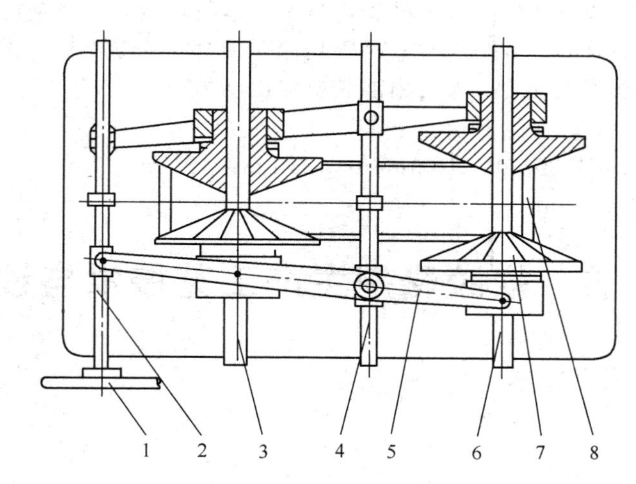

图 6-19　齿链式无级调速器

1—调整手轮；2—调速轴；3—驱动轴；4—铰链轴；
5—调速杠杆；6—输出轴；7—带齿链轮；8—齿链

① GZ 100 自动灌封机是自动化程度比较高的设备。进管、探管、灌装、封尾、出管等工序的工作原理是通过凸轮轮系、连杆、马氏机构等正确、连续、自动地完成。选用无级变速器调整生产率。除用柱塞泵灌膏外，还设有螺杆微机构，因而可精确称量膏体。封尾机构调整、维修简单容易。采用先进的光电识标机构，使商标定位准确、可靠。本机用电器集中控制，操作简便，经调换相应零件可扩大使用范围。

② TFS 型软膏灌注机主要由软管输送槽、转盘、料斗活塞、泵、旋转阀、软管封尾、合格品及次品排出、机座、传动系统、控制箱等。该机适合各种软管的封口。例如复合管的高频封口、热压或热气封口，铝管的折尾及特殊情况下塑料管的超声波封口。

③ DGF 35B 自动灌装机。该机能对圆筒状有盖铝塑复合软管或全塑软管灌装膏体并进行软管内壁加热封口。DGF 35B 是机电一体化产品，由可编程序控制器进行自动控制，可

同时完成进管、压管、对标、灌装、加热、封口、夹花、切尾、出管9个动作。多工位分度采用精密加工的复开森机构来完成，使机械在高速运转时动作平稳、定位准确。灌装系统采用符合GMP标准的不锈钢蝶阀计量泵，没有螺杆微调机构，灌装量准确。

该机主要技术参数。

管子规格：19～35mm；

管座数量：40只；

管装量：30～136mL；

生产能力：100支/min；

外形尺寸：2140mm×1000mm×2096mm。

（七）软膏剂的包装设备

软膏灌注封口后，首先装入小盒，有时包括说明书；其次一定数量小盒再装入中盒，中盒上印有厂名、商标、图案等，中盒封盖贴上封签；最后，一定数量的中盒装进大纸箱，在大纸箱外印上产品名称、批号、生产厂家的名称等。软膏小盒包装机一般有两条输送带，一条纸盒输送带，另一条软膏管输送带，通过推进器将管送入盒中。

PM-120A自动软管装盒机是目前工业生产中常用的一种装盒设备，可以与自动灌装封口机联用组成自动包装线。该机结合国外先进技术，运行稳定，生产速度快。加长的自动送盒平台延长了上盒间隔时间，并配有缺盒报警功能。无盒或开盒不畅，设备自动停机。可实现无管不吸盒。可单独提供动力，亦可由灌装机输出动力。

该机主要技术参数。

纸盒规格：（135mm×30mm×18mm）～（195mm×45mm×35mm）；

生产能力：≤120盒/min。

第二节　软胶囊剂生产工艺技术与设备

一、软胶囊剂生产工艺技术

（一）概述

软胶囊剂又称为胶丸剂，是将油类、混悬液、对明胶等囊材无溶解作用的液体药物、糊状物、粉粒密封于球形、椭圆形或其他各种特殊形状的软质囊材中制备而成的制剂。最近几年，也有将固体、半固体药物制成软胶囊剂供内服使用。

根据制备方法的不同，可以将软胶囊分为两种：一种是压制法制成，中间往往有压缝，称为有缝软胶囊；另一种是用滴制法制成，呈圆球形而无缝，称为无缝软胶囊。此外，软胶囊壁经过一定工艺处理后，也可以制得肠溶软胶囊。软胶囊剂具有以下优点。

① 软胶囊可以掩盖药物的臭味、苦味，使得病人乐意服用。

② 软胶囊生物利用度高，其不像片剂和丸剂那样在制备时需要加胶黏剂和压力，所以在胃肠道内分散快、吸收好。

③ 外表整洁、美观，易于吞服，便于贮存和携带。

④ 软胶囊能提高药物稳定性，对光敏感或遇湿、热敏感的药物，例如抗生素、维生素等均可装入不透光的胶囊中，从而保护药物不受湿气、空气中氧和光线的作用。

⑤ 如果剂型中因为含油量高而不能够制备成片剂或丸剂的药物可以制成软胶囊剂。对

于主药的剂量小、难溶于水、在消化道内不容易吸收的药物，也可将其溶解于适宜的油中再制备成软胶囊剂中。

⑥ 软胶囊可以延缓药物的释放。可以先将药物制成颗粒，然后用不同释放速率的材料包衣或制成微丸，按需要比例混合，制成软胶囊，可达到缓释长效作用。可制成胃溶软胶囊、肠溶软胶囊。

⑦ 还可制成保健品、化妆品等。

软胶囊剂也有不足之处，表现在以下几个方面。

① 遇高温、热易分解。

② 软胶囊剂一般不适用于婴儿及消化道有溃疡的患者。

③ 药物的水溶液或稀醇溶液能使明胶溶解。

（二）软胶囊的囊材

（1）主要组成　制备软胶囊的关键是囊壳的质量，直接关系到胶囊的成型与美观。其囊材的主要组成是胶料、增塑剂、附加剂和水等四类物质。最常用的胶料是明胶、阿拉伯胶。明胶的质量要符合药典规定，还要符合胶冻力、黏度及含铁量的标准。其勃鲁姆强度（bloom strength）一般应为150～250，强度高者，胶壳的物理稳定性好。黏度范围为25～45mPa·s，对吸湿性强的药物，宜采用胶冻力高、强度低的明胶。

软胶囊剂的主要特点是可塑性强、弹性大，与增塑剂、明胶、水三者比例有关。明胶和增塑剂的比例十分重要。例如干明胶与干增塑剂的重量比为1.0∶0.3时，制成的胶囊比较硬，如果比例是1.0∶1.8时，所制得的胶囊则较软。通常干明胶与干塑剂的比例是1.0∶(0.4～0.6)时较为适宜；水与干明胶以(1.0～1.6)∶1.0较适宜。在软胶囊的干燥过程中，由于水分损失，使得壳中的明胶与增塑剂的百分比相应增大，但明胶与主要增塑剂的比例保持不变。在选择胶囊的硬度时，必须考虑到所填充药物的性质以及软胶囊材与药物之间的相互影响。在选择增塑剂时，亦应考虑药物的性质。增塑剂常用甘油、山梨醇，单独或混合使用均可。

（2）制备中注意事项　若药物含有可与之混溶的液体，例如聚山梨酯-80、甘油、丙二醇、聚乙二醇或药物本身有一定的吸水性时，须注意其吸水性。因为此时软胶囊壁中本身含有的水分可能会转移到胶囊内的液体中。若填充后的软胶囊壁太干时，药物含有的水分也可以转移到囊壁中去。如果药物是亲水性的，可在药物中保留5%的水。一般是用油作为药物的溶剂或混悬液的介质，然后再填充于软胶囊中。如果药液中含有5%以上的水或为低分子水溶性和挥发性的有机药物，例如酸、醇、酮、胺、脂等时，均不能制成软胶囊，主要是因为这些液体易穿过明胶囊壁使得软胶囊壁软化或溶解，W/O型或O/W型乳剂与囊壁接触后可因失水而使乳剂破裂，水渗入明胶囊壁中，醛类可使明胶变性。此外，在填充药物时，不能使用pH值小于2.5或大于7.5的液体，主要是因为软胶囊壁能与酸性液体作用，而被水解发生泄漏；若遇碱性液体，会使得明胶变性而使得囊壁的溶解性受到影响。可根据药物的性质选择不同的缓冲剂，例如磷酸氢二钾（或钠）、磷酸二氢钠、甘氨酸、枸橼酸、酒石酸、乳酸及其盐类，或是以上几种缓冲剂的混合物。

在制备软胶囊时，加入遮光剂是降低软胶囊囊壳透光性从而增加见光不稳定药物稳定性的常用方法之一。常用来添加的遮光剂有二氧化钛（钛白）、炭黑、氧化铁等，前者最为常用。在选择遮光剂时，还要注意和药物间的相互作用。

（3）囊材主要原料　囊材中所用的主要原料最常用的是明胶，是由大型哺乳动物的皮、骨、腱加工出的胶原，经水解后浸出的一种复杂的蛋白质，其相对分子质量为17500～

450000。其在空气中易氧化使明胶老化，从而导致其在贮存期内崩解时间快速延长。老化的胶囊壳内壁有一层膜，醛类或含醛液体可促进该膜的形成。明胶分子中的氨基可与醛基形成氨醛缩合物，使得胶囊壳溶解困难。所以，囊壳的配方中常加入少量的抗氧剂。在软胶囊剂中加入明胶量50%的PEG 400，作为辅助崩解剂，可以有效缩短崩解时间；为了减缓软胶囊的老化速度，可以添加6%的柠檬酸；此外，在胶囊壳中加入山梨糖苷或山梨糖醇，可使软胶囊的硬化速度延缓；加入环糊精也可改善软胶囊的崩解。

在制备软胶囊剂时，常添加一些防腐剂，例如对羟基苯甲酸甲酯1.6%，对羟基苯甲酸丙酯0.04%的混合物；色素应为FDdc与Ddc所批准的水溶性染料单独或混合使用；香料有乙基香兰醛0.1%，香精2%。表6-3为几个厂家所用囊材的处方。

表6-3　中外4种囊材处方

物　料	中国某厂/kg	美国某厂/份	英国 Wilkison/kg	某实验室处方/kg
明胶	1.00	10	13.6	2.75
阿拉伯胶	0.25	1	2.6	0.5
甘油	0.75	10.4	6.8	1.251
糖浆	0.15		5.9	1.351
蒸馏水	1.5	16.1	2.27	适量

(三) 软胶囊大小的选择

软胶囊的形状有球形、椭圆形等多种。在保证填充药物达到治疗量的前提下，软胶囊的容积要求尽可能小。混悬液制备软胶囊时，所需软胶囊的大小，可用“基质吸附率”来计算，即1g固体药物制成填充胶囊用的混悬液时所需液体基质的克数。影响固体药物基质吸附率的因素有：固体颗粒的大小、形状、物理状态、密度、含湿量、亲油性或亲水性等。

(四) 软胶囊内填充物的要求

软胶囊中填充药物最好是药物溶液，主要是因为药物溶液具有较好的物理稳定性和较高的生物利用度。填充固体药物时，药物粉末应当能通过5号筛，并混合均匀。不能充分溶解的固体药物可以将其制成混悬液，但混悬液必须具有与液体相同的流动性，混悬液常用的分散介质是植物油或植物油加非离子表面活性剂或PEG 400等。若用植物油作为分散介质时，油量的多少要通过实验比较加以确定。若油量使用过多，则其触变值低，流动性好，但容易渗漏；如果油量少，稳定性差，压丸困难。一般来说提取物与分散介质比介于(1∶1)～(1∶2)之间较好。此外，混悬剂中还须使用助悬剂或润湿剂。润湿剂一般为表面活性剂，例如司盘类、吐温类。助悬剂可选用增加分散黏度的固体物质，例如蜂蜡、单硬脂酸铝、乙基纤维素等。对于油状基质，通常使用的助悬剂是10%～30%油蜡混合物，其组成为：氢化大豆油1份，黄蜡1份，熔点为33～38℃的短链植物油4份；对于非油状基质，则常用1%～15%的PEG 4000或PEG 6000。有时可加入抗氧剂、表面活性剂来提高软胶囊剂的稳定性与生物利用度，合理的润滑剂与助悬剂要依靠稳定性试验加以确定。

(五) 软胶囊的制法

在生产软胶囊剂时，填充药物与成型是同时进行的。制备方法分为压制法（模压法）和滴制法。

1. 压制法

压制法将明胶与甘油、水等溶解后制成胶板（或胶带），再将药物置于两块胶板之间，用钢模压制而成。在连续生产中，可采用自动旋转扎囊机（见图 6-20）。该机由涂胶机箱、鼓轮加工制成的两条胶板连续不断地向相反方向移动，在接近旋转模时，两胶板靠近，此时药液由填充泵经导管至楔形注入器，定量注入胶板之间，并在向前转动中被压入模孔、轧压，包裹成型，剩余的胶板即自动切断分离。胶板在接触模孔的一面涂有润滑油，所以应该用石油醚洗涤胶丸，再于 21～24℃、相对湿度 40％条件下干燥胶丸。

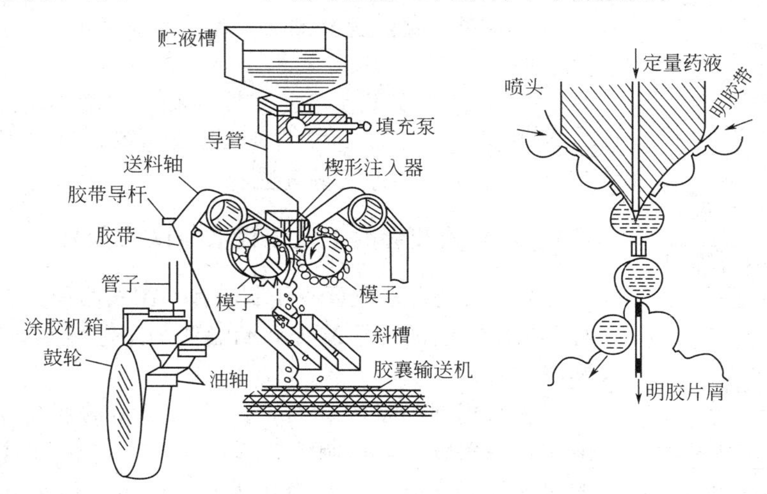

图 6-20　自动旋转轧囊机和成型装置

（1）配制囊材胶液　根据表 6-3 囊材处方，取明胶加蒸馏水浸泡使膨胀，胶溶后将其他物料加入，搅拌混匀即可。

（2）制软胶片　取配好的囊材胶液，涂于平坦的钢板表面上，使厚薄均匀，然后以 90℃左右的温度加热，使表面水分蒸发至成韧性适宜的具有一定弹性的软胶片。

（3）压制软胶囊　用压丸模压制，压丸模由两块大小、形状相同的可以复合的钢板组成，两块板上均有一定数目大小相同的圆形穿孔，此穿孔部分有的可卸下，其穿孔大小是根据所需软胶囊的容积而定。制备时，首先将压丸模钢板的两面适当加温，然后取软胶片 1 张，表面均匀涂布润滑油，将涂油面朝向下板铺平，取计算量的药液（或药粉）放于软胶片摊匀。另取软胶片一张铺在药液上面，在胶片上面涂一层润滑油，然后将上板对准盖于上面的软胶片上，置于油压机或水压机中加压，在施加压力下，每一囊模的锐利边缘互相接触，将胶片切断，药液（或药粉）被包裹密封在囊模内，接缝处略有突出，启板后将胶囊及时剥离，装入洁净容器中加盖封好即得。此外在工业生产时，常采用旋转模压法，详见软胶囊的设备部分。

2. 滴制法

滴制法是近几十年发展起来的，适用于液体药剂制备软胶囊，是指通过滴制机制备软胶囊的方法。利用明胶液与油状药物为两相，由滴制机喷头使两相按不同速度喷出，一定量的明胶液将定量的油状液包裹后，滴入另一种不相混溶的液体冷却剂中，胶液接触冷却液后，由于表面张力作用而使之形成球形，并逐渐凝固成软胶囊剂。在滴制过程中，影响滴制成败的主要因素有以下几种。

① 明胶液的处方组成与比例。

② 胶液的黏度。明胶液的黏度以 30～50mPa・s 为宜。

③ 胶液、药液、冷却液三者的密度。三者密度要适宜，保证胶囊剂在冷却液中有一定

沉降速度，又有足够时间使之冷却成球形。

④ 胶液、药液、冷却液的温度。胶液与药液应保持 60℃，喷头处温度应为 75～80℃，冷却液应为 13～17℃。

⑤ 软胶囊的干燥温度。常用干燥温度 20～30℃，并配合鼓风条件。

滴制法生产设备简单，在生产甘油明胶液的用量较模压法少。

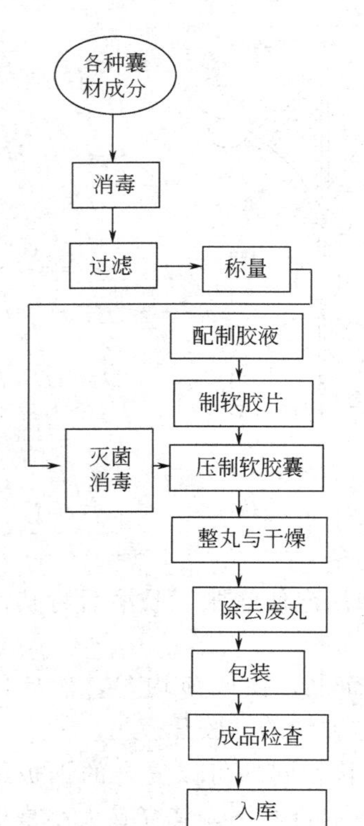

图 6-21　压制法制备软胶囊的生产工艺流程

包装与贮存：胶囊剂易受温度和湿度的影响，贮存和包装要求如下：

① 贮存温度不宜超过 25℃，相对湿度不超过 45%；

② 通常采用玻璃瓶、塑料瓶或泡罩式包装；

③ 密闭、阴凉干燥处贮存。

（六）软胶囊的工艺流程洁净区的划分

软胶囊的制法主要有压制法和滴制法两种。故其生产工艺流程分为压制法的工艺流程和滴制法的工艺流程，分别见图 6-21 和图 6-22。

软胶囊剂的各种囊材、药液及药粉的制备，配制明胶液、油液，制软胶片，压制软胶囊，制丸，整粒和干燥及软胶囊剂的包装等工序应在 D 级净化条件下操作，其他工序为“一般生产区”，无洁净级别要求，但也要清洁卫生、文明生产、符合要求。

生产工艺环境要求：

软胶囊工艺室：温度 22～24℃，相对湿度 20%；

软胶囊干燥室：温度 22～24℃，相对湿度 20%；

软胶囊检测室：温度 22～24℃，相对湿度 35%。

（七）软胶囊剂的质量评定

（1）外观　软胶囊应整洁，不得有黏结、变形或破裂现象，并应无异臭。

（2）药物的定性与定量　软胶囊制成后，根据所含药物的性质，应根据《中国药典》或其他规定的标准和方法进行药物的定性鉴别和主药的含量测定，合格后才能使用。定性鉴别和含量测定的方法，必须排除软胶囊剂中除药物以外的其他成分干扰。

（3）装量差异　除主药含量测定外，《中国药典》还规定有装量差异检查。除另有规定外，取供试品 20 粒，分别精密称定重量后，倾出内容物。软胶囊剂用乙醚等溶剂洗净，置通风处使溶剂挥散，再分别精密称定囊壳重量，求出每粒内容物的装量与平均装量，将每粒装量与平均装量相比较，超出装量限度的软胶囊不得多于 2 粒，并不得有 1 粒超出限度的一倍（平均装量为 0.30g 以下，装量差异限度为±10%；0.3g 或 0.3g 以上，应为±7.5%）。

（4）崩解时限　与片剂崩解时限检查方法相同，如果软胶囊漂浮于液面可加挡板一块。除另有规定外，软胶囊应在 1h 内全部崩解，如有 1 粒不能完全崩解，应另取 6 粒按上述方法复试，均应符合规定。软胶囊剂可用人工胃液作为检查介质。

一般情况下，体外崩解时限不能全部反映体内的吸收和药效情况，因此，溶出度试验也应列为软胶囊剂质量评定的重要内容。软胶囊剂中药物的溶出度受 pH、粒径等多种因素的影响。不同药物的软胶囊剂应有不同的溶出度指标。

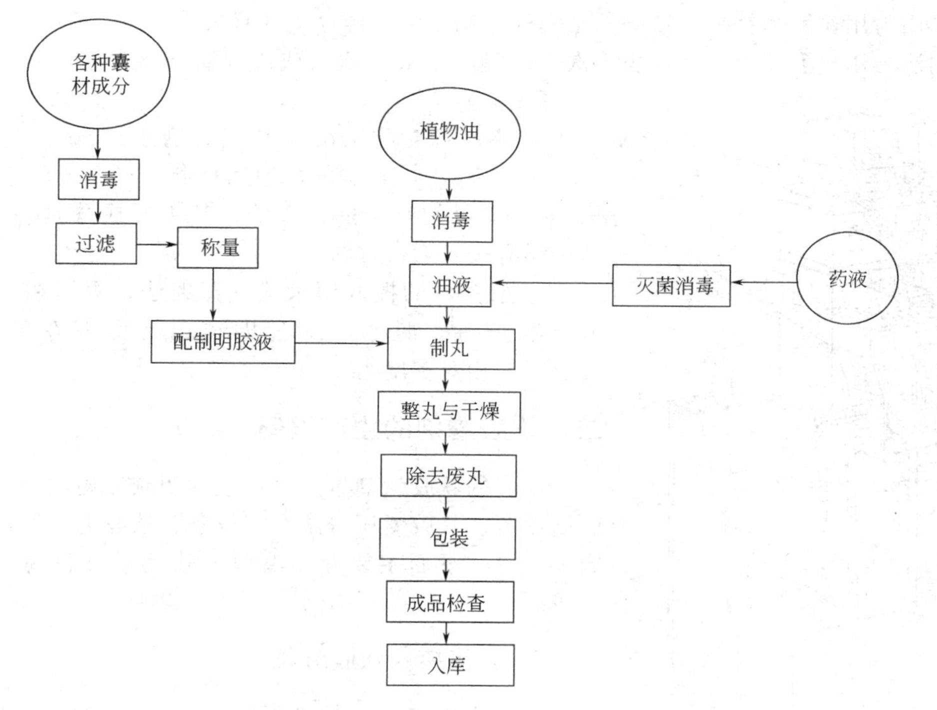

图 6-22 滴制法制备软胶囊的生产工艺流程

凡规定检查溶出度的胶囊剂可不再检查崩解时限。

（5）卫生标准　不得检出大肠埃希菌及其他致病菌，全含生药原粉者，细菌数不得超过50000 个/g。霉菌数不得超过 500 个/g。部分含生药原粉者，细菌不得超过 10000 个/g，霉菌不得超过 500 个/g。卫生检测方法应按照有关规定执行。

（八）软胶囊剂制备举例

例 6-3　牡荆油软胶囊

【处方】牡荆油（95%）1000g，食用植物油 3000g。

【制法】

① 明胶液的制备。明胶 100g、甘油 30g、水 130g。取明胶加入适量水使其吸水膨胀。另将甘油及余下的水置煮胶锅中加热至 70～80℃，混合均匀，加入的膨胀明胶搅拌，熔融，保温 1～2h 静量，使泡沫上浮，刮去上浮的泡沫，以洁净白布过滤，保温待用。配成胶液的黏度，一般为 28～32mPa·s，但应随季节灵活掌握。

② 油液的制备。称取牡荆油经加热灭菌，并与澄清的食用植物油充分搅匀即得。

③ 制丸。将已制好的明胶甘油，置适宜容器中控制在 60℃左右，将牡荆油放入油箱内，液状石蜡温度 10～17℃为宜（低于 10℃易乳化，高于 17℃则冷却不足），室温 10～20℃，滴头温度 40～50℃；开始滴丸时胶皮重量及厚薄均匀应调节好，使符合要求，再正式生产。

④ 整丸与干燥。滴出的胶丸先均匀摊于纱网上，在 10℃以下低温吹风 4h 以上，再置于擦丸机擦去表面液状石蜡，然后再在 10℃以下低温吹风 20h 以上取出。用乙醇-丙酮（5∶1）的混合液或石油醚的溶液洗去胶丸表面油层后吹干洗液，再在 40～50℃下干燥约 24h。取出干燥的胶丸，灯检，除去废丸后，用 95%乙醇洗涤，再在 40～50℃下吹干，送化验后，即可包装。

【作用与用途】为祛痰、镇咳、平喘药。用于治疗慢性支气管炎等。

【用法与用量】口服。常用量1次1～2粒，1日3次，或遵医嘱。

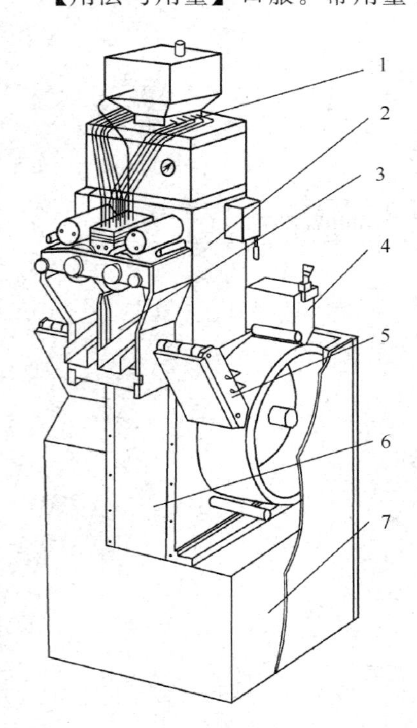

图6-23 滚模式软胶囊机外形
1—供料斗；2—机头；3—下丸器；4—明胶盒；5—油辊；6—机身；7—机座

【注解】

① 本品每丸重80mg，内含牡荆油20mg。

② 牡荆为马鞭草科牡荆属植物（v. *cannabifoliasieb et. zucc*），牡荆叶中的挥发油，其主要成分是β-丁香烯，其余还有桉叶素、柠檬烯、丁香酚等。

③ 牡荆油的提取用水蒸气蒸馏法，再用油水分离器分出牡荆油，脱水，滤过即得。收得率在0.06%～0.11%，相对密度为0.89～0.91。

二、软胶囊剂的生产设备

成套的软胶囊剂生产设备包括明胶液熔制设备、药液配制设备、软胶囊压（滴）制设备、软胶囊干燥设备、回收设备等。下面主要介绍滚模式软胶囊机和滴制式软胶囊机。

（一）滚模式软胶囊机

滚模式软胶囊机的外形见图6-23。主要由软胶囊压制主机、输送机、干燥机、电控柜、明胶桶和料桶等多个单体设备组成，各部分的相对应位置如图6-24所示，药液桶6、明胶桶7吊置在高处，按照一定流速向主机上的明胶盒和供药斗内流入明胶和药液，其余各部分则直接安置在工作场地的地面上。

下面介绍其主要机构的结构原理。

1.胶带成型装置

由明胶、甘油、水及防腐剂、着色剂等附加剂加热熔制而成的明胶液，放置于吊挂着的明胶桶中，将其温度控制在60℃左右。明胶液通过保温导管靠自身重量流入到位于机身两侧的明胶盒中。明胶盒是长方形的，其纵剖面如图6-25所示。通过将电加热元件置于明胶盒内而使得盒内明胶保持在36℃左右，使其恒温，既能保持明胶的流动性，又能防止明胶液冷却凝固，从而有利于胶带的生产。在明胶盒后面及底部各安装了一块可以调节的活动板，通过调节这两块活动板，使明胶盒底部形成一个开口。通过前后移动流量调节板1来加大或减小开口使胶液流量增大或减小，通过上下移动厚度调节板2，调节胶带成形的厚度。明胶盒的开口位于旋转的胶带鼓轮的上方，随着胶带鼓轮的平稳转动，明胶液通过明胶盒下方的开口，依靠自身重量涂布于胶带鼓轮的外表面上。鼓轮的宽度与滚模长度相同。胶带鼓轮的外表面很光滑，其表面粗糙度≤0.8μm。要求胶带鼓轮的转动平稳，从而保证生成的胶带均匀。有冷风（温度在8～12℃较好）从主机后部吹入，使得涂布于胶带鼓轮上的明胶液在鼓轮表面上冷却而形成胶带。在胶带成型过程中还设置了油辊系统，保证胶带在车机器中连续、顺畅地运行，油辊系统是由上、下两个平行钢辊引胶带行走，有两个“海绵”辊子在两钢辊之间，通过辊子中心供油，为了使胶带表面更加光滑，可以利用“海绵”毛细作用吸饱可食用油并涂敷在经过其表面的胶带上。

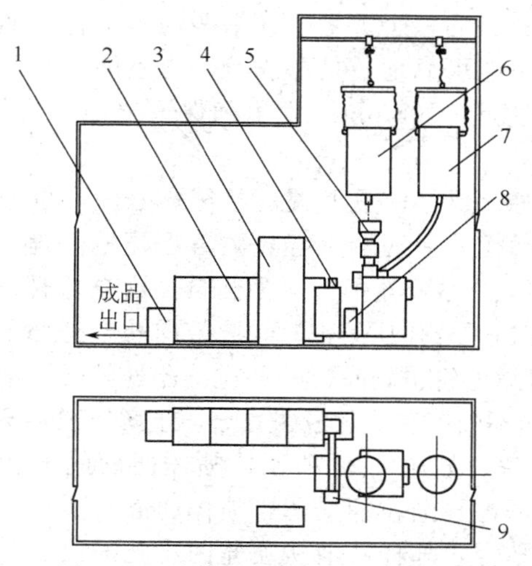

图 6-24　滚模式软胶囊机总体布置

1—风机；2—干燥机；3—电控柜；4—链带输送机；5—主机；6—药液桶；7—明胶桶；8—剩胶桶；9—废囊桶

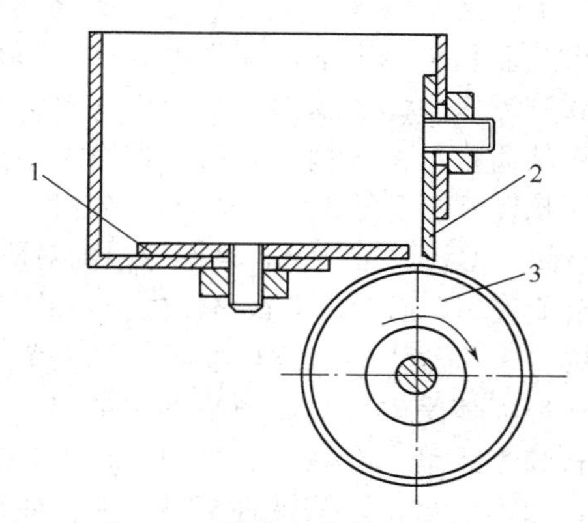

图 6-25　明胶盒纵剖面示意图

1—流量调节板；2—厚度调节板；3—胶带鼓轮

2. 软胶囊成型装置

制备成型的连续胶带，经过油辊系统和导向筒，被送到两个辊模与软胶囊机上的楔形喷体之间。见图 6-26，喷体 2 的曲面与胶带良好贴合，形成密封状态，从而使空气不能够进入到已成型的软胶囊内。在运行过程中，一对滚模按箭头方向同步转动，喷体则静止不动，滚模的结构如图 6-27 所示，有许多凹槽（相当于半个胶囊的形状）均匀分布在其圆周的表面，在滚模轴向凹槽的排数与喷体的喷药孔数相等，而滚模周向上凹槽的个数和供药泵冲程的次数及自身转数相匹配。当滚模转到对准凹槽与楔形喷体上的一排喷药孔时，供药泵即将药液通过喷体上的一排小孔喷出。因喷体上的加热元件的加热使得与喷体接触的胶带变软，依靠喷射压力使两条变软的胶带与滚模对应的部位产生变形，并挤到滚模凹槽的底部，为了方便胶带充满凹槽，在每个凹槽底部都开有小通气孔，这样，由于空气的存在而使软胶囊很饱满，当每个滚模凹槽内形成了注满药液的半个软胶囊时，凹槽周边的回形凸台（高 0.1～0.3mm）随着两个滚模的相向运转，两凸台对合，形成胶囊周边上的压紧力，使胶带被挤压黏结，形成一颗颗软胶囊，并从胶带上脱落下来。

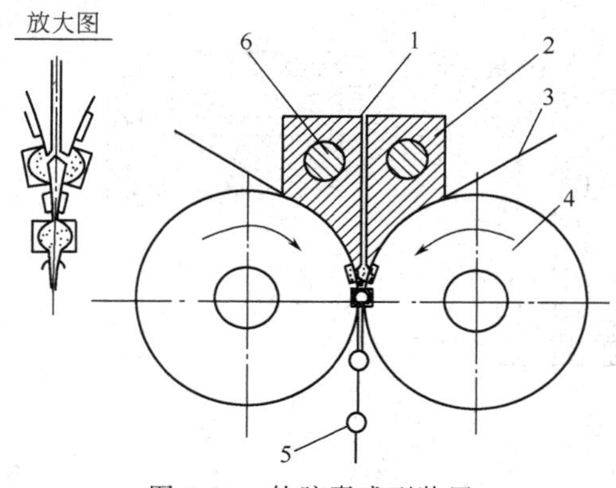

图 6-26　软胶囊成型装置

1—药液进口；2—喷体；3—胶带；4—滚模；5—软胶囊；6—电热元件

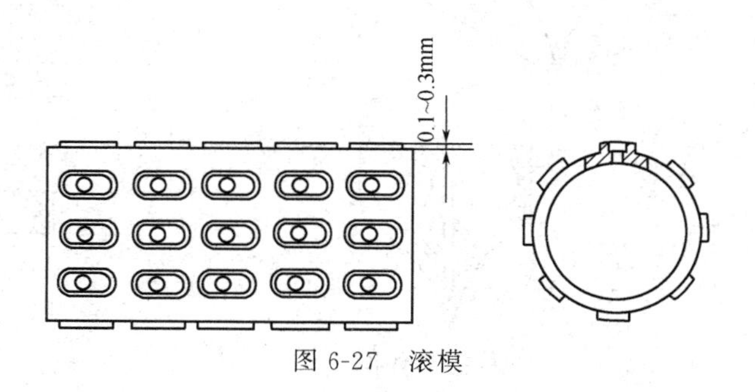

图 6-27　滚模

两个滚模主轴的平行度，是保证生产正常软胶囊的一个关键。如果两轴不平行，那么两个滚模上的凹槽及凸台不能够良好地对应，胶囊不能可靠地被挤压黏合，也不能顺利地从胶带上脱落。通常滚模主轴的平行度要求在全长不大于0.05mm。为了确保滚模能均匀接触，需在组装后利用标准滚模在主轴上进行漏光检查。

软胶囊机中的主要部件是滚模，它的设计与加工既影响软胶囊的接缝黏合度，也会影响软胶囊的质量。由于接缝处的胶带厚度小于其他部位，有时会在经过贮存及运输过程中，产生接缝开裂漏液现象，主要是因为接缝处胶带太薄，黏合不牢所致。当凸台高度合适时，凸台外部空间基本被胶带填满，当两滚模的对应凸台互相对合挤压胶带时，胶带向凸台外部空间扩展的余地很小，而大部分被挤压向凸台的空间。接缝处将得到胶带的补充，此处胶带厚度可达其部位的85%以上。若凸台过低，那么就会产生切不断胶带，软胶囊黏合不上等不良后果。

楔形喷体是软胶囊成型装置中的另一关键设备。如图6-28所示，喷体曲面的形状将会影响软胶囊质量。在软胶囊成型过程中，胶带局部被逐渐拉伸变薄，喷体曲面与滚模外径相吻合，如不能吻合，胶带将不易与喷体曲面良好贴合，那样药液从喷体的小孔喷出后，就会沿喷体与胶带的缝隙外渗，既降低软胶囊接缝处的黏合强度，又影响软胶囊质量。

在喷体内装有管状加热元件，与喷体均匀接触，从而保证喷体表面温度一致，使胶带受热变软的程度处处均匀一致，当其接受喷挤药液后，药液的压力使胶带完全地充满滚模的凹槽。滚模上凹槽的形状、大小不同，即可生产出形状、大小各异的软胶囊。

3. 药液计量装置

制成合格的软胶囊的另一项重要技术指标是药液装量差异的大小，要得到装量差异较小的软胶囊产品，首先需要保证向胶囊中喷送的药液量可调；其次保证供药系统密封可靠，无漏液现象。使用的药液计量装置是柱塞泵，其利用凸轮带动的10个柱塞，在一个往复运动中向楔形喷体中供药两次，调节柱塞行程，即可调节供药量大小。

4. 剥丸器

在软胶囊经滚模压制成型后，有一部分软胶囊不能完全脱离胶带，此时需要外加一个力使其从胶带上剥离下来，所以在软胶囊机中安装了剥丸器，结构如图6-29所示，在基板上面

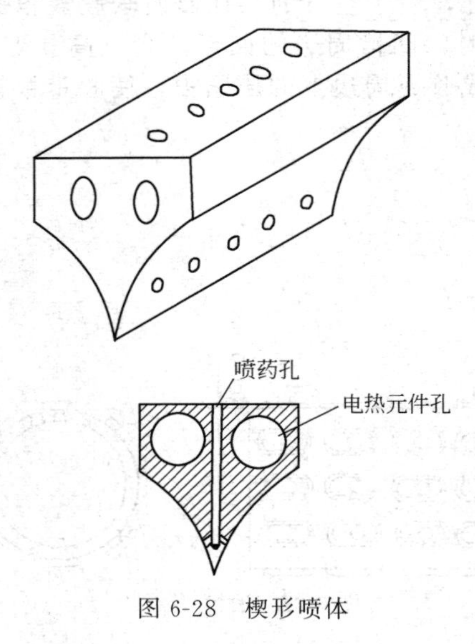

图6-28 楔形喷体

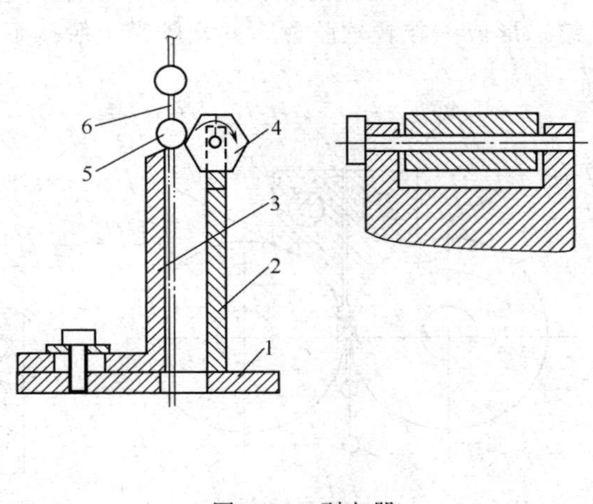

图6-29 剥丸器

1—基板；2—固定板；3—调节板；4—滚轴；
5—胶囊；6—胶带

焊有固定板，将可以滚动的六角形滚轴安装在固定板上方，利用可以移动的调节板控制滚轴与调节板之间的缝隙，一般将两者之间缝隙调至大于胶带厚度、小于胶囊外径，当胶带通过缝隙间时，靠固定板上方的滚轴，将不能够脱离胶带的软胶囊剥落下来。被剥落下来的胶囊沿筛网轨道滑落到输送机上。

5. 拉网轴

在软胶囊的生产中，软胶囊不断地从胶带上剥离下来，同时产生出网状的废胶带，需要回收和重新熔制，为此在软胶囊机的剥丸机下方安装了拉网轴，将网状废胶带拉下，收集到剩胶桶内。其结构如图 6-30 所示，焊一支架在基板上，其上装有滚轴，在基板上还安装有可以移动的支架，其上装有滚轴。两个滚轴与传动系统相接，并能够相向转动，两滚轴的长度均长于胶带的宽度。在生产中，首先将剥落了胶囊的网状胶带夹入两滚轴中间，通过调节两滚轴的间隙，使间隙小于胶带的厚度，这样当两滚轴转动时，就将网状废胶带垂直向下拉紧，并送入下面的剩胶桶内回收。

（二）滴制式软胶囊机

滴制式胶囊机是将胶液与油状药液两相通过滴丸机喷头按不同速度喷出，当一定量的明胶液将定量的油状液包裹后，滴入另一种不相混溶的冷却液中。胶液接触冷却液后，由于表面张力作用而使之形成球形，并逐渐凝固成软胶囊。滴制法制备软胶囊的装置见图 6-31，主要由药液贮槽、定量控制器、喷头和冷却器、电气自控系统、干燥部分组成，其中双层喷头外层通入 75～80℃的明胶溶液，内层则通入 60℃的油状药物溶液。在生产中，喷头滴制速度的控制十分重要。

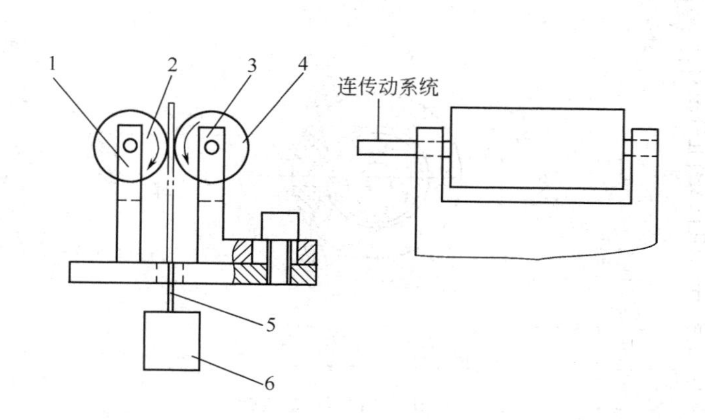

图 6-30　拉网轴

1—支架；2,4—滚轴；3—可调支架；5—网状胶带；6—废胶桶

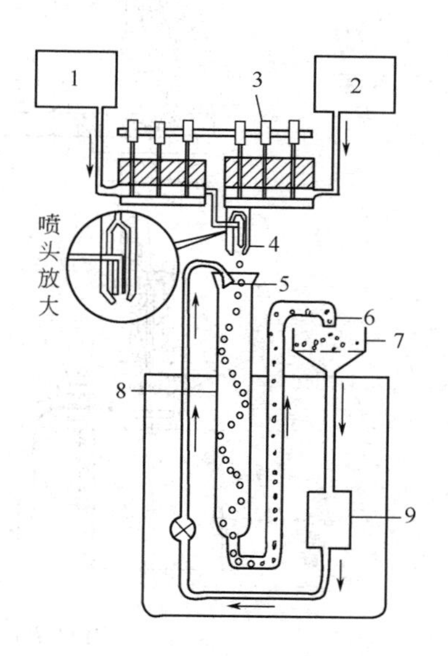

图 6-31　滴制法制备软胶囊的装置

1—药液贮槽；2—明胶液贮槽；3—定量控制器；4—喷头；5—冷却液石蜡出口；6—胶囊出口；7—胶囊收集器；8—冷却管；9—液状石蜡贮箱

在软胶囊的滴制过程中，其分散装置包括凸轮、连杆、柱塞泵、喷头、缓冲管等，如图6-32所示。明胶与油状药液分别由柱塞泵3喷出，明胶通过连管由上部进入喷头4、药液经过缓冲管6由侧面进入喷头4，两种液体垂直向下喷到充有稳定流动的冷却液的视盅5内，若操作得当，经过冷却系统内的冷却液的冷却固化，即可得球形软胶囊。柱塞泵内柱塞的往复运动由凸轮1通过连杆2推动完成，两种液体喷出时间的调整由调节凸轮的方位确定。

图6-33是喷头结构，在软胶囊制造中，明胶液与油状药物的液滴分别由柱塞泵压出；将药物包裹到明胶液模中以形成球形颗粒，这两种液体应分别通过喷头套管的内、外侧，在严格的同心条件下，先后有序地喷出才能形成正常的胶囊，而不致产生偏心、拖尾、破损等不合格现象。如图6-33所示，药液由侧面进入喷头并从套管中心喷出，明胶从上部进入喷头，通过两个通道流至下部，然后在套管的外侧喷出，在喷头内两种液体互不相混。从时间上看两种液体喷出的顺序是明胶喷出时间较长，而药液喷出过程应位于明胶喷出过程的中间位置。在软胶囊的制备中，明胶液和药液的计量可采用泵打法。泵打法计量可采用柱塞泵或三柱塞泵。最简单的柱塞泵如图6-34所示。泵体2中有柱塞1可以做垂直方向上的往复运动，当柱塞1上行超过药液进口时，将药液吸入，当柱塞下行时，将药液通过排出阀3压出，由出口管5喷出，喷出结束时出口阀的球体在弹簧4的作用下，将出口封闭，柱塞又进入下一个循环。

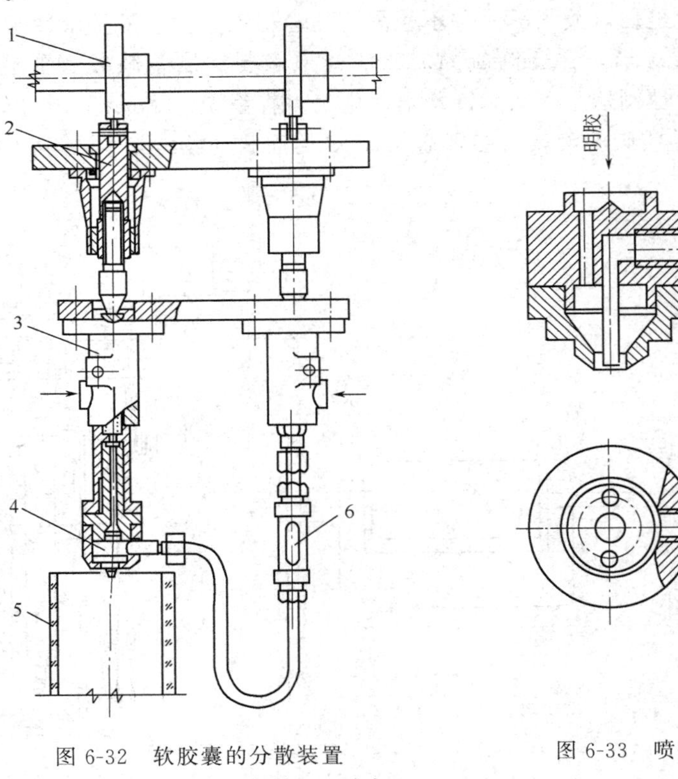

图6-32 软胶囊的分散装置

1—凸轮；2—连杆；3—柱塞泵；4—喷头；5—视盅；6—缓冲管

图6-33 喷头结构

目前使用的柱塞泵的另一种形式如图6-35所示。该泵的机构是采用动力机械的油泵原理。当柱塞4上行时，液体从进油孔进入柱塞下方，待柱塞下行时，进油孔被柱塞封闭，使室内油压增高，迫使出油阀6克服弹簧7的压力而开启，此时液体由出口管排出，当柱塞下行至进油孔与柱塞侧面凹槽相通时，柱塞下方的油压降低，在弹簧力的作用下出油阀将出口管封闭。喷出的液量由齿杆 5 控制柱塞侧面凹槽的斜面与进油孔的相对角度来调节。该泵优点是可微调喷出量，因此滴出的药液剂量更准确。

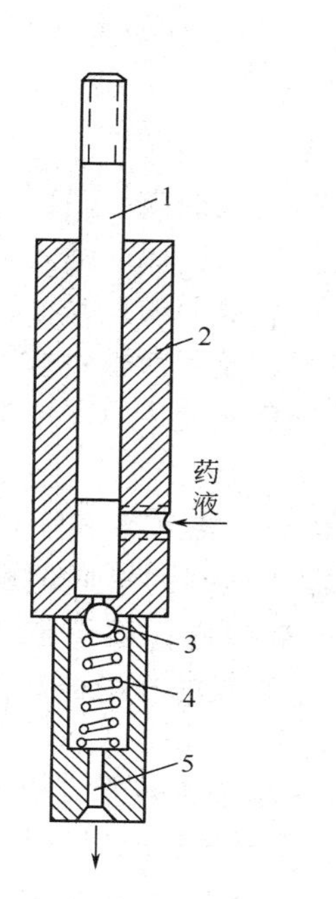

图 6-34　柱塞泵（一）

1—柱塞；2—泵体；3—排出阀；
4—弹簧；5—出口管

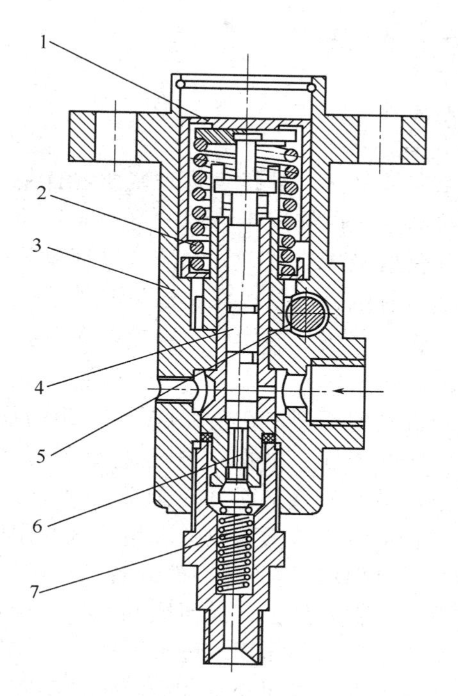

图 6-35　柱塞泵（二）

1—弹簧座；2—柱塞弹簧；3—泵体；4—柱塞；
5—齿杆；6—出油阀；7—出油阀弹簧

三柱塞泵见图 6-36，在泵体中有三个柱塞，主要起吸入与压出作用的为中间柱塞，其余两个相当于吸入与排出阀的作用。通过调节推动柱塞运动的凸轮方位来调节三个柱塞运动的先后顺序，即可由泵的出口喷出一定量的液滴。

软胶囊与其他剂型相比具有生物利用度高、密封性好、含量准确、外形美观的特点，是一种很有发展前途的剂型。但是，中药软胶囊目前还仅停留在制备性研究，其制剂的稳定性、生物利用度及基础性研究几乎空白。国内“软胶囊热”的兴起，在制备理论、制剂技术、制造机械等方面都有待研究和发展，这对解决我国软胶囊品种少（仅占世界量的 1%）、产量低（占世界量的 6%）的现状，及对软胶囊多剂型开发、提高质量均有积极意义。

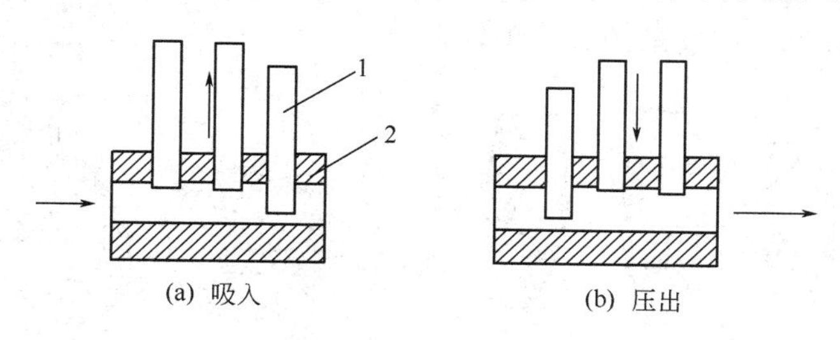

图 6-36　三柱塞泵

1—柱塞；2—泵体

第三节　栓剂生产工艺技术与设备

一、栓剂生产工艺技术

（一）概述

栓剂也称塞药或坐药，是指药物和基质混合制成，专供纳入肛门、阴道等腔道的一种固体剂型，其形状与重量因施用于不同腔道而异。栓剂在常温下为固体，纳入人体腔道后，在体温下能迅速软化熔融或溶解于分泌液，逐渐释放药物而产生局部或全身作用。在制备栓剂时，其药物与基质应混合均匀；在常温下其外形应光滑完整，无刺激性；塞入腔道后，应能融化、软化或溶化；有适宜的硬度及弹性，避免在包装、贮藏或使用时变形等。

1. 栓剂的发展

栓剂是一种古老的剂型，在公元前1550年的埃及《伊伯氏纸草本》中即有记载。中国使用栓剂也有悠久的历史，早在《史记-仓公列传》中有类似栓剂的早期记载；东汉张仲景的《伤寒杂病论》中载有蜜煎导方，就是用于治疗便秘的肛门栓；晋代葛洪的《肘后备急方》中有用半夏和水为丸纳入鼻中的鼻用栓剂和用巴豆鹅脂制成的耳用栓剂；其他如《证治准绳》《千金方》等也载有类似栓剂的制备和应用。

如今，在现代技术条件下，经研究和开发，栓剂的应用越来越普及。栓剂应用的历史已很悠久，但主要认为起局部作用。随着医药事业的发展，逐渐发现栓剂不仅能起局部作用，而且还可以通过直肠等吸收起全身作用，从而治疗各种疾病。此外还可以避免肝脏的首关消除作用。由于新的基质的不断出现和使用机械大量生产，以及新型的单个密封包装技术等，近几十年来国内外生产栓剂的品种和数量不断增加，中药栓剂不断涌现，有关栓剂的研究报道也日益增多。

2. 栓剂的分类

根据栓剂的作用部位不同可以将其分为肛门栓和阴道栓。此外还有尿道栓，但现在很少使用，在此不做介绍。这两种栓剂的形状和大小也各不相同。

① 肛门栓。肛门栓的形状有圆锥形、圆柱形、鱼雷形等，如图6-37所示。

每颗重约2g，长3～4cm，其中以鱼雷形较好，此形状的栓剂塞入肛门后，由于括约肌的收缩容易抵向直肠内。儿童用栓剂重约1g。

② 阴道栓。亦称阴道弹剂，其形状有球形、卵形、鸭嘴形等，如图6-38所示，其主要用于阴道疾病的局部治疗作用。阴道栓每颗重2～5g，直径1.5～2.5cm，其中以鸭嘴形较好，因相同重量的栓剂，鸭嘴形的表面积较大。

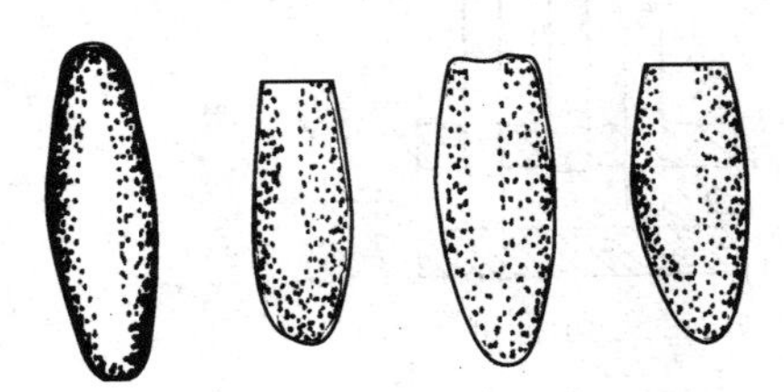

图6-37　肛门栓

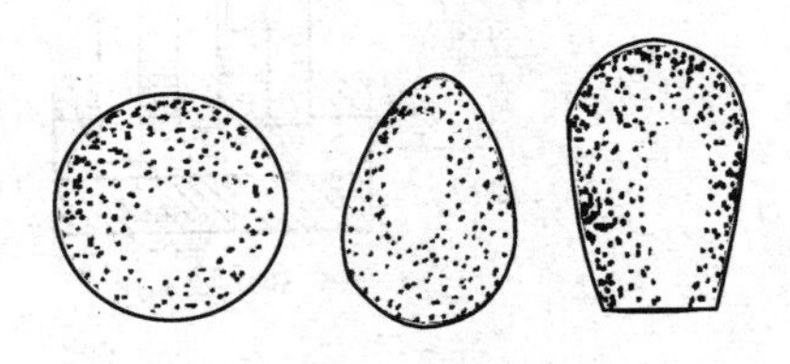

图6-38　阴道栓

根据栓剂的作用将其分为两种。

① 在腔道起局部作用的，可以起到润滑、收敛、杀虫、止痒、抗菌消炎、局部麻醉等作用，例如紫珠草栓、苯佐卡因栓、甘油栓、蛇黄栓等。

② 另外一种是主药被腔道吸收至血液发挥全身作用，例如镇痛、镇静、兴奋、扩张支气管和血管、抗菌作用，如氨哮素栓、苯巴比妥钠栓、吗啡栓即属此类。

除了普通栓剂以外，还有以控释为目的的双层栓剂、中空栓剂、泡腾栓剂、凝胶缓释剂、微囊栓剂、不溶栓剂（骨架控释栓）、渗透泵栓剂等。下面作简单介绍。

① 泡腾栓剂。将包泡剂例如碳酸氢钠和乙二酸作为辅料加入栓剂中，使用时遇水产生泡腾作用，例如肛愈Ⅰ号栓，不仅使释药速度加快，而且有利于药物的分布和渗入黏膜皱襞，特别适用于制备阴道栓。

② 凝胶缓释剂。可以分为干凝胶栓剂和亲水凝胶栓剂。干凝胶栓剂比较坚硬，可注模成型，遇水后可吸收水分，体积膨胀至原来体积的 2～4 倍，柔软而富弹性。亲水性凝胶由乙烯氧化物交联而成，不溶于水，具有生物黏附性、亲水性、生物学惰性。凡是水溶性或能溶于乙醇的药物均可采用亲水凝胶为载体，药物释放规律可重复。

③ 微囊栓剂。首先将药物制成微囊，然后再与基质混合制成栓剂。微囊囊材和制备方法决定控释效果。例如吲哚美辛缓释栓是以明胶为囊材，采用单凝聚法将吲哚美辛制成微囊，再将微囊与基质混合制成栓剂。微囊栓剂有血药浓度稳定、维持时间长的特点。

④ 双层栓剂。由两层组成，能适应临床治疗疾病的需要或不同性质药物的要求。可以将其分为两种：一种为上、下两层，分别由含有相同药物的不同基质组成，或分别由空白基质与含药基质组成，以便达到控释目的；另一种是内外两层各含不同的药物，外层先释放药物，栓剂先后发挥两种药物的作用。

⑤ 中空栓剂。外壳为空白基质或含药基质，中空部分填充液体或固体药物，可达到快速释药的目的。

⑥ 不溶栓剂。用具有可组性的不溶性高分子材料制成，由于骨架材料在体内不溶解，可以起到缓释作用。

⑦ 渗透泵栓剂。利用渗透压原理制成，由既可透过水分，也可透过药物的微孔膜，渗透压产生剂，可透过水分不能透过药物的半透膜及药物组成。进入人体后，水分进入栓剂产生渗透压，压迫贮药库使得药液透过半透膜上的小孔释放出来。它的优点是能在一定时间内保持血药浓度稳定。

此外，还有海绵栓剂、牙科用栓等。

3. 栓剂的作用特点

栓剂进入人体的腔道后，必须在体温下融化、软化和溶化，并能与体腔内分泌液相混合，逐渐释放出药物，使药物溶解或分散在体液中，才能在给药部位被吸收，产生药理作用。

栓剂药物分不需通过吸收进入血液循环，只在给药的局部发挥作用的和经直肠吸收进入血液循环，发挥全身性药物作用的两种。栓剂作用主要有以下一些特点：

① 可避免对胃的刺激作用；

② 药物直肠吸收，不像口服液药物易受肝脏首关作用而被破坏；

③ 药物不受胃肠道 pH 值或消化酶的破坏；

④ 对不能或不愿吞服药物的患者或儿童，是一种较为方便的有效的给药途径；

⑤ 对伴有呕吐的患者的治疗为一有效途径；

⑥ 直肠吸收比口服干扰因素少。

栓剂给药的主要缺点：使用不如口服方便，使用后患者可能不习惯；栓剂生产成本比片剂、胶囊剂高，生产效率低。

（二）栓剂的基质

栓剂的基质的作用是负载药物和给药物以赋形，其对药物的释放速度和药物的作用，以及栓剂的性质有着重要影响。剂型特性对基质有着特殊的要求：①基质在室温下有适宜的硬度和韧性，其塞入腔道时不变形和碎裂；②基质在体温下应易于融化、软化、溶化、能与体液混合或溶于体液；③基质不与药物反应，性质稳定，不妨碍主要作用及含量测定；④具有润湿或乳化能力，水值较高；⑤对黏膜无刺激性，无毒性，无过敏性，其释药速度符合治疗的要求，如果是产生局部作用的须进入腔道后能迅速释药；⑥不因晶形的转化而影响栓剂的成型；⑦本身要求稳定，贮藏不影响生物利用度，不发生理化性质的变化，不易长霉变质；⑧适用于冷压法和热熔法制备栓剂；⑨基质的凝固点与熔点的间距不易过大，油脂性基质的酸价应在 0.2 以下，皂价应在 200～245 间，碘价低于 7。

以上要求不可能完全满足，选择基质时，还需根据用药目的和药物性质等来决定。常用的基质分为油脂性基质、水溶性基质、亲水性基质三大类。在栓剂处方设计时，出于药理或生产的需要，还会添加一些附加剂，例如防腐剂、硬化剂、乳化剂、着色剂、增黏剂以及熔距修正剂（调节热带地区用栓剂的基质熔点）等，下面分别介绍。

1. 油脂性基质

（1）可可豆油（可可脂）　本品为梧桐科植物可可树的种仁经烘烤、压榨而制得的固体脂肪。在常温下是黄白色固体。气味较好，熔点为 29～34℃，无刺激性，能与多种药物配伍而不发生禁忌。当其加热至 25℃时即开始软化，在体温状态时，能迅速熔化，是较佳的栓剂基质。在 10～12℃时性脆而容易被粉碎成粉末。其粉末可以和许多药物混合制成可塑性团块，如果加入 10%以下的羊毛脂能使其可塑性增加。

本品为脂肪酸的三酸甘油酯，主要为硬脂酸酯、油酸酯、棕榈酸酯等的混合物，及其他少量不饱和酸。本品有时因产地的不同而组成有所改变。因为所含各种酸的比例不同，形成的甘油酯混合物的熔点及释放药物速度等均不一致。该物质（可可豆油）具有同质多晶的性质，有 α、β、β' 及 γ 四种结晶。α、γ 两种晶型不稳定，熔点分别是 22℃和 18℃；β 型较稳定，熔点 34℃，三者因温度不同而转变，最终都转化为 β 型。故可可豆油在加热时必须注意加热温度，当温度超过 36℃时可使得该物质的熔点降低；在室温条件下成品易变软难成型，甚至熔化。在加热时，应缓缓升温加热，待熔化 2/3 时，停止加热，让余热使其完全熔化，从而减少转型的可能性；同时也可以在室温下放置两周后，不稳定晶型能转变成稳定晶型。

有些药物例如樟脑、水合氯醛、薄荷脑、苯酚等能使可可豆油的熔点降低，当加入适量的蜂蜡、鲸蜡从而提高其熔点。鲸蜡的常用量为 20%～28%；蜂蜡的常用量为 3%～6%。

可可豆油与药物的水溶液不相混合，但是加入适量的乳化剂制成乳剂基质，例如用 5%～10%羊毛脂或 2%的胆甾醇制成乳剂基质，使得 10%～20%水溶液乳化；与亲水性乳化剂例如硬脂酸钠、月桂醇硫酸钠、卵磷脂合用时可以制成 O/W 型乳剂基质，能够吸收大约 25%的水溶液。在乳化基质中药物释放速度更快。

从上面叙述可以看出，可可豆油仍然是较理想的栓剂基质。但因其价格昂贵，所以国内生产不多，使用也不广泛，多用其半合成或天然的脂肪性基质代用。其常用的代用天然油脂有乌柏脂、香果脂等。

（2）乌柏脂　该物质是由大戟科植物乌柏树的种子外层制得的一种固体脂肪，通过精制而制得。本品为白色或黄白色固体，有特臭，无刺激性。因其熔点较高，为 38～42℃，故可将乌柏脂加热至 40℃恒温 22h 后，用两层中速定性滤纸为滤材，压滤，流出的油在室温条件下自然凝固，熔点为35℃，符合栓剂基质要求。本品成分为甘油酯，是由二分子棕榈酸及一分子油酸和甘油形成的酯，此外还含有少量三棕榈酸甘油酯等，后者的熔点较高，压滤法主要是除去高熔点物。该物质在100℃以下的温度熔融时，对其软化点及熔点影响很小，贮存时不变质。当加入适量苯酚和水合氯醛等亦能降低其熔点、软化点，它的释放药物的速度比可可豆油慢。

（3）半合成或全合成脂肪酸甘油酯　是目前一类较理想的油脂性栓剂基质。主要由天然植物油，例如棕榈种子油、椰子种子油等经水解、分馏所得。其化学组成是12～18碳的饱和混合脂肪酸甘油酯，主要是三酸甘油酯，其中也含有单酯和双酯。这类油酯称为半合成脂肪酸酯。该类物质具有不同的熔点，可按不同药物的要求来选择；乳化水分的能力较强，可以制备乳剂型基质；熔点距较短，抗热性能较好；碘值与过氧化值很低，在贮存中较稳定。是目前取代天然油脂的较理想的栓剂基质，其使用量已达80%～90%，其品种有20～30种。国内已生产的有半合成棕榈油酯、半合成椰子油脂、半合成山苍子油脂等。其他类似的合成产品有脂肪酸甘油酯及硬脂酸丙二醇酯等，是由化学品直接合成的酯类。

2. 水溶性及亲水性基质

（1）甘油明胶　是由明胶、甘油、水组成。将60～65g的甘油与10g蒸馏水混合，再加入25～30g的明胶，混合均匀，在水浴上加热融合而制得，蒸去大部分水，放冷后凝固。

甘油明胶基质有许多优点：有弹性，不易折断，且在体温下不融化，但塞入腔道后可缓缓溶于分泌液中，延长药物的疗效。其溶出速度与明胶、甘油、水三者用量有关，水与甘油含量越高越易溶解且甘油具有保湿作用，防止栓剂干燥变硬。一般情况下明胶与甘油量相等，水的含量在10%以下，水分过多成品变软。

本品常用做阴道栓剂的基质。中药的浓缩液或细粉，也经常用甘油明胶为基质制成中药栓剂。例如复方蛇麻子栓，采用甘油明胶作基质制成栓剂在阴道局部起作用。明胶是胶原的水解产物，属蛋白质，能够与蛋白质产生配伍禁忌的药物，例如重金属盐、鞣酸等均不能使用甘油明胶作栓剂的基质。

（2）聚乙二醇类　也称碳蜡，是一类由环氧乙烷聚合而成的杂链聚合物。分子量300～6000者均在药剂学中使用。本类基质随聚合度不同，分子量不同，物理性状也不一样。分子量为200、400、600者为透明无色液体；随分子量的增加，逐渐呈半固体到固体，熔点也随之升高，例如分子量为1000，其熔点为38～40℃，分子量为1540，其熔点为42～46℃，分子量为4000者为固体，其熔点为53～56℃，为蜡状，分子量为6000者，其熔点为55～63℃。聚乙二醇基质的水溶性、吸湿性、蒸汽压随分子量的增加而下降。若以不同分子量的聚乙二醇，按照一定比例加热融合，可制成适当硬度的栓剂基质。例如聚乙二醇1000为75%、聚乙二醇4000为25%制成基质，药物的释放速度较慢；聚乙二醇1000为96%、聚乙二醇4000为4%制成基质，其熔点较低，释放药物较快。本品无生理作用，在体温条件下不能熔化，但能缓缓溶于体液中而释放药物。其优点是基质在夏天也不软化，不需冷藏。缺点是本类基质有较强的吸湿性，吸潮后栓剂变形，在直肠中溶解缓慢，对肠黏膜有一定的刺激性。为了避免其刺激性，可以加入约20%的水来改善，也可以在纳入腔道前先用水润湿，或在栓剂表面涂一层硬脂醇或鲸蜡醇薄膜。下列处方是最常用的栓剂基质。

【处方1】聚乙二醇4000　　33%

聚乙二醇6000　　47%

水　　　　　　　　20%

【处方2】聚乙二醇1540　　　33%

聚乙二醇6000　　　47%

水　　　　　　　　20%

此混合物的熔点为45～50℃，能与约1/5量的水或溶液混合制栓。聚乙二醇基质栓应在干燥处贮存。

吸湿性试验：将固体、液体聚乙二醇以及两者以一定比例的混合物，干燥至恒重，置于充满饱和硫酸钠溶液的干燥器中（保持湿度恒定），固体聚乙二醇吸湿性最大值为4.6%，液体聚乙二醇为23.6%，混合物的吸湿性介于二者之间。

含30%～50%的液体聚乙二醇的硬度分别为$2.7kg/cm^2$和$2kg/cm^2$，接近或等于可可豆油（$2kg/cm^2$），硬度较为适合。随液体聚乙二醇比例的增多，栓剂在水中的溶解加速。

在制备聚乙二醇栓剂基质时有时会发生黏度变化现象，由此使得栓剂熔化或凝固缓慢，可能是聚乙二醇受热后，分子间部分氢键被破坏使其黏度降低。如果将两种聚乙二醇混合30min后，聚乙二醇变为牛顿流体，几小时后都不能恢复到原来状态。所以，在制备栓剂时需考虑基质混合时间和搅拌速度。经研究聚乙二醇4000的塑性黏度较大，若加入聚乙二醇400能使其塑性黏度下降，一般含30%聚乙二醇400的混合基质最合适。

在制备聚乙二醇型栓剂时，须注意：聚乙二醇不宜与水杨酸、乙酰水杨酸、奎宁、银盐、鞣酸、苯佐卡因、氯碘喹啉、磺胺类配伍。原因是巴比妥钠能够在聚乙二醇中析出结晶，乙酰水杨酸能与聚乙二醇生成复合物，水杨酸能使基质软化。

（3）非离子型表面活性剂　与水性溶液可形成稳定的水包油乳剂基质。此类基质主要包括吐温-60、聚氧乙烯单硬脂酸酯类与泊洛沙姆等。

（三）栓剂的其他附加剂

在制备栓剂时，除去主药和基质，根据需要，有时还需添加适宜的附加剂，例如吸收促进剂、抑菌剂、乳化剂、着色剂、硬化剂等。

（1）吸收促进剂

① 氮酮。是一种高效、无毒的透皮吸收促进剂，也能促进一些药物在直肠的吸收。氮酮为油溶性液体，如果加入量过多，会降低栓剂的熔点，从而使得在制备和使用时产生一定的困难。所以，在制备栓剂时，应从药物直肠吸收和栓剂制备两方面来考虑，来确定其剂量。

② 表面活性剂。表面活性剂是最常用的直肠吸收促进剂。一般采用非离子型表面活性剂来增加药物的亲水性，提高药物的释放速度，例如卖泽-51、司盘-60、吐温-80、吐温-65等。

③ 其他促进剂。芳香族酸性化合物、脂肪族酸性化合物、β-二羧酸酯、乙酰醋酸酯类、氨基酸乙氨衍生物等亦能促进药物在直肠的吸收。

（2）抑菌剂　当栓剂处方中有水溶液或植物浸膏时需加入适宜抑菌剂，防止栓剂长霉、变质，例如对羟基苯甲酸酯类。

（3）抗氧剂　如果栓剂处方中的主药易于氧化变质，可以向栓剂中加入适宜的抗氧剂，常用的有叔丁基茴香醚、没食子丙酸等。

（4）乳化剂　当栓剂处方中有与基质不相混溶的液体时，特别是当其含量大于5%时，需要加入适量的乳化剂，防止分散不均匀或出现分层现象。

（5）增稠剂　如果药物与基质混合时机械搅拌情况不良，或生理上需要时，可以加入适量的增稠剂，例如单硬脂酸甘油酯、氢化蓖麻油硬脂酸铝等。

（6）着色剂　如果栓剂中药物无色，可酌情使用着色剂，便于识别。

（7）硬化剂　如果栓剂过软可加入适量硬化剂，例如硬脂酸、鲸蜡醇、白蜡等。

在使用各种附加剂时要注意避免配伍禁忌，并一定要通过实验确定用量。

（四）栓剂的制备

1. 栓剂的制备工艺流程

熔融基质→加入药物（混匀）→注模→冷却→削平→脱模→质检→包装→成品

2. 栓剂处方设计

拟定处方首先要考虑的是：①局部治疗还是全身治疗；②用药部位是在肛门、阴道或尿道；③希望药物快速作用，还是缓慢作用或持久作用。

栓剂基质首先要考虑栓剂在37℃的水中药物释放度。其次考虑含药基质和主药两者在4℃及室温中的稳定性。

3. 栓剂的小量制备

栓剂的制备方法主要有搓捏法、冷压法及热熔法三种，可以根据所用基质性质的不同而加以选择。若采用脂肪性基质，可使用上述任何一种制法，若采用水溶性基质则采用热熔法制备栓剂。目前最常用的方法是热熔法。

（1）搓捏法　取药物置于研钵中，若为干燥药物，应事先粉碎成细粉；若为浸膏应先用少量适宜的液体使之软化，再加入等量的基质研匀后，再将剩余的基质缓缓加入，一边加一边研磨，使之成为均匀的可塑团块。必要时可以加入适量羊毛脂或植物油以增加可塑性。然后置于瓷板上，用手隔纸搓揉，轻轻加压转动，滚成圆柱体，再根据需要量分割成若干等分，搓捏成适当形状。此法适用于脂肪性基质栓剂，小量临时制备。此法优点是在制备栓剂时，不需要加热熔化，药物均匀分散在介质中，不需要特殊的器械，在任何情况下均能制备。缺点是所得制品的外形不一致，不美观。

（2）冷压法　此法是用器械压制成栓剂。此法与搓捏法相似，先将药物与基质锉末置于冷容器内，均匀混合，然后置于制栓模型机内压成一定形状的栓剂，即得。为了保证压出所需的数目，往往需多加原料10%～20%，所给予的压力亦须一致。常见的制栓剂为卧式机，见图6-39。

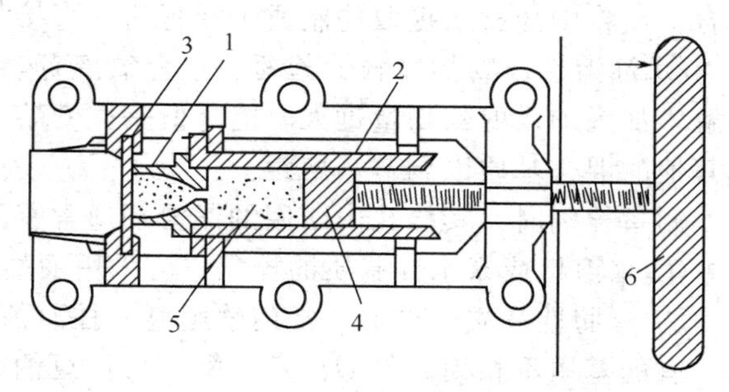

图6-39　卧式制栓机构造

1—模型；2—圆筒；3—平板；4—旋塞；5—药物与基质的混合物；6—旋轮

目前，制备栓剂一般不采用冷压法制备栓剂。该制法优点是所制的栓剂外形美观，可以防止不溶性固体的沉降。该制法缺点是操作缓慢；在冷压过程中容易搅进空气，空气既能影响栓剂的重量差异而且对基质和有效成分亦起氧化作用，不利于工业大生产。

（3）热熔法　此法应用最广泛，水溶性基质及脂肪性基质的栓剂均可用此法制备。首先将模型洗净、擦干，必要时用纱布或精制棉沾润滑剂少许，涂布于模型内部，倒置，使多余的润滑剂流出。将计算量的基质锉末用水浴或蒸汽浴加热熔化，勿使温度过高，然后根据药物性质用不同方法加入药物混合均匀，倾入模型，至稍溢出模口为度，放冷，使完全凝固后，切去溢出部分，开启模型，将栓剂推出。如果栓剂上有多余的润滑剂可以用滤纸吸去。

在采用此法制备栓剂时应当注意：可可豆油熔融达 2/3 时，应立即停止加热而不断搅拌，使之全部熔融而避免过热；熔融的混合物在注入栓模时应迅速，并一次注完，以防止发生液流或流层凝固。栓剂模型如图 6-40 所示，肛门栓除卧式外还有立式模型应用于生产，即由圆孔板和底板构成，每个圆孔对准底板的凹孔，圆孔与凹孔合在一起即整个栓剂的大小。栓模一般用金属制成，表面涂铬或镍，以避免金属与药物发生作用。

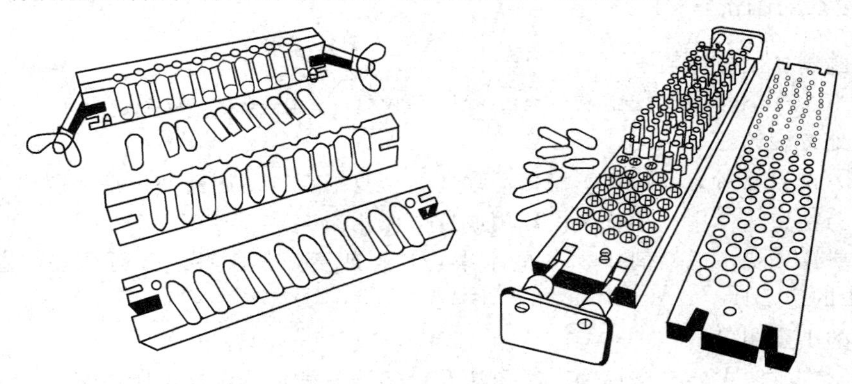

图 6-40　肛门栓剂模型

在制备栓剂时，需选用适合的方法，将药物与基质进行混合，混合时应根据药物的性质、数量、基质的特性等来确定，二者混合时可按下法进行。

① 主药是不溶性的，例如中药细粉、氧化锌、没食子酸铋等，除特殊要求外，一般应预先粉碎成细粉，再与基质混合均匀。细粉应当全部通过 6 号筛。

② 不溶于油脂而溶于水的药物如生物碱、浸膏或与水、甘油容易混合的液体，应置于乳钵中先加入少量蒸馏水或甘油研匀后，再加甘油约制成栓剂重量的一半研匀，然后再加入等量已熔化的水溶性基质中，或加少量水制成浓溶液再用适量羊毛脂吸收后再与脂肪性基质混合；或将中药材水提取物制成干浸膏粉，直接与已熔化的油脂性基质混匀。

③ 油溶性药物如樟脑、苯酚、水合氯醛等，可直接加入已熔化的脂肪性基质中，使之溶解。如果加入的药物量过大时能降低基质的熔点或使栓剂过软，可以加入适量蜂蜡、石蜡或其他的混合基质以调节其熔距。

制备栓剂时，其栓孔内所用的润滑剂通常有两大类。

① 水溶性或亲水性基质的栓剂，应采用油类为润滑剂，例如植物油、液状石蜡等。

② 脂肪性基质的栓剂，常用软肥皂、甘油各 1 份与 95％乙醇 5 份制成的乙醇溶液。

有的基质不粘模，例如聚乙二醇、可可豆油，可以不用润滑剂。

（4）简易栓模法　最近，栓剂生产方法亦废除昂贵的金属模型和包装机械，而代之以塑料和铝箔包装材料，后两种材料既可作制备时用的栓模，又可作包装容器，病人用后即可丢弃。塑料膜是以聚氯乙烯或聚乙烯制成并用脱模材料吸引的。此包装非常适用于热带地区。因高温下贮放，栓剂虽融化，但冷却后还可以保持原来的形状。采用此种栓模可节省制备工序，因而节约时间并降低成本，并且贮藏时无须冷藏。

4. 栓剂的大量生产工艺

在工厂大量生产栓剂时需根据以下要求作标准来选择机械设备：①单位时间的生产量；②生产速度；③选择的机械类型；④手工、半自动化或自动化设备。

目前的大量生产主要采用热熔法并用自动模制机器。在制备过程中，为了获得优良产品，很重要的一环是要有完善的条件和精巧的操作。制定栓剂工艺操作规程时，需注意以下几个问题。

（1）主药与基质的比例、置换价　主药剂量大小必须适合栓剂的大小或重量。通常情况下栓剂模型的容量一般是固定的，但它会因基质或药物的密度不同可容纳不同的重量。一般均以可可豆油为标准。加入药物会占有一定体积，特别是不溶于基质的药物。在栓剂生产中，为了保证投料计算准确，引入置换价的概念（f）。药物的重量与同体积基质重量的比值称为该药物对基质的置换价。

置换价的计算方法为用同一个栓模，设纯基质栓的平均重量为 G，含药栓的平均重量为 M，含药栓中每颗栓的平均含药重量为 w，则 $M-w$ 即为含药栓中的基质重，而 $G-(M-w)$ 即为两种栓剂中基质重量之差，也即为与药物同体积的基质重量。置换价 f 的计算公式为

$$f=\frac{w}{G-(M-w)}$$

式中，w 为每粒栓中主药重量；G 为纯基质的空白栓重量；M 为含药栓重量。

求出置换价后，则制备每粒栓剂所需基质的理论用量（X）为

$$X=G-\frac{w}{f}$$

式中，X 为每粒栓剂所需基质的理论用量；G 为纯基质的空白栓重量；w 表示每粒栓中主药重量；f 为置换价。

在实际生产过程中还需补充操作过程中的损耗。

药物以可可豆油及两种半合成脂肪酸酯（Witepsol 及 Suppocire）为基质的置换价，可以从文献中查到，见表 6-4。

表 6-4　常用药物的可可豆油及半合成脂肪酸酯的置换价

有效药物成分	可可豆油	半合成脂肪酸酯		有效药物成分	可可豆油	半合成脂肪酸酯	
		Witepsol	Suppocire			Witepsol	Suppocire
盐酸吗啡	1.6			磺胺	1.7		
盐酸乙基吗啡		0.71		磺胺噻唑	1.6		
阿司匹林		0.63	0.63	薄荷脑	0.7	1.53	1.53
鱼石脂	1.1	0.91		秘鲁香		0.83	
苯佐卡因		0.68		苯巴比妥	1.2	0.84	
巴比妥	1.2	0.81		苯巴比妥钠		0.62	
蜂蜡		1.00		普鲁卡因		0.80	
硼酸		0.67		茶碱		0.63	0.88
磷酸可待因		0.8	0.8	氨茶碱	1.1		
樟脑	2.0	1.49	1.49	次没食子酸铋	2.7	0.37	
氨基比林	1.3			次硝酸铋		0.33	
蓖麻油	1.0			次碳酸铋	4.5		
水合氯醛	1.3			氧化锌	4.0	0.2	
盐酸可卡因	1.3			盐酸奎宁	1.2		0.83
碘仿	4.0			甘油	1.6		0.78
阿片粉	1.4			可可碱			0.55
醋酸铅	2.5			鞣酸	1.6		
酚	0.9						

注意置换价与药物粒子大小有关，同一药物粒子越小，它的置换价就越小。

（2）基质的熔融　称取均匀的基质放置于装有恒温搅拌器的熔融桶中，在循环热水组成的加热格栅上加热（注意防止局部过热），一般熔融的基质达 50℃，能够保留稳定的晶种不

被破坏而有利于栓剂的冷却固化。

（3）主要成分的处理　①粉碎。大多数不溶性的主要成分必须采用适宜的机械将其微粉化，使其具有一定的细度。②晶形。首先要确定结晶的类型，了解其对直肠的耐受性，尤其是药理活性。③湿度。主要成分必须是无水的或含水量很低，保证基质和主要成分的稳定性。④混合。必须将混合物均匀混合。对所用的附加剂也要准确使用。对于在长时间处于高温时容易产生降解或挥发损失的制品，则需最后加入。

（4）熔融基质与主要成分的混合　基质熔融前先需分割成小块，其与主成分的混合可采用“等量递增”法进行。不耐热或易挥发的成分注模前与熔融基质混合。除了混合物本身具有某种色泽外，应用肉眼检查其色泽是否均匀，最后抽样检查后进行注模铸造。

（5）注模铸造　在栓剂生产中，一般根据设计和制造工艺流程来控制栓剂团块注模铸造的温度。当熔融团块呈奶油状或接近固化时应注模。根据处方的组成确定注模的速度，当处方中有粉末的药物，应避免沉降。如有挥发性成分应防止挥发，浸膏剂应防止凝结。当栓剂冷却固化后，且机械将栓模上口多余部分削平，要恰当地掌握切削速度，过快则使栓剂出现空洞而致重量不足，过慢造成拖尾并出现撕裂。

（6）脱模　栓剂的脱模中，可以根据模型的类型以纵向或横向进行，也有纵横混合进行。主要是为了保证栓体完整美观。模孔内所用的润滑剂与栓剂的小量制备相同。

在工业大生产中，多采用自动制栓机，可直接将栓剂熔铸在已预制的吸塑包装中，并进行封口的工艺。

5. 特殊栓剂的制法

（1）双层栓剂　双层栓剂是指分为两层的栓剂，共有 3 种形式：第一种是将空白基质和含药基质制成上下两层，上层空白基质可以阻止药物向上扩散，减少药物自直肠上静脉吸收的作用，从而提高栓剂的生物利用度，并可减少毒副作用。例如雷公藤双层栓、消炎痛双层栓。第二种是将一种药物分散于水溶性基质和脂溶性基质中，制备成上、下两层，使栓剂在使用时能同时具有速释作用和缓释作用。第三种是将两种理化性质不同的药物，分别分散于水溶性基质和脂溶性基质中，制备成上、下两层，以便药物的吸收或避免药物发生配伍禁忌。

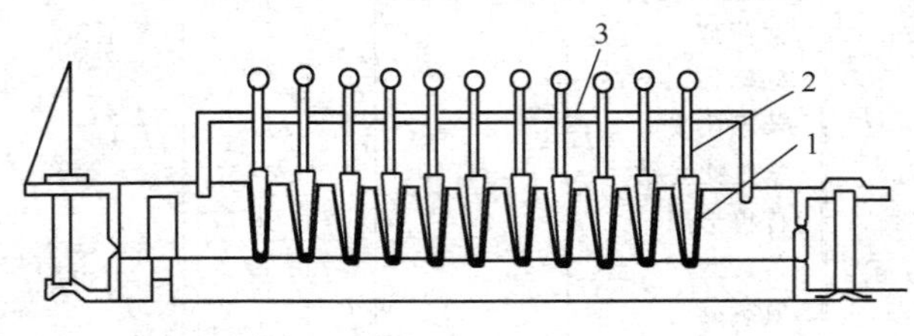

图 6-41　双层栓模型
1—外套；2—内模；3—升降杆

上下两层栓剂的制法：栓模由圆锥形内模和外套组成，先将内模插入模型外套中固定好，见图 6-41，将外层的基质和药物熔融混合，注入内模与外套之间，待凝固后，取出内模，再将已熔融的基质和药物注入内层，熔封而成。

（2）中空栓剂　中空栓剂是栓剂中有空心部分，可供填充药物。先将基质制成栓壳，再将药物封固在栓壳内。中空栓剂可避免药物与基质混合后，因比例变化或相互作用而造成药剂的特性改变，例如硬度、熔点、熔融时间等。从而使药物释放发生变化，以及部分暴露在表面，药物贮存时易发生氧化潮解。中空栓剂的制法，在普通栓模上方设计一个可固定不同直径不锈钢管的架，将钢管插入栓模中使之固定，沿边缘注入熔融的基质，待凝固后拔出钢管，削去多余部分，再在栓壳的中空部分填入药物，然后，将尾部用相应基质封好即成。中空栓剂如图 6-42 所示，也可制成控释型中空栓剂。

中空栓剂可以在栓剂中加入水溶液、混悬液、粉状药物。吲哚美微囊中空栓、甲硝唑中空栓的研究均表明：中空栓剂比普通栓剂的生物利用度好。

（3）新型缓控释栓剂　近年来，以控制栓剂中药物释放为目的而开发了多种类型的新型缓控释栓剂，主要有微囊（球）栓剂、渗透泵栓剂和凝胶缓释栓剂等。

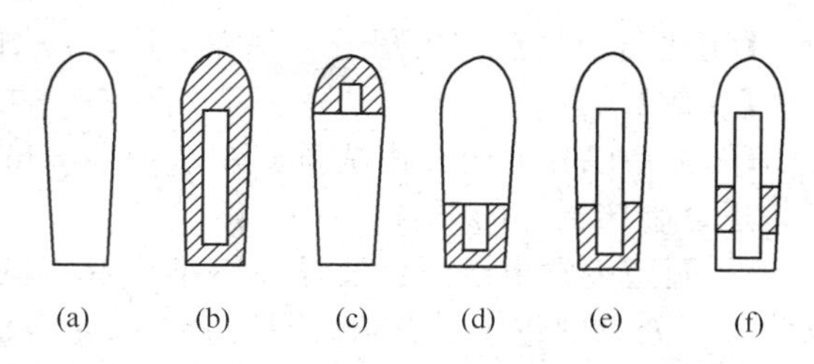

图 6-42　中空栓剂示意图
（a）普通栓剂；（b）中空栓剂；
（c）～（f）控释型中空栓剂

（五）栓剂的包装与贮藏

栓剂制成后置于小纸盒内，内衬有蜡纸并有间隔，以免互相接触粘连。也有将栓剂分别用蜡纸或锡纸包裹后置于小硬纸盒内，以免互相粘连，避免受压。栓剂所用内包装材料应无毒性，并不得与药物或基质发生理化作用。现常用塑料壳包装，与硬胶囊壳相似。大生产用栓剂包装机，将栓剂密封在玻璃纸或塑料泡眼中。栓剂一般于干燥阴凉处30℃以下贮存。聚乙二醇栓、甘油明胶栓要以室温阴凉处贮存，并且密闭于容器中以免吸湿。

（六）栓剂的质量评价

《中华人民共和国药典》（2015年版）规定，栓剂中的药物与基质应均匀混合，栓剂的外观应完整光滑，无裂缝，不起“霜”或变色，应有适宜硬度，塞入腔道后应能融化、软化或溶于体液中，并做重量差异、融变时限、微生物限度、熔点范围测定、变形试验、药物溶出速度和吸收试验等多项检查。

（七）栓剂举例

例 6-4　呋喃西林栓

【处方】呋喃西林粉1g，维生素E 10g，维生素A 2×10^{5}U，羟苯乙酯0.5g，50%乙醇50mL，聚山梨酯80 10mL，甘油明胶加至1000g。共制240枚。

【制法】取呋喃西林粉加乙醇煮沸溶解，加入羟苯乙酯搅拌溶解，再加适量甘油搅匀，缓缓加入甘油明胶基质中，保温待用。另取维生素E及维生素A混合后加入聚山梨酯80搅匀，缓缓搅拌下加入至上述保温的胶基质中，充分搅拌，保温55℃，灌模，每枚重4g。

【功用】用于治疗宫颈炎，7～10天为一疗程。

例 6-5　复方蛇床子栓

【处方】蛇床子83.0g，地肤子125.0g，白鲜皮125.0g，黄柏125.0g，粗枯矾粉42.0g，0.1%盐酸溶液适量，乙醇适量，甘油明胶适量。

【制法】

① 将黄柏打成粗粉，用0.1%盐酸溶液10倍量提取。

② 将蛇床子用3倍量乙醇回流1h，滤过，回收乙醇得浓缩液。

③ 将黄柏、蛇床子药渣及地肤子、白鲜皮加水煎煮两次，每次1h，合并滤过，滤液与黄柏提取液合并浓缩，再与蛇床子浓缩液合并得45mL。

④ 取甘油明胶基质（甘油：明胶：水＝70：20：10）适量，置水浴上加热，待熔化后，将上述浓缩液及粗枯矾粉加入，搅匀，迅速倒入已涂有液状石蜡的栓膜中，冷却刮平，取出包装。共制100粒。

【性状】本品为棕褐色鸭嘴形栓剂。

【检查】重量差异、融变时限等均应符合《中国药典》2015年版规定。

【功用】具有杀灭阴道滴虫、抗菌、收敛、消炎及止痒作用。用于滴虫性及霉菌性阴道炎。

【用法与用量】塞入阴道。每晚 1 粒，10 日为一疗程。

【注解】

① 本品以甘油明胶作基质，在水中 30min，释药速率较聚乙二醇慢，作用维持时间较长，适合临床治疗的要求。

② 阴道炎常由于滴虫及霉菌感染引起，其症状为分泌物增加，感染部位瘙痒、灼热、疼痛等。处方中蛇床子有杀灭阴道滴虫及止痒作用；黄柏、地肤子对多种细菌及真菌有不同程度的抑制作用；白鲜皮可祛风除湿，适用于疮癣湿痒；枯矾有收敛消炎及防腐作用。

③ 临床上用于经阴道分泌物检查确证为霉菌、滴虫及非特异性外阴炎共 345 例，治愈率为 96.81%，一般为 1～2 个疗程。

二、栓剂的生产设备

制备栓剂最常用的方法是热熔法，其整个制备过程都可用机器来完成。填充、排出、清洁模具等操作亦均自动化。

（一）栓剂的配料设备

目前，工业生产中最常用且较先进的栓剂的配料设备是 STZ-Ⅰ型高效均质机。该型设备是栓剂药品灌装前的主要混合设备。主要用于药物与基质按比例混合、搅拌、均质、乳化，是配料罐的替代产品。

该设备工作原理是基质与药物在夹层保温罐内，通过高速旋转的特殊装置，将药物与基质从容器底部连续吸入转子区，在强烈的剪切力作用下，物料从定子孔中抛出，落在容器表面改变方向落下，同时新的物料被吸进转子区，开始一个新的工作循环。

该型设备结构简单，适用于不同物料混合；混合均匀，药物与基质混合充分，使栓剂成型后不分层，有利于提高生物利用度；灌注时不产生气泡和药物分离；与药物接触部件全部是不锈钢材质，符合 GMP 标准。

该型设备主要技术参数。搅拌功率：1.5kW；保温加热功率：3kW；电源电压：三相交流 380V；容积：100L；重量：100kg；外形尺寸：1000mm×700mm×1400mm（长×宽×高）。

（二）栓剂的灌封设备

1. 自动旋转式制栓机

自动旋转式制栓机的产量为 3500～6000 粒/h。操作时，先将栓剂软材注入加料斗中，斗中保持恒温和持续搅拌，模型的润滑通过涂刷或喷雾来进行，灌注的软材应满盈。软材凝固后，削去多余部分，填充和刮削装置均由电热控制其温度。冷却系统可按栓剂软材的不同来调节，往往通过调节冷却转台的转速来完成。当凝固的栓剂转到抛出位置时，栓模即打开，栓即被一钢制推杆推出，模型又闭合，而转移至喷雾装置处进行润滑，再开始新的周转。温度和生产速度可按能获得最适宜的连续自动化的生产要求来调整。

2. BZS-Ⅰ型半自动栓剂灌封机组

该机组是最新研制开发的机电一体化用于栓剂生产的新型设备，可自动完成灌注、低温定型、封口整形和单板剪断。

其工作原理是将已配制好的药液灌入存液桶内，存液桶设有搅拌装置和恒温系统及液面观察装置，药液经由蠕动泵打入计量泵内，然后通过 6 个灌注嘴同时进行灌注，并且自动进入低温定型部分，完成液-固态转化，最后进行封口、整形及剪断成型。

该机组具有以下特点：采用特殊计量结构，灌注精度高，计量准确，不滴药，耐磨损，可适应于灌注难度较大的中药制剂和明胶基质；采用 PLC 可编程控制，自动化程度高，可适应不同容量，各种形状的栓剂生产；配有蠕动泵连续循环系统，保证停机时药液不凝固；采用加热封口和整形技术，栓剂表面光滑、平整；具有打批号功能。

该机组具有以下主要技术参数。

产量：3000～6000 粒/h；剂量误差：±2%；单粒剂量：0.5～5g/粒；栓剂形状：鱼雷形、鸭嘴形、子弹头形及其他特殊形状；单板剪切粒数：1～10 粒；电源：三相交流 380V；整机功率：7.8kW；气压：5kg/cm^3；耗电量：0.5m^3/min；外形尺寸：3800mm×1400mm×2500mm（长×宽×高）；整机重量：700kg。

3. ZS-U 型全自动栓剂灌封机组

该机组是吸收国外先进技术，结合国内栓剂生产而研制开发的新产品，机电气一体化属国内领先地位，已申报国家专利。该机组可适应于各种基质、各种黏度及各种形状的化学药品和植物药品的栓剂生产。

其工作原理是成卷的塑料片材经栓剂制壳机正压吹塑成型，自动进入灌注工序，已搅拌均匀的药液通过高精度计量泵自动灌注空壳后，被剪成多条等长的片段，经过若干时间的低温定型，实现液-固态转化，变成固体栓粒，通过整形、封口、打批号和剪切工序，制成成品栓剂。

该型机组具有以下一些特点：采用插入式灌注，位置准确、不滴药、不挂壁、计量精度高；适应性广，可灌注难度较大的明胶基质和中药制品；采用 PLC 可编制控制和工业级人机界面操作，自动化程度高、调节方便、温度控制精度高、动作可靠、运行平稳；贮液桶容量大，设有恒温、搅拌和液面自动控制装置；装药液位置低，减轻工人劳动强度，设有循环供液和管路保温装置，保证停机时药液不凝固；占地面积小，便于操作等。

该机组具有以下主要技术参数。

产量：6000～10000 粒/h；单粒剂量：1～5mL；剂量误差：±2%；栓剂形状：子弹形、鱼雷形、鸭嘴形及其他特殊形状；适应基质：半合成脂肪酸甘油酯、甘油明胶、聚乙二醇类等；贮液桶容量：50L；填料高度：1400mm；电源电压：交流三相 380V；总功率：13kW；气压：0.6MPa；耗电量：1.5m^3/min；用水量：1000kg/h（可循环使用）；外形尺寸：7000mm×1500mm×1700mm（长×宽×高）；总重：2000kg。

第四节　膜剂生产工艺技术与设备

一、膜剂生产工艺技术

（一）概述

膜剂，又称薄片剂，是指药物与适宜的成膜材料经加工制成的膜状制剂，可供口服、口含、舌下、皮肤、黏膜、腔道及眼结膜囊等多种途径给药。药物在局部或全身发挥作用。根据不同膜材和药物性质及临床用药的要求，可制成速效药膜和定量缓释药膜等各种膜剂。膜剂的形状、大小和厚度等视用药部位的特点和含药量而定。通常膜剂的厚度为 0.1～0.2mm，不超过 1mm，有透明和不透明两种。膜面积因临床用途而异，口服膜面积为 1cm×1cm 或 1.5cm×1.5cm，眼用膜为 0.5cm×(1.0～1.5)cm，呈现椭圆形或长方形，外用膜为 5.0cm×5.0cm。

1. 膜剂的发展

1948 年《英国药典》收载了以明胶为基质的阿托品等 4 种膜剂。20 世纪 70 年代国内外对膜剂的研究应用已有较大进展，并已投入生产。1985年膜剂首次载入中国药典。目前国内正式投产的膜剂约有30余种，20世纪80年代膜剂已在医院药房制剂中普及，并应用于临床。当前中药膜剂的品种也很多，例如丹参膜、万年青苷膜、复方青苷散膜等品种，已正式投入大量生产，用于临床取得了良好的效果。由于膜剂在治疗烧伤、口腔溃疡、局部脓肿及阴道炎等方面具有明显的优势，膜剂正日益受到人们的重视。

2. 膜剂的分类

（1）按膜的构成分类

① 单层膜剂。指药物直接溶解或分散在成膜材料的溶液中制成的膜剂，大多数膜剂多属于单层膜剂。

② 夹心膜剂。将含有药物的药膜置于两层不溶的高分子膜中间，药物首先渗透出外膜后再到体液中，其释药速率不因作用时间延长和膜中药物浓度减低而变慢，自始至终维持恒定，故又称“恒释膜”。其中眼用膜疗效可以维持7天左右，放置于阴道的避孕膜疗效可达1个月以上，牙用膜的疗效能够维持半年之久，这是一类新型的长效制剂。

③ 多层复方膜剂。将有配伍禁忌或互相有干扰的药物分别制成薄膜，然后再将各层叠合黏结在一起制得的膜剂。

（2）按给药途径分类

① 口服膜剂。包括口服、口含、舌下给药的膜剂，例如金莲花黄酮膜、万年青苷舌下含用药膜、丹参膜等，其可以代替口服片剂等剂型。

② 口腔用（贴）膜剂。主要由背衬层和黏附层组成。背衬层多为乙烯纤维素（EC）、醋酸纤维素和聚丙烯树脂等不溶性材料，黏附层多由纤维素衍生物、聚维酮（PVP）、聚乙烯醇（PVA）和明胶等制成。贴于口腔溃疡处或牙周脓肿处，起到消炎、愈合溃疡面的作用。例如用于口腔溃疡的白及地榆膜、复方青苷散膜，用于治疗龋齿的复方厚朴牙用膜等。为了避免唾液影响膜剂的药效发挥，有用涤纶薄膜作衬垫的。

③ 眼用膜剂。用于眼结膜囊（眼结膜穹窿）内，能克服眼药膏和滴眼液作用时间短的缺点，以较少的药物达到局部高浓度并能够维持较长时间，开辟了一条治疗眼科疾病的新路径。例如治疗睑蜂窝组织炎、睑腺炎的10%千里光、5%大叶桉叶缓释药膜；毛果芸香碱眼用药膜；治疗青光眼的槟榔碱眼用药膜等。

眼用膜剂采用高分子物质作为膜基质，不溶性的有海藻酸、乙烯-醋酸乙烯共聚物等。可溶性有聚乙二醇、羟丙基甲基纤维素、海藻酸钠、聚乙烯醇、羧甲基纤维素、聚维酮等。难溶性基质与可溶性基质合并使用，可以制成适度释放速度的长效药膜。用乙烯-醋酸乙烯共聚物作为控释药膜，糊精作膜致孔剂制成苯福林、氯霉素、阿托品和可卡因的恒速释放复方眼膜，呈零级释放动力学。调节药膜厚度，改变糊精含量及接触面，可控制释药速度。以乙烯-醋酸乙烯共聚物加聚维酮制备控释眼膜，以聚维酮为致孔剂，能与乙烯-醋酸乙烯共聚物同溶于氯仿中均匀混合，工艺简便，成膜质量好，加入药物，用于眼外伤性治疗扩瞳止痛效果良好。

④ 鼻用膜剂。例如治疗急、慢性鼻炎、鼻窦炎的复方辛夷花药膜，以及干性鼻炎出血的麻黄、白及药膜。

⑤ 阴道用膜剂。阴道膜剂采用成膜性、组织相容性、柔韧性较好、刺激性较少的PVA、羟甲基纤维素钠（CMC-Na）及羟丙基甲基纤维素（HPMC）等制成。膜剂紧贴患处，与黏膜紧密接触，局部形成较高药物浓度，滞留时间长，提高疗效。可代替栓剂、软膏剂用于阴道炎症和避孕等，例如治疗宫颈糜烂的复方黄连膜、三颗针膜，终止2～5个月妊娠的芫花萜引产药膜、复方蛇床子膜等。

⑥ 皮肤及创面用膜剂。覆盖于皮肤和黏膜创伤、烧伤或炎症表面，既能用于治疗又可

节约大量纱布、脱脂棉等敷料。例如用于治疗Ⅱ度烧伤和深Ⅱ度烧伤的中西药物复方制剂“灼创贴”既可敷伤，又有抗菌、消炎、吸收渗出液、止痛和促进伤口愈合作用。此外，还有冻疮药膜、烧伤药膜等。

⑦ 植入膜剂。需经过手术植于体内，逐渐发挥缓释药效的作用，通常使用的成膜材料是可生物降解的高分子化合物，以使得不必取出膜材残骸。例如环磷酰胺植入膜，在体内34日可释放67%的药物，此外还有用作体内癌细胞敏感试验的植入膜剂——卡普剂。

3. 膜剂的特点

① 药物含量准确，稳定性好，吸收快，疗效高，应用方便。例如硝酸甘油膜剂中的硝酸甘油的迁移现象可得到控制。

② 膜剂体积小、重量轻；便于携带、运输和贮存。

③ 膜剂生产与片剂相比无粉尘飞扬。

④ 所用成膜材料少，例如将小剂量药片改成膜剂，可节约大量的淀粉、蔗糖、糊精等辅料。

⑤ 采用不同的成膜材料可制成不同释药速度的膜剂，也可以制备速释膜，又可制备缓释或恒释膜剂。

⑥ 生产工艺简单，易于掌握，既适合于药厂用成膜机大生产，也适合医院制剂室用玻璃板等小量制备。

⑦ 采用多层膜，可以解决药物之间的配伍禁忌和分析检验上的干扰因素等问题。

膜剂的主要缺点是：不适合剂量较大的药物，在品种上受很大的限制，只适合剂量小的药物；此外，膜剂的重量差异不容易控制，收率不高。膜剂的重量差异限度应符合下列有关规定（表6-5）。

检查法 除另有规定外，取膜片20片，精密称定总重量，求得平均重量，再分别精密称定各片的重量。每片重量与平均重量相比较，超出重量差异限度的膜片不得多于2片，并不得有1片超出限度的1倍。

表6-5 膜剂的平均重量及重量差异限度

平均重量	重量差异限度
0.02g以下或0.02g	±15%
0.02g以上～0.2g	±10%
0.2g以上	±7.5%

（二）膜剂的成膜材料

成膜材料作为药物的载体，又称成膜基质。成膜材料的性能、质量不仅对膜剂成型工艺有影响，而且对膜剂成品质量及药效发挥产生重要影响。因此在制备膜剂时对其成膜材料应具备以下条件。①无毒性、无刺激性，对机体的防卫和免疫机能不产生干扰作用。被机体吸收后对机体生理机能无影响，能够被机体代谢或排泄，长期应用无致畸、致癌等作用。②性质稳定，无不良的臭味，不降低主药疗效，也不干扰含量测定。③成膜与脱膜性能良好，制成的膜有足够的强度和柔软性。④制成的药膜应能根据需要控制释药速度。⑤来源丰富、价格便宜，其质量符合药用规定。总的来说，选择膜剂的成膜材料时应从药膜的物理性质、药物作用机理的要求、经济效益等方面综合考虑。

当前制备膜剂所用的成膜材料主要有天然的和人工合成高分子多聚物两大类，有非水溶性和水溶性的。天然的成膜材料有淀粉、糊精、纤维素、虫胶、明胶、白及胶、海藻酸、琼脂等，多数可以生物降解或溶解，但成膜、脱膜性能较差，故常与合成成膜材料合用。合成成膜材料有乙基纤维素、甲基纤维素、羧甲基纤维素等纤维衍生物，聚乙烯醇（PVA）、聚维酮（PVP）、聚乙烯胺、聚乙烯吡啶衍生物等。下面介绍几种常用的成膜材料。

1. 聚乙烯醇（PVA）

白色或黄白色粉末状颗粒。是目前应用最理想、最广泛的成膜材料，其成膜性能、脱模性能以及膜的抗拉强度、柔软性、吸湿性和水溶性良好。聚乙烯醇是由醋酸乙烯酯（$CH_2{=}CH{-}O{-}C{-}CH_3$）聚合后，再经氢氧化钾醇溶液降解后制得的高分子物质[$-\!(CH_2-CHOH)\!-$]，其降解程度称为醇解度。其性质主要由它的分子量和醇解度决定。分子量越大，水溶性越差，水溶液的黏度大，成膜性能好。通常醇解度为88%时，水溶性最好，在温水中能够很快溶解。当醇解度达99%以上时，在温水中只能溶胀，在沸水中才能溶解。

聚乙烯醇无毒、无刺激性，其溶液对眼组织不仅无刺激性，而且是良好的眼球润滑剂，能在角膜上形成一种保护膜，不使视力模糊，也不妨碍角膜再生，是一种安全的外用辅料。聚乙烯醇口服后，在消化道中很少吸收，仅作为一个药物载体在体内释放药物，服用后48h有80%的聚乙烯醇随大便排出。目前国内最常用的是PVA05-88和PVA17-88两种规格，可按适当比例混合使用。

聚乙烯醇在工业上主要作为维尼纶的原料，药用规格的聚乙烯醇可用工业用的聚乙烯醇精制而得。精制方法是将工业用的聚乙烯醇以85%乙醇浸泡，过夜，滤过压干，再浸泡一次，再压干，最后烘干备用。

2. 醋酸乙烯酯共聚物（EVA）

EVA是乙烯和醋酸乙烯在一定条件下共聚而成的水不溶性、热塑性高分子聚合物。其性能与分子量和醋酸乙烯含量关系密切。分子量增加，共聚物玻璃化温度和机械强度均增大，在分子量相同时，随醋酸乙烯比例的增大，材料的溶解性、柔韧性和透明性越好。常用于制备复合膜的外膜。

3. 乙烯-醋酸乙烯酯共聚物

本品是乙烯和醋酸乙烯在过氧化物或偶氮异丁腈引发下共聚而成的水不溶性高分子聚合物。该物质为透明、无色粉末或颗粒。无毒、无刺激性，对人体组织有良好的相容性。能溶于二氯甲烷、氯仿等有机溶剂，在水中不溶。本品熔点低，成膜性能良好，其膜柔软、强度大，常用于制备眼、阴道、子宫等控释膜剂。

醋酸乙烯的所占比例、该物质的分子量决定乙烯-醋酸乙烯酯共聚物的性能，随着分子量的增加，共聚物玻璃化温度和机械强度均增大。分子量相同时，则醋酸乙烯比例越大，材料的溶解性、柔软性、透明性越大；相反，材料中的醋酸乙烯比例下降，则其性质向聚乙烯转化。

4. 聚乙烯缩乙醛二乙胺醋酸酯

本品为白色或微黄色颗粒或粉末，无臭无味，在水中不溶，但在胃液中能迅速溶解（pH=5.8以下易溶），在甲醇与丙酮中也能溶解。该物质成膜性良好，防潮力强，遇光、热稳定。

5. 甲基丙烯酸酯

甲基丙烯酸共聚物，本品为白色近透明颗粒，在pH=5.0以上的水中溶解，防潮性好，性能稳定，具耐酶性能，可以作为肠溶性薄膜或肠溶衣料。

6. 胶原

胶原是近年来作为人工脏器新材料的一种生理性高分子物质。可以从动物皮肤中大量制得。

近几年来，已有把药物加在胶原中制成膜剂的报道。因胶原有被生物降解的特性，一方面可以缓解药物，达到延效作用；另一方面不留残渣，使用方便。因此胶原是一种很有发展前景的成膜材料。

7. 羧甲基纤维素钠

本品为白色、无臭、具潮解性的粉末，能在冷热水中溶解，黏性强，1%水溶液的黏度为1300～3200CP，10%水溶液干固后即可形成薄膜，不溶于乙醇、乙醚和大多数有机溶剂。对光热均较稳定。pH值为6.5～8.0，多用于PVA、明胶、琼脂等成膜材料中，以增强药膜在用药部位的黏附性和黏着时间，也可有利于制成均匀的含疏水性药物微粒、中药细粒的膜剂，药物作用时间长。本品能螯合金属离子，使某些含金属杂质的膜延缓变色，但与苯酚、鞣酸、硝酸银等有配伍禁忌。

8. 羟丙基纤维素

本品为白色粉末，无臭、无味、无毒，溶于水、醇，而不溶于苯、醚，不与酸、碱性药物发生作用。其成膜性良好，坚韧而透明，不易吸湿，高温下不黏着，抗热抗湿。

9. 羟丙基甲基纤维素

本品为白色粉末，能膨胀溶解在60℃以下的水中，在60℃以上的水中不能溶解，能溶解在乙醇、氯仿混合液（1∶1）和乙醇、二氯甲烷混合液（1∶1）中，几乎不溶于纯乙醇、甲醇、醚、二氯甲烷、氯仿，无化学活性，与主药无反应，溶液干固后能形成坚韧的薄膜，高温下黏着。

10. 乙基纤维素

本品为白色粒状粉，在水、甘油、丙二醇中不溶，但溶于醇及氯仿，性能比较稳定，不易与药物相互作用；成膜性能良好，但成膜后，其膜容易脆碎。

（三）膜剂的其他附加剂

（1）增塑剂　常用的有甘油、乙二醇、山梨醇、三醋酸甘油酯等。能使制得的膜柔软并具有一定抗拉强度。增塑剂的质量应符合《中国药典》和部颁标准。

（2）表面活性剂　常用的是吐温-80、豆磷脂、十二烷基硫酸钠，在处方中起润滑剂的作用。

（3）矫味剂　有蔗糖、甜叶菊苷、阿斯巴甜、甘草甜素等，制备口含膜剂时使用。

（4）填充剂　有淀粉、二氧化硅（SiO_2）、碳酸钙（$CaCO_3$）等，供制备不透明膜剂使用。

（5）着色剂　常添加食用色素。

（6）遮光剂　常用二氧化钛（TiO_2），适用于对光不稳定的药物。

（7）脱膜剂　常用液体石蜡油，甘油，硬脂酸，聚山梨酯-80等。

在制备膜剂时，所用食用色素应符合食用规格，其他辅料都应符合药用规格。

（四）膜剂的制法

1. 膜剂的处方组成

膜剂中除主药和成膜材料外，还含有着色剂、增塑剂、脱膜剂、表面活性剂等辅助材料，一般组成见表6-6。

表6-6　膜剂的一般组成

组分	主药	成膜材料	着色剂或避光剂	增塑剂	表面活性剂	填充剂	脱膜剂	矫味剂
质量分数/%	0<～70	30～<100	0～2	0～2	1～2	0～20	适量	适量

2. 制备方法

膜剂的制备方法主要有：匀浆流延成膜法、压-融成膜法和复合制膜法等。国内制备膜剂多采用涂膜法制备。

(1) 匀浆流延成膜法　将成膜材料溶解于水过滤后，加入主药并充分搅拌使之溶解。不溶于水的主药需预先制成微晶或粉碎成细粉，用搅拌或研磨等方法均匀分散于成膜材料的胶体溶液中，然后进行涂膜。少量制备时可将已配好的含药成膜材料浆液倾倒于平板玻璃上，用推杆推成宽厚一致的涂层，大量生产时可用涂膜机涂膜。烘干后，根据主药配制量或取样分析主药含量后计算单剂量的面积，剪成单剂量小格，用纸或聚乙烯薄膜包装。涂膜机流程及其挤出机结构如图 6-43 所示。

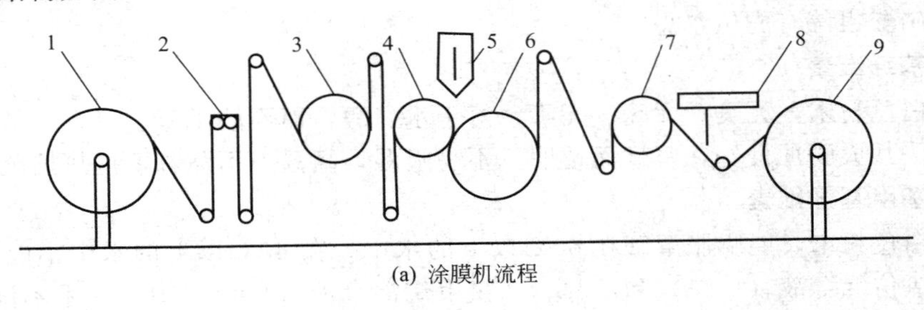

(a) 涂膜机流程

(b) 普通单螺杆挤出机

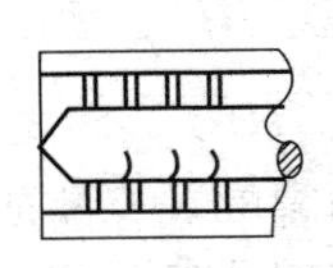
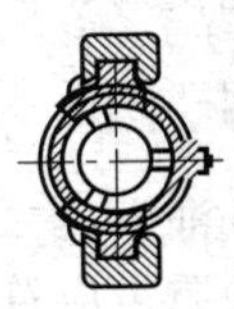

(c) 往复式单螺杆挤出机

图 6-43　涂膜机及挤出机结构流程示意

1—放卷；2—偏调；3—加热辊；4—硅胶辊；5—挤出机；
6—冷却辊；7—切边装置；8—张力杆；9—收卷

(2) 压-融成膜法（热塑制膜法）　将药物细粉与成膜材料混合，用压延机滚筒混碾，热压成膜或将热融的成膜材料（例如聚乙醇酸、聚乳酸等）在热融状态下加入药物细粉，使溶入或均匀混合，在冷却过程中成膜。三辊压延机结构如图 6-44 所示。

(3) 复合制膜法　采用不溶性的热塑性成膜材料，例如乙烯-醋酸乙烯共聚物为外膜，分别制成具有凹穴的底外膜带和上外膜带，另外用水溶性成膜材料（例如聚乙烯醇）用涂膜制膜法制成面药的内膜带，剪切后放置于底外膜带的凹穴中。也可用易挥发性溶剂制成含药匀浆，以间隙定量注入的方法注入底外膜带的凹穴中。经吹风干燥后，盖上外膜带，热封即成。这种方法一般用机械设备制备。此法适用于缓释膜剂的制备，例如毛果芸香碱膜剂。

(五) 膜剂的制备举例

例 6-6　盐酸克仑特罗（喘舒）膜剂

【处方】

① 速效膜：盐酸克仑特罗 0.02g，聚乙烯醇 17-88 3.48g，淀粉 0.8g，钛白粉 0.16g，

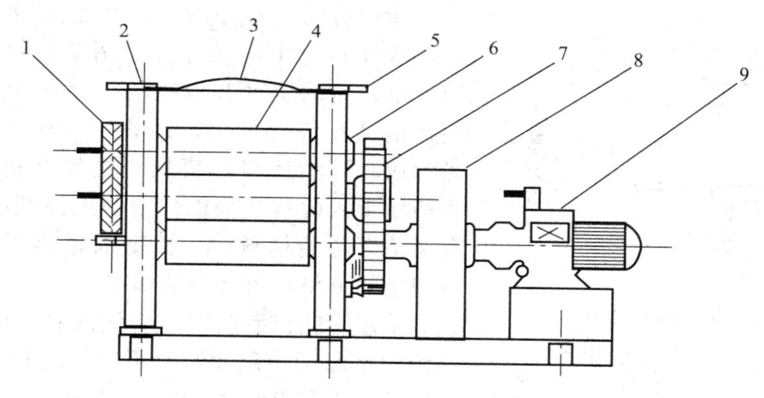

图 6-44　三辊压延机结构

1—速比齿轮；2—机架；3—撑板；4—辊筒；5—调距装置；
6—轴承体；7—大小驱动齿轮；8—减速机；9—直流电机

1%色素溶液 0.32mL，水 24mL；制成 1000 格。

② 长效膜：盐酸克仑特罗 0.04g，醋酸纤维素 1.4g，丙酮 11.3mL；制成 1000 格。

【制法】

① 速效膜：取聚乙烯醇 17-88 加适量水浸泡溶胀后，置水浴上加热，搅拌使之溶解，放冷，将药物、淀粉、钛白粉、色素溶液加至配好的聚乙烯醇胶浆中，搅匀，静置，脱泡，涂膜，干燥，脱膜，分格，即得。

② 长效膜：取醋酸纤维素溶于丙酮中，加入盐酸克仑特罗，搅匀，静置脱泡，按速效膜方法涂膜，分格，即得。

最后将速效膜与长效膜压在一起形成复合膜。

【功用】镇咳平喘的作用。

例 6-7　锡类散口腔溃疡双层膜

【处方】

① 含药胶浆：锡类散 0.5g，吐温-80 0.15mL，聚乙烯醇 17-88 5.0g，甘油 1.0mL，蒸馏水 30.0mL。

② 空白胶浆：聚乙烯醇 17-99 2.5g，甘油 1mL，蒸馏水 30.0mL。

【制法】

① 含药胶浆的配制。称取聚乙烯醇 5g，加蒸馏水 30mL，于水浴上加温使之溶化成胶浆，另取锡类散加入甘油、吐温-80，研匀，边研边加入聚乙烯醇 17-88 胶浆，研匀后，放置除去气泡。

② 空白胶浆的配制。称取聚乙烯醇 17-99 2.5g，加甘油、蒸馏水，于水浴上加温使之溶化成胶浆。

③ 制膜。先将含药胶浆涂膜，膜厚 0.3mm，于室温晾干或吹风干燥后，在膜面上涂以空白胶浆，厚度约 0.2mm，同法干燥后脱膜，按需要剪成一定大小包装。

【功用】消炎，用于口腔溃疡。

【用法与用量】根据溃疡面大小取用。

二、膜剂的生产设备

在工厂大量生产膜剂时，最常用的设备是涂膜机，其基本结构如图 6-45 所示。

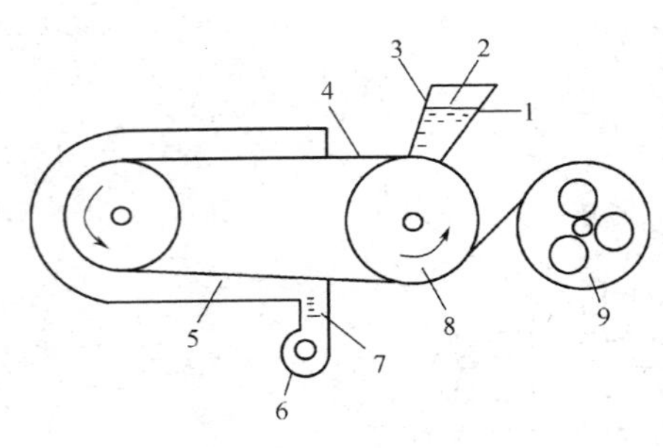

图 6-45　涂膜机示意图

1—含药浆液；2—流液嘴；3—控制板；
4—不锈钢循环带；5—干燥箱；6—鼓风机；
7—电热丝；8—转鼓；9—卷膜盘

涂膜机的工作原理是：将已调好含药膜料黏稠液倒入加料斗中，通过可以调节流量的流液嘴，将膜液以一定的宽度和恒定的流量涂于抹有脱膜剂的不锈钢循环传送带上，经热风（80～100℃）干燥，迅速成膜，然后将药膜从传送带上剥落，由卷膜盘将药膜带入烫封在聚乙烯薄膜或涂塑纸、涂塑铝箔、金属箔等包装材料中，根据剂量热压或冷压划痕成单剂量的分格，再行包装即得。

采用涂膜机制膜时，应注意料斗的保温和搅拌，以使均浆温度一致和避免不溶性药粉在均浆中沉降。在脱膜、内包装、划痕的过程中，由于药膜带的拉伸，会造成剂量的差异，可考虑采用拉伸比较小的纸带为载体，例如在羧甲基纤维素铵等可溶性滤纸上涂膜。

第五节　软膏剂、软胶囊车间 GMP 设计

一、软膏剂车间工艺设计要点

① 软膏剂药品生产车间应按工艺流程合理布局，人流、物流要分开。上下工序的联系、交接要顺畅、短捷，尽量避免生产过程中原辅料、包装材料及半成品的重复往返，防止交叉污染。

② 无菌外用软膏剂的配制、分装以及其原料药生产的“精、干、包”工序应在 C 级的洁净室内，并严格无菌操作。眼膏剂的软管的清洗、配制、灌装等工序应为 C 级的洁净室（局部 A 级层流），采用初效、中效、高效三级过滤的净化空调。换气次数≥25 次/h。用于深部组织创伤和大面积体表创面用的软膏剂的暴露工序应在 C 级的洁净室操作，空调送风采用初效、中效或初效、中效、亚高效三级净化空调，换气次数≥25 次/h。

③ 有洁净度要求的净化车间的结构主体应在温度变化和震动情况下，不易产生裂纹和缝隙。门窗结构应简单而密闭，并与室内墙面齐平，防止尘埃小粒子从外部掺入和方便清洗。无菌洁净区的门窗不宜用木制，主要因为木材遇湿易长菌生霉。窗台应陡峭向下倾斜，窗台应内高外低，且外窗台应有不低于 30°的角度向下倾斜，以方便清洗和减少积尘，并且避免向内渗水。窗户尽量采用大玻璃窗，不仅为操作人员提供敞亮愉快的环境，也便于管理人员通过窗户观察操作情况。目前常用钢窗和铝合金窗，门应朝洁净度高的方向开启。钢板门强度高、光滑、易清洁，但要求漆膜牢固，能耐消毒水擦洗。蜂窝贴塑门的表面平整光滑、易清洁、造型简单，且面材耐腐蚀。传递窗宜采用双斗式，密闭性较好。

车间的墙面、地面、天花板，应选用表面光滑易于清洗的材料，应平整无死角，无颗粒性物质脱落，无霉斑，易清洗、易消毒，并有防尘、防蚊蝇、防虫鼠等措施。一般可以使用红钢瓷砖或水磨石地面等耐酸耐碱材料；墙面与地面接缝处应呈圆弧形，并应嵌入墙角。内墙和平顶可采用苯丙涂料（如乳胶漆等）或瓷釉涂料（如仿搪瓷漆等）。湿度较大的工序的内墙也可以用部分或全部瓷砖做墙面，施工时砂浆必须饱满，以减少缝隙。

④ 配料间、清洗间等热湿比较大的功能间需要排热排湿。

二、软胶囊车间的 GMP 设计

为了保证软胶囊的生产质量，保障病人的用药安全、有效，必须根据 GMP 要求对软胶

囊的和生产厂房有关人员、卫生条件等方面进行设计。下面主要就其生产厂房的设计要点作个概述。

（1）生产厂房的要求　必须符合 GMP 总的要求。厂房的环境及其设施，对保证软胶囊质量有着重要作用。软胶囊制剂厂房应远离发尘量大的道路、烟囱及其他污染源，并于主导风向的上风侧。软胶囊车间内部的工艺布局应合理，物流与人流要分开。

（2）根据工艺流程和生产要求合理分区　各种囊材、药液及药粉的制备，配制明胶液、油液，制软胶片，压制软胶囊，制丸，整粒，干燥软胶囊的工序为“控制区”，其他工序为“一般生产区”。“控制区”一般控制在 D 级。洁净室内空气定向流动，即从较高级洁净区域流向较低级的洁净区域。

（3）空气净化　为了发展国际贸易和确保产品质量，软胶囊生产厂房的空气净化级别应当采用国际 GMP 要求，生产工序若控制在 D 级，则通入的空气应经初、中、亚高三效过滤器除尘，在发尘量大的地区的企业，也可以采用初效、中效、高效三级过滤器除尘，局部发尘量大的工序还应安装吸尘设施。进入“控制区”的原辅料必须去除外包装，操作人员应根据规定穿戴工作服、鞋、帽，头发不得外露。患有传染病、皮肤病、隐性传染病及外作感染等人员不得做直接接触药品的岗位工作。

（4）温度　为了保证药厂工作人员的安全与舒适，软胶囊车间应保持一定的温度和湿度，一般来说温度为 18～26℃，相对湿度为 45%～65%。

（5）生产车间应设置中间站，并有专人负责　设置中间站的主要目的是对原辅料及各工序半成品的入站、验收、移交、贮存发放应有制度，并根据品种、规格、批号加盖明显标志，区别存放；对各工序的容器保管、发放等也要有严格要求。

（6）配料间、灌装间、清洗间、干燥成型间等热湿比较大的功能间需要排热排湿。

三、软胶囊车间的 GMP 设计举例

图 6-46 为软胶囊车间工艺布置图，整个车间人流、物流分开，洁净区净化级别为 D 级。其中，化胶间、药液配制间、软胶囊成型间、烘干间、洗晾软胶囊间需要排热排湿，具体布局如图所示。

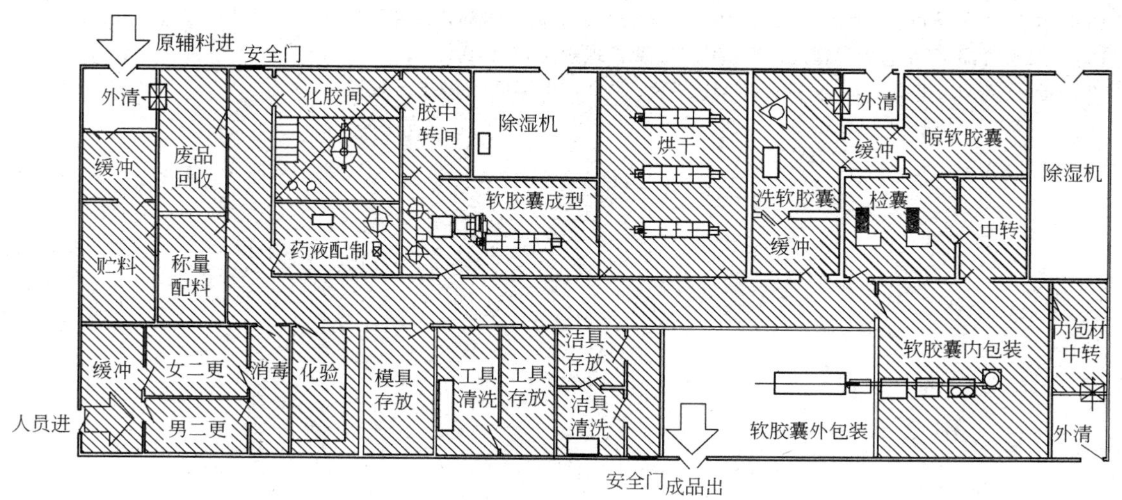

图 6-46　软胶囊车间工艺布置图

思考题

1. 软膏剂的生产工艺流程及主要设备工作原理是什么？
2. 软胶囊剂的制备有哪些方法？简述其对应的设备原理。
3. 简述栓剂的类型、特点及其制备工艺流程。
4. 通过查阅文献，综述膜剂的成型材料分类及新进展。
5. 膜剂的制备方法有哪些？简述其对应的设备原理。
6. 软胶囊剂车间工艺设计原则和要点。

参考文献

[1] 李桂华. 甲硝唑复合膜的研制. 中国药学杂志，1989，24（12）：722.
[2] Lowenthal W，Borzelleca J F. Drug absorption from the rectum Ⅰ，Suppository bases：A preliminary report. *J Pharm Sci*.，1965，54（12）：1790-1794.
[3] 钟静芬. 表面活性剂在药剂学中的应用. 北京：人民卫生出版社，1996.
[4] 李黎. 宫颈炎栓剂的制备和应用. 药学通服，1988，23（12）：734.
[5] L. 拉赫曼，等. 工业药剂学的理论与实践. 第2版. 北京医学院药学系，等，译. 北京：化学工业出版社，1984.
[6] 方亮. 药剂学. 第8版. 北京：人民卫生出版社，2016.
[7] 杨明. 中药药剂学. 第4版. 北京：中国中医药出版社，2016.
[8] 张绪峤. 药物制剂设备与车间工艺设计. 中国医药科技出版社，2000.
[9] 罗明生. 药剂辅料大全. 成都：四川科学技术出版社，1995.
[10] 陈雨安. 淡炎痛双层栓的研究. 中国医院药学杂志，1991，11（1）：28.
[11] 杨敏华. 雷公藤双层栓的研制. 中国医院药学杂志，1993，15（4）：2.
[12] 夏新华. 浅谈中药膜剂的制备. 中成药，1991，13（2）：41-42.
[13] 肖连生. 论口服胃溶胶囊的崩解. 天津药学，1995，7（3）：4-7.
[14] 陈健. 软胶囊的发展与应用. 天津药学，1996，8（4）：32-33.
[15] 国家药典委员会. 中华人民共和国药典（2015年版·四部）. 北京：中国医药科技出版社，2015.
[16] 国家食品药品监督管理局. 药品生产质量管理规范，2010.
[17] 药品GMP指南委员会. 药品GMP指南. 北京：中国医药科技出版社，2011.

第七章

中药制剂

学习目标

掌握：中药提取工艺流程、主要生产设备构造、工作原理及中药提取车间设计原则和要点，能为现代化中药提取车间设计进行正确的流程选择、设备选型、物料衡算及工艺设计。

熟悉：中药前处理主要生产设备及车间工艺设计；丸剂工艺流程、主要生产设备及车间工艺设计原则。

了解：中药提取新技术、中药提取设备的发展动态；中药前处理工艺流程；中药生产安全规范。

21世纪，具有中国传统文化特色和独特优势的中药，面临着前所未有的发展机遇和挑战。中药现代化进展显著。目前，我国已有注册的中成药4000余种，近20年来，国家相继批准了1000多种各类中药新药。当然，这其中大部分是以传统中药汤剂学为基础的，又吸收了当代的化学、生物学等现代科学，采用了现代分离、分析技术，结合中医药理论发展起来的，中成药已经从传统的丸散膏丹丸剂型，扩大到片剂、针剂、胶囊剂、气雾剂、滴丸剂等40多种剂型。

现代化的中药产业包括四大产业：第一产业是以产业化经营和规范化生产（GAP）为特色的中药农业；第二产业是以统一炮制规范、统一质量标准为特色的中药饮片工业和以现代化制药技术设备与规范化生产（GMP）为特色的中成药工业；第三产业是适合于市场经济的以总代理、总经销和联销经营为特色的中药商业；第四产业是以中药技术创新和信息网络为主要内容的中药知识产业。

中药工业生产过程可以分为药材预处理、中间制品（浸膏）与中药制剂三个部分。中药制剂的安全性指药物必须具有效低的毒副作用，且在生产全过程中严格保证不混入与该药物无关的物料（其他的药物或物料）。制剂的疗效也可看作是药物质量的一种体现，为了满足中药制剂在临床上的长效、速效等不同需求，出现了并还在继续研制开发着众多的中药剂型。剂型是一切药物施与机体前的最后形式，不同的剂型往往与对机体的不同作用方式从而对疗效有紧密关系。根据中国药典、制剂规范和其他规定的处方，将药材、药材提取物等中药原材料制成一定形式、规格，可直接用于防病、治病的药品称为中药制剂。

中药制剂的生产已从过去的药房调剂以及药店的手工业作坊式生产发展到目前的大规模工业化批量生产，现代制剂生产过程中必然存在着大量的工程学问题需要人们去解决，这些问题的核心是研究实施工业化规模生产中药制剂可行的手段与方法等，它们关系到制剂生产能否正常进行，关系到稳定的产品质量与疗效，关系到经济效益等，因此制剂过程的工程学问题不可回避，要花大力气去解决。

第一节　中药前处理工艺技术及生产设备

中药饮片炮制是根据中医理论、中药药性集医疗、调剂、制剂和贮藏的不同需求对天然的中药材进行特殊加工制作的一种传统制药技术。现代中药炮制理论包括中药材的洗切加工、饮片炮制和复方调制时的丸、散、膏、丹的制备。

一、中药材的预处理

药材大致分为植物药、动物药和矿物药三大类，其中植物药和动物药均为生物的全体，或部分器官，或分泌物，或加工品，通常掺杂各种杂质，包括杂草、泥沙、粪便、皮壳等，而矿物药多为天然矿石或加工品，或动物的化石、常夹有异石、泥沙等。

对不同类型的药材，采用的预处理方法也有所不同，主要有以下两方面。

1. 非药用部分的去除

(1) 去茎与去根　去茎是指用根的药材，须除去药用部位的残茎。用茎的药材须除去非药用部位的残根（须根、支根）。

(2) 去枝梗　去枝梗是指去除老茎枝和某些果实、花叶类药材非药用部位的枝梗。

(3) 去粗皮　去粗皮是指除去栓皮、表皮。

(4) 去皮壳　去皮壳是指除去残留的果皮、种皮等非药用部位。

(5) 去毛　有些药材的表面或内部常生着很多绒毛，能刺激咽喉或引起咳嗽或其他有害作用，故须除去。

(6) 去芦　"芦"又称"芦头"，一般指根头、根茎、残茎等部位。

(7) 去心　一般指去药材的木质或种子的胚芽。

(8) 去核　去核一般指除去种子，是药材加工中一项传统操作。

(9) 去头尾足翅　有些动物类或昆虫类药物，其头尾或足翅为毒性部位或非药用部位，故应当除去。

2. 杂质的去除

(1) 挑选　用手工或机械除去药材中所含的杂质及霉变品，或将药材大小分开，便于浸润等。

(2) 筛选　筛选是根据药材所含的杂质和性状大小不同，选用不同的筛，以筛除药材中的沙石、杂质，或将大小不等的药材过筛分开，以便分别进行炮制或加工处理。如药材在炮制中麦麸、河沙等辅料的筛除及天南星、川乌、草乌等大小分档。

目前，筛选已使用机器进行，如用振荡式筛药机等。

(3) 风选　风选是利用药材和杂质的轻重不同，借风力除去杂质。如青葙子、车前子等种子类药材和浮萍、番泻叶等均可用此法除去杂质。

(4) 洗、漂　这是将药材用水洗或漂除杂质的常用方法。洗、漂时应该注意掌握时间，勿使药材在水中浸漂过久，以免损失药效，并应注意及时干燥，防止霉变。

二、药材的切片

将净选后的药材切成各种形状、不同厚度的"片子"，称为饮片。广义讲，凡供调配处方的药物均称饮片。

中药饮片切制的目的便于药效成分煎出，利于炮制，利于调配和贮藏，便于鉴别和利于制剂。中药饮片切制常分为下列步骤。

1. 药材的软化

中药切制前，对干燥的原药材，均需进行适当水处理，使其质地软化，以利于切制。软化的方法有：淋润法、洗润法（抢水洗）、泡润法、浸润法、热蒸汽软化。

（1）淋润法　将成捆的原药材用水喷淋后，堆润；或微润后使水分渗入药材组织内部，至内外湿度一致时进行切制。此法多适用于组织疏松、吸水性较好的草类、叶类、果皮类药材。如枇杷叶、陈皮等。

（2）洗润法　将药材经水洗净后，稍摊晾至外皮微干并呈潮软状时即可切片。适用于吸水性较强的药材。如冬瓜皮、萱草根等。

（3）泡润法　将净药材用清水泡浸一定时间，使其吸入适量水分后达到软化目的的一种炮制方法。适用于个体粗大、质地坚硬、水分较难渗入药材内部的根类或藤木类药材。

（4）浸润法　将药材大小分档后置于水池内稍浸、洗净、捞出堆润；或堆润至 6～7 成透后摊开、晾至微干、堆润并覆盖湿布，内外湿度一致时可切片。适用于组织结构疏松、皮层较薄、糖分高、水分易渗入的药材。如当归、丹皮等。

（5）热蒸汽软化　将药材置于蒸笼里或锅内经蒸汽蒸煮处理，使水分较快地渗透到组织内部，达到软化目的。适用于质地坚硬、个性特殊、对热稳定的药材。如木瓜、人参等。

2. 切制方法

中药材切制方法，分为手工切制和机械切制。

（1）手工切制　将被切药物整齐地放于刀桥或菜墩上，以手握药推送，将药材切成各种规格的饮片。至于饮片的形态，取决于药物的特点和炮制对片型的要求，大致可分为以下几种。

① 薄片。适用于长条形药物、部分块根及果实类药物。一般要求片厚为 1～2mm，多为横切片。

② 厚片。适用于粉性的药物和质地疏松的药物，若切成薄片易于破碎，故宜切成厚片，一般要求片厚为 2～4mm。切时不受方向限制。

③ 直片（顺片）。适用于形体肥大、组织致密、色泽鲜艳者，为突出鉴别特征和利于加工，应切成直片，一般要求片厚为 2～4mm 的直片，个别药物片厚可达 10mm。

④ 斜片。适用于长条形而纤维性强的药物，为突出其组织特征和便于切制，常切成斜片，倾斜度小者称瓜子片，倾斜度稍大者称马蹄片，倾斜度更大者称柳叶片，一般要求片厚为 2～4mm。

⑤ 丝片。适用于叶类和皮类药物，多切成狭窄的丝条。皮类一般要求切成宽 2～3mm 的丝条；叶类药物一般要求切成宽 5～10mm 的丝条。

⑥ 块。适用于煎熬时易于糊化，需切成大小不等的块状，以利于煎熬。个别药物为了方便炮制而将其切成丁（约 $1mm^3$），便于进一步炮制。

⑦ 段（节）。适用于含黏质较重的药物，质软而黏，不易成片，可切成段；全草类药物为了煎熬方便，通常都切为长短适度的段。一般要求段的长度为 10～15mm。

（2）机械切制　利用机械动力切制，将被切药物整齐地放于刀床上或药斗中，装好压紧，然后调节好切片厚度，即可切制。目前用的切片机种类较多，常用的有旋转式切药机、上下往复式切药机等。

图 7-1 为旋转式切药机，适用于根、茎、全草、皮类及果实类中药饮片切制。本机结构主要由机座、变速箱、操纵装置、刀盘、输送机构、护罩等部分组成。

① 机座部分。铸造而成，用于支承和连接其他零部件组合一体。机座内装有电动机、

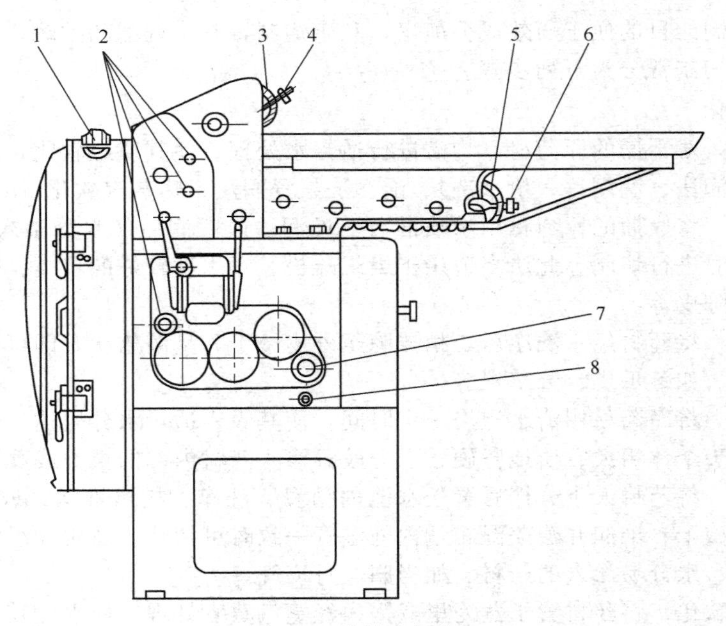

图 7-1 旋转式切药机

1—观察窗；2—加油孔；3,5—链板轴；4,6—调整螺栓；7—油位线；8—放油孔

调整机构。

② 变速箱部分。由箱体、传动件、轴承等部分组成，通过电动机带有 6 种速度的变速箱，再带动链条进给及刀盘旋转。

③ 操纵装置。是控制变速箱齿轮速比的机构，可根据切制饮片的厚薄，按标牌指示调整不同的进给量（应与调整挡板相配合）。

④ 刀盘部分。由刀盘、刀片、压板、调整挡板轴等组成。变速箱主轴带动刀盘部分旋转达到切制目的。切制规格靠调整挡板的调节或卸掉与链条的进给量相符来完成。

⑤ 输送机构部分。是由链条、链轮、左右挡板、辊轴等零件组成。由上下链条将药物送至刀门而进行切制，根据物料的泡实，切制时可调整上链条角度也可打开扭转 90°清除杂质和洗刷链条。

⑥ 护罩部分。用优质钢材、铸造合金钻、有机玻璃加工而成，使用时能观察刀盘的工作情况，能防止药物及尘土飞扬，改善劳动条件，减少环境污染。

3. 工作原理

药物经链条传送带送至料口，通过刀盘旋转达到切制目的。

4. 调试

（1）链条松紧调试　调整上下链条后部辊轴上的螺栓，使链条松紧适宜，见图 7-1。

上下链条是输送装置，要经常拆卸清洗，将调整螺栓 4、6 两边松开，抽出任何一根链板轴 3、5 转动刀盘即可将上链条或下链条带出，以便清洗。清洗后，链板装上，转动刀盘即可，使链条相接，再插入链板轴 3、5，然后，调整螺栓 4、6，使链条松紧适宜即可，不得有倾斜现象。

（2）上链条调整角度　根据药材的形状、泡实，可随时调整上链条倾角。加工轻泡药材时，可把插销手柄 3、4 向外拔出，提升上链条使插销手柄 3、4 落入倾角为 23°的孔中。若加工坚实药材时，可把插销手柄 3、4 向外拔出，下落上链条使插销手柄 3、4 落入倾角为 15°的孔中。清理时可将上链条扳到 90°的位置，以便清扫，然后复位即可。见图 7-2。

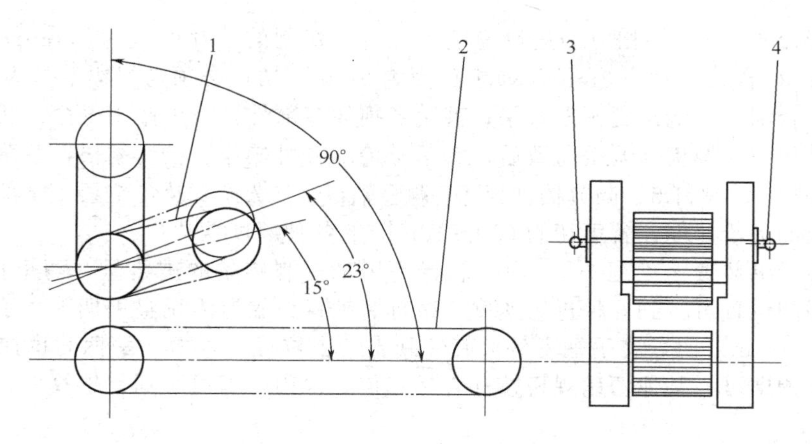

图 7-2　链条调整

1—上链条；2—下链条；3,4—插销手柄

(3) 刀片、出药口的调整　见图7-3，刀片与出药口间隙大小，直接影响饮片质量。调整方法是：松开压切螺母5、螺钉2和锁紧螺母6，调节紧定螺钉7，使刀片4前后移动，刀片刃与出药口1的两个面距离保持0.2mm±0.1mm之间，三把刀片4应调整到一个水平面上。然后，锁紧压切螺母5、螺钉2、锁紧螺母6和紧定螺钉7即可使用。修整刀片4时，松开螺钉2、压切螺母5和锁紧螺母6，退出紧定螺钉7，拿掉压刀板3，刀片4即可取出，刀片4必须修整在22°～24°之间，然后装刀即可使用。务必注意切制饮片质量的好坏全在修磨刀片4的刀刃上，修磨好的刀片4应在油石或细石上修一下刃即可，注意装刀的反正面也有很大关系。

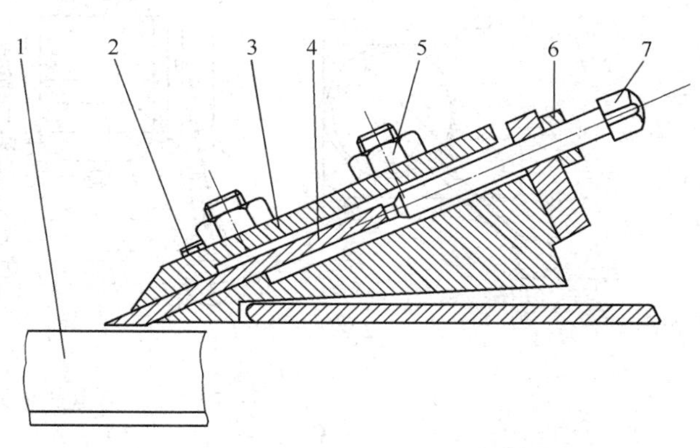

图 7-3　刀片、出药口调整

1—出药口；2—螺钉；3—压刀板；4—刀片；
5—压切螺母；6—锁紧螺母；7—紧定螺钉

(4) 调整挡板　在切制规格为0.5～5mm内的块状、果实类的药材时，必须安装上调整挡板和链条进给速度相配合时，才能达到预期的效果。调整挡板的方法（见图7-4）是：先把螺栓6松开去掉，以调节挡轴板4四方的平面为基准，当调整轴板3对准调节挡板轴A

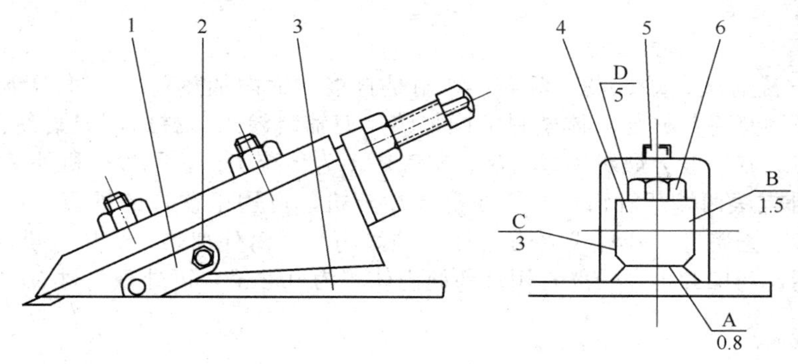

图 7-4　挡板调整

1—钉位板；2,6—螺栓；3—调整轴板；4—调节挡轴板；5—螺钉

面时，锁紧螺栓 6，再调好相应的进给速度，此时，切制的饮片厚度为 0.8mm，对准 B 面时为 1.5mm；对准 C 面时为 3mm；对准 D 面为 5mm。切记必须与操纵装置两手柄按标牌标志相对应，否则，不能达到预期效果，甚至会损坏零部件，减少使用寿命。注意三根调节挡轴板 4 与三块调整轴板 3 调整一致后，锁紧螺栓 6 方可操作。在切制根、茎草、皮类的药材时，可把螺栓 6、螺钉 5、调节挡轴板 4、调整轴板 3、螺栓 2 及钉位板 1 全部卸掉，再按标牌调整相应的进给速度，就可切制 0.8～18mm 的各种厚度饮片。

（5）调整操纵装置　见图 7-5，操纵装置是用来控制链条的进给量，两个换向手柄Ⅰ，Ⅱ调节在不同的位置可得到 6 种进给速度，按标牌缺口位置所示调整手柄Ⅰ、手柄Ⅱ。当切制饮片厚度为 0.8mm 时，将手柄Ⅰ外扳旋转到Ⅰ—Ⅰ位置上入槽，手柄Ⅱ也往外扳旋转到Ⅱ—Ⅰ位置入槽即可。其他切制规格按标牌标志位置换向，即可达到预想效果。

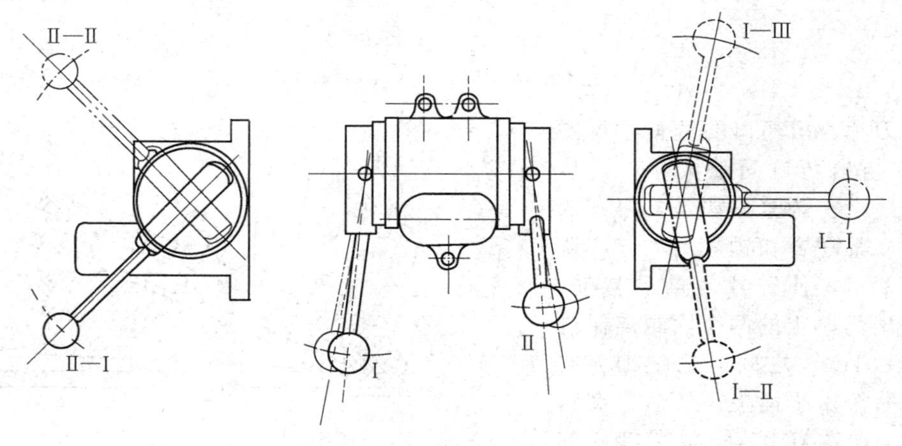

图 7-5　操纵装置调整

三、饮片的干燥

药物经水洗、切片等程序后，此时含水量较高，为微生物的生长繁殖提供了良好条件，且增加了药材的韧性，这对药物的质量保证及粉碎带来了不利，所以需要粉碎的药必须经过干燥。

干燥的方法一般是利用一定的干燥设备，进行加热干燥。干燥的温度应视药物性质不同而异，通常以不超过 80℃为宜。中成药厂一般采用的有翻板式干燥机和热风循环式烘箱，此外还有振动式和立式转盘干燥机。近年来，上海还设计制造成功太阳能烘房，以及采用红外线干燥及微波干燥等先进干燥工艺。

四、炮制设备

常用炮制方法有蒸、炒、炙、煅等。炒制是直接在锅内加热药材，并不断翻动，炒至一定程度取出；炙制是将药材与液体辅料共同加热，使辅料渗入药材内，如蜜炙、酒炙、醋炙、盐炙、姜炙等；煅制一般分煅炭和煅石法。本工序多为传统工艺，除炒药机外多为手工操作。

炒药机有卧式滚筒炒药机和立式子底搅拌炒药机，可用于饮片的炒黄、炒炭、砂炒、麸炒、盐炒、醋炒、蜜炙等。药材投入带有抄板的炒药筒，筒外加热，炒毕，反向旋转炒药筒，由于抄板的作用，药即卸出。一般常用炒药筒内体积为 0.2m^3，可处理药材 50～180kg/h。

五、粉碎机械

1. 粉碎的含义和目的

粉碎主要是借机械力将大块固体物质碎成规定细度的操作过程，也可是借助其他方法将固体药物碎成粉末的操作。

粉碎目的是为了：①增加药物的表面积，促进药物的溶解与吸收，提高药物的生物利用度；②便于调剂和服用；③加速药材中有效成分的浸出或溶出；④为制备多种剂型奠定基础，如混悬液、散剂、片剂、丸剂、胶囊剂等。

2. 粉碎的原理

固体药物的粉碎过程，一般是利用外加机械力，部分地破坏物质分子间的内聚力，使药物的大块粒变成小颗粒，表面积增大，即将机械能转变成表面能的过程。极性的晶形物质如生石膏、硼砂均具有相当的脆性，较易粉碎。粉碎时一般沿晶体的结合面碎裂成小晶体。非极性的晶体物质如樟脑、冰片等则脆性差，当施加一定的机械力时，易产生变形而阻碍它们的粉碎，通常可加入少量挥发性液体，当液体渗入固体分子间的裂隙时，由于能降低其分子间的内聚力，致使晶体易从裂隙处分开。非晶形药物如树脂、树胶等具有一定的弹性，粉碎时一部分机械能用于引起弹性变形，最后变为热能，因而降低粉碎效率，一般可用降低温度（0℃左右）来增加非晶形药物的脆性，以利粉碎。植物药材性质复杂，且含有一定量的水分（一般为9%～16%），具有韧性，难以粉碎。其中所含水分越少，则药材越脆，越有利于粉碎，故应在粉碎前依其特性进行适当干燥。薄壁组织的药材，如花、叶与部分根茎易于粉碎，木质及角质结构的药材则不易粉碎。含黏性或油性较大的药材以及动物的筋、骨、甲等都需适当处理后才能粉碎。

药物经粉碎后表面积增加，引起了表面能的增加，故不稳定，已粉碎的粉末有重新结聚的倾向。当不同药物混合粉碎时，一种药物适度地掺入到另一种药物中间，使分子内聚力减小，粉末表面能降低而减少粉末的再结聚。黏性与粉性药物混合粉碎，也能缓解其黏性，有利于粉碎。故中药厂对于粗料药，多用部分药料混合后再粉碎。

对于不溶于水的药物如朱砂、珍珠等可在大量水中，利用颗粒的重量不同，细粒悬浮于水中，而粗粒易下沉和分离，得以继续粉碎。

为使机械能尽可能有效地用于粉碎过程，应将已达到要求细度的粉末随时分离移去，使粗粒有充分机会接受机械能，这种粉碎法称为自由粉碎。反之，若细粉始终保留在系统中，不但能在粗粒中间起缓冲作用，而且消耗大量机械能，影响粉碎效率，同时也产生了大量不需要的过细粉末。所以在粉碎过程中必须随时分离细粉。在粉碎机内安装药筛或利用空气将细粉吹出，均是为了使自由粉碎能顺利进行。

3. 粉碎的方法

粉碎方法是根据药料性质和粉碎机械性能而选用的粉碎操作过程。粉碎方法分为以下几种。

（1）单独粉碎　是指将一味药料单独进行粉碎处理。氧化性药物与还原性药物必须单独粉碎，否则可引起爆炸现象。贵重细料药物如牛黄、羚羊角等，及刺激性药物如蟾酥等，为了减少损耗和便于劳动保护，亦应单独粉碎，含毒性成分的药物，如信石、马钱子、雄黄等应单独粉碎。有些粗料药，如乳香、没药，因含有大量胶树脂，在湿热季节难以粉碎，故常在冬春季单独粉碎成细粉。

（2）混合粉碎　是指将数味药料掺和进行粉碎，若处方中某些药物的性质及硬度相似，则可以将它们掺和在一起粉碎，这样既可避免一些黏性药物单独粉碎的困难，又可使粉碎与混合操作同时进行。但在混合粉碎中遇有特殊药物时，需作特殊处理。

药物中含有共熔成分时混合粉碎能产生潮湿或液化现象，这些药物能否采用混合粉碎法取决于制剂的具体要求，或各单独粉碎，或混合粉碎。

处方中含糖类较多的黏性药物，如熟地、桂圆肉、天冬、麦冬等，黏性大，吸湿性强，且在处方中比例较大，如与方中其他药物一起粉碎，常发生粘机械和难过筛现象。必须先将处方中其他药物粉碎成粗末，然后用此粗末陆续掺入黏性药物，再行粉碎一次。其黏性药物在粉碎过程中及时被粗末分散并吸附，使粉碎与过筛得以顺利进行。亦可将其他药物与黏性药物一起先作粗粉碎，使成不规则的块和颗粒，在60℃以下充分干燥后再粉碎。以上俗称为串料法或串研法。

处方中含脂肪油较多的药物，如核桃仁、黑芝麻、杏仁、苏子、柏子仁等，且比例量较大，为便于粉碎和过筛，须先捣成稠糊状或不捣，再与已粉碎的其他药物细粉掺研粉碎，这样因先粉碎出的药粉可及时将油吸收，不使其黏附于粉碎机和筛孔。此法俗称串油法。

处方中含新鲜动物药，如乌鸡、鹿肉，以及一些需蒸制的植物药，如地黄、何首乌等，都须经蒸煮，即将新鲜的动物药与植物药间隔排入铜罐或夹层不锈钢罐内，加黄酒及其他药汁，加盖密封，隔水或夹层蒸汽加热，一般为16～48h，有的可蒸96h，以液体辅料基本蒸尽为度。蒸煮目的是使药料由生变熟，增加温补功效，同时经蒸煮药料干燥后亦便于粉碎。经蒸煮后药料再与处方中其他药物掺和，干燥，再进行粉碎，此法俗称蒸罐。

此外，处方中含动物的筋、甲类，如鹿筋、穿山甲等须经炮制后再与其他药物混合粉碎，详见炮制学。

(3) 干法粉碎　是指将药物经适当干燥，使药物中的水分降低到一定限度（一般应少于5%）再粉碎的方法。除特殊中药外，一般药物均采用干法粉碎。

(4) 湿法粉碎　是指在药物中加入适量水或其他液体一起研磨粉碎的方法（即加液研磨法）。通常选用的液体是以药物遇湿不膨胀，两者不起变化，不妨碍药效为原则。樟脑、冰片、薄荷脑等常加入少量液体（如乙醇、水）研磨；朱砂、珍珠、炉甘石等采用传统的水飞法，亦属此类。湿法粉碎通常对一种药料进行粉碎，故亦是单独粉碎。

湿法粉碎的目的为使药料借液体分子的辅助作用易粉碎及粉碎得更细腻，因此使水或其他液体以小分子渗入药料颗粒的裂隙，减少药料分子间的引力而利于粉碎；同时对某些有较强刺激性或有毒药物，用此法可避免粉尘飞扬。

樟脑、冰片、薄荷脑等各置研钵或电动研钵中，加入少量的乙醇或水，用研锤以较轻力研磨，使药物被研碎。另外，粉碎麝香时常加入少量水，俗称“打潮”，尤其到剩下麝香渣时，“打潮”更易研碎，以研锤重力研磨使粉碎。中药细料药粉碎时，对冰片和麝香两药有个原则，即“轻研冰片，重研麝香”。

朱砂、珍珠、炉甘石等采用“水飞法”粉碎，即将药物先打成碎块，除去杂质，放入研钵或电动研钵中，加适量水，用研锤重力研磨。当有部分细粉研成时，旋转研钵使细粉混悬于水中被倾泻出来，余下的药物再加水反复研磨、倾泻，直至全部研细为止，然后将研得的混悬液合并，沉降后倾去上清水液，再将湿粉干燥、研散、过筛，即得极细的粉末。“水飞法”过去采用手工操作，费工费力，生产效率很低。现在多用球磨机代替，既保证药粉细度又提高了生产效率，但仍需连续转动球磨机60～80h，才能得到极细粉。

(5) 低温粉碎　低温时物料脆性增加，易于粉碎，是一种粉碎的新方法。其特点：①适用于在常温下粉碎困难的物料，其软化点、熔点低的及热可塑性物料，如树脂、树胶、干浸膏等，可较好地粉碎；②含水、含油虽少但富含糖分，具一定黏性的药物也能粉碎；③可获更细的粉末；④能保留挥发性成分。

低温粉碎一般有下列4种方法：①物料先行冷却或在低气温条件下，迅速通过高速撞击式粉碎机粉碎；②粉碎机壳通入低温冷却水，在循环冷却下进行粉碎；③待粉碎的物料与干冰或液化氮气混合后进行粉碎；④组合应用上述冷却法进行粉碎。

4. 粉碎器械

目前常用的粉碎机械，其基本作用力如截切、挤压、研磨、撞击（包括锤击与捣碎）和劈裂，此外还有撕裂和锉削。

各种粉碎作用力都有其特殊适应性，对硬而脆的药物以撞击、挤压为好；硬而韧（或黏）的药物用挤压；硬而坚的药物用锉削；脆、中等硬度药物用撞击、劈裂和研磨；韧而黏、中等硬度药物用研磨和撞击；动、植物组织用截切、研磨为好，但在许多情况下，往往是几种方法综合进行。

（1）研钵　有瓷、玻璃、玛瑙、铁或铜制品。瓷制品最常用。玻璃研钵不易吸附药物，易清洗，宜用于粉碎毒性及量少的药物。铁制及铜制的应注意是否与药物发生化学作用。

（2）中药粉碎、破碎两用机　如图 7-6 所示。

该机既能粉碎又能破碎，对各种中药材及矿石、贝壳类均可粉碎和破碎。粉粒度粗细可调，离心粉碎，风力选粉。该设备每小时产量：破碎 300～500kg，粉碎 10～25kg，粒度 60～140 目。

其主要构造由机壳、锤片、锤轴、斜风扇、牙板、斜衬等组成。锤片、斜风扇、正风叶等装于机壳内的同一水平轴上。机轴借电动机带动做高速转动，锤片等亦随之转动，锤片位置的机壳上装有牙板。药料由加料斗加入，经锤片的劈裂与撞击作用使药料被逐渐粉碎。斜风扇处有斜衬，由此而控制排粉速度。被粉碎的物料由正风叶鼓出，经布袋捕粉收集（布袋尺寸：1000mm×3000mm）。

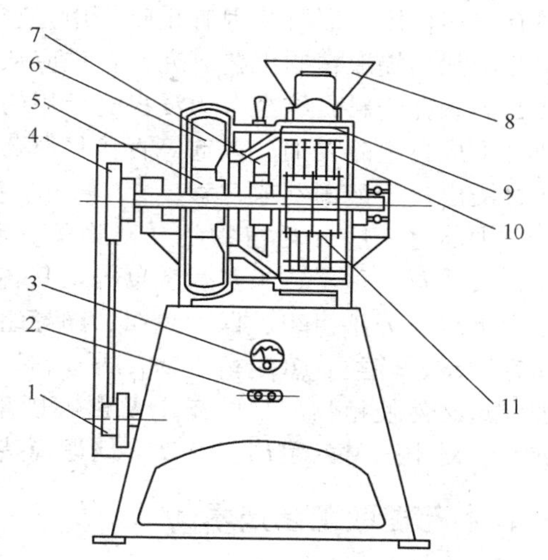

图 7-6　中药粉碎、破碎两用机

1—机轮；2—按钮；3—电流表；4—机器轮；5—正风头；6—正风叶；7—斜风扇；8—料斗；9—牙板；10—锤片；11—锤轴

安装与维修。

① 机器使用前需固定在水泥基础上。

② 开车前应对各部件进行检查，把布袋扎紧在机器出粉口，开车空转 3～5min 投放药料。

③ 需破碎药物时把机器底部的机门牙板卸下，换上合适的箩底把调节手柄调到最细位置，把 V 形带调到低速即可使用，布袋不要卸掉。

④ 卸料前停止加料 5～15min 后再停车。

⑤ 要定期更换轴承盒内黄油，经常检查易损件，如有磨损严重现象要及时更换，否则机器温度升高，产量下降，噪声增加。

易损件有：V 形带、斜风扇、锤片、锤轴、轴承、牙板、斜衬等。

六、筛分

筛分（筛选、筛析）是将某粒度分布的粉体通过单层或多层筛面的筛孔按粒度分成两种或多种不同粒级的过程。筛分是利用筛网，而析离是借流体（气体）的流动或旋转离心力对粉体的分离操作。中药传统用“筛”属于粗网孔工具，而“箩”则属于细网孔工具。风析是用空气析离装置分离药粉，水飞是靠水的浮力析离细粉。制药工业所用的原料、辅料及各种工序的中间产品很多需通过筛析进行分级以获得粒径较均匀的物料。筛析的目的是根据制药要求，以分离得到细度（一定的粒度分布范围）适宜的物料。因为物料的分级是药物制造及提高药品质量的重要的操作。如粒径均匀的两种物料混合时易获得均匀一致的混合物。物料经过筛析后，其粒径分布范围变小，粒径较均匀一致，有利于提高混合物的均匀性。

中药原料种类很多，性质差异很大，尤其复方制剂常常将几种乃至几十种药料混合一起粉碎，所得药粉的细度更难以达到要求，常需经筛析才能进行下工序的加工。

第二节 中药提取工艺技术、流程选择及生产设备

中药材是指供医药用的以天然的植物、动物和矿物为主，并包括部分人工合成品（如轻粉、丹药）和生物合成品（如豆豉、神曲）。植物性药材的化学成分十分复杂，有时一种药材有多种临床用途，其有效成分可以有一种或多种。例如鸦片中的吗啡具有镇痛作用，罂粟碱有解痉作用，而可待因有止咳作用，它们只分别部分地代表了鸦片的临床疗效。因此，对中药制剂的提取精制工艺研究，首先应从传统用药的经验出发，结合现代化学成分、药理等方面的研究资料，综合考虑浸提时所用的溶剂、方法和设备，并以临床效果作为主要依据。

中成药中除丸剂、散剂等直接将原药材粉碎制成制剂外，其他大部分均用于浸出制剂。药材浸出属于液固萃取过程。

中药材一般分为植物类、动物类、矿物类、生物类等。植物类中药材通常有根、茎、叶、枝、花、种子、果实及全草等，其各药用部分的植物组织又各不相同，如有薄壁组织、分生组织、分泌组织、保护组织、输导组织、机械组织等。植物药材的浸出物质各不相同，如生物碱、苷类、蒽醌衍生物、香豆精、木质素、黄酮类、挥发油、氨基酸、蛋白质、鞣质等，这必然使植物药材的浸出及影响因素十分复杂，尽管目前固液萃取理论已取得很大进展，但对中药材的浸出仍有许多问题尚待解决。

一、中药提取工艺技术

药材浸出时，根据生产规模、溶剂种类、药材性质及所制的剂型可采用不同的浸出方法。按药材在设备内加入方式可分为间歇式、半连续式和连续式。在药厂中，按药材在设备内处理方式的不同，药材浸出可分为提取、浸渍（对静态浸出）、煎煮（水提热回流）等。常用的浸出方法归纳如下。

（1）煎煮法 以水作为浸出溶剂的水煎煮法是最常用的方法，是将药材加水煎煮取汁的方法。其一般操作是取适当切碎或粉碎的药材，置适宜煎煮器中，加适量水使浸没药材，浸泡适宜时间后加热至沸，保持微沸浸出一定时间，分离煎出液，药渣依法煎出 2～3 次，收集各次煎出液，离心分离或沉降滤过后，低温浓缩至规定浓度。以酒精为浸出溶剂时，应采用回流提取法进行。

煎煮法适用于有效成分溶于水，且对湿、热均较稳定的药材。此法简单易行，能煎出大部分有效成分，除作为汤剂外，也作为进一步加工制成各种剂型的半成品。但煎出液中杂质较多，容易变霉、腐败，一些不耐热及挥发性成分在煎煮过程中易被破坏或挥发而损失。

（2）浸渍法 是中药生产的最基本方法。是指处理的药材于提取器中加适量溶剂，用一定温度和时间进行浸提，使有效成分浸出并使固、液分离的方法。按提取温度不同可分为常温浸渍法和温浸法。

① 常温浸渍法。即通常所指的浸渍法，传统上多用于药酒和酊剂的提取，其澄明度具有持久的稳定性。

② 温浸法。指在沸点以下的加热浸渍法，是一种简便的强化提取方法，一般利用夹套或蛇管进行加热，应用广泛。取适当粉碎的药材，置于有盖容器中，加入规定量的溶剂密盖，搅拌或振摇，保温加热，浸渍 3～5d 或规定时间使有效成分浸出，抽取上清液，滤过，压榨残渣，合并滤液和压榨液，静止 24h，滤过。药材不同，浸渍温度和时间及次数也不同。药酒浸渍时间较长，其常温浸渍多在 14d 以上；但热浸渍（40～60℃）的时间一般为

3～7d。为了减少药渣吸液所引起的成分损失，可采用多次浸渍法。

浸渍法适宜于带黏性的、无组织结构的、新鲜及易于膨胀的药材的浸取，尤其适用于有效成分遇热易挥发或易破坏的药材。但操作时间长，溶剂用量较大，且往往浸出效率差而不易完全浸出。故不适用于贵重药材和有效成分含量低的药材浸取。

（3）渗漉法　指适度粉碎的药材于渗漉器中，由上部连续加入的溶剂渗过药材层后从底部流出渗漉液而提取有效成分的方法。渗漉法的操作如下：进行渗漉前，先将药材粉末放在有盖容器内，加入药材量60%～70%的浸出溶剂均匀润湿后，密闭，放置数小时，使药材充分膨胀；然后将已膨胀的药粉分次装入底部有出口的渗漉容器中，松紧程度视药材而定；装完后，用滤纸或纱布将上面覆盖，并加石块之类的重物压固，以防加溶剂时药粉浮起；操作时先打开漉筒浸出液出口活塞，从上部缓缓加入溶剂以排除筒内空气，待溶剂自出口流出时关闭活塞，继续加溶剂至高出药粉约数厘米，加盖放置浸渍24～48h，使溶剂充分渗透扩散。渗漉时，溶剂渗入药材的细胞中溶解大量的可溶性物质之后，浓度增高，相对密度增大而向下移动，上层的浸出溶剂或较稀浸液置换其位置，造成良好的细胞壁内外的浓度差，使扩散较好地自然进行。故渗漉法属于动态提取法，提取效率高于浸渍法，且省去了提取液的分离操作，溶剂耗用量也较小。一般药材都可用此法浸出制备酒剂、酊剂、流浸膏和浸膏剂等。渗漉法对药材的粒度及工艺条件的要求比较高，操作不当可影响渗漉效率，甚至影响正常操作。一般渗漉液流出速度以1000g药材计算，慢速浸出以1～3mL/min为宜；快速浸出多为3～5mL/min。渗漉过程中需随时补充溶剂，使药材中有效成分充分浸出。溶剂的用量一般为1∶(4～8)（药材粉末∶浸出溶剂）。为了提高渗漉速度和节约溶剂，大生产可采用强化措施，如振动式渗漉罐或在罐侧加超声装置（罐体用支脚支撑于罐周的弹簧上，罐的下部固定有振动器），或用罐组逆流渗漉法加强固液两相之间的相对运动，而改善渗漉效果。该法是利用液柱静压，使溶剂自底部向上流，由上口流出渗漉液的方法。此外还有重渗漉法和加压渗漉法。

（4）回流法　指加热提取时溶剂被蒸发，冷凝后又流回提取器，如此反复直至完成提取的方法。溶剂可循环使用，适用于易挥发（低沸点）溶剂的提取。连续循环回流冷浸法是在溶剂蒸发后，经冷凝流入贮液罐，再由阀流入提取器进行冷浸。本法由于提取液浓度逐渐升高，受热时间长，不适于对热不稳定成分的提取。

（5）水蒸气蒸馏法　操作方法是将药材的粗粉或碎片浸泡润湿后，直火加热蒸馏或通入水蒸气蒸馏，也可在多功能式中药提取罐中对药材边煎煮边蒸馏，药材中的挥发成分随水蒸气蒸馏而带出，冷凝后分层，收集挥发产品。

该法适用于具有挥发性，能随水蒸气蒸馏而不被破坏，难溶或不溶于水的化学成分的提取和分离，如挥发油的提取。基本原理是根据道尔顿分压定律。混合液的沸点低于各组分的沸点，故挥发性物质可在低于其沸点的温度下沸腾蒸出，从而避免挥发性物质单独蒸馏时因高温引起的分解。

（6）超临界流体萃取法　超临界流体萃取（supercritical fluid extraction，SFE）技术是20世纪70年代末在工业上发展应用的一种新型萃取分离技术。超临界流体（SF）是指某种气（或液）体或气（或液）体混合物在操作压力和温度均高于临界点时，其密度接近液体，而其扩散系数和黏度均接近气体，其性质介于气体和液体之间的流体。SFE技术就是利用超临界流体作为溶剂，从固体或液体中萃取出某些有效组分，并进行分离的技术。在萃取阶段，SF将所需组分从原料中萃取出来，在分离阶段，通过变化压力参数或其他方法，使萃取组分从SF中分离出来，并压缩回收SF，使其循环使用。

① 常用超临界流体。可供作超临界流体的气体很多，如二氧化碳、乙烯、氨、氧化亚氮、一氯三氟甲烷、二氯二氟甲烷等，它们在其超临界温度和压力下，虽然对许多物质具有

溶解能力，但只有二氧化碳是化学惰性，无毒性，不易爆，临界压力不高（7.374MPa），临界温度接近室温（31.05℃），价廉易得，因而通常使用二氧化碳作为超临界萃取剂。

② 影响超临界流体萃取的主要因素。

a. 萃取压力的影响。萃取温度一定下，压力增加，流体的密度增大，溶质的溶解度增加。对于不同物质，其萃取压力有很大的不同。例如对于碳氢化合物和酯等弱极性物质，萃取可在较低压力下进行，一般压力为7～10MPa；对于含有—OH、—COOH等强极性基团物质，萃取压力要求高一些；而对于强极性的配糖体及氨基酸类物质，萃取压力一般要求50MPa以上才能萃取出来。

b. 萃取温度的影响。温度对SF溶解能力的影响比较复杂，在一定压力下，升高温度，被萃取物的挥发性增加，这样就增加了被萃取物在SF气相中的浓度，从而使萃取数量增大；但另一方面，温度升高，SF密度降低，其溶解能力相应下降，会导致萃取数量的减少。因此，温度的影响要综合这两个因素加以考虑。

c. 萃取物颗粒大小。将物料粉碎到适宜粒度，增加物料与SF的接触面积，可使萃取速度显著提高。但粒度也不宜太小，过细的粉粒不仅会严重堵塞筛孔，造成摩擦发热，会使生物活性物质损失，而且容易造成萃取器出口过滤网的堵塞。

d. 二氧化碳的流量。CO_2的流量应适量。当流量增加时，可以增大萃取过程的传质推动力，相应地拉大了传质系数，使传质速度加快，提高了超临界CO_2流体的萃取能力，但是流量加大，亦会导致萃取器内CO_2流速增加，使CO_2与被萃取物接触时间减少，不利于萃取能力的提高。

e. 夹带剂的选择。适用于SFE的SF大多是弱极性溶剂，不利于对较大极性溶质的萃取应用。CO_2虽无极性，但因具有偶极键，故能与一些有极性的分子相互作用并将其溶解，但对极性较大的成分，则可在SF中加入少量添加剂，即夹带剂，以改变溶剂的极性。如罗汉果中的罗汉果苷Ⅴ，用CO_2-SFE在40～50℃、20～40MPa条件下就不能萃取出来，加入夹带剂乙醇，在40℃、30MPa条件下即可萃取出来。

SFE法的特点在于充分利用SF兼有气、液两重性的特点，在临界点附近，超临界流体对组分的溶解能力随体系的压力和温度发生连续的变化，从而可以在较宽广的范围内，方便地调节组分的溶解度和溶剂的选择性。SFE集萃取与分离的双重作用，没有物料的相变过程，不消耗相变热，节能效果明显，工艺流程简单，萃取效率高，无有机溶剂残留，产品质量好，无环境污染，应用CO_2-SF作溶剂，具有临界温度与临界压力低，化学惰性等特点，适合于提取分离挥发性物质及含热敏性组分的物质。但是，SFE技术也有其局限性，CO_2-SFE较适合亲脂性、分子量较小的物质萃取，SFE设备属高压设备，设备一次性投资较大。

与传统的分离方法相比，超临界流体萃取具有许多独特的优点。①借助于调节流体的温度和压力来控制流体密度进而改善萃取能力。②溶剂回收简单方便，节省能源。通过等温减压或等压升温，被提取物就可与提取剂分离。③可较快达到相平衡。④超临界提取工艺可在较低温度下操作，故特别适合于热敏性组分的提取。由于超临界流体提取技术提取易挥发组分或生理活性物质时，对提取物极少损失和破坏，没有溶剂残留，产品质量高，因此近年来应用超临界流体提取技术提取中药有效成分引起人们的极大兴趣。

超临界流体提取过程基本上是由提取和分离两部分组成。其工艺流程有三种。①变压法（等温法）。这是应用最方便的方法，即将二氧化碳经压缩机加压制成超临界二氧化碳，该流体在提取器内与药材接触溶入所需成分，借膨胀阀导入分离器，由于压力下降溶解度降低而析出提取物，从而使提取物与临界流体分离并从分离槽下部取出。二氧化碳经压缩机压缩后可以循环使用。②变温法（等压法）。该法先用冷却降温所得的超临界气体，提取药材后再加热升温使提取物和气体分离并从分离槽底部排出。气体经冷却压缩后送回提取器循环使用。③吸附法。该法在分离槽中只放置吸附提取物的吸附剂，不被吸附的气体压缩后供循环使用。变压法和变温法适用于提取相中的溶质为需要的有效成分的场合，而吸附法则适用于提取质为需除去的杂质，提取槽中留下的提余物为需要的有效成分的场合。

SFE是一项正在研究发展的新型萃取分离技术，随着基础和应用研究的深化和国产化装备的建设，SFE技术将会广泛应用于药物的萃取分离，促进制剂技术的发展。

（7）离子交换与大孔树脂吸附　这实际上是一种中药材水溶性有效成分的纯化提取方法，它能通过离子交换与大孔树脂（简称大孔树脂）的吸附选择性，从其他提取方法提得的稀溶液中浓集分离有效成分。一般离子交换树脂中孔径较小，小于5nm，吸附性不大。而大孔树脂网状孔的孔径较大，一般为几十至几千纳米，因而具有较大的吸附表面积和吸附性。大孔树脂的网状孔是由于在树脂制备过程中加入了致孔剂，当高聚物结构形成时发生相分离而使树脂中留下许多大小不一、形态各异、互相贯通的孔道所致。这样大孔树脂既有类似于活性炭的吸附作用，又有离子交换的能力，而且比离子交换更容易再生。所以它具有吸附选择性特殊、再生容易、稳定性高、使用寿命长及颜色浅淡等特点。大孔树脂有强酸性（如D 001）、弱酸性（如D 111）、强碱性（如D 201，D 202）和弱碱性（D 301，D 311）等类型。

其操作一般是将需要处理的溶液通过装有树脂床的柱，柱中的树脂自上而下依此与溶液接触，选择性地吸附溶质并在柱中形成色谱带，再用溶剂（如乙醇）进行逆流或正流洗脱，直至洗脱液中不含溶质为止。工业上大孔树脂吸附交换的工艺流程通常是：交换—反洗—再生—正洗。再生剂通常为酸、碱，有时为中性盐，应根据树脂类型、离子类型及再生目的选择。

（8）色谱技术　是在特定的色谱柱当中，利用不同物质与固定相的亲和力差异而实现分离的一组技术。其特点包括一个流动相和一个固定相，分离原理是混合物中不同组分与流动相和固定相的相互作用力不同。与固定相相互作用强的组分在色谱柱中停留时间较长，与固定相相互作用弱的组分在色谱柱中停留时间较短，从而经过一定长度的色谱柱后，混合物中的不同组分可得到分离。优点是分离效率高。色谱分离原理如图7-7所示。

二、浸出工艺流程及器械

选择适宜的浸出方法及有效的浸出工艺条件与设备，对保证浸出药剂的质量、提高浸出效率与经济效益是十分重要的。根据选用的浸出器械类型和数目及浸出条件的不同，常用的中药浸出工艺及器械可概括介绍如下。

（一）单级浸出工艺与间歇式提取器

单级浸出是将药材和溶剂一次加入提取器中，经一定时间提取后放出浸出液并排出药渣。水浸出时一般采用煎煮法；乙醇浸出时可用浸渍法或渗漉法等。药渣中乙醇或其他有机溶剂先经回收，然后再将药渣排出。

一次浸出的物流浓度如图7-8所示。假定加入的药材浓度（即溶质开始扩散，药材组织内溶液的浓度）为c_1，药渣组织中溶液浓度为c_3，溶剂浓度为c_4（一般$c_4=0$），放出的浸出液浓度为c_2，这样药材开始浸出时的浓度差$\Delta c_1=c_1-c_4$，浸出结束时的浓度差为$\Delta c_2=c_3-c_2$。若浸出最终固液两相达到平衡状态，则$c_3=c_2$，即$\Delta c_2=0$，故其浸出过程浓度差是变化的（图7-9）。浸出开始时浓度差最大，随着浸出液浓度不断增加，固液两相的浓度差逐渐减小，当$\Delta c_2=0$时则浸出过程停止。同样，一次浸出的浸出速度也是变化的（图7-10），开始速度逐渐增大，到达最高值后速度逐渐降低，最后达平衡状态时浸出速度等于零，故通常称其为非稳定过程。

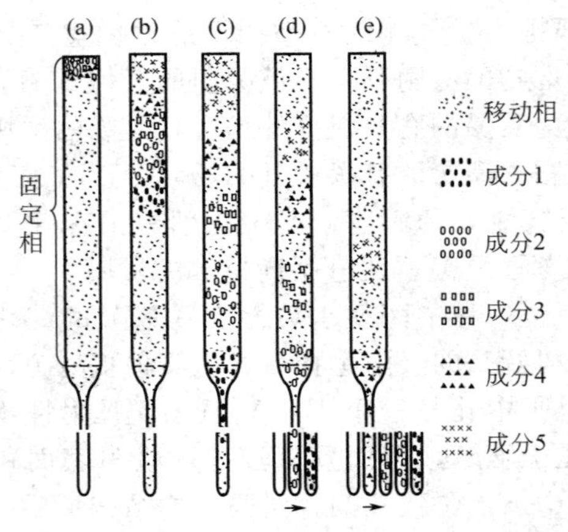

图 7-7　色谱分离原理

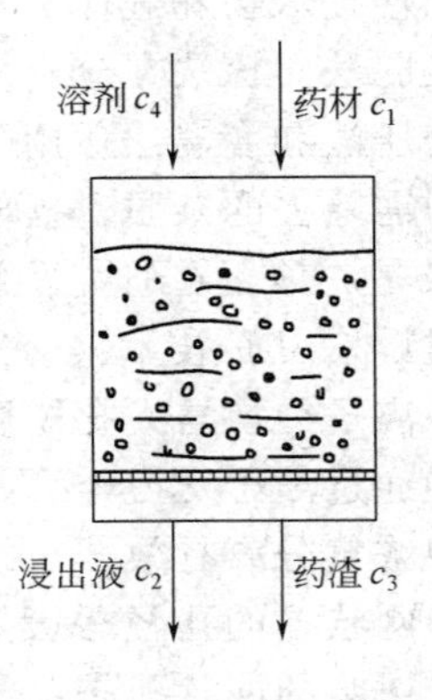

图 7-8　一次浸出的物流浓度

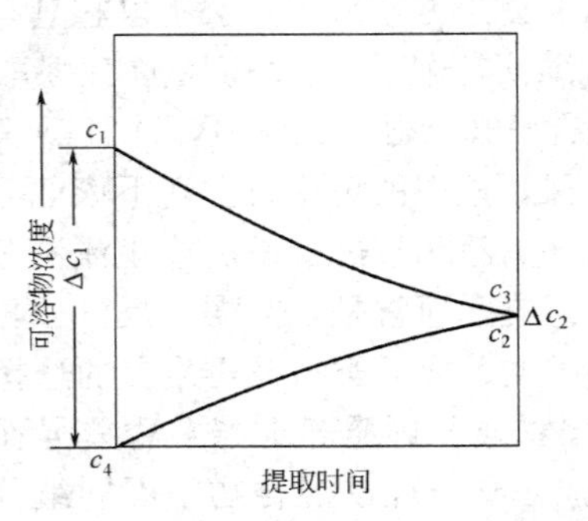

图 7-9　一次浸出过程浓度差变化

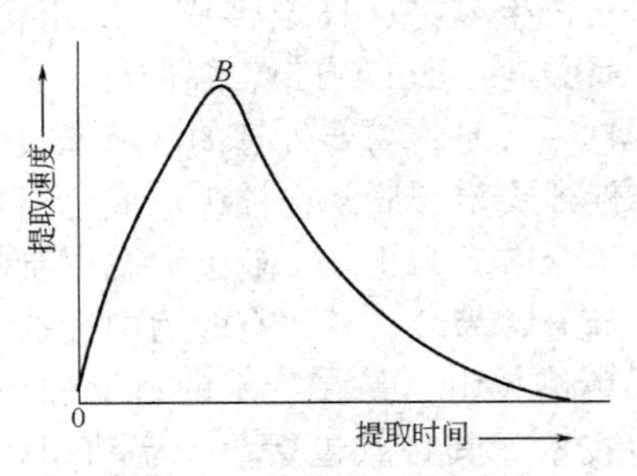

图 7-10　一次浸出的浸出速度变化

单级浸出工艺比较简单，常用于小批量生产。缺点是浸出时间长，药渣能吸收一定量浸出液，可溶性成分的浸出率低，浸出液的浓度亦较低，浓缩时消耗热量大。

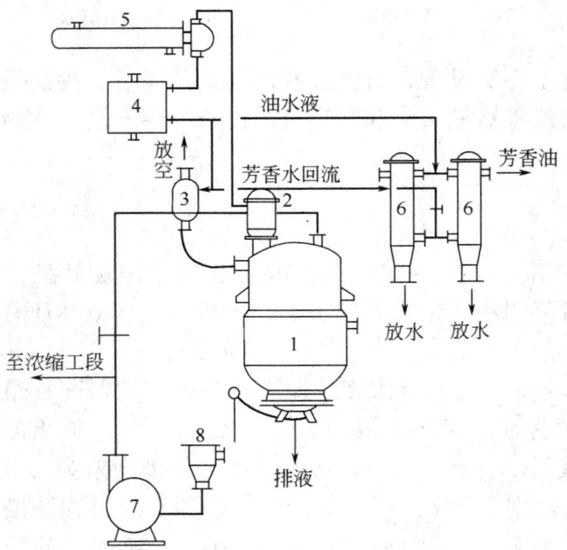

单级浸出工艺常用间歇式提取器。这类提取器类型较多。图 7-11 表示多能提取器工艺流程图，提取罐为较新型的气动控制出渣式的密闭提取器。全器除罐体外，还有泡沫捕集器、热交换器、冷却器、油水分离器、气液分离器、管道过滤器、温度及压力检测器、控制器等附件。具有多种用途，可提供药材水提取、醇提取、挥发油提取并可回收药渣中的溶剂，也能用于渗漉、温浸、回流、循环浸渍、加压或减压浸出等多种浸出工艺，因此也称为多能提取器。其提取操作根据不同需要采取不同方式。

图 7-11　多能提取器工艺流程

1—提取罐；2—泡沫捕集器；3—气液分离器；4—冷却器；5—冷凝器；6—油水分离器；7—水泵；8—管道过滤器

① 加热方式。用水提取时，将水和中药材装入提取罐，开始向罐内通入蒸汽加热，当温度达到提取温度后停止向

罐内而改向夹层通蒸汽进行间接加热，以维持罐内温度在规定范围内。如用醇提取，则全部用夹层通蒸汽进行间接加热。

② 强制循环。在提取过程中，用泵对药液进行强制循环，即从罐体下部放液口放出浸出液，经管道过滤器滤过，再用水泵打回罐体内。该法加速了固液两相间相对运动，从而增强对流扩散及浸出过程，提高了浸出效率。

③ 回流循环。在提取过程中产生的大量蒸汽从蒸汽排出口经泡沫捕集器到热交换器进行冷凝，再进冷却器冷却，然后进入气液分离器进行气液分离，使残余气体逸出，液体回流到提取罐内。如此循环直至提取终止。

④ 提取液的放出。提取完毕后，药液从罐体下部放液口放出，经管道过滤器滤过后用泵输送到浓缩工段再进行浓缩。

⑤ 提取挥发油（吊油）的操作。在进行一般的水提或醇提操作中通向油水分离器的阀门必须关闭（只有在提油时才打开）。加热方式和水提操作基本相似，不同的是在提取过程中药液蒸气经冷却器进行再冷却后直接进入油水分离器进行油水分离，此时冷却器与气液分离器的阀门通道必须关闭。分离的挥发油从油出口放出。芳香水从回流水管道经气液分离器进行气液分离，残余气体放入大气而液体回流到罐体内。两个油水分离器可交替使用。提油进行完毕，对抽水分离器内残留部分液体可从底阀放出。

该设备主要特点是：①提取时间短；②应用范围广；③采用气压自动排渣快而净；④操作方便、安全、可靠；⑤设有集中控制台控制各项操作，便于药厂实现机械化、自动化生产。

（二）多级浸出工艺

亦称重浸渍法，又称半连续式提取装置，它是将药材置入浸出罐中，将定量的溶剂分次加入进行浸出的操作。亦可将药材分别装于一组浸出罐进行，新溶剂分次先进入第一浸出罐与药材接触浸出，第一浸出罐的浸出液继续进入第二浸出罐与药材接触继续浸出，这样依次通过全部浸出罐，浸出液由最后一个浸出罐流入接受器中。当第一浸出罐内的药材浸出完全时，则关闭该罐的进出液阀门，卸出药渣，回收溶剂备用。续加的溶剂则先进入第二浸出罐并依次浸出，直至各罐浸出完毕。罐组数量可根据需要来确定。

多级浸出工艺的特点在于有效地利用固液两相的浓度梯度，亦尽可能地减少浓渣吸收浸出液所造成的有效成分损失，从而提高浸出的效果。结合生产操作管理和适应多品种、小批量的生产需要，以三口提取罐为一组合体较为实用。总提取液浓度大，溶剂耗量小，对下一道浓缩工序回收溶剂耗能低。

（三）连续逆流浸出工艺

连续逆流浸出工艺是将药材与溶剂在浸出器中连续逆流接触提取。图 7-12 为螺旋推进式浸出器的一种形式，浸出器由进料管、水平管和出料管三根管子组成，每根管按需要可设蒸汽夹套。药材自加料斗进入浸出管，由各螺旋推进器推进通过各个浸出管，经浸出后的药渣最后被送到出料口推出管外。浸出溶剂由相反方向逆流流动过程中，将药材的有效成分浸出后由浸出液出口流出。此外，尚有一些连续式浸出器，如平转式连续浸出器，链式连续浸出器等。所有连续式浸出器均为逆流操作。

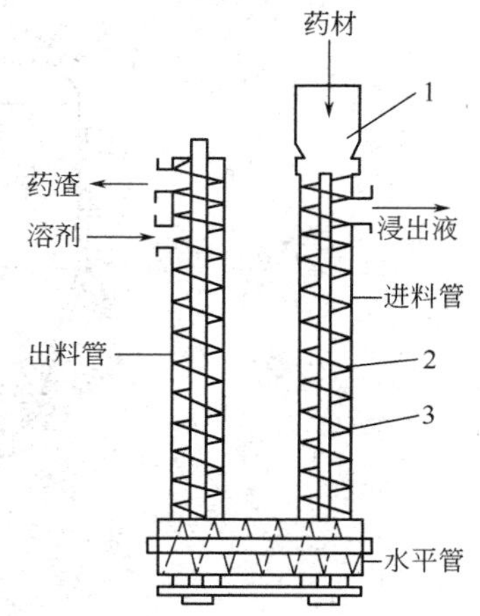

图 7-12 螺旋推进式浸出器

1—料斗；2—螺旋推进器；3—筒体

连续式逆流浸出与单级浸出相比具有如下优点：①浸出效率高，药材与溶剂在提取器中以互为逆向流动的动态可连续而充分地接触提取；②浸出液浓度亦较高，单位重量浸出液浓缩时消耗的热能少；③浸出速度快，连续逆流浸出具有稳定的浓度梯度，且固-液两相处于运动状态，使两相界面的边界层变薄或边界层更新快，从而增加了浸出速度；④这类提取器多为大型设备，加料和排渣均可自动完成，故生产规模大，效率高，但不适于多品种、小批量的生产。

（四）加压浸出工艺

加压浸出是中药提取的新工艺，加压方式有两种：①密闭升温加压（溶剂蒸气压）。②加压不升温，即在低于溶剂沸点的一定温度下，加气压或液压。实验表明，水提温度在65～90℃，表压为0.2～0.5MPa（2～5kg/cm^2），与常压煮提相比，有效成分浸出率相同，但浸出时间可以缩短一倍以上，固液比也可以提高。由于热、压条件可能导致某些有效成分破坏，故加压升温浸出工艺应当慎用。

加压浸出可以加速药材的浸润过程，对质地坚实而较难浸润的药材，其加速浸出的作用比较显著。其浸出设备可以选用气动多能提取器。但在一定温度下，加压是否影响有效成分的稳定性，应在科学实验基础上推广使用。

（五）热回流循环提取浓缩机

热回流循环提取浓缩机是集提取、浓缩为一体的连续循环动态提取装置。该设备主要以水、乙醇或其他有机溶剂提取中药材有效成分、浓缩提取液及溶剂回收。其基本结构如图7-13所示，萃取部分包括提取罐、冷凝器、冷却器、油水分离器、泵等；浓缩部分包括浓缩蒸发器、蒸发料液罐、加热器、冷凝器和冷却器等。

热回流循环提取浓缩机的工作流程将1/3提取液用循环泵送入浓缩蒸发器中进行浓缩，

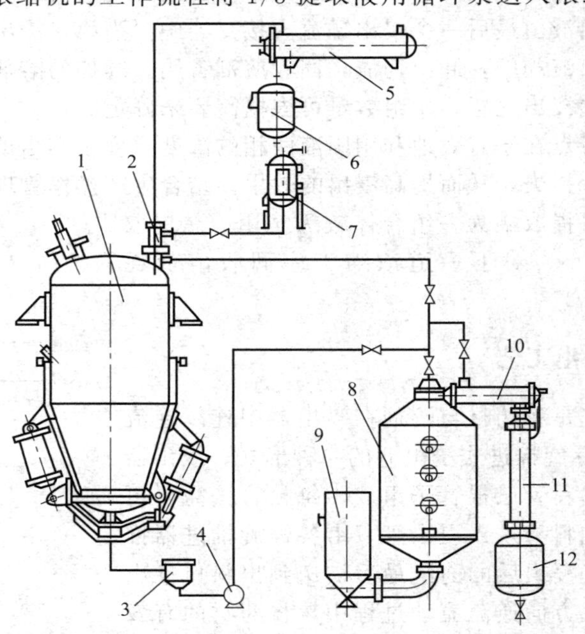

图7-13　热回流循环提取浓缩机的基本结构

1—提取罐；2—消泡器；3—过滤器；4—泵；5—提取罐冷凝器；6—提取罐冷却器；7—油水分离器；8—浓缩蒸发器；9—浓缩加热器；10—浓缩冷却器；11—浓缩冷凝器；12—蒸发料液罐

浓缩产生的二次蒸汽通过上升管送入提取罐作为提取的溶剂和热源；二次蒸汽继续上升通过提取罐冷凝器冷凝回到提取罐内作为新溶剂，形成高浓度梯度，而且这样的提取流程是连续循环动态的，有利于提取效率的提高。

（六）超临界流体萃取过程与设备

在等温下超临界萃取过程由 4 个主要阶段组成，即超临界流体的压缩、萃取、减压和分离。图 7-14 是超临界流体萃取工艺装备示意图。

二氧化碳以气态形式输入到冷凝器，经高压泵压缩升压和换热器定温，成为操作条件下的超临界流体，通入萃取器内，原料的可溶组分溶解在超临界流体中，并且随同其经过减压阀降压后进入收集器，在收集器内，溶质（通常液体或固体）从气体中分离并取出。解溶后的二氧化碳气体可再循环使用。

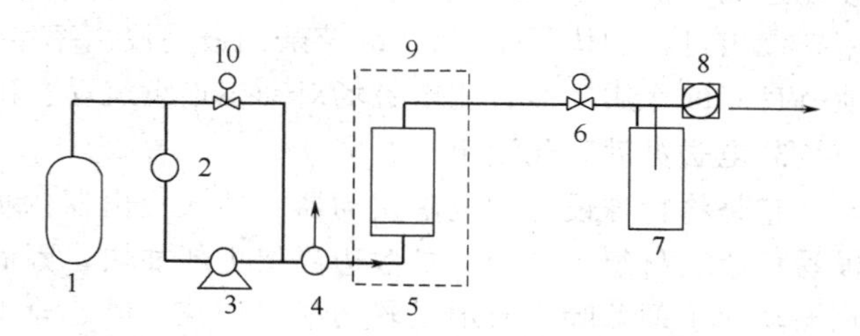

图 7-14 超临界流体萃取工艺装备示意

1—CO_2 钢瓶；2—冷凝器；3—高压泵；4—换热器；5—萃取器；6—减压阀；7—收集器；8—干气计量器；9—水浴；10—压力调节器

超临界流体萃取中，溶质的溶解度和选择性是两个重要指标，溶解度太低，则单程的萃取效果很差。若溶质中所有组分的溶解度普遍增高，说明选择性改变不大或仍维持原状，则分离效果不佳，最理想的是增加要萃取分离组分的溶解度，这样，单程萃取效果和选择性都会提高，近年来研究借助加入夹带剂来提高溶质的溶解度和分离的选择性。为了提高某些溶质分离的含量和得率，有时亦采用变温回流超临界萃取、变温变压回流超临界萃取、二步超临界萃取等。

超临界流体萃取工业设计选型的主要参数以小型试验为依据，由实验确定或验证萃取分离体系（包括工艺流程和溶剂体系），确定各项操作指标以及这些指标的选优，确定设备性能参数，如：容量、径高比、循环量等。下面两种情况应区别对待：①从原料中提取的某些成分作为副产品或废弃，而萃取残余物作为产品。属于这种情况的有咖啡脱咖啡因、油脂脱臭等。②提取物为产品，而残渣废弃或作副产品，如油料提取植物油，提取中药活性成分，提取香料等。

SFE 技术国外已广泛用于香料、食品等领域内。在制药工业中应用亦显示出良好的前景。例如，CO_2-SFE 从青鱼油中提取多烯不饱和脂肪酸，其二十碳五烯酸（EPA）和二十二碳六烯酸（DHA）回收率分别为 18.9%和 24%。应用 CO_2-SFE 与尿素包合物相结合的方法，并用轴向余弦温度分布对鱼油乙酯进行 SFE，则 EPA 和 DHA 纯度分别达 94.4%和 91.6%，产率分别为 42.9%和 43.1%，展示了其萃取、浓缩不稳定组分的优越性。应用 CO_2-H_2O-C_2H_5OH 体系与 SEF 甘草的甘草素、异甘草素、甘草查耳酮 A 及甘草查耳酮 B（萃取温度为 40℃，压力为 35MPa，时间为 5h）亦具良好效果。

三、浸出过程的强化途径

强化途径是指附加外力以加速浸出过程的方法。近年来，对强化浸出曾有不少研究报道，得到较好的效果。

1. 流化强化浸出

流化强化浸出是使固液两相形成流态化进行浸出。这是根据流化床（或叫沸腾床）比固定床的传质系数大，因为固液两相的接触面大，扩散边界层厚度薄或边界层更新快等。试验设备为锥形流化床，将马铃薯干芽碎成一定粒度的粉粒，添加溶剂湿润，装入流化床内，并按规定的速度自下而上送入浸出溶剂。由于床内固液两相相对运动速度很大，故对龙葵碱和茶可宁的浸出速度，比固定床浸出高 3～4 倍。

2. 电磁场强化浸出

它是在浸出器外壳上绕上多层线圈，并通入交流电或直流电，使浸出过程在电磁场振荡作用下进行。试验表明，在交流磁场强度为 25×10^4A/m（1A/m＝$4\pi\times10^{-3}$Oe）作用下，静态浸渍浸出缬草根茎 10h 达平衡状态，浸出率为 93%，未加电磁场时的静态浸出需 52h 才能达到平衡状态，浸出率只有 67.5%。在电磁场作用下，经过 5h 便可达到同样的浸出率，浸出过程加快了 10 倍。缬草酸的最高浸出率增加约 25%。此外，交流电磁场对静态浸渍有良好的作用，而直流电磁场对动态连续流动浸出有良好作用。

3. 电磁振动强化浸出

它是将特殊设计的电磁振动器头插入浸出器内振动浸出，溶剂或浸出液经电磁振动后，极易穿透药材组织细胞，扩散边界层更新加快，因而加强了有效成分的浸出。试验表明，电磁振动用于颠茄叶等质地柔软药材（如花、叶、全草）的浸出，在其他条件相同的情况下，其浸出时间可从原来 48h 缩短 1.5～2h，所得浸出液符合苏联药典要求。

4. 电场强化浸出

电场可加速生物碱的浸出过程和浸出率。浸出器是用不导电的材料，如塑料、木等制成，它有一个不锈钢的锥形底，底上附有不锈钢筛孔板作为阴极，器内物料层上面装有绷紧麻布的木框，框上装有 5 个方形炭电极作为阳极。电极接直流电源，阴极电流密度 0.6A/dm^2，电压 0.8V/cm，用曼陀罗果仁和果壳细粉做浸出试验，在电场作用下，浸渍出东莨菪碱的浸出率较普通浸渍法要高 20%，而浸出时间缩短一倍。

5. 脉冲强化浸出

脉冲强化浸出的方法有多种。①气压或液压脉冲。是在密闭浸出器内加脉冲气压或液压，其压力时大时小或者时加压时常压。②液相脉冲。在多级浸出器中，如连续逆流浸出器中，溶剂由器底脉冲进入浸取。③机械脉冲。在浸出器内装有脉冲板，使它时上时下而搅动固液两相。④回转脉冲。回转脉冲发生器由转子与定子组成，转子与定子的间隙为 0.5mm，转速为 2820r/min。药材磨成细粉与溶剂一起循环通过回转脉冲发生器进行浸出，由于固液两相的强烈搅拌，承受机械脉冲作用，药材颗粒的变形和分散，扩大了两相的接触面，加快了浸出速度，提高了浸出率。试验表明，猪胰腺经回转脉冲发生器浸取，浸出液内胰岛素的效价及其增长率要比一般搅拌浸取的高得多，且使浸出时间缩短为 1～1.5h，亦不必进行第二步浸取。由于浸出时间较短，还可避免胰岛素在浸出过程的效价下降。应用 5%氯化钠水溶液为溶剂经回转脉冲浸出器循环浸出五倍子中的鞣质，当固液两相总的比例为 1∶2 时，两相达到平衡状态的时间只需约 20min，显著加强了浸出过程。

6. 挤压强化浸出

应用间歇式卧式挤压浸出器对莨菪草、鼠李壳等进行压缩浸出，其浸出速度较一般浸渍法快 19～24 倍，同时产量和质量都很高。其工作原理为将已经湿润膨胀的药材送入浸出器中小室内，使其进到一个挤压梁下，挤压梁的单位压力在 1～5MPa（10～50kg/cm^2）范围内，挤压一次时间为 10～25s。立式连续逆流挤压浸出器的锥体高压区压力可达 30 个大气压，浸取颠茄叶时，当固、液两相之比为 1∶3，预浸湿润时间 14h，循环 3 次，生物碱得率可达 96.9%。

应当指出，强化浸出的方法都要不同程度的附加设备和增加动力消耗，实际使用是否经济有效，需做科学试验和全面经济核算。

7. 微波辅助提取

微波辅助提取是微波和传统的溶剂萃取法相结合后形成的一种萃取方法。它具有萃取时间短、溶剂用量少、提取率高、产品质量好的特点。尤其适用于热敏性物质的萃取。其萃取机理：一方面，微波辐射是通过高频电磁波穿透药材表面，到达物料的内部纤维管束和细胞系统。由于吸收微波能，细胞内部温度迅速上升，使其细胞内部压力超过细胞壁膨胀所承受的能力而破裂，细胞内有效成分流出，在较低的温度下被介质萃取出来。另一方面，微波可促进药材内部有效成分的扩散，从而使萃取效率提高。

8. 仿生提取法

仿生提取法是模拟口服药经胃肠道环境转运原理而设计，即综合运用化学仿生（人工胃、人工肠）与医学仿生（酶的应用）的原理，又将整体药物研究（仿生提取法所得提取物更接近药物在体内达到平衡后的有效成分群）与分子药物研究法（以某一单体为指标）相结合。目的是尽可能地保留原药中的有效成分（包括在体内有效的代谢物、水解物、螯合物或新的化合物）。打破了以往只提取单一有效成分的西医西药模式，符合中医药传统哲学的整体观、系统观，体现了中医药多种成分复合作用的特点。

仿生提取法优点：①将生物技术手段应用到中药研究的尝试，集中体现了中医药基本理论的整体观、系统观，整体作用大于各孤立部分作用的总和。②仿生提取法主要是针对口服给药的提取，将原料药经模拟人体胃肠道环境，克服了半仿生提取法的高温煎煮易破坏有效成分的缺点，又增加了酶解的优势。③根据人体消化道的生理特点，消化管与血管间的生物膜是类脂质膜，允许脂溶性物质通过，药物更容易吸收，仿生提取法则是增加整个有效群体的溶解度。④药物在经过模拟胃、肠液以后，经过酸（碱）性条件下的酶解，药物已水解成易于吸收的相对小分子群，而又保留了有效成分群；克服了以往提取以单体成分为依据的“唯成分论”，符合中医临床用药的综合作用的特点。

第三节　中药提取车间设计

中药提取车间工艺设计是工厂设计的重要组成部分。设计者必须认真执行党的方针政策，遵守国家法令法规，充分重视经济效果，千方百计地节省工程投资，保证最大的产出效益；尽量采用先进技术，保证技术的可行性和可靠性。

提取车间工艺设计的内容，按照设计进行的基本程序包括：①根据设计任务确定工作班制及其批处理量；②工艺流程框图的确定及流程设计；③物料衡算、能量衡算；④设备选择和工艺管道流程图设计；⑤车间布置设计；⑥管道设计；⑦非工艺条件设计；⑧工艺部分设计概算。

一、工艺流程设计的重要性、任务和方法

1. 工艺流程设计的重要性

工艺流程设计一般包括生产工艺流程设计和试验工艺流程设计。车间工艺设计是整个车间设计的中心，而工艺流程设计又是车间工艺设计的中心。工艺流程设计和车间布置设计是决定整个车间基本面貌的关键步骤。

工艺流程设计是车间工艺设计的中心，表现在它是车间设计最重要、最基础的设计步骤。因为车间建设的目的在于生产产品，而产品的质量优劣，经济效益的高低，决定了工艺流程的可靠性、合理性及先进性。而且车间工艺设计的其他项目，如工艺设备设计、车间布置设计和管道设计等，均受工艺流程约束，必须满足工艺流程的要求而不能违背。

2. 工艺流程设计的任务

工艺流程设计的任务主要是在初步设计中完成的。施工图设计以批准的初步设计为依据，它是为施工服务的，包括施工图纸，施工文字说明，主要材料汇总表及工程量。工艺流程设计工作量因设计产品的工艺技术成熟程度有很大的差异。例如，有的产品国内已经大规模生产；有的产品国内尚处在中试阶段，还需通过设计首次推向工业生产；有的产品国内还未进行试验和生产，只有国外的文献资料依据。前两种情况属于生产工艺流程，后一种属于试验流程。不管属于哪种类型的工艺流程，其设计任务一般均有以下5项内容。

（1）确定全流程的组成　全流程包括由原料制得产品和三废处理所需的单元反应和单元操作，以及它们之间的顺序和相互联系。流程的组成通过工艺流程图表示，其中单元反应和单元操作表示为设备类型、大小，顺序表示为设备毗邻关系和竖向位置，相互联系表示为物料流向。

（2）确定载能介质的技术规格和流向。

（3）确定生产控制方法　保持生产方法规定的操作条件和参数，是使生产按给定方法进行的必要条件。流程设计要确定温度、压力、浓度、沉量、流速、pH值等检测点，显示计器和仪表以及手动或自动控制方法。

（4）确定安全技术措施及EHS（environment、health、safety，环境、健康、安全）分析　根据生产的开车、停车、正常运转及检修中可能存在的安全问题，确定预防、制止事故的安全技术措施，如报警装置、防爆片、安全阀和事故贮槽等。需要评估生产环境对人员的健康影响以及在生产过程中产生的三废如何处理等问题。

（5）编写工艺操作方法　根据工艺流程图编写生产操作说明书，阐述从原料到产品的每一个过程和步骤的具体操作方法。例如原料及中间体规格，加入量或加入速度，配比，工艺操作条件（如时间、温度、压力、浓度等），控制方法，过程现象，异常情况的处理，产物的得量、收率、转化率、质量规格等。

3. 工艺流程设计的基本程序和方法

工艺流程设计的基本程序如下。

① 对选定的生产方法进行工程分析及处理。将生产方法分解成若干单元反应和单元操作，并确定每一个单元反应和单元操作的基本操作参数（如温度、压力、浓度等）和载能介质的规格条件，这些基本操作参数称为原始信息。

② 绘制工艺流程草图。

③ 进行方案比较。在原始信息不变的条件下，通常以收率或能量消耗等为中间判据进行方案比较，选定最优方案。

④ 绘制工艺流程图。在开展上述②、③两步后，物料衡算和工艺设备的设计即行开始。根据物料衡算和工艺设备设计的结果，将工艺流程草图进一步深化，绘制成工艺流程图。

⑤ 绘制带控制点的工艺流程图。在工艺流程图绘制完成后，车间布置和仪表自控设计随之开始。根据车间布置设计和仪表自控设计结果，绘制带控制点的工艺流程图。

上述工艺流程设计基本程序可以框图（图7-15）表示。工艺流程设计的程序因产品工业化的成熟程度，会有些不同。由工艺流程设计程序可知，工艺流程设计开始最早，而几乎是在整个工艺设计最后完成。这说明，工艺流程设计是十分复杂的，不可能一气呵成，必须遵循科学的程序，由定性到定量，由浅入深，逐步完善。

4. 工艺流程设计的基本方法——方案比较

一个优秀的工程设计只有在多种方案的比较中才能产生。进行方案比较首先要明确判据，工程上常用的判据有产物收率、原材料单耗、能量单耗、产品成本、工程投资等。此外，也要考虑环保、安全、占地面积等因素。

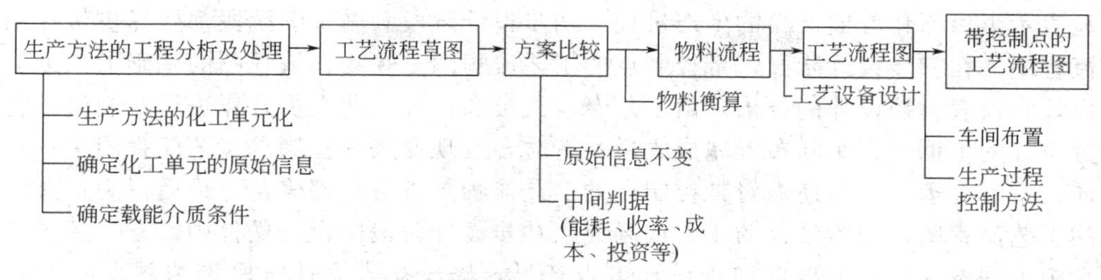

图 7-15 工艺流程设计程序框图

二、工艺流程的计算与设计图

以图解形式表示工艺流程称为工艺流程图。在通常的二段设计中，初步设计阶段有生产工艺流程图、物料衡算与物料流程图和带控制点的工艺流程图；施工图设计阶段有带控制点的施工流程图。

（一）生产工艺流程框图

工艺流程框图是在生产路线确定后，物料衡算设计开始前表示生产工艺过程的一种定性图纸，它不编入设计文件中，主要内容为：物料由原料转变为成品的全部过程，原料及中间体的名称及流向，采用的化学反应和单元过程的名称。

（1）对选定的生产方法进行工程分析及处理　在确定产品、产品方案（品种、规格、包装方式）、设计规模（年工作日、日工作班次、班生产量）及生产方法的条件下，将产品工艺过程按中药提取工艺和制剂品种分解成若干单元操作或工序，并确定每个基本步骤的基本操作参数（又称原始信息，如温度 T、压力 P、进料速度 v、浓度 c、生产环境、洁净级别、人净物净措施要求、制剂加工、包装、单位生产能力、运行温度与压力、能耗、型式、数量等）和载能介质的技术规格等。

（2）工艺流程框图　在保持原始信息不变的情况下，从成本、收率、能耗、环保、安全及关键设备使用等方面进行比较，从中确定最优工艺方案。

以方框或圆框、文字和带箭头的线条的形式定性地表示出由原料变成产品的生产过程，阐述从原料到产品每一个过程的具体生产方法，包括原辅料及中间体的名称、规格、用量，工艺操作条件（如温度、时间、压力等），控制方法，设备名称等。以箭头表示物料和载能介质流向并以文字说明。

工艺流程框图另一个表达方式是由物料流程和设备组成，它包括以一定几何图形表示的设备示意图，设备之间的竖向关系，全部原料、中间体及三废名称及流向，并辅以必要的文字注释。

（二）物料衡算与物料流程图

工艺流程图完成之后，随即开始物料衡算、能量衡算和设备的选型，将物料衡算的结果标注在流程图框中，使之成为物料流程图。这时，工艺流程就由定性转入定量。物料流程图是初步设计的成果，编入初步设计说明书中。物料流程图包括框图和图例。每一个框表示过程名称、流程号及物料组成和数量。它的绘制是从左向右展开，分成三个纵行。左边的纵行表示加入的原料和中间体，中间一行表示工艺过程，右边一行表示副产物和排出的三废。常常把中间一行的框绘成双线，以突出物料流程的主线。

（三）带控制点的工艺流程图

工艺流程图是以设备的外形、设备的名称、设备间的相对位置、物料流线及文字的形式定性地表示出由原料变成产品的生产过程。初步设计阶段和施工图阶段都要提供带控制点的工艺流程图。在初步设计阶段，带控制点的工艺流程图是在物料流程图的基础上，加上工艺设备设计和仪表自控设计的结果，由工艺专业人员和自控专业人员合作进行绘制的，它是车间布置设计的依据。在车间布置完成之后，有时会发现原来带控制点工艺流程图中，某些设备竖向关系不合理，这时还需对带控制点的工艺流程图进行局部修正。最后得到正式的带控制点的工艺流程图，作为设计的正式成果编入初步设计阶段的设计文件中。

在施工图设计阶段，根据初步设计审查意见，修改初步设计阶段带控制点的工艺流程图，并按施工的要求进一步深化，绘制施工阶段的带控制点的工艺流程图，作为管道设计的依据，并编入施工设计文件中。

带控制点的工艺流程图由物料流程、设备一览表、图例、图签、图框组成。它应表示出全部工艺设备及其竖向关系；物料和管路及其流向；辅助管路（如水、汽、真空、压缩空气，冷冻盐水等）及其流向；阀门与管件（如阻火器、管道过滤器、视镜、水斗、疏水器等）；计量、控制仪表（如温度计、压力表、真空表、浓度计、液面计）及其测量-控制点和控制方案；地面及厂房标高。

(四) 带控制点的中药提取工艺流程图实例

图 7-16～图 7-18 为带控制点的中药提取工艺管道流程图。

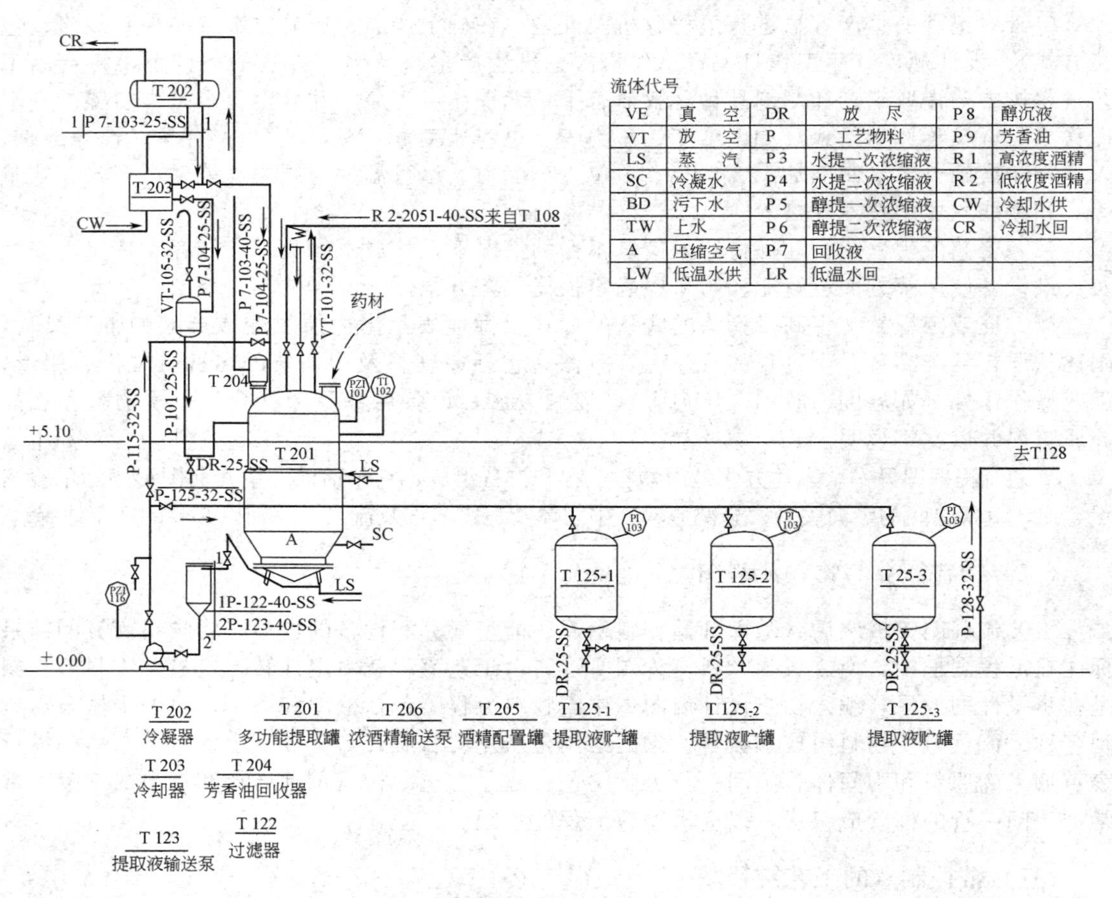

流体代号

VE	真空	DR	放尽	P8	醇沉液
VT	放空	P	工艺物料	P9	芳香油
LS	蒸汽	P3	水提一次浓缩液	R1	高浓度酒精
SC	冷凝水	P4	水提二次浓缩液	R2	低浓度酒精
BD	污下水	P5	醇提一次浓缩液	CW	冷却水供
TW	上水	P6	醇提二次浓缩液	CR	冷却水回
A	压缩空气	P7	回收液		
LW	低温水供	LR	低温水回		

图 7-16　带控制点的中药提取工艺管道流程（一）

三、车间布置和管道设计

（一）车间布置的重要性和任务

前已述及，工艺流程设计和车间布置设计是车间工艺设计的两个重要环节，它还是工艺专业向其他非工艺专业提供开展车间设计的基础资料之一。一个布置不合理的车间，基建时工程造价高，施工安装不便；车间建成后又会带来生产和管理的问题，造成人流和物流紊乱，设备维护和检修不便，增加输送物料的能耗，且容易发生事故。因此，车间布置设计时应遵守设计程序，按照布置设计的基本原则，进行细致而周密的考虑。除要符合工艺要求外，还要遵守《药品生产质量管理规范》和各种设计规范及规定，如《建筑设计防火规范》《石油化工企业设计防火规定》《工业企业设计卫生标准》《洁净产房设计规范》等。

车间布置设计的任务：第一是确定车间的火灾危险类别，爆炸与火灾危险性场所等级及卫生标准；第二是确定车间建筑（构筑）物和露天场所的主要尺寸，并对车间的生产、辅助生产和行政-生活区域位置做出安排；第三是确定全部工艺设备的空间位置。

（二）GMP的中药制剂附录中关于“厂房设施”的规定

第八条　中药材和中药饮片的取样、筛选、称重、粉碎、混合等操作易产生粉尘的，应当采取有效措施，以控制粉尘扩散，避免污染和交叉污染，如安装捕尘设备、排风设施或设置专用厂房（操作间）等。

第九条　中药材前处理的厂房内应当设拣选工作台，工作台表面应当平整、易清洁，不产生脱落物。

第十条　中药提取、浓缩等厂房应当与其生产工艺要求相适应，有良好的排风、水蒸气控制及防止污染和交叉污染等设施。

第十一条　中药提取、浓缩、收膏工序宜采用密闭系统进行操作，并在线进行清洁，以防止污染和交叉污染。采用密闭系统生产的，其操作环境可在非洁净区；采用敞口方式生产的，其操作环境应当与其制剂配制操作区的洁净度级别相适应。

第十二条　中药提取后的废渣如需暂存、处理时，应当有专用区域。

第十三条　浸膏的配料、粉碎、过筛、混合等操作，其洁净度级别应当与其制剂配制操作区的洁净度级别一致。中药饮片经粉碎、过筛、混合后直接入药的，上述操作的厂房应当能够密闭，有良好的通风、除尘等设施，人员、物料进出及生产操作应当参照洁净区管理。

第十四条　中药注射剂浓配前的精制工序应当至少在D级洁净区内完成。

第十五条　非创伤面外用中药制剂及其他特殊的中药制剂可在非洁净厂房内生产，但必须进行有效的控制与管理。

第十六条　中药标本室应当与生产区分开。

（三）中药提取车间组成与设计的一般要求

中药提取车间一般由生产部分和辅助生产部分组成。生产部分包括中药材前处理区、提取区、分离浓缩区、醇沉区、精烘包工序操作区、贮罐区和控制室等；辅助生产部分包括

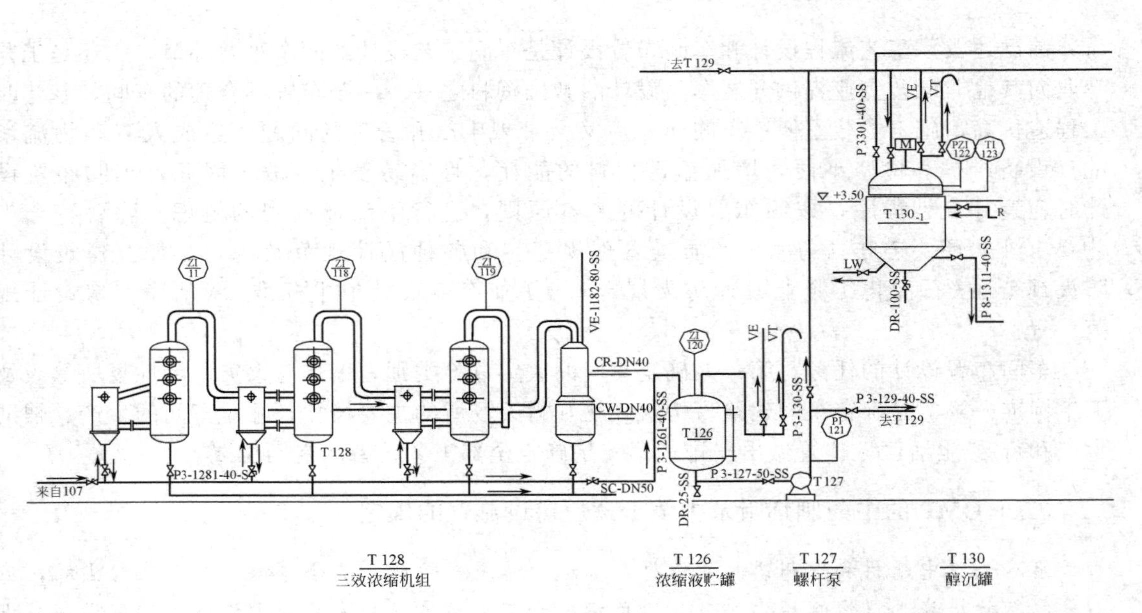

图 7-17 带控制点的中药提取

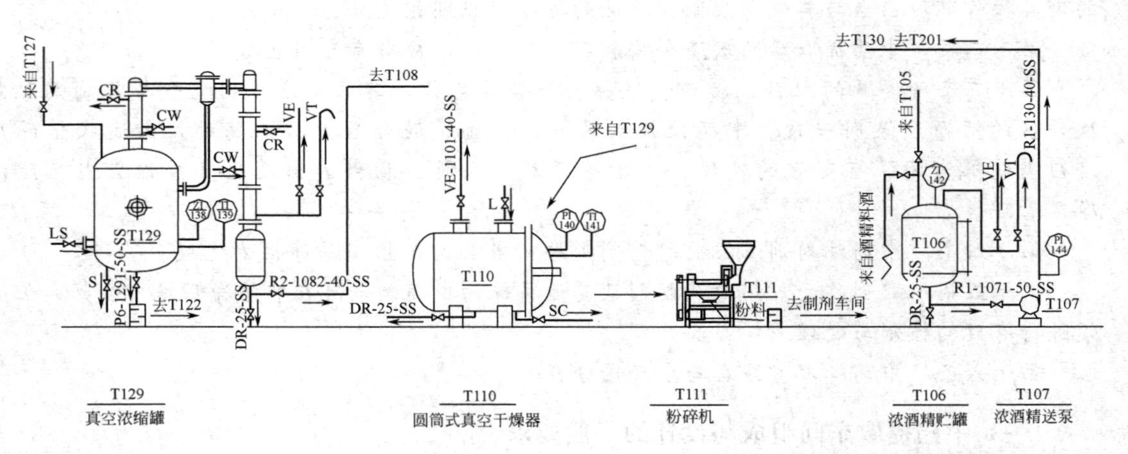

图 7-18 带控制点的中药提取

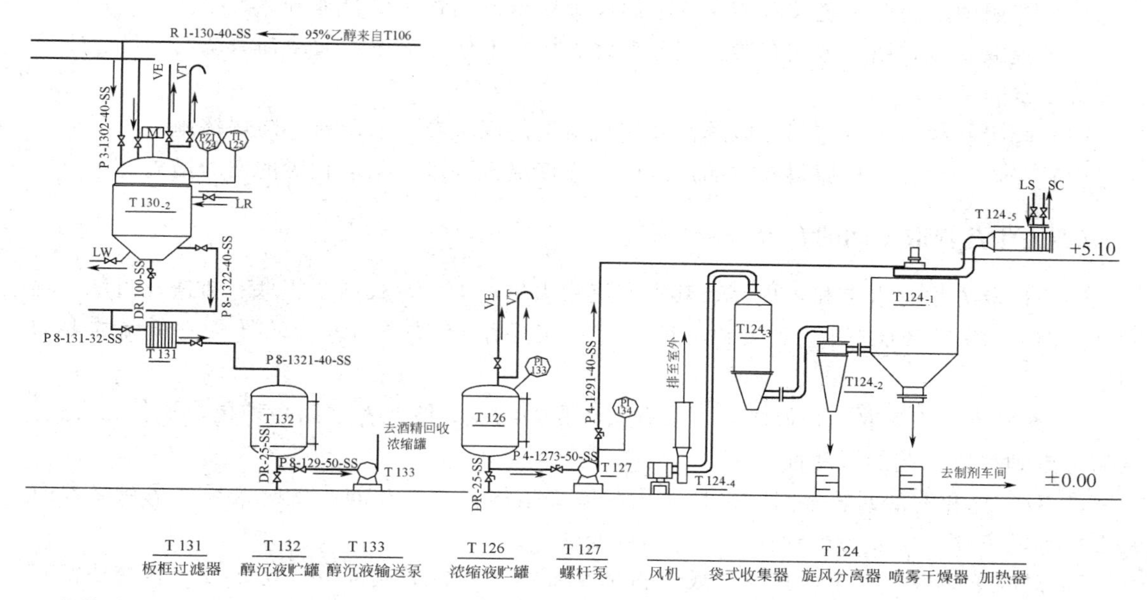

工艺管道流程（二）

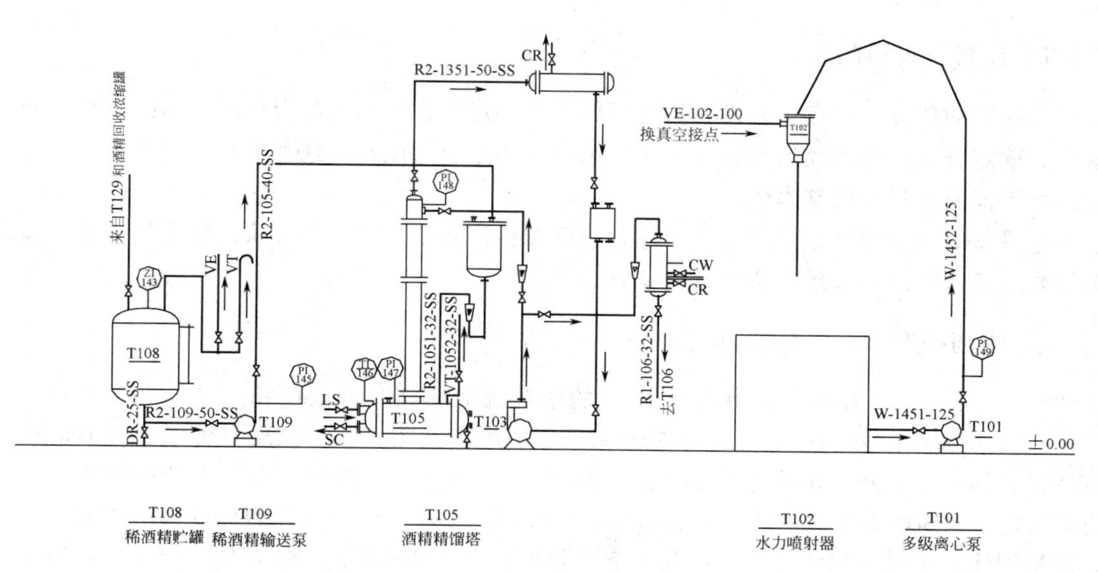

工艺管道流程（三）

动力室（真空、空压等），制水室，配电室，化验室，通风空调，原料、辅料和成品的仓库等。

中药提取车间设计的一般要求如下。

（1）按照中药提取工艺及其配套的辅助设施要求做到各工序合理分区。

（2）提取一般采用立体式布置，充分考虑到操作方便、提取罐及冷却系统的高度、排渣的方式及空间。

（3）醇提、醇沉、溶液回收区等涉及有机溶剂的区域要采取防火、防爆措施。

（4）干燥、包装区按原料药成品厂房的洁净度级别要求，采取相应的洁净措施。

（四）中药提取车间的布置

中药提取方法有水提和醇提等，其生产流程由生产准备、投料、提取、排渣、过滤、蒸发（蒸馏）、醇沉（水沉）、干燥和辅助等生产工序组合而成。其对车间工艺布置的要求如下。

① 各种药材的提取有相似之处，又有其独自的特点。既要考虑到品种提取操作的方便，又需考虑到提取工艺的可变性。

② 对醇提和溶剂回收等岗位采取防火、防爆措施。故于车间布置时既要考虑到各品种提取操作的方便，又要考虑到提取工艺的可变性。

③ 提取车间最后工序，其浸膏或干粉也是最终产品，对这部分厂房，按原料药成品厂房的洁净级别与其制剂的生产剂型同步的要求，对这部分厂房（精制、干燥、包装）也应按规范要求采取必要的洁净措施。

对中小型规模的提取车间多采用单层厂房，并用操作台满足工艺设备的位差。采用单层厂房可降低厂房投资，设备安装容易适应生产工艺的可变性，较易采取防火、防爆等措施及采取所需的洁净措施。

（五）设备与管道的布置

设备布置的任务是决定工艺设备的空间位置；决定设备的露天与否；决定车间生产部分的通道；确定管道、电器仪表管线及采暖通风管道的走向与位置。这些也是确定车间生产部分建筑物平面具体尺寸的基本依据。

工艺设备的布置应满足生产工艺、建筑、安装检修和安全卫生等要求，使之便于操作和安装维修，经济合理，节约投资，美观整齐。

（六）中药提取车间设计实例

图 7-19、图 7-20 为年处理中药材 500t 的中药提取车间，占地面积为 $25.5\mathrm{m}\times42\mathrm{m}=1071\mathrm{m}^2$，二层框架结构。一层层高为 5.10m、二层层高为 4.50m。二层布置中药材的前处理（洗药、切药、炒药、烘药等），中药材的投料，提取罐的操作等工段，中药材的提取工位设有 TQ-3 型提取罐 4 台，适合于多品种、小批量生产；一层布置中药提取液的浓缩、醇沉、酒精回收、干燥、包装等工段，其中浓缩分别采用三效浓缩器、酒精回收浓缩、球形真空浓缩，干燥选用真空干燥器和中药喷雾干燥器。浓缩、酒精回收、醇沉等工序采用防爆墙进行防爆。整个中药提取车间物料走向先上后下，通顺流畅。成品的精烘包洁净级别为 D 级。

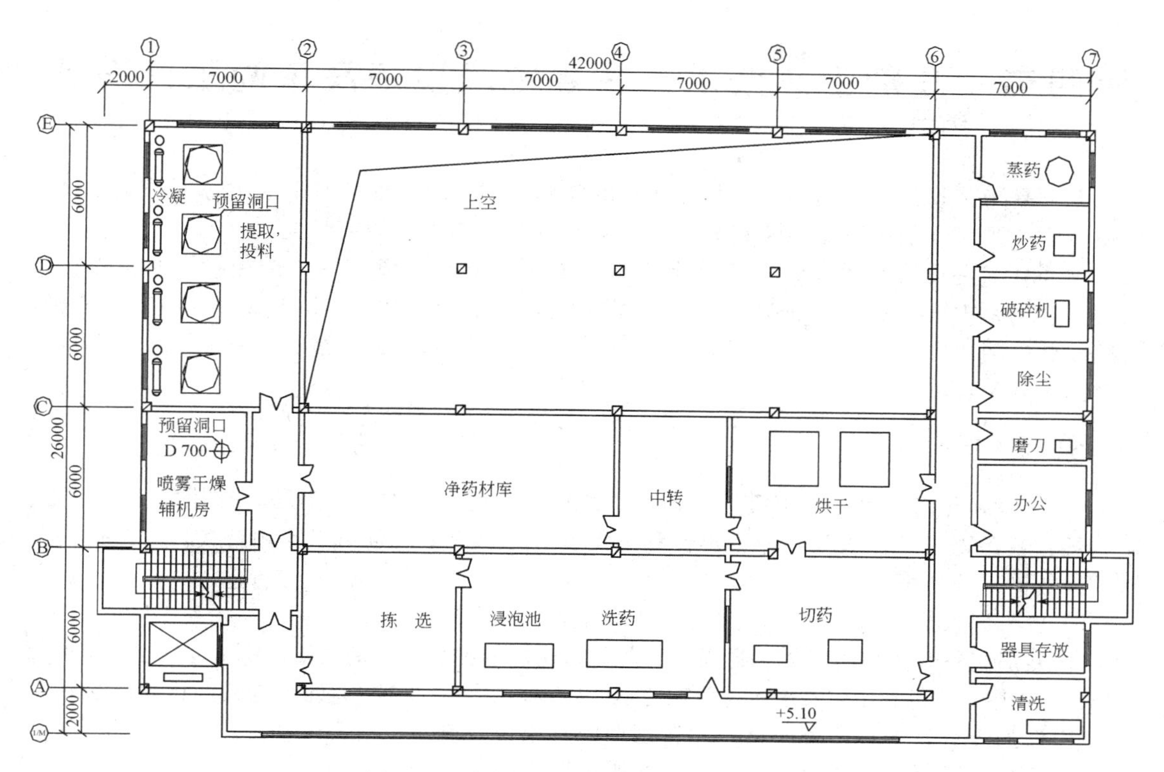

图 7-19 中药提取车间二层工艺平面布置

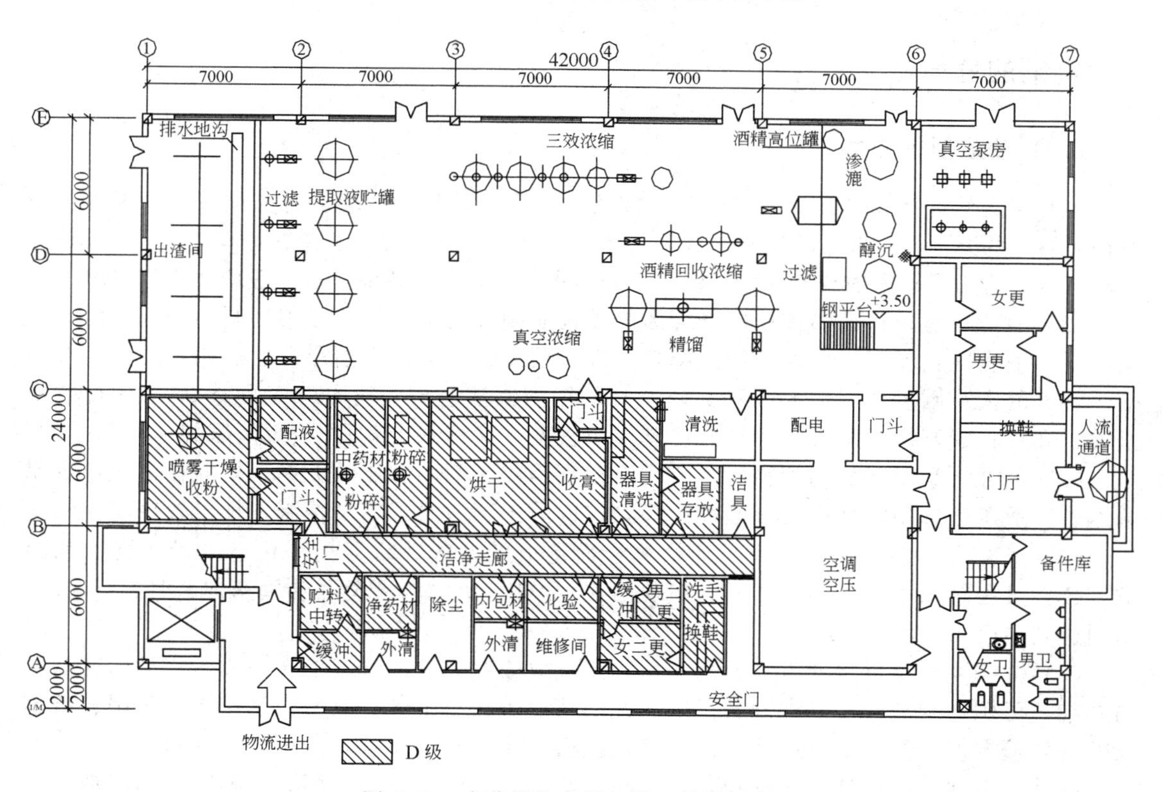

图 7-20 中药提取车间一层工艺平面布置

第四节　丸剂工艺技术、主要生产设备及车间工艺设计

丸剂是指药物细粉或药材提取物加适宜的胶黏剂或辅料制成的球形或类球形的制剂，一般供口服应用。丸剂可以从油菜籽大小的微丸到每丸重达15g的大蜜丸。

中药丸剂是我国劳动人民长期与疾病作斗争而创造的剂型之一，具有悠久的历史。目前，丸剂仍是中成药的主要剂型之一，《中华人民共和国药典》（2015年版）收载了206种，占所收载中药成方制剂的51%。然而由于丸剂本身还有不少不足之处，使丸剂的进一步发展受到了限制。

一、丸剂的特点

① 大部分丸剂在胃肠道中缓慢崩解，逐渐释放药物，吸收显效迟缓，作用持久，对毒、剧、刺激性药物可延缓吸收，减少毒性和不良反应。这部分丸剂由于作用持久，故多适用于慢性病的治疗或久病体弱、病后调和气血。

② 也可以根据医疗需要制成速效的丸剂如滴丸。

③ 丸剂制备时能容纳固体、半固体的药物，还能容纳黏稠性的液体药物。可分层制备避免药物相互作用，并可利用包衣来掩盖药物的不良臭味，或调节丸剂的溶散时限及药物的释放。

④ 丸剂生产技术和设备简单，适合基层医疗单位自制。

⑤ 丸剂一般服用量较大，尤其是小儿服用困难。

⑥ 操作不当易致溶散困难而影响疗效。

二、丸剂的分类

（一）按赋形剂分类

（1）水丸　是指将药物细粉以冷开水或按处方规定的黄酒、醋、药材煎液、糖浆等作胶黏剂而制成的丸剂，一般用泛制法制备，故又称水泛丸。水丸在消化道中崩解较快，发挥疗效亦较迅速，适用于解表剂与消导剂。由于不同的水丸重量多不相同，故一般均按重量服用。

（2）蜜丸　是指将药物细粉以蜂蜜为胶黏剂而制成的丸剂，一般用塑制法制备。由于蜂蜜黏稠，使蜜丸在胃肠道中逐渐溶蚀释药，故作用持久，适用于治疗慢性疾病和用作滋补药剂。蜜丸的大小因各地习惯的不同而异，有的用塑制法制成大蜜丸（每丸重3～15g）或小蜜丸，亦可将蜂蜜加水稀释，用泛制法制成小蜜丸（又称水蜜丸），按重量服用。

（3）糊丸　是指将药物细粉用米粉或面粉糊为胶黏剂而制成的丸剂。糊丸在消化道中崩解迟缓，适用于作用峻烈或有刺激性的药物，但由于溶散时限不易控制，现已较少应用。

（4）蜡丸　是指将药物细粉与蜂蜡混合而制成的丸剂。蜡丸在消化道内难于溶蚀和溶散，故在过去多用于剧毒药物制丸，但现已很少应用，《中华人民共和国药典》1977年版起制剂通则中已不再收载。

（5）浓缩丸　是指将处方中的部分药物经提取浓缩成膏再与其他药物或适宜的辅料制成的丸剂，可用塑制法或泛制法制备。浓缩丸的特点是减小了体积，增强了疗效，服用、携带及贮存均较方便，符合中医用药特点，又适应机械化生产的要求，并可节约辅料。

此外，根据中医辨证施治的观点，按临床治疗的需要，还可选用其他材料（如红糖、白糖、饴糖、枣泥、胶汁、脏器、乳汁等）作胶黏剂制成各种丸剂。

（二）按制法分类

（1）塑制丸　是指将药物细粉与适宜的胶黏剂混合制成软硬适宜的可塑性丸块，然后再分割而制成的丸剂。如蜜丸、糊丸、部分浓缩丸等。

（2）泛制丸　是指将药物细粉用适宜的液体为胶黏剂泛制而成的丸剂。如水丸、水蜜丸、部分浓缩丸、糊丸等。

（3）滴制丸　是指将主药溶解、混悬、乳化在一种熔点较低的脂肪性或水溶性基质中，滴入一种不相混溶的液体冷却剂中冷凝而制成的丸剂。

三、丸剂的制备方法及设备

（一）塑制法

又称丸块制丸法，是指药材细粉或药材提取物与适宜的赋形剂混匀，制成软硬适宜的塑性丸块，再依次制成丸条、分割及搓圆而制成的丸剂。中药蜜丸、浓缩丸、糊丸等都可采用此法制备。下面以蜜丸为例介绍塑制法制备丸剂的工艺过程。

1. 原辅料的准备

首先按照处方将所需的药材挑选清洁，炮制合格，称量配齐，干燥，粉碎，过筛［《中国药典》（2015 年版）要求过六号筛］，混合使成均匀细粉。如方中有毒、剧、贵重药材时，宜单独粉碎后再用等量递增法与其他药物细粉混合均匀。

塑制法制丸常用的胶黏剂为蜂蜜，可视处方药物的性质，炼成程度适宜的炼蜜，备用。

为了防止药物与工具粘连，并使丸粒表面光滑，在制丸过程中还应用适量的润滑剂。蜜丸所用的润滑剂是蜂蜡与麻油的融合物（油蜡配比一般为 7∶3），冬、夏天或南、北方，油蜡用量宜适当调整。亦有用适量的滑石粉或石松子粉作为润滑剂者。

2. 制丸块

取混合均匀的药物细粉，加入适量胶黏剂，充分混匀，制成湿度适宜、软硬适度的可塑性软材，即称之为丸块，中药行业中习惯称“合坨”。

生产上一般使用捏合机，见图 7-21。此机由金属槽及两组强力的 S 形桨叶所构成，槽底呈半圆形，两组桨叶的转速不同并且沿相对方向旋转，由于桨叶间的挤压、分裂、搓捏以及桨叶与槽壁间的研磨等作用，可形成不粘手、不松散、湿度适宜的可塑性丸块。丸块的软硬程度应不影响丸粒的成型和在贮存中不变形为度。丸块取出后应立即搓条，若暂时不搓条，应以湿布盖好，以防止干燥。

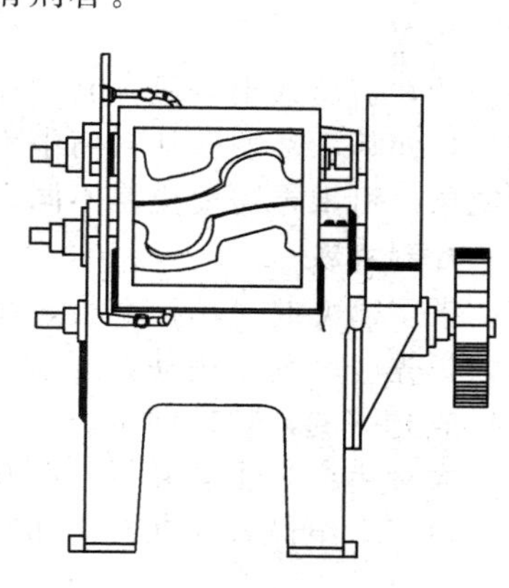

图 7-21　捏合机

影响蜜丸丸块质量的因素有以下几方面。

（1）炼蜜程度　炼蜜程度应根据药物的性质、粉末的粗细与含水量的高低及气温、湿度等因素来决定，炼蜜过嫩则粉末黏合不好，丸粒搓不光滑；过老则丸块发硬，难以成丸。

（2）下蜜温度　一般多用温蜜。因为药料中往往含有大量树脂、胶质、糖或油脂类物质，其本身有黏性，且易熔化，过热的蜜能使它们烊化，使丸块黏软而不易成形，并且冷后则又变硬，不利于制丸，故一般多用 60～80℃ 的温蜜。药料中若有冰片、麝香等芳香挥发性药物也宜用温蜜，以免药物挥散影响疗效。如药料中有大量叶、茎、全草或矿物性物质，由于粉末黏性很小则需用老蜜趁热加入。

（3）投用蜜量　蜜量的多少也是影响丸块质量的重要因素。蜜粉比例一般为1∶（1～1.5），主要由以下因素来决定。①一般含胶质、糖类等黏性强的药粉用蜜量应少；含纤维较多而黏性差的药粉用蜜量宜多，甚至可达1∶2以上。②夏季用蜜量较少，冬季用蜜量较多。③机械制丸用蜜量较少，手工制丸用蜜量较多。

3. 制丸条

将丸块制成粗细适宜的条形以便于分粒。丸块制好后，应放置一定时间，使蜜等胶黏剂充分润湿药粉，即可制丸条。

制备小量丸条可用搓条板，搓条板由上下两个子板组成，制丸条时将丸块按每次所需成丸粒数称取一定重量，置于搓条板上，手持上板，两板对搓，施以适当压力，使丸块搓成粗细一致而两端平整的丸条，丸条长度由所预定成丸数而定。丸条质量要求是：粗细一致，表面光滑，内面充实而无空隙。

大量生产时一般用丸条机制丸条。丸条机有螺旋式和挤压式两种，以前者较为常用。

（1）螺旋式丸条机　其构造如图7-22所示。丸条机开动后，丸块从漏斗加入，由于轴上叶片的旋转使丸块挤入螺旋输送机中，丸条即由出口处挤出。出口丸条管的粗细可根据需要进行更换。

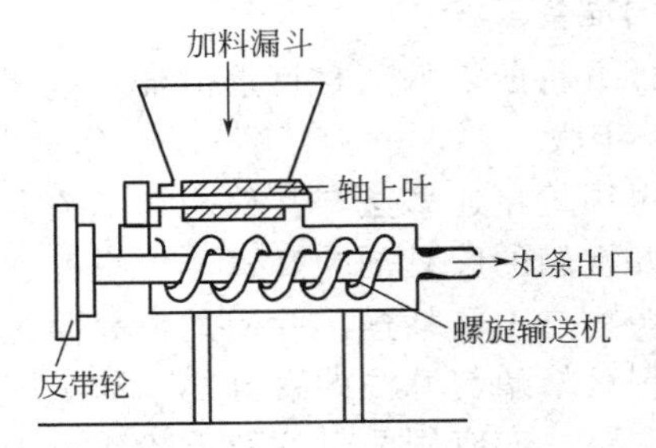

图7-22　螺旋式丸条机

（2）挤压式出条机　其构造如图7-23所示。操作时将丸块放入料筒，利用机械能进螺旋杆，使挤压活塞在加料筒中不断向前推进，筒内丸块受活塞挤压由出口挤出，成粗细均匀的丸条。可根据需要更换不同直径的出条管来调节丸粒重量。

4. 制丸粒

手工制丸时可用搓丸板，操作时将粗细均匀的丸条横放在搓丸板底槽沟上，用有沟槽的压丸板先轻轻前后搓动，逐渐加压，然后继续搓压，直至上下齿端相遇，将丸条切割成小段并搓成光圆的丸粒，即可。

大量生产采用轧丸机，有双滚筒式和三滚筒式，在轧丸后立即搓圆。

（1）双滚筒式轧丸机　如图7-24所示，主要构造是由两个半圆形切丸槽的铜制滚筒所组

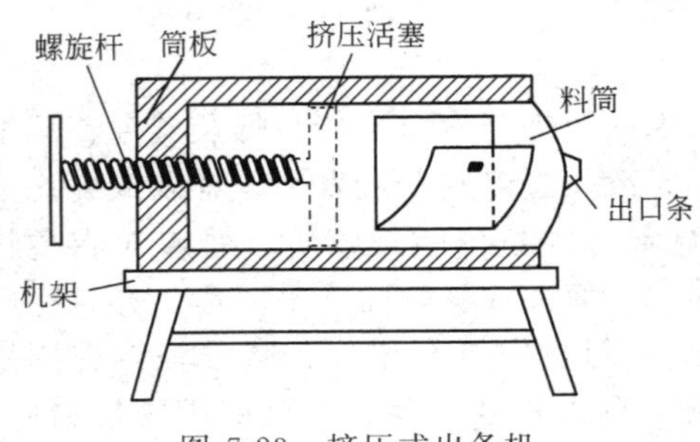

图7-23　挤压式出条机

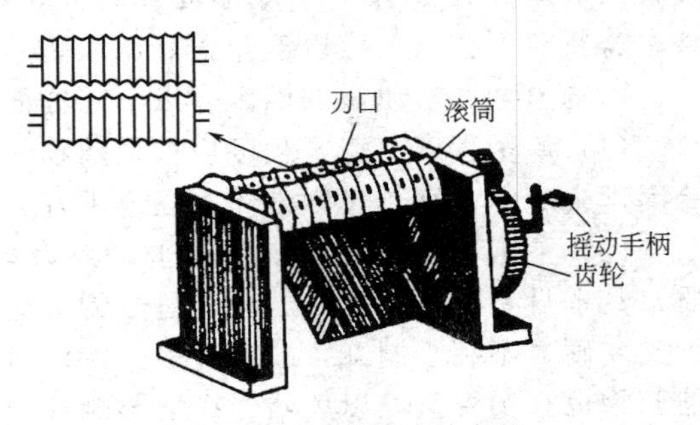

图7-24　双滚筒式轧丸机

成，两滚筒切丸槽的刃口相吻合。两滚筒以不同的速度作同一方向旋转。转速一快一慢，约 90r/min 和 70r/min。操作时将丸条置于两滚筒切丸槽的刃口上，滚筒转动时将丸条切断，并将丸粒搓圆，由滑板落入接受器中。

（2）三滚筒式轧丸机　如图 7-25 所示，主要构造是三只有槽滚筒，呈三角形排列，底下的一只滚筒直径较小，是固定的，转速约 150r/min，上面两只滚筒直径较大，式样相同，靠里边的一只也是固定的，转速约 200r/min，靠外边的一只定时地移动，转速为 250r/min。定时移动由离合装置控制。将丸条放于上面两滚筒间，滚筒转动即可完成分割与搓圆的工序。操作时在上面两只滚筒间宜随时揩拭润滑剂，以免软材粘滚筒。这种轧丸机适用于蜜丸的成型。成型丸粒呈椭圆形，冷却后即可包装。此机不适于生产质地较松软材的丸剂。现在药厂生产丸剂多用联合制丸机，此机由制丸条和分粒、搓圆两大部分组成，其结构见图 7-26。

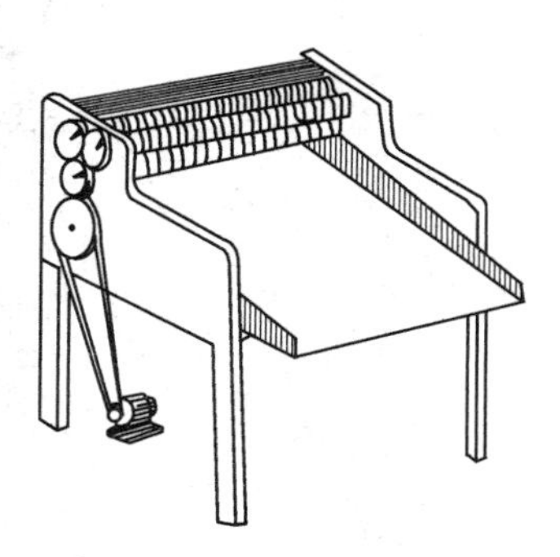
图 7-25　三滚筒式轧丸机

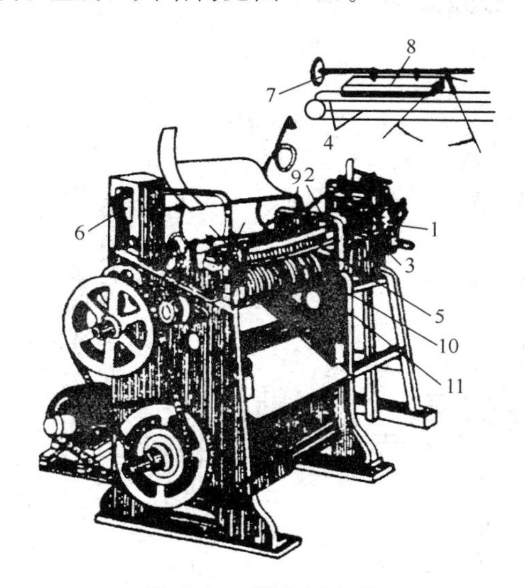

图 7-26　联合制丸机

1—丸块制条器；2—丸条出口管；3—电热装置；4—输送带；5—自动控制开关；6—自动控制器；7—转轴；8—刷子；9—切刀；10,11—丸条切制滚筒

操作时，将丸块放入制条器 1 内，丸条即从出口管 2 出来，经切刀 9 取其长度，由输送带 4、刷子 8 将丸条送入滚筒 10、11 制成丸粒。用塑制法制备小蜜丸或糊丸时，药厂多用滚筒式制丸机，如图 7-27 所示。此机可将丸块制成丸粒，包括丸块的分割和搓圆成形等操作，也是一种联合制丸设备。其主要的构造是由加料斗、有槽滚筒、牙齿板、滚筒及搓板等部分组成。由电动机带动皮带 10、蜗杆 13、蜗轮 14，以及大小齿轮与撑牙使全部机体转动。操作时，将制好的丸块从加料斗 1 加入，由于带有刮板的轴 2（见图 7-27 左上角所示）呈相对的方向旋转，遂将丸块带下，填入有槽沟滚筒 3 的槽内；槽外黏着的丸块，由有槽滚筒侧旁装置的刮刀刮除。有槽滚筒由撑牙 7、8 带动而与牙齿板 4 配合做有节奏的运动。有槽滚筒转动一次，牙齿板即将槽内填充的丸块剔出，使之附着于牙齿板的牙齿上。当牙齿板转下与圆形滚筒 6 接触时，牙齿板轧头 12 即自动落下，将牙齿板牙齿上的丸块刮下，使丸块落于圆形滚筒上。搓板 5 由于偏心轴 11 的转动而做水平往复式抖动，丸块自圆形滚筒带下，由于搓板的抖动而搓成圆形丸剂，落于缓缓旋转的竹匾 16 中。

制成丸剂的大小与有槽滚筒槽内填充丸块多少有关，可调节撑牙，使有槽滚筒每次转动较大的角度，槽内即填充较多的丸块；同时调整调节器 9，使搓板与大滚筒的空隙较大，即可制得较大的丸剂。此种调整仅适用于丸剂大小差别较小的情况。滚筒式制丸机构造简单，所占面积亦较小，生产效率每小时约可达 10 万粒，但操作时噪声大。

在滚筒式制丸机的基础上研制成的 HZY-14C 型制丸机，采用光电讯号系统控制出条、切丸等主要工序，其结构见图 7-28。

本机的工作原理，是由螺旋输送器挤出的丸条，通过跟随切刀的滚轮，经过传送带达翻

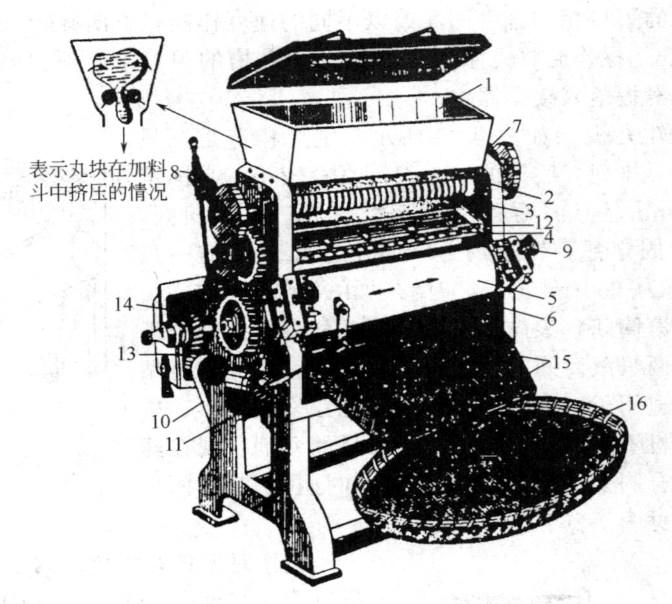

图 7-27 滚筒式制丸机

1—加料斗；2—轴；3—有槽沟滚筒；4—牙齿板；5—搓板；6—圆形滚筒；7,8—撑牙；9—调节器；10—传动皮带；11—偏心轴；12—牙齿板轧头；13—蜗杆；14—蜗轮；15—铁皮板；16—旋转竹匾

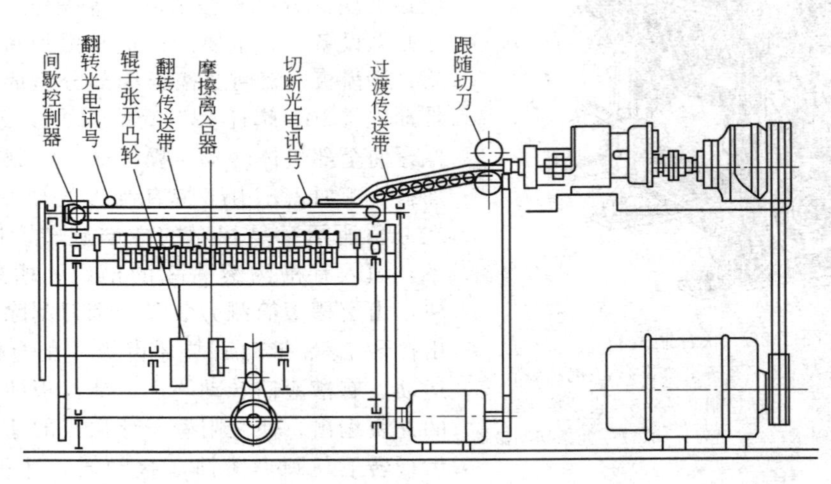

图 7-28 HZY-14C 型制丸机

转传送带。当丸条碰上第一个切断光电讯号，切刀立即切断丸条。被切断的丸条继续向前碰上第二个切断光电讯号时，翻转传送带翻转，将丸条送入碾辊滚压，输出成品。

本机特点是由光电讯号限位控制，各部动作协调，捻碾压型线正确、转速高。丸条挤出，采用直流电机无级调速，药丸重量由丸条微调嘴调节，药丸重差异不超过《中国药典》规定范围，成品圆整。

此外，尚有 WIS 80-1 型小蜜丸机、LW-80 型大蜜丸机等，对提高生产效率均有作用。

5. 干燥

丸剂应干燥以利贮藏。蜜丸剂所用之蜜已加热炼制，水分已控制在一定范围之内，一般成丸后可在室内放置适宜时间保持丸药的滋润状态即可包装。水蜜丸因蜜中加水稀释，所成丸粒含水量较高，必须干燥，使含水量不超过12%，否则易发霉变质。同时由于中草药原料常带菌，蜂蜜以及操作过程中可能带来的污染，使制成的丸粒带菌，贮存期间易生虫发霉，因此蜜丸制成后应进行灭菌。目前已采用微波加热，远红外辐射等方法既可干燥又可起到一定的灭菌作用。

（二）泛制法

泛制法是将药物细粉与水或其他液体胶黏剂（黄酒、醋、药汁、浸膏等）交替润湿及撒布在适宜的容器或机械中，不断翻滚，逐层增大的一种方法。制成的丸剂可小如芥子，大如豌豆等不同大小。

泛制法主要用于水丸的制备，其他如水蜜丸、糊丸、浓缩丸等也可用泛制法制备。制备过程可分为原料的粉碎与准备，起模，成型，选丸及干燥等步骤。泛制法在过去多用手工操作，近年则多用机械制丸。泛制的水丸一般体积小，表面致密光滑，便于服用，又不易吸潮，有利于保存。操作时各种药物可分层泛入，既可掩盖不良气味，又可防止芳香成分挥发。由于其胶黏剂为水性溶液，丸粒服后在体内容易崩解，而显效快。但制备操作较繁难，对其成品中主药含量、溶散时限等较难控制。操作过程中容易引起微生物的污染以及丸粒霉变等。这些问题都是生产上亟待研究解决的问题。

1. 原辅料的粉碎与准备

泛丸时药料的粉碎程度要求比丸块制丸时更为细些，一般宜用100目左右的细粉。某些纤维性组成较多或黏性过强的药物（如大腹皮、丝瓜络、灯芯草、生姜、葱、红枣、桂圆、动物胶、树脂类等）不易粉碎或不适泛丸时，需先将其加水煎煮，提取有效成分的煎汁作润湿剂，以供泛丸应用；动物胶类如阿胶、龟板胶、虎骨胶等，可加水加热熔化，稀释后泛丸应用；树脂类药物如乳香、没药、阿魏、安息香等，可用适量黄酒溶解，以代水作润湿剂泛丸。某些黏性强、刺激性大的药物如蟾酥等，也需用酒溶化后加入泛丸。

处方中适于打粉的药材应经净选，炮制合格后粉碎。如用水作润湿剂，必须是8h以内新鲜开水或蒸馏水。泛丸用的工具必须充分清洁、干燥。

2. 起模

起模是泛丸成型的基础，是制备水丸的关键。模子形状直接影响着成品的圆整度，模子的大小和数目，也影响加大过程中筛选的次数和丸粒的规格以及药物含量的均匀性。泛丸起模是利用水的湿润作用诱导出药粉的黏性，使药粉相互黏着成细小的颗粒，并在此基础上层层增大而成丸模的过程。因此起模应选用方中黏性适中的药物细粉。黏性太大的药粉，加入液体时，由于分布不均匀，先被湿润的部分产生的黏性较强，且易相互黏合成团，如半夏、天麻、阿胶、熟地等。无黏性的药粉不宜起模，如磁石、朱砂、雄黄等。起模的用粉量多凭经验，因处方药物的性质不同。有的吸水量大，如质地疏松的药粉，起模用药量宜较少；而有的吸水量少，如质地黏韧的药粉，起模用粉量宜多。成品丸粒大，用粉量少；反之，则用粉量多。

（1）手工起模的方法　用刷子蘸取少量清水，于药匾内一侧（约1/4处）刷匀，使匾面湿润（习称水区），然后用80目筛筛布适量粉于水区上，双手持匾旋转摇动，使药粉均匀地粘于匾上，然后用干刷子由一端顺序扫下，倾斜药匾，使药粉集中到药匾的另一侧，再加少量水湿润，摇动药匾，刷下，再加水加粉，如此反复多次，颗粒逐渐增大，至泛制成直径0.5～1mm较均匀的圆球形小颗粒，筛去过大、过小部分，即成丸模。

起模过程中的注意事项：①药匾要保持清洁、涂水、撒粉位置要固定；②每次用水及用粉量宜少，在开始时，以上两次水后上一次粉为佳；③吸水过多而黏结成饼的药粉应即时用刷子搓碎；④泛丸动作（团、揉、撞、翻）应交替使用，随时撞去模子上的棱角，使成圆形。

（2）机械起模的方法　其原理与手工起模相同，但采用设备不同。现均以包衣锅代替药匾，以降低劳动强度，缩短生产周期，提高产量和质量，减少微生物污染。

起模用粉量：因处方药物的性质和丸粒的规格有所不同。目前，从成批生产的实践经验中得出下列计算公式：

$$C : 0.6250 = D : X \tag{7-1}$$

式中　C——成品水丸100粒干重，g；

D——药粉总重，kg；

X——一般起模用粉量，kg；

0.6250——标准模子100粒重0.6250g。

例7-1　现有500kg气管炎丸原料粉，要求制成3000粒重0.5kg的水丸，求起模的用粉量。

解　100粒丸子的重量C

$$3000 : 100 = 500 : C \qquad C = 16.67\text{g}$$

起模用粉量X：

$$16.67 : 0.625 = 500 : X \qquad X = 18.74\text{kg}$$

说明：用式（7-1）计算时，C为100粒成品丸药的干重，0.6250g是100粒标准模的湿重，内含30%～35%的水分，药粉总量D和起模用粉量X皆是干重，故计算出来的量比实际用粉量多30%～35%。在实际操作中会有各种消耗，因此计算具有实际意义。

起模方法：可分为药物细粉加水起模和湿粉制粒起模以及喷水加粉起模三种。

药粉细粉加水起模是先将所需起模用粉的一部分置包衣锅中，开动机器，药粉随机器转动，用喷雾器喷水于药粉上，借机器转动和人工搓揉使药粉分散，全部均匀地受水湿润，继续转动片刻，部分药粉成为细粒状，再撒布少许干粉，搅拌均匀，使药粉黏附于细粒表面，再喷水湿润。如此反复操作至模粉用完，取出、过筛分等即得丸模。

湿粉制粒起模是将起模用的药粉放包衣锅内喷水，开动机器滚动或搓揉，使粉末均匀润湿，成为手提成团、松之即散的软材状，用8～10目筛制成颗粒。将此颗粒再放入糖衣锅内，略加少许干粉，充分搅匀，继续使颗粒在锅内旋转摩擦，撞去棱角成为圆形，取出过筛分等即得。

喷水加粉起模是取起模用的冷开水将锅壁湿润均匀，然后撒入少量药粉，使均匀地粘于锅壁上，然后用塑料刷在锅内沿转动相反方向刷下，使它成为细小的颗粒，包衣锅继续转动再喷入冷开水，加入药粉，在加水加粉后搅拌、搓揉，使黏粒分开。如此反复操作，直至模粉全部用完，达到规定标准，过筛分等即得丸模。

3. 成型

将已筛选均匀的球形模子，逐渐加大至接近成丸的过程。

手工操作时，将模子置药匾中，加水使模子湿润后，加入药粉旋转摇动，使药粉均匀黏附于丸模上，再加水、加粉，依次反复操作，直至制成所需大小的丸粒。处方中若含有芳香挥发性或特殊气味或刺激性极大的药物，最好分别粉碎后，泛于丸粒中层，可避免挥发或掩盖不良气味。

机械泛丸时成型与手工操作基本相同，所不同的是在包衣锅中进行。

4. 盖面

将已经增大，筛选均匀的丸粒用余粉或特制的盖面用粉等加大到粉料用尽的过程，是泛丸成型的最后一个环节。其作用是使整批投产成型的丸粒大小均匀，色泽一致，并提高其圆整度和光洁度。常用的盖面方法如下。

（1）干粉盖面　潮丸干燥后，丸面色泽较其他盖面浅，接近于干粉本色。操作方法除上述步骤外，主要区别在于最后一次湿润和上粉过程。干粉盖面，应在加大前先用100目筛，从药粉中筛取极细粉供盖面用，或根据处方规定，选用方中特定的药物细粉盖面。在撒粉前，丸粒湿润要充分，然后滚动至丸面光滑，再均匀地将盖面用粉撒于丸面，快速转动至粉粒全部黏附于丸面，至表面润湿时，即迅速取出。

（2）清水盖面　方法与干粉盖面相同，但最后不需留有干粉，而以冷开水充分润湿打光，并迅速取出，立即干燥，否则成丸干燥后色泽不一。成品色泽仅次于干粉盖面的丸粒。

（3）浆头盖面　方法与清水盖面相同。可用废丸溶成糊浆稀释使用。但仅适用于一般色泽要求不高的品种。

（4）清浆盖面　某些丸剂对成丸色泽有一定要求，但用干粉和清水盖面都难达到目的时可采用此法。本法与清水盖面相同，唯在盖面用水中加适量干粉，调成粉浆，待使丸面充分润湿后迅速取出。

以上四种盖面方法一般都用于水泛丸，其他泛丸盖面的基本操作与水丸相同，但各有特殊要求。如蜜泛丸盖面所用赋形剂应以厚炼蜜为主，若和以废丸糊，须与蜜液调和匀，做到丸剂盖面用的蜜厚薄一致，最后加蜜润湿，不宜过潮，取出前要多滚，至丸面光洁、色泽一致为度。较黏的丸剂品种在最后润湿后需加适量麻油润滑。特殊品种可用干粉盖面，最后在干粉全部黏着丸面后再用麻油润湿至丸面光洁呈黑色，待色泽一致，取出及时干燥。糊泛丸盖面所用的糊应以厚糊为主，或和以厚浆（糊浆调和要求与蜜丸相同），最后润湿宜适中。浓缩泛丸盖面时的剩余浸膏应稀释（或和以厚浆）均匀，最后润湿宜略干。特别黏的品种可与蜜丸同样处理。

机械泛丸设备近年来国内经革新研究，试制成CW-1500型小丸连续成丸机组，机组包括进料、成丸、筛选等工序，其结构见图7-29。

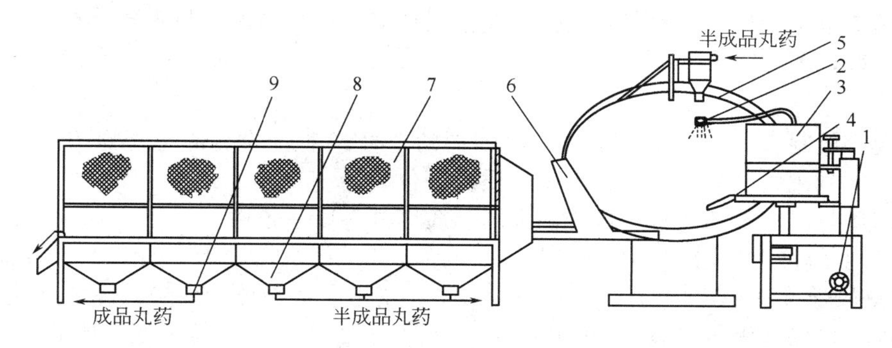

图7-29　CW-1500型小丸连续成丸机组结构

1—喷液泵；2—喷头；3—加料斗；4—粉斗；5—成丸锅；6—滑板；7—圆筒筛；8—料斗；9—吸射器

操作时，先用脉冲输送带将药粉输送到加料斗。开动成丸机、加料器，将料斗中的药粉均匀地振入成丸锅，待粉盖满成丸锅底面时，开始喷液，粉遇液后形成微粒，依次加粉和药液，使丸逐渐增大，直至规定规格。该机的产丸量是原来的两倍，具有原料损耗少、减少了粉的重量、丸粒圃整、光洁度好、产量高、易操作等优点。该机组使泛丸生产从药粉直接一步制丸，使生产连续化、自动化，比半机械状况的滚筒泛丸锅制丸前进了一步。

5. 干燥

成型的丸粒约含15%～30%的水分，易引起发霉，必须进行干燥，使丸剂含水量控制在10%以内。一般干燥温度为80℃左右，若丸剂中含有芳香挥发性成分或遇热易分解变质的成分时，干燥温度不应超过60℃。

还可采用流化床干燥，可降低干燥温度，缩短干燥时间，并且提高水丸中的毛细管和孔隙率，有利于水丸的溶散。

（三）滴制法

1. 滴制法概述

滴制法制丸是将药物溶解、乳化或混悬于适宜的熔融的基质中，通过一适宜的滴管滴入另一与之不相混溶的冷却剂中，由于表面张力作用使液滴收缩成球状并冷却凝固而成丸，由于药丸与冷却剂的密度不同，凝固形成之药丸徐徐沉于器底或浮于冷却剂表面，取出除去冷却剂，干燥而得。

滴制法制丸早在1933年已应用于药剂上，并设计出相应的滴丸设备。1956年报道了用聚乙二醇4000为基质，用植物油为冷却剂制备了苯巴比妥钠滴丸。1958年国内有人用滴制法制备了酒石酸锑钾滴丸，近年来有较大发展。国内在中药制剂中已经成功地将滴丸应用到临床上，如芸香油滴丸、苏冰滴丸、牡荆油滴丸、四逆汤滴丸、柴胡滴丸等，滴丸作为一个剂型已被收入《中国药典》。并且，复方丹参滴丸已以治疗药的身份正式通过美国FDA预审，现已进入欧洲市场。

滴制法制备丸剂有其独特的优点：滴制法制丸的设备简单，自动化程度高，操作方便，车间无粉尘保护好；滴制法生产工序少，生产周期短，一般情况下当天可出成品；剂量准确，生产条件易控制，重量差异比较小；操作过程中药物损耗少，接触空气少，受热时间短，质量稳定；可用于多种给药途径，除口服外还制成了耳用、眼用滴丸，避免滴耳剂和眼药水很快流失或被分泌物稀释的弊端；某些液体药物可滴制成固体滴丸。如芸香油滴丸、牡荆油滴丸等，可代替肠溶衣制成肠溶性滴丸，可提高难溶性药物的生物利用度。①形成固态溶液，与胃液接触时，基质溶解，药物则以分子状态释放出来而被迅速吸收。②形成微细晶粒，药物的溶解速度快而有利于吸收。③能消除难溶性药物的聚集与附聚，在胃肠液中能很快湿润和分散，利于吸收。

2. 制法

滴丸的一般制备方法如下：基质与冷却剂的选择、基质的制备与药物的加入、保温脱气、滴制、冷凝成丸、除冷却剂、干燥、质检、包装。

（1）基质与冷却剂的选择　作为滴丸的基质应具备以下条件。

① 不与主药发生作用，不破坏主药的疗效。

② 熔点较低或加一定量的热水（60～100℃）能溶化成液体，而遇骤冷后又能凝固成固体（在室温下仍保持固体状态），并在加进一定量的药物后仍能保持上述性质。

③ 对人体无害。

对冷却剂的要求有以下几方面。

① 不与主药、基质相混溶，也不与主药、基质发生作用，不破坏疗效。

② 要有适当的密度，即与液滴密度要相近，以利于液滴逐渐下沉或缓缓上升。

③ 有适当的黏度，使液滴与冷却剂间的黏附力小于液滴的内聚力而收缩成丸。

冷却剂应根据基质的性质来选择，脂肪性基质常用水或不同浓度的乙醇为冷却剂；水溶性基质可用液状石蜡、植物油、煤油或它们的混合物为冷却剂。

（2）基质的制备与药物的加入　先将基质加温熔化，若有多种成分组成时，应先熔化熔点较高的，后加入熔点低的，再将药物溶解、混悬或乳化在已熔化的基质中。

固体药物分散在基质中的状态。

① 形成固体溶液。固体溶液是固体的溶剂（基质）溶解固体的溶质（药物）而成，中药物的颗粒被分散到最低程度，即分子或胶体分散大小。

② 形成微细晶粒。某些难溶性药物与水溶性基质溶成溶液，但在冷却时，由于温度下降，溶解度小，药物会部分或全部析出。由于骤冷条件，基质黏滞度迅速增大，药物来不及集聚成完整的晶体，只能以胶态或微细状的晶体析出。

③ 形成亚稳定型或无定型粉末。晶型药物在制成滴丸过程中，通过熔融、骤冷等处理，常可形成亚稳定型结晶或无定型粉末，因而可增大药物的溶解度。

对液体药物而言，滴丸使液体固化，即形成固态凝胶，如芸香油滴丸。

④ 形成固态乳剂，在熔融基质中加入不溶性的液体药物，再加入表面活性剂，搅拌，使形成均匀的乳剂，其外相是基质，内相是液体药物。在冷凝成丸后，液体药物即形成细滴，分散在固体的滴丸中，如牡荆油滴丸。

对液体药物亦可由基质吸收，如聚乙二醇6000可容纳5%～10%的液体，对于剂量小，难溶于水的药物，可选用适当溶剂，溶解后加入基质中。

3. 保温脱气

药物加入过程中往往需要搅拌，会带入一定量的空气，若立即滴制则会把气体带入滴丸中，而使剂量不准，故需保温（80～90℃）一定时间，以使其中空气逸出。

4. 滴制

经保温脱气的物料，经过一定大小管径的滴头，等速滴入冷却剂中，凝固形成的丸粒徐徐沉于器底或浮于冷却剂表面，即得滴丸，取出，除去冷却剂即可。

（1）丸重　滴丸的重量可用下式计算：

$$理论丸重=2\pi r\gamma \tag{7-2}$$

式中　r——滴出口半径；

γ——药液的表面张力。

实际丸重比理论丸重要轻，从图7-30可以看出，液滴开始逐渐形成于颈部，随后越来越长，到5时管口下面所支持的重量是式（7-2）的理论丸重，在6时掉下的部分才是实际丸重，在6时管口处还余大约40%的量未滴下，滴下的部分约为理论值的60%。

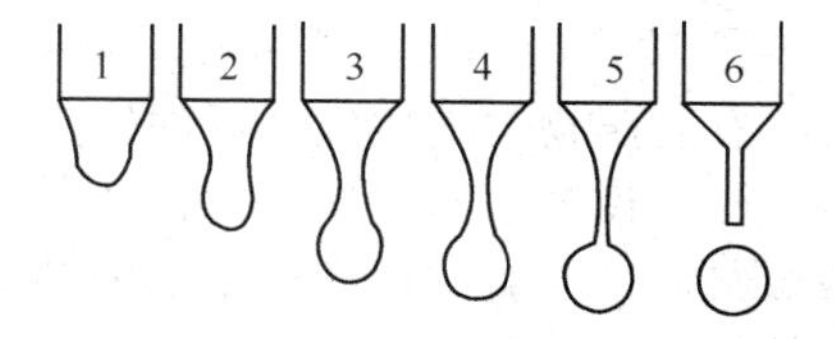

图7-30　液滴的形成过程

由式（7-2）可知，滴丸的重量与滴管口径有关，在一定范围内管径大则滴成的丸也大；但滴管口径过大时药液不能充满管口，反而造成丸重差异。滴管出口的外径过大时，初滴的部分因药液未湿润到滴出口外壁而滴下，造成丸重偏轻，当药液逐渐湿润到外壁时，圆周也逐渐增大，丸重也逐渐变重，并增加重量差异，故管壁应薄。

γ 与温度有关，温度上升时，γ 显著下降，丸重也减小；温度降低时，γ 增大，丸重也增大，因此操作过程中应保持恒温。药液的黏滞度大能充满较大的滴管口，滴出时温度低也会使黏滞度增大，因此，温度适当降低有利于滴制较大的丸剂。

滴出口与冷却剂的距离不宜超过5cm，因距离过大，液滴会因重力作用而被撞成细小液滴，而产生重量差异。

为了加大丸剂的重量，可以采用滴出口浸在冷却剂中来滴制，滴液在冷却剂中滴下必须克服因产生浮力的同体积的冷却剂的重量，所以丸重也增大。

（2）圆整度　滴液在滴制时能否成型，在于液滴的内聚力是否大于药液与冷却剂间的黏附力，这两种力之差即成型力。当成型力为正值时滴丸能成型。药液的内聚力 W_c 是分离药液成两部分所需的功，为药液表面张力 γ_a 的 2 倍。药液与冷却剂间的黏附力 W_a 为分离此两种液体所需的功，即药液表面张力 γ_a 与冷却剂表面张力 γ_b 的和，再减去所消失的药液与冷却剂的界面张力。即：

$$W_c - W_a = 2\gamma_a - (\gamma_a + \gamma_b - \gamma_{ab}) = \gamma_a + \gamma_{ab} - \gamma_b \tag{7-3}$$

当成型力为负值时，可用适当的表面活性剂调节，使成型力由负值转变成正值，即可使滴丸成形。滴液成型后的圆整度与下列因素有关。

① 液滴在冷却剂中的移动速度。液滴在冷却剂中下降（上浮）是由重力（或浮力）决定的，这种力作用于液滴使之不能成正球形而成扁球形移动，速度越快，受的力越大，其形状越扁。液滴与冷却剂的密度相差大及冷却剂的黏滞度小都能加速移动，故可采用减小清液与冷却剂的密度差及增大冷却剂的黏滞度的办法来改善其圆整度。

② 液滴的大小。液滴的大小不同，其单位重量的面积也不同。一般来说，面积大的收缩成球体的力量强，液滴小单位重量的面积大，因此小丸的圆整度要比大丸好。

③ 冷却剂的温度。液滴经空气滴至冷却剂面时，被撞成扁球状并带有空气，在下降时，逐渐收缩成球形并逸出气泡。若液滴冷却过快，则丸粒不圆整，空气来不及逸出则产生空洞、拖尾等现象，将上部冷却剂的温度调至 40℃左右，使液滴有充分收缩与释放气泡的时间，则丸粒圆整。

④ 冷却剂的性质。冷却剂与液滴要有一定的亲和力，才有利于空气尽早排出，保证丸粒的圆整度。另外液滴若与冷却剂部分混溶也会影响丸粒的圆整度。

（3）玻璃体的形成与克服　有的药物与基质混合后滴入冷却剂中时，由于骤冷而形成玻璃体，呈透明黏块、软丸，或透明、质硬的滴丸。玻璃体具有不稳定性，放置会逐渐发软、吸潮、黏结、析出结晶等，需加以克服。克服玻璃体形成可采取以下方法。

① 加入其他物质。如咳必清的熔融液中加入 17%的硬脂酸可以阻止生成玻璃体。氯磺丙脲的熔融液，加入适量的尿素（20%～50%）可防止生成玻璃体等。

② 改变冷却剂。改变冷却剂的种类或使用混合冷却剂，有时也可以阻止玻璃体的生成。

有时药物与基质混合后的熔点过低而无法制备滴丸，可调整处方比例加以解决。

（4）设备　制备滴丸的设备主要由滴管、保温设备、控制冷却剂温度的设备、冷却剂容器等组成。实验室用的设备如图 7-31 所示。

滴瓶有调节滴出速度的活塞，有保持液面一定高度溢出口、虹吸管或浮球，它能在不断滴制与补充药液的情况下保持滴速不变。

恒温箱包括滴瓶及贮液瓶等，使药液在滴出前保持一定的温度不凝固，有玻璃门以便观察，箱底开孔，滴丸由内滴出。滴丸由下向上滴时，滴出口的冷却剂尚要加热恒温。

冷却柱长度和外围是否用冰冷凝，视各品种具体情况而定。冷却柱的一般长度为 40～140cm，温度保持在 10～15℃

目前工业生产中应用的滴丸机概括起来可以分为三类。①向下滴的小滴丸机。药液借位能和重力由滴头管口自然滴出，丸重主要由滴头口径的粗细来控制，管口过粗时药液充不满，使丸重差异增大，因此，这种滴丸机只能生产重 70mg 以下的小滴丸。②大滴丸机。这种滴丸机可用唧筒式定量泵，由柱塞的行程来控制丸重。③向上的滴丸机。用于药液密度小于冷却剂的品种。

XD-20 滴丸机是向下滴的小滴丸机。该机有 20 个滴头，药液液位稳定，每个滴头都可调速，能自动测定滴速，冷却剂不流动并可在需要时随时出丸。其主要部分见图 7-32。

操作时将化料锅用油浴加热，以恒温控制仪 4 控制温度，并有搅拌器 5 进行搅拌。油浴

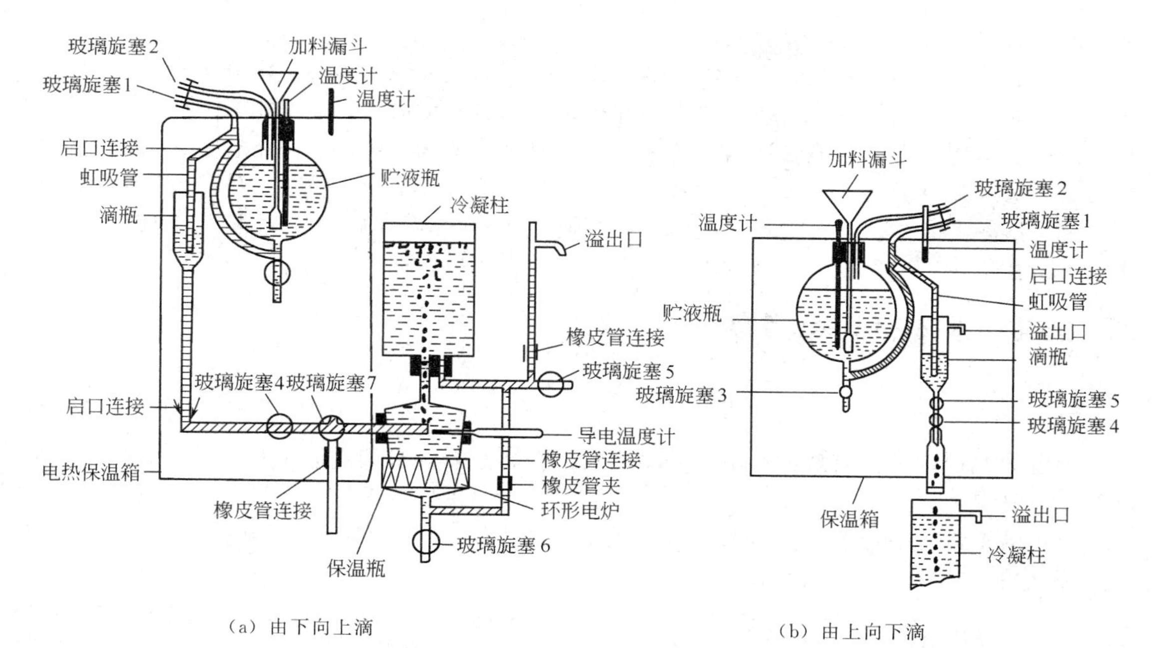

图 7-31　滴制法装置示意

与化料锅均密闭，化料及油浴加热时产生的气体可分别由管道通往室外。药料熔化完全后打开锅底阀门，药液经隔板由滤套 7 过滤，进入贮液缸 8，然后经浮球阀 9 流入滴缸，并保持恒定液位，再经缸底部滴头盘上的滴头 11 滴出药液，滴速由盘四周的锥形活塞控制。由位于底部的电热元件加热，并由 SY 169 晶体管恒温控制仪控制。药液由滴头滴出后，通过光电转换、放大、整形后的电脉冲进入滴丸计数器，到达选定的间隔时间，就在光电测速仪 12 上显示时间及滴丸数，可据此调节滴速。机底部为冷却槽 15，槽中竖立冷却柱 14，冷却柱密封在滴盘下面。在槽内盛满冷却剂后，由滴盘抽气口 19 抽气，冷却剂即上升充满柱，关闭抽气口后，冷却剂维持一定高度，在连续滴制下不下降。柱的下面有接丸筛盒 16，当接满滴丸或需要出丸时，由旁边的另一空筛盒将其推至槽的另一端，在不停机的情况下由另一盒继续接丸。转动出丸摇臂，盛有滴丸的接丸盒即上升出丸。冷却槽四周是不锈钢的冰盐水盘管。冷却柱分三段，下段有不锈钢冷凝管；中段有侧门 13，便于清洗及更换品种时改变滴头等操作；上段为玻璃套筒与滴盘相接，便于观察滴制情况，及光电自动测滴速。

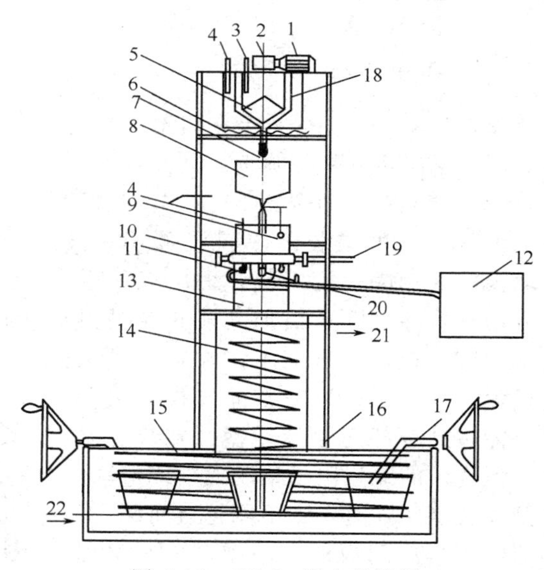

图 7-32　XD-20 滴丸机简图

1—电动机；2—蜗轮减速机；3—WTQ-288 压力式温度计；4—SY 169 晶体管恒温控制仪；5—搅拌器；6—加热元件；7—滤套；8—玻璃贮液缸；9—浮球阀；10—滴头活塞手柄；11—滴头；12—光电测速仪；13—侧门；14—冷却柱；15—冷却槽；16—接丸筛盒；17—出丸摇臂；18—化料锅；19—抽气口；20—灯泡；21—冰盐水出口；22—冰盐水进口

该机凡与药液、滴丸接触部分都用不锈

钢或玻璃材料制成，以防药物变质。

这种滴丸机有如下的特点。①冷却剂上热下冷可适应成形的需要。液滴经过空气到达冷却剂面时碰成扁块状，并带有空气进入冷却剂，下降时收缩成丸，并逸出带入的气泡，使丸粒不圆整及拖尾，有的气泡未逸出而产生空洞。本机冷却剂能保持上热下冷，使液滴充分收缩成型。②可随时出丸，便于及时检查丸粒外观与丸重。③密闭性能好。从化料到冷却前，药液都是熔融的液体，不存在粉尘问题，并可避免药物在熔融时可能产生的有害蒸气。④滴头开关结构简单，操作简便，节约能源。⑤自动测定滴速，便于控制丸重一致。

四、选丸、包衣、包装和贮存

（一）选丸

制备的丸剂，往往出现大小不均和畸形的丸粒，必须经过筛选以求均匀一致，保证丸粒圆整，剂量准确。

筛选的工具有手摇筛、振动筛、滚筒筛、选粒机及立式检丸器。目前，工厂多用滚筒筛、筛丸机、检丸器及立式检丸器。

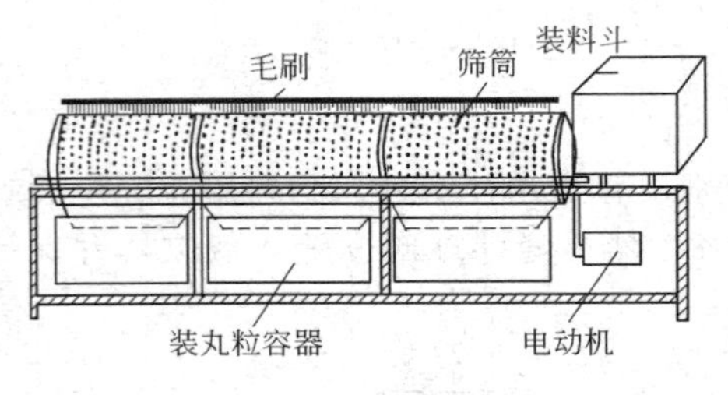

图 7-33　滚筒筛

（1）滚筒筛　如图 7-33 所示，筛子由薄铁片卷成，筒上布满筛眼，筒身分三段，前段的筛孔小，后段的筛孔大，以便丸粒从前向后滚动时被筛眼分成几等。多用于分离泛丸加大过程中出现的过大、过小、畸形丸粒；也可用于干燥后的丸筛选。并粒，则由滚筒末端落入接受器中。嵌在筛孔中的丸粒由毛刷将其压下。

（2）筛丸机　如图 7-34 所示，其结构、作用与滚筒筛相似，不同之处是此机滚筒、筒身不分段，孔眼直径完全一致。用途也比较单一，主要用于干燥后丸粒的筛选。

（3）检丸器　如图 7-35 所示。此机分上下两层，每层装三块斜置玻璃板，玻璃板之间相隔一定距离，上层玻璃板上方装有漏斗。丸粒由加丸漏斗经过闸门落于玻璃板的斜坡向下滚动，当滚至两玻璃板的间隙时，完整的丸粒因滚动快，能越过全部间隙到达盛好丸粒容器内；但畸形的丸粒由于滚动迟缓或滑动，当到达玻璃间隙时，则不能越过而漏下，另器收集。玻璃板的间隙越多，所挑拣的丸粒越完整。此机适用于分离体积小而质硬的丸剂。

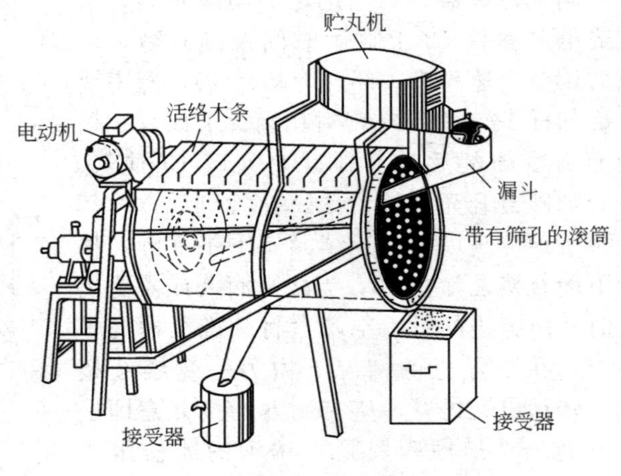

图 7-34　筛丸机

（4）立式检丸器　如图 7-36 所示。其结构是用白铁皮制成，不需动力部分，可借铁丝连接其他机械颤动之力，使丸粒不断从斜口下来，借离心力的作用，使大小均匀的、圆的丸粒从外围轨道流入合格接受器中。不圆或并粒的由于摩擦力大，由内轨道流入废品接受筒中，此机主要用于干燥丸粒的检选。

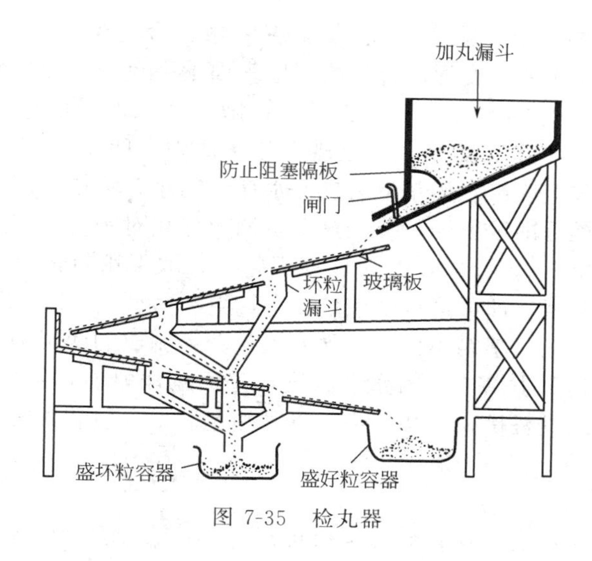

图 7-35　检丸器

图 7-36　立式检丸器

（二）包衣

根据医疗的需要，有的丸剂表面需要包裹一层物质使与外界隔绝的过程称为包衣或上衣。包衣后的丸剂称为包衣丸。包衣的目的如下。

（1）增加药物的稳定性　因为丸剂中有的药物遇空气、水分、光线易氧化、水解、变质；有的药物易吸潮而发霉、生虫；有的药物其成分易挥发。包衣后可防止发生以上现象。

（2）减少药物的刺激性　丸剂中有的药物具有特殊气味；有的药味极苦、涩；有的药物对黏膜有强烈的刺激作用。包衣后可掩盖恶臭、怪味，并减少刺激性，便于服用。

（3）控制丸剂的溶散　临床用药有的要求在胃中显效，有的要求在肠中起作用，使用不同的包衣材料就可以控制丸剂在胃中或肠液中溶散。选用药物包衣，又能使药物首先发挥作用，达到用药目的。

（4）改善外观，利于识别　用不同颜色物质包衣可使丸粒表面光滑而具有鲜明色彩，既增加了丸剂的美观，又便于鉴别，以免误服。

（三）包装与贮存

丸剂制成后包装或贮藏条件不当会引起丸剂的变质或挥发性成分散失。各类丸剂的性质不同，其分装及贮藏方法也不同。一般的小丸多用瓷制、塑料或玻璃制的容器包装。大蜜丸一般是蜡纸盒包装、塑料小盒包装、塑料盒挂蜡封固及蜡皮包装。蜡皮包封是大蜜丸传统包装方法，现介绍如下。

蜡皮包封是用蜡做成一个空壳，将一粒大蜜丸放在里面，再密封而成。蜡性质稳定，不与主药发生作用；同时蜡壳的通透性差，可使丸药与空气、水分、光线等隔绝，防止丸剂吸潮、虫蛀、氧化和有效成分挥发，所以用蜡皮包封的大蜜丸一般可以保持十几年不变色、不干枯、不生虫、不发霉。因此，凡含有芳香药物的、名贵的、疗效好的、受气候影响变化大的蜜丸，都宜用蜡皮包装，确保丸剂在贮存过程中不发霉变质。

传统制蜡壳是以蜂蜡为主要原料，随着石油工业的发展，现在多用固体石蜡为主要原料，以降低成本。石蜡性脆，夏季硬度差，常加适量蜂蜡和虫白蜡加以调节。加蜂蜡能增加韧性，加虫白蜡能增加硬度。加蜂蜡和虫白蜡的量，因地区季节而异，一般来说，在北方或冬季主要加蜂蜡，少加或不加虫白蜡。

吊壳装丸的方法是：将石蜡等物置锅内，再加适量水加热熔融混合均匀，保温70～74℃，温度不得过高或过低，过高蜡壳太薄易变形，过低蜡壳厚表面不平整，浪费材料；取已在水中浸透的木制小圆球，擦净表面上的水分，插于铁签上，随即浸入熔融的蜡液中约2s，取出，使剩余的蜡液流尽后再沾，如此反复数次，至蜡壳厚薄适中，即浸于18～25℃的冷水中，凝固后，取出蜡球，从铁签上取出，用布吸去表面水珠，用小刀将蜡皮割成两个相连的半球，剥下蜡皮，置阴凉处干燥后即可掰开，装入药丸，两半球相对吻合，用封口钳将切口烫严，再插于铁签上，入蜡液中沾1～2次，使切口彻底封严；取下用封口钳或小电烙铁将插铁签的小孔封严；然后印上药名，即可进行外包装。

目前，有的厂家采用塑料小盒装蜜丸。塑料小盒是用硬质无毒塑料制成的两半圆形螺口壳，用时，由于螺口相嵌形成球形，其大小以能装入蜜丸为度，外面蘸取蜡衣，封口严密，防潮效果良好，操作简便，价廉，可以代替蜡壳包装。也有将吸塑包装引入包装大蜜丸的。

五、丸剂车间工艺设计

丸剂车间的工艺设计及生产验证与片剂、胶囊剂大体相同。

第五节　中药提取工艺技术及设备现代化的发展动态

近几十年来，中草药的生产实现了一定程度的机械化和半机械化。传统中药往往被认为有效成分含量低、杂质多、质量不稳定，因此用药多建立在经验的基础上，不能与现代医学接轨。为解决这个问题，中药必须借助现代科技成果走现代化与智能化的道路。中药的提取包括浸出、澄清、过滤和蒸发等许多的单元操作。浸出是其中很重要的单元操作，是大多数中药生产的起点。浸出工艺的好坏，直接关系到中药材的利用率和后续加工的难易。浸出工艺可以视为中药生产现代化的重要环节，因此，传统工艺及设备的优化革新十分重要。

一、传统工艺及设备的优化革新

针对中药提取工艺中能耗、物耗大，杂质多，效率低的状况，近年来，许多学者从不同角度对中药提取工艺进行了摸索与优化，在保持“中药特色”的前提下，逐步实现中成药生产的科学化、规范化和标准化。

传统工艺是经过大量生产与临床实践检验的，与中医理论联系极为紧密。对传统工艺的优化可得到最直接的效益，已有的工作多集中在这一方面。如有学者以提取时pH值、提取时间、酸化时pH值为变量，对穿心莲碱水提取工艺进行了优化，发现提取时的pH值对提取效果的影响最大，提取时间和酸化时pH值的影响则不明显。还有研究者对甘草酸粗晶的制备工艺条件进行优选，给出了出汁量和酸化酸度均比老工艺高的新工艺，而浸渍时间仅为原工艺的1/12，收率也有显著提高。而分别提取各组分后配制药物也是制药的一种方法。

在优化传统工艺的同时，许多研究者提出了现有设备的结构改造和综合利用。以多能提取罐为例，对于其出渣门易阻塞、无热源的问题，一些厂家将出渣口改为柱形，在出渣门增设了蒸汽加热夹层，强化总体传热和料液传质，减轻了出渣受阻的程度。针对多能提取罐滤网易堵塞、过滤速度慢、药渣中溶剂回收不完全的情况，有研究者设计出双滤网式中药多能提取罐，在罐体上增设大面积的环型滤网及罐体排液口，滤网位置高、面积大，改善了过滤效果，排液快且完全。

在化工分离装置中，常采用添加内构件的方法改变物料的流动和接触状况，以强化提取和分离过程，这同样适用于中药的提取分离。倪力军等设计的浸取设备，即通过在普通提取釜内加一个由安装在旋转轴上的搅拌桨与固定在釜内壁上的外挡板组成的内构件来提高收率和效率。其原理在于内构件的旋转搅拌破坏了银杏叶的纤维结构，对叶片充分揉搓、剪切、挤压，扩大了传质面积并使之不断更新，强化了叶内扩散。上海中药装备研究中心也已将高效往复筛板塔应用于 SMZ 生产和抗生素、天然药物及有机中间体提取等多个领域。

与操作条件优化相比，浸取设备的改进做得还是相当少的，目前也仅有少数设备有机械搅拌和气动搅拌装置，是急需加强的一个方面。

二、传统提取方法的物理场强化

（1）功率超声强化技术　一般认为，功率超声对提取过程的强化作用来源于超声空化。当适宜频率和强度的超声波在提取溶剂中传播时，超声空化效应能在空化泡周围产生瞬时高温高压，增加了溶剂进入中药细胞的渗透性，加强了传质过程，超声空化效应在溶剂内部产生强烈冲击波和速度极快的微射流，能有效地使提取系统中的固液边界层减薄，增大传质速率，而冲击波或微射流产生的强大剪切力能使植物类中草药的细胞壁破裂，使细胞放出内含物。此外，超声波的机械效应和热效应也能加速有效组分的扩散释放，并充分与溶剂混合，利于提取。因此，应用功率超声能显著强化和改善中药有效成分的提取过程，提高药物有效成分的溶出速度和溶出次数，与常规的热水浸提法和乙醇浸提法相比，具有提取时间短（<30min）、浸出率高（增大 2～3 倍）等优点，而且，功率超声强化提取过程可以控制在较低温度下进行，能有效地保护中药热敏性的有效成分。有报道称，将当归流浸膏制备工艺中冷浸法改进为采用工作频率（26.5±1)kHz、输出功率 250W 的超声波在 45℃的低温下浸提，能有效提高浸提效率，缩短生产周期，提高总固形物及阿魏酸的含量。此外，超声强化提取也应用于生产水杨酸、氯仿黄连素、岩白菜宁等药物成分。岩白菜宁的提取通常在 80℃下采用酒精回流法，倘若采用超声作用下的酒精提取法，在 40℃下只需一半的提取时间就可以获得比原提取总量高 50%的产量。但是，目前强化中药有效成分提取的功率超声技术还主要是应用于中药质量分析和小规模提取中，因此，有关的工艺技术、工艺参数及超声波发生设备还有待于进一步研究和开发。

（2）微波强化技术　微波是电磁波的一部分，微波强化技术是利用微波能量来提高提取效率。在微波场中，由于物质介电常数不同，物质吸收微波的能力也不同，使得提取体系中不同组分被选择性加热，因此，微波提取具有较好的选择性，使目标组分直接从基体分离。另外，微波强化提取受提取溶剂亲和力的限制较小，因而可供选择的溶剂较多，而且，微波所具有的非热效应可以松弛氢键，击穿细胞膜，加速溶剂分子对基体的渗透和目标组分的溶剂化，提高了提取效率。在强化中草药有效成分的提取方面，微波强化技术具有操作时间短、溶剂消耗少、能耗低、药材有效成分损失少、目标组分得率高等优点，已作为一种新型技术应用于中药成分的提取中，特别是中药有效成分分析的样品制备过程中。加拿大学者 O-celynPare 研究开发出可批量、连续进行微波处理的挥发油提取工艺及设备已于 1990 年申请了欧洲专利，并用于大蒜油和薄荷油的提取。李学坚等比较了溶剂回流法、微波提取法和水蒸气蒸馏法提取丁香油，结果表明微波强化提取比溶剂回流法选择性高，比水蒸气蒸馏法收率高，且能耗、溶剂消耗量在三种方法中最小。

三、现代分离技术

（1）超临界流体萃取技术　超临界流体萃取（super critical fluid extraction，简称 SCFE）是一种以超临界流体（SCF）代替常规有机溶剂对目标组分进行萃取和分离的新型技术，其原理是利用流体（溶剂）在临界点附近某区域（超临界 IK）内与待分离混合物中的溶质具有异常相平衡行为和传递性能，且对溶质的溶解能力随压力和温度的改变而在相当宽的范围内变动来实现分离的。利用 SCF 作溶剂，可以从多种液态或固态混合物中萃取出待分离组分。由于 CO_2 具有无毒、不易燃易爆、价廉、临界压力和温度较低、易于安全地从混合物中分离出来等优点，所以，CO_2 是中药有效成分提取与分离过程中最常用的一种 SCF。与传统的提取分离法相比，SCFE 最大的优点是可在近常温条件下提取分离不同极性、不同沸点的化合物，几乎保留产品中全部有效成分，无有机溶剂残留，因此，其产品纯度高，而且收率高、操作简单、节能。通过改变萃取压力、温度或添加适当的夹带剂，还可改变萃取剂的溶解性和选择性。利用 SCFE 提取和分离中草药有效成分，已引起国内外学者的广泛关注，并进行了许多相关研究，提出了多种中草药的 SCFE 工艺条件，正逐步推广应用到生产实际中。

(2) 高速逆流色谱分离技术　高速逆流色谱分离技术（High-speed Countercurrent Chromatography，简称 HSCCC）是一种不用任何固态载体或支撑体的液液分配色谱技术，是美国国家医院 Yiochirolto 博士于 20 世纪 60 年代末首创的新型分离技术。HSCCC 技术分离效率高、产品纯度高、不存在载体对样品的吸附和沾染，具有制备量大和溶剂消耗少等优点。至 20 世纪 70 年代末期，美国食品及药物管理局（FDA）和世界卫生组织（WHO）开始利用此项技术分离抗生素，并进行成分鉴定。20 世纪 80 年代后期，各国学者迅速认识到该项技术的应用和开发价值，并广泛用于天然药物有效成分的分离制备和分析中。目前，已成功地开发出分析型、生产型两大类高速逆流色谱仪，可分别用于中药有效成分的分离制备和定量分析。进样量可从毫克级到克级，进样体积可从几毫升到几百毫升，不仅适用于非极性化合物的分离，也适用于极性化合物的分离；既可用于中药粗提取物中各组分的分离，也可用于进一步精制。1994 年，HSCCC 技术创始人 Yiochirolto 博士又发明了 pH-局部精炼逆流色谱，使 HSCCC 的进样量大大增加，能方便快速地分离克数量级样品，更有利于中药有效成分的分离制备。该技术有望成为中药有效成分质量标准研究、分析的一种新方法，也会成为中药制剂生产的一种新型分离技术。此外，高速逆流色谱技术还可与其他新型分离技术相耦合分离中药有效成分。比如，巢志茂等将高速逆流色谱与双水相萃取技术相结合，以双水相系统作为高速逆流色谱的固定相和流动相，对牛膝多糖成分进行了分离纯化，成功地分离出多糖部分和蛋白多糖部分。

(3) 超滤膜分离技术　超滤膜分离技术是 20 世纪 60 年代发展起来的一种以多孔性半透膜作为分离介质的膜分离技术，具有分离不同分子量分子的功能。其特点是：有效膜面积大、滤速快，不易形成表面浓差极化现象、无相态变化、低温操作破坏有效成分的可能性小、能耗低等。近几年，国内外学者将超滤膜分离技术应用于中药提取液的分离纯化，效果良好，可与其他分离方法（如高速离心法、醇处理法等）结合用于中药液体制剂的分离、提取和浓缩，而且还可用于除苗、除热原。例如，应用超滤膜技术制备脑神宁胶囊，与传统的醇沉法相比，具有中药用量小、有效成分损失小、工艺流程缩短等优点。目前该技术用于中药生产刚刚起步，试验研究较多。若用于大规模生产，在设备使用效率、工艺技术条件等方面，还有待于进一步完善和提高。

(4) 大孔吸附树脂分离纯化技术　大孔吸附树脂是近代发展起来的一类有机高聚物吸附剂，20 世纪 70 年代末逐步应用到中草药有效成分提取分离过程中。大孔树脂的常用型号有：D-101、D-201、MD-05271、CAD-40 等。其特点是吸附容量大、再生简单、效果可靠。中国医学科学院药物研究所植化室用大孔吸附树脂对糖、生物碱、黄酮等进行吸附，并在此基础上用于天麻、赤芍、灵芝等中草药中有效成分的分离及纯化，结果表明，大孔吸附树脂是分离中药水溶性成分的一种有效方法。作为一种新型的分离手段，大孔吸附树脂分离技术正在日益广泛地应用于中药制剂生产中。用 D-101 型非极性树脂提取甜菊总苷，粗晶收率8%左右，精晶收率 3%左右。将大孔吸附树脂用于银杏叶的提取，提取物中银杏黄酮含量稳定在 26%以上。此外，大孔吸附树脂还可用于中药有效成分样品组成含量测定前的预分离。

（5）分子蒸馏技术　是一种特殊的液-液分离技术，它不同于传统蒸馏依靠组分的沸点差分离原理，而是靠不同物质分子运动平均自由程的差别来实现分离。基本原理：具有不同质量的各种分子具有不同的分子运动自由程，不同种类分子逸出液面后直线飞行的距离不同，从而实现物质的分离。图 7-37 为分子蒸馏原理示意图。

由图可以看出：为了达到液体混合物分离的目的，首先进行加热，能量足够的分子逸出液面。轻分子的平均自由程大，重分子的平均自由程小，若在离液面小于轻分子的平均自由程而大于重分子平均自由程处设置一冷凝面，使得轻分子落在冷凝面上被冷凝，而重分子则因达不到冷凝面，而返回原来液面，这样混合物就被分开了。

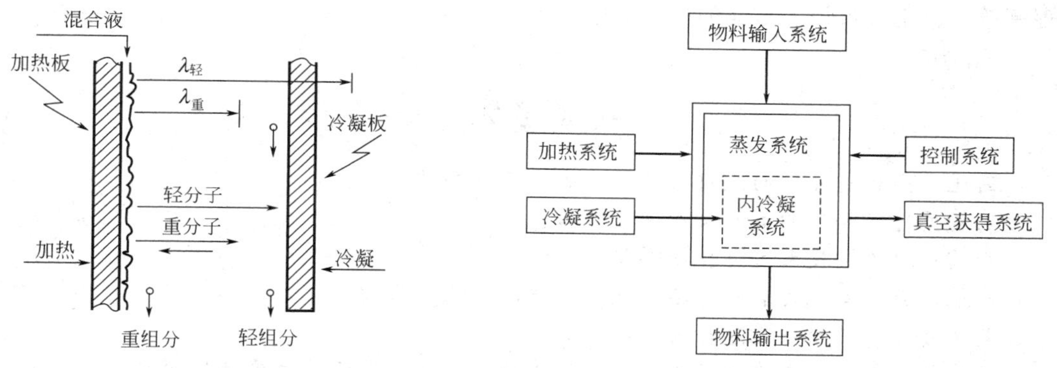

图 7-37　分子蒸馏原理示意图

图 7-38　分子蒸馏系统工艺框图

完整的分子蒸馏系统工艺框图如图 7-38 所示。

分子蒸馏技术的特点：操作真空度高；分子蒸馏的操作温度较一般的真空蒸馏的操作温度低，物料受热时间短，对热敏性物质提供了传统蒸馏无法比拟的优越条件；分离程度高，特别适用于高沸点、热敏性物质的分离。

四、自动控制技术

中药生产过程的自动化和集成化是中药现代化的重要内容之一，只有这样，规模化生产才能体现出高效率。目前，大多数中药生产企业的制药过程的自动化程度很低，这不仅造成生产质量不稳定和生产效率低下，而且无法实现中药计算机集成制造。因此，必须建立和发展中药制造过程自动控制技术。

中药提取过程的自动控制系统包括硬件和软件两大部分。硬件包括控制计算机、各种自动阀门和切换器、自动传感装置、自动检测装置、自动输送装置等。软件则包括计算机信息集成软件平台、集散控制系统（DCS）及可编程控制器（PLC）等。自动控制系统对提取过程的温度、流量、压力、液位、重量、浓度（含量）、pH 值等工艺参数和质量参数，进行数据采集、分析、显示、报警和控制等，以实现各工艺操作的自动控制。

五、系统集成与优化技术

目前，中药生产工艺普遍以分散的单元操作技术为主，缺乏协同和高效集成，难以形成完整的系列化先进技术，无法实现中药制药工程技术的总体性突破。因此，必须对整个生产过程进行系统集成和优化，形成完整的系列化先进技术。

系统集成与优化技术主要包括单元工艺集成和计算机信息集成，生产过程的在线检测和自动控制是计算机集成与优化技术的基础，它们共同构成了计算机集成制造技术。在复杂系统中由于单元最优未必是系统最优，因此单元工艺的组合（串联、并联）必须从全系统的质量控制、物流管理、能耗、操作等方面综合考虑，工艺操作的执行应考虑整个生产过程的协调。因此，必须研究系统集成与优化软件，将各种模型或模块融合到一个统一的软件平台之中，置于管理计算机，通过管理计算机进行生产调度和工艺条件的优化（如物料比例、温度变化轨线和操作时间等）。

综上所述，中药提取分离工艺发展的滞后成为传统中医药发展和生存的瓶颈，必须对原有工艺进行优化、革新和强化，化工分离和传质的强化技术将为此提供有力的保证，实现中医药学科与化学工程的交叉，将有利于实现中药生产装备的现代化。此外，解决在线检测、自动控制、计算机集成与优化等一系列工程技术问题，实现提取过程中对质量的实时监控，实现高效、稳定、可控、节能的中药提取。

思考题

1. 简述中药材前处理的流程及其相应的生产设备。
2. 药物要进行粉碎的目的及原理是什么？
3. 中药提取工艺技术主要包括哪些？
4. 简述渗漉、索氏提取和超临界流体萃取的流程与原理。
5. 药物浸出过程的强化途径有哪些？
6. 简述提取车间工艺设计的内容；按照设计进行的基本程序主要包括哪些？
7. 简述中药提取车间工序组成与设计的一般要求。
8. 简述丸剂的制备方法及设备工作原理。

参考文献

[1] 荆云梅. 试论药物制剂设备与车间工艺设计. 药学研究，2019（259）.
[2] 张玉兰. 制药机械设备发展现状与发展方向的研究. 科技尚品，2016（88）.
[3] 唐燕辉. 药物制剂生产设备及车间工艺设计. 第 3 版. 北京：化学工业出版社，2011.
[4] 平其能，屠锡德，张钧寿，等. 药剂学. 第 4 版. 北京：人民卫生出版社，2013.
[5] 袁其朋，梁浩. 制药工程原理与设备. 第 2 版. 北京：化学工业出版社，2018.
[6] 杨桂明. 中药药剂学. 北京：人民卫生出版社，2010.
[7] 王志祥 . 制药工程学. 第 3 版. 北京：化学工业出版社，2015.
[8] 陈燕忠，朱盛山. 药物制剂工程. 第 3 版. 北京：化学工业出版社，2018.
[9] 朱宏吉，张明贤. 制药设备与工程设计. 第 2 版. 北京：化学工业出版社，2011.
[10] 周长征，李学涛. 制药工程原理与设备. 北京：中国医药科技出版社，2018.

第八章

制药公用工程设计基础

学习目标

掌握：工业建筑安全防火知识，生产的火灾危险性分类，厂房的耐火等级，洁净厂房的采暖通风，常用的空气净化设备及净化系统。

熟悉：工业厂房结构分类与基本组件，工业厂房的结构尺寸，原料药和制剂厂房对安全防火、安全卫生的特殊要求，给水排水、供热和供气、强电和弱电、冷冻、采暖通风等公用系统，常见的污染防治措施，以及废水、废气、废渣、噪声处理。

了解：建筑设计防火规范，空气净化的设计参数、净化流程和气流组织，非定型设备与自动控制设计条件，劳动安全规范，环境保护的重要性，我国防治污染的方针政策。

第一节　工业建筑概论和安全防火

工业建筑是指从事各类工业生产及直接为生产服务的房屋，工业生产用房屋包括主要生产房屋、辅助生产房屋以及为生产提供动力的房屋。这些房屋通常被称为"厂房"或"车间"。直接为生产服务的房屋是指为工业生产提供贮存及运输用的房屋，这些房屋属于工业建筑的范畴，但不能称为厂房或车间。"工业建筑"一词的概念是广义的，所以，它不一定指的是厂房。随着科学技术的发展，工业生产的种类越来越多，生产工艺也更为先进复杂，技术要求也更高，相应地对包括厂房的结构和基本组件在内的建筑设计提出的要求也更为严格，从而出现了各种类型的工业建筑。

一、工业厂房结构分类和基本组件

1. 工业厂房结构分类

工业厂房的结构按构成材料分主要有砖混结构、混凝土框架结构、全钢框架结构、半钢框架结构等，按层数分类有单层、双层和多层厂房。

（1）单层厂房　这类厂房主要用于重型机械制造工业、冶金工业、纺织工业、药物制剂工业等。这类单层厂房中，有大量的原材料及半成品、成品运入运出，不仅运输量大，而且体积和重量都大。这种以水平运输为主的单层厂房，具有经济和方便的优点。单层大跨度制剂厂房可以很好地安排人、物流分开，避免了交叉污染的可能。在大面积的单层厂房中，除可利用侧窗来采光和通风外，还可以在屋顶上设置各种类型的天窗。这样，既可提高厂房内部工作面上的照度，又可使照度更加均匀。如果采用通风天窗，还可大大地提高厂房内部的自然通风量。大多数单层厂房采用多跨的平面组合形式。车间内部往往又有不同类型的起吊运输设备。所以，单层厂房具有占地面积多、建筑物空间高大、屋面保温、隔热、防水、排水面积大和天窗构造较复杂等特点。

（2）双层厂房　这类厂房主要用于机械制造工业、药物制剂工业等。双层厂房上、下两层的柱网不同，底层采用小柱网，这样，可以减少楼板的跨度；二层采用大柱网，可以满足生产工艺的要求。双层厂房的结构与单层厂房相似。水平运输与垂直运输相结合，仍可满足二层大运输量的要求。设计中，有时二层楼面标高与室外标高接近。双层厂房的楼层布置生产车间，而底层则可布置辅助车间、辅助用房或仓库等。所以，双层厂房能节省占地面积30％～40％，减少建筑体积10％～20％，并相应地减少外围护结构的面积，从而降低建筑造价。在建筑设计中，常在上、下两层之间的桁架式楼板层空间中设置技术夹层。

（3）多层厂房　这类厂房广泛用于原料药工业、食品工业、电子工业、化学工业、精密仪器工业等。即使以前常采用单层厂房的工业，现在也开始采用多层厂房了，从而使多层厂房在工业建筑中的比例越来越大。之所以广泛采用多层厂房是因为它具有如下的优点。

① 多层厂房中，工作人员是在不同的楼层进行操作，材料和成品的运输采用垂直运输和水平运输相结合的方式，并以垂直运输为主。② 多层厂房比单层厂房占地少，单位建筑面积上的外围护结构的面积比单层厂房减少1/5～1/2，可以降低采暖费用和减少有保温隔热屋顶的面积，从而节约用地、节约能源和降低造价。③ 多层厂房由于占地少，地基土石方工程量相应也较少，并且缩短了厂区道路、管网和围墙的长度。④ 多层厂房体型、色彩等变化较多，给城市环境空间设计、改善城市景观提供了有利条件。

2. 工业厂房的基本组件

无论是工业建筑还是民用建筑，一般是由地基、基础、墙、柱、梁、楼板、地坪、楼梯、屋顶、门、窗等组成，它们在不同的部位发挥着各自的作用。

（1）地基　是建筑物的地下土壤部分，地基必须具有足够的强度（承载力）和稳定性，才能保证建筑物的正常使用和耐久性。建筑地基的土分为岩石、碎石土、黏性土和人工填土。若土壤具有足够的强度和稳定性，可直接砌置建筑物，这种地基称为天然地基。反之，需人工加固后的土壤称为人工地基。人工加固土壤的方法有换土法、化学加固、桩基法、水泥灌浆法。

（2）基础　在建筑工程上，把建筑物与土壤接触的部分称为基础，承受着建筑物的全部荷载，并将这些荷载传给地基。因此，基础必须具有足够的强度，并能抵御地下各种有害因素的侵蚀。此外还有专门设置的设备基础。基础的材料有砖、毛石、混凝土、毛石混凝土和钢筋混凝土等。

（3）墙　是建筑物的承重构件和围护构件。分为承重墙、充填墙、防爆墙和防火墙。作为承重墙，承受着建筑物由屋顶或楼板层传来的荷载，并将这些荷载再传给基础；作为围护构件，外墙起着抵御自然界各种因素对室内的侵袭；内墙起着分隔空间、组成房间、隔声、遮挡视线以及保证舒适环境的作用。因此，要求墙体具有足够的强度、稳定性、保温、隔热、隔声、防火、防水等功能以及具有经济性和耐久性。医药工业洁净厂房洁净围护结构的材料应满足保温、隔热、防火和防潮等要求，洁净厂房的洁净区的主体结构不宜采用内墙承重。

易燃易爆的生产工段需用防爆墙或防火墙，并有自己独立的基础。常用砖墙或钢筋混凝土墙，厚度经过防爆计算确定。

（4）柱　是框架或排架结构的主要承重构件。和承重墙一样，承受着屋顶和楼板层以及吊车传来的荷载。柱所占空间小，受力比较集中，因此，它必须具有足够的强度和刚度。

（5）梁　是建筑物中水平放置的受力构件，它除承担楼板和设备等荷载外，还起着联系各构件的作用，增强建筑物的刚度和整体性。梁的材料一般为钢筋混凝土和钢梁，可现浇或预制。

（6）楼板　是楼房建筑中水平方向的承重构件，按房间层高将整幢建筑物沿水平方向分为若干部分。楼板层承受着家具、设备和人体荷载以及本身自重，并将这些荷载传给墙或梁。同时，它还对墙身起着水平支撑的作用。因此，作为楼板层，要求具有足够的抗弯强度、刚度和隔声能力。同时，对有水浸蚀的房间，则要求楼板层具有防潮、防水的功能。洁净厂房的楼层地面承重设计时必须满足：生产车间≥1000kg/m^2、库房≥1500kg/m^2、实验室≥800kg/m^2、办公室≥300kg/m^2。

（7）地坪　是底层房间与土层相接的构件，它承受底层房间的荷载。作为地坪则要求具有耐磨、防潮、防水和保温的能力。医药工业生产中按不同要求，一般有水泥砂浆地面、水磨石地面、环氧自流平地面等。

（8）楼梯　是楼房建筑的垂直交通设施，供人们上下楼层和紧急疏散之用。故要求楼梯具有足够的通行能力以及防火和防滑。

（9）屋顶　是建筑物顶部的围护构件和承重构件，由屋面层和结构层所组成。屋面层应抵御自然界风、雨、雪及太阳热辐射与寒冷对顶层房间的侵袭；结构层承受房屋顶部荷载，并将这些荷载传给墙或柱。因此，屋顶必须具有足够的强度、刚度及防水、保温、隔热等功能。

（10）门与窗　门、窗均属非承重构件。门主要供人们内外交通和分隔房间之用；窗则主要起采光、通风以及分隔、围护的作用。洁净室窗户必须是固定窗，严密性好并与室内墙齐平。无菌洁净室的窗宜采用双层玻璃。对某些有特殊要求的房间，则要求门、窗具有保温、隔热、隔声的能力。洁净区与非洁净区、洁净区与室外相同的安全门应向疏散方向开启，并加闭门器。

一座建筑物除上述基本组成的构件外，对不同使用功能的建筑，还包含许多特有的构件和配件，如工业建筑则有吊车梁、托架、天窗架等构、配件。对于洁净室内的装饰材料要求耐清洗和耐消毒，内表面平整光滑、无裂缝、接口严密、无颗粒物脱落。

二、工业厂房的结构尺寸

无论是单层厂房还是多层厂房，承重结构柱子在平面排列时所形成的网格称为柱网。柱网的尺寸是由柱距和跨度组成的。柱距 B 指的是相邻两柱之间的距离；跨度 L 是指屋架或屋面梁的跨度。柱距和跨度尺寸必须符合国家规范《厂房建筑模数协调标准》（GB/T 50006—2010）的有关规定。

（一）柱网尺寸的确定

柱网尺寸是根据生产工艺的特征、建筑材料、结构形式、施工技术水平、地基承载能力及有利于建筑工业化等因素来确定的。

（1）跨度尺寸的确定　跨度尺寸主要是根据下列因素确定。①生产工艺中生产设备的大小及布置方式。设备大，所占面积也大，设备布置成横向或纵向，布置成一排、二排或三排，都影响跨度的尺寸。②车间内部通道的宽度。不同类型的水平运输设备，如电瓶车、汽车、火车等所需通道宽度是不同的，同样影响跨度的尺寸。③满足《厂房建筑模数协调标准》的要求，根据①、②项所得的尺寸，最终调整符合模数制的要求——当屋架跨度≤18m时，采用扩大模数 3M 的数列；当屋架跨度＞18m 时，采用扩大模数 60M 的数列；当工艺布置有明显优越性时，跨度尺寸方可采用21m、27m、33m。

（2）柱距尺寸的确定　我国单层工业厂房设计主要采用装配式钢筋混凝土结构体系，其基本柱距是6m，而相应的结构构件如基础梁、吊车梁、连系梁、屋面梁、横向墙板等。柱距尺寸还受到材料的影响，当采用砖混结构时，其柱距宜小于4m，可为3.9m、3.6m、3.3m等。

随着科学技术的发展，厂房内部的生产工艺、生产设备、运输设备等也在不断变化、更新。为了使厂房能适应这种变化，厂房应有相应的灵活性和通用性。除剖面设计应满足这种要求外，平面设计也需要满足这种要求。所以，应采用扩大柱网，也就是扩大厂房的跨度和柱距。常用扩大柱网（跨度×柱距）为12m×12m、15m×12m、18m×12m、24m×12m、18m×18m、24m×24m等。在厂房内部布置大型设备时，可将中列柱柱距扩大，边列柱仍保持米柱距。医药工业洁净厂房的主体结构宜采用大空间或大跨度网柱。

（二）厂房高度的确定

单层厂房的高度是指地面至屋架（或屋面梁）下弦的高度。在一般情况下，单层厂房屋架下弦底面至地面的高度与柱顶距地面的高度基本相等。所以，常以柱顶标高来衡量厂房的高度。当然，如果厂房柱子支承的是下沉式屋架，那么，单层厂房的高度就是指屋架下弦底面至地面的高度。柱子长度仍满足模数协调标准的要求。柱顶标高通常是按最大生产设备在使用、安装和检修时所需的净空间高度来确定的。同时，厂房高度还必须满足采光和通风的要求。并且，柱顶标高应符合扩大模数3M数列的要求。一般厂房柱顶标高不小于3.90m。《厂房建筑模数协调标准》（GB/T 50006—2010）中规定，钢筋混凝土结构的柱顶标高，应按3M数列确定，牛腿标高也按3M数列确定。柱子埋入地下部分也需满足模数化要求。

在平行多跨厂房中，由于各跨设备不同，各跨在确定柱顶标高后，可能出现平行不等高跨现象。这样，在高低跨度之间需增设牛腿、墙梁、女儿墙、泛水等，使构件类型增多，结构和构造复杂，施工麻烦。若两跨间相差不大时，可将低跨标高升至高跨的标高。这样，虽然增加了材料，但使结构、构造简单，施工简化，还是比较经济的。规范规定："在工艺有高低要求的多跨厂房中，当高差值不大于1.2m时，不宜设置高度差。在不采暖的多跨厂房中高度一侧仅有一个低跨，且高差不大于1.8m时，也不宜设置高度差。"所以，剖面设计中应尽可能采用平行等高。

确定厂房高度时，应在满足生产要求的前提下充分利用空间，使柱顶标高降低。利用屋架与屋架之间的空间，利用屋顶空间可起到缩短柱子长度的作用。利用地下空间亦可起到缩短柱子长度的作用。

单层厂房室内地面标高，由厂区总平面设计确定。为防止雨水浸入室内，室外标高应低于室内标高。室内外高差宜小，一般为100～150mm。为便于车间大门通行汽车等运输工具，应在大门设置坡道，其坡度不宜过大（≤10%）。

对于洁净厂房而言，不论是多层或单层，其室内地面的标高应高出室外地坪0.5～1.5m。如有地下室可充分利用，将冷热管、动力设备、冷库等优先布置在地下室内。生产车间的层高为2.8～3.5m，技术夹层净高1.2～2.2m，库房层高4.5～6m（因为采用高架库），一般办公室、值班室高度为2.6～3.2m。洁净厂房的技术夹层用于送、回风管的敷设和其他管线的暗敷，其结构尺寸应满足风道、管线的安装、检修和防火要求。

三、原料药和制剂厂房对安全防火、卫生的特殊要求

制药工业用厂房分为化学合成原料药、生物代谢或合成原料药、以草本植物为主的天然

药物有效成分提取物等原料药生产用厂房和最终相配套的医用药剂生产用厂房。由于医用药等关系人的健康与生命，所以，不仅要做到生产安全而且要保证生产的产品对用药者是安全有效的。因此，医药工业厂房对安全防火和环境卫生都有非常高的要求。

（一）原料药和制剂厂房对安全防火特殊要求

制药工业厂房的安全防火要根据生产过程中使用、产生及贮存的原料、中间品和成品的物理化学性质和数量及其火灾爆炸危险程度和生产过程的性质等情况来确定考虑建筑物自身的耐火等级和厂房结构，并设计防火墙、防火门、防爆墙以及用于泄压的轻质屋顶和轻质墙。

1. 生产的火灾危险性分类　根据《建筑设计防火规范》（GB 50016—2014）等的规定，生产的火灾危险性可分为甲、乙、丙、丁、戊五大类，见表 8-1。

表 8-1　生产的火灾危险性分类

生产的火灾危险性类别	使用或产生下列物质生产的火灾危险性特征
甲	1. 闪点＜28℃的液体 2. 爆炸下限＜10%的气体 3. 常温下能自行分解或在空气中氧化即能导致迅速自燃或爆炸的物质 4. 常温下受到水或空气中水蒸气的作用，能产生可燃气体并引起燃烧或爆炸的物质 5. 遇酸、受热、受撞击、摩擦、催化以及遇有机物或硫黄等易燃的无机物，极易引起燃烧或爆炸的强氧化剂 6. 受撞击、摩擦或与氧化剂、有机物接触时能引起燃烧或爆炸的物质 7. 在密闭设备内操作温度等于或超过物质本身自燃点的生产
乙	1. 闪点≥28℃且＜60℃的液体 2. 爆炸下限≥10%的气体 3. 不属于甲类的氧化剂 4. 不属于甲类的易燃固体 5. 助燃气体 6. 能与空气形成爆炸性混合物的浮游状态的粉尘、纤维、闪点≥60℃的液体雾滴
丙	1. 闪点≥60℃的液体 2. 可燃固体
丁	1. 对不燃烧物质进行加工，并在高热或熔化状态下经常产生强辐射热、火花或火焰的生产 2. 利用气体、液体、固体作为燃料或将气体、液体进行燃烧作其他用的各种生产 3. 常温下使用或加工难燃烧物质的生产
戊	常温下使用或加工不燃烧物质的生产

对于甲类厂房必须采取相应的防爆措施。同一厂房或防火分区内，若存在不同性质的生产，应按火灾危险性较大的部分分类。但火灾危险性较大的部分占本层或本防火分区面积的比例小于 5%，且事故火灾不会蔓延，可按火灾危险性较小的部分分类。

对于原料药的化学合成过程等生产用厂房，通常的防火基本措施是其建筑物采用一、二级耐火等级；对于原料药的结晶、精制和干燥等工序、医药制剂生产用洁净厂房的耐火等级要求不低于二级，使建筑构件耐火性能与甲、乙类生产相适宜，从而减少成灾的产生概率。

2. 建筑构件的耐火等级

所谓耐火等级是以建筑构件的耐火极限和燃烧性能两因素确定的。构件的耐火极限是指建筑构件在规定的耐火试验条件下，能经受火灾考验的最大限度，用小时表示。由于构件的材料不同，火灾时测定耐火极限的方法也不一样，一般按以下三种情况进行测定。

① 从构件受到火灾的作用开始到构件失去支持能力为止的这段时间称耐火极限，例如

木制构件即可按这种状态进行测定。

② 从构件受到火灾的作用起到出现穿透性裂缝为止的这段时间也称耐火极限，如砖石构件、混凝土构件的耐火极限即按此法进行测定。

③ 从构件受到火灾的作用起到构件背面温度升高到 220℃ 为止的这段时间也称耐火极限，例如金属构件即按此方法进行测定。

以上三种情况只要符合其中任何一种，都被认为该构件已达到了耐火极限。我国消防研究部门对各种建筑构件均做了耐火极限试验，其数据收集到现行建筑防火规范中，作为进行建筑设计的依据之一。

建筑构件的燃烧性能，主要是指组成建筑构件材料的燃烧性能。通常，我国把建筑构件按其燃烧性能分为三类，即不燃性、难燃性和可燃性。①不燃性：用不燃烧性材料做成的构件统称为不燃性构件。不燃烧性材料是指在空气中受到火烧或高温作用时不起火，不微燃，不炭化的材料。如钢材、混凝土、砖、石、砌块、石膏板等。②难燃性：凡用难燃烧性材料做成的构件或用燃烧性材料做成而用非燃烧性材料做保护层的构件统称为难燃性构件。难燃烧性材料是指在空气中受到火烧或高温作用时难起火、难微燃、难炭化，当火源移走后燃烧或微燃立即停止的材料。如沥青混凝土，经阻燃处理后的木材、塑料、水泥、板条抹灰墙等。③可燃性：凡用燃烧性材料做成的构件统称为可燃性构件。燃烧性材料是指在空气中受到火烧或高温作用时立即起火或微燃，且火源移走后仍继续燃烧或微燃的材料。如木材、竹子、刨花板、宝丽板、塑料等。有关这三类构件的具体燃烧性能可查阅《建筑设计防火规范》。建筑物的耐火等级分为四级，各级建筑构件的耐火极限和燃烧性能均不应低于表 8-2 的规定（另有规定者除外）。

表 8-2 不同耐火等级建筑构件的燃烧性能和耐火极限 单位：h

构件名称		耐火等级			
		一级	二级	三级	四级
墙	防火墙	不燃性 3.00	不燃性 3.00	不燃性 3.00	不燃性 3.00
	承重墙	不燃性 3.00	不燃性 2.50	不燃性 2.00	难燃性 0.50
	楼梯间和前室的墙 电梯井的墙	不燃性 2.00	不燃性 2.00	不燃性 1.50	难燃性 0.50
	疏散走道两侧的隔墙	不燃性 1.00	不燃性 1.00	不燃性 0.50	难燃性 0.25
	非承重外墙 房间隔墙	不燃性 0.75	不燃性 0.50	难燃性 0.50	难燃性 0.25
柱		不燃性 3.00	不燃性 2.50	不燃性 2.00	难燃性 0.50
梁		不燃性 2.00	不燃性 1.50	不燃性 1.00	难燃性 0.50
楼板		不燃性 1.50	不燃性 1.00	不燃性 0.75	难燃性 0.50
屋顶承重构件		不燃性 1.50	不燃性 1.00	难燃性 0.50	可燃性
疏散楼梯		不燃性 1.50	不燃性 1.00	不燃性 0.75	可燃性
吊顶(包括吊顶搁栅)		不燃性 0.25	难燃性 0.25	难燃性 0.15	可燃性

注：二级耐火等级建筑内采用不燃烧性材料的吊顶，其耐火极限不限。

二级耐火等级的多层和高层工业建筑内存放可燃物的平均重量超过 200kg/m^2 的房间，其梁、楼板的耐火极限应符合一级等级的要求，但设有自动灭火设备时，其梁、楼板的耐火极限仍可按二级耐火等级的要求；承重构件为不燃烧体的工业建筑（甲、乙类库房和高层库房除外)，其非承重外墙为不燃性墙体时，耐火极限可降低到 0.25h，当采用难燃性墙体时，不应低于 0.5h；二级耐火等级建筑的楼板（高层工业建筑的楼板除外）如耐火极限达到 1h 有困难时，可降低到 0.5h；一、二级耐火等级厂房（仓库）的上人平屋顶，其屋面板的耐火极限分别不应低于 1.5h 和 1h；二级耐火等级建筑的屋顶如采用耐火极限不低于 0.5h 的承重构件有困难时，可采用无保护层的金属构件。但甲、乙、丙类液体火焰能烧到的部位，应采取防火保护措施；建筑物的屋面面层应采用不燃烧体，但一、二级耐火等级的建筑，其不燃烧体屋面基层上可采用可燃卷材防水层；大型、中型电子计算机机房，宜采用不燃烧材料或难燃烧材料。

医药工业洁净厂房是密闭厂房，火灾发生后烟量特别大，热量无处散发，室内迅速升温，为避免一旦发生火灾而迅速蔓延，对洁净室的顶棚和壁板规定其燃烧性能为不燃烧体，不得使用有机复合材料。顶棚的耐火极限不低于 0.4h，壁板的耐火极限不低于 0.5h，疏散通道的顶棚和壁板的耐火极限不低于 1.0h。

3. 生产防火

(1) 厂房的耐火等级、层数和占地面积的关系　生产安全防火不但对各类厂房的耐火等级给出要求，而且对厂房的层数和建筑面积有所限制，并且应符合表 8-3 的要求（建筑设计防火规范另有规定者除外）。

表 8-3　厂房的层数和每个防火分区最大允许建筑面积

生产的火灾危险性类别	厂房的耐火等级	最多允许层数	每个防火分区最大允许建筑面积/m^2			
			单层厂房	多层厂房	高层厂房	地下和半地下厂房（包括地下室或半地下室）
甲	一级 二级	除生产必须采用多层者外，宜采用单层	4000 3000	3000 2000	— —	— —
乙	一级 二级	不限 6	5000 4000	4000 3000	2000 1500	— —
丙	一级 二级 三级	不限 不限 2	不限 8000 3000	6000 4000 2000	3000 2000 —	500 500 —
丁	一、二级 三级 四级	不限 3 1	不限 4000 1000	不限 2000 —	4000 — —	1000 — —
戊	一、二级 三级 四级	不限 3 1	不限 5000 1500	不限 3000 —	6000 — —	1000 — —

甲、乙类洁净厂房的占地面积，以单层 3000m^2 和多层 2000m^2 为宜。但在特殊情况下，若有疏散距离的保证，也可按《建筑设计防火规范［2018 版］》(GB 50016—2014）的规定执行。对于丙、丁、戊类洁净厂房应符合《建筑设计防火规范［2018 版］》(GB 50016—2014）的规定。

(2) 特殊单体安全防火规定　在小型企业中，面积不超过 300m^2 独立的甲、乙类厂房，可采用三级耐火等级的单层建筑；使用或产生丙类液体的厂房和有火花、赤热表面、明火的丁类厂房均采用一、二级耐火等级的建筑，但上述丙类厂房面积不超过 500m^2，丁类厂房面积不超过 1000m^2，也可采用三级耐火等级的单层建筑。特殊贵重的机器、仪表、仪器等应设在不低于二级耐火等级的建筑内。

锅炉房的耐火等级不应低于二级，当为燃煤锅炉房且锅炉的总蒸发量不大于 4t/h 时，可采用三级耐火等级的建筑。

油浸变压器室、高压配电装置室的耐火等级不应低于二级。[注：其他防火设计要求应符合现行国家标准《火力发电厂与变电站设计防火规范》(GB 50229—2006)等标准的规定。]

变、配电站不应设置在甲、乙类厂房内或贴邻，且不应设置在有爆炸危险性气体、粉尘环境的危险区域内。但供上述甲、乙类厂房专用的10kV及以下的变、配电站，当采用无门、窗、洞口的防火墙隔开时，可一面贴邻，而乙类厂房的配电站确需在防火墙上开窗时，应设置密封固定的甲级防火窗。

高架仓库、高层仓库、甲类仓库、多层乙类仓库和储存可燃液体的多层丙类仓库，其耐火等级不应低于二级。单层乙类仓库，单、多层丙类仓库和多层丁、戊类仓库，其耐火等级不应低于三级。甲、乙类厂房和甲、乙、丙类仓库内的防火墙，其耐火极限不应低于4.00h。除甲、乙类仓库和高层仓库外，一、二级耐火等级建筑的非承重外墙，当采用不燃性墙体时，其耐火极限不应低于0.25h；当采用难燃性墙体时，其耐火极限不应低于0.5h。

甲、乙类生产场所（仓库）不应设置在地下或者半地下。厂房内设置中间仓库时，甲、乙类中间仓库应靠外墙布置，其产品储量不宜超过一昼夜的需要量；甲、乙、丙类中间仓库应采用防火墙和耐火极限不低于1.50h的不燃性楼板与其他部位分隔；设置丁、戊类仓库时，应采用耐火极限不低于2.00h的防火墙和1.00h的楼板与其他部位分隔。

甲、乙类洁净厂房宜采用单层厂房，其防火墙间最大允许占地面积，单层厂房应为3000m^2，多层厂房应为2000m^2。

甲、乙类生产场所或设置在甲、乙类生产环境中的装配式洁净室，其顶棚和壁板（包括内部填充物）应为不燃性构件。在一个防火区内的综合性厂房，其洁净生产与一般生产区域之间应设置不燃性隔墙封闭到顶。隔墙及其相应顶板的耐火极限不应低于1.00h，隔墙上的门窗耐火极限不应低于0.60h。穿过隔墙或顶板的管线周围空隙应采用不燃性材料紧密填塞。

技术竖井壁应为不燃性构件，其耐火极限不应低于1.00h。井壁上检查门的耐火极限不应低于0.60h；竖井内在各层或间隔一层楼板处，应采用相当于楼板耐火极限的不燃性材料作水平防火分隔；穿过水平防火分隔的管线周围空隙，应采用不燃性材料紧密堵塞。

(3) 厂房的防火间距　除了厂房自身的防火外，厂房之间的防火安全间距亦非常重要。厂房之间及与乙、丙、丁、戊类仓库，民用建筑等的防火间距应遵守表8-4的规定，《建筑设计防火规范》(GB 50016—2014) 另有规定者除外。乙类厂房与重要公共建筑的防火间距不宜小于50m；与明火或散发火花地点不宜小于30m。为丙、丁、戊类厂房服务而单独设置的生活用房应按民用建筑确定，与所属厂房的防火间距不应小于6m。

表8-4　厂房之间及与乙、丙、丁、戊类（仓库），民用建筑等的防火间距　单位：m

<table>
<tr><th colspan="3" rowspan="3">名称</th><th>甲类厂房</th><th colspan="3">乙类厂房(仓库)</th><th colspan="4">丙、丁、戊类厂房(仓库)</th><th colspan="5">民用建筑</th></tr>
<tr><th>单、多层</th><th colspan="2">单、多层</th><th>高层</th><th colspan="3">单、多层</th><th>高层</th><th colspan="3">裙房，单、多层</th><th colspan="2">高层</th></tr>
<tr><th>一、二级</th><th>一、二级</th><th>三级</th><th>一、二级</th><th>一、二级</th><th>三级</th><th>四级</th><th>一、二级</th><th>一、二级</th><th>三级</th><th>四级</th><th>一类</th><th>二类</th></tr>
<tr><td>甲类厂房</td><td>单、多层</td><td>一、二级</td><td>12</td><td>12</td><td>14</td><td>13</td><td>12</td><td>14</td><td>16</td><td>13</td><td colspan="3" rowspan="4">25</td><td colspan="2" rowspan="4">50</td></tr>
<tr><td rowspan="3">乙类厂房</td><td rowspan="2">单、多层</td><td>一、二级</td><td>12</td><td>10</td><td>12</td><td>13</td><td>10</td><td>12</td><td>14</td><td>13</td></tr>
<tr><td>三级</td><td>14</td><td>12</td><td>14</td><td>15</td><td>12</td><td>14</td><td>16</td><td>15</td></tr>
<tr><td>高层</td><td>一、二级</td><td>13</td><td>13</td><td>15</td><td>13</td><td>13</td><td>15</td><td>17</td><td>13</td></tr>
</table>

续表

名称			甲类厂房	乙类厂房(仓库)			丙、丁、戊类厂房(仓库)				民用建筑				
			单、多层	单、多层		高层	单、多层			高层	裙房,单、多层			高层	
			一、二级	一、二级	三级	一、二级	一、二级	三级	四级	一、二级	一、二级	三级	四级	一类	二类
丙类厂房	单、多层	一、二级	12	10	12	13	10	12	14	13	10	12	14	20	15
		三级	14	12	14	15	12	14	16	15	12	14	16	25	20
		四级	16	14	16	17	14	16	18	17	14	16	18		
	高层	一、二级	13	13	15	13	13	15	17	13	13	15	17	20	15
丁、戊类厂房	单、多层	一、二级	12	10	12	13	10	12	14	13	10	12	14	15	13
		三级	14	12	14	15	12	14	16	15	12	14	16	18	15
		四级	16	14	16	17	14	16	18	17	14	16	18		
	高层	一、二级	13	13	15	13	13	15	17	13	13	15	17	15	13
室外变、配电站	变压器总油量/t	≥5,≤10	25	25	25	25	12	15	20	12	15	20	25	20	
		>10,≤50					15	20	25	15	20	25	30	25	
		>50					20	25	30	20	25	30	35	30	

4. 防爆

(1) 厂房防爆设计　甲、乙类厂房的另一安全问题是与防火同样重要的防爆。

① 有爆炸危险的甲、乙类厂房宜独立设置，并宜采用敞开或半敞开式。其承重结构宜采用钢筋混凝土或钢框架、排架结构。

② 有爆炸危险的厂房或厂房内有爆炸危险的部位应设置泄压设施，泄压设施宜采用轻质屋面板、轻质墙体和易于泄压的门、窗等，应采用安全玻璃等在爆炸时不产生尖锐碎片的材料。泄压设施的设置应避开人员集中的场所和主要交通道路。并宜靠近有爆炸危险的部位。作为泄压设施的轻质屋面板和墙体的质量不宜大于 $60kg/m^2$。屋顶上的泄压设施应采取防冰雪积聚措施。厂房的泄压面积的计算与厂房体积的比值（m^2/m^3）的大小可参考《建筑设计防火规范》(GB 50016—2014)。

③ 对于散发较空气轻的可燃气体、可燃蒸气的甲类厂房，宜采用轻质屋面板作为泄压面板。顶棚应尽量平整、无死角，厂房上部空间要通风良好。

④ 散发较空气重的可燃气体、可燃蒸气的甲类厂房以及有粉尘、纤维爆炸危险的乙类厂房，应采用不发生火花的地面。如采用绝缘材料作整体面层时，应采取防静电措施；散发可燃粉尘、纤维的厂房内表面应平整、光滑，并易于清扫；厂房内不宜设地沟，确需设置时，其盖板应严密，地沟应采取防止可燃气体、可燃蒸气和粉尘、纤维在地沟积聚的有效措施，且应在与相邻厂房连通处采用防火材料密封。

⑤ 有爆炸危险的甲、乙类生产部位，宜布置在单层厂房靠外墙的泄压设施或多层厂房顶层靠外墙的泄压设施附近。有爆炸危险的设备应尽量避开厂房的梁、柱等承重布置。

⑥ 有爆炸危险的甲、乙类厂房的总控制室应独立设置。有爆炸危险的甲、乙类厂房的分控制室也应独立设置，当贴邻外墙设置时，应采用耐火极限不低于 3.00h 的防火墙与其他部位分隔。

⑦ 有爆炸危险区域内的楼梯间、室外楼梯或有爆炸危险的区域与相邻区域连通处，应设置门斗等防护措施。门斗的隔墙应为耐火等级不低于 2.00h 的防火隔墙，门应采用甲级防火门并应与楼梯间的门错位设置。

⑧ 使用和生产甲、乙、丙类液体的厂房，其管、沟不应和相邻厂房的管、沟相通，下水道应设置隔油设施。

（2）安全疏散　在做好生产厂房防火的同时必须能够做到安全疏散以保证生产人员的人身安全，要求如下。

① 厂房内的安全出口应分散布置。每个防火分区或者一个防火分区的每个楼层，其相邻2个安全出口最边缘之间的水平距离不应小于5m。

② 厂房内每个防火分区或一个防火分区内的每个楼层，其安全出口的数量应经过计算确定，且不应少于2个；当符合下列要求时，可设1个安全出口：

a. 甲类厂房，每层的建筑面积不大于$100m^2$，且同一时间内的作业人数不超过5人；

b. 乙类厂房，每层的建筑面积不大于$150m^2$，且同一时间内的作业人数不超过10人；

c. 丙类厂房，每层的建筑面积不大于$250m^2$，且同一时间内的作业人数不超过20人；

d. 丁、戊类厂房，每层的建筑面积不大于$400m^2$，且同一时间内的作业人数不超过30人；

e. 地下或半地下厂房（包括地下或半地下室），每层的建筑面积不大于$50m^2$，且同一时间内的作业人数不超过15人。

③ 地下或半地下厂房（包括地下或半地下室），当有多个防火分区相邻布置，并采用防火墙分隔时，每个防火分区可利用防火墙上通向相邻防火分区的甲级防火门作为第二安全出口，但每个防火分区至少有一个直通室外的安全出口。

④ 厂房内任一点至最近安全出口的直线距离应遵守表8-5的规定。

表8-5　厂房内任一点至最近安全出口的直线距离　　单位：m

生产的火灾危险性类别	耐火等级	单层厂房	多层厂房	高层厂房	地下或半地下房(包括危险性类别)
甲	一、二级	30	25	—	—
乙	一、二级	75	50	30	—
丙	一、二级	80	60	40	30
	三级	60	40	—	—
丁	一、二级	不限	不限	50	45
	三级	60	50	—	—
	四级	50	—	—	—
戊	一、二级	不限	不限	75	60
	三级	100	75	—	—
	四级	60	—	—	—

⑤ 厂房每层的疏散楼梯、走道、门的各自总净宽度，应根据疏散人数按每100人的最小疏散净宽度满足表8-6的规定计算确定。但疏散楼梯最小净宽度不宜小于1.1m，疏散走道的最小净宽度不宜小于1.4m，门的最小净宽度不宜小于0.9m。当每层疏散人数不相等时，疏散楼梯的总净宽度应分层计算，下层楼梯总净宽度应按该层及以上疏散人数最多一层的疏散人数计算。首层外门的总净宽度应按该层及以上疏散人数最多的一层疏散人数计算，且该门的最小净宽度不应小于1.2m。

表8-6　厂房内疏散楼梯、走道和门的每100人最小疏散净宽度

厂房层数/层	1～2	3	≥4
最小疏散净宽度/(m/百人)	0.6	0.8	1.0

⑥ 高层厂房和甲、乙、丙类多层厂房的疏散楼梯应采用封闭楼梯间或室外楼梯。建筑高度大于32m且任一层人数超过10人的厂房，应采用防烟楼梯间或室外楼梯。

⑦ 高度超过32m的设有电梯的高层厂房，每个防火分区内应设一台消防电梯（可与客、货梯兼用），并应符合下列条件。

a. 消防电梯间应设前室，其面积不应小于$6m^2$，与防烟楼梯间合用的前室，其面积不应小于$10m^2$；

b. 消防电梯的前室宜靠外墙，在底层应设直通室外的出口，或经过长度不超过30m的通道通向室外；

c. 消防电梯井、机房与相邻电梯井、机房之间应采用耐火极限不低于2.50h的墙隔开，如在隔墙上开门时，应设甲级防火门；

d. 消防电梯前室应采用乙级防火门，消防电梯的井底应设排水设施；

e. 消防电梯应能每层停靠；电梯的载重量不应小于800kg；电梯从首层到顶层的运行时间不宜大于60s；电梯的动力与控制电缆、电线、控制面板应采取防水措施；在首层的消防电梯口处应设置供消防队员专用的操作按钮；电梯轿厢内部装修应采用不燃材料；电梯轿厢内部应设置专用消防对讲电话。

⑧ 洁净厂房每一生产层、每一防火分区或每一洁净区的安全出口的数量，均不应少于2个，且应分散均匀布置，从生产地点至安全出口不得经过曲折的人员净化路线。洁净厂房同一层的外墙应设有通往洁净区的门窗或专用消防口，以方便消防人员的进入及扑救。医药工业洁净厂房是密闭厂房，内部分隔多，室内人员流动路线复杂，出入通道迂回，为了便于事故下人员的疏散，及火灾时能救灾灭火，所以洁净厂房应设置人员疏散用的应急照明系统。在安全出口、疏散口和疏散通道转角处设置标志灯以便于疏散人员辨认通行方向，迅速撤离事故现场；在专用消防口设红色应急灯以便于消防人员及时进入厂房进行灭火。应急照明系统一般推荐采用内带蓄电池储能的灯具，每个区域按灯具总数的25%～30%均匀分散安装，灯具外形一致。

（3）选用防爆电气设备　电气设备使用时产生的电弧、电热、电火花和漏电会引起火灾或爆炸事故，因此，在防爆区域一定要选择合适的防爆电气设备。电气设备和照明灯具的选用和安装应符合现行国家标准《爆炸危险环境电力装置设计规范》GB 50058—2014的规定。

（4）防止摩擦撞击火花　钢铁、玻璃、瓷砖、混凝土等材料在互相摩擦或撞击时都能产生火花，应避免穿带铁钉的鞋、使用带铁轮的小车等。铝、铜等金属材料受撞击时不产生火花，建议在有火灾或爆炸危险的场所使用镀铜或铝质材料的工具。

（5）完善消防设施　根据工程项目的规模、火灾危险性等情况，按有关防火防爆规定要求设置消火栓、灭火器和消防通信系统等。

（二）原料药和制剂厂房对安全卫生的特殊要求

1. 概述

药品是用来预防、治疗疾病和恢复、调节机体功能的一种特殊商品。药品的卫生状况对于患者来说十分重要。例如注射用药品是通过人体皮肤进入肌肉和静脉血管，如果药品中存在未杀灭的细菌和毒素等，则可以随药物进入患者体内，导致病情的复杂或者引起新的感染和毒害作用，甚至导致死亡。所以在制药工业生产的全过程必须采取各种措施严格控制各种可能影响药品质量的因素。而其中最重要的因素之一，就是采取必要的卫生措施，以防药品受微生物的污染及其他杂质的污染。在制药工业的历史上，由于不注意加强卫生管理而发生污染药品的事故不胜枚举。

2. 车间的卫生特征分级

应根据车间的卫生特征设置浴室、存衣室、盥洗室。车间的卫生特征分级见表 8-7。

表 8-7　车间的卫生特征分级

<table>
<tr><th>卫生特征</th><th>1 级</th><th>2 级</th><th>3 级</th><th>4 级</th></tr>
<tr><td>有毒物质</td><td>易经皮肤吸收引起中毒的剧毒物质(如有机磷农药、三硝基甲苯、四乙基铅等)</td><td>易经皮肤吸收或有恶臭的物质,或高毒物质(如丙烯腈、吡啶、苯酚等)</td><td>其他毒物</td><td rowspan="3">不接触有害物质或粉尘、不污染或轻度污染身体(如仪表、金属冷加工、机械加工等)</td></tr>
<tr><td>粉尘</td><td></td><td>严重污染全身或对皮肤有刺激的粉尘(如炭黑、玻璃棉等)</td><td>一般粉尘(如棉尘)</td></tr>
<tr><td>其他</td><td>处理传染性材料、动物原料(如皮毛等)</td><td>高温作业、井下作业</td><td>体力劳动强度Ⅲ级或Ⅳ级</td></tr>
</table>

注：虽易经皮肤吸收，但易挥发的有毒物质（如苯等）可按 3 级确定。

各类生产车间对卫生用房的设置要求有以下几个方面。

（1）浴室

① 卫生特征为 1 级、2 级的车间应设车间浴室；3 级宜在车间附近或在厂区设置集中浴室；4 级可在厂区或居住区设置集中浴室。因生产事故可能发生化学性灼伤及经皮肤吸收引起急性中毒的工作地点或车间，应设事故淋浴，并应设置不断水的供水设备。②浴室内一般按 4～6 个淋浴器设一具盥洗器，淋浴器的数量，可根据设计的使用人数按表 8-8 计算。

表 8-8　每个淋浴器设计使用人数（上限值）

车间卫生特征级别	1 级	2 级	3 级	4 级
每个淋浴器使用人数	3	6	9	12

注：需每天洗浴的炎热地区，每个淋浴器的使用人数可适当减少，女浴室和卫生特征为 1 级、2 级的车间浴室，不得设浴池。

（2）存衣室　车间卫生特征 1 级的存衣室应分便服室和工作服室，工作服室应有良好的通风；车间卫生特征 2 级的存衣室，便服室、工作服室可按照同室分柜存放的设计原则设计，以避免工作服污染便服；车间卫生特征 3 级的存衣室，便服室、工作服室可按照同柜分层存放的原则设计，存衣室可与休息室合并设置；车间卫生特征 4 级的存衣室可设在休息室内或车间内适当地点。湿度大的低温重作业，如冷库和地下作业等，应设工作服干燥室。生产操作中，工作服沾染病原体或沾染易经皮肤吸收的剧毒物质或工作服污染严重的车间，应设洗衣房。

（3）盥洗室　车间内应设盥洗室或盥洗设备。盥洗水龙头的数量，根据设计的使用人数，应按表 8-9 的规定计算。

表 8-9　盥洗水龙头的使用人数

车间卫生特征级别	每个水龙头的使用人数/人	车间卫生特征级别	每个水龙头的使用人数/人
1、2 级	20～30	3、4 级	31～40

注：接触油污的车间，应供给热水。

（4）洁净厂房内应设置人员净化设施，并应根据需要设置生活用室和其他用室。人员净化用室和生活用室包括雨具存放、换鞋、管理、存外衣、更衣等房间。洁净区内不宜设厕所，人员净化用室内的厕所应设前室。

3. 洁净厂房内空气洁净度级别

（1）由于生产工艺原因，需要采用空气净化系统以控制室内空气的含尘量或含菌浓度的厂房，称为洁净厂房。我国2010版GMP将洁净厂房内的空气划分为4个洁净级别，见第二章表2-1。

（2）环境控制区分类（适用于制药厂）见第二章表2-3、表2-4。

四、土建设计条件

由于工艺专业在总体设计工作中占主导地位，所以有责任向土建设计专业提供配合设计的条件和要求，作为土建专业设计的依据，以保证土建专业的设计能够在工艺专业正式开展设计作业的同时开展平行设计作业。工艺专业向土建专业提供的土建设计条件由文字数据资料和条件图组成。

1. 文字资料

① 药厂的生产年限及发展远景，并注明哪些是永久性设施，哪些是暂时性设施。

② 药厂生产规模，产品（或中间产品）品种及规格。

③ 各设备荷重情况。包括设备本体重量、设备生产时运行介质可能达到的最大荷重、检修荷重、其他附属设施荷重等方面。

④ 各楼层、各操作检修平台的荷重、检修荷重、检修件最大尺寸及特殊防腐要求。

⑤ 管道支架的单位荷重及对支架的要求，水平推力等参数。

⑥ 提供区域内主要腐蚀介质情况，并提出相应的防腐要求。另外，对需防水、防震、放火、隔音、采光的局部地方均需要提出特殊要求。

⑦ 提供车间劳动定员、工作制度、最大班人员数，男、女劳动定员的比例，对生活福利设施的要求。

2. 条件图

主要生产工艺配置图及土建基础条件图，必要时提供工艺流程图。工艺配置及土建基础条件图应包含以下内容。

① 各楼层和操作平台平面配置图、车间剖面图。

② 设备定位尺寸及设备间的关系尺寸。

③ 设备名称、型号、规格、数量、重量、电机功率等（在设备明细表中反映）。

④ 设备和设备基础外形尺寸，配置标高。

⑤ 坑槽的位置、大小、标高。

⑥ 配电室、仪表室、维修间、生活室、工作室、原料库、药品库的位置及房间大小。

⑦ 厂房扩建的部位、方向及预留场地。

⑧ 地面污水收集、排除的集水坑，地沟的位置、走向、坡度。

⑨ 检修、安装大门的位置、尺寸、吊装孔的位置。

⑩ 吊车类型、轨道标高、活动范围。

⑪ 堆放物料的名称、位置范围及荷重。

⑫ 气体管道支架、液体管道支架（钢筋混凝土支架）的位置、高度及设置在管架上的操作平台大小。

⑬ 工序与工序之间的连续操作平台（或管桥）的位置、大小、标高。

⑭ 委托土建设计的设备规格及要求。

⑮ 设备支架（钢筋混凝土式钢结构）的位置、高度、荷重及其要求。

⑯ 设备基础尺寸，地脚螺栓的位置、规格、数量、伸露长度的预留孔形式的要求。

⑰ 要求提供孔的规格、深度、数量及防腐要求。

⑱ 设备及 ϕ500mm 以上的管道穿过楼板或者操作台的预留孔、尺寸及要求。

⑲ 分工段提出地面污水的浓度、成分、pH 值及地面防腐蚀要求。

⑳ 起重设备的类型、数量、起重量、跨距、活动范围，工作制度，操纵室的出入口位置。隔壁、楼板、平台等的预留孔位置、规格。

㉑ 管架的基础位置、尺寸、标高及预埋板或者预埋螺栓的规格、数量、伸露长度。

在洁净厂房设计除了提供上述条件外，还要注意新厂房的设计必须符合 GMP 要求，旧厂房改造时应从实际出发，充分利用已有的技术设施，符合因地制宜的原则。对厂区各部分建筑面积的分配比例按照 GMP 规范为厂房占厂区总面积的 15%、生产车间占总建筑面积的 30%、库房占总建筑面积的 30%、管理及服务部门占总建筑面积的 15%、其他占总建筑面积的 10%。同时，在设计上要达到以下要求。

① 药厂必须有整洁的生产环境，生产区的地面、路面及运输等不应对药品生产造成污染。

② 生产 β-内酰胺结构类药品的厂房与其他厂房严格分开，生产青霉素类等药品的厂房不得与生产其他药品的厂房安排在同一建筑屋内。

③ 激素类、抗肿瘤类化学药品的生产应使用专用设备；厂房应装有防尘及捕尘设施；空调系统的排气应经净化处理。

④ 生产用菌毒种与非生产用菌毒种、生产用细胞与非生产用细胞、强毒与弱毒、死毒与活毒、脱毒前与脱毒后的制品和活疫苗与灭活疫苗、人血液制品、预防制品等的加工或灌装不得在同一厂房内进行，其贮存要严格分开。

⑤ 药材的全处理、提取、浓缩（蒸发）以及动物脏器、组织的洗涤或处理等生产操作，不得与其制剂生产使用同一厂房。

⑥ 洁净级别相同的房间尽可能结合在一起。相互联系的洁净级别不同的房间之间要有防污染措施，如设置必要的气闸、风淋室、缓冲间及传递窗等。在布置上要有与洁净级别相适应的净化设施与房间，如换鞋、更衣、缓冲等人员净化设施；在有窗的厂房中一般应将洁净级别高的房间布置在内侧或中心部位，若在布置时需要将无菌室安排在外侧，最好有一封闭式缓冲走廊。全车间的人流、物流应简单、合理。避免人流、物流混杂，控制人员出入和物料运输，不得使无关人员或物流通过正在操作的区域。

⑦ 洁净厂房操作室内的地面、墙面和顶棚等，要使用不起尘的建筑材料。对于无菌室等洁净级别高的房间所用装修材料还须经得起消毒、清洁和冲洗。

第二节　公用系统

制药工业生产公用系统与化工等过程工业类似，包括供排水、供气和供热、强电和弱电、制冷以及通风和采暖等系统。它是为保证合成、发酵代谢和萃取分离制造原料药以及药物制剂生产系统正常运行所必需的辅助系统，并实现符合 GMP 要求的环境和条件。强电和弱电系统又称供电系统：变电所、配电所、开关所、通讯站以及全厂输电线路、通讯线路、道路照明等。制冷系统由制冷站与供应冷冻（盐）水的管网组成。

一、给水排水

供排水系统涉及处理以及排水用的泵房、冷却塔、水池、供排水管网、消防设施和纯水生产供应设施。供排水系统所用设备有各种水泵、鼓风机、引风机、冷却塔、风筒、污水处理池内各种一次性填料、加氯机、加药设备、电渗析器、溶药器、离子交换器、起重设备、空压机、各种曝气机、刮泥机、搅拌机械、调节堰板、各种过滤机、压滤机、挤干机、离心机、污泥脱水机、石灰消化器、启闭机械、机械格栅、各种非标准贮槽（罐）、循环水系统的旋转滤网、化验分析仪器等。

原料药生产过程的供排水包括作为生产介质用工艺水、直流水、循环水和污水。药物制剂生产过程除一般性和洁净用水外，有一部分水是特种原料，不能视为简单的水源，如注射用蒸馏水。

（一）给水系统

制药企业用水与其他工业用水相似，包括直流水、工艺水、循环水。直流水通常由城镇给水管网供给，对洁净度级别要求不高的工艺水亦可用城镇给水管网供给的直流水，而锅炉用水则是将直流水经过离子交换树脂处理而成的软水，而药物制剂以及基因药物生产过程用水则要求使用纯水作为工艺水或原料，循环水多用做生产设备的传热介质或其他二次利用场合。也就是说，制药工业用水不但有量的要求，而且还有质的不同。因此，制药工业供水系统有自己的独特性。

1. 供水系统基本模式

任何一个供水系统都包括原水取用设施、水处理或净化设施、输水泵及泵房、输水管和管网组成。洁净厂房内的供水系统应根据生产、生活和消防等各项用水对水质、水温、水压和水量的要求分别设置，且在管道的设计中应留有余量，以适应工艺的变动。制药工业供水系统，除注射用蒸馏水等纯水供应系统外，与其他工业供水系统极为相似，并与化学工业的供水系统相近。根据水资源和用水情况，可分为：从水源取水，经过简单处理，使用后排入总体管网的直流供水系统；使用过的水经过处理后回用的循环给水系统；以及按照各车间或工厂的水质要求，经过适当处理，顺序使用的复用供水系统。

对于厂区供水，要依据水质、水压、水量要求进行供水能力和系统设计。常用的供水系统模式为：

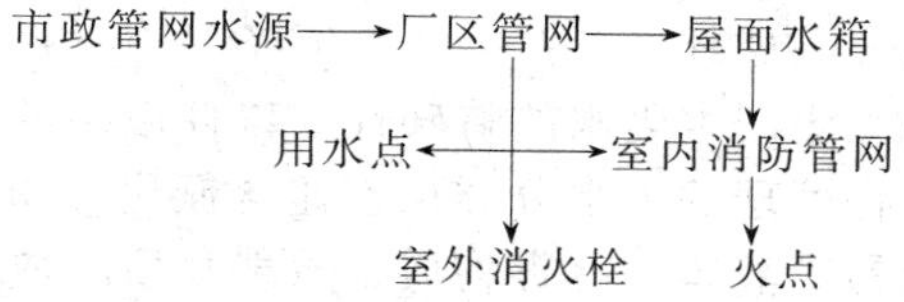

市政管网水源——→厂区管网——→屋面水箱
↓
用水点←——→室内消防管网
↓
室外消火栓　　火点

2. 制药用水及其供应系统

制药工业中所用的纯净水必须符合严格的法规要求，在制药工业中使用蒸馏水作为注射用水（Water for Injection，WFI），从无菌的角度考虑，这个方法是最安全的，但是，从经济的角度考虑，这个方法成本过高。WFI 在直接用于药用时，必须消毒并去热，即水中不能检测出细菌和病毒内毒素，USP 和 EP 都规定极限值为每毫升 0.25 个内毒素单位。在美国 USP 25 规定，可以使用高纯水（Highly Purified Water，HPW）代替 WFI，自 2002 年 6 月起，（Europe Pharmacopeia）认可了高纯水 HPW，并视为第三水质级别，HPW 的生产不使用蒸馏工艺而采用膜处理的方法。在制药工业还有一种一般工作用水，水质为（Aqua Purificata）纯化水 AP，用于冲洗样品容器、搅拌药膏等。

关于制药用水的生产工艺及其控制指标见第四章第四节。

3. 消防给水及其供应系统模式

可在厂区设立环状给水管网，并结合各车间条件在厂区内设立一定量的室外消火栓，以提供消防水量保护整个厂区。洁净厂房必须设置室内消防供水系统，生产层及上下技术夹层，应设室内消火栓，消火栓的用水量不小于10L/s。消防水源通常用市政管网的水源，一般地，火灾时10min室内消防用水由厂区屋面水箱提供，10min后消防用水由市政管网水源提供。如下所示：

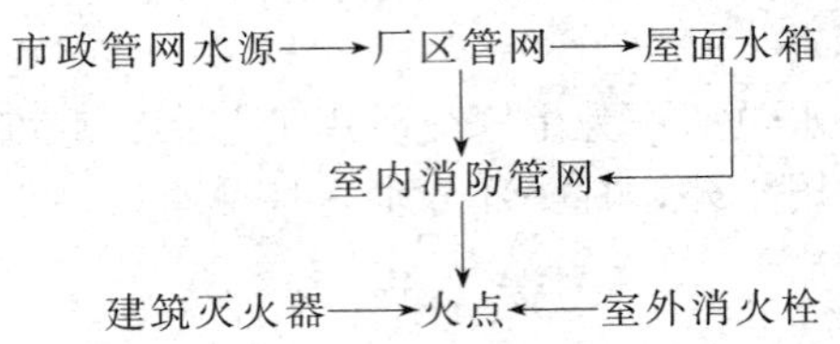

4. 冷却水的循环使用

在制药化工厂中，冷却用水占了工业用水的主要部分。由于冷却用水对水质有一定的要求，因此原水一般要经过沉淀、过滤等预处理，然后再经过软化处理以降低水的硬度。为了节约用水和减少水处理的费用，冷却水需用量较大时应该设计成循环使用系统。冷却水循环使用过程：将经过换热设备的热水送入冷却塔或喷水池降温，热水在冷却塔中自上向下喷淋，空气自下而上与热水逆流接触，一部分水分被蒸发而使余下的水冷却，降温5～10℃，再用作冷却水，如此不断循环。

（二）排水系统

1. 排水系统及其设计原则

排水系统应根据工艺设备排出的废水性质、浓度和水量的特点确定。有害废水经处理，达到国家排放标准后排出。制药工业排出水包括：生产过程产生的工艺废水，生产环境与人员洁净过程产生的洗涤废水等。系统由排水设备、排污点（接口）、排水管、地面污水收集、排出的集水坑、地沟等与各种水质监测、控制用仪器仪表组合而成。洁净室内的排水设备以及与重力回水管道相连接的设备，必须在其排水出口以下部位设水封装置，且排水系统应设有完善的透气装置。A级净化区不设地漏，C级等净化区尽量不设或少设地漏。

为了利于清水的套用和污水的处理，应设计清水和污水各自独立的排放管路。生产车间排水实行清污分流，清水下水排入厂区外管下水管网，污水经车间处理后排至厂区室外的污水管网，送入厂污水处理站统一处理。

此外，还必须注意不同工序产生废水的特殊性，以使废水的主体部分更易于处理。如含剧毒物质的废水应与准备生物处理的废水分开；不让含氰化合物、含硫化合物的废水和呈酸性的废水混合等。对受到的易燃液体、有毒物质、放射物质、放射性物质等污染的下水，应分别进行适当处理后排入下水道。

设计排水系统时，对于易燃易爆的生产厂房，应采用暗沟或暗管排水，且暗沟上覆土厚度应不小于200mm。设施内部若必须采用明沟排水时，应分多段设置，每段长度不大于20m。各生产装置、单元、建构筑物、罐组、管沟及电缆沟等下水道的出口处，工业生产装置内塔、泵、冷换设备等区的围堰下水道出口处，下水道排入干管处以及干管每隔250m外应设置水封设施，水封井的水封高度不得小于250mm，水封井的井底应设沉淀段，其深度应小于250mm。

建筑物内由于防水、防爆的要求不同，而分隔开不同的房间时，每个房间的下水道出口应单独设置水封，罐组的水封设施应设在防火堤时，应采取封闭措施，下水道的控制阀门应设在防火堤外。

废水系统除应在出口处设置水封井、油水分离器等设施外，还必须在生产区域与其他区域之间设置切断阀，防止大量易燃易爆物料突发性地进入废水系统。水封井宜采用增修溢水槽式的水封井。对含有不溶解于水的可燃液体和油类物质的下水道，应设置油水分离池，以分离油水，防止排入下水道引起燃烧。

2. 洁净区域的排水要求

洁净室内的排水设备以及与重力回水管道相连接的设备，必须在其排水出口以下部位设水封装置，且排水系统应设有完善的透气装置。无菌生产的A/B级洁净区内禁止设置水池和地漏。在其他洁净区内，水池或地漏应当有适当的设计、布局和维护，并安装易于清洁且带有空气阻断功能的装置以防倒灌。同外部排水系统的连接方式应当能够防止微生物的侵入。洁净室的地漏要求材质不易腐蚀、不易结垢、有密封盖、开启方便，能防止废水、废气倒灌。

在排水立管上设置辅助通气管道或专用通气管，使室内外排水管道中散发的有害气体能排到大气中，并使水流通畅，防止水封被破坏。厂房内应优先采用塑料排水管，建筑硬聚氯乙烯排水管具有质轻、便于安装、节能、不结垢和不锈蚀等特点。

（三）给排水设计条件

1. 文字资料

① 药厂生产规模，今后是否扩建及扩建规模。

② 车间劳动定员、工作制度、最大班人员数，男、女劳动定员的比例，对生活福利设施的要求。

③ 药厂生产用水情况：最大和平均用水量；需要的水温、水质、水压；用水情况（连续或间断）；排水情况（连续或间断）。

④ 生活用水、消防用水情况：工作室温；生产特性；依据生产特性提供消防要求。

⑤ 排放污水情况。

⑥ 生产过程中不能中断供水的设备名称、水量、水压，并说明停水造成的危害程度。

2. 条件图

工艺专业应向给排水专业提供车间（工段）工艺配置图及工艺流程图，在施工图阶段还应提供相关的工艺配置图，其内容应包括：

① 用水设备位置尺寸、标高等；

② 供水点接口条件、位置尺寸或坐标位置；

③ 排水设备位置尺寸、标高等；

④ 排污点接口条件、位置尺寸或坐标位置；

⑤ 如要提供排水管走管桥，应提供管架的位置、尺寸及标高等；

⑥ 地面污水收集、地漏、排出的集水坑、地沟的位置、走向、坡度等。

二、供热和供气

供热包括为保证生产设备的加热以及冬季采暖而提供蒸汽、热水（油）或热空气，但热空气的输送是由供气系统来完成的。在制药工业领域，供气包括压缩空气、二氧化碳等专用气体。制造与供应用设施，诸如锅炉房、供热站、脱盐水（软化水）装置、空压站、空气净化站、特种气体和燃气供应站等。

（一）供热系统

1. 蒸汽供热系统

蒸汽是包括制药工业在内所有工业生产供热中最洁净最通用也是最有效的介质之一，产生、输送蒸汽并使用蒸汽的设施组成了蒸汽供热系统，这些设施包括，蒸汽锅炉、去离子水装置、蒸汽分配装置、供汽管网和耗热体系与设备。为了设计具有良好运行效用的蒸汽供汽系统，必须根据生产工艺需要提出蒸汽压力和温度。按照TSG 21—2016《固定式压力容器安全技术监察规程》附录A3，压力容器的设计压力（p）划分为低压、中压、高压和超高压四个压力等级：①低压（代号L），0.1MPa$\leqslant p<$1.6MPa；②中压（代号M），1.6MPa$\leqslant p<$10.0MPa；③高压（代号H），10.0MPa$\leqslant p<$100.0MPa；④超高压（代号U），$p\geqslant$100.0MPa。

2. 有机载热体供热系统

以高温有机载热体为加热介质的供热系统的设施主要有载热体的贮罐、附有膨胀箱的加热器、循环泵和设置补偿器的管路等组成。先将载热体用泵输送到加热器，取得热量并达到设定温度后，进入用热设备、放出热量后，再用泵送到加热器加热升温。在系统内，强制循环的液相有机载热体的加热温度是根据用热系统的需要来确定的。供热系统的温度可以实现自控，不受压力的影响，并且温度波动少。不存在水蒸气供热过程蒸汽冷凝成水以后的热量不能被利用的问题。

供热系统设计时，在循环泵的进出口应采用波纹管连接；膨胀箱与系统的连接管应有1m以上的水平段，以减少膨胀箱和系统间的对流传热；贮罐大小的设置要求能保证贮存和供给系统全部的载热体，并有20%左右的贮备系数。在进行设备布置设计时，应使贮罐处于系统的最低位置。

除上述供热方式外，高温空气也可作载热体实现供热。温度高达230℃热空气用于玻璃以及金属制品，如安瓿、注射和输液瓶以及产品设备等的消毒和去热。

（二）供气系统

1. 燃气供气系统

燃气供气系统，以燃气的性质分为煤气输送系统、天然气和液化石油气输送系统。以针剂车间液化石油气供应系统为例，单个或一组液化石油气钢瓶与阀门、输气管道、压力表和调压器等、加上进入燃烧设备的气体分配管共同构成燃气供气系统。对于高峰平均小时用气量小于0.5 m^3 的生产车间，以单瓶供应气体即可；高峰平均小时用气量0.5～10m^3 的生产车间，需瓶组供气。供气间应在针剂车间外单独设置，并与周围建筑保持10m以上的距离，与厂区道路保持5m以上距离。

2. 压缩空气系统

无特殊要求的工厂，采用温度为环境温度、压力在0.6MPa的普通压缩空气即可。对于生物制药过程——生物发酵过程、酶催化过程以及细胞组织培养过程，则要求无菌和无杂质的净化空气，或净化的氮气，或净化的二氧化碳等惰性气体或营养性气体。

（1）仪表供气系统　气动仪表正常是以0.5～0.7MPa的压缩空气作为其动力来源的，最高0.9MPa、最低0.4MPa，一般由工厂的压缩空气站供给。压缩空气站必须设置除油、除水和除机械杂质的设备。压缩空气中含水，容易出现结露、积水、结冰等现象，对仪表的稳定工作和使用寿命都有不利影响，通常选用硅胶做干燥剂就可以满足供气系统不结露的要求。供气系统中还要设置球形气柜、贮气罐等缓冲贮气容器，其容积可按用户每小时最大值的1/5～1/2排考虑。供气系统的供气能力可按用户统计用量总额的1.5～2.0倍来计算。其中富裕的气量用于技术改造、新检测控制系统用气增加，接头、管件泄露损失以及仪表设备的清洗、吹扫、充气和其他未预计部分的使用。

如果供气点集中，数量又较多，像控制室内仪表的供气，则应采用大型过滤器减压阀实行统一供气，其供气方式有以下几种。

① 单回路供气，用于仪表较少、耗气量较小的情况。

② 复合回路供气，用于耗气量较大和可靠性要求较高的场所，按用量不同可几套并联，一套（或两套）运行，一套备用，可以定期互为切换。

③ 就地安装的仪表供气，可选用小容量过滤减压阀施行单独供气。

（2）发酵供气系统　发酵的公用系统如蒸汽、压缩空气等对发酵有着十分重要的影响，应该保证发酵过程压缩空气的无菌性。需要在使用点经过0.22μm孔径的终端气体过滤器过滤除去可能存在的微生物和微粒。气体过滤器为疏水性过滤器，可方便地用纯蒸汽进行SIP。应该定期对空气过滤器进行完整性验证和测试。其质量等级应满足ISO 8573.1（GB/T 13277.1—2008）的要求，即露点≤－4℃，尘粒数≤0.1mg/m³（药品生产企业可按照A级空气标准评定），含油量≤0.01mg/m³。

无菌空气过滤系统设计流程为：

高空吸气→粗效过滤器→空压机→一级冷却→除水除油
↓
发酵罐←分过滤器←总过滤器←空气贮罐←除油除水←二级冷却

在系统管道安装时，过滤器应接蒸汽管道以备灭菌之用。

（三）供热供气设计条件

根据制药厂的具体生产工艺，分别需要一定数量的蒸汽、压缩空气、煤气等，工艺专业需向热工专业提供的有关条件。

① 车间（或工段）今后的扩建说明。

② 车间（或工段）生产与生活用蒸汽情况见表8-10。

表8-10　车间（或工段）生产与生活用蒸汽技术参数

序号	用汽地点或设备名称	用汽情况	蒸汽参数		蒸汽消耗量/(kg/h)				年消耗量/(t/a)	使用制度	回水量		备注
			压力表压/MPa	温度/℃	夏季		冬季				最大	最小	
					平均	最大	平均	最大					

③ 车间（或工段）使用压缩空气情况见表8-11。

表8-11　车间（或工段）用压缩空气技术参数

序号	车间或工段	用汽点	压缩空气参数		压缩空气消耗量/(m³/min)		同期使用系数	不平衡系数	使用制度	备注
			压力/MPa	温度/℃	平均	最大				

④ 煤气的热值、成分及其湿度要求。

⑤ 压缩空气的洁净度、干湿度、含油量等要求，以及停止供气时对生产的影响。

⑥ 使用蒸汽连续性是否允许停汽以及停汽时对生产的影响，冷凝水污染程度。

⑦ 非压缩空气消耗情况（如煤气、液化石油气、天然气、氢气等）见表 8-12。

表 8-12 车间（或工段）用非压缩空气技术参数

序号	用户名称	用汽性质	气体消耗量(标)/(m^3/h)		年消耗量(标)/(m^3/h)	车间入口处供气压力	使用制度	气体质量要求	备注
			平均	最大					

⑧ 车间（或工段）工艺配置图。

⑨ 车间（或工段）工艺流程图。

⑩ 蒸汽、压缩空气、其他用气点的具体位置、标高、接口尺寸等。

三、强电和弱电

（一）供电系统

1. 强电和弱电

所谓强电主要是动力电，电压通常不低于 110V；相对而言，电压低于 110V 的就是弱电，它用于通讯以及仪器仪表信号的负载传输。工厂电源大多数来自由国家电网供电的 110kV 及以下的地方电网和/或工厂电网，通过工厂变电所，又称终端降压变电所实现工厂供电。

决定工厂用户供电质量的指标为：① 电压；② 频率；③ 可靠性。由于制药工业的特殊性，停电容易造成生产安全事故，故采用双回路进线供电系统；一般没有功率超过 150kW 的电动机，多为中小型电动机与照明用电，故采用 380/220V 低电压；另外，正常照明也用 380/220V 低压电，但事故照明用 220V 直流电；对于电气部分控制、信号及继电保护用电为 220V 直流。

2. 供电系统基本模式

制药工业厂区动力及照明一般采用三相四线（380V/220V），供给电源进入车间后，经总配电柜，各分配电柜引至各用电设备，可选用放射树干式供电方式，对大容量的用电设备采用降压启动的方式以减少启动电流对线路电压质量的影响。药制剂车间内部动力线路可采用 BV 铜芯穿焊接钢管或 UPVC 管明设或暗设，或沿桥架敷设。

供电系统必须依据规划、生产工艺以及其他用电要求进行设计，制药等生产企业供电系统包括：工厂变电所和配电房、生产动力用电设备、建筑物的照明、防雷及火灾自动报警系统用电点、通讯工具与显示仪表等用电设施，以及输电线路网用电缆和电压等计量装置、输电线缆的布架设施。

（二）医药工业洁净厂房的供电

医药工业洁净厂房净化空调系统的正常运行与药品生产密切相关，医药洁净区空气洁净度对药品质量影响很大，所以对这些用电设备的可靠供电是保证生产的前提。同时医药工业洁净厂房是密闭厂房，如果停电造成送风中断，室内空气污染，严重影响药品质量，也对人员健康不利。

医药洁净室内的配电设备暗装主要是为了防止积尘，便于清扫。对于大型配电设备，如落地式动力配电箱，暗装比较困难，为了减少积尘，宜放在非洁净区，如技术夹层或技术夹道等。

医药工业洁净厂房需要高照度高质量照明，国外洁净车间的照度一般在 800～1000lx。我国洁净厂房照度标准为 300lx。选用气体放电的光源。照明线与动力供电线分开。

（三）供电系统设计条件

工厂进行电力设计的基本原始资料是工艺部门提供的用电设备安装容量，据此电力设计人员才能确定、预期不变的最大假想负荷，并由此计算供电系统线路的导线截面、变压器容量、开关电器及互感器等的额定参数，然后进行系统设计。

工艺专业应向电力专业提供以下设计条件。

1. 文字资料

① 建设是否分期或一次建设。

② 药厂生产规模、产品（或中间产品）、品种、规模。

③ 对控制、保护、联锁、信号、调速等的特殊要求。

④ 车间（或工段）环境（一般灰尘、腐蚀、高温、潮湿、爆炸、火等）。

⑤ 特殊照明及维修电源的要求。

⑥ 行政电话、用户名称、门数。

⑦ 生产联系电话、用户名称、门数。

⑧ 防雷要求。

⑨ 提供电力设备设计条件，见表 8-13。

表 8-13　生产用电设备以及用电技术参数参考表

序号	生产机械			电动机或其他受电设备							运转情况				对供电要求		备注
	名称	规格	平面图上编号	工作台数	备用台数	每台功率/kW	电压/V	相数	类型	转速/(r/min)	是否成套设备	连续或间断	每天运转时间/h	启动次数	允许停电时间/h	负荷分级	

2. 图纸资料

① 工艺流程图；

② 工艺配置图。

图纸内容应包括：

① 受电设备及各种电动阀门的空间位置及定位尺寸；

② 检修电源的安装位置及要求；

③ 移动或受电设备的工作范围和工作情况；

④ 分工段提出建筑物、构筑物的位置及最高点标高；

⑤ 行政和生产联系电话安装的位置。

四、制冷

（一）制冷方法

在设计选择制冷装置时，第一个问题就是确定制冷的方法。目前人工制冷主要有 4 种方法，即相变制冷、气体膨胀制冷、涡流管制冷和热电制冷。每种制冷方式各有其特点。显然只有对制冷对象的具体条件，选择合理的制冷方法，才能满足制冷的要求。在现代制冷技术中，广泛利用制冷剂（液体）在低压下的汽化过程来制取冷量。利用这种原理的制冷方式可分为蒸气压缩式制冷、吸收式制冷和蒸气喷气式制冷。

1. 蒸气压缩式制冷

在蒸气压缩式制冷中，工质（制冷剂液氨、氟利昂等）的蒸气首先被压缩到比较高的压力，被外部冷却介质（冷却水或空气）冷却而转变为液体，再经节流，使压力和温度同时降低，利用低压力下工质液体的汽化即可吸热制冷。由于具有许多明显的优点，蒸气压缩式制冷是目前国内外应用最广泛的制冷方式，它能达到的制冷温度范围广，单机容量范围大、规格多，效率较高。从稍低于环境温度至－150℃均可实现，但通常使用温度不低于－70℃，否则，级数增加，机器变得十分复杂，可靠性低，维护使用麻烦，成本有也大大提高。蒸气压缩式制冷机冷量从最小 100W 左右到数百万瓦。

2. 吸收式制冷

吸收式制冷也是利用液体（制冷剂）气化来实现制冷，其主要特点是以热能（包括废热、余热）为动力，利用溶液的特性来完成工作循环，主要有氨水吸收式制冷装置和溴化锂吸收式制冷装置。

（1）氨水吸收式制冷装置　由于其动力主要为热能，耗电量大大小于压缩式制冷装置，可在 10％～100％范围内调节制冷量，单级即可达到－40℃的低温，操作方便、易于维护管理，装置中除了泵外没有运动部件，可靠性高。但冷却水消耗量大，一次性投资大于活塞式制冷机，没有系列成套的产品必须现场设计，效率较低。

（2）溴化锂吸收式制冷装置　其以热能为动力，耗电很少。主要用于空气调节制冷和为生产工艺提供 0℃以上的冷媒水。原理和结构如下：蒸发器内保持高真空，当水滴滴至蒸发器的水循环管时，蒸发器将水蒸发并吸收汽化热，将循环管中的 12℃的水冷却至 7℃左右，然后将此循环水送至空调机，冷却室内空气，循环水的温度又上升至 12℃左右，再返回蒸气室，如此循环。在蒸发器中蒸发的水蒸气移至吸收器，被吸收液（LiBr 浓溶液）吸收。将吸收了水蒸气而变稀的吸收液送至再生器，由在再生器中用热源（煤气）加热、蒸发、浓缩，返回吸收管。在再生器蒸发的水蒸气移至冷却器，由冷却塔以约 32℃的冷却水冷凝成液体水，再送入蒸发器，滴至水循环管上。冷却水因受热上升至 37℃，在冷却塔内再冷却至约 32℃。结果利用高真空中的水蒸发潜热来降低室内温度。为将蒸发的水蒸气返回成水，故利用 LiBr 浓溶液吸收水的能力，以及为了吸收液与蒸发水的再生，可用煤炭为热能。这种方式的空调机不使用氟利昂，其能源不用电，而是用煤气或蒸气。

（二）冷冻系统的基本模式

冷冻在制药工业用于低温合成反应或发酵过程和药物的冷冻冷却结晶过程，生物制剂的冻干以及贮存和微生物的贮存。冷冻系统在制药工业是一个非常重要的公用系统，它是由制冷机、辅助设施、冷冻流体输送泵和管网、冷冻或冷却设备等组成。冷冻系统设计过程基本程式如下。

① 根据生产所需的总冷量（包括设备、管路的冷损失）以及运行工况进行计算，以选择制冷机的形式和大小、设计冷冻系统。

② 根据生产工艺对冷冻温度的要求选择适当的制冷方式与制冷机类型后，即可进行装置的总制冷量的计算。装置的总制冷量应包括生产实际需要的冷量和制冷装置、载冷剂系统的冷量损失，损失的冷量可通过计算确定，亦可采用生产所需冷量的 5％～15％。

③ 由制冷量确定设备的大小，然后，从环保与安全角度选择噪声小和对环境低毒害或

无毒害的制冷机组装置并进行冷冻系统的设计。

④ 从节能与操作方便可靠的角度出发，设计冷冻过程的控制系统。

五、通风和采暖

通风和采暖分为自然和人工、强制和非强制类，对于一般性厂房其通风和采暖系统主要借助建筑结构与自然风和阳光构成，而对包括洁净厂房在内的特殊厂房其通风和采暖是靠专门的设备和管网来实现的。非洁净厂房的通风采暖参照我国《工业建筑供暖通风和空气调节设计规范》（GB 50019—2015）进行，洁净厂房的通风采暖按照 GB 50073—2013 和《药品生产质量管理规范》（2010 修订版）执行。

然而，中药提取车间的精、烘、包工段和固体制剂车间净化区按 GMP 要求为 D 级净化级别。但是，在中药的精、烘、包区粉碎岗位，粉碎物料时易产生大量的粉尘，破坏工人操作环境。因此，有必要在粉碎岗位设置局部排风除尘系统，在固体制剂车间的压片岗位、胶囊充填岗位、制粒岗位、混合等设置局部排风除尘系统。否则的话，按 D 级净化级别设置是不可能的。

（一）非洁净厂房的通风采暖

1. 通风

制药工业厂房内的采暖不宜使用明火取暖，而应采用集中取暖。在甲乙类火灾危险的生产厂房中利用不循环使用的热风采暖，且送风系统不得使用电阻丝加热器。对于在工艺上无恒温恒湿要求的，均可采用自然通风。自然通风的设计原则如下。

① 在决定厂房总图方位时，厂房纵轴应尽量布置成东、西向，以避免有大面积的窗和墙受日晒影响，尤其在我国南方炎热地区更应注意。

② 厂房主要进风面一般应与夏季主导风向成 60°～90°角，不宜小于 45°角，并与避免西晒问题同时考虑。

③ 热加工厂房的平面布置不宜采用“封闭的庭院式”，应尽量布置成“L”形、“凹”形或“山”形。开口部分应该位于夏季主导风向的迎风面，而各翼的纵轴与主导风向成 0°～45°角。

④“凹”或“山”形建筑物各翼的间距一般不应小于相邻两翼高度（由地面到屋檐）和的一半，最好在 15m 以上。如建筑物内不产生大量有害物质，其间距可减至 12m，但必须符合放火标准的规定。

⑤ 在放散大量热量的单层厂房四周，不宜修建披屋，如确有必要时，应避免设在夏季主导风向的迎风面。

⑥ 放散大量热量和有害物质的生产过程，宜设在单层厂房内；如设在多层厂房内，宜布置在厂房的顶层；必须设在多层厂房的其他各层时，应防止污染上层各房间内的空气。当放散不同有害物质的生产过程布置在同一建筑物内时，毒害大与毒害小的放散源应隔开。

⑦ 采用自然通风时，如热源和有害物质放散源布置在车间内的一侧时，应符合下列要求：以放散热量为主时，应布置在夏季主导风向的下风侧；以放散有害物质为主时，一般布置在全年主导风向的下风侧。

⑧ 自然通风进风口的标高，建议按下列条件采取。夏季进风口下缘距室内地坪愈小，对进风愈有利，一般应采用 0.3～1.2m，推荐采用 0.6～0.8m。冬季及过渡季进风口下缘距室内地坪一般不低于 4m，如低于 4m 时，可采取措施以防止冷风直接吹向工作地点。

⑨ 在我国南方炎热地区的厂房，当不放散大量粉尘和有害气体时，可以考虑采用以穿

堂风为主的自然通风方式。

为了充分发挥穿堂风的作用，侧窗进、排风的面积均应不小于厂房侧墙面积的 30%，厂房的四周应尽量减少披屋等辅助建筑物。对于厂房内产生有毒有害气体，易燃易爆蒸气、气体或粉尘时，最好在靠近污染源的地方将其完全捕集到，采用局部机械通风的方式。另外，室内污染负载全面通风时，将吸气口设在污染源附近，进风口的位置布置在上风方向，并尽可能远离吸气口；甲乙类火灾危险的生产厂房内的空气因含有易燃易爆气体，不应循环使用；丙类火灾危险的生产厂房内的空气中，如果含有燃烧危险的粉尘，经净化后可以循环使用；产尘车间不宜采用全面通风。通风系统以及局部通风系统中除了通风设备风机和通风管道外，还包含净化、除尘或其他后处理设施。

为了防止甲、乙类区域内发生突发事件而引起有害气体或爆炸性气体的大量散发，在考虑正常排风的同时，还设置所谓的“事故通风”，即在发生事故时通过大量排风来抑制危险区域内气体浓度的上升。

对于多层防爆车间，通过屋面集中排风，结合墙面气动窗的开启来实现事故排风，该防爆排风系统由“三级排风”组成。第一级排风量是在车间中最容易泄漏的设备附近，最容易有害气体积聚的地方设置排风点，以尽量避免有害气体的扩散；这一级排风也就是通常所说的“局部排风”。同时设置第二级排风，即对整个车间进行全面排风，在屋面上设置一台大风量防爆离心风机对车间空气进行稀释，排风口直接设在屋面气楼侧墙上，进风靠外墙上设置的进风百叶窗。第三级排风也即紧急情况事故排风，由多台大风量防爆离心风机来承担，进风靠设在外墙上气动窗的开启来实现。

在热水或蒸汽采暖系统，应根据不同情况，装设必要的排气、泄水和疏水装置。采暖管道的伸缩，应尽量利用系统的弯曲管段补偿，不能满足要求时，应设置伸缩器。在工业建筑内的采暖管道通常采用明敷，但安装在腐蚀性车间内的采暖管道和设备，应采取防腐措施。采暖管道的敷设，应有一定的坡度。对于热水管，汽水同向流动的蒸汽管和凝水管，坡度一般为 0.002；对于汽水逆向流动的蒸汽管，坡度不小于 0.005。热水采暖系统装有调压板、混水器、蒸汽喷射器或水系列暖风时，宜在系统入口的供水管上装设除污装置。供汽压力高于室内采暖系统的工作压力时，应在采暖系统入口的供汽管上装设减压装置和安全阀。室内热水采暖系统要求的热溶剂温度低于热网中的热溶剂温度，且热网的水力工况稳定和入口处的供回水压力差足以保证混水器工作时，可在采暖系统的入口处装设混水器。

2. 空气的热湿处理

为将一定的送风状态参数的空气送入空调房间，需对空气进行热湿处理，如夏季需冷却减湿，冬季需加热加湿处理等。

(1) 表面式空气处理　加热剂或冷却剂通过散热器对空气进行冷热交换的方法称为表面式空气处理。通过散热器对空气加热的称为加热器，对空气冷却的称为表面冷却器。表面冷却器有水冷式表面冷却器和直接蒸发式表面冷却器两种。

① 水冷式表面冷却器。水冷式表面冷却器多采用人工冷源，冷水进口温度应比空气出口温度至少低 3.5℃，冷水温升为 2.5～6.5℃。冷却器多采用钢、铜、铝管外绕肋片，由 2～10 排组成。空气经过表面冷却器主要是减焓降湿过程。需加湿时需另设加湿器，为克服此缺点，也有采用带淋水的表面冷却器，可起加湿、除尘用。水冷式表面冷却器内不得用盐水作冷溶剂；在冬季也可通入 65℃以下的热水作加热器使用。

② 直接蒸发式表面冷却器。小型空调中，制冷压缩机的冷量可通过直接蒸发式表冷器对空气降温减湿，故可以将空气处理部分与压缩制冷部分组成一个紧凑的组合式空调系统。直接蒸发表冷式空调机组内制冷压缩机所用制冷剂曾采用氟利昂，现已采用无氟制冷剂，制

冷器的蒸发温度应比空气出口温度至少低3.5℃；满负荷时，蒸发温度不宜低于0℃；低负荷时，应防止其表面结冰。

（2）淋水式空气处理　空气在淋水室中处理后得到不同要求的温湿度，根据改变水温可达到降温降湿，又可达到增温增湿作用。一定温度的水直接喷淋于所需处理的空气中，使其产生热质交换，从而达到空气处理的效果。淋水室按气流方向分为卧式和立式淋水室；按室内有无填料层分为无填料层的一般淋水室和有填料层的淋水室；按空调器内淋水室数有单级淋水室和双级淋水室。图8-1为卧式单级淋水室。

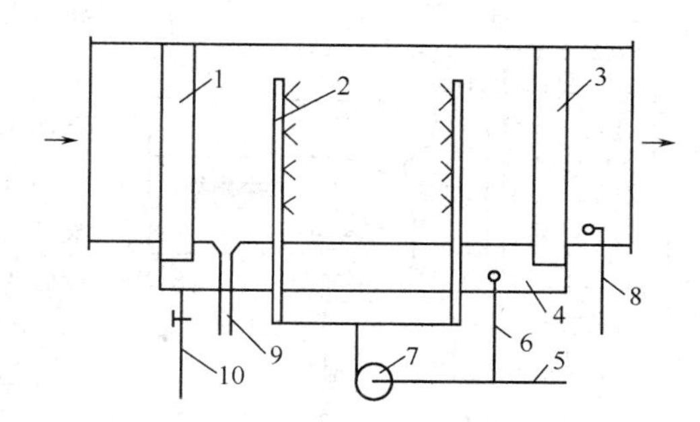

图 8-1　卧式单级淋水室

1—前挡水板；2—喷嘴与排管；3—后挡水板；4—底池；5—冷水管；6—循环水管；7—水泵；8—补水管；9—溢水管；10—排水管

空气进入后，经前挡水板，便均匀地流过整个断面，然后进入淋水区，与从喷嘴喷出的水滴接触，最后经后挡水板流出。前挡水板又称分风板，使空气流速均匀，后挡水板是截留夹带于空气中的水滴。喷嘴安装于排管上，单级淋水室一般采用2～3排喷嘴，通常采用对喷形式，排间间距为600～1200mm。喷嘴喷出的水滴最后落于底池中。淋水室内所喷淋的水可采用天然冷源（地下水、深井回灌水、山涧水）或人工冷源。淋水室与泵、管路等占地较大，水与空气直接接触易受污染，在药厂多用于风沙很大的地区。

（3）空气加湿　空调系统中，冬季空气湿度很低，过渡季节停用制冷设备时湿度不够，需用加湿器对空气增湿。集中加湿方法有：淋水室中喷循环水和喷蒸汽加湿。药厂中常用喷蒸汽加湿方法。加湿器常布置在空调箱的二次加热器和风机入口之间，以有利于蒸汽与空气迅速混合。加湿器有干蒸汽加湿器和电加湿器两种。

① 干蒸汽加湿器。使用公用管网蒸汽，设备简单，运行费用低，加湿性能好，使用广泛。图8-2所示为一种干蒸汽加湿器原理。

蒸汽由顶部接管进入即由外管内向下流动，复经内管由下向上运动，其间蒸汽夹带的冷凝水流至外管底部排出。蒸汽复又进入喷管，在喷管内蒸汽受内外管蒸汽的加热，经喷管小孔喷出的是干蒸汽。

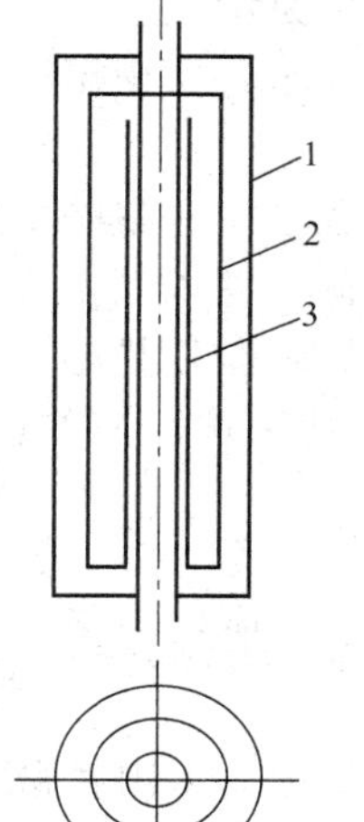

图 8-2　干蒸汽加湿器

1—外管；2—喷管；3—内管

② 电加湿器。电加湿器是用电能使水汽化，将蒸汽直接混入空气中的加湿设备。电加湿耗电大，运行费用高，只用于无蒸汽场合。电加湿器又分为电极式和电热式两种，如图8-3所示。

a. 电极式加湿器。用金属棒作为电极，水作为电阻，外壳接地。电流从水中通过，水被加热而汽化。水位越高，导电面积越大，通过电流越强，产生蒸汽量越多。

b. 电热式加湿器。是将电热元件通电加热后使水沸腾产生蒸汽的加湿设备。容器封闭后，器内可产生0.01～0.03MPa的低压蒸汽。

（4）空气除湿　对一般的工艺性或舒适性空调采用表面式或淋水式空气处理即可满足室内空气温湿度要求，但对个别药品剂型的操作房间、低温干燥设备或仓库等要求较低的湿度，应采用除湿设备去除空气中的水分。常用的除湿方法如下。

① 冷冻除湿。利用风机使空气通过冷冻系统的热交换器而降温

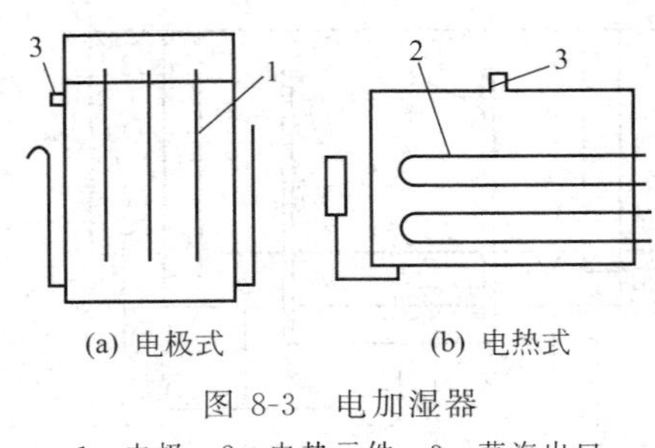

图 8-3 电加湿器
1—电极；2—电热元件；3—蒸汽出口

使空气中水分析出。

② 固体除湿。利用硅胶的吸附作用或氯化钙的吸收作用除去空气中的水分。

③ 液体除湿。利用二缩三乙二醇（三甘醇）等水溶液表面的蒸汽分压远低于空气中水蒸气分压，吸收空气中的水分。

除湿方法的选择与除湿量、运行费用和除湿剂再生的难易等有关。对于除湿量较大的装置多采用氯化锂转轮除湿机和三甘醇除湿机。

① 氯化锂转轮除湿机。利用固体氯化锂的亲水性来吸收空气中水分成为结晶水，在高温时，氯化锂的水蒸气分压高于空气中水蒸气分压，又可将吸收的水分释出，循环使用。采用石棉纸作载体，将吸湿剂和保护加强剂吸附在纸上。吸湿剂采用氯化锂和氯化锰形成的共晶体，保护加强剂用精制聚合铝，以保护吸湿剂不脱落和提高吸湿纸的强度。

② 三甘醇除湿机。利用三甘醇溶液具有较低的水蒸气分压可直接吸收空气中水分，达到除湿目的。其吸湿能力与三甘醇浓度和温度有关，温度越低，吸湿能力越大。再生时，提高温度，可将水分蒸出。除湿机由吸湿和再生两个装置组成，均采用喷淋方法达到气液接触。三甘醇浓度为 95%，吸湿装置内通冷却水进行冷却，再生装置内通蒸汽加热，再生温度为 84～87℃。三甘醇除湿机能连续处理大量空气，最大的装置除湿量可达 480kg/h，具有运行平稳、故障较少和具有杀菌作用等优点，但吸湿时需较低的温度，需要较多的冷却水。

（二）洁净厂房的采暖通风

1. 空气净化

洁净厂房的通风与采暖是一体的，系统包括安装有初效、中效过滤器、末端高效或亚高效过滤器的组合式空调机组与风管和风量调节阀等。洁净厂房的净化空气的供给系统所用关键设备是空调器，故又称为空调净化系统，除空调器外，还有送回风管、排风管、高效过滤器送风口以及灭菌消毒用臭氧发生器等。洁净厂房的净化空气的供给目的是满足生产工艺过程中空气参数、室内环境及工人劳动卫生的要求，空气参数及室内环境要求：实现温度、湿度控制，精度要求较高，室内环境要求较高，须满足洁净度要求。

所谓净化就是指为了达到必要的空气洁净度，而去除污染物质的过程。洁净室是根据需要对空气中尘粒、微生物、温度、湿度、压力和噪声进行控制的密闭空间，并以其空气洁净度级别符合有关规定为主要特征。空气洁净技术措施是一项涉及各专业的综合性措施。不仅要采取合理的净化空调措施，而且要求工艺、建筑、上下水、电气等专业采取相应的措施，做到施工、安装、生产、维护的严格要求。

（1）空气过滤的机理　制药工业空气净化过滤机理有下述几种。

① 惯性作用。含尘气体通过纤维时，气体流线发生绕流，但尘粒由于惯性作用径直前进与纤维碰撞而附着。这一作用随气速和粒径的增大而增大。

② 扩散作用。由于气体分子热运动对微粒的碰撞而使粒子产生布朗运动，因扩散作用便与纤维接触而被附着。尘径越小、气速越低，扩散作用越明显。

③ 拦截作用。含尘气流通过纤维层时，若尘粒的粒径小于密集的纤维间隙时，或尘粒与纤维发生接触时，尘粒即被纤维阻留。

④ 静电作用。含尘气流通过纤维时，由于摩擦作用，尘粒和纤维都可能带上电荷，由

于电荷作用，尘粒可能沉积在纤维上。

⑤ 其他。重力作用，分子间力等。

（2）空气过滤器的主要指标　空气过滤器的性能有风量、过滤效率、穿透率与净化系数、阻力、容尘量，它们是评价空气过滤器的5项主要指标，过滤器应效率高、阻力小而容尘量大。

① 风量。通过过滤器的风量(m^3/h)＝过滤器面风速(m/s)×过滤器截面积(m^2)×3600

② 过滤效率。在额定风量下，过滤前后空气含尘浓度的变化与过滤前含尘浓度之比称为过滤效率η，如对一个过滤器，此过滤器效率为：$\eta_1=\frac{c_1-c_2}{c_1}$

如串联第二个过滤器，过滤器效率为：$\eta_2=\frac{c_2-c_3}{c_2}$

串联后之总效率为：$\eta=1-(1-\eta_1)(1-\eta_2)$

n个过滤器串联，则总过滤效率为：$\eta=1-(1-\eta_1)(1-\eta_2)\cdots(1-\eta_n)$

③ 穿透率与净化系数。穿透率（K）指过滤后含尘浓度与过滤前含尘浓度之比，即：

$$K=\frac{c_2}{c_1}\quad 或\quad K=1-\eta$$

穿透率（K_c）表示微粒穿透过滤器的程度，净化系数以穿透率的倒数表示。即：

$$K_c=\frac{1}{K}$$

净化系数表示经过滤器后尘粒浓度降低的程度。

④ 阻力。过滤器阻力由滤材阻力和过滤器结构阻力两部分组成。滤材阻力和滤速的一次方成正比。结构阻力为气流通过框架、波纹板等结构的阻力。结构阻力和滤速有关。

综合滤材和结构阻力之和的过滤器全阻力ΔP可归纳为：$\Delta P=cu^m$。其中u为滤速；对高效过滤器，$c=(3\sim10)$，$m=(1.35\sim1.36)$。

⑤ 容尘量。容尘量是指正常运行的过滤器阻力达到规定值（一般为初阻的1倍或数倍）时，或效率下降到初始效率的85%以下时过滤器上沉积灰尘的质量。表示过滤器允许沾尘的最大量，超过此值过滤器阻力过大，效率下降。

（3）影响过滤效果的因素

① 尘粒的粒径。尘粒的粒径越大，惯性作用和拦截作用越显著，过滤效果越高；反之，粒径越小，扩散作用越显著。通常用0.3μm左右的尘粒检测高效过滤器的过滤效果。

② 过滤速度。随着滤速的增加，惯性作用增大；反之，减小风速，扩散作用增大。故随着滤速增加，过滤效率先是下降，然后上升。对高效过滤器，为减小阻力，并充分利用扩散作用滤尘，所以滤速要小。

③ 纤维直径和密实性。纤维直径减小时，过滤效率提高，故高效过滤器的滤材选用直径只有几微米的纤维。纤维密实性增加，气速增加，惯性和拦截作用提高，但阻力增加得比效率大得多，故过滤器的纤维密实性应适当。

④ 附尘影响。随着尘粒在纤维表面沉积，过滤效率有所增加。但积尘到一定程度后，尘粒可能重新飞散，效率不断下降。旧过滤器积尘很多，既增加阻力又降低风量，故过滤器阻力或积尘量增加到一定程度后需要进行更换。

2. 空气净化过滤器及净化空调系统

（1）空气净化过滤器　空气净化过滤器按其效率可分粗效、中效、亚高效或高效过滤器

4 类。

粗效过滤器，用于过滤 10μm 以上大尘粒和异物；

中效过滤器，用以滤除 1～10μm 的悬浮尘粒；

亚高效过滤器，用以滤除 1～5μm 的悬浮尘粒；

高效过滤器，用以滤除 1μm 以下以控制送风系统含尘量。

① 粗效过滤器。粗效过滤器一般由粗、中孔泡沫塑料、涤纶无纺布、化纤组合滤料等作为滤材。粗效过滤器主要靠尘粒的惯性沉积，因此风速可稍大，滤速可采用 0.4～1.2m/s。过滤效率一般在 20%～30%（对粒径≥0.5μm）。粗效过滤器可制成平板型、抽屉型、自动卷绕人字形等形状。

② 中效过滤器。中效过滤器一般由中、细孔泡沫塑料、无纺布、玻璃纤维作为滤材。过滤效率一般在 30%～50%。滤速可采用 0.2～0.4m/s。图 8-4 为抽屉式及袋式中效过滤器。

③ 亚高效过滤器。初阻力≤15mm 水柱，计数效率（对 0.3μm 的尘粒）在 90%～99.9%。用作终端过滤器或作为高效过滤器的预过滤，主要对象是 5μm 以下尘粒，滤材一般为玻璃纤维滤纸、棉短绒纤维滤纸等制品。

④ 高效过滤器（HEPA）。高效过滤器主要采用超细玻璃纤维滤纸、石棉纤维滤纸作为滤材；为提高对微小尘粒捕集效果，需采用低滤速，故滤材需多次折叠，使其过滤面积为过滤器截面积的 50～60 倍。过滤器形状如图 8-5 所示。

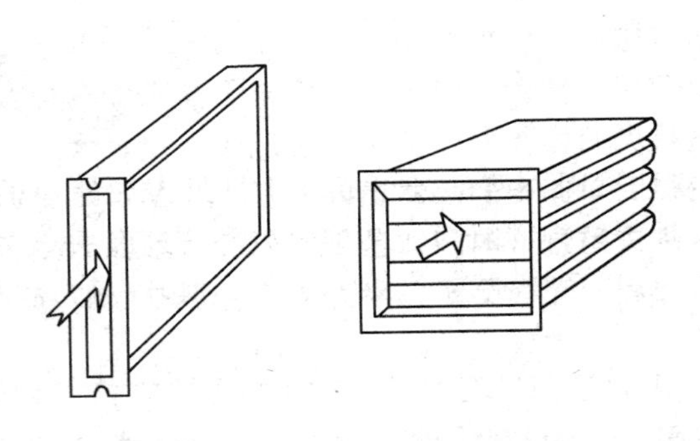

图 8-4　中效过滤器

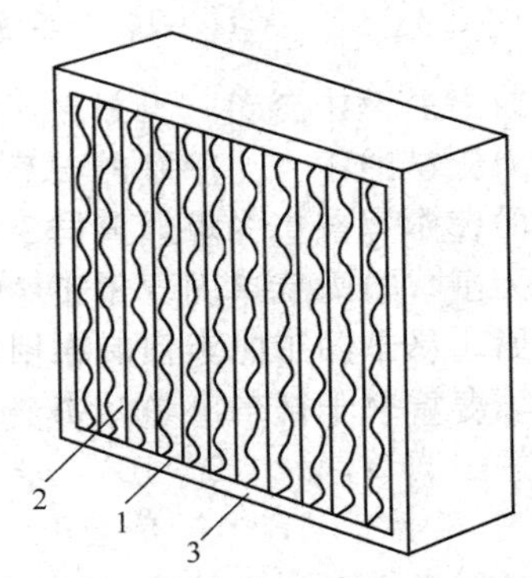

图 8-5　高效过滤器形状

1—分隔片；2—滤纸；3—木外框

(2) 净化空调系统　净化空调系统可分为集中式净化空调系统和分散式净化空调系统。

① 集中式净化空调系统。空气的过滤、冷却、加热、加湿和风机等处理设备集中设置在空调机房内，由风管送入各房间。集中式净化空调系统一般有以下几种形式。

a. 单风机系统。见图 8-6，净化空调机组中设置一个送风机，一般情况下不宜在空调机房内或离洁净室送风口较远的送风管道上集中布置高效过滤器。

b. 设置值班风机的系统。见图 8-7，净化空调机组中设置一个送风机，再并联一个值班风机，目的是保证在下班期间送风机停机的情况下，洁净室内仍然由值班风机送风，保持一定的正压。值班风机的风量按维持室内预定正压值所需换气次数确定。

c. 并联的集中式系统。见图 8-8，一空调机房内布置多个集中式净化空调系统时，可将几个送风系统并联，只设一个新风热湿处理系统。这样做可以减轻每个集中式净化处理室空调系统的冷负荷与热负荷，而且运行比较灵活。

d. 双风机系统。见图 8-9，当系统阻力较大时，为了降低噪声，减少漏风量和便于系统的运行调节，将两台风机串联使用组成的集中式净化空调系统。

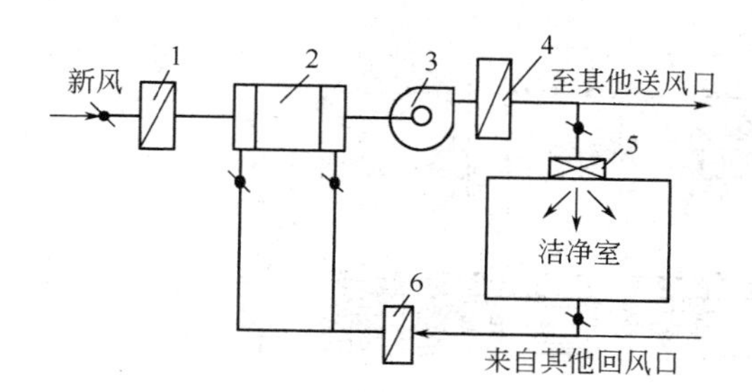

图 8-6 单风机集中式净化空调系统
1—粗效过滤器；2—热湿处理室；3—送风机；
4—中效过滤器；5—高效过滤器；6—回风过滤器

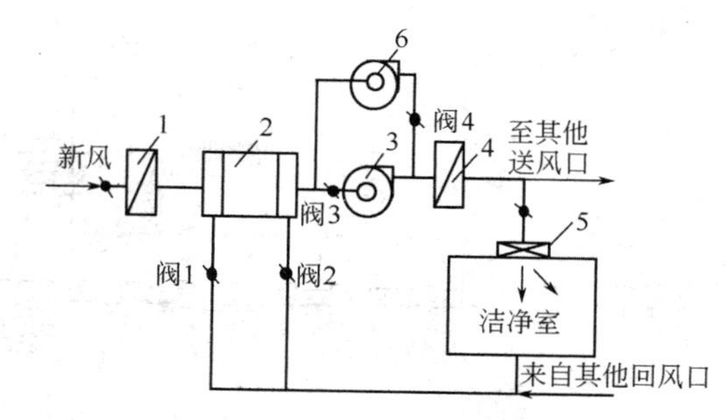

图 8-7 设置值班风机的集中式净化空调系统
1—粗效过滤器；2—热湿处理室；3—正常运行风机；
4—中效过滤器；5—高效过滤器；6—值班风机

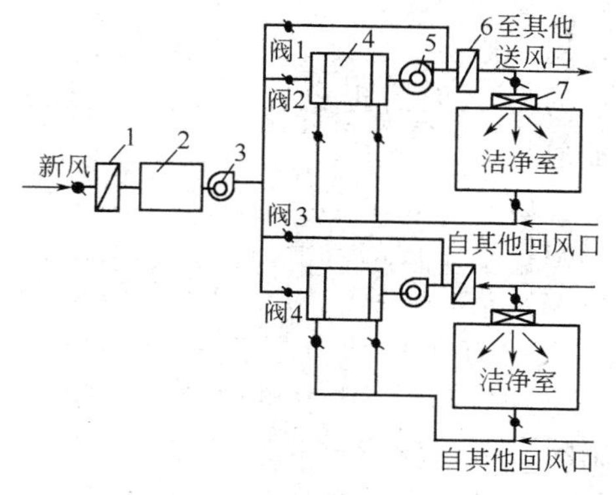

图 8-8 并联的集中式净化空调系统
1—粗效过滤器；2—新风热湿处理室；
3—新风风机；4—混合风热湿处理室；
5—送风机；6—中效过滤器；7—高效过滤器

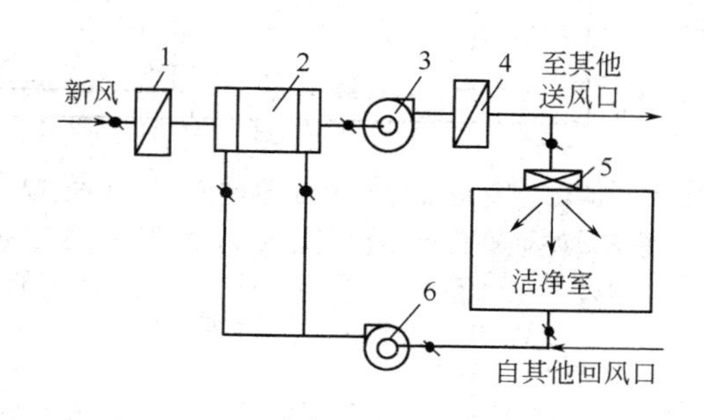

图 8-9 双风机集中式净化空调系统
1—粗效过滤器；2—热湿处理室；3—送风机；
4—中效过滤器；5—高效过滤器；6—回风机

e. 部分空气直接循环的集中式净化空调系统。见图 8-10。

② 分散式净化空调系统。分散式净化空调系统基本形式是设置局部净化，即使室内工作区域特定的局部空间的空气含尘浓度达到所要求的洁净度级别的净化方式。

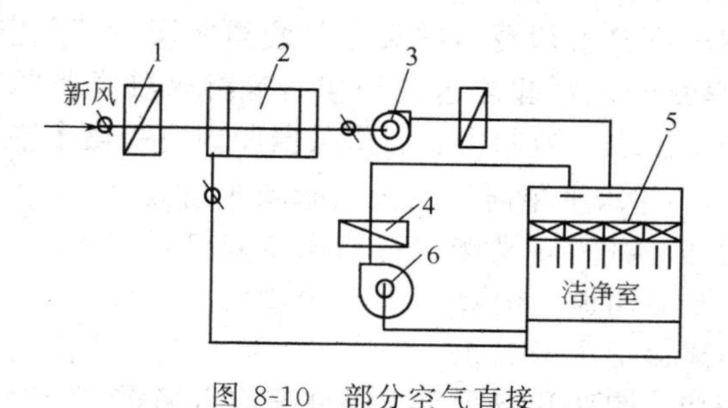

图 8-10 部分空气直接
循环的集中式净化空调系统
1—粗效过滤器；2—热湿处理室；3—送风机；
4—中效过滤器；5—高效过滤器；6—离心式循环风机

局部净化比较经济，当全室净化不能满足要求时，可采用全室空气净化与局部空气净化相结合的方式。如局部 A 级平行流装置可布置在 B 级环境内使用，图 8-11 表示将送风口布置在局部工作区的顶部或侧部，以形成垂直或水平单向流，可达到局部区域的高洁净度。

洁净室通常采用初效、中效和高效三级过滤。末级过滤器是高效过滤器的系统称为高效空气净化系统，用于空气洁净度 C 级及其以上的空气净化处理。对于 C 级的末级也可采用亚高效过滤器。对 D 级的空气净化处理，末级过滤器应采用中效过滤器或亚高效过滤器。

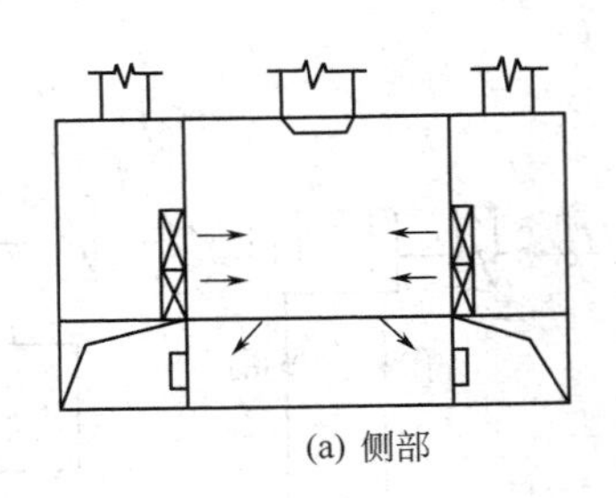
(a) 侧部

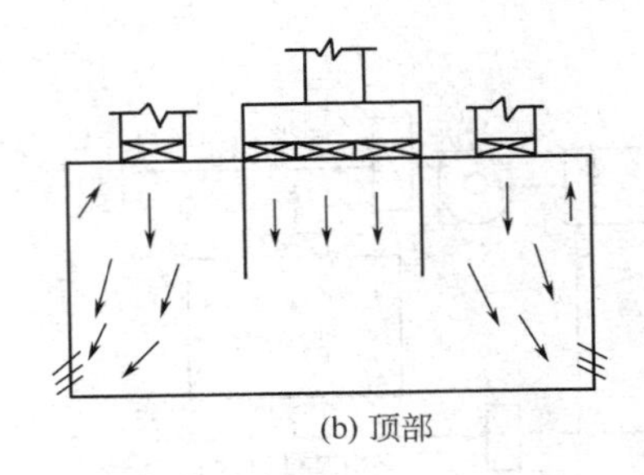
(b) 顶部

图 8-11 局部净化

集中式净化空调系统的基本流程见图 8-12。

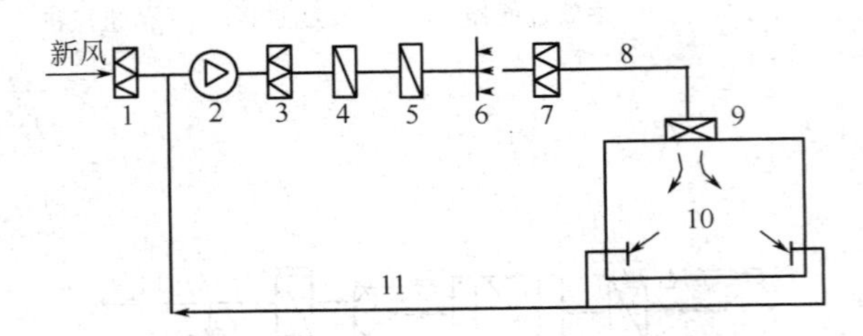

图 8-12 集中式净化空调系统空气处理流程

1—粗效过滤器；2—风机；3,7—中效过滤器；4—冷却器；5—加热器；6—加湿器；8—送风管；9—高效过滤器；10—洁净室；11—回风管

图 8-13 为带有二次回风的净化空调系统，在夏季工况时利用第二次回风的热量加热空气，从而取代了加热器的作用，避免了空调系统夏季运行时能耗中的冷热抵消现象，有较为明显的节能效果。

(3) 净化空气气流组织 气流组织指对洁净室内的气流流向和均匀度按一定要求进行组织。对全室空气净化的气体流向有单向流（层流）及非单向流（乱流）两种，其中单向流又可分为垂直单向流与水平单向流。洁净度 A 级区应采用单向流的气流组织形式，2010 版 GMP 要求工作区域的风速为 0.36～0.54m/s。B 级、C 级、D 级区一般采用非单向流。

① 垂直单向流。各流线保持单一方向相互保持平行，互不干扰，可达到很高洁净度。实现单向流必须有足够气速，以克服空气对流。垂直单向流的断面风速需在 0.36m/s 以上，故室内换气次数 400 次/h 左右，因此造价、运转费高。

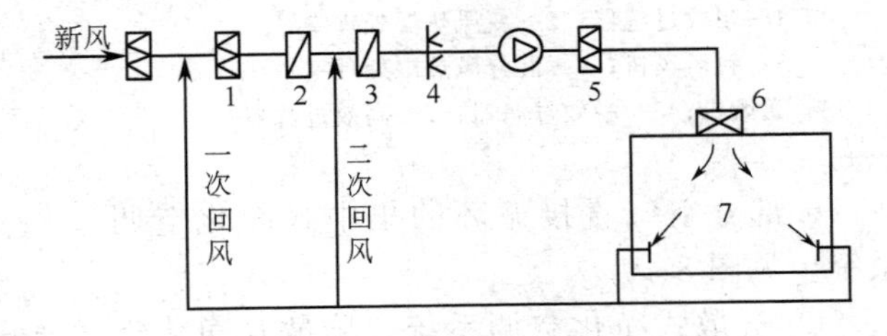

图 8-13 带有二次回风的净化空调系统流程

1,5—中效过滤器；2—冷却器；3—加热器；4—加湿器；6—高效过滤器；7—洁净室

② 水平单向流。送风墙满布高效过滤器，对侧回风墙布有回风口，可获得水平单向流。为克服尘粒中途沉降，断面风速不小于 0.36m/s。水平单向流造价比垂直单向流低，但空气流动过程中含尘浓度逐渐增加。图 8-14 表示单向流的气流组织形式。

③ 非单向流。非单向流洁净室的断面比风口断面大得多，不能在全室形成均匀风速，工作面上气流分布很不均匀。进入的净化气流与室内气流混合后，将室内含尘气体进行了稀释，最后达到室内稳定的含尘浓度。室内洁净度也就与稀释程度有关，亦即与换气次数有关。B 级换气次数≥40 次/h，C 级换气次数则≥25 次/h，D 级换气次数≥15 次/h。图 8-15 表示非单向流的气流组织的几种形式。

(4) 洁净室的风量及压力 洁净室的温度与相对湿度应与药品生产要求相适应，应保证药品的生产环境和操作人员的舒适感。2010 版药品 GMP 实施指南中是这样规定的：当药品

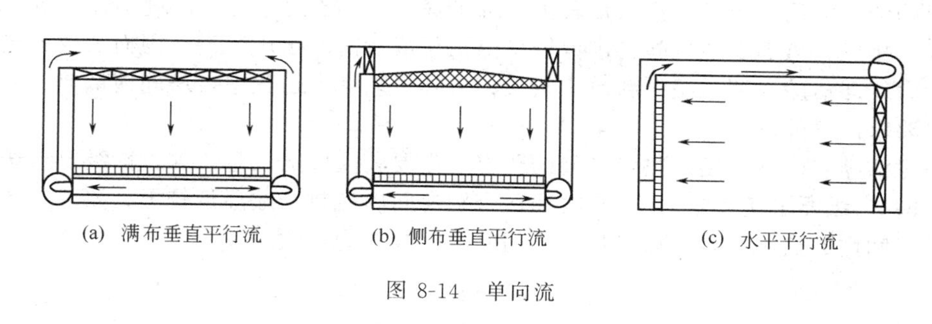

图 8-14 单向流

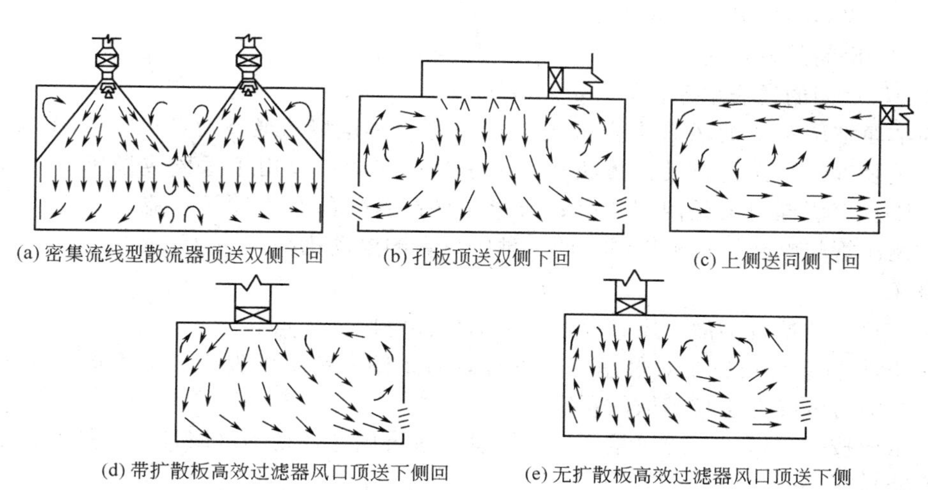

图 8-15 非单向流的气流组织形式

生产无特殊要求时，洁净室的温度范围可控制在 18～26℃，相对湿度控制在 45%～65%。考虑到无菌操作核心区对微生物污染的严格控制，对该区域的操作人员的服装穿着有特殊要求，故洁净区的温度和相对湿度可按如下数值设计。

A 级和 B 级洁净区：温度 20～24℃，相对湿度 45%～60%；

C 级和 D 级洁净区：温度 18～26℃，相对湿度 45%～65%。

当工艺和产品有特殊要求时，应按这些要求确定温度和相对湿度。

对于洁净室净化空调系统，洁净室的风量是一个很重要的参数。风量的大小，决定了洁净室的换气次数，可通过阀门或变频风机进行调节。从一定的角度上来说，保证了室内的风量恒定，也就是保证了室内洁净度的参数的稳定。换气次数是根据洁净级别要求确定的，气流组织形式以上送下（侧）回、上送上回和层流等洁净级别来规定；洁净区与非洁净区之间、不同级别洁净区之间的压差应当不低于 10Pa。必要时，相同洁净度级别的不同功能区域（操作间）之间也应当保持适当的压差梯度。根据室内容许噪声级要求，净化空调系统管内风速宜符合下列规定：总风管风速宜为 6～10m/s，无送、回风口的支管风速宜为 4～6m/s，有送、回风口的支风管风速宜为 2～5m/s。药厂的洁净空调所需要的新风量，其数值应取下列风量中的最大值：

① 非单向流洁净室总送风量的 10%～30%，单向流洁净室总送风量的 2%～4%；

② 补偿室内排风和保持室内正压值所需的新鲜空气量；

③ 保证室内每人每小时的新鲜空气量不小于 $40m^3$。

药厂的洁净空调一般局部排风量较大，如调浆间、洗烘衣间、铝塑包装间、烘干间等，均要求局部排风，再加上各房间要求保持室内正压值所需的正压风量，因而需要补充的新鲜空气量较大，即洁净空调系统的新风比较大；另外工艺生产过程中，房间内散热、散湿量较大，所以要求空气处理焓差大。

为满足洁净室内洁净度及热湿平衡的要求，需要较大的送风量。如：D级要求送风量大于15次/h；C级要求送风量大于25次/h；个别房间内散热、散湿量较大，要求较大的送风量来满足房间内的热湿平衡。送风量大小的基本计算式为：

$$L=Q/\Delta i \tag{8-1}$$

式中 L——房间的送风量，m^3/h；

Q——房间的热负荷，W；

Δi——房间的送风焓差，kJ/kg干空气。

可在洁净空调系统的风管中安置机械式或电子式定风量装置（CAV）用于风量恒定。机械定风量装置的特点：自动机械机构，无须外部能源；适用于送风或排风管；压差范围50～1000Pa；气囊同时又是阻尼部件；流量精度高；外部有指针显示流量刻度。而电子式则是通过测压管与电动执行机构组合的一种定风量的电动机构。

3. 排风

对于产热、产湿较多的工序，要排风，但应注意以下几点。

① 排风装置上应设置中效过滤器，以有效防止倒灌情况的发生。吸尘形式应采用局部吸尘罩，这能有效降低尘粒扩散的程度。

排风量应按“排风量≤送风量－正压风量”进行确定，切不可因排风量过大致使洁净房间相对室外负压。

② 排风机及向外排放的除尘机应与送风机电气联锁。送风时，先开送风机再开排风机；关闭时，先停排风机再关送风机。

③ 对“高效包衣间”等使用易爆物质的场所，排风装置应采用防爆型的。向此等场所送风的风管段，应加设防火阀。

④ 确定各工序排风量的经验值。仅针对那些设计资料不全或计算繁杂的工序排风量的确定，可参考如以下值。

工序名称	排风量/(m^3/h)
高效包衣	全排风
胶囊填充	全排风
双铝或铝塑包装（每台）	500
颗粒机械分装（每台）	500
糖衣缸（每台）	1000

4. 除尘

固体制剂车间的特点之一是产尘点多，班次不一，故小型布袋式单体除尘机较为适合在此种场所使用。但如果除尘机设于洁净区（含辅机间），则机体应为不锈钢外壳。其中，具体工序除尘办法如下。

（1）小丸泛丸工序　利用泛丸缸制造或抛光小丸（类似糖衣缸，成排布设），其有效除尘风量一般为每台1000m^3/h，特点是在同一场所布设数量较多，生产时产尘多，但产湿、产热不多。对此工序的除尘，采用机械振打布袋式单体除尘机具体方法是：将单体除尘机（除尘风量每台1000～3000m^3/h，风机压头100～350mm水柱）布设于辅机间内，按其除尘风量每台对应相应数量的泛丸缸并吸尘（主要吸取来自操作间的空气），含尘空气经除尘器、末端高效装置再送回原操作场所。这种做法避免了除尘后的气体外排所造成的冷量损失，加大了操作间的循环风量，大大稀释了其尘粒浓度，可减少净化空调系统的处理能力。

（2）包糖衣工序（采用糖衣缸）　此工序与小丸泛丸工序相同的是：布设集中，除尘排风量大；不同的是：产尘、产湿、产热，故可利用压缩空气反吹式单体除尘机除尘，尾气由于含较多湿、热，只能排空，不可回用。采用具备粗效、中效、（亚）高效三级过滤功能的新风机向布设有糖衣缸的辅机间供风，进而供除尘之用。

$$供风量 = 糖衣缸数量 \times 1000\ m^3/h \tag{8-2}$$

但要注意新风机与除尘风机的连锁，否则易造成操作间的负压或辅机间的正压，而这是不允许的。

（三）采暖通风专业设计条件

工艺专业向采暖通风专业提供的条件包括以下方面。

（1）采暖通风空调条件

① 制药厂生产规模、生产班次、生产最大班的人员数。

② 生产车间名称、防爆等级、生产类别。

③ 需采暖的工段、工作间、采暖的时间。要求室温（冬季、夏季）、要求湿度（冬季、夏季）、设备发热情况（表面积、表面温度、用电功率）。

④ 需要通风的工段，散出有害气体或粉尘的数量（kg/h）、浓度、散发周期、工作间及其散发的主要有害物的成分、危害情况。

⑤ 事故排风设备位号及建议排风形式、正负压要求、洁净度要求、照度要求。

（2）局部通风条件

① 设备位号、名称，有害物及粉尘粒度、排放量、温度、发散部位。

② 设备接管直径或敞口尺寸。

③ 要求通风方式（送风或排风、间断或连续、固定或移动）、特殊要求（风量、维持压力、温度、湿度）。

（3）图纸资料　设备布置图、采暖通风空调条件表、局部通风条件表。

第三节　非定型设备与自动控制设计条件

一、非定型设备设计条件

制药工业是采用高新技术的领头行业之一，新技术需要配备新型设备，新型设备通常是非标准的，必须先设计而后才能制造并使用。由于医药是特殊产品并且多数品种的产量不大，因此对设备材质、功能和大小都有特别的要求。但无论何种用途的设备，都有其一定的生产任务和安全运行的能力。也就是说，对任一制药设备的设计必须达到如下的基本要求。

① 设备的整体及其部件都应该具有足够的强度和刚度以保证设备的稳定与安全，设备的紧密性和设备的耐腐蚀及耐疲劳等耐久性符合环保和产品品质的规定，即设计制造的制药机械是可靠的。

② 设备的大小和功能结构的设计应使得设备的单位生产能力高、消耗低。设备结构要尽可能的简单、尽可能采用标准件，有良好的加工工艺性，以有利于方便加工并保证质量。

③ 在做到上述要求的同时，将运输与安装的可能和方便性融入设计过程，将确保设备运转方便、操作简单高效、易于维护检修与自动监控的良好运转性能融入设备的设计过程。

④ 对压力容器的设计还必须符合 GB 150.1～150.4—2011、GB/T 151—2014 等国家标准，设计在洁净厂房中或环境中使用的设备必须符合 GMP 规范的要求。

工艺专业需向设备专业提供有关备选非定型设备草图及文字说明，主要内容应有：

① 设备规格、名称、用途；

② 对设备功能、结构及材质的要求、搅拌器的类型、转速、功率等；

③ 对设备的几何参数的要求及相关接管条件；

④ 处理物料的名称机构物理化学性能，如成分、密度、湿度、黏度、比热容、酸碱度、污染性，是否腐蚀、易燃、易爆、毒性等；

⑤ 设备使用环境（如户内或户外、环境湿度、摩尔比不定）；

⑥ 设备地脚螺栓的位置、规格、方位；

⑦ 设备在各生产时最大使用压力；

⑧ 对取样、检测等特殊要求；

⑨ 指明设备上的管口方位、名称和公称直径或注明参见“工艺专业管口方位图”。

二、自动控制设计条件

制药工业涉及化学合成制药过程、生物代谢制药过程、天然药物分离纯化过程以及各种药物制剂配制加工等过程，具有工艺复杂、设备种类繁多、高温、高压、腐蚀、易燃、易爆、有毒有害等特性，为了保证生产人员、生产设备、生产环境以及生产原料和产品的安全，更为了用药人的权益和安全，必须有可靠有效的检测与控制手段来确保所需的全部安全。任何一个制药过程都离不开自动化检测与控制技术。目前，我国制药工业采用控制仪表、DCS、PLC、现场总线（Fieldbus）等不同档次的自控技术，对生产过程进行检测与控制。自动控制系统一般是由检测和分析仪表、调节器、变送器以及执行机构等构成。

生产过程自动化的实现，不仅要有正确的测量和控制方案，而且还需正确选择和使用自动化仪表。在自动控制仪表有的气动仪表和电动仪表等，电动仪表由于其信号便于远距离传送，便于同计算机配合以及它本身可靠性的提高，发展得比气动仪表快。然而，气动仪表仍具有许多特有的优点，如防爆性能好，结构简单，可靠性高以及便于维修等。

DCS（Distributed Control System）的意思是分散控制系统，其核心思想是分散控制、集中监控。但是，与工业过程打交道的过程监控站不是分散的而是集中的，现场信号的检测、传输与控制采用的是 4～20mA 模拟信号。该系统由各种工作站通过局域网连接而成，工程师站、操作管理站、信息管理站完成系统的组态、监视操作和运行管理，现场测控站完成生产过程信息的采集和控制。系统的基本结构是一对一结构，即一台仪表、一对传输线、单向传输一个信号。

PLC 为可编程控制器，结构简单、性能优良、可靠性高，用作现场和远程控制仪表。现场总线控制系统是一对若干结构，即一对传输线、若干台仪表、双向传输多个信号，且为开放式互联网络系统，组态方法是统一的；现场仪表设备用相同的功能块，即每一台现场仪表设备就是一台微处理器，既有 CPU、内存、接口和通信等数字信号处理，还有非电量信号检测、变化和放大等模拟信号处理。它是由自控技术、计算机技术、通讯技术、网络技术、仪表技术和软件技术集约而成的现代自动控制技术。

原料药以及药物制剂生产用设备中很多都有相应的仪表——液位计、温度计套管、取压管接头和其他探测口管接头与之相连，因此，必须弄清楚它们的尺寸和位置以确保仪表的正确连接。

由于生产操作条件以及参数间相互关系的不同，对自动控制系统及其复杂性的要求自然也不尽相同。诸如，滞后很大、负荷变化也很大的对象、操作条件严格以及参数关系复杂的情况下，简单调节系统是无法满足要求的，应设计更复杂的调节系统（串级、比值、均匀和前馈调节系统等），以进一步加强抗干扰能力，满足工艺生产的要求。

在自动条件设计中对安全措施应给予充分的重视。在有火灾、爆炸危险的场合，应根据有关规程的规定选用安全火花型、隔爆型等仪表，或采用其他防爆措施。除此以外，在条件系统中应对那些可能引起事故的关键参数采用自动选择调节、自动连锁和报警措施。自动选择调节系统是把由工艺生产过程的限制条件所构成的逻辑关系，叠加到通常的自动调节系统中去。

因此，在一项工程设计中，许多由工艺条件引起的问题需要工艺和仪表人员紧密合作加以解决，同时，为了便于自动化仪表专业进行工程的同步设计，工艺专业有必要也有义务向自动化仪表专业提供自动控制设计条件。工艺专业必须根据工艺的具体情况，向自动控制设计专业提供：集中操作的程度、是否与计算机联结、响应速度的要求、安全方面（防爆性、停电时间，气源故障等）：工艺操作过程的关键参数、确保安全生产的重要参数、为改进工艺过程所需研究的参数、经济管理的参数（记录或积算）。

工艺专业向自动化仪表专业提设计条件时应主要包括以下内容：

① 带控制点的工艺流程图；

② 工艺配置图；

③ 车间（工段）环境（一般、腐蚀、潮湿、干净）；

④ 仪表设计条件项目（见表 8-14）；

表 8-14　仪表设计条件项目

工程名称：　　　　　　　　　　车间名称：　　　　　　车间环境特征：

<table>
<tr><th colspan="3">项　目</th><th>记 录 值</th></tr>
<tr><td rowspan="13">操作参数</td><td rowspan="3">温度</td><td>最高</td><td></td></tr>
<tr><td>正常</td><td></td></tr>
<tr><td>最低</td><td></td></tr>
<tr><td rowspan="3">压力</td><td>最大</td><td></td></tr>
<tr><td>正常</td><td></td></tr>
<tr><td>最小</td><td></td></tr>
<tr><td rowspan="3">流量</td><td>最大</td><td></td></tr>
<tr><td>正常</td><td></td></tr>
<tr><td>最小</td><td></td></tr>
<tr><td rowspan="3">物位</td><td>高</td><td></td></tr>
<tr><td>中</td><td></td></tr>
<tr><td>低</td><td></td></tr>
<tr><td colspan="2">其他</td><td></td></tr>
<tr><td colspan="2" rowspan="5">介质性质</td><td>重度</td><td></td></tr>
<tr><td>成分</td><td></td></tr>
<tr><td>黏度</td><td></td></tr>
<tr><td>物态</td><td></td></tr>
<tr><td>含尘</td><td></td></tr>
</table>

续表

项目			记录值
安装地点	检测元件		
	二次仪表	现场	
		现场盘	
		仪表室	
工艺管道及设备		管径	
		管道材质	
		管道保温层厚度	
		设备壁厚	
控制要求		指示	
		记录	
		积算	
		调节	
		遥控	
		分析	
	报警	高	
		中	
		低	
节流装置调节阀		泵风机压头	
		管路系统压损	
		允许压损	
备注			

⑤ 溶液管道平面配置图，并标明检测点位置、方向、标高、接管尺寸，检测项目等；

⑥ 气体管道上的检测点在工艺配置图上标明检测点位置、方向、标高、接管尺寸，检测项目等；

⑦ 设备上的检测点标明方位、轴线位置尺寸、标高、接管尺寸、检测项目等。

第四节　劳动安全和环境保护

一、劳动安全

为了贯彻“安全第一，预防为主”的方针，确保生产性建设工程项目（以下简称建设项目）投产后符合职业安全卫生的要求，保障劳动者在劳动过程中的安全与健康。对于我国境内的一切生产性的基本建设工程项目、技术改造和引进的工程项目（包括港口、车站、仓库），必须符合国家职业安全与卫生方面的有关法规、标准的规定，建设项目中职业安全与卫生技术措施和设施，应与主体工程同时设计、同时施工、同时投产使用（以下简称“三同时”）。工程设计过程中，设计者应根据建设单位就劳动安全提供的资料、条件以及提出的具体要求，以保证建设项目的设计符合国家的有关法律法规和安全生产的基本要求。因此，在编制建设项目计划和财务计划时，应将职业安全卫生方面相应的所需投资一并纳入计划，同时编报；引进技术、设备的原有职业安全卫生措施不得削减，没有措施或措施不力的应同时编报国内配套的投资计划，并保证建设项目投产后有良好的劳动条件；设计单位要对建设项目中职业安全卫生设施设计负责。建设项目在进行可行性论证时，应对拟建设项目的劳动条件同时做出论证和评价；在编制初步设计文件时，应同时编制《职业安全卫生专篇》；在初步设计中，应严格遵守现有的职业安全卫生方面的法规和技术标准。要充分考虑到安全与预防职业危害的要求，对设计工作负责；在技术设计和施工图设计时，应不断完善初步设计中的职业安全卫生有关措施和内容。

工艺专业在高阶段设计时需提交以下涉及劳动安全卫生防范措施内容的设计文件，并应落实于施工图设计中。

① 分别提出生产过程中需索取的各项安全技术要求和措施。

② 生产过程中使用和产生的主要有毒有害物质：包括原料、材料、中间体、副产物、产品、有毒气体、粉尘等的种类、名称和数量。

③ 生产过程中的高温、高压、易燃、易爆、辐射（电离、电磁）、振动、噪声等有害作业的生产部位、程度。

④ 生产过程中危害因素较大的设备种类、型号、数量。

⑤ 工艺和装置中，根据全面分析各种危害因素确定的工艺路线，选用的可靠装置设备。

⑥ 从生产、火灾危险性分类设置的泄压、防爆等安全设施和必要的检测、检验设施，说明危险性放大的过程中，一旦发生事故和急性中毒的抢救、疏散方式及应急措施。

⑦ 扼要说明在生产过程中，各工序产生尘毒的设备（或部位），尘毒的种类，尘毒的名称，原尘毒危害情况以及防止尘毒危害所采用的防护设备、设施及其效果等。

⑧ 经常处于高温、高噪声、高振动工作环境所采用的降温、降燥及防振措施，防护设备性能及检测、检验设施。

⑨ 可能受到职业危害的人数及受害程度。

⑩ 重体力劳动强度方面的设施。

对职业安全卫生方面存在的主要危害所采取的治理措施的专题报告和综合评价。

二、环境保护

环境保护是我国的基本国策之一，我国境内一切基本建设项目和技术改造项目，以及区域开发项目的设计、建设和生产都应当执行《中华人民共和国环境保护法》。

1. 环境保护设计与规划

环境保护设计与编制应符合《中华人民共和国环境保护法》《中华人民共和国环境影响评价法》和《建设项目环境保护管理条例》等的有关规定。

在设计过程中通常采用的国家法律法规如下。

(1)《中华人民共和国环境保护法》，2015 年 1 月 1 日实施；

(2)《中华人民共和国环境影响评价法》，2018 年 12 月 29 日修订；

(3)《中华人民共和国大气污染防治法》，2018 年 10 月 26 日实施；

(4)《中华人民共和国水污染防治法》，2018 年 1 月 1 日实施；

(5)《中华人民共和国环境噪声污染防治法》，2018 年 12 月 29 日修订；

(6)《中华人民共和国固体废物污染环境防治法》，2019 年 6 月 5 日修订；

(7)《中华人民共和国清洁生产促进法》，2012 年 7 月 1 日实施；

(8)《中华人民共和国安全生产法》，2014 年 12 月 1 日实施；

(9)《中华人民共和国突发事件应对法》，2007 年 11 月 1 日实施；

(10)《危险化学品重大危险源监督管理暂行规定》，2015 年 7 月 1 日实施；

(11)《危险化学品建设项目安全监督管理办法》，2015 年 6 月 29 日修正；

(12)《危险化学品输送管道安全管理规定》，2012 年 3 月 1 日实施；

(13)《建设项目环境保护管理条例》，2017 年 10 月 1 日施行；

(14)《建设项目环境影响评价分类管理名录》，2018 年 4 月 28 日修正；

(15)《国务院关于酸雨控制区和二氧化硫污染控制区有关问题的批复》，2010 年 11 月

22 日；

（16）《产业结构调整指导目录（2011 本）》，2013 年修订；

（17）《中华人民共和国循环经济促进法》，2018 年 10 月 26 日修正；

（18）《大气污染防治行动计划》，2013 年 9 月 10 日实施；

（19）《水污染防治行动计划》，2015 年 4 月 16 日实施；

（20）《土壤污染防治行动计划》，2016 年 5 月 28 日实施；

（21）《危险化学品安全管理条例》，2013 年 12 月 7 日修正；

（22）《挥发性有机物（VOCS）污染防治技术政策》，2013 年 5 月 24 日实施；

（23）《环境保护公众参与办法》，2015 年 9 月 1 日实施；

（24）《制药工业污染防治技术政策》，2012 年 3 月 7 日实施。

至此可见，环境保护设计不仅由环保专业执行，而且须由各专业提供条件并共同参与设计才能完成。其中工艺专业应相应地提供有关主要污染物和主要污染源（废气及其污染物废水及其污染物固体废弃物）、噪声源及其强度作为环境保护设计依据。

① 制药厂所在地区的环境现状与工程概况。

② 主要保护措施及预期效果：a. 废气治理及效果；b. 废水治理及效果；c. 固体废弃物处置；d. 噪声治理。

③ 环境绿化。

④ 环境管理与环境监测。

⑤ 项目对周围环境影响的估算。

项目建成后，要将完善本企业的环保管理制度作为环境保护工作的前提，结合本企业实际，制定“环境保护管理规定”“废水处理系统岗位责任制”“执行 GB 8978—1996《排放标准考核细则》”《车间和科室环境治理考核标准》等一系列规章制度，并把这些规章制度纳入企业的管理标准，使环保工作做到有章可循 。

要对所有废水和废气排放点以及废水处理设施排放口 ，定期进行监测，严格控制达标排放 。定期测试各废水和废气处理设施的处理效率，发现问题及时组织维修 ，所有处理设施都必须建立技术档案 。要求企业配备专职环保管理人员，负责环保工作。

凡排放有毒有害废水、废气、废渣（液）、恶臭、噪声、放射性元素等物质或因素的建设项目，严禁在城市规划确定的生活居住区、文教区、水源保护区、名胜古迹、风景游览区、温泉、疗养区和自然保护区等界区内选址。铁路、公路等的沿线，应尽量减轻对沿途自然生态的破坏和污染。排放有毒有害气体的建设项目应布置在生活居住区污染系数最小方位的上风侧；排放有毒有害废水的建设项目应布置在当地生活饮用水水源的下游；废渣堆置场地应与生活居住区及自然水体保持规定的距离。环境保护设施用地应与主体工程用地同时选定。产生有毒有害气体、粉尘、烟雾、恶臭、噪声等物质或因素的建设项目与生活居住区之间，应保持必要的卫生防护距离，并采取绿化措施。建设项目的总图布置，在满足主体工程需要的前提下，宜将污染危害最大的设施布置在远离非污染设施的地段，然后合理地确定其余设施的相应位置，尽可能避免互相影响和污染。新建项目的行政管理和生活设施，应布置在靠近生活居住区的一侧，并作为建设项目的非扩建端。建设项目的主要烟囱（排气筒），火炬设施，有毒有害原料、成品的贮存设施，装卸站等，宜布置在厂区常年主导风的下风侧。新建项目应有绿化设计，其绿化覆盖率可根据建设项目的种类不同而异。城市内的建设项目应按当地有关绿化规划的要求执行。

环境保护工程设计应因地制宜地采用行之有效的治理和综合利用技术，同时辅之各种有效措施以避免或抑制污染物的无组织排放。如：

① 设置专用容器或其他设施，用以回收采样、溢流、事故、检修时排出的物料或废弃物；

② 设备、管道等必须采取有效的密封措施，防止物料跑、冒、滴、漏；

③ 粉状或散装物料的贮存、装卸、筛分、运输等过程应设置抑制粉尘飞扬的设施。

2.“三废”处理

废弃物的输送及排放装置宜设置计量、采样及分析设施，废弃物在处理或综合利用过程中，如有二次污染物产生，还应采取防止二次污染的措施。因此，凡在生产过程中产生有毒有害气体、粉尘、酸雾、恶臭、气溶胶等物质，宜设计成密闭的生产工艺和设备，尽可能避免敞开式操作。如需向外排放，还应设置除尘、吸收等净化设施。各种锅炉、炉窑、冶炼等装置排放的烟气，必须设有除尘、净化设施。含有易挥发物质的液体原料、成品、中间产品等贮存设施，应有防止挥发物质逸出的措施。

化学制药厂排出的废气可分为3类：即含尘废气、含无机污染物废气和含有机污染物废气。含尘废气的处理实际上是一个气、固两相混合物的分离问题，可利用粉尘密度较大的特点，通过外力作用将其分离，含无机污染物或含有机污染物的废气则要根据所含污染物的物理性质和化学性质，通过冷凝、吸收、吸附、燃烧、催化等方法进行无害化处理。

生产装置排出的废水应合理回收重复利用，就工业废水和生活污水（含医院污水）的处理设计，应根据废水的水质、水量及其变化幅度、处理后的水质要求及地区特点等，确定最佳处理方法和流程；并按清污分流的原则根据废水的水质、水量、处理方法等因素，设计废水输送系统。拟定废水处理工艺时，应优先考虑利用废水、废气、废渣（液）等进行“以废治废”的综合治理。废水中所含的各种物质，如固体物质、重金属及其化合物、易挥发性物体、酸或碱类、油类以及余能等，凡有利用价值的应考虑回收或综合利用。另外，对于输送有毒有害或含有腐蚀性物质的废水的沟渠、地下管线检查井等的设计，必须考虑防渗漏和防腐蚀措施。

废渣（液）的处理设计应根据废渣液的数量、性质、并结合地区特点等，进行综合比较，确定其处理方法。对有利用价值的，应考虑采取回收或综合利用措施；对没有利用价值的，可采取无害化堆置或焚烧等处理措施。为了防止生产装置及辅助设施、作业场所、污水处理设施等排出的各种废渣（液）以任何方式排入自然水体或任意抛弃，在工艺设计时必须设计收集与输送系统方式。诸如，输送含水量大的废渣和高浓度时，应采取措施避免沿途滴洒；有毒有害废渣、易扬尘废渣的装卸和运输，应采取密闭和增湿等措施，防止发生污染和中毒事故。

3. 噪声控制

制药企业的噪声来源很多，且强度较高。如电动机、风机、离心机、制冷机等。这些噪声通常在80dB左右，有的超过100dB。50～80dB的噪声会使人感到吵闹、烦躁，并影响睡眠。80dB以上的噪声会使人工作效率降低，健康受到损伤。洁净厂房规定：动态测定时，洁净区噪声级≤70dB；空态测定时，洁净区噪声级≤60dB，层流洁净室的噪声级≤65dB。

噪声控制应首先控制噪声源，选用低噪声的工艺和设备。必要时还应采取相应控制措施，常用的控制技术有：吸声、隔声、消声和减振。**吸声**是将多孔性吸声材料衬贴于厂房内，当声波射至吸声材料的表面时，可顺利进入其孔隙，使孔隙中的空气和材料细纤维产生振动，由于摩擦和阻力，声能转化为热能，使噪声降低，如玻璃棉、泡沫塑料等。**隔声**是采用隔声材料将噪声的传播途径隔断，合理分隔吵闹区和安静区，从而减低受声区的噪声。**消声**是在管道上或进气口或排气口处安装消声器，以控制气流噪声。**减振**是使用弹簧、橡胶等减振器件，消除设备与基础间的刚性连接，削弱设备振动产生的噪声。

思考题

1. 简述厂房甲、乙类生产的火灾危险性类别，生产使用或产生物质的火灾危险性特征。
2. 简述洁净厂房的空气净化过滤器及空调净化系统。
3. 简述空气净化过滤器的主要性能指标。
4. 简述环境保护设计中通常采用的国家法律法规。
5. 简述“三废”的处理措施。
6. 简述噪声的控制措施。

参考文献

[1] 刘建荣.房屋建筑学.武汉：武汉大学出版社，2007.

[2] GB 50073—2013 洁净厂房设计规范.

[3] 中石化上海工程有限公司.化工工艺设计手册（上、下册）.第5版，北京：化学工业出版社，2018.

[4] 严煦世.给水排水工程快速设计手册 1 给水工程.北京：中国建筑工业出版社，1995.

[5] Al Ludwing，C Demmerle.流程工业（Process，中文版），2003，3：66～69.

[6] 国家药典委员会.中华人民共和国药典 2015 年版四部（0261 制药用水）.北京：化学工业出版社，2015.

[7] 建筑设计防火规范.2018 年版 GB 50016—2014.

[8] 工业企业设计卫生标准.GBZ 1—2010.

[9] 苏文成.工厂供电.第2版.北京：机械工业出版社，2012.

[10] 张建一，李莉.制冷空调节能技术.北京：机械工业出版社，2011.

[11] 张长银.医药工程设计，1999.

[12] 陈国理.压力容器及化工设备（上册）.第2版.广州：华南理工大学出版社，1995.

[13] 卓震，等.化工压力容器设计取证指南.北京：化学工业出版社，1995.

[14] 王韵珊.中药制药工程原理与设备.上海：上海科学技术出版社，2008.

[15] 娄爱娟.化工设计.上海：华东理工大学出版社，2002.

[16] [美] W G 安德鲁，H B 威廉斯.实用自动控制设计指南.化工部化工设计公司自控组译.北京：化学工业出版社，1985.

[17] 程正群，许宝祥，钱积新.化工自动化及仪表.1999，26（3）：1～3.

[18] 唐燕辉.药物制剂生产专用设备及车间工艺设计.第2版.北京：化学工业出版社，2006.

[19] 张绪桥.药物制剂设备与车间工艺设计.北京：中国医药科技出版社，2000.

[20] 张珩.制药工程工艺设计.第3版.北京：化学工业出版社，2018.

[21] 朱宏吉，张明贤.制药设备与工程设计.第2版.北京：化学工业出版社，2011.

[22] 王志祥.制药工程学.第3版.北京：化学工业出版社，2015.

附录1　药品GMP认证检查评定标准

国食药监安［2007］648号

一、药品GMP认证检查项目共259项，其中关键项目（条款号前加“*”）92项，一般项目167项。

二、药品GMP认证检查时，应根据申请认证的范围确定相应的检查项目，并进行全面检查和评定。

三、检查中发现不符合要求的项目统称为“缺陷项目”。其中，关键项目不符合要求者称为“严重缺陷”，一般项目不符合要求者称为“一般缺陷”。

四、缺陷项目如果在申请认证的各剂型或产品中均存在，应按剂型或产品分别计算。

五、在检查过程中，企业隐瞒有关情况或提供虚假材料的，按严重缺陷处理。检查组应调查取证并详细记录。

六、结果评定

（一）未发现严重缺陷，且一般缺陷≤20%，能够立即改正的，企业必须立即改正；不能立即改正的，企业必须提供缺陷整改报告及整改计划，方可通过药品GMP认证。

（二）严重缺陷或一般缺陷＞20%的，不予通过药品GMP认证。

药品GMP认证检查项目

序号	条款	检查内容
		机构与人员
1	*0301	企业应建立药品生产和质量管理机构，明确各级机构和人员的职责
2	0302	企业应配备一定数量的与药品生产相适应的具有相应的专业知识、生产经验及工作能力，应能正确履行其职责的管理人员和技术人员
3	*0401	主管生产和质量管理的企业负责人应具有医药或相关专业大专以上学历，并具有药品生产和质量管理经验，应对本规范的实施和产品质量负责
4	*0402	生物制品生产企业生产和质量管理负责人应具有相应的专业知识（细菌学、病毒学、生物学、分子生物学、生物化学、免疫学、医学、药学等），并有丰富的实践经验以确保在其生产、质量管理中履行其职责
5	*0403	中药制剂生产企业主管药品生产和质量管理的负责人应具有中药专业知识
6	*0501	生产管理和质量管理的部门负责人应具有医药或相关专业大专以上学历，并具有药品生产和质量管理的实践经验，有能力对药品生产和质量管理中的实际问题做出正确的判断和处理
7	*0502	药品生产管理部门和质量管理部门负责人不得互相兼任
8	0601	企业应建有对各级员工进行本规范和专业技术、岗位操作知识、安全知识等方面的培训制度、培训计划和培训档案
9	*0602	企业负责人和各级管理人员应定期接受药品管理法律法规培训
10	0603	从事药品生产操作的人员应通过相应的专业技术培训后上岗，具有基础理论知识和实际操作技能
11	0604	从事原料药生产的人员应接受原料药生产特定操作的有关知识培训
12	0605	中药材、中药饮片验收人员应通过相关知识的培训后上岗，具有识别药材真伪、优劣的技能
13	*0606	从事药品质量检验的人员应通过相应专业技术培训后上岗，具有基础理论知识和实际操作技能

续表

序号	条款	检查内容
14	0607	从事高生物活性、高毒性、强污染性、高致敏性及有特殊要求的药品生产操作和质量检验人员应通过专业的技术培训后上岗
15	0608	从事生物制品制造的全体人员(包括清洁人员、维修人员)均应根据其生产的制品和所从事的生产操作要求进行专业(卫生学、微生物学等)和安全防护培训
16	0609	进入洁净区的工作人员(包括维修、辅助人员)应定期进行卫生和微生物学基础知识、洁净作业等方面的培训及考核
17	0701	应按本规范要求对各级员工进行定期培训和考核
		厂房与设施
18	0801	企业的生产环境应整洁;厂区地面、路面及运输等不应对药品生产造成污染;生产、行政、生活和辅助区总体布局应合理,不得互相妨碍
19	0901	厂房应按生产工艺流程及所要求的空气洁净度级别进行合理布局
20	0902	同一厂房内的生产操作和相邻厂房之间的生产操作不得相互妨碍
21	1001	厂房应有防止昆虫和其他动物进入的有效设施
22	1101	洁净室(区)的内表面应平整光滑、无裂缝、接口严密、无颗粒物脱落、耐受清洗和消毒
23	1102	洁净室(区)的墙壁与地面的交界处应成弧形或采取其他措施,以减少灰尘积聚和便于清洁
24	1103	中药生产的非洁净厂房地面、墙壁、天棚等内表面应平整,易于清洁,不易脱落,无霉迹
25	1201	生产区应有与生产规模相适应的面积和空间用以安置设备、物料,便于生产操作,避免差错和交叉污染
26	1202	中药材炮制中的蒸、炒、炙、煅等厂房应与其生产规模相适应,并有良好的通风、除尘、除烟、降温等设施
27	1203	中药材、中药饮片的提取、浓缩等厂房应与其生产规模相适应,并有良好的排风和防止污染及交叉污染等设施
28	1204	净选药材的厂房应设拣选工作台,工作台表面应平整、不易产生脱落物
29	1205	净选药材的厂房应有必要的通风除尘设施
30	1206	原料药中间产品的质量检验与生产环境有交叉影响时,其检验场所不应设置在该生产区域内
31	1207	贮存区应有与生产规模相适应的面积和空间用于存放物料、中间产品、待验品和成品,避免差错和交叉污染
32	1208	易燃、易爆、有毒、有害物质的生产和贮存的厂房设施应符合国家有关规定
33	*1209	中药材的库房应分别设置原料库与净料库,毒性药材、贵细药材应分别设置专库或专柜
34	1301	洁净室(区)内各种管道、灯具、风口以及其他公用设施应易于清洁
35	1401	洁净室(区)应根据生产要求提供足够的照明。主要工作室的照度应达到300勒克斯;对照度有特殊要求的生产部位应设置局部照明。厂房应有应急照明设施
36	*1501	进入洁净室(区)的空气必须净化,并根据生产工艺要求划分空气洁净度级别
37	1502	洁净室(区)空气的微生物数和尘粒数应定期监测,监测结果应记录存档。洁净室(区)在静态条件下检测的尘埃粒子数、浮游菌数或沉降菌数应符合规定
38	1503	非最终灭菌的无菌制剂应在百级区域下进行动态监测微生物数

续表

序号	条款	检查内容
39	1504	洁净室(区)的净化空气如可循环使用,应采取有效措施避免污染和交叉污染
40	*1505	产尘量大的洁净室(区)经捕尘处理不能避免交叉污染时,其空气净化系统不得利用回风
41	1506	空气净化系统应按规定清洁、维修、保养并作记录
42	*1601	洁净室(区)的窗户、天棚及进入室内的管道、风口、灯具与墙壁或天棚的连接部位应密封
43	1602	空气洁净度等级不同的相邻房间(区域)之间或规定保持相对负压的相邻房间(区域)之间的静压差应符合规定,应有指示压差的装置,并记录压差
44	1603	空气洁净度等级相同的区域内,产尘量大的操作室应保持相对负压
45	1604	非创伤面外用中药制剂及其他特殊的中药制剂生产厂房门窗应能密闭,必要时有良好的除湿、排风、除尘、降温等设施,人员、物料进出及生产操作应参照洁净室(区)管理
46	1605	用于直接入药的净药材和干膏的配料、粉碎、混合、过筛等厂房门窗应能密闭,有良好的通风、除尘等设施,人员、物料进出及生产操作应参照洁净室(区)管理
47	1701	洁净室(区)的温度和相对湿度应与药品生产工艺要求相适应。无特殊要求时,温度应控制在18～26℃,相对湿度应控制在45%～65%
48	*1801	洁净室(区)的水池、地漏不得对药品产生污染,A级洁净室(区)内不得设置地漏
49	1901	不同空气洁净度级别的洁净室(区)之间的人员和物料出入,应有防止交叉污染的措施
50	*1902	C级洁净室(区)使用的传输设备不得穿越空气洁净度较低级别区域
51	*1903	洁净室(区)与非洁净室(区)之间应设置缓冲设施,洁净室(区)人流、物流走向应合理
52	*2001	生产青霉素类等高致敏性药品应使用独立的厂房与设施、独立的空气净化系统,分装室应保持相对负压。排至室外的废气应经净化处理并符合要求,排风口应远离其他空气净化系统的进风口
53	*2002	生产β-内酰胺结构类药品应使用专用设备和独立的空气净化系统,并与其他药品生产区域严格分开
54	*2101	避孕药品生产厂房与其他药品生产厂房应分开,应装有独立的专用空气净化系统。生产性激素类避孕药品的空气净化系统的气体排放应经净化处理
55	*2102	生产激素类、抗肿瘤类化学药品应避免与其他药品使用同一设备和空气净化系统;不能避免与其他药品交替使用同一设备和空气净化系统时,应采取有效的防护、清洁措施并进行必要的验证
56	*2201	生产用菌毒种与非生产用菌毒种、生产用细胞与非生产用细胞、强毒与弱毒、死毒与活毒、脱毒前与脱毒后的制品和活疫苗与灭活疫苗、人血液制品、预防制品等加工或灌装不得同时在同一生产厂房内进行
57	*2202	生产用菌毒种与非生产用菌毒种、生产用细胞与非生产用细胞、强毒与弱毒、死毒与活毒、脱毒前与脱毒后的制品和活疫苗与灭活疫苗、人血液制品、预防制品等贮存应严格分开
58	*2203	不同种类的活疫苗的处理及灌装应彼此分开
59	*2204	强毒微生物操作区应与相邻区域保持相对负压,应有独立的空气净化系统
60	*2205	芽孢菌制品操作区应与相邻区域保持相对负压,应有独立的空气净化系统,排出的空气不应循环使用,芽孢菌操作直至灭活过程完成之前应使用专用设备
61	*2206	各类生物制品生产过程中涉及高危致病因子的操作,其空气净化系统等设施应符合特殊要求

续表

序号	条款	检查内容
62	*2207	生物制品生产过程中使用某些特定活生物体阶段的设备应专用，应在隔离或封闭系统内进行
63	*2208	卡介苗生产厂房和结核菌素生产厂房应与其他制品生产厂房严格分开，卡介苗生产设备要专用
64	*2209	炭疽杆菌、肉毒梭状芽孢杆菌和破伤风梭状芽孢杆菌制品应在相应专用设施内生产
65	2210	设备专用于生产孢子形成体，当加工处理一种制品时应集中生产，某一设施或一套设施中分期轮换生产芽孢菌制品时，在规定时间内应只生产一种制品
66	*2211	生物制品生产的厂房与设施不得对原材料、中间体和成品存在潜在污染
67	*2212	聚合酶链反应试剂(PCR)的生产和检定应在各自独立的建筑物中进行，防止扩增时形成的气溶胶造成交叉污染
68	*2213	生产人免疫缺陷病毒(HIV)等检测试剂，在使用阳性样品时，应有符合相应规定的防护措施和设施
69	*2214	生产用种子批和细胞库，应在规定贮存条件下专库存放，应只允许指定的人员进入
70	*2215	以人血、人血浆或动物脏器、组织为原料生产的制品应使用专用设备，应与其他生物制品的生产严格分开
71	*2216	未使用密闭系统生物发酵罐生产的生物制品不得在同一区域同时生产(如单克隆抗体和重组 DNA 制品)
72	*2217	各种灭活疫苗(包括重组 DNA 产品)、类毒素及细胞提取物，在其灭活或消毒后可以与其他无菌制品交替使用同一灌装间和灌装、冻干设施。但在一种制品分装后，应进行有效的清洁和消毒，清洁消毒效果应定期验证
73	*2218	操作有致病作用的微生物应在专门的区域内进行，应保持相对负压
74	*2219	有菌(毒)操作区与无菌(毒)操作区应有各自独立的空气净化系统，来自病原体操作区的空气不得循环使用，来自危险度为二类以上病原体的空气应通过除菌过滤器排放，滤器的性能应定期检查
75	*2220	使用二类以上病原体强污染性材料进行制品生产时，对其排出污物应有有效的消毒设施
76	2221	用于加工处理活生物体的生物制品生产操作区和设备应便于清洁和去除污染，能耐受熏蒸消毒
77	2301	中药材的前处理、提取、浓缩和动物脏器、组织的洗涤或处理等生产操作应与其制剂生产严格分开
78	2401	厂房必要时应有防尘及捕尘设施
79	2402	中药材的筛选、切制、粉碎等生产操作的厂房应安装捕尘设施
80	2501	与药品直接接触的干燥用空气、压缩空气和惰性气体应经净化处理，符合生产要求
81	2601	仓储区应保持清洁和干燥，应安装照明和通风设施。仓储区的温度、湿度控制应符合储存要求，按规定定期监测
82	2602	如仓储区设物料取样室，取样环境的空气洁净级别应与生产要求一致。如不在取样室取样，取样时应有防止污染和交叉污染的措施
83	*2701	根据药品生产工艺要求，洁净室(区)内设置的称量室或备料室，空气洁净度等级应与生产要求一致，应有捕尘和防止交叉污染的措施
84	2801	质量管理部门根据需要设置的实验室、中药标本室、留样观察以及其他各类实验室应与药品生产区分开

续表

序号	条款	检查内容
85	2802	生物检定、微生物限度检定和放射性同位素检定等应分室进行
86	2901	有特殊要求的仪器、仪表应安放在专门的仪器室内，应有防止静电、震动、潮湿或其他外界因素影响的设施
87	3001	实验动物房应与其他区域严格分开，实验动物应符合国家有关规定
88	*3002	用于生物制品生产的动物室、质量检定动物室应与制品生产区分开
89	*3003	生物制品所使用动物的饲养管理要求，应符合实验动物管理规定
设备		
90	3101	设备的设计、选型、安装应符合生产要求，应易于清洗、消毒或灭菌，应便于生产操作和维修、保养，应能防止差错和减少污染
91	*3102	无菌药品生产用灭菌柜应具有自动监测、记录装置，其能力应与生产批量相适应
92	3103	生物制品生产使用的管道系统、阀门和通气过滤器应便于清洁和灭菌，封闭性容器（如发酵罐）应使用蒸汽灭菌
93	3201	与药品直接接触的设备表面应光洁、平整、易清洗或消毒、耐腐蚀，不与药品发生化学变化或吸附药品
94	3202	洁净室（区）内设备保温层表面应平整、光洁、不得有颗粒性等物质脱落
95	3203	无菌药品生产中与药液接触的设备、容器具、管路、阀门、输送泵等应采用优质耐腐蚀材质，管路的安装应尽量减少连接或焊接
96	*3204	无菌药品生产中过滤器材不得吸附药液组分和释放异物，禁止使用含有石棉的过滤器材
97	3205	生产过程中应避免使用易碎、易脱屑、易长霉器具；使用筛网时应有防止因筛网断裂而造成污染的措施
98	3206	原料药生产中难以清洁的特定类型的设备可专用于特定的中间产品、原料药的生产或贮存
99	3207	与中药材、中药饮片直接接触的工具、容器表面应整洁、易清洗消毒、不易产生脱落物
100	3208	设备所用的润滑剂、冷却剂等不得对药品或容器造成污染
101	3301	与设备连接的主要固定管道应标明管内物料名称、流向
102	*3401	纯化水的制备、储存和分配应能防止微生物的滋生和污染
103	*3402	注射用水的制备、储存和分配应能防止微生物的滋生和污染，储罐的通气口应安装不脱落纤维的疏水性除菌滤器，储存应采用80℃以上保温、65℃以上保温循环或4℃以下保温循环。生物制品生产用注射用水应在制备后6h内使用；制备后4h内灭菌72h内使用
104	*3403	储罐和输送管道所用材料应无毒、耐腐蚀，管道的设计和安装应避免死角、盲管，应规定储罐和管道清洗、灭菌周期
105	3404	水处理及其配套系统的设计、安装和维护应能确保供水达到设定的质量标准
106	3501	用于生产和检验的仪器、仪表、量具、衡器等，其适用范围和精密度应符合生产和检验要求，应有明显的合格标志，应定期校验
107	3601	生产设备应有明显的状态标志
108	3602	生产设备应定期维修、保养。设备安装、维修、保养的操作不得影响产品的质量
109	3603	不合格的设备如有可能应搬出生产区，未搬出前应有明显状态标志

续表

序号	条款	检查内容
110	3604	非无菌药品的干燥设备进风口应有过滤装置，出风口应有防止空气倒流装置
111	*3605	生物制品生产过程中污染病原体的物品和设备应与未用过的灭菌物品和设备分开，并有明显状态标志
112	3701	生产、检验设备应有使用、维修、保养记录，并由专人管理
113	3702	生产用模具的采购、验收、保管、维护、发放及报废应制定相应管理制度，应设专人专柜保管
		物　　料
114	3801	药品生产所用物料的购入、贮存、发放、使用等应制定管理制度
115	3802	应有能准确反映物料数量变化及去向的相关记录
116	3803	物料应按品种、规格、批号分别存放
117	3804	原料药生产中难以精确按批号分开的大批量、大容量原料、溶剂等物料入库时应编号；其收、发、存、用应制定相应的管理制度
118	*3901	药品生产所用物料应符合药品标准、包装材料标准、生物制品规程或其他有关标准，不得对药品的质量产生不良影响
119	*3902	进口原料药、中药材、中药饮片应具有《进口药品注册证》(或《医药产品注册证》)或《进口药品批件》，应符合药品进口手续，应有口岸药品检验所的药品检验报告
120	*3903	非无菌药品上直接印字所用油墨应符合食用标准要求
121	3904	直接接触药品的包装材料应经过批准
122	*3905	物料应按批取样检验
123	4001	药品生产用中药材应按质量标准购入，产地应保持相对稳定
124	4002	购入的中药材、中药饮片应有详细记录，每件包装上应附有明显标记，标明品名、规格、数量、产地、来源、采收(加工)日期
125	4003	毒性药材、易燃易爆等药材外包装上应有明显的规定标志
126	4004	鲜用中药材的购进、管理、使用应符合工艺要求
127	4101	物料应从符合规定的供应商购进并相对固定，变更供应商需要申报的应按规定申报，供应商应经评估确定。对供应商评估情况、供应商资质证明文件、质量管理体系情况、购买合同等资料应齐全，并归档
128	4102	购进的物料应严格执行验收、抽样检验等程序，并按规定入库
129	*4201	待验、合格、不合格物料应严格管理。不合格的物料应专区存放，应有易于识别的明显标志，并按有关规定及时处理。如采用计算机控制系统，应能确保对不合格物料及不合格产品不放行
130	4301	对温度、湿度或其他条件有特殊要求的物料、中间产品和成品应按规定条件贮存
131	4302	固体原料和液体原料应分开贮存；挥发性物料应避免污染其他物料；炮制、整理加工后的净药材应使用清洁容器或包装，应与未加工、炮制的药材严格分开
132	4303	中药材、中药饮片的贮存、养护应按规程进行
133	*4401	麻醉药品、精神药品、毒性药品(包括药材)的验收、贮存、保管应严格执行国家有关规定
134	*4402	菌毒种的验收、贮存、保管、使用、销毁应执行国家有关医学微生物菌种保管的规定
135	4403	生物制品用动物源性的原材料使用时应详细记录，内容至少包括动物来源、动物繁殖和饲养条件、动物的健康情况

续表

序号	条款	检查内容
136	4404	用于疫苗生产的动物应是清洁级以上的动物
137	*4405	应建立生物制品生产用菌毒种的原始种子批、主代种子批和工作种子批系统。种子批系统应有菌毒种原始来源、菌毒种特征鉴定、传代谱系、菌毒种应为单一纯微生物、生产和培育特征、最适保存条件等完整资料
138	*4406	应建立生物制品生产用细胞的原始细胞库、主代细胞库和工作细胞库系统。细胞库系统应包括:细胞原始来源(核型分析、致瘤性)、群体倍增数、传代谱系、细胞应为单一纯化细胞系、制备方法、最适保存条件等
139	4407	易燃、易爆和其他危险品的验收、贮存、保管应严格执行国家有关规定
140	4501	物料应按规定的使用期限贮存,贮存期内如有特殊情况应及时复验
141	*4601	药品标签、说明书应与药品监督管理部门批准的内容、式样、文字相一致
142	4602	标签、说明书应经企业质量管理部门校对无误后印制、发放、使用
143	4603	印有与标签内容相同的药品包装物,应按标签管理
144	4701	标签、说明书应由专人保管、领用
145	4702	标签、说明书应按品种、规格专柜或专库存放,应凭批包装指令发放
146	4703	标签应计数发放,由领用人核对、签名。标签使用数、残损数及剩余数之和应与领用数相符。印有批号的残损标签或剩余标签应由专人负责计数销毁
147	*4704	标签发放、使用、销毁应有记录
		卫　　生
148	4801	药品生产企业应有防止污染的卫生措施,应制定各项卫生管理制度,并由专人负责
149	4802	洁净室(区)内应使用无脱落物、易清洗、易消毒的卫生工具,卫生工具应存放于对产品不造成污染的指定地点,并限定使用区域
150	4901	药品生产车间、工序、岗位应按生产和空气洁净度等级的要求制定厂房清洁规程,内容应包括:清洁方法、程序、间隔时间,使用的清洁剂或消毒剂,清洁工具的清洁方法和存放地点
151	4902	药品生产车间、工序、岗位应按生产和空气洁净度等级的要求制定设备清洁规程,内容应包括:清洁方法、程序、间隔时间,使用的清洁剂或消毒剂,清洁工具的清洁方法和存放地点
152	4903	药品生产车间、工序、岗位应按生产和空气洁净度等级的要求制定容器清洁规程,内容应包括:清洁方法、程序、间隔时间,使用的清洁剂或消毒剂,清洁工具的清洁方法和存放地点
153	*4904	原料药生产更换品种时,应对设备进行彻底的清洁。在同一设备连续生产同一品种,如有影响产品质量的残留物,更换批次时,也应对设备进行彻底的清洁
154	5001	生产区不得存放非生产物品和个人杂物,生产中的废弃物应及时处理
155	*5002	在含有霍乱、鼠疫苗、免疫缺陷病毒(HIV)、乙肝病毒等高危病原体的生产操作结束后,对可疑的污染物品应在原位消毒,并单独灭菌后,方可移出工作区
156	5101	更衣室、浴室及厕所的设置不应对洁净室(区)产生不良影响
157	5201	工作服的选材、式样及穿戴方式应与生产操作和空气洁净度等级要求相一致,并不得混用。洁净工作服的质地应光滑、不产生静电、不脱落纤维和颗粒物
158	5202	无菌工作服应能包盖全部头发、胡须及脚部,并能阻留人体脱落物

续表

序号	条款	检查内容
159	5203	不同空气洁净度级别使用的工作服应分别清洗、整理，必要时消毒或灭菌，工作服洗涤、灭菌时不应带入附加的颗粒物质，应制定工作服清洗周期
160	5204	D级以上区域的洁净工作服应在洁净室(区)内洗涤、干燥、整理
161	5301	洁净室(区)应限于该区域生产操作人员和经批准的人员进入，人员数量应严格控制，对进入洁净室(区)的临时外来人员应进行指导和监督
162	5302	无菌操作区人员数量应与生产空间相适应，其确定依据应符合要求
163	*5304	在生物制品生产日内，没有经过明确规定的去污染处理，生产人员不得由操作活微生物或动物的区域到操作其他制品或微生物的操作区域。与生产过程无关的人员不得进入生产控制区，必须进入时，应穿着无菌防护服
164	5305	从事生物制品生产操作的人员应与动物饲养人员分开
165	5401	进入洁净室(区)的人员不得化妆和佩戴饰物，不得裸手直接接触药品；A级洁净室(区)内操作人员不得裸手操作，当不可避免时手部应及时消毒
166	5501	洁净室(区)应定期消毒；使用的消毒剂不得对设备、物料和成品产生污染，消毒剂品种应定期更换，以防止产生耐药菌株
167	5502	应制定消毒剂的配制规程并有配制记录
168	5503	生产生物制品的洁净区和需要消毒的区域，应使用一种以上的消毒方式，应定期轮换使用，并进行检测，以防止产生耐药菌株
169	5601	药品生产人员应有健康档案，直接接触药品的生产人员应每年至少体检一次。传染病、皮肤病患者和体表有伤口者不得从事直接接触药品的生产
170	5602	生物制品生产、维修、检验和动物饲养的操作人员、管理人员，应接种相应疫苗并定期进行体检
171	5603	患有传染病、皮肤病、皮肤有伤口者和对生物制品质量产生潜在的不利影响的人员，不得进入生产区进行操作或进行质量检验
172	5604	应建立员工主动报告身体不适应生产情况的制度
		验　证
173	*5701	企业应有验证总计划，进行药品生产验证，应根据验证对象建立验证小组，提出验证项目，制定验证方案，并组织实施
174	*5702	药品生产验证内容应包括空气净化系统、工艺用水系统、生产工艺及其变更、设备清洗、主要原辅材料变更
175	*5703	关键设备及无菌药品的验证内容应包括灭菌设备、药液滤过及灌封(分装)系统
176	*5801	生产一定周期后，应进行再验证
177	*5901	验证工作完成后应写出验证报告，由验证工作负责人审核、批准
178	6001	验证过程中的数据和分析内容应以文件形式归档保存，验证文件应包括验证方案、验证报告、评价和建议、批准人等
		文　件
179	6101	药品生产企业应有设施和设备的使用、维护、保养、检修等制度和记录
180	6102	药品生产企业应有物料采购、验收、生产操作、检验、发放、成品销售和用户投诉等制度和记录
181	6103	药品生产企业应有不合格品管理、物料退库和报废、紧急情况处理制度和记录

续表

序号	条款	检查内容
182	*6201	生产工艺规程的内容应包括:品名、剂型、处方和确定的批量,生产工艺的操作要求,物料、中间产品、成品的质量标准和技术参数及贮存注意事项,物料平衡的计算方法,成品容器、包装材料的要求等
183	6202	岗位操作法的内容应包括:生产操作方法和要点,重点操作的复核、复查,中间产品质量标准及控制,安全和劳动保护,设备维修、清洗,异常情况处理和报告,工艺卫生和环境卫生等
184	6203	标准操作规程的格式应包括:题目、编号、制定人及制定日期、审核人及审核日期、批准人及批准日期、颁发部门、生效日期、分发部门、标题及正文
185	6204	批生产记录内容应包括:产品名称、规格、生产批号、生产日期、操作者、复核者的签名,有关操作与设备,相关生产阶段的产品数量,物料平衡的计算,生产过程的控制记录及特殊问题记录
186	6301	药品生产企业应有药品的申请和审批文件
187	*6302	药品生产企业应有物料、中间产品和成品质量标准及检验操作规程
188	*6303	药品生产企业应有产品质量稳定性考察计划、原始数据和分析汇总报告
189	*6304	每批产品应有批检验记录
190	6401	药品生产企业应建立文件的起草、修订、审查、批准、撤销、印制、分发、收回及保管的管理制度
191	6402	分发、使用的文件应为批准的现行文本。已撤销和过时的文件除留档备查外,不得在工作现场出现
192	6501	生产管理文件和质量管理文件应满足以下要求: 1.文件的标题应能清楚地说明文件的性质。 2.各类文件应有便于识别其文本、类别的系统编码和日期。 3.文件使用的语言应确切、易懂。 4.填写数据时应有足够的空格。 5.文件制定、审查和批准的责任应明确,应有责任人签名
		生产管理
193	*6601	药品应严格按照注册批准的工艺生产
194	*6602	生产工艺规程、岗位操作法或标准操作规程不得任意更改,如需更改时应按规定程序执行
195	6701	每批产品应按产量和数量的物料平衡进行检查。如有显著差异,应查明原因,在得出合理解释、确认无潜在质量事故后,方可按正常产品处理
196	6702	中药制剂生产中所需贵细、毒性药材或饮片应按规定监控投料,并有记录
197	6801	批生产记录应及时填写、字迹清晰、内容真实、数据完整,并由操作人及复核人签名
198	6802	批生产记录应保持整洁、不得撕毁和任意涂改;更改时,应在更改处签名,并使原数据仍可辨认
199	6803	批生产记录应按批号归档,保存至药品有效期后一年
200	*6804	原料药应按注册批准的工艺生产。批生产记录应反映生产的全过程。连续生产的批生产记录,可为该批产品各工序生产操作和质量监控的记录
201	*6901	药品应按规定划分生产批次,并编制生产批号
202	7001	生产前应确认无上次生产遗留物,并将相关记录纳入下一批生产记录中

续表

序号	条款	检查内容
203	7002	生产中应有防止尘埃产生和扩散的措施
204	*7003	不同品种、规格的生产操作不得在同一操作间同时进行
205	*7004	有数条包装线同时进行包装时,应采取隔离或其他有效防止污染或混淆的设施
206	*7005	无菌药品生产用直接接触药品的包装材料不得回收使用
207	7006	生产过程中应防止物料及产品所产生的气体、蒸汽、喷雾物或生物体等引起的交叉污染
208	7007	无菌药品生产中,应采取措施避免物料、容器和设备最终清洗后的二次污染
209	7008	无菌药品生产用直接接触药品的包装材料、设备和其他物品的清洗、干燥、灭菌到使用时间间隔应有规定
210	*7009	无菌药品的药液从配制到灭菌或除菌过滤的时间间隔应有规定
211	*7010	无菌药品生产用物料、容器、设备或其他物品需进入无菌作业区时应经过消毒或灭菌处理
212	7011	每一生产操作间或生产用设备、容器应有所生产的产品或物料名称、批号、数量等状态标志
213	*7012	非无菌药品液体制剂配制、过滤、灌封、灭菌等过程应在规定时间内完成
214	7013	生产中的中间产品应规定贮存期和贮存条件
215	7014	原料药生产使用敞口设备或打开设备操作时,应有避免污染措施
216	*7015	药品生产过程中,不合格的中间产品,应明确标示并不得流入下道工序;因特殊原因需处理使用时,应按规定的书面程序处理并有记录
217	7016	药品生产过程中,物料、中间产品在厂房内或厂房间的流转应有避免混淆和污染的措施
218	*7017	应建立原料药生产发酵用菌种保管、使用、贮存、复壮、筛选等管理制度,并有记录
219	7018	中药制剂生产过程中,中药材不应直接接触地面
220	7019	含有毒性药材的药品生产操作,应有防止交叉污染的特殊措施
221	7020	拣选后药材的洗涤应使用流动水,用过的水不应用于洗涤其他药材,不同药性的药材不应在一起洗涤
222	7021	洗涤后的药材及切制和炮制品不应露天干燥
223	7022	中药材、中间产品、成品的灭菌方法应以不改变药材的药效、质量为原则
224	7023	直接入药的药材粉末,配料前应做微生物检查
225	7024	中药材使用前应按规定进行拣选、整理、剪切、炮制、洗涤等加工,需要浸润的中药材应做到药透水尽
226	*7101	应根据产品工艺规程选用工艺用水,工艺用水应符合质量标准
227	7102	工艺用水应根据验证结果,规定检验周期,定期检验,检验应有记录
228	7201	产品应有批包装记录,批包装记录的内容应包括:待包装产品的名称、批号、规格;印有批号的标签和使用说明书以及产品合格证;待包装产品和包装材料的领取数量及发放人、领用人、核对人签名;已包装产品的数量;前次包装操作的清场记录(副本)及本次包装清场记录(正本);本次包装操作完成后的检验核对结果、核对人签名;生产操作负责人签名
229	7202	药品零头包装应只限两个批号为一个合箱,包装箱外应标明合箱药品的批号,并建立合箱记录

续表

序号	条款	检 查 内 容
230	7203	原料药生产中,对可以重复使用的包装容器,应根据书面程序清洗干净,并去除原有的标签
231	7301	每批药品的每一生产阶段完成后应由生产操作人员清场,填写清场记录。清场记录内容应包括:工序、品名、生产批号、清场日期、检查项目及结果、清场负责人及复查人签名。清场记录应纳入批生产记录
		质 量 管 理
232	*7401	药品生产企业的质量管理部门应负责药品生产全过程的质量管理和检验,应受企业负责人直接领导,并能独立履行其职责
233	7402	质量管理部门应配备一定数量的质量管理和检验人员,应有与药品生产规模、品种、检验要求相适应的场所、仪器、设备
234	7501	质量管理部门应制定和修订物料、中间产品和产品的内控标准和检验操作规程,应制定取样和留样制度
235	7502	原料药留样包装应与产品包装相同或使用模拟包装,应保存在与产品标签说明相符的条件下,并按留样管理规定进行观察
236	7503	质量管理部门应制定检验用设备、仪器、试剂、试液、标准品(或对照品)、滴定液、培养基、实验动物等管理办法
237	7504	生物制品生产企业应使用由国家药品检验机构统一制备、标化和分发的国家标准品,应根据国家标准品制备其工作标准品
238	*7505	质量管理部门应有物料和中间产品使用、成品放行的决定权
239	*7506	生物制品生产用的主要原辅料(包括血液制品的原料血浆)应符合质量标准,并由质量管理部门检验合格签证发放
240	*7507	药品放行前应由质量管理部门对有关记录进行审核。审核内容应包括:配料、称重过程中的复核情况;各生产工序检查记录;清场记录;中间产品质量检验结果;偏差处理;成品检验结果等。符合要求并有审核人员签字后方可放行
241	*7508	质量管理部门应审核不合格品处理程序
242	*7509	质量管理部门应对物料、中间产品和成品进行取样、检验、留样,并按试验原始数据如实出具检验报告
243	*7510	最终灭菌的无菌药品成品的无菌检查应按灭菌柜次取样检验
244	7511	原料药生产用的物料因特殊原因需处理使用时,应有审批程序,并经企业质量管理负责人批准后发放使用
245	7512	对生物制品原材、原液、半成品及成品应严格按照《中国生物制品规程》(或《中华人民共和国药典》)或国家药品监督管理部门批准的质量标准进行检定
246	7513	质量管理部门应按规定监测洁净室(区)的尘粒数和微生物数
247	7514	质量管理部门应评价原料、中间产品及成品的质量稳定性,为确定物料贮存期、药品有效期提供数据
248	7515	质量管理部门应制定和执行偏差处理程序,所有偏差应有记录,重大偏差应有调查报告
249	7601	质量管理部门应会同有关部门对主要物料供应商质量体系进行评估,并履行质量否决权。当变更供应商时,质量管理部门应履行审查批准变更程序
250	7602	企业应根据工艺要求、物料的特性以及对供应商质量体系的审核情况,确定原料药生产用物料的质量控制项目

续表

序号	条款	检查内容
		产品销售与收回
251	*7701	每批药品均应有销售记录。根据销售记录应能追查每批药品的售出情况，必要时应能及时全部收回。销售记录内容应包括品名、剂型、批号、规格、数量、收货单位和地址、发货日期
252	7801	销售记录应保存至药品有效期后一年。未规定有效期的药品，其销售记录应保存三年
253	7901	药品生产企业应建立药品退货和收回的书面程序，并有记录。药品退货和收回记录内容应包括品名、批号、规格、数量、退货和收回单位及地址、退货和收回原因及日期、处理意见
254	7902	因质量原因退货或收回的药品制剂，应在质量管理部门监督下销毁，涉及其他批号时，应同时处理
		投诉与不良反应报告
255	8001	企业应建立药品不良反应监测和报告制度，应指定专门机构或人员负责管理
256	8101	对用户的药品质量投诉和药品不良反应应有详细记录并及时调查处理。对药品不良反应应及时向当地药品监督管理部门报告
257	*8201	药品生产出现重大质量问题时，应及时向当地药品监督管理部门报告
		自　检
258	8301	药品生产企业应定期组织自检。自检应按预定的程序，对执行规范要求的全部情况定期进行检查，对缺陷进行改正
259	8401	自检应有记录。自检完成后应形成自检报告，内容应包括自检的结果、评价的结论以及改进措施和建议。

附录2　中华人民共和国国家标准（GB 50457—2019）《医药工业洁净厂房设计标准》部分术语

2.0.1　医药洁净室（区）　pharmaceutical clean room

空气悬浮粒子和微生物浓度，以及温度、湿度、压力等参数受控的医药生产房间或限定的空间。

2.0.2　人员净化用室　room for cleaning personnel

人员在进入医药洁净室之前按一定程序进行净化的房间。

2.0.3　物料净化用室　room for cleaning material

物料在进入医药洁净室之前按一定程序进行净化的房间。

2.0.4　悬浮粒子　airborne particles

用于空气洁净度分级的空气中悬浮粒子尺寸范围在 0.1～1000μm 的固体和液体粒子。

2.0.5　微生物　microorganisms

能够复制或传递基因物质的细菌或非细菌的微小生物实体。

2.0.6　含尘浓度　particle concentration

单位体积空气中悬浮粒子的数量。

2.0.7　含菌浓度　microorganisms concentration

单位体积空气中微生物的数量。

2.0.8　空气洁净度　air cleanliness

以单位体积中空气某种粒径的粒子数量和微生物的数量来区分的空气洁净程度。

2.0.9　气流流型　air pattern

空气的流动形态和分布状态。

2.0.10　单向流　unidirectional airflow

通过洁净区整个断面、风速稳定、大致平行的受控气流。

2.0.11　非单向流　non-unidirectional airflow

送入洁净区的空气以诱导方式与区内空气混合的一种气流分布。

2.0.12　混合流　mixed airflow

单向流和非单向流组合的气流。

2.0.13　气锁　air lock

在医药洁净室出入口，为了阻隔室外或邻室气流、控制压差而设置的房间。

2.0.14　传递柜（窗）　pass box

在医药洁净室隔墙上设置的传递物料和工器具的窗口。两侧装有不能同时开启的窗扇。

2.0.15　洁净工作服　clean working garment

医药洁净室内使用的专用工作服。

2.0.16　空态　as-built

设施已经建成，所有动力接通并运行，但无生产设备、物料及人员。

2.0.17　静态　at-rest

所有生产设备已经安装就位，但没有生产活动且无操作人员在现场的状态。

2.0.18　动态　operational

设施以规定的状态运行，有规定的人员在场，并在商定的状态下工作。

2.0.19　高效空气过滤器　high efficiency particulate air filter

在额定风量下，按最易穿透粒径（MPPS）粒子的捕集效率在 99.95%以上的空气过滤器。

2.0.20　医药工艺用水　process water

医药生产工艺过程中使用的水，包括生活饮用水、纯化水、注射用水。

2.0.21　纯化水　purity water

蒸馏法、离子交换法、反渗透或其他适宜的方法制得的，不含任何附加剂，供药用的水。其质量符合现行《中华人民共和国药典》纯化水项下的规定。

2.0.22　注射用水　water for injection

纯化水经蒸馏制得的水，其质量符合现行《中华人民共和国药典》注射用水项下的规定。

2.0.23　自净时间　cleanliness recovery characteristic

医药洁净室被污染后，净化空气调节系统在规定的换气次数条件下开始运行，直至恢复到固有的静态标准时所需时间。

2.0.24　无菌　sterile

没有活体微生物存在。

2.0.25　无菌药品　sterile product

法定药品标准中列有无菌检查项目的制剂和原料药。

2.0.26　非无菌药品　non-sterile product

法定药品标准中未列有无菌检查项目的制剂和原料药。

2.0.27　灭菌　sterilize

使产品中微生物的存活概率（即无菌保证水平，SAL）不高于 10^{-6} 的过程。

2.0.28　浮游菌　airborne viable particles

医药洁净室内悬浮在空气中的活微生物粒子，通过专门的培养基，在适宜的生长条件下，繁殖到可见的菌落数。

2.0.29　沉降菌　sedimental viable particles

用特定的方法收集医药洁净室内空气中的活微生物粒子，通过专门的培养基，在适宜的生长条件下，繁殖到可见的菌落数。

2.0.30　验证　validation

根据现行《药品生产质量管理规范》(GMP）的原则，证明任何程序、方法、生产工艺、设备、物料、行为或系统确实能导致预期结果的有文件证明的一系列活动。